写真と図でみる地形学

増補新装版

貝塚爽平・太田陽子・小疇 尚・小池一之
野上道男・町田 洋・米倉伸之——編

久保純子・鈴木毅彦——増補

東京大学出版会

編著者一覧

編　者

代表　貝塚爽平(かいづかそうへい)　東京都立大学名誉教授(故人)
太田陽子(おおたようこ)　横浜国立大学名誉教授
小疇　尚(こあぜたかし)　明治大学名誉教授
小池一之(こいけかずゆき)　駒澤大学名誉教授(故人)
野上道男(のがみみちお)　日本大学名誉教授
町田　洋(まちだひろし)　東京都立大学名誉教授
米倉伸之(よねくらのぶゆき)　東京大学名誉教授(故人)

執筆者

池田安隆(いけだやすたか)　奈良大学文学部地理学科
遠藤邦彦(えんどうくにひこ)　日本大学名誉教授
大石道夫(おおいしみちお)　砂防エンジニアリング株式会社
岡田篤正(おかだあつまさ)　京都大学名誉教授
田村俊和(たむらとしかず)　東北大学名誉教授
中村一明(なかむらかずあき)　元東京大学地震研究所(故人)
福田正己(ふくだまさみ)　北海道大学名誉教授
平川一臣(ひらかわかずおみ)　北海道大学名誉教授
堀　信行(ほりのぶゆき)　東京都立大学名誉教授

増　補

久保純子(くぼすみこ)　早稲田大学教育・総合科学学術院教授
鈴木毅彦(すずきたけひこ)　東京都立大学大学院都市環境科学研究科教授

Geomorphology Illustrated
New Edition
Sohei KAIZUKA *et al.*, editors
University of Tokyo Press, 2019
ISBN978-4-13-062730-6

まえがき

地球表面の形態である地形の諸性質やその形成過程・成因などに関する科学を地形学と呼んでいる．この本は過去100年ほどの間に体系づけられてきた地形学の知識にもとづいて，典型的とみられる各種の地形を図や写真で示しつつ解説した地形学の入門書である．本書を見ることによって，地形図・空中写真，あるいは現地で見る地形を容易に理解することができるようになるだろう．本書はこのように地形が‘読める’ようになることを意図してつくられたものである．

地形を‘読む’ことは，地理や地質を知る基礎としても，資源の探査と保全・土地利用計画・建設・防災・自然保護などの仕事にとっても，あるいは旅行や登山のさいにも必要である．したがって，地形を‘読む’，あるいは地形を‘測る’学習は地理・地質・土木などの専門教育で行なわれ，初歩的なことは中学・高校の社会科や理科でも教えられる．

そのような地形の学習にとって，地形図や写真など，具体的な地形を見る教材を欠かすことはできず，専門教育においては実体視できる空中写真が不可欠である．そういうわけで，地形の教育にたずさわってきた編者らは，教室で使う地形教材の準備に多くの時間をさいてきた．普通の地形学の教科書では，実際の地形を‘読む’訓練ができ難いからである．そういう地形教育上の欠を補うことを目ざして本書の出版が企画された．

海外では，地形学の教科書のほかに，それぞれの国で入手できる地形図や空中写真を主体とした学習書(マニュアル)がいくつも出版されている(巻末の文献表参照)．しかし，日本にはこれまでにそうした書物がほとんどなかったから，編者らは上記のように教材集の必要を痛感していただけでなく，地質学の教授たちからもこの種の本の出版を要請されていた．そのようないきさつで生まれることになった本書の編集に際しては，外国の類書にみられるすぐれた点をとり入れたのはもちろん，新しい工夫も加えた．それらの点を以下に列挙しておこう．ここにあげることはまた，本書編集の方針を記すことにもなり，かつ本書利用の手引きにもなるであろう．

1．地形の一般的なことを記した第1章と以下の各章の冒頭には，地形学の体系のうち，最小限必要と思われる解説を行ない，地形学入門の独習書にもなることを意図した．

2．第2章以下の章では，解説につづく節(§)をすべて見開き2ページとし，典型的な地形の具体例を一つずつのせた．そこでは原則として実体視できる垂直空中写真とその範囲を含む地形図を掲載し，ほかに斜め空中写真，地形学図(地形分類図)，地形・地質断面図，ブロックダイアグラム(立体模型図)などを適宜加えた．これらを比較学習することによって，地形が理解しやすくなるだけでなく，空中写真と地形図の長所・短所を知り，それらを相補うものとして具体的な地形を‘読む’技法を習得することができるようになる．

各節の文は具体例の解説であるが，各章の主題に重点をおいて述べてあるから，写真や地形図から読めるすべてを解説しているわけではない．実際に読めることは解説文に記した事項よりはるかに豊富である．したがって，本書を教授者が教科書として用いたり，グループ学習に用いたりする場合には，解説文に書かれた事項以外の地形を読む学習教材とすることもできる．

3．空中写真を用いることができない海底地形(13章)，大地形(14章)では，地形図のほか音波探査断面図，ランドサット画像などを用い，新しく開拓されてきたこの方面の入門書としての役割をはたすことを意図した．

4．各章節のページ数を割りふるに当たっては，日本の地形を理解するために必要な事項に比較的多くのページを当てた．しかし日本にはない，あるいはまれな地形でも，世界的な観点から重要なものは，良い資料があるものについて掲載した．また，日本の例よりも外国の例の方がより適切な場合には，海外の例を用いて節を構成した．日本にない地形の例は，広く地形を知り，海外で地形を見る場合に役立つのはもちろんであるが，日本の地形自体の特質を理解する上でも役立つであろう．

各節を構成する国内・国外の具体例の所在地は，索引図にそれぞれ位置を示してある．

5．具体例は入門書にふさわしい典型的，かつ単純でわかりやすいものを選ぶように心掛けたが，なかにはやや複雑な地形を用いねばならなかった節もあり，したがって解説文もやや高い水準にまでおよんだものがある．そこで本書は，入門水準を越えた学習者が地形を読む能力をさらに高めるのにも役立つであろう．

6．各章節の執筆分担者名と章節の記述や図表のもとになった文献名は，章・節ごとに巻末に記した．また巻末の術語索引には英語を添えた．これらは原典にあたって学ぶ際に役立つであろう．

本書は写真や地図などの資料を中心として編集されている．これらの資料は本書のために作成したものをのぞくと，すべて出所を記したが，それらの使用を許可された建設省国土地理院，海上保安庁水路部，林野庁をはじめとする諸機関および多くの原著者に厚くお礼申し上げる．

本書の企画は1980年に東京大学出版会が『日本の活断層——分布図と資料』を出版した直後から始まった．当時は，地形学の教育に従っている編者たちが，それぞれの教室で使っている教材を持ち寄れば比較的容易につくれるものと予想していた．しかし，いざとりかかってみると，良い資料をととのえて，2ページで一つの典型例を構成するというのに容易でないことがわかってきた．このために，当初考えたよりはるかに長い5年という歳月をかけることになり，30回におよぶ章節の内容検討会を持つことにもなった．ここに，この長い準備期間に相談役と世話役をはたしていただき，最後の1〜2年においてはすこぶる手間のかかる編集・製作の仕事を遂行してくださった，鴨沢久代・小松美加のお二人をはじめとする東京大学出版会の方々に深い感謝の意を表したい．

編者一同

増補新装版へのまえがき

本書『写真と図でみる地形学』は，書名の通り豊富な写真と図で地形を読み解く教科書として，1985年の初版刊行以来，30年以上にわたるロングセラーとなった．しかし，ついに通常の重版が難しくなり，また全面改訂するには作業量やコストの問題などのため，旧版部分はほぼそのままに残し，新しくいくつかの項目を増補し，「増補新装版」として刊行することとなった．増補については，旧版で学び育った久保純子，鈴木毅彦が担当し，近年の主に災害に関する地形現象を見開き項目で，また解説として第四紀の新しい定義や温暖化の影響，新しい地形計測法・表示技術などについて増補した．旧版部分に関しても，必要最低限の範囲でいくつか写真・図のみを差し替えた．

今読むといささか記述内容が古いと感じる箇所も散見されるが，地形学の本質を学ぶにはいまだほかに類を見ない教科書である．貝塚先生はじめ本書の編者の方々は，その後シリーズ『日本の地形』の全巻編集委員となられ，全7巻の日本の地形学の集大成につながっていった．本書の旧版や『日本の地形』シリーズを手がけた東京大学出版会の小松美加さんには，今回の増補新装版を実現していただき，改めて深くお礼申し上げたい．本書が今後も読み継がれていくことを願っている．

2019年4月

久保純子・鈴木毅彦

空中写真と地形図の見方

本書には実体視(立体視)できるように並べた空中写真が,地形図とともに多数用いられている.そこで,垂直空中写真について,とくに空中写真の実体視の仕方について記し,合わせて地形図についても2,3の注釈を加えておく.

本書中の垂直空中写真は特にことわりのない場合は北を上にしてある.写真の縮尺は,被写体の高度やカメラの傾きによって,地形図のように一定ではないが,およその縮尺は地形図と位置を対比した上で地形図につけたスケールを用いれば知ることができる.

垂直空中写真は実体視することにより,読める情報量が著しく増加する.ことに地形を読むのには実体視を欠かすことができない.実体視した地形の像は地形図の等高線が示す地形よりはるかに精細である.本書では,肉眼または簡易実体鏡で実体視するために,2枚の写真間隔をほぼ人の瞳の間隔(6 cm 前後)にとってある.

肉眼実体視は,両眼の視力に著しい差のある場合などをのぞくと,コツを習得すれば誰にでもできる.コツの習得には何時間もかからないのがふつうである.実体視の練習には本書各節の写真が使えるが,濃淡模様の鮮明なもの(たとえば§3-3,§4-1,§5-2)ほどむいている.また実体視の練習用ならびに実体視の面白さを見てもらうために,下には等高線そのものが実体視できる図を掲載した.

実体視の原理は,人の頭脳が両眼から得た同一物体の二つの像を一つの立体像とするのと同じで,二つの離れた視点から撮影した同一地物の2枚の写真から頭脳が一つの立体像をつくることにある.下の等高線図の場合には,**A** は 100 m,**B** は 200 m 離れた視点から見た地形の等高線を,コンピューター処理で描かせてある.したがって,実体視のためには右目で右の写真を,左目で左の写真を見なくてはならない.それが実体視のコツであり,それを会得する

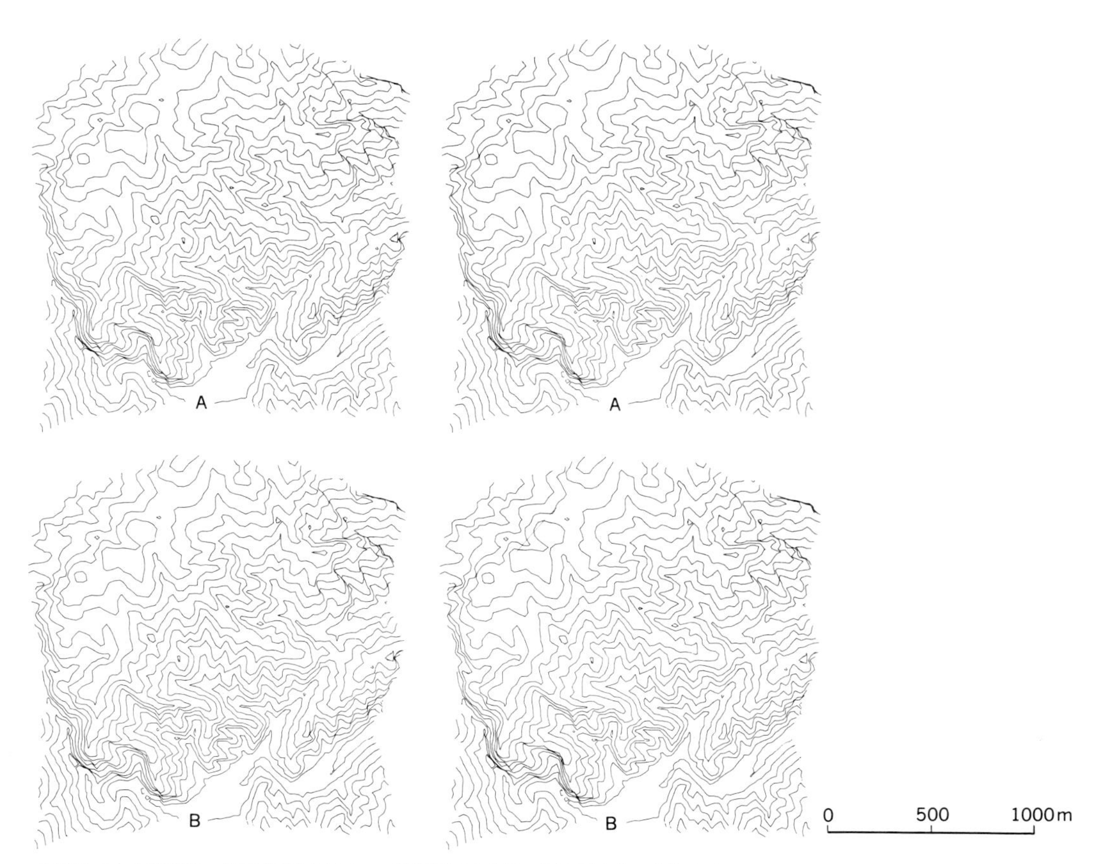

実体視できる等高線.等高線間隔は 20 m,福島県三春付近の阿武隈山地.海抜高度は 280～640 m.
A の視点は海抜 1500 m,視点間隔 100 m.　**B** の視点は海抜 1500 m,視点間隔 200 m.

には次のようにする．

左右の写真を普通に見るのではなく，はるか遠方の景色を眺めるように(視線を平行させて)見る．凝視するのではなく，無念無想の気分で見ることである．左右の写真の間に紙などを垂直に立て，左右の目が一方の写真しか見えないようにするのも一方法である．近視の人は眼鏡をはずす方が見やすいことが多い．普通は明視距離(25 cm 程度)で見るが，コツを得るには写真と目の距離を変えてみるのも一つの方法である．写真上で鮮明な地物や同一地点にあてがった左右の指先に着目して，両者の像を一致させるよう練習するのも方法である．両者が一致したときに立体像が得られる．いったんコツが得られればあとは反復練習すれば上達するが，鮮明な地物に着目して両者を近づけ一致させる要領は，上達した人も意識的に用いる．

空中写真の実体視で得られる像は高さが誇張されている．その程度(浮上り度)は撮影基線間隔が長いほど，撮影高度が低いほど，またはカメラの焦点距離が大きいほど大きくなる．この図では **B** の方が視点間隔が離れているから浮上り度が大きい．

肉眼実体視が困難な人は簡易実体鏡を使えば容易に実体像が得られる．簡易実体鏡は二つの凸レンズを目の間隔に並べた枠に脚をつけたもので，2，3 の製品が市販されている．それを使うと像が肉眼の場合よりも拡大され，浮上り度も大きくなる．

本書に掲載した日本国内の空中写真には番号を付したが，それらは次の事項を示している．

HO-77-2 X，C 1-5, 6, 7………国土地理院の白黒写真
- HO：地方名(北海道)
- 77：撮影年(西暦の下2桁)
- 2 X：作業地区番号
- C 1：コース番号
- 5, 6, 7：写真番号

m 626-3, 4, 5，1966………米軍撮影写真
- m 626：ミッション番号
- 3, 4, 5：写真番号
- 1966：撮影年

山-733，C 12-7, 8, 9，1974………林野庁関係の写真
- 山-733：地区番号
- C 12：コース番号
- 7, 8, 9：写真番号
- 1974：撮影年

本書では多くの場合，空中写真の右側に地形図を並べてある．地形図上での空中写真の位置は両者を比較すればわかるであろう．

地形図は日本国内の場合には国土地理院の５万分の１または２万５千分の１図を用い，測量年，修正測量年などを記した．たいていの地形図は空中写真測量によるものであるが，人工の加わる程度が少ない地形を示すために，平板測量による戦前の地形図を用いたところもある．地形図の等高線間隔は原図によって違いがある．外国の地形図ではフィートによるものもあるから，図ごとに判読していただきたい．

空中写真や地形図による地形判読の練習には，色鉛筆を使って写真や図上に §1-5 で解説する地形線(尾根線，谷線，段丘面の縁など)や地形面(斜面・平坦面など)に色をつけ，あるいは等高線や２本の等高線の間を彩色することが必要である．こうして，地形分類図・地形学図などといわれるもの——そのいろいろな例が本書に示されている——を自らつくることが，地形を読む練習になり，また読んだことを図化・表現する練習になる．

目次

写真と図でみる地形学

第1章 序説──地形形成要因

§1-1 地形の空間的規模と時間的背景

地球の概形は球である．1億分の1の地球儀は，赤道半径が 63.78 mm，極半径が 63.57 mm であり，最高のエベレストから最深のマリアナ海溝までの高度差約 19.8 km は 0.2 mm たらずしかないから，ほとんど完全な球とみなすことができる．しかし，20 km の高度差は地球表面の環境に大きい差をもたらす．低所は海におおわれ，高水圧下にあって光がなく，高所は大気圧が低く低温となるので，起伏は生物にとってばかりでなく，無機的自然の形成環境としても大きな意味をもっている．

地球表面の凹凸である地形を理解するには，形態そのものの把握はもちろん，地形の形成作用，地形を構成する物質，地形の生成史などを知る必要がある．ここではまず，地形をみるさいの前提として問題になる地形の空間的規模と時間的背景をとりあげよう．

地形には，大陸と大洋底という，何千 km もの広がりをもつ巨大規模のものから，足下の地面の凹凸といった微小規模のものまである．大規模な地形と小規模な地形では，その地形にかかわる構成物質とその厚さ，地形形成作用，地形形成に要した年代が違うのが普通である．地形には，原子－分子，鉱物－岩石とか，細胞－組織－器官－個体といった構成単元の明瞭な階層性はないが，それでも上記のような違いに注目して，大地形・中地形・小地形・微地形などに区分することができる(ただし区分の仕方は人によってまちまちである[1)])．**A** は日本で普通に行なわれている区分の1例[2)]で，空間的規模は地図のスケールや等高線間隔で示されている．大きい地形は一般に小さい地形より長時間かかってつくられる．**A** にはそのような時間の長さも示されているが，これは一つの目安にすぎない．

地形の理解に必要なことの一つは，地形の生成史である．**B** には地形生成の時間的背景としての地質時代区分と主要な地形形成環境などを記入した．大地形には何億年も前に起源をもつものがあるが，中・小の地形は新第三紀・第四紀につくられたものが多いから，**B** では新しい時代を拡大して描いてある．以下にはこの図に沿って，古い方から説明を加える．

先カンブリア時代の約 20 億年前には海中に植物(藻類)が増え，それによる光合成でつくられた遊離酸素が大気中と水中に増加し，岩石の風化をはやめることになった．陸上に植物がない時代には，流水や風が現在よりはるかに速く地表を削剝(さくはく)したと推定される．そのためか先カンブリア時代から古生代前半にかけては，広大な侵食平坦面(いわゆる準平原)がつくられた．白亜紀から栄えた被子植物，中新世に生まれた草本植物は，地表を侵食から保護するのに大いに役立っている．第四紀の約 100 万年前からは，約 10 万年周期の氷期と間氷期の交替や気候帯移動の反復が顕著になり，また氷河の消長にともなって，振幅 100 m におよぶ海面の昇降が生じた．現在(完新世)は一つの間氷期に当たる海面上昇時代である．第四紀の著しい気候変化・海面変化は，世界の多くの地域で地形形成作用を変化させ，現在みられる地形を多成因的(多生的)なものとした．いいかえると，現在の地表には，現在(完新世)と異なる過去の地形形成作用でできた地形が，残存地形(レリック地形)として広く分布している．北欧，中欧，日本では北海道の小地形～微地形の大部分は氷期の氷河地形・周氷河地形の残存地形とみられる．また，段丘地形(海成段丘・河成段丘)の多くは気候変化と海面変化を原因として形成されたものと考えられる．

B の右寄りに描いた海面変化と気温変化の曲線は，それぞれ関東の地形・地層から求められたものと，主に関西の地層(大阪層群)中の化石(とくに花粉)によって知られたものである．大阪層群にあっては，大阪層群中の海成粘土(Ma)が示す海進の時代と植物化石などが示す温暖期との一致が知られている．日本で知られたこのような気温や海面の変動は，世界的な氷河の量の変動(したがって海面変化・気候変化でもある)を反映した深海底堆積物中の有孔虫殻をつくる ^{18}O の濃度変化のステージ(奇数は間氷期，偶数は氷期に当たる)[4)]とも，また中欧のレス(これも気候変化をよく反映している)のサイクル[5)]とも対応しているようである．この図に記したように，更新世中期以後には多摩面(T)，下末吉(しもすえよし)面(S)，武蔵野面(M)，立川面(Tc)などと呼ばれる段丘面が認められ，時代が新しいほどもとの段丘地形が侵食されることが少なく，よく保存されている．火山でも同じように更新世中期ごろから後に形成されたものはもとの地形をよく残している．

A　スケールによる地形の分類．(吉川ほか，1973[2]を改変)

地形のスケール		地図のスケール	等高(深)線間隔	地形の特徴を支配する主要因	例	地形形成に要する年代の目安
①大地形	地球規模の地形	<1/1000 万	1000 m	地殻の厚さ，プレートの運動	大陸，大洋底	10^8年
②大地形	大 地 形(狭義)	1/1000 万～1/200 万	200～500 m	地殻変動(内作用)	中央海嶺，島弧，海溝	10^7
③中　地　形		1/100 万～1/20 万	50～100 m	地殻変動，地質構造	山地，台地，盆地	10^6～10^5
④小　地　形		1/5 万～1/1 万	5～20 m	気候(外作用)，岩質	谷，沖積低地，モレーン	10^4～10^3
⑤微　地　形		>1/5000	0.2～2 m	気候，岩質，土壌	河床，波食棚，構造土	10^3 以下

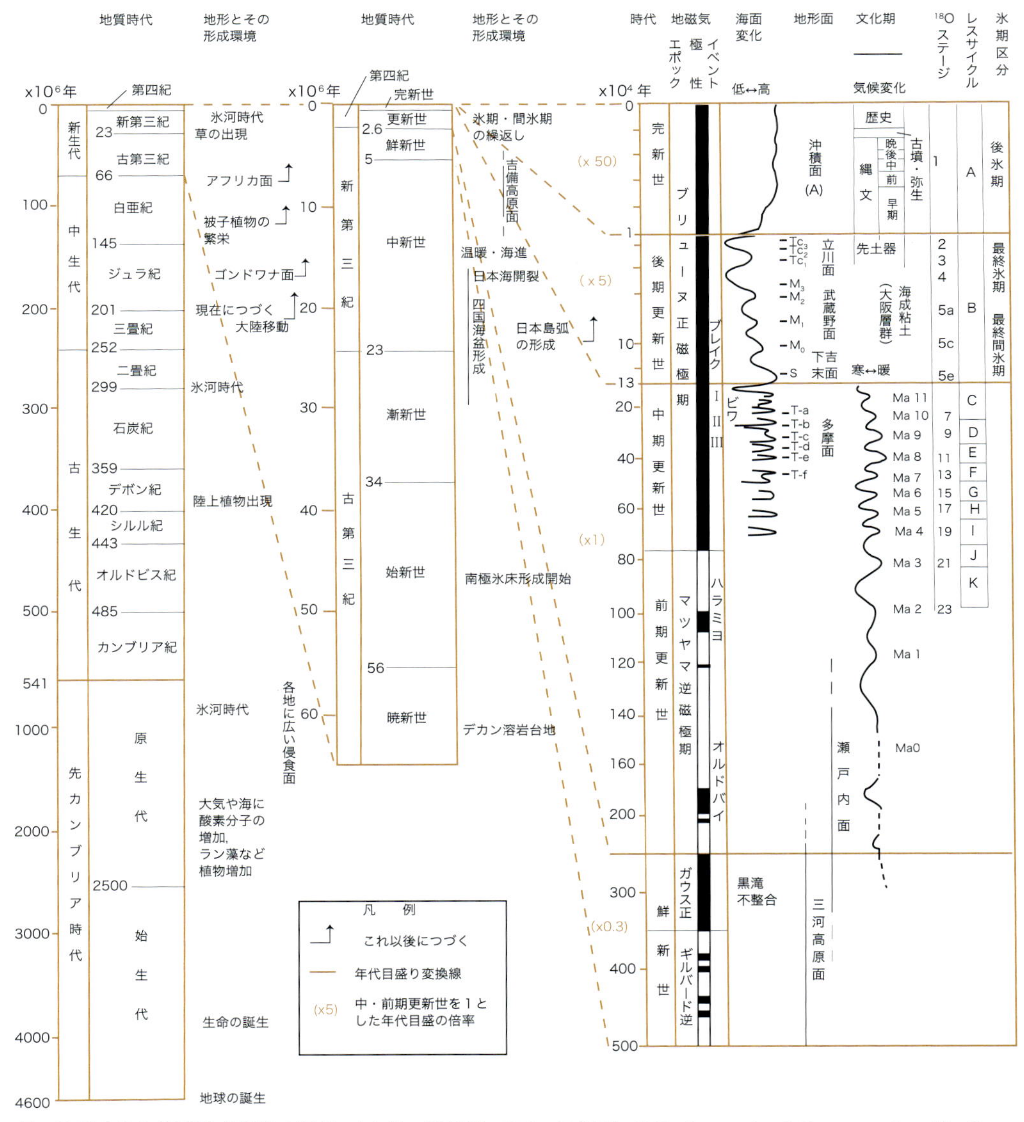

B　地質時代と地形形成環境の編年．(小嶋・斎藤編，1978：貝塚編，1981：International Chronostratigraphic Chart (v2018/08)などによる[3])

§1-2 大気・水・氷による地形形成作用

地球は主として次の二つの根源的なエネルギーと，重力・起潮力・コリオリ力などによって変動をつづけてきた．地形変化も同じ原動力による．二つの根源的エネルギーとは，1)太陽からの放射エネルギー，2)地球内の放射性物質から生ずる熱エネルギーである．重力・起潮力・コリオリ力は地球・月・太陽の引力と地球の自転・公転によって生じる力である．なお，物質の増減として地形に影響を与えるものには隕石の落下がある．

地球外に由来する太陽エネルギーは，大気・水・氷など固体地球表面をおおう物質の流動(外因的営力とか外営力と呼ばれる)を通じて地形を変える作用をおよぼし(それを外作用という)，水や氷が重力によって下方へ移動することにともなって，一般に起伏を減少させる方向に働く．それに対して，地球内に由来する熱エネルギーは，地殻変動と火成活動(内作用)を通じて一般に起伏を増加させる方向に働く．こうして高くなった地表の物質は，上記の外作用のほか，重力の直接の働きによる土砂・岩石など地表物質の移動(マスウェイスティングと呼ばれ，2章で扱う)によって下方に移動する．なお，侵食・堆積，氷床の拡大・縮小，海面の低下・上昇などは地殻にかかる荷重の変化をもたらし，それらは地殻の変形，およびマントルの流動によるアイソスタティックな変動を導く．これは，外作用が地殻変動をもたらすものであるが，逆に内作用による大陸移動や山脈の隆起が気候を変化させ，外作用を変えるといった現象もあり，内・外作用の間には相互関連も生じる．

固体地球の表面である地形は，その上をおおう物質が大気・水・氷と相を異にすることによって，1)大気下にある陸上地形，2)海水(または湖水)下にある海底(湖底)地形，3)氷河下の地形，に大別され，それぞれ異なる外営力による地形変化を受ける．また，陸と海(湖)の境界である4)海岸(湖岸)，および氷河と陸あるいは氷河と海(湖)の境界である5)氷河の周縁には特別の地形が生じる．**A**には外営力としての大気・水・氷の運動と，その侵食・運搬作用の内容を示した．1)の陸上でみられる地形形成作用は後にまわして，以下にはまず2)～5)での地形形成作用について説明を加えよう．2)の海底では，浅海底を別とすると侵食作用はほとんど働かず，堆積が継続する．遠洋では堆積速度が遅いから，内作用でできた地形(変動地形・火山地形)がよく保存され，それらが卓越している．それについては13章海底地形で扱う．4)の海岸は一般に海の波や流れがもっとも重要な地形形成作用をおよぼすところである．しかし，海に流入する川や氷河の作用，ならびに海面変動も海岸地形を変化させる重要な要因である．また，低緯度地帯の海岸には，人間をのぞく生物の作用でつくられる最大の地形であるサンゴ礁がある．これらは5章海岸地形でとりあげられる．3)の氷底地形と5)の氷河周縁の地形は氷河自体の形態とともに9章氷河地形で扱われる．

1)の大気下にある陸上の地形形成作用は気候によって違いを生じる．空気・水・氷の運動(外営力)は気候による違いが大きい上に，外営力による侵食・運搬作用も風化作用も，さらにマスウェイスティングも地表がどの程度植物に被覆されているか，また，地表にはどんな風化物質や土壌があるかによって大きく左右され，その植物被覆や風化物質や土壌の生成も気候との関係が深いからである．地形が気候から受ける影響はこのように複合的である．気候の影響を表わしている地形を気候地形という．

気候とかかわりの深い岩石の風化については2章で扱われ，3,4章では川のつくる侵食と堆積の地形が，6章では風のつくる地形(主に砂丘地形)が，7章では乾燥－半乾燥地形(植生がないかまばらな乾燥気候下での間欠的・季節的流水を主営力とする地形)が，8章では凍結作用が卓越して生じる周氷河地形がとりあげられる．

Bは，現在陸上で働きつつある外作用の種類と強さの組み合わせで得られた8つの型の分布図で，世界の現在(完新世)における気候地形形成作用の分布図といえる．この図をつくるのに用いられた外作用の種類は凡例の下部に記されている．この図は，当然のことながら世界の気候型分布図や植生分布図とかなり類似している．なお，この図の諸地域と本書各章との関係は図の凡例に記入してある．§1-1で記したように，第四紀には約10万年を周期として氷期・間氷期が繰り返され，気候・植生ならびに気候地形の分布も変化した．氷期や亜氷期には**B**とは異なる気候地形形成作用の分布があったわけである．そのような分布については7,8,9章でふれる．

A 外的営力による侵食と運搬の作用.（Thornbury, 1954 ; Holmes, 1965 など[1)]による）

作用 / 営力	営力のみによる侵食作用 化学的	営力のみによる侵食作用 物理的	道具を用いる侵食作用	運搬作用
風	—	吹き払い（デフレーション）	削　磨（磨食）	掃流*，浮流
地下水流	溶　食	—	—	溶流
雨　水　流	〃	雨滴侵食 雨　洗 布状洗	削　磨	掃流*，浮流，溶流
河　　流	〃	水力学的持上げと研磨 空洞現象（キャビテーション）	〃	〃　〃　〃
海の波と流れ（潮流・津波を含む）	〃	各種の水力学的作用	〃	〃　〃　〃
氷　河　流	—	もぎとり（プラッキング） 研　磨	〃	滑動，転動，浮流

* 掃流は滑動，転動，跳動を含む.

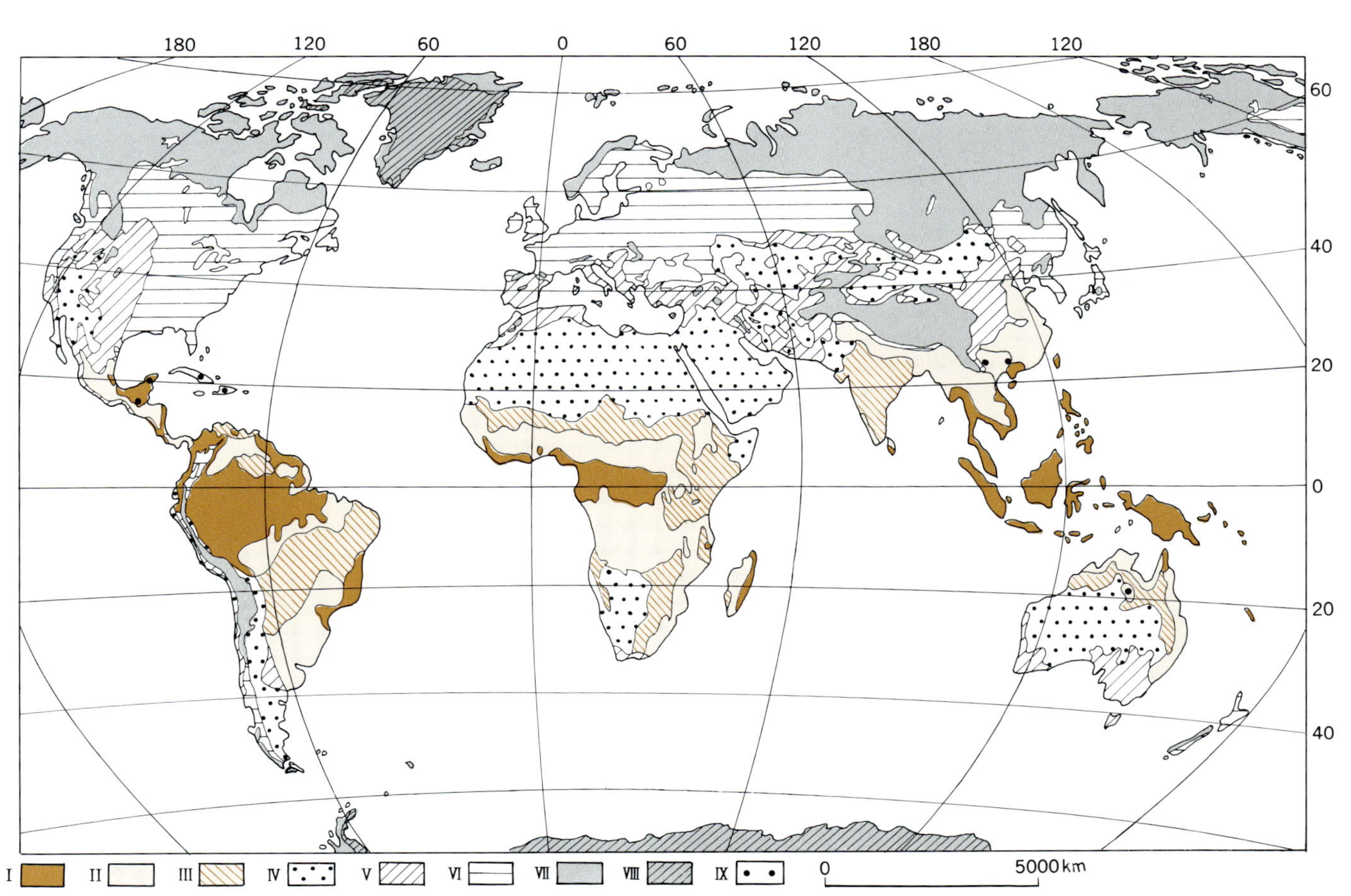

B 現在の外的地形形成作用の組み合わせによる地域区分（気候地形区分）.（Hagedron & Poser, 1974[2)] を簡略化，原図ではⅠ～Ⅶ帯が細分されている）

Ⅰ：最強の河川作用・非常に強いマスムーブメント（$F_1D_1d_3$）〔3，4 章〕

Ⅱ：河川の作用・シートウォッシュ（F_1S_1）〔3，4，7 章〕

Ⅲ：最強のシートウォッシュ（$f_2S_1d_1$）〔7 章〕

Ⅳ：最強の風の作用・間欠的な強いシートウォッシュ・間欠的な河川の作用（f_3S_1A）〔6，7 章〕

Ⅴ：強いスロープウォッシュ・季節的な強い河川の作用（$f_2S_2d_1$）〔7 章〕

Ⅵ：中位の河川の作用・他の作用は微弱（f_1s_2）〔3，4 章〕

Ⅶ：凍結作用・強いスロープウォッシュと河川の作用（$F_2S_2D_2$）〔8 章〕

Ⅷ：氷河の作用（G）〔9 章〕

Ⅸ：カルスト地形（k）〔12 章〕

（　）内の略号（大文字は強力なもの）は下記参照.〔　〕内の数字は本書の関連章.

f：河川の作用
- f_1：常時流水による
- f_2：季節的流水による
- f_3：間欠的流水による
- （原図には f_4，f_5 がある）

s：ウォッシュ（雨水洗）
- s_1：シートウォッシュ（布状洗）
- s_2：スロープウォッシュ（斜面の雨洗）

d：マスムーブメント
- d_1：崩落・地すべり
- d_2：ソリフラクション（凍結・融解による流土）
- d_3：熱帯の流土

k：溶食（カルスト）
g：氷河の作用
a：風の作用

§1-3 地形形成作用としての地殻変動と火成活動

地球内部に由来する熱と重力を原動力として地殻変動と火成活動が生じる．その中には地形変化として現われない変動(たとえば地下の地震断層や火成岩体の貫入)もあるが，地形を変化させるいろいろな型のものが知られている．地殻変動と総称されるものにはさまざまな空間的・時間的規模のものがあり，地殻変動の地形への現われである変動地形も同様である．空間的規模に注目すると，それらは，1)プレート規模のもの，2)プレート境界における変動帯(たとえば島弧—海溝系)規模のもの，3)島弧中の山脈程度の規模のもの，4)個々の断層・褶曲(地形)規模のものといった分類ができよう．また，時間的規模に注目すれば，4)を第四紀といった期間に累積された変動(地形)と1回の地震で生じる変動(地形)に区別することができる．地震断層にともなう地割れや噴砂のように累積することのない微地形現象も存在する．本書では，1)2)程度の変動による大地形は13章海底地形の一部と14章大地形で，3)4)程度の変動による地形は11章変動地形で扱う．

火成活動と総称される，マントルや地殻で生じた溶融物質(マグマ)が地殻に貫入し，あるいは地上に噴出する活動も，地形を変化させる．地球上で火成活動が大規模に起こっている場所は主としてプレートの境界に当たる変動帯であり，とくに後述する広がる変動帯とせばまる変動帯において顕著である．そこは火山帯でもある．せばまる変動帯は一般に造山帯と呼ばれてきたところで，山脈の形成や火山活動のほか，深成岩体をつくる火成活動が生じる場でもある．花崗岩のような低密度の深成岩体の形成は，大陸性地殻の厚さを増すことによってアイソスタティックな隆起を起こしたり，周囲より低密度のために浮上する岩体(ダイアピル)が直接に山を隆起させることもあるに違いないが，具体的なことはよくわかっていない．日本では中新世の酸性深成岩体が，関東山地西部，丹沢山地，九州山地，屋久島などで知られている．これらの深成岩体は山地という侵食の場である故に地表に露出したには違いないが，深成岩体の貫入が山の隆起に直接関係したのかもしれない．

マグマが地表に噴出したり，マグマ中の揮発成分やマグマに接した地下水が爆発を起こし，マグマ自体や既存岩石の破片を放出する火山活動は，直接に火山地形をつくる．火山地形のうち，陸上(大気下)の火山地形と氷底噴火による火山地形は10章で扱われ，海底の火山地形は13章でふれられる．海底火山には，パイプ状の火道から噴出して海山をつくり，さらに海面上に姿を現わして独立した火山島になるものもあるが，§14-3に記すように中央海嶺中軸部の割れ目に噴出して，深海海丘群などと呼ばれる起伏の小さい海洋底を構成する火山活動もある．

右頁には，地殻変動と火成活動が活発に起こっている変動帯とそれらが不活発な安定地域の分類表 **A** と分布図 **B** を示し，変動帯について短い説明を加える．

世界の大地形を大別すると，大陸と海洋底に2分することができ，前者は大陸性地殻から，後者は海洋性地殻からなる．陸と海のそれぞれには，ほぼ平坦で，現在地殻変動も火成活動も活発でない安定地域と，起伏が大きく地殻変動が活発で(そのわかりやすい発現は地震)，火成活動も活発な(その地表への発現が火山)変動帯とがある．

変動帯には **A** に書いたように性格を異にする3種類が区別でき，それらがつながって地球表面を区画する．その区画の一つずつがプレートと呼ばれる．変動帯の3種類はプレート間の相互運動の3様態——広がる・せばまる・ずれる——によって生じ，広がる(発散型)変動帯，せばまる(収束型)変動帯，ずれる(平行移動型)変動帯と呼ばれる．これらの変動帯の分布ならびにプレートの分布が **B** に描かれている．この図は，広がる変動帯，せばまる変動帯の沈み込み型(島弧－海溝系)と衝突型(大陸間山系)，ずれる変動帯それぞれの概略の位置を示すもので，変動帯の幅そのものを示してはいない．地震・地殻変動や火山活動が活発に起こる地帯の幅は，せばまる変動帯では100 km以上(衝突型では1000 kmをこえることもある)に達するが，広がる変動帯とずれる変動帯では一般によりせまい．これら変動帯でのプレート相互の広がる・せばまる・ずれる速度は最大10 cm/年の程度である．大陸には中・古生代の変動帯が古い山脈の名残りとして地形に現われているものもあり(ウラルやアパラチアの山脈)，古い変動帯が“衝突”の影響で再生したとみられる再生山脈(たとえば天山山脈)もある．再生山脈は世界最大の衝突型山脈であるヒマラヤの北方からアルプスの方に連なっている．

A　安定地域と変動帯の分類．(貝塚ほか，1976[1]を改訂)

大区分	中区分	小区分	地震	火山	大地形の起状	例
安定地域［プレート内部］	海洋底	深海盆・コンチネンタルライズ	—	—	—	中央海嶺をのぞく太平洋・大西洋
		古い火山(列)や非震海嶺	—	—	○	天皇火山列・九州-パラオ海嶺
	安定大陸	盾状地・卓状地(先カンブリア時代の変動帯)	—	—	—	フェノスカンジナビア盾状地・ロシア台地
		古い(中・古生代)変動帯	—	—	○	アパラチア山地・ウラル山脈
変動帯［主にプレート境界］	［拡がる変動帯］	中央海嶺系(海洋)	○	◎	○	東太平洋海膨・大西洋中央海嶺
		リフト系(陸)	○	◎	○	東アフリカ地溝・山西地溝
	［せばまる変動帯］	島弧海溝系［沈み込み型］(大陸縁弧海溝系を含む)	◎	◎	◎	東北日本弧・マリアナ弧・アンデス弧
		大陸間山系［衝突型］	○	○	◎	ヒマラヤ山系・アルプス山系
	［ずれる変動帯］	断裂帯(海洋)	○	○	○	アトランティス断裂帯
		断裂山系(陸)	○	—	○	ニュージーランド南島・サンアンドレアス断層系

［注］［　］内はプレートテクトニクスの言葉．—：なし，起状＜1 km　○：あり，起状1～5 km　◎：多，起状＞5 km.

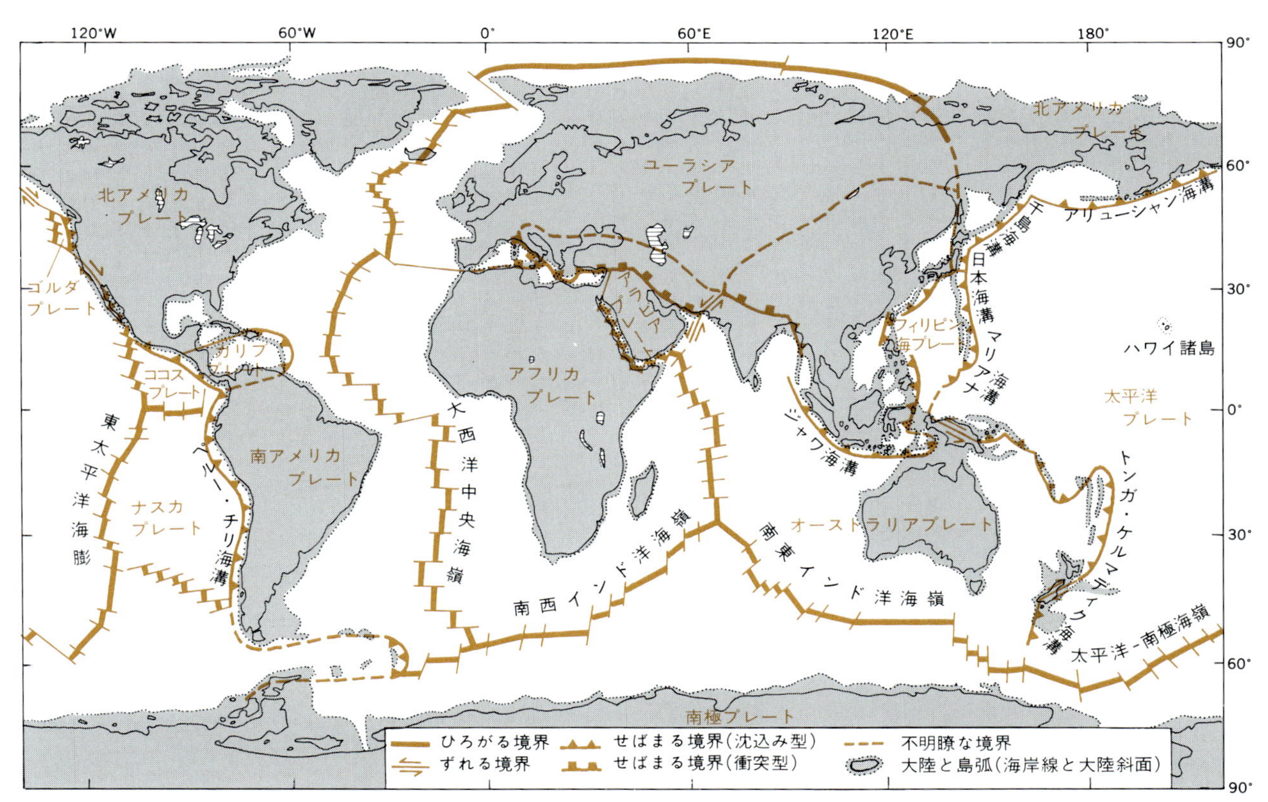

B　世界の大陸・大洋底と変動帯(プレート境界)の分布．(Dewey, 1972[2]などによる)

§1-4 地質構造・岩石・土壌と地形との関係

現在の地形の形成年代は，§1-1で見たように，大地形を別とすると，最近の100万年以内というものが多い．したがって，地殻をつくる岩石や地質構造は，地形(ことに侵食地形)にとっては既存の材料であり，地形はそれらの諸性質を条件として，すなわち，地形形成因子としてつくられてきた．

既存の岩石や地質構造は，風化・侵食(合わせて削剝(さくはく)という)の作用に対する抵抗の違いによって，侵食地形に差異を生じる．岩石や地質構造は，侵食過程や侵食地形をコントロールするといってもよい．これを岩石制約(ロックコントロール)ともいい，岩質や地質構造を反映した侵食地形は組織地形といわれる[1]．

組織地形は12章でとりあげるが，侵食地形である限り岩石や地質構造の違いは多かれ少なかれ地形に反映されるから，他の章にでる実例にもそれが見出される．空中写真の判読が地質図の作成に広く用いられているのは，主として岩石や構造が侵食地形(とくに微地形)に反映しているからである．

岩石や地質構造はまた，それらに地殻応力(圧縮や伸長の応力)が働いて地殻変動が生じ，変動地形が形成される場合にも変動様式や変動の分布をコントロールする．古い大断層が新しい(第四紀の)応力で再動して長大な断層崖をつくったり，地下の岩盤では断層であっても，それをおおう地表に近い未固結層では撓曲(とうきょく)の形の変動になるなどはよく知られた例である．

堆積地形の場合には，堆積物の組成とその表面である堆積地形とは，密接な対応関係がある．崖錐(がいすい)，扇状地，自然堤防，砂丘，浜堤(ひんてい)，エスカー，モレーンなど，たいていの堆積地形は特徴のある組成や構造をもつ堆積物でつくられている．堆積地形は，砕屑(さいせつ)物がある営力で運搬され，堆積した結果としてできた地形だから，堆積物と密接な対応関係があるのは当然といえよう．

岩石や堆積物の地表にごく近い表層は，一般に風化作用や動植物・微生物の作用を受けて，土壌と呼ばれる，粗しょうで有機物を含む物質となっている．土壌は，そこの地形が侵食地形の場合でも堆積地形の場合でも，地形形成後に(あるいは地形形成にともなって)生じたものである．土壌にとっては地形は，ほぼ与えられた既存の条件だといってよい．したがって，地形は，岩石・生物・気候・時間・人為などとともに，土壌生成因子の一つに数えられている．尾根－斜面－谷底といった地形上の位置の違いが，たとえ母材(岩石)が同一でも土壌に差異をもたらすことはよく知られており，一連の起伏に対応して一連の土壌系列が生じるという認識(カテナと呼ばれる概念)は，土壌図の作成に実用化されている．

右頁には岩石・地質構造の種類・諸性質にはどのようなものがあるかを一覧し(**A**)，世界の地質構造図(**B**)を示す．

Aに書かれているように，固体地球の構成物質には階層性がある．岩石は鉱物の集合よりなり，地殻はモホ面以上の岩石の集合よりなる．地殻と標本サイズの岩石の間の階層性は整然としたものではないが，大陸地殻では造山帯の中に，地帯および岩体といった2階層ほどを区分できることがある．地質構造という表現には，プレート規模のものから鉱物の配列といった小規模なものまで含まれている．大陸地殻上部の構造は，盾状地・卓状地(両者を合わせクラトンという)・造山帯に分けられる．造山帯は**B**に分布を示すように，クラトンをとり巻くように分布し，また，新しい造山帯ほど大陸の外側にあり，現在のせばまる変動帯がもっとも外側に位置する．こういう配置などから，せばまる変動帯において大陸地殻がつくられ，それによって大陸が成長していくのだと考えられている．

岩石～地殻の物理的性質には**A**のように多種類のものがある．内作用による変動地形の形成には，変動の規模に応じてマントルから地殻表層までの物質の，圧縮強度の項目より下にあげた力学的・熱的性質が主にかかわる．一方，外作用によって生じる侵食地形の形成には，層理，節理，断層といった岩塊の大きさを規定する面の密度や，剪断強度の項目より上にあげた力学的性質・水に対する物理性および化学的風化に対する諸性質が主にかかわる．風化作用は，侵食が生じる前提として侵食地形の形成に重要な役割をはたし，また生物の作用とあいまって土壌を形成する主要な作用でもある．また，堆積地形の形成にとっては，外作用の性質とともに供給される砕屑物の比重，粒径，形状，媒質中の分布密度などが重要な役割を演ずる．

A 岩石・地質構造の種類と諸性質の一覧(地形との関連で).

固体地球構成物(階層別)	主な種類 [組織〜構造]	諸性質(物理的)	諸性質(化学的)	地形(内作用による)	地形(外作用による)
鉱物		硬度	化学成分		
岩石	堆積岩(物){風成岩, 蒸発岩 / 水成岩 / 火山砕屑岩} 火成岩{噴出岩 / 半深成岩 / 深成岩} 変成岩{接触変成岩 / 広域変成岩}	比重 粒径・形 固結度 空隙率 透水性 含水比 膨潤性 圧縮強度	溶解 酸化 水和 加水分解 炭酸塩化 キレート化 (以上 化学的風化の難易) 風化指数		
岩体	堆積岩体 / 火成岩体 / 変成岩体 [層理 節理 / 流理 断層 / 片理 褶曲] 〔地質構造〕	引張強度 剪断強度 弾性率		火山地形 変動地形	堆積地形 組織地形・侵食地形 (微地形↔大地形)
造山帯	沈み込み帯 / 火成帯 / 変成帯	剛性率 粘性率 ダクティリティー			
地殻	大陸地殻{造山帯(変動帯) / 卓状地 / 盾状地} 海洋地殻	膨張係数 熔融点 比熱			
プレート	大陸プレート / 海洋プレート	熱伝導度 弾性波速度			
地球					

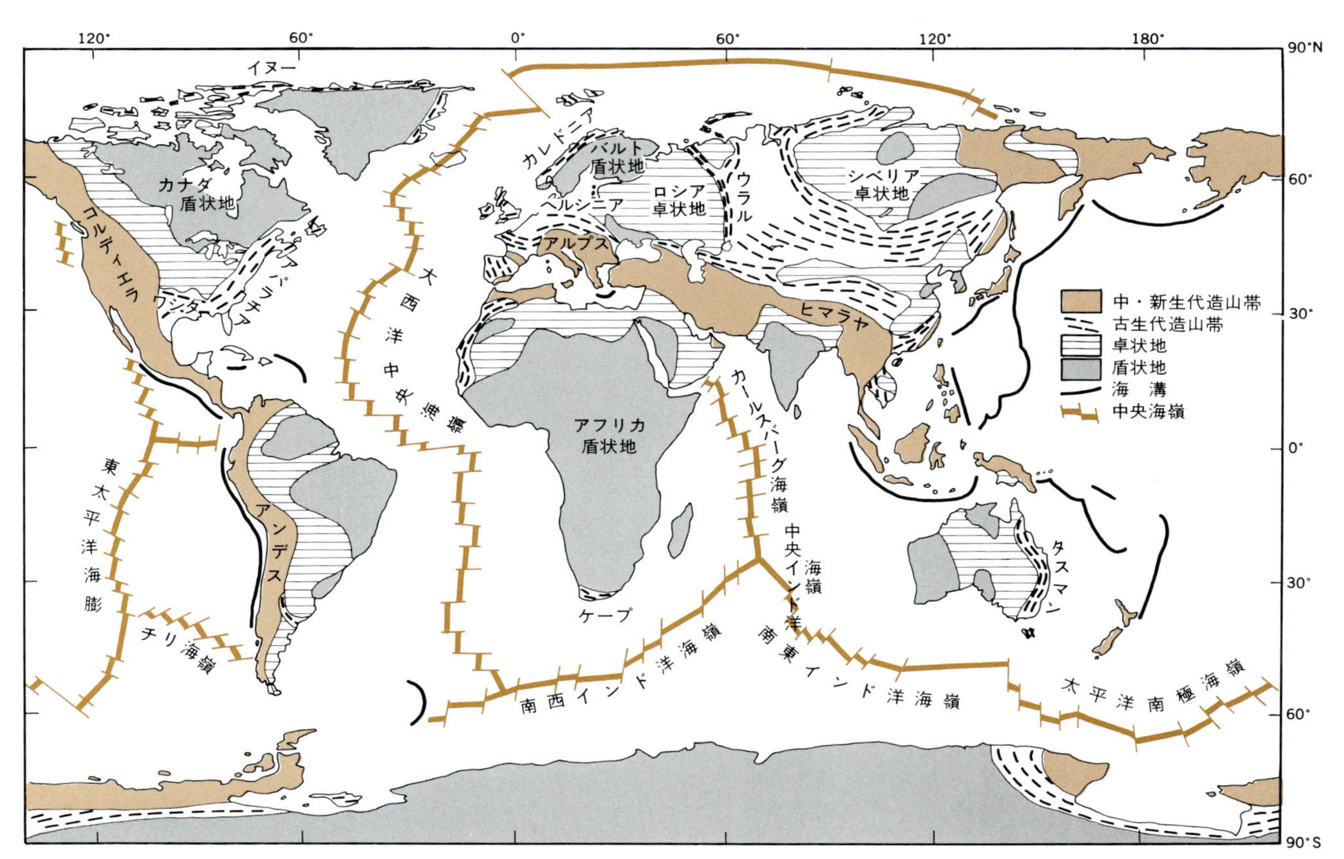

B 世界の地質構造.(都城・安芸,1979[2]などによる)

§1-5 地形とその形成過程の見方

この項では地表形態である地形をどのように見るか，地形とその形成時期・形成作用・構成物質がどのような関係にあるかの見方を扱う．具体例は本書の各章にあるが，以下には地形の見方がよく現われている図を例にとって原理的なことを述べよう．

地形面区分と地形理解の方法

形態によって地形を区分する基本はひとつづきの斜面や平坦面を識別することである．それは，ひとつづきと見られる面を，稜線・谷線・山麓線などの傾斜変換線(一般に地形線といわれるもの)で区別することである．**A** ではそのような地形線で区画された面(地形面)のうち，同質なものごとを異なる線模様で示してある．線は最大傾斜の方向に描かれている．地形面という語は普通は川や海の作用で平坦にされた地表面(河床面，小起伏面，段丘面など――**A** では白ぬきの面)をさすが，広くあらゆる斜面に対して用いることもあり，ここではその用法をとる．なお，三つ以上の地形線の交点(要するに立体的な地形の角)を地形点という[1]．地形線で区分された一つ一つの地形面は，一般に，ほぼ同時にほぼ同一の作用で形成され，同種の構成物質からなっている．換言すれば，一つの地形面ごとに，対応する形成時期，形成作用，構成物質がある．

地形を理解するのに，1)分析的(解析的)な仕方をとり，それぞれの地形面について，形態・時期・作用・物質の4要素の情報を得た上で，地形面の集合体としての地形を把握するのは一つの途である．しかし，2)地形面の集合体としての地形を，類型* を手がかりに経験的ないし直観的におよそ理解し，その上で，個々の地形面の分析的理解を深めるのはより効果的な理解方法である．**A** を例にとると，まず全体の地形から，ここには開析された河岸段丘が1段あること，段丘堆積物は谷を埋積するように厚く堆積し，その後の谷の下刻は“谷側積載(こくそくせきさい)”といわれる形式(§3-3参照)で行なわれたことを理解し，その上でこの理解を確かめるために，あるいは何か特定の目的のために，個々の地形面や地形構成物質について解析的な調査を行なう方法である．理解は早く，また必要に応じて行なう調査は効率的である．類型的理解と解析的理解は互いに相補う．**A** 程度の地形に関する情報は空中写真・地形図・現地の地形大観から得られるのが普通である．したがって本書は，主として空中写真と地形図によって地形の類型的理解が得られるよう構成されている．

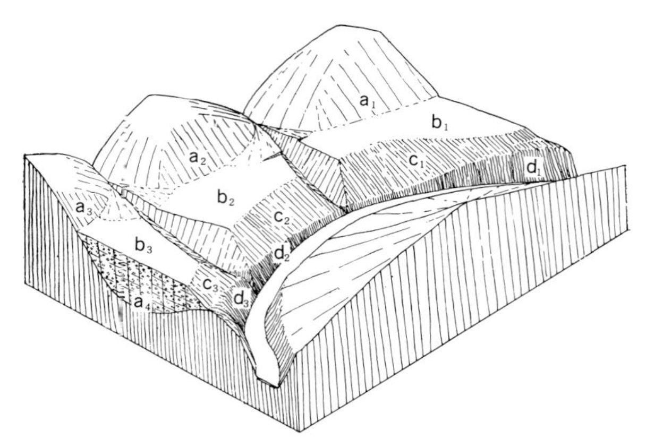

A ニュージーランド，ショトオーバー川の段丘．(Cotton, 1952[2])

地形の形成順序と形成時期を知る方法

隣接する地形面にあっては，地形自体が新旧の前後関係を物語っていることが多い．これに関しては次の3原則がある．1)ひとつづきの地形面は同時に形成されたものである．2)侵食された地形は侵食される前の地形より新しい．3)地層におおわれた地形はおおった地層の堆積面より古い．この3原則は層序学の次の2原則に相当するものであり，地形や第四紀地質の調査にあっては両者は併用される．1)ひとつづきの地層は同時に形成されたものである．2)上位にある地層は下位の地層より新しい．これらの原則を適用すれば，**A** の場合には地形面の形成順序は，古い方からa―b―c(c)であることが知られる(cとdとの前後関係では，おおむねdの方が新しいとしかいえない)．

地形面の形成時代とは，その面をつくる作用が働いていた(作用が止む直前までの)時期のことであり，段丘面の場合にはそれが限定しやすい(離水期といわれる)．ただし，地形面区分をおおまかに行ない，小さい段丘崖などにかまわず段丘面を一括すれば長い形成期をもつことになる．“高位段丘群”などと一括して段丘の時代をいう時には，数十万年の期間を同時として扱うことにもなる．広大な侵

---

* 類型とは，それ自身一つの個であり，したがって，具象的でありながら，しかもなお類全体(普遍的なもの)を模範的に表示するような代表的なもの(広辞苑)．

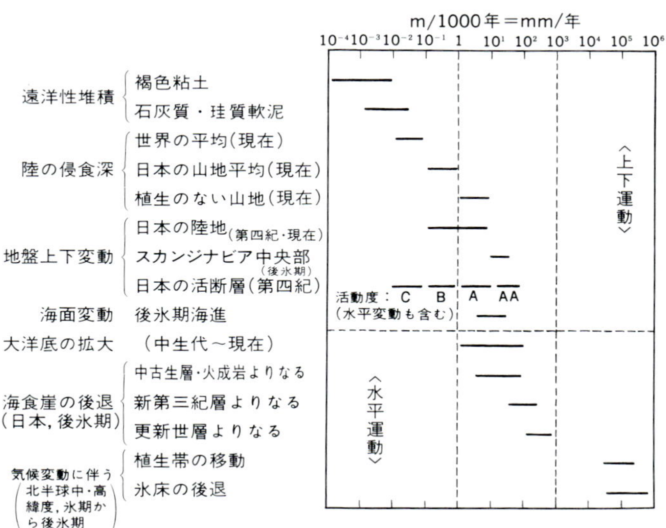

B 地表諸現象の変動速度の概観.(貝塚, 1978[3])

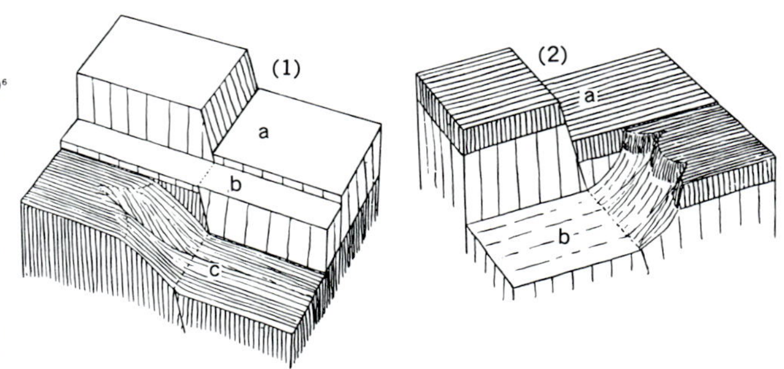

C 断層崖と断層線崖の形成を示す模式図.(Cotton, 1952[2])
(1)aと(2)a：断層崖の形成
(1)cと(2)b：断層線崖.(1)cは再従断層線崖,(2)bは逆従断層線崖.

食小起伏面をひとつづきのものととらえると，その形成時代はすこぶる長く，§14-1でとりあげるゴンドワナ面やアフリカ面のように，何千万年という形成期間をもつことにもなる.

地形の形成時代(地質時代)あるいは形成年代(絶対年代)を知るのには，時代(年代)の知られた地層と地形との関係を用いるのが基本的な方法である．たとえば**A**のb段丘面をつくる段丘堆積物が更新世後期のx期のものならば，a面はそれより古く，b面は更新世後期に形成されたと決めることができる．別の時代(年代)決定方法は，地形自体の形態から推定するもので，段丘の開析の程度や段丘崖の傾斜の程度はその目安になる．すなわち，もとの形からのへだたりが時間をはかる資料になる．**B**にあげた地形諸現象の変動速度も地形の形成時代を推定する資料となる．このグラフの中の海食崖の後退速度は後氷期の約6000年間につくられたと考えられる波食台の幅から求めたものであるが，こういう資料を用いると，逆に波食台の幅からそれが形成されるに要した年代を推定することができる.

地形形成過程の理解方法

ここでは**C**, **D**によって，やや複雑な地形形成過程を理解する1例をあげよう．断層線崖は断層運動とその後の侵食作用によって生じる組織地形の一種であるが，そのさい，侵食に対する抵抗性が違う岩石の配置によって**C**に書かれたように二つの場合(断層線崖がもとの断層崖と同じ向きと逆向きと)が生じる．**D**は房総半島の南西部にみられる断層崖状の地形(F)が逆向き(逆従)断層線崖として形成された過程を復元したものである．この復元は，地質構造や岩石の物理的性質に関する情報および**D**(2)に書かれたような平坦面の存在を示す地形(接峰面で示される地形)と水系に関する情報があったからできたのであるが，**C**に模式的に描かれている“逆従断層線崖”という概念が，具体的な地形形成過程を理解するのに有効に働いたことも見逃すことができない.

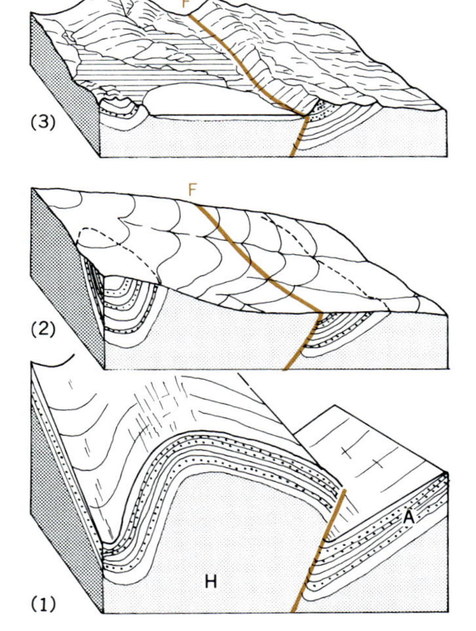

D 房総半島南部，安房郡富山町岩井付近の逆従断層線崖とその形成過程.(大塚, 1948[4])
F. 岩井断層 H. 保田累層 A. 天津層群 (1)鮮新世末期? (2)洪積世初期 (3)現世

第2章 風化とマスウェイスティング

解説

風化作用と気候・岩石との関係

すべての岩石は，それが生成した場（主に地下）での温度・圧力条件下で安定であるが，隆起し削剥されていったん地表に露出すると，そこで安定な物質（粘土鉱物）に変わるまで一連の変化が進行する．この作用は風化作用と呼ばれ，マスウェイスティング（重力場での斜面に沿う岩屑の移動）や流水・氷河・風などの侵食作用に対して基礎条件をつくる．また土壌生成の第一歩でもある．

風化作用の種類と強さは，第1に気候などの外的条件とかかわり，第2にそうした外作用を受ける岩石の性質などの内的条件と深く関連する．化学的風化作用は，岩石が水や大気，およびそれに含まれている物質と化学的に反応して分解する作用で，地表や地下の浅所で水分が多いほど，また温度が高いほど活発である．また岩石が砕けて細粒化する機械的風化作用も温度変化や植物の根の生長などと関連する．このように風化作用は気候条件と深くかかわる．岩石や地形条件が同じであれば，高温多湿の熱帯・亜熱帯で風化作用はもっとも激しく，数十メートル以上におよぶ厚さの風化殻が生ずる．また日本のような大陸東岸の温帯多雨帯でも，これについで風化作用が盛んである．これに対して乾燥気候や寒冷気候の地域では，機械的風化は起こるものの，相対的に風化作用は不活発で，厚い風化殻は生じない．

一方，同一気候条件下でも，風化作用の程度や風化物質の性質は，地層・岩石によって異なることがある．とくに化学的風化の場合には，造岩鉱物の種類とその結合のしかたは，風化の速さと風化物質の粒度を支配する．岩石の節理，層理，断層なども，深部への地下水の浸入を許し，深

写真1 長野県伊那山地における中央構造線沿いの直線的な谷．（NASA）

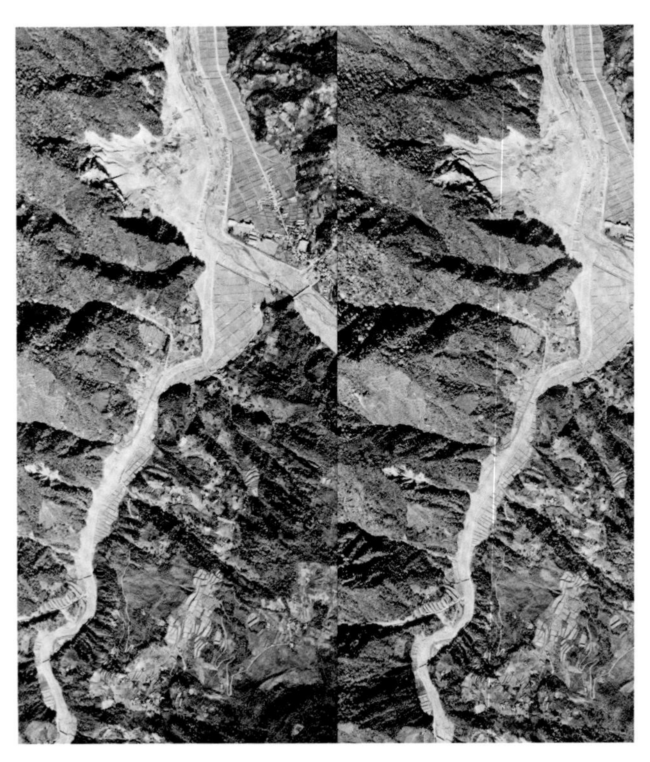

写真2 1961年6月の伊那水害の際中央構造線沿いに発生した大西山の地すべり性崩壊．（山-374，C19-9,10，1964）

層風化作用を導く場となる．ことに断層運動の結果生じた岩石の破砕帯では，風化作用が深層におよぶため，崩壊・地すべりが発生し，それに沿って谷がうがたれることが多い(**写真1, 2**)．同様のことは岩石の変質・粘土化が著しい温泉地帯でも顕著である．

風化作用と地形

風化作用そのものは，物質の大きな移動をともなわない現象であるので，地形を直接規定するとはいえないが，上述のように風化作用の種類や強さが場所により違うので，削剥作用を介して地形とかかわるといえる．ことに，石灰岩や粗粒の花崗岩，蛇紋岩などの岩石や断層破砕帯など構造的な弱線によって特異な風化をするものは，侵食やマスウェイスティングの様式に違いを生み，特徴のある地形をつくる．このことは，地形から岩石の種類を判定したり，断層破砕帯を指摘することを可能にする．ただし，一般に密な植生と風化物質におおわれることの多い日本の山地では，地形から地質の違いを判読することは容易だとはいえない．しかし，たとえば砂岩・頁岩などからなる古生層と花崗岩の間のように著しく対照的な風化過程をもつ岩石間では，地形からその分布境界を読みとることは可能なことが多い．

同種の岩石からなる山地でそのおかれた場所の気候が異なる場合には，著しく異なった地形が生じることがある．熱帯・亜熱帯の石灰岩山地と乾燥地のそれとが，それぞれ独自の地形をなすのは，石灰岩の風化程度とその削剥過程が異なることに起因すると考えられている．

花崗岩山地の渓流には巨大な岩塊のほかに粗砂が多く中礫や細礫が少ないとか，頁岩や粘板岩山地の河川には細礫が多い，といった現象も，岩石の違いによる風化・細粒化過程の相違を反映したものである．こうした現象は河川地形の特質を説明する上での一つの材料となるに違いない．また一般に熱帯・亜熱帯の河川では，砂礫のような掃流物質は極端に少なく，シルトや粘土などの溶・浮流物質が多い．これもこうした気候下での岩石のはげしい粘土化の結果である．このように，風化作用は河川と河成地形の性質を規定する素因の一つでもある．

土　壌

岩石が風化して細粒化し変質して生じた物質は一般に土と呼ばれるが，これに動植物とくに微生物の働きが加わると，肥沃度つまり生産機能をもった物質に変わる．これをとくに土壌と呼ぶ．つまり土壌を生成する作用は，母材の風化による粘土鉱物の生成，有機物の生成，さらに生成物の移動(溶脱，洗脱，集積)という三つの働きからなっている．

土壌のタイプや性質は，色と粒度および構造などの手ざわりから判定される．色は腐植の集積度合や鉄の溶脱と集積の程度，粘土化の環境など，種々の形成条件を反映する．また粒度は風化の程度や粘土の溶脱集積状況，母材の性質と関係し，土壌の理化学性を制御する．土壌構造とは，有機物やコロイドによって集合した粒子の構造単位であって，含水量と深くかかわる．このほか土壌生成作用で生じた物質の沈殿による斑紋や結核なども，土壌形成環境を知るのに欠かせない．

土壌の断面をみると，一般に色や土性が層位によって異なり分化している．そこで土壌学では上位からA層(有機物に富んで黒味を帯び，粒状，屑粒状構造をもつ)，B層(母材の風化がすすんだ中間的な層)，C層(母材そのもの，あるいは若干風化を受けた層)の三つに分けて記載する．現在では，これらA，B，Cに種々の数字や記号を添えて土壌の生成的特徴を示す工夫がなされている(**図1**)[1]．こうした土壌層序の形成は，風化・土壌化が地表から地下へおよぶという考えにもとづいているが，最近では種々の証拠から，土壌の形成は風塵や火山灰の堆積と並行して起こるという考え方が強くなった[2,3](**図2b**)．

いうまでもなく土壌は地質学的過去から現在まで，そのときどきの環境条件に応じて姿を変えて形成されてきたはずである．過去の土壌には，現在新しい堆積物の下に埋まって昔の姿をとどめている埋没土もあれば，長い間地表に露出していたため現在の土壌生成作用の影響を受けて多元的な性格を帯びるようになったものもある．何らかの手がかりによって現在とは異なった時代に形成されたことがわかった土壌を，一般に古土壌と呼ぶ．火山灰地や砂丘，さらに山麓など堆積物の供給が多いところでは，古土壌は埋

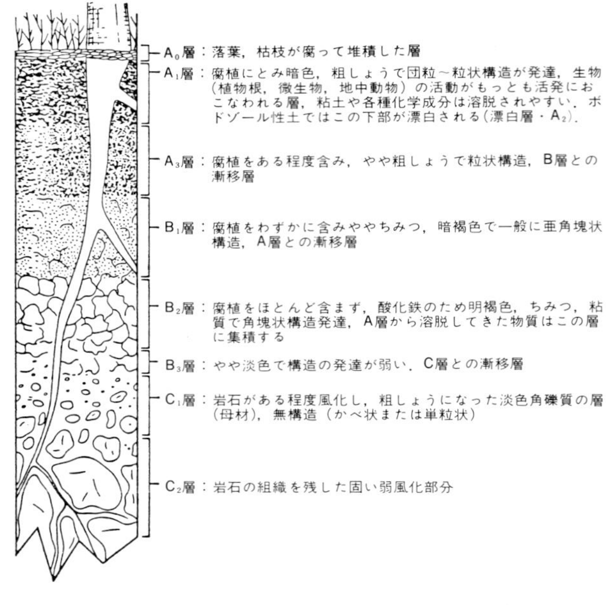
A₀層：落葉，枯枝が腐って堆積した層
A₁層：腐植にとみ暗色，粗しょうで団粒～粒状構造が発達，生物（植物根，微生物，地中動物）の活動がもっとも活発におこなわれる層，粘土や各種化学成分は溶脱されやすい．ポドゾール性土ではこの下部が漂白される（漂白層・A₂）．
A₃層：腐植をある程度含み，やや粗しょうで粒状構造，B層との漸移層
B₁層：腐植をわずかに含みややちみつ，暗褐色で一般に亜角塊状構造，A層との漸移層
B₂層：腐植をほとんど含まず，酸化鉄のため明褐色，ちみつ，粘質で角塊状構造発達，A層から溶脱してきた物質はこの層に集積する
B₃層：やや淡色で構造の発達が弱い．C層との漸移層
C₁層：岩石がある程度風化し，粗しょうになった淡色角礫質の層（母材），無構造（かべ状または単粒状）
C₂層：岩石の組織を残した固い弱風化部分

図1　岩石上に分化した森林土壌．（松井，1979[1]）

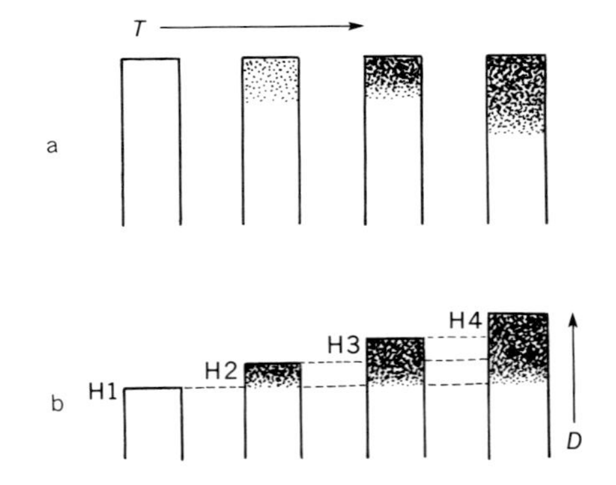
T
a
b
H1
H2
H3
H4
D

図2　黒土の形成を示す2つの考え．（小林，1967[2]）
a．非堆積説，b．堆積説．Tは時間の経過を示す．Dは下図でH1→H4の順序に堆積がすすむことを示す．

没土として現われやすい（**写真3**）が，堆積物供給のほとんどないところ（台地や丘陵上など）では，いくつかの時期の環境が重複して土壌の性質を複雑にしているようである．

土壌の形成は多くの要因とかかわって行なわれるが，その中で広域的な土壌分布を決めるものとしては，気候・植生があげられる．これによる土壌分布は水平的にも垂直的にも帯状の分布をなす．一方，同一地帯内での土壌の違いは，母材条件（地質）や地形，あるいは人為によってもたらされる．これらの諸要因のほかに土壌の性質と深く関連するものに，独立の因子である時間がある．土壌の形成時代は ^{14}C測年や地形面あるいは地層との層位関係などから論ぜられる．土壌は時間（地史）とともに変化発展するので，第四紀環境変遷とのかかわりの中でとらえねばならない．また逆に古土壌の性質から古環境を論ずることも可能であるが，その際には固定した環境下での土壌の成熟する速度について詳しい資料が必要である．段丘の古さや当時の環境を，段丘堆積物の風化度や古土壌の性質から追究する試みは，従来しばしば行なわれてきた．その結果，西南日本では第四紀の後半に少なくとも2回の赤黄色土（おそらく間氷期の高温多湿な環境下でつくられた古土壌）形成期が区別された[4]．

マスウェイスティングのさまざま

風，流水，氷河などの媒質の運動による運搬ではなく，岩屑が斜面の下方へ移動する現象はマスウェイスティングと呼ばれ，これには，**表1**のように，いろいろの現象が含まれている[5,6]．各気候帯に特有の現象をあげれば，周氷河地域で土壌中の水分の凍結・融解によって発生するソリフラクションや泥流，乾燥地域で豪雨時に生じる泥流，熱

FB

写真3　富士山のテフラ中にみられる埋没クロボク土．FBが富士黒土層．（町田，1964[3]）

帯・温帯多雨地域の深層風化帯で生じる地すべり，山くずれ，泥流（土石流）などがある．これらは大規模であるほど，それぞれに特有の地形と堆積物をつくる．乾燥地域や周氷河地域におけるマスウェイスティングに関連する地形は後述される（第7，8章）ので，ここでは主に温帯多雨域である日本における現象に限ることにしよう．

山くずれと地すべり　この二つの現象は，降水量が多くかつ地震が多発する日本の山地にもっとも普通に発生するマスウェイスティングである．一般に山くずれは，斜面の表層をなす風化岩屑と斜面堆積物が，強雨による中間水の圧力の急増や地震時の強い震動によって，斜面を離脱し，かけらの状態となって急速に斜面下方へなだれ落ちる現象をいう（**表1**）．多くの場合その単位面積はせまいが（0.1 ha 以下），密集して発生する（§2-2 参照）．そして地形的には，山くずれは1次の谷（第3章解説参照）の谷壁や谷頭を後退させる作用だといえる．

一方，地すべり（**表1**のスランプ，岩屑すべり，基岩すべりにあたる）は斜面の地下数 m～数百 m にすべり面をもつ岩盤ないし岩屑（斜面堆積物，古い地すべり堆積物を含む）が，まとまって下方へ移動する現象をさす（§2-3 参照）．その範囲は1 ha 以上と広いことが多い．地すべり堆積物におおわれた緩斜面は再び緩慢な地すべり運動（**表1**の匍行）を起こすことが多い．日本の地すべりの大半はこのタイプの2次地すべりである．地すべり性崩壊と呼ばれる現象は山くずれと地すべりとの中間的性質をもち，一般に急峻な斜面で起こり，すべり面は深く，移動範囲は広く，多量の岩屑は一時に下方へ乾いた岩屑流や水を含んだ土石流となってなだれ落ちるものである．こうした大崩壊・岩屑流の発生した谷は一時的に埋積谷となる．

地すべりが発生した斜面は，きわめて特徴的な「地すべり地形」を生む．第三紀層や破砕された岩石からなる比較的小起伏の山地・丘陵での地すべり地形は，背後の急崖と，その前面の谷密度が異常に小さいゆるい凹凸のある緩斜面といった地形を典型とする（**図3**）．また地すべり性崩壊の起こった斜面も，馬蹄形の急な崩壊斜面とその下方の岩屑

図3　地すべり地域の地形．長野県中山山地（犀川丘陵）・倉並．（1/2.5 万地形図　信濃中条　昭55修測）

表1　マスウェイスティングの分類．（Sharpe，1938[5]を Bloom，1978[6]が簡略化）

運動の性質と速さ		氷河による運搬	氷の含量増加	←基岩ないし岩屑→	水の含量増加	流水による運搬
流れ	無感		ソリフラクション ↓	匍行（二次地すべり）	ソリフラクション ↓	
	緩～急		土石流（泥流）	岩屑流 山くずれ 地すべり性崩壊	土石流 山くずれ 地すべり性崩壊	
すべり	緩～急		↓	スランプ 岩屑すべり・なだれ 基岩すべり・なだれ	↓	

流・土石流堆積地形で特色づけられる(**写真4**)．その後急斜面は次第にガリー侵食などによって細かいひだをもつ斜面に変貌し，やがて植生におおわれ，周囲の斜面と大差ない地形となる．こうしたときには，下流側に段丘として残る岩屑流堆積物のみから過去に上流部で大規模な地すべり性崩壊が起こったことを知ることができる．

山くずれの発生は，一般に斜面の微地形，風化土，植生などの諸条件に制約される．そしてその発生密度は，誘因である降雨や地震動の強さに直接支配される．これに対して地すべりや地すべり性崩壊は，より深層の地質条件とかかわりをもち，かつ地下水の挙動に支配されることが多い．このため日本で地すべりの多発する地域は，粘土含量の高い第三紀層地帯と古期堆積岩類の破砕帯および温泉変質帯をもつ火山など特定の地質条件をもつ山地に限られている(**図4**)．

一般に誘因の一つである降雨の強いところほど，マスウェイスティングは活発だと考えられがちだが，実際には必ずしもこのとおりでないのは，高温多雨域における密な植生が斜面を保護しているためと考えられる．このような地域で伐採や山火事などで植被が失われいったんハゲ山になると，きわめてはげしいマスウェイスティングやガリー侵食が発生する事例が多いことは，このことを明示している．

写真4　安倍川上流部大谷崩れとその下流の段丘．(建設省静岡河川工事事務所提供．町田，1959[7])

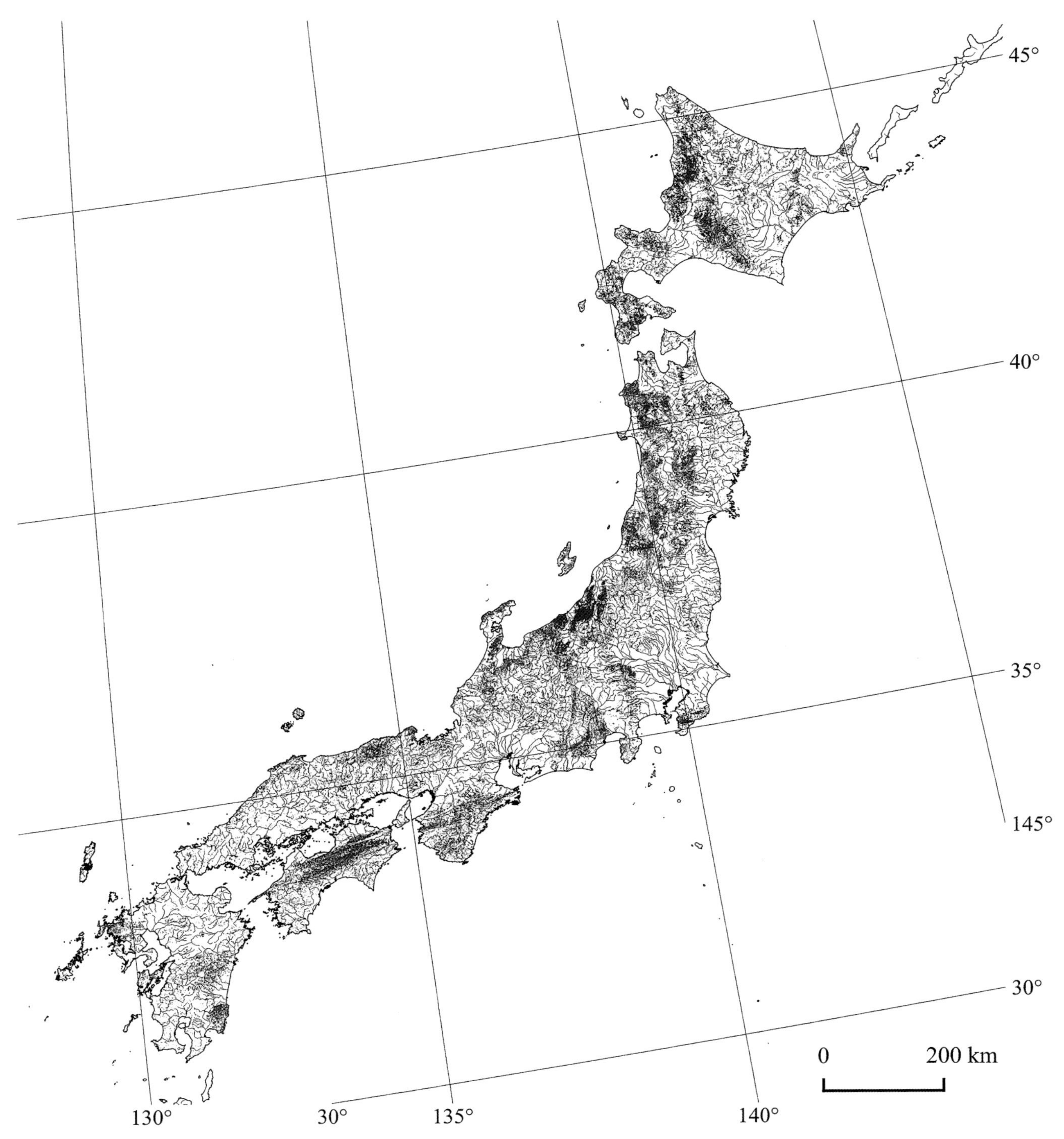

図 4 日本の地すべり地形分布図.（防災科学技術研究所「地すべり地形分布図 WMS サービス」より作成）
本図の地すべりは,「地すべり」,「地すべり性崩壊」,「深層崩壊」,「大規模崩壊」,「大規模地すべり」, さらに「基岩のクリープ」等と表現されているものをさす(大八木ほか, 2015[8]).

§2-1 はげ山——足尾山地の煙害裸地

日本のような温暖多雨地域にある山地では，たとえ山火事や崩壊あるいは火山灰の堆積などで，植被が一時的に破壊されても，一般には次第に植生におおわれていく．そして山地斜面の面的な削剥は急激に増大したのち次第に衰えるのがふつうである．ところが，最近数十年間に，ひどい伐採や鉱山の煙害のため森林が広い範囲にわたって失われた例が少なからずあった．そこでは，風化土層が流失し，まるで乾燥地のような裸岩の山地斜面が広くみられる．その一例として足尾鉱山の煙害を受けた山地をとりあげ，裸地化の過程を追ってみよう．

足尾鉱山における銅の採掘は1610年の鉱石発見にはじまり，1877年以降古河鉱業の経営で産銅量が増えるとともに，製錬所から排出される亜硫酸ガスによる森林の被害が拡大していった．これに加えて森林の破壊を一層促進したのは，1941年4月16日の足尾大火であった．1973年同鉱山における採掘は終止符をうったが，**A**, **B**のように，渡良瀬川上流一帯はおおよそ26,000 haにも達する広大なはげ山となった[1]．煙害地は全くの裸地のほか，森林の占拠の程度で激害地，中害地，微害地に分けられる(**C**)．煙害は川の下流側から吹き上げる南風で製練所から北へ広がったことがわかる．松木川下流(**A**, **B**, **C**に記したa地点など)の段丘上にはかつて集落があったが，煙害のために移転した．

Aには煙害の程度の異なる地域が含まれているが，被害の小さい斜面から大きいものにかけての斜面侵食の違いは，煙害が進行するにつれて斜面が受けてきた削剥の過程を示唆している．すなわち煙害が進んで，高木が枯死し，土壌を緊縛していた樹木の根がくさると風化岩屑のくずれが発生する．山くずれの発生密度ははじめ小さいが，やがて崩壊壁は後退していき，いくつかの山くずれ跡地は連結するようになって，裸地が拡大する．裸地では，未風化の岩盤が露われるまで表面侵食(ガリー侵食や小崩壊)が進行する．なおこの山地は主に花崗岩・石英斑岩・古生層の砂岩・頁岩からなり，山地斜面はそれらの風化岩屑に加えて，赤城・榛名などの火山に由来するテフラ層におおわれていた．とくに榛名二ッ岳がAD 6世紀に噴出した降下軽石層は，厚さ10～20 cmでこの地域全体をおおったが，ひどい煙害地では，現在その下の斜面堆積物とともにほとんど流失している．

裸地化の程度は，煙害裸地や激害地では，地質によって異なることはないが，中害地や微害地では，古生層の斜面よりも花崗岩斜面の方に選択的に起こっている[1]．これは岩質による風化の違い(花崗岩斜面の方が風化岩屑の被覆が厚い)によるのであろう．煙害による斜面侵食と河床砂礫の増大は，氷期のはじめの植生の荒廃による谷の侵食・堆積過程を論ずる上で示唆を与えるものであろう．

A 空中写真(山-703, C17-31, 32, 33)

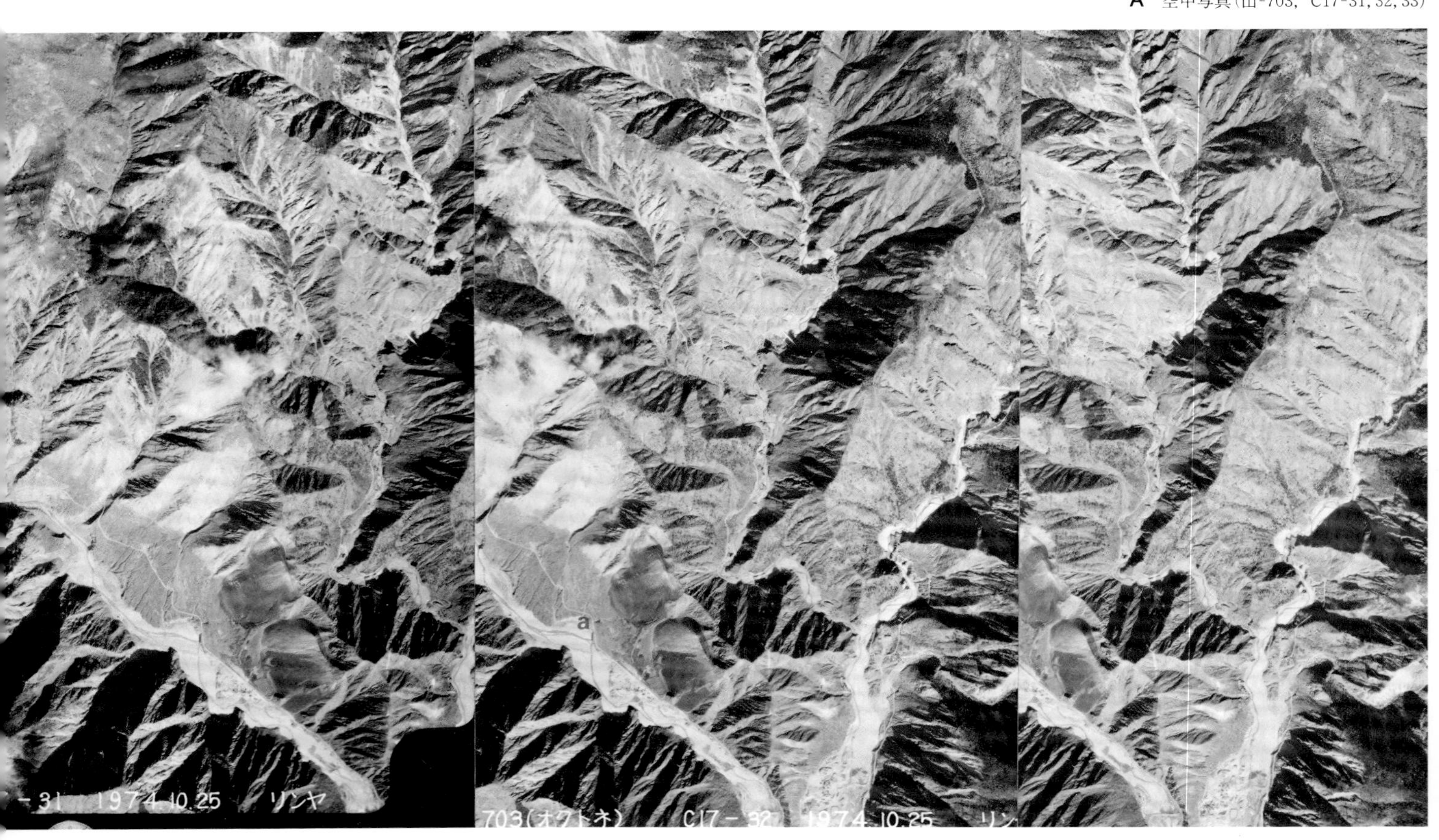

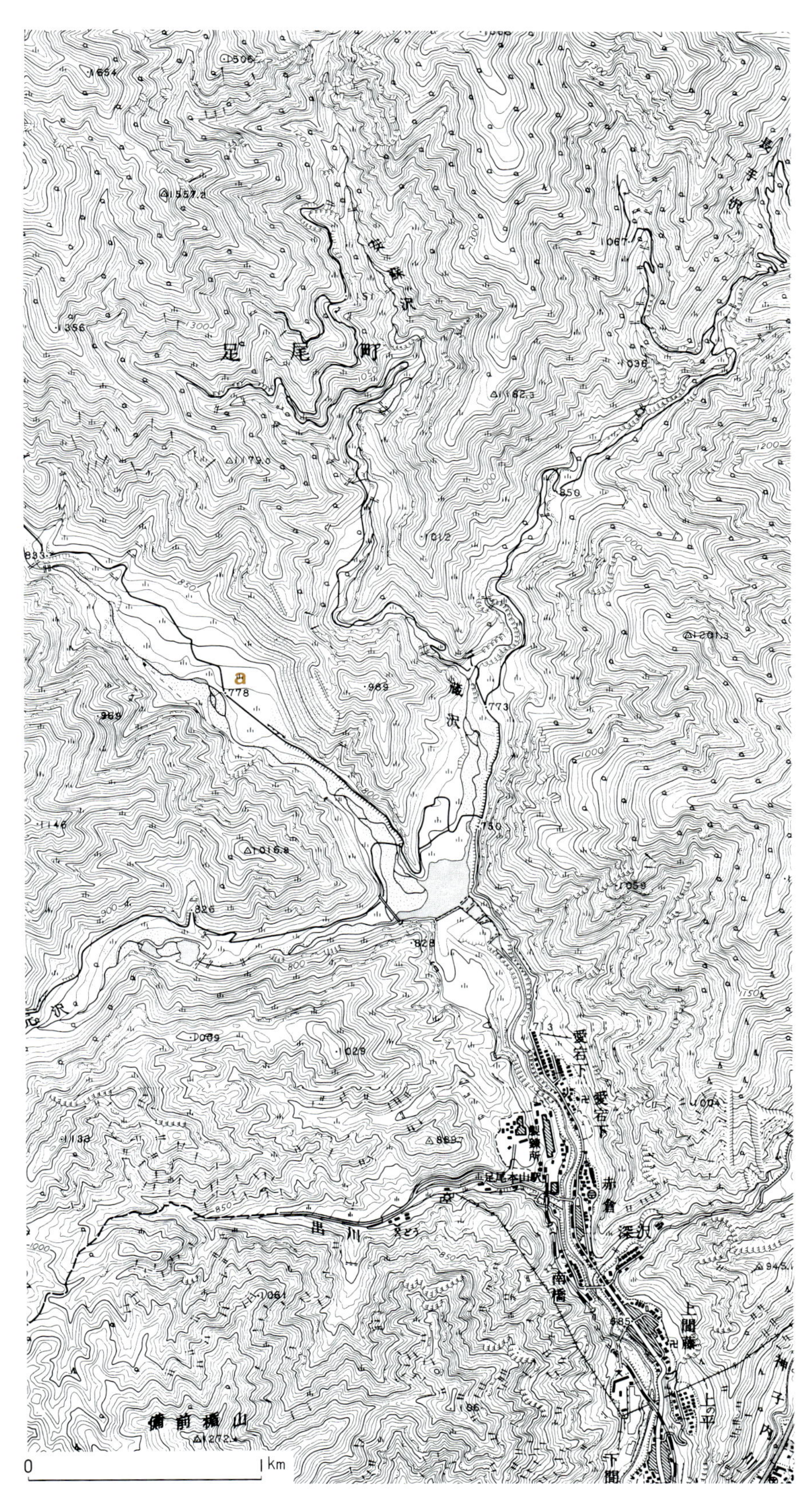

B 1/2.5 万地形図 中禅寺湖(昭 53 第 2 回改測)・足尾(昭 52 修測)

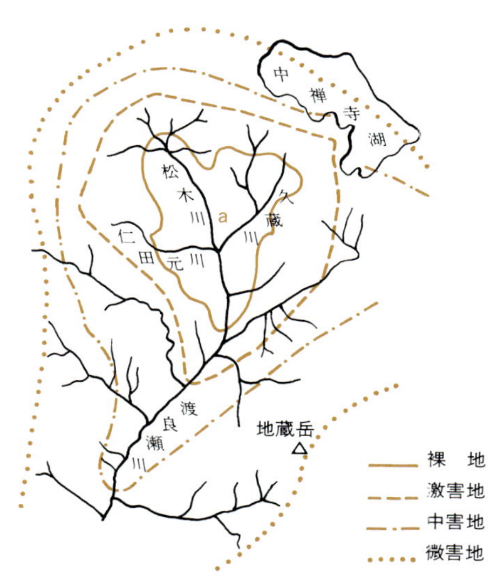

C 足尾山地煙害程度の分布図.(小出, 1954[1])

§2-2 山くずれ——伊那山地

1961年6月27日～30日，梅雨末期の豪雨によって，伊那山地を中心とする地域に多数の山くずれが発生した(A, C, D)．この地域は主に花崗岩と片麻岩源のミグマタイトよりなる中起伏の山地で，山ひだは細かく，山頂部には小起伏面がある．

村野[1]はこの山くずれについて定量的な調査を行ない，山くずれの規模，密度と降雨量，斜面傾斜，谷密度，地質条件などとの関係を求めた．Cに示した四徳川流域では，崩壊率(崩壊地全面積/流域面積)11.1%，単位面積当りの崩壊地数70カ所/km^2，平均崩壊地面積1600 m^2である．このように小規模なものが高密度で発生した．崩壊地数は降雨量と地質の支配を受けている．また平均崩壊地面積は降雨量にほとんど関係がないが，谷密度(2次と1次の谷の全長/2次の谷の流域面積)が小さいほど大きくなる．また崩壊地面積，崩壊地数，ならびに平均崩壊地面積と降雨量(継続雨量)との関係によると，この地域では降雨量が350 mmをこすと崩壊率は急激に増加するが，面積の増加は個々の崩壊地の拡大によるものではなく，崩壊地数の増加によって起こる．また斜面傾斜と崩壊地数との関係については，35°～45°の傾斜角をもつ崩壊地が最も多かったが，これはこの範囲の傾斜の斜面が多いからであって，最もくずれやすかったのは50°～55°の斜面であることがわかった．

Aのように，豪雨にともなう山くずれは，集水斜面である1次の谷の谷頭や谷壁に，小規模な(小面積でしかも浅い)崩壊が多数発生する形をとることが多い．その分布は降雨量分布(B)とつよい相関をもつ．降雨要素としては継続雨量よりも強度(時間降雨量など)が重要であろう．また崩壊発生を促す臨界降雨量強度は，おそらく地域によって降雨特性と素因条件が異なるために違った値となるであろう．伊那山地1961年6月の豪雨は，再現確率およそ200年の強い雨であった．

A, C, Dに示した夥しい山くずれのほとんどは6月27日真夜中～28日早朝の降雨強度の最大時に発生したが，それからまる1日以上もおくれて，さしもの豪雨も終わりかかったときに発生した崩壊は，これらとはタイプの異なる地すべり性であった．そのひとつ大西山崩壊(解説の項の写真2)は，中央構造線に接した圧砕岩ミロナイトからなる谷壁斜面に発生した．崩壊の要因は，四徳川流域などの山くずれと異なり，岩盤深部にある割れ目を満たし，岩盤を押し上げた地下水に求められる．

A　空中写真(RA-170, C10-92, 93, 94, 国際航業㈱)　右が北．伊那山地小渋川支流四徳川中流部．1961年6月水害直後に撮影．

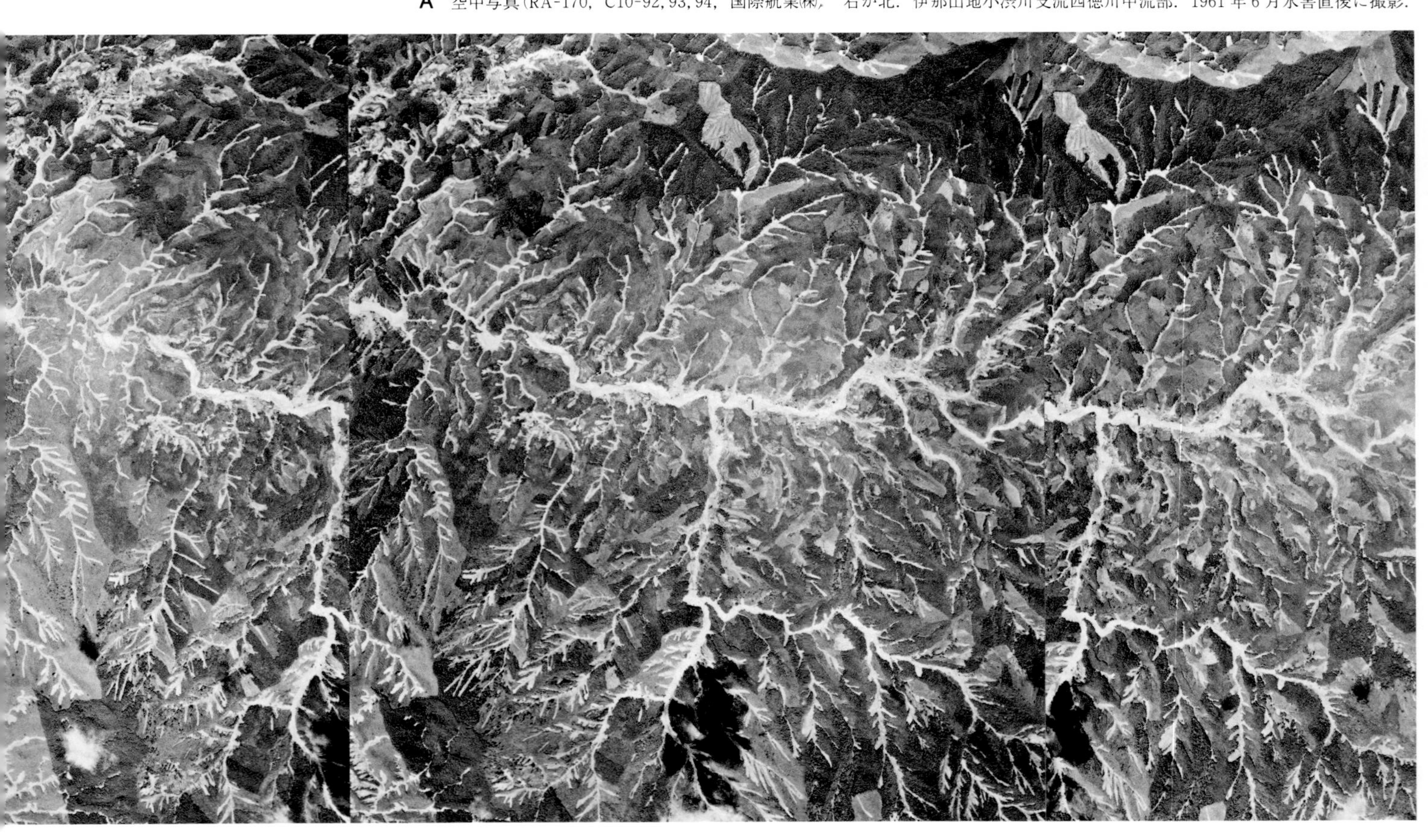

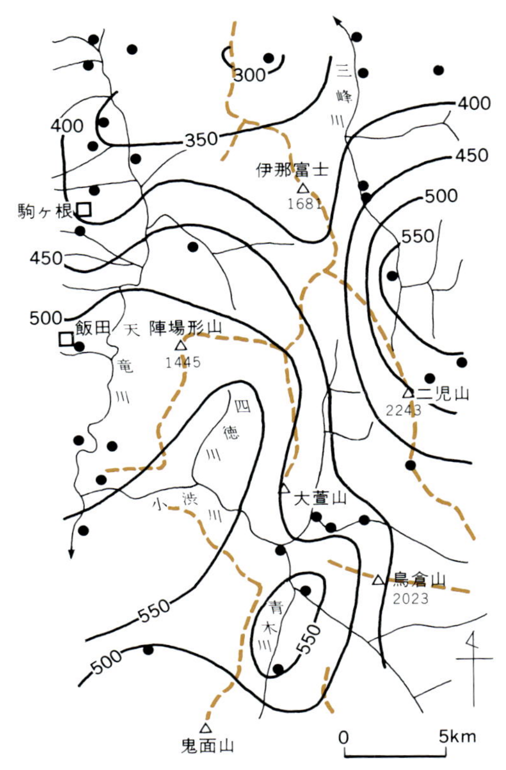

B 伊那水害を起こした連続降水量の分布(単位ミリメートル). 破線は尾根(分水界)を示す. (村野, 1966[1])

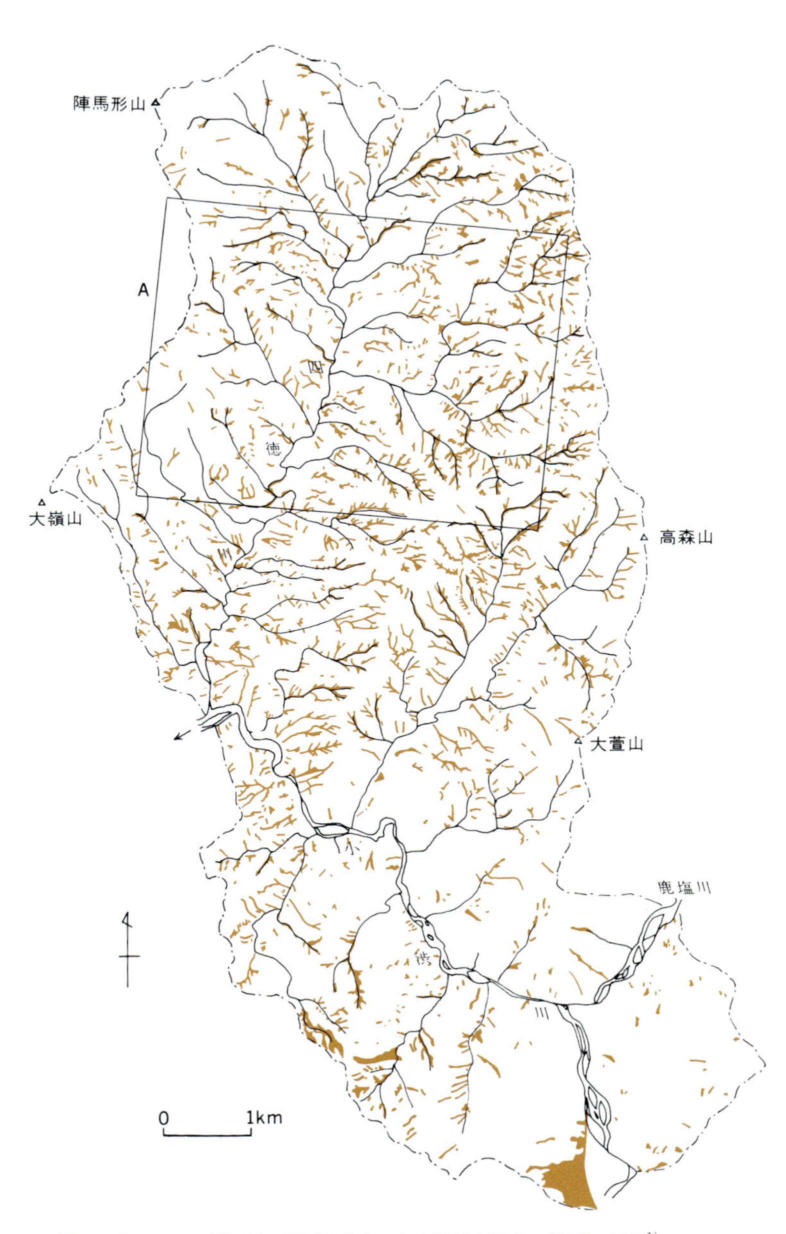

D 四徳川とその周辺域の崩壊地分布. **A** の範囲を示す. (村野, 1966[1], 一部省略)

B, D は, 建設省土木研究所長の転載許可承認(建土研情発第 58 号)を得て転載したものである.

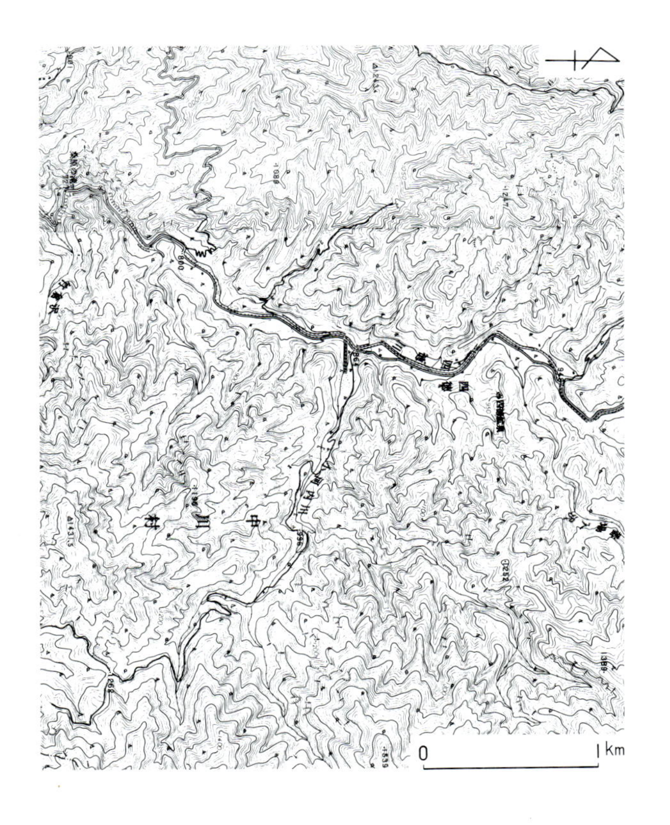

C 1/2.5 万地形図 鹿塩(昭 57 修測)・伊那大島(昭 51 測量).
A の範囲とその東側の地域. 花崗岩山地は山ひだが細かく, 崩壊地の規模も小さい.

§2-3 地すべり——長崎県平山，樽河内

長崎県北部から佐賀県西部の北松地すべり地帯では，地質構造を反映して大規模な流れ盤すべり，中規模な受け盤回転すべり[1]がみられる．この地域の基盤は漸新世〜中新世の世知原層(粗・中粒砂岩から泥岩にいたる一輪廻層が多数反覆)で，その上に八ノ久保礫層と中新世最新期の北松玄武岩類が不整合でおおう．多くのすべり面は泥岩上部の炭層にはさまれた凝灰岩や凝灰質粘土層中にある[1]．

E1，E2 は佐世保市北北西約 10 km の愛宕山の平山地すべりとその東南に隣接する樽河内地すべりの 1962 年と 1967 年の状況を示す．平山地すべりの先駆・前兆現象としては，1960 年 11 月頃から山麓部での井戸水の枯渇，湧水の減少，舌端部での亀裂発生，水田の隆起・決壊などがみられ，1962 年 7 月の集中豪雨時に渓岸が崩壊した．**E1** はその翌月に撮影された．翌 1963 年 9 月愛宕山山頂部 p で，北西－南東方向に幅約 10 m の 2 筋の平行亀裂が発生して地溝状に陥没し始め，地すべり塊は a 付近を頂点として北西，北東，東の 3 方向へ分離して移動した．翌年 3 月までに見掛け上 36 m 陥没し，南側の亀裂は顕著な滑落崖になった．変動域は約 56 ha におよぶ．また 1962〜1967 年間の水平移動量は中央部で北東へ最大 110 m である(**A**)．地すべりを起こした世知原層[2]は，a 付近より北方へドーム状構造をしている．すべりの方向はこれに調和的である．

この地すべりは世知原層からの採炭と関係するらしい．**A** に，松浦三尺(C 38)炭層の採掘範囲(採掘期間 1960〜1962 年)を示す．**B** は世知原層の中央の輪廻層に狭在する平山地すべり発生層準の地質柱状図である．地すべりの徴候は採掘開始直後の 1960 年 11 月に現われた．採炭による上位地層のたわみから地層に亀裂を生じ，これが地下水の変化などの先駆現象の要因の一つとなったと考えられている．**E2** の中で c は地すべり跡地，d は不動地，e は地すべり先端部の抑え盛土用の砂防ダムである．

樽河内地すべりは 1959 年 2 月，山麓緩斜面に落差 3 m，延長60 m の亀裂が発生したことに始まった．1 年後山頂にも亀裂が発生，拡大し，急激な陥没がつづき，約 3 カ月後に落差 15〜20 m をこえるに至って山腹面が大崩壊した．一方，緩斜面でも陥没や崖端崩壊が発生した．移動範囲は滑落崖 4 ha，崖端急傾斜部 5 ha，緩斜面約 21 ha で，緩斜面主部の 1960〜1967 年間の水平移動量は約 40 m におよぶ[3]．滑動層の主体は含炭層の上に載る過去の地すべりによる崩積岩屑層とみられている(**D**)．滑落崖 b からのブロック滑動(たとえば f)は地すべりの後方拡大の過程である．また **E2** にはその北側前面の緩斜面上の人家の移転(h)，道路の付替(r)，緩斜面末端の崩壊の拡大(g)などがみられる．d′ は不動地，e′ は地すべり先端部の抑え盛土用の砂防ダムである．

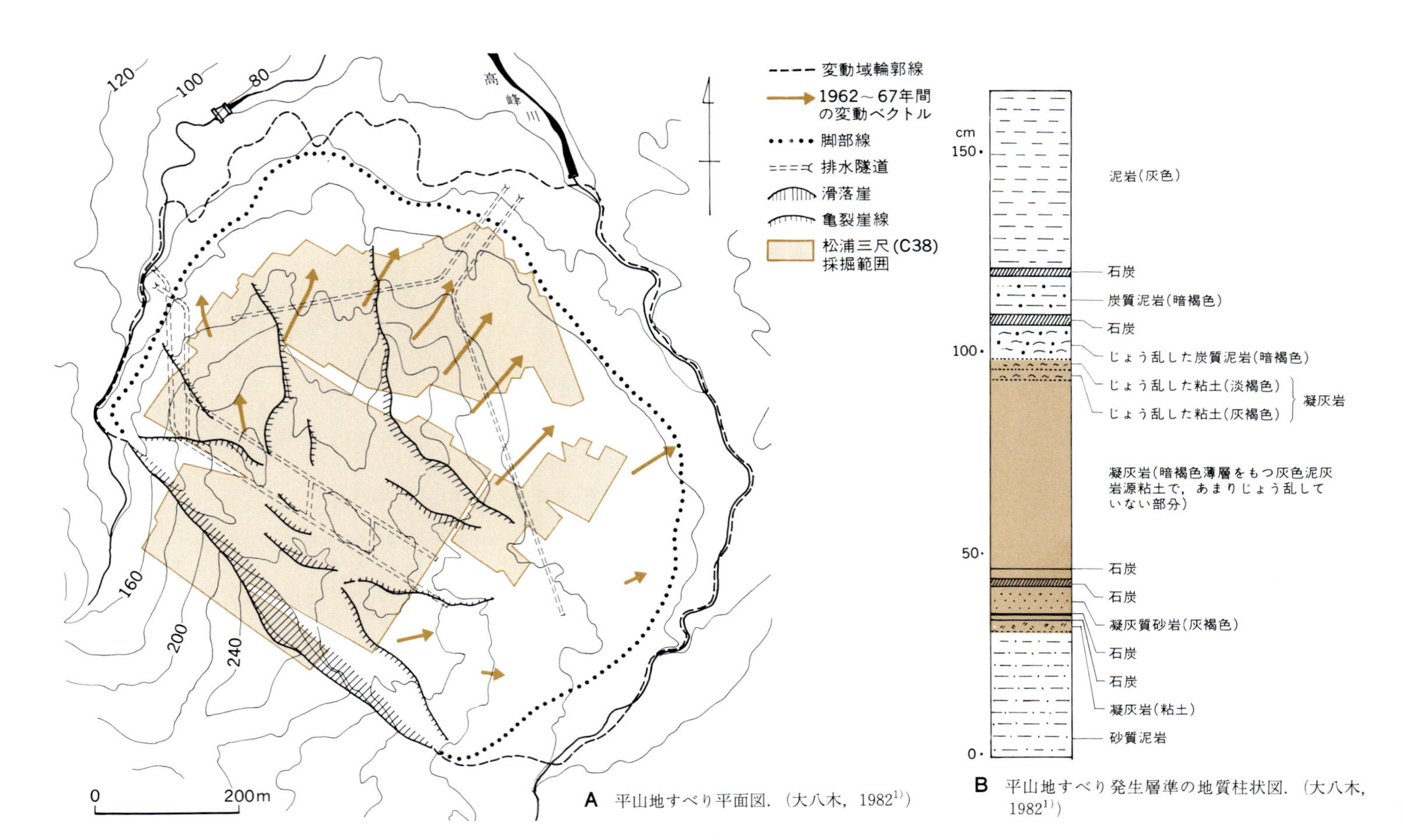

A 平山地すべり平面図．(大八木，1982[1])

B 平山地すべり発生層準の地質柱状図．(大八木，1982[1])

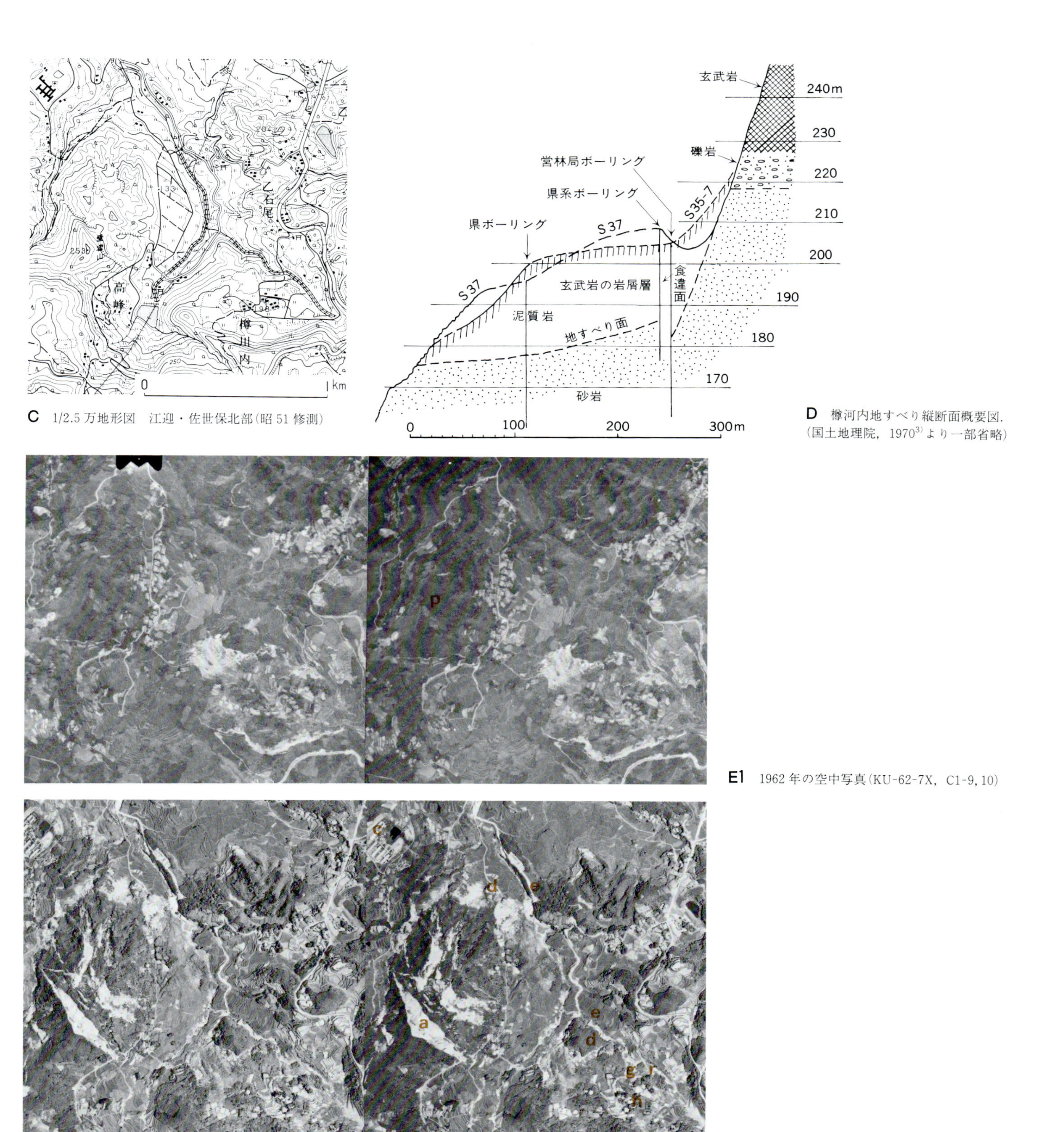

C　1/2.5万地形図　江迎・佐世保北部(昭51修測)

D　樽河内地すべり縦断面概要図.(国土地理院，1970[3]より一部省略)

E1　1962年の空中写真(KU-62-7X，C1-9, 10)

E2　1967年の空中写真(KU-67-5X，C1-1, 2)　aが平山地すべりの滑落崖，bが樽河内地すべりの滑落崖.

§2-4 巨大地すべり性崩壊と土石流——姫川支流浦川，稗田山

特定の地質からなる山地斜面——断層破砕帯や温泉作用で変質した火山岩の斜面や層すべりを起こしやすい斜面など——では，突然巨大な地すべり性崩壊が発生し，斜面と谷の地形が一変することがある．荒廃山地や荒廃河川は，この種の激しい地形変化を最近に経験したところである．

浦川は，姫川の中流部で左岸から合流する小渓流（流域面積 21 km^2）であるが，白馬大池火山群の山地を刻み，大崩壊地の多い，日本屈指の荒廃河川である．ここでは 1911 年 8 月 8 日に稗田山の大崩壊（**A, B** の大崩壊地，面積 180 ha）が発生した．ひきがねは 4 日前の豪雨に関係すると思われるが，発生機構はよくわかっていない．総量 $1.5 \times 10^8\ m^3$ もの崩壊物は岩屑流となって浦川を流下し，谷底に厚く堆積するとともに姫川を堰止めた（**D**）[1,2]．**B** は大崩壊 1 年後の測量による地形図で，岩屑流による浦川の埋積と姫川来馬（くるま）河原の拡幅（**B** の b 地点には来馬の集落があった）が記されている．なお，姫川を堰止めて一時湖をつくった岩屑流堆積物のダム（高さ約 60 m）は，翌年 7 月の洪水で破壊した．このほか **B** には，s 地点での小ダム湖の形成と，岩屑流堆積面が左岸側で流水により下刻され始めた様子がわかる．現在の浦川は，図 **A, C, E** のように，1911 年の岩屑流堆積面を上流では 50～130 m，下流では 25～35 m も刻み込み段丘化している．この段丘地形から，1911 年稗田山岩屑流堆積物が流水で削られた総量を測定すると 50 年間に $3.3 \times 10^7 m^3$（稗田山崩土の約 20％）となる[1]．一方，浦川から搬出される土石を受け入れた姫川本流の河床は，つり上げられて最大 20 m も上昇した（**E**）．浦川・姫川合流点から姫川の下流側 4.5 km までの区間の河床堆積量はおよそ $3.0 \times 10^7 m^3$ である．

1911 年の大崩壊以後，浦川では 1912, 1936, 1948, 1955, 1964～65, 1981 の各年に，かなりの規模の土石流が発生し，姫川を堰止めたほか著しく河床を変化させた[3]．それは 1911 年の崩壊堆積物が谷に多量残存していることに加えて，金山沢源頭部や浦川上流左岸にある地すべり性崩壊地がきわめて多量の土石を供給したからである．

A, C には，以上の崩壊地のほかにも多数の地すべり地がある．背後に円弧状ないし直線状の急崖をもち，その前面に不規則な凹凸をもつ緩斜面があるところは，いずれも地すべり地で，現在も慢性的にすべっているものもある．断層に接して破砕した第三紀層や変質した火山岩といった地質条件と，多雪による豊富な地下水とが，この地域の地すべりの起因である．

A 空中写真（No.7910-7912，1965，建設省松本砂防工事事務所提供）

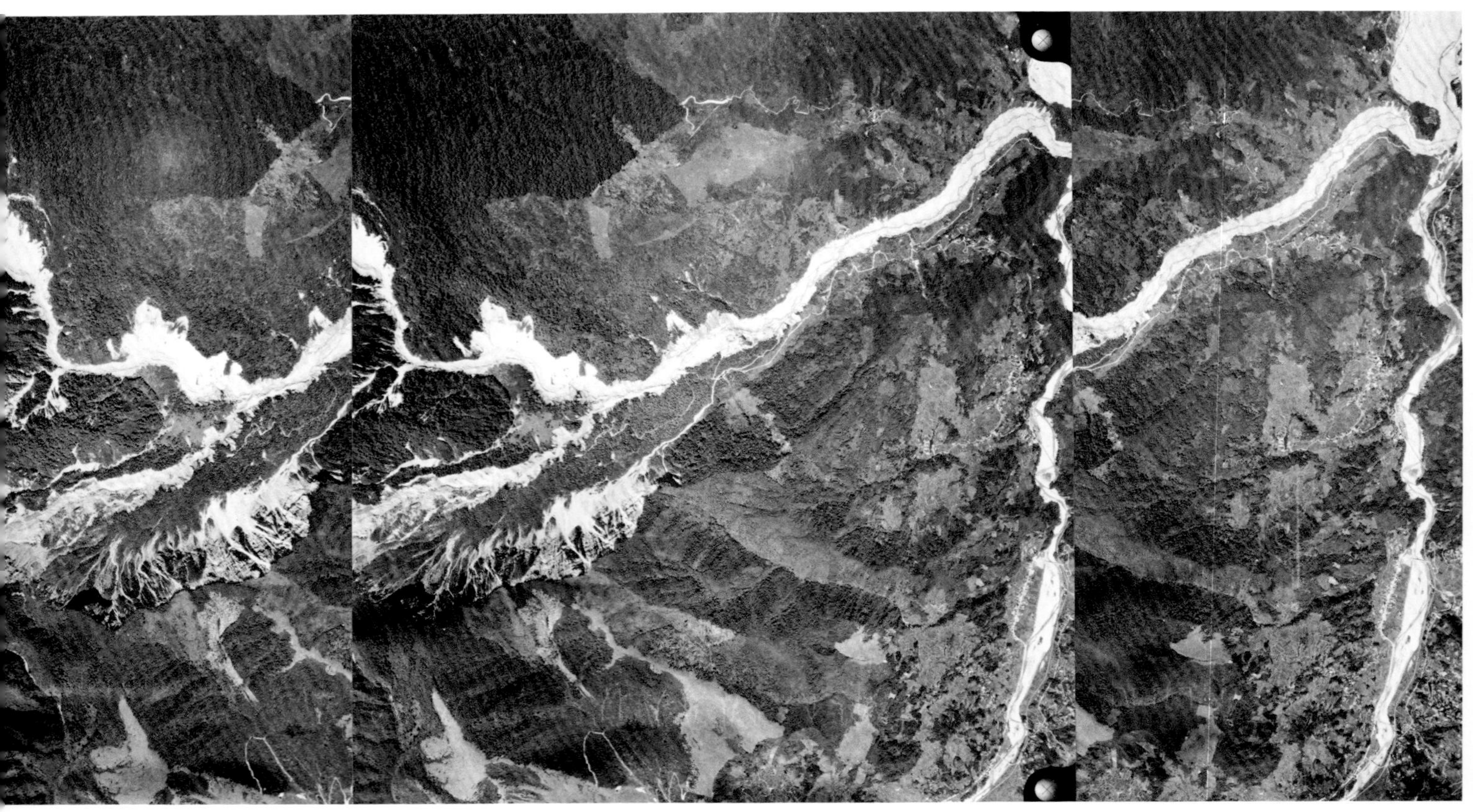

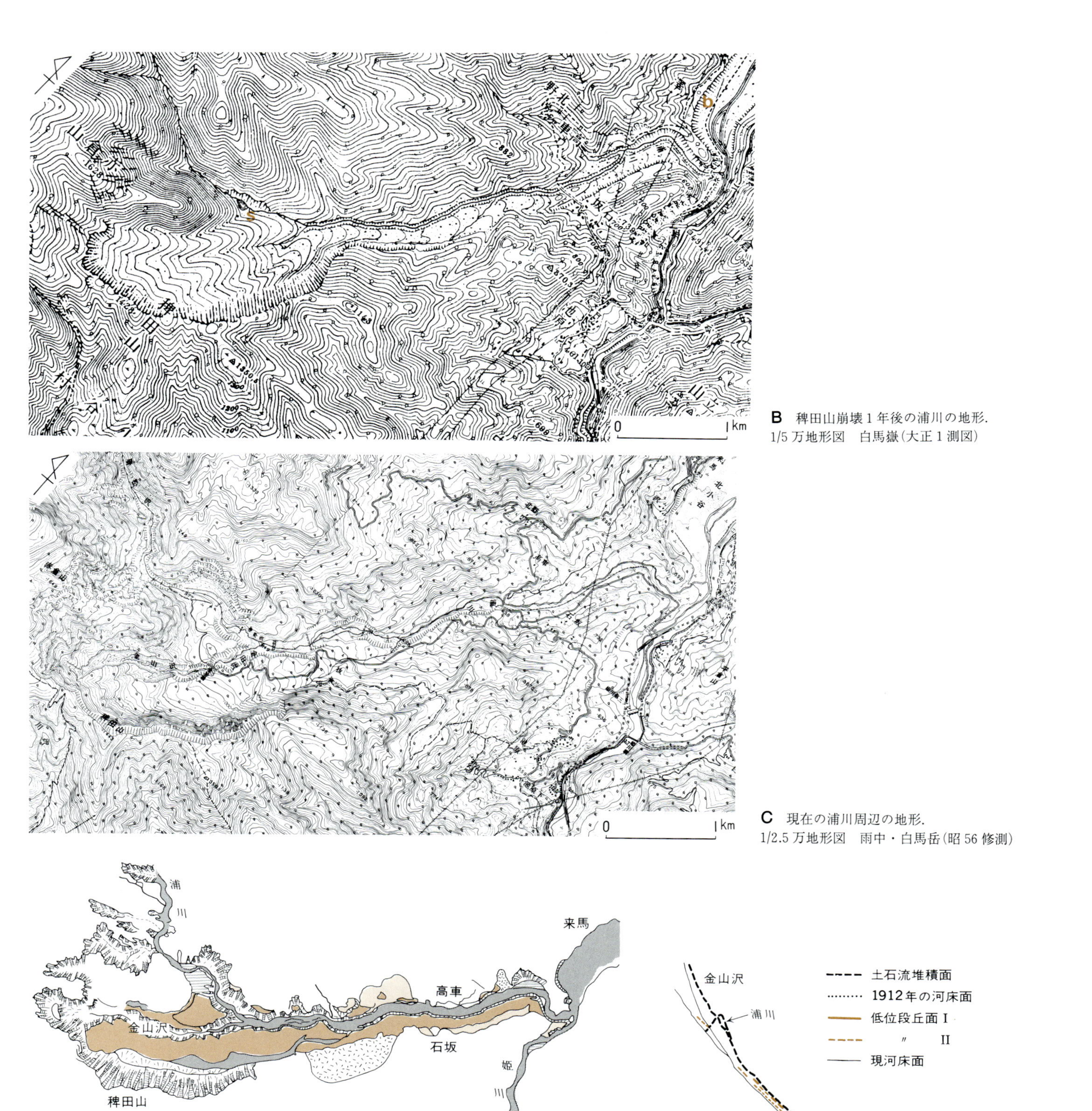

B　稗田山崩壊 1 年後の浦川の地形.
1/5 万地形図　白馬嶽(大正 1 測図)

C　現在の浦川周辺の地形.
1/2.5 万地形図　雨中・白馬岳(昭 56 修測)

D　浦川中・下流部の地形学図. (町田, 1964[2])

E　浦川および姫川の縦断面形の変動. (町田, 1964[2])

§2-5 大規模土地改変——東京都多摩丘陵

多摩丘陵は主として下部更新統上総層群の未〜半固結堆積岩を基盤とし，一部の丘頂部に中部更新統の御殿峠礫層やおし沼砂礫層が分布する．そしてほとんどすべての丘頂部や丘腹斜面を中・上部更新統の風成テフラ層がおおう．また数多くの谷底には薄い沖積層が分布する(**C**)．この地域は1960年代初めまで，せまい谷底の水田，その周縁の小農業集落，一部の緩斜面の畑のほかは，ほとんど雑木林となっていた(**E**)．そのような所で1960年代の中頃から大規模な宅地開発が始まり，1970年代に入ってますます盛んになった．その代表例が，1965年に造成を開始した多摩ニュータウン(3014 ha)で，そのうち多摩センター駅付近の1974年の状況を**A**に示す．

丘陵地での大規模宅地開発には，丘陵斜面に多数のヒナ段を造成する型(やや古い型)，自然の起伏とはほとんど無関係に広大な平坦面が造成される型(たとえば**A**下部)，および丘頂部から丘麓部の2〜3のレベルに分けて平坦面が造成され，途中に丘腹斜面の最急斜部を残す型(たとえば**A**中部)などがある[1]．いずれの場合もかつての丘頂部は切り下げられ，谷底部は盛り上げられる．このうち3番目の型の地形改変の実態を**B**・**C**に示す[2]．切土の深さは最大約10 m，盛土の厚さは最大約15 mで，風化テフラ(関東ローム層)，風化礫およびそのマトリックスの粘土(御殿峠礫層)，砂(上総層群連光寺互層の砂質部)などが主な盛土材となっていて，盛土層のN値は最大8程度である．他の地点では盛土はもっと厚いことが多く，またしばしばより軟弱である．下位に軟弱な谷底堆積物をともなう厚い盛土地の内部や，切土地(きりどち)と盛土地(もりどち)との境界付近で，いろいろな型のマスムーブメントに関連した災害が発生しやすいことは，国内各地の例から明らかである[3]．**A**の範囲にも，造成工事中に泥岩の切土部で地すべりが生じた個所が含まれている．

かつては住宅用地としてほとんどかえりみられなかった全国各地の都市近郊の丘陵地で，1960年代以降急に宅地開発が盛んに行なわれるようになった[4]ことの理由としては，高度経済成長・都市の膨張に加えて，丘陵地に広がっていた薪炭林の利用価値の低下と，それに関連して低地価地帯が丘陵地に広く残存していたこと，さらに大型建設機械使用の一般化にともない，半固結堆積岩や細かい起伏で代表される丘陵地の地形・地質条件が，大規模開発に不適当なものとはみなされないようになったことなどが挙げられる[1]．

A 1974年の空中写真(CKT-74-16, C35-27, 28)

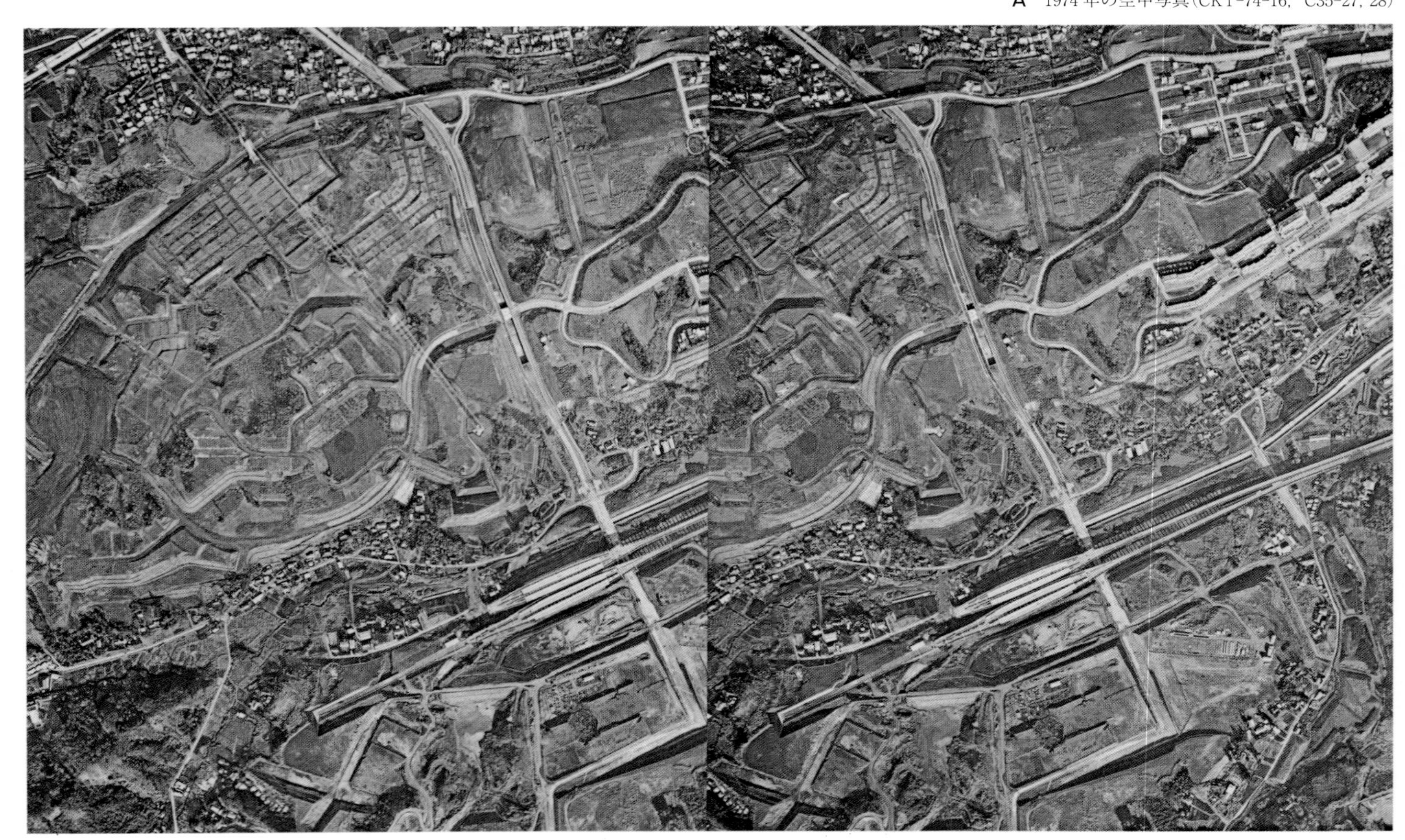

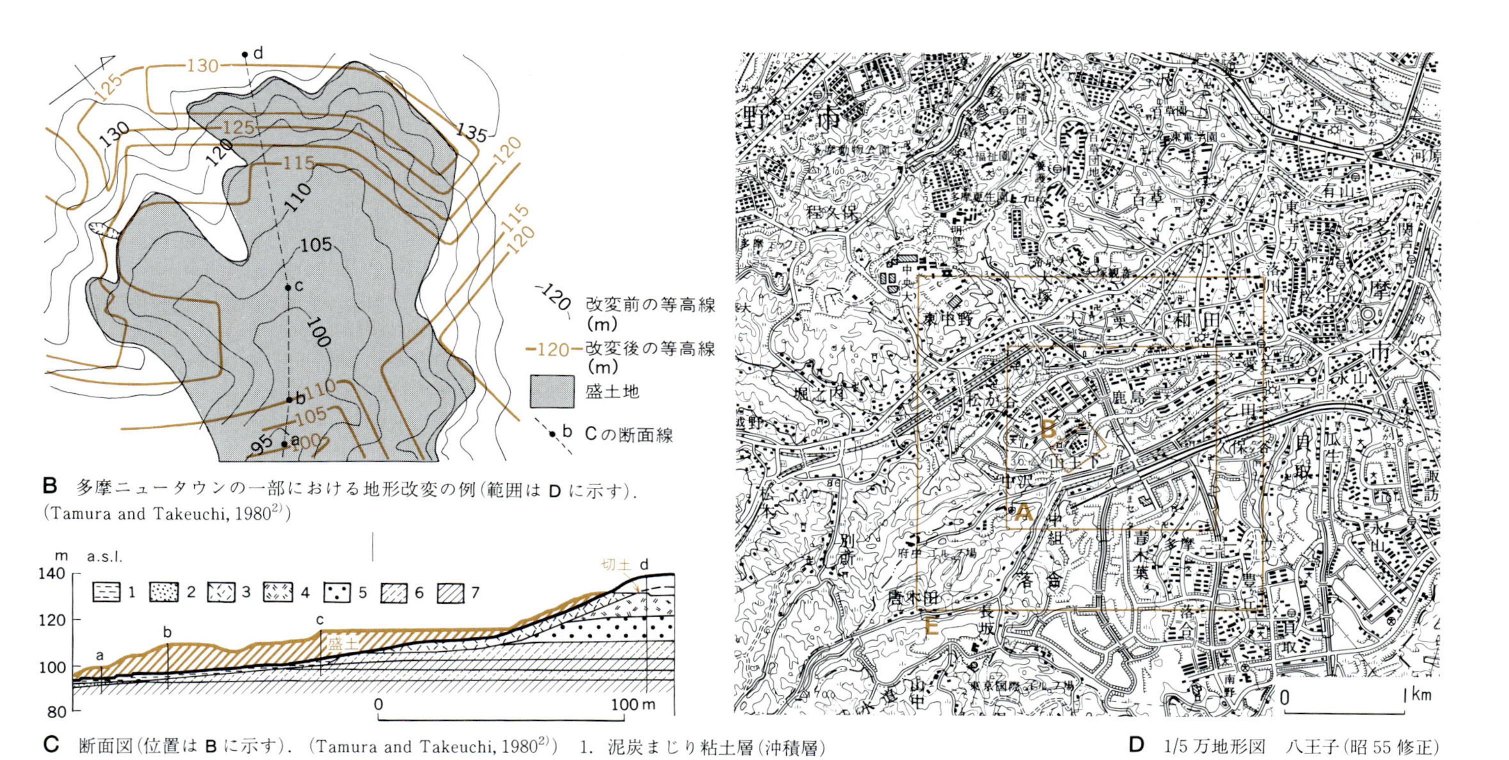

B 多摩ニュータウンの一部における地形改変の例(範囲は **D** に示す).(Tamura and Takeuchi, 1980[2])

C 断面図(位置は **B** に示す).(Tamura and Takeuchi, 1980[2]) 1. 泥炭まじり粘土層(沖積層) 2. 粘土まじり砂層(同上) 3. 風成火山灰層(後期更新世) 4. 同上(中期更新世) 5. 風化礫層(中期更新世扇状地堆積物) 6. 砂層(前期更新世海成堆積物) 7. 半固結泥岩(同上)

D 1/5 万地形図 八王子(昭 55 修正)

E 1964 年の空中写真(KT-64-6X, C2-9, 10)

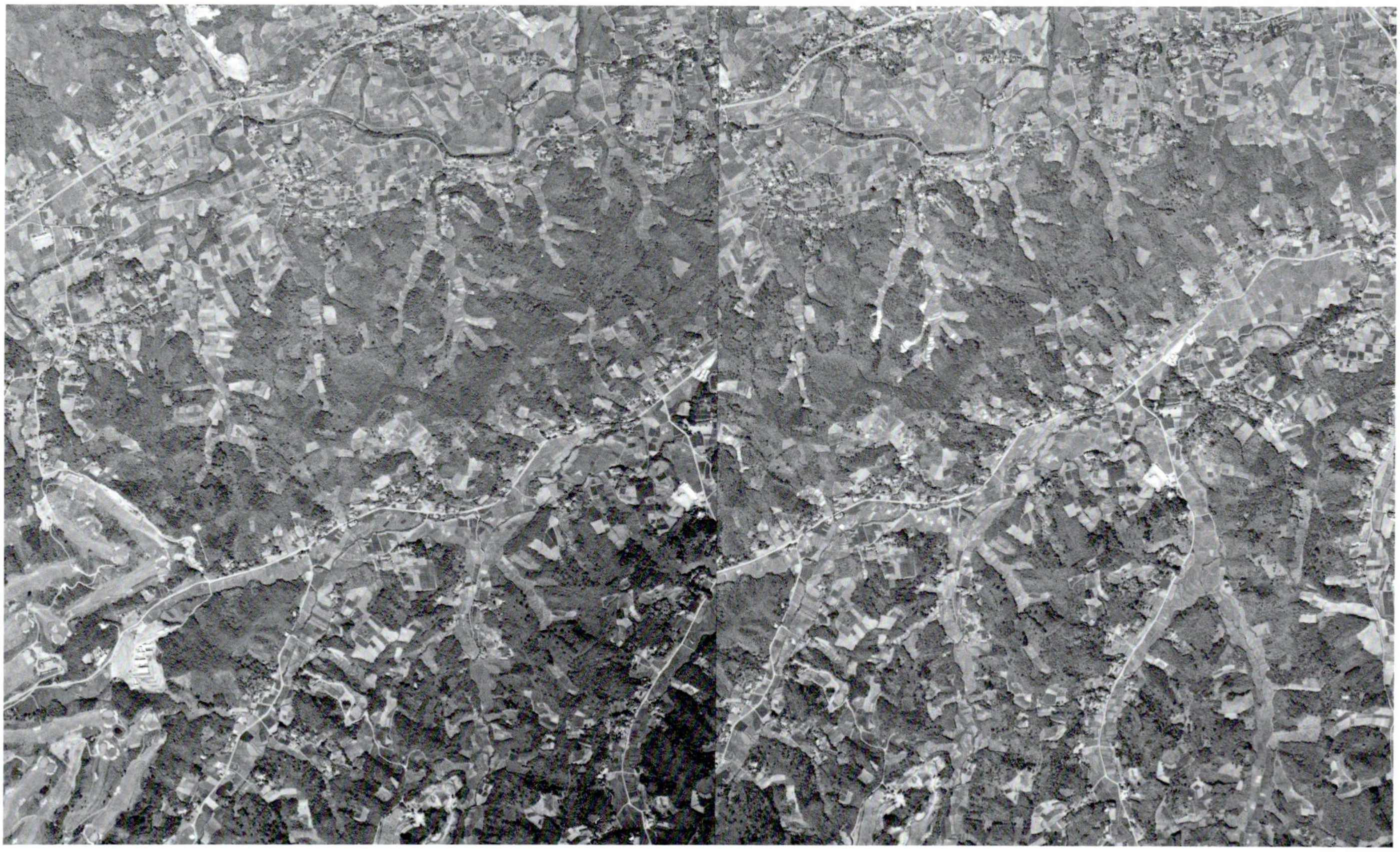

第3章 流水による侵食地形

解説

世界の陸地のうち，流水(河川)に刻まれる土地の割合は85〜90%にも達する．ほとんど雨が降らない砂漠ですら，かつて流水により刻まれた侵食地形(河食地形)がよく発達する(**写真1**)．この本でも河食地形は多くの章でとりあげられている．本章ではとくに基礎的な事項を記すことにする．

写真1 アタカマ砂漠の河食を受けた山地．チリ，アントファガスタ北東．(町田撮影)

水系網の形成

流水による土地の侵食が始まるためには，まずその土地のもっている浸透能を上回るような強い降水があって，一時的にせよ地表に流水が発生することが必要である．流水はとくに平滑な裸地では，はじめ布状に広がって流れるが，すぐに乱流が幅せまいところに集まるようになり，線状または帯状の部分を刻み始める．この作用は植被のあるところより裸地で急速に進行する(**写真2**)．こうして生じたリルやガリーがさらに深く掘れて，地下水面まで刻み込むと，常時流水のある谷となる．かりに一様に傾いた斜面を何本かの谷が平行して流れたとしても，それらの谷のうちもっとも長くまた深く掘られた谷が本流となり，他の谷はこれに合流するようになって，水系網が形成されていく．一つの水系網で結ばれているところを流域という．水系網はその地域の流水がもっとも効率的に排水される方向につくられる．

谷はお互いに次々と合流していくため，階層性をもっている．ホートンやストレーラーらは，この点について谷に次数を定めて格付けし，谷のもっている多くのパラメーター(後記のO，N，Lなど)の間の法則性を論じた[1,2]．すなわち，ホートンの方法を改良したストレーラーの方法によると，最小(最上流部)の谷を1次の谷と呼び，同じ次数の谷が合流すると1次だけ高い次数の谷となるという約束で，谷の次数が設定される．また異なった次数の谷が合流するときには，低次の谷はそこで終わり，高次の谷が下流へつづく(**図1**)．そしてそれぞれの次数(O)と谷の数(N)，谷の平均の長さ(L)，流域面積(A)，谷底の傾斜(S)，谷密度，分岐率などの間には一定の関係が成立している．たとえば $O \propto \log N$ (ホートンの水路数に関する第1法則)，$O \propto \log S$，$O \propto \log A$ など．こうした水系網に関する法則は，でたらめに形成された水系網の統計的性質の一つなのである[3]．

流域の流出特性(時間ハイドログラフにあらわれるような)と関係する水系網のパラメーターとしては，流域内の点から出口までの距離の分布(たとえば平均流出距離，分

写真2 泥火山噴出物に刻まれたガリー．泥火山から噴出したシルト質堆積物は植生におおわれないうちに激しい侵食を受け，このようなミニチュア悪地地形をつくる．地形変化の実験場として利用できよう．台湾，二仁渓の第三系の背斜部．(町田撮影)

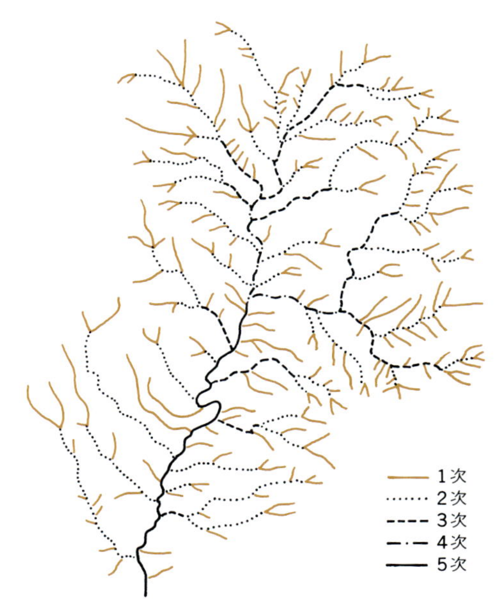

図1　水系網と谷の次数．伊那谷四徳川流域．（§2-2 D 参照）

散，歪度など）は重要である．簡単なパラメーターとしては流域の長さと幅の比，長さの2乗と面積との比なども使われる．また流域内の水路長の総延長を流域面積で割った谷密度は，流域の地形のきめの細かさを表わす．

水系網の分布パターンや谷密度が，地形を大きく規定することはいうまでもない．離水して隆起しつつある海食台に例をとるならば，時間の経過につれ周縁部から谷に刻まれ，やがて谷密度や斜面の占める面積が増して丘陵ないし山地性の地形に移り変わっていく．このような場合にも，その土地の形成史や地質・岩石の種類と構造は，水系網の性質をつよく規定する．このため，開析のすすんだ山地での水系網の特徴は，逆にそれらの形成条件を知る上の有力な情報源となる．そこでここでは流路や水系網の形成にとって原則的な事項を列挙しておこう．

1）いうまでもないことだが，流水はほんらい低所を選び，低い方に流れる．2）いったん形成された流路は，環境の著しい変動がない限り，長期間にわたってその位置を保つ．3）流路の大きさは流量に見合っている．この場合流量の変動が著しい河川では，年に数回位の頻度で発生する中程度の高水時の流量に対応するように，流路がつくられるらしい[4)]．4）谷密度は，他の条件が同一なら，降水量の多いところほど大きい．5）浸透能の大きい地質条件のところより，小さいところの方が谷密度は大きい．6）断層破砕帯や節理などの地質構造上の弱線は，地下水が集まりやすくまた侵食されやすい物質をはさむことなどのために，谷になりやすい．そして構造線に支配された谷（適従谷）が形成されやすい（2章解説写真1）．

特異な水系や流路，およびそれに関係した地形

アマゾン川，ナイル川，黄河などのように，流域面積が広大で，その中に湿潤地域から乾燥地域までを含み，かついろいろな地殻変動の場を貫流する河川では，水系網のパターンはきわめて複雑である．流量の地域的変化，乾燥地での砂丘の移動による流路の閉塞，その他多くの要因が，流路や水系網の形成とかかわっているからである．ここではそうした大流域の場合よりも，日本のような温帯多雨，しかも変動帯におかれている中・小の規模の地域で，しばしば出現し注目される水系網や谷地形を記すことにする．

前項にのべた1），2）に関係するものの一つに，台地や丘陵の名残川（なごりがわ）がある．すなわち，周囲を大きな河川の側侵食による崖や海食による崖で囲まれている台地や丘陵の中の谷は，かつて大きな河川がそこに流入して形成した低地をひきついだとみられる場合が多い．相模野台地や武蔵野台地の中の多くの谷は，それぞれかつての相模川と多摩川の流路だったとみられる．また多摩丘陵を開析する谷の多くは，古相模川の形成した御殿峠礫層の分布と調和的で，北東方向に流れているのも，古相模川の流路跡に起源することを示唆する（**図2**）．こうした場合，水系の主方向は原初の地表面の勾配の向きを，また基盤の地層や台地面・丘陵背面の傾斜の方向は，それらが形成された時以降の地殻運動の向きをそれぞれ示すので，地殻変動の変遷を論じるのに利用される．

先行谷および積載谷は，前記2）の性質にもとづく谷地形である．この二つとも高い山脈を横切る横谷で，峡谷をなすことが多い．流路がもともと現在と同じ位置に形成された点では両者とも同様だが，先行谷はそれを横切って山地の隆起が生じたものの，下刻量は隆起量を上回って横谷ができたものをいう．一方，山地の隆起をともなわずに水流が固い岩盤まで下刻して生じた峡谷を，積載谷という．横谷の場合，一見しただけでは両者は区別し難い．

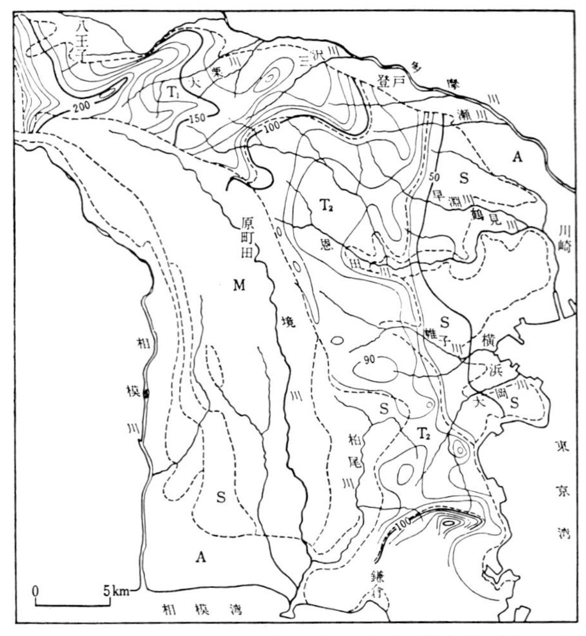

図2　多摩丘陵と周縁辺の谷埋め等高線図と水系．等高線は幅2 km 以下の谷を埋めたもの．点線は地形面境界．（吉川ほか，1973[5]）

前記の3）で述べた原則と異なって，谷地形が大きいのに現在の流路は著しく小さい場合がある．それは無能河川とか不適合河川とか呼ばれる．上記の相模野や武蔵野台地の名残川の多くはこの類で，谷地形は台地を貫流していたかつての本流によって形成されたが，その後本流が転移したため，流域面積の小さなしたがって流量のわずかな川に変貌したのである．曲流する河川の曲率半径も流量と正の関係がある．上記の諸例では，曲率半径の大きな谷壁に囲まれた谷底を現在の流水は細かく曲がりくねった流路をとって流れている（**図3**）．このような例は，上流における河川争奪によって生じたものであるが，乾燥地の周辺などでは，気候変化（主に降水量の著しい変化）によって生じたと考えられる不適合河川あるいは2種類の流路が認められることがある（**図4**）．

前記の5），6）に述べたような地質条件と水系網との関係を示す例はきわめて普遍的にみられる．その一つは第三系や更新統など若い地層を基盤とする丘陵ないし山地の谷が，河成の礫層や溶岩など浸透能の著しく大きな物質によって埋めたてられたときなどにみられる．埋めたてられた地域では，地表水流は少ないため谷密度は小さく，したがって堆積面はよく保存される．これに対し，その周囲の地

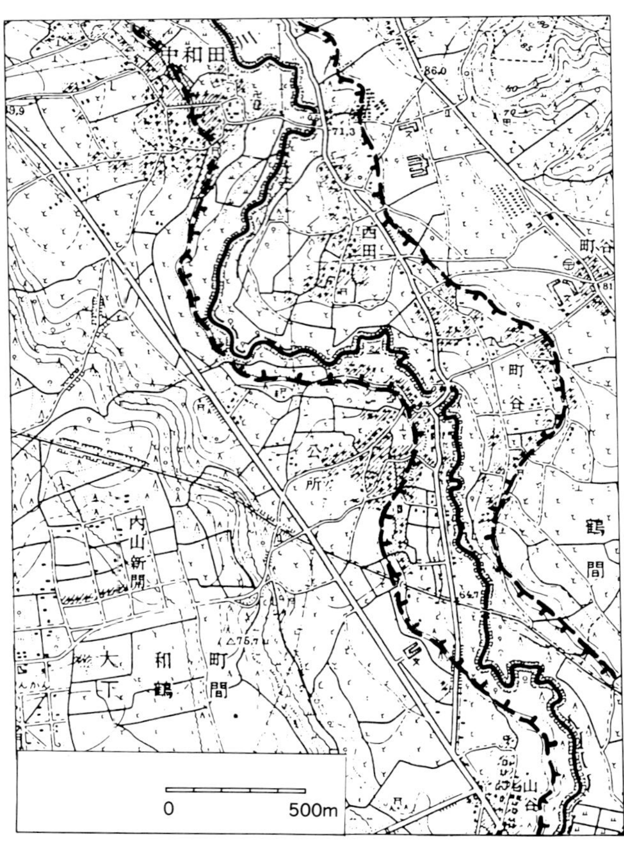

図3　境川の谷地形と流路．太線は改修前の境川流路．（1/2.5 万地形図原町田，昭29修測にもとづく）

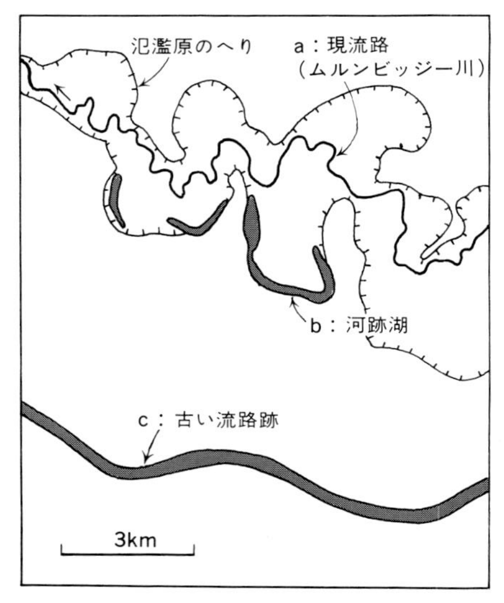

図4　オーストラリア，ダーリントンポイント近傍の，気候変化にともなう河道変遷．（Schumm，1969[6]）
この図にに現流路（a）のほかにb，cの古い流路跡が認められる．最古のcは直線的で河幅広く，流路跡は浅く，河床堆積物は砂と細礫である．bは幅と深さ，曲流の様子を除けば，シルトや粘土からなる堆積物など多くの点でaに似る．こうした3時期の流路跡から気候が乾燥から湿潤，さらに乾燥へと変化したことが読みとれる．

域ではより早く斜面が後退したり尾根の高さが低下するので，高い砂礫台地や溶岩台地が成立する(図5)．こうした現象は地形の逆転と呼ばれる．

地質条件が河川の侵食地形に与える影響には，このほかにも第12章で記されるようないろいろの場合がある．したがって地形を現地や空中写真で詳しく観察することによって，地質岩石の種類や構造を知ることができるのである．

河川の縦断面形とその変化

流下距離を横軸に，河床高度を縦軸にとって谷の中心線に投影した河床縦断面形を，いろいろな川についてくらべてみると，日本のように大起伏山地から流れ出す長さの短い河川は，大陸の河川にくらべて非常に急な勾配をもっていることがわかる(図6)．そして共通していえることは，上流から下流までしだいに勾配を減じ，大局的には上方に凹の形をなす点である．ところがやや細部についてみると，日本の河川では山から平野にでるとき，山地内の河床勾配より扇状地のそれがかえって急になる例がいくつか知られている[9](図7)．それは山地内の峡谷部では，川幅が基盤岩で限られるために水深と流速が増大し，緩やかな勾配が出現しているためと考えられている[10]．

上流から下流へ系統的に変化する河川の特性としては，勾配のほかに流量とそれに関与する諸水理量(たとえば水面幅，水深と流速)，送流される河床物質の粒径と量，河川の平面形(網状流や曲流の様子など)をあげることができる．これらの諸特性の下流への変化を総合してみると，河川縦断面形が上に凹なのは，下流方向への河床砂礫の粒径変化が指数関数的に減少するためではないかと考えられる[11]．そしてこの考えをとり入れた河床変動に関するモデルも考えられている[12]．

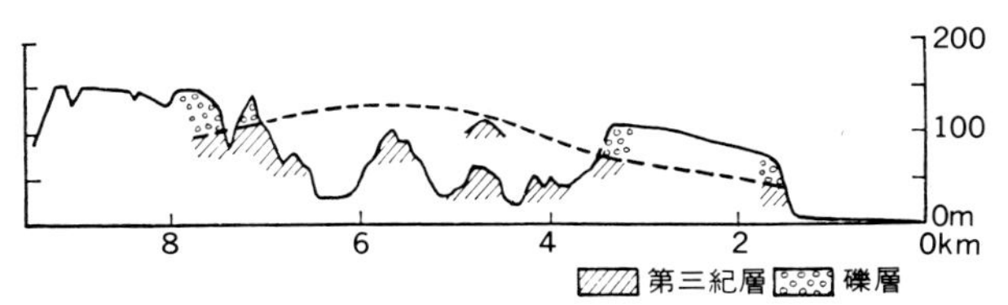

図5　牧の原における地形の逆転．破線は礫層堆積前の地形．(吉川，1947[7])

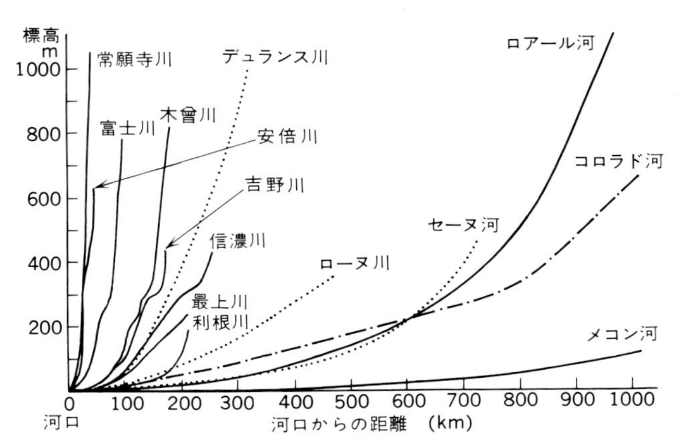

図6　日本と大陸の河川縦断曲線．(高橋・阪口，1976[8])

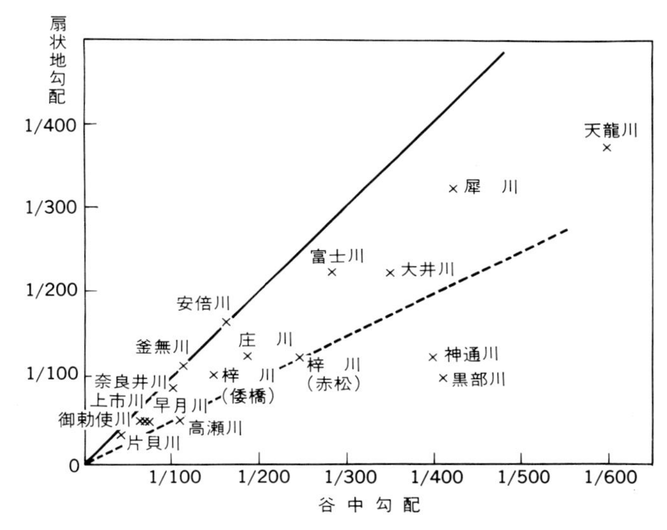

図7　扇状地とその上流河谷との勾配関係．(村田，1933[9])

河床砂礫の粒径変化については，ステルンベルグの経験則がある．

$$p = p_0 \exp(-c\,\phi x)$$

ここでpは砂礫の重量，xは流下距離，$c\phi$は摩耗係数である．礫の形状・比重を一定とすれば，砂礫の重量は粒径におきかえることができる．

シュリッツは河床勾配が粒径と比例して変化するとした[13]．日本の例でもこれを支持する資料がある[14,15]．そこで河床勾配が指数関数的に変化するならば，河川縦断曲線に近似する数学的関数としては，指数関数がもっとも適当だと考えられる．河川縦断曲線の指数関数を求めるには，河川が横切る等高線間の水平距離を測定し，最小2乗法で勾配−距離について指数関数の係数を求め，次に積分する．

流路沿いの一定区間内で侵食量と堆積量がほぼ釣り合っている河川の状態は平衡状態と呼ばれる．マッキン[16]は，長年月の間上流斜面から供給される土砂の運搬に必要な流速を生ずるように勾配が調節された河川を平衡河川とした．そして何らかの外部条件が変化すると，平衡河川はその変化の影響を吸収し，新たな平衡状態へ移行させるのがこうした状態の河川の特色だと述べた．実際には，河床の垂直変動が少ない川は平衡河川に近いとみなすことができる．

流量や運搬物質の量が何らかの原因で著しく変わると，河川は洗掘や堆積を行ない，河床縦断面の形を変化させる．すなわち新しい外部条件に応じた平衡状態に向かうように河床は変化する．そうした変化によって新しい河床からとり残された旧河床の残片が河成段丘面である．また埋めたてられた旧河床(埋没谷底)も広義の段丘の一つである．こうした段丘面を連ねて復元し，それらの形成年代を決定した上でいろいろな時代の河川縦断面形をくらべてみると，河川は時代ごとに特色のある縦断面形を形成していたことがわかる．ほとんどの河川で現在の(後氷期の)河床勾配は，最終氷期のそれよりも緩い．すなわち後氷期に河川は上・中流部で深掘れを起こし，下流部の三角州地帯で堆積性の平野を形成している．似たような緩勾配の河川は更新世の間氷期にも出現したらしい．これに対して氷期にはもっぱら急勾配の河川がつくられた．8万年前から5万年前，4万年前から2万年前にかけての氷期には，河川上・中流部では堆積作用により河床が上昇し，下流部では洗掘が起こった例がいくつかわかってきた[17]．

このような間氷期－氷期－後氷期の河川縦断面形の変化を模式的に描くと，図8のようになる．河床を変化させる要因には多くのものがあげられるが，間氷期，氷期という気候変動に即してこのように変動したことは，気候変化に基づく運搬岩屑量と流量との変化および海面変化がもっとも重要な要因であることを示唆している．間氷期(後氷期)に中・高緯度地域で考えられる砂礫供給量の減少と流量の増加それに海面の上昇は，緩勾配の川を成立させ，逆に氷期に考えられる上流部での砂礫供給量の増大(裸地や植物被覆の少ない地域の拡大にもとづく)や流量の減少(降水量の減少)は，海面低下とあいまって急勾配の河川をつくる

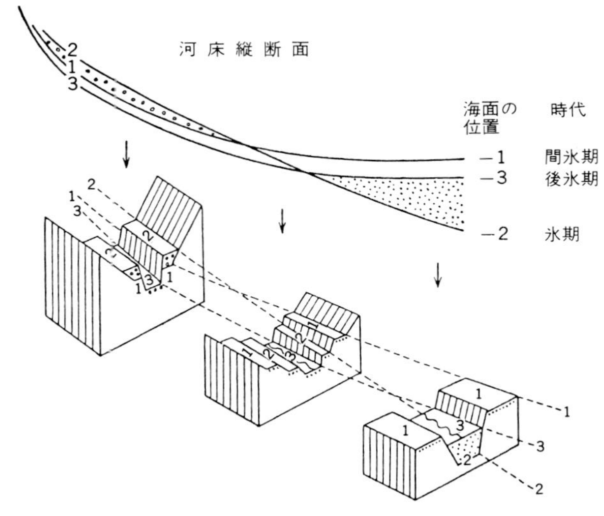

図8　氷期と間氷期(後氷期)の河川縦断面形と段丘の形成モデル．(貝塚，1977[18])

有力な条件だからである．

かつて河川の変動に重視されてきた地殻変動の効果は，いまや局地的にまた長期的にしか意味をもたないと考えられつつある．なお，局地的かつ短期的ながら河床変動に影響を与える要因として，最近人為による河川の制御が大きく浮かび上がってきたことはいうまでもない．

台地・丘陵

海成や河成の平坦地が，離水して生じた台地とか段丘とか呼ばれる地形では，段丘崖は河川の側侵食や崩壊で後退するばかりでなく，ガリーで刻まれたり，湧泉のところに1次の谷ができて後退していく．そして新しい地層でおおわれない限り，時間の経過とともに台地平坦面の面積は減少する．その開析の速さは，気候(植生)，地質条件，貫流する高次の谷の密度，台地面の標高や侵食基準面からの距離，隣接する地形面の古さやそれとの比高など，数多くの条件に制約される．したがって台地の開析度を台地の古さの指標としたり，離れた台地間の対比の手がかりとするのは，他の条件がほぼ同じ場合にのみ可能である．

谷密度が増えて斜面の面積が大半を占めるようになった小起伏の地形は，丘陵と呼ばれる．頂部がほぼ等しい高さにある丘陵には，次の二つの成因がある(**図9**)．A)もとは平坦面から出発したが，侵食作用によってその平坦面がほとんど失われたり，台地が厚いテフラにおおわれたり，周

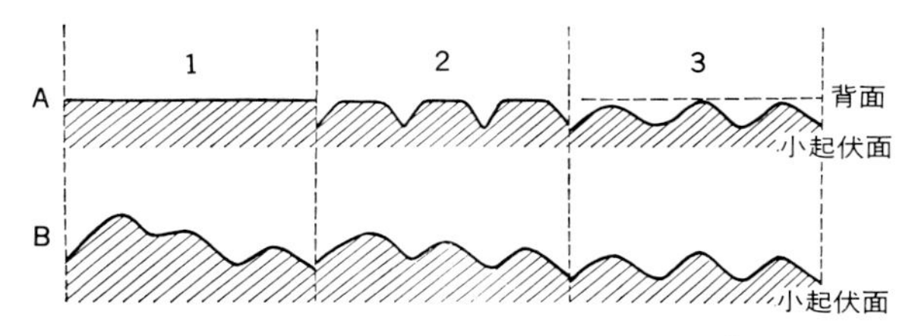

図9 背面と小起伏面．(吉川ほか，1973[5])

氷河作用が働いたりして，なだらかな地形に変化したもの(もとの平坦面を復元したひとつづきの地形面を背面(はいめん)という)．B)もとは起伏にとむ山地だったが，侵食の進行につれ，同種類の長さの谷がほぼ同じ密度で発達するようになって，谷と谷との切り合いが行なわれ，ほぼ同じ高さの尾根をもつ小起伏地形が形成されたもの(尾根を連ねた地形面を小起伏面と呼ぶ)．これらの区別は，丘陵地形の研究には必須の事項である．

日本の場合，上記のA)の成因をもつ丘陵地が多い．これまで知られた限り，残存する背面で年代の知られたものは更新世中期の初頭(およそ50万～70万年前)まで遡ることができる．内陸にあって砂礫層からなる丘陵ほど，背面が遅くまで残ると考えられる．

山地・準平原

平坦地形面から出発した丘陵がしだいに隆起すると，基盤岩の露出する山地に移行していく．このような山地では多くの場合，頂上部の高さがよく揃っていたり，緩斜面や小起伏面が山頂部に残存している．こうした侵食平坦面はかつて侵食作用により海面近くまで土地が削剝・低下して生じた準平原の遺物とみなされることが多い．日本のような土地の隆起・沈降が著しい変動帯では，侵食平坦面の面積は安定大陸におけるそれよりもせまく，またその形成時代も更新世前期から第三紀末と若いことが多い．また高緯度の山地では，氷河におおわれた経験のない山頂小起伏地形が，周氷河作用により一層なだらかな準平原状の地形に変わると考えられている．

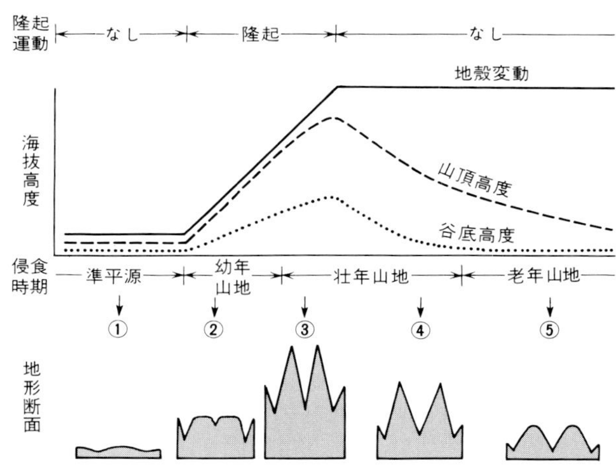

図10 隆起と侵食による山地地形の変化．(貝塚，1977[18])

日本の多くの山地では，山頂部がかつての準平原形成を反映してなだらかなのに対して，谷は深い．それは第四紀に早い速度で山が隆起してきたからである．もし将来，山の隆起が止まってしまうなら，川の下刻速度はやがて遅くなり，それにともなって谷壁の斜面は緩傾斜となり，尾根も低まって，デーヴィスのいう老年期の山地に至るはずである．この間の地形変化は**図10**のように模式化される．

§3-1 台地から丘陵へ——種子島西岸

種子島は台地と丘陵の島である．**A** や **B** から明らかなように，海岸から内陸にかけて何段もの海成段丘があり，この島が隆起してきたことを示している．高い段丘ほど谷密度が大きく，平坦面はせまい．この平坦面は，海岸や浅海底で海食台や堆積台として形成されたが，陸化(離水)後に流水によって刻まれて，次第に細かく分断されたものである．**B** に示した各段丘面のうち，T3 より低いものには台地平坦面をつくる砂礫層が基盤岩の上にのっているが，高いものには砂礫層はほとんど認められず，平坦面もごくせまくて台地より丘陵と呼ばれる地形を呈する．しかし，この丘陵頂面も，高さが1段ごとに一定であることからみると，古期の隆起海食台に起源すると考えられる．このような丘陵頂面を連ねて復元される平坦面は，もとの平坦面から出発したものなので，背面(はいめん)と呼ばれ，そうでないもの(小起伏面)と区別される．

段丘の開析は，背後の高位の段丘群や海食崖から流下する河川(延長川)の侵食によって行なわれるばかりでなく，前面の段丘崖に刻まれた1次の谷の谷頭侵食でも進行する．**A, B** でみられるように，若い段丘(T6 以下)は主に延長川だけで開析され，崖端(がいたん)侵食に始まる谷の開析はまだ顕著でない．なお崖端からの侵食は，段丘堆積物下に埋もれた古い谷に集中する地下水の湧出に発することが多い．なお，**A** ではほぼ南北方向に走る谷が目立つ．これは基盤地質(熊毛(くまげ)層と呼ばれる中生代～古第三紀の砂泥互層)の走向に谷が支配されたためと考えられる．

多数の段丘のうち T4 は，背後に顕著な海食崖とかなり広い平坦面をもつ．またその堆積物中に暖流性の貝化石が含まれているので，その形成期は最終間氷期と推定された[1,2]．最近，1段低い T5 が陸化してから堆積したテフラに，阿多火砕流堆積物(Ata, 約 8.5 万年前)と鬼界葛原(きかいとずらはら)火山灰(7.5～8 万年前)が見出され(**C**)，T4 は南関東の下末吉段丘(12～13 万年前)に対比して矛盾がないことが明らかとなった[3]．これを基準にすると，T1～3 やさらに高い丘陵地の平坦面形成期は，20 万年かそれより前の間氷期と推定される．

原初の平坦面が河川の侵食作用により消失するまでの時間の長さは，基盤岩の岩質，侵食基準面からの高さ，より低位に隣接する地形面の新旧，延長川の密度など多数の条件により異なる．ここで扱った段丘面も熊毛層を基盤とするところでは発達がよいが，種子島東南部の茎永(くきなが)層(中新世の泥岩)のところでは，あまり残っていない．これはもともと小面積の平坦面しかつくられなかったこと，浸透能が小さく歌弱なために侵食されやすいこと，などが原因であろう．したがって段丘の古さの指標としてその開析度をとりあげる場合には，これらの諸条件が同一の材料に限る必要がある．

A 空中写真(m 448-24, 25, 26, 1947) 右が北．

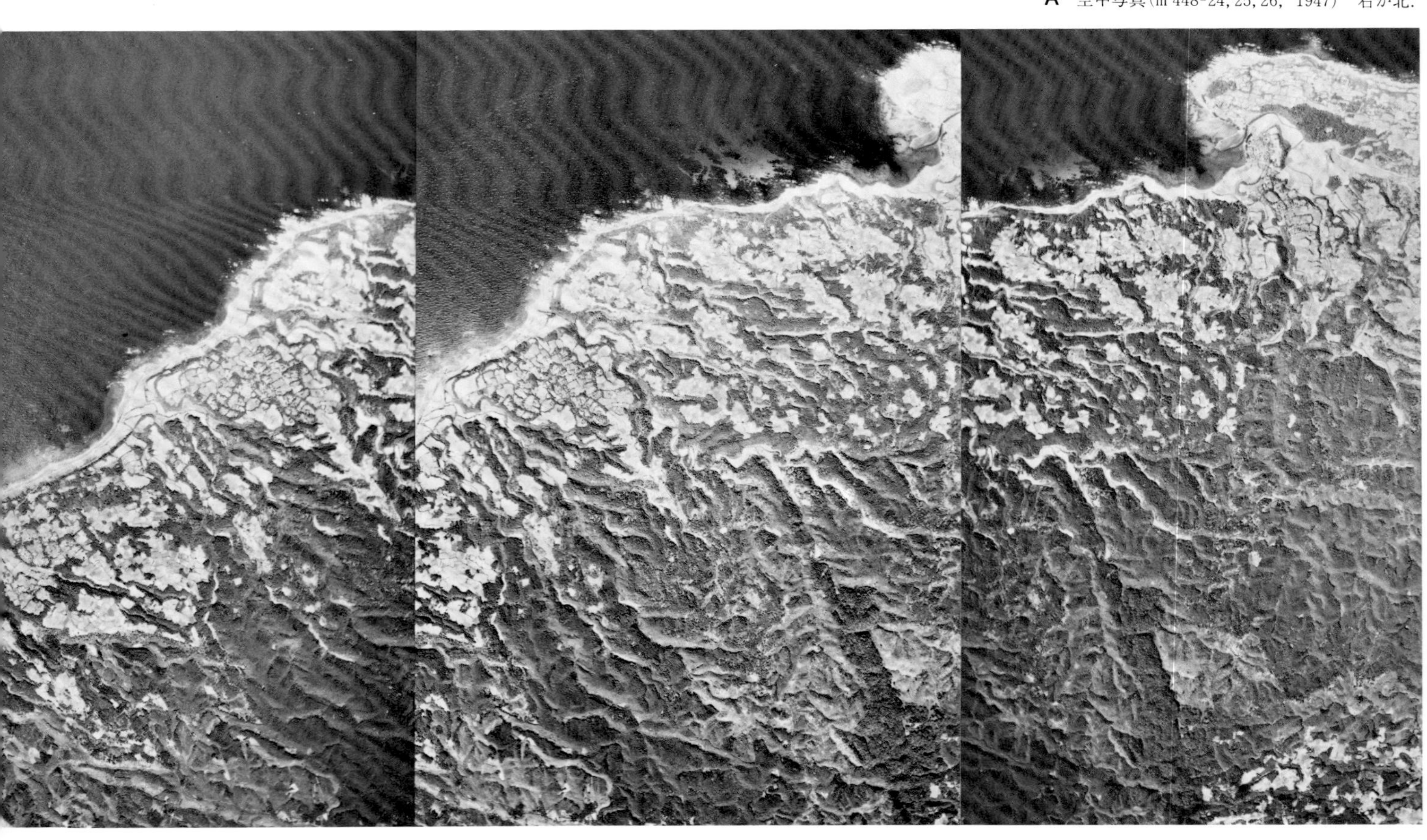

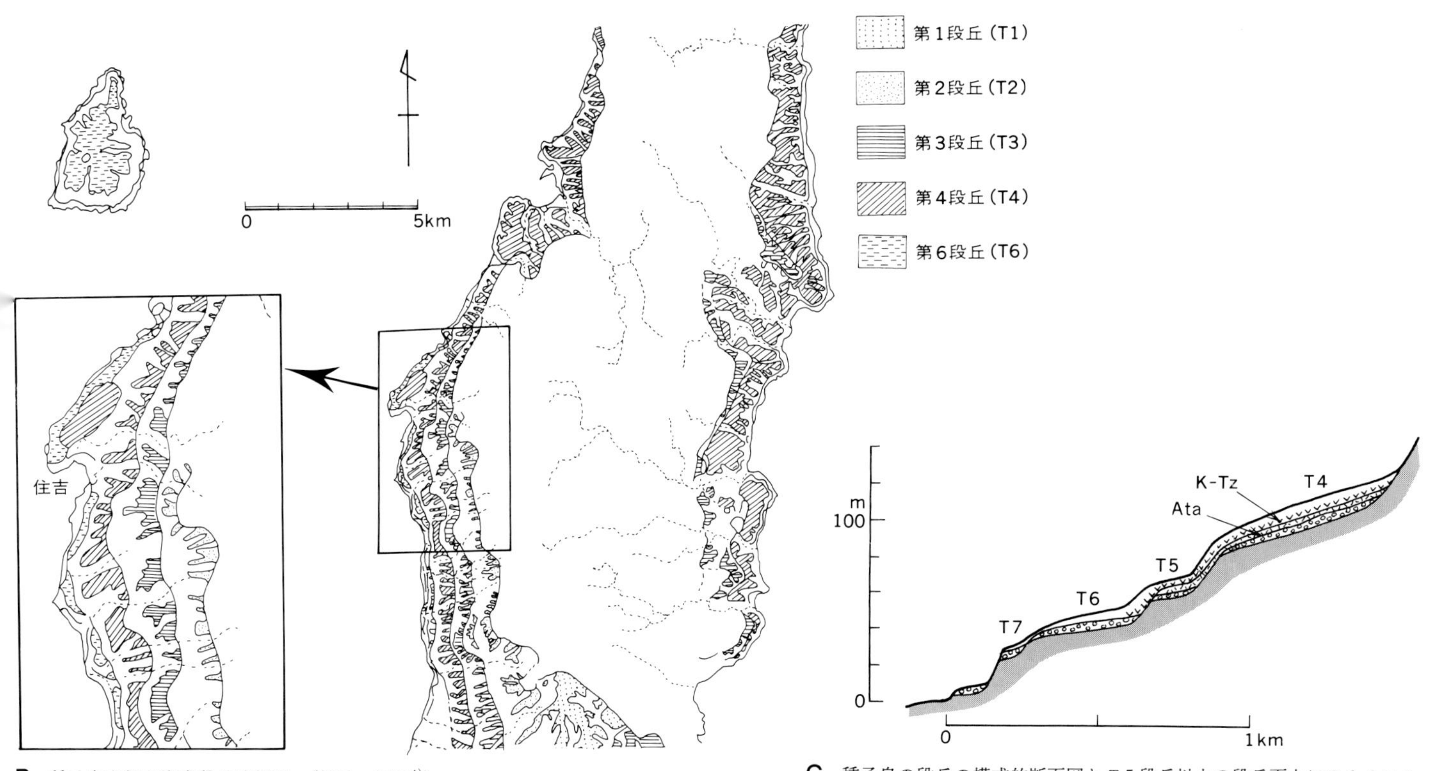

B 種子島中部の海成段丘分類図.（初見，1979[4]）

C 種子島の段丘の模式的断面図とＴ５段丘以上の段丘面上にのるテフラ層序.（町田ほか，1983[3]）
Ata：阿多火山灰（85,000 年前） K-Tz：鬼界葛原火山灰（75,000 年前）

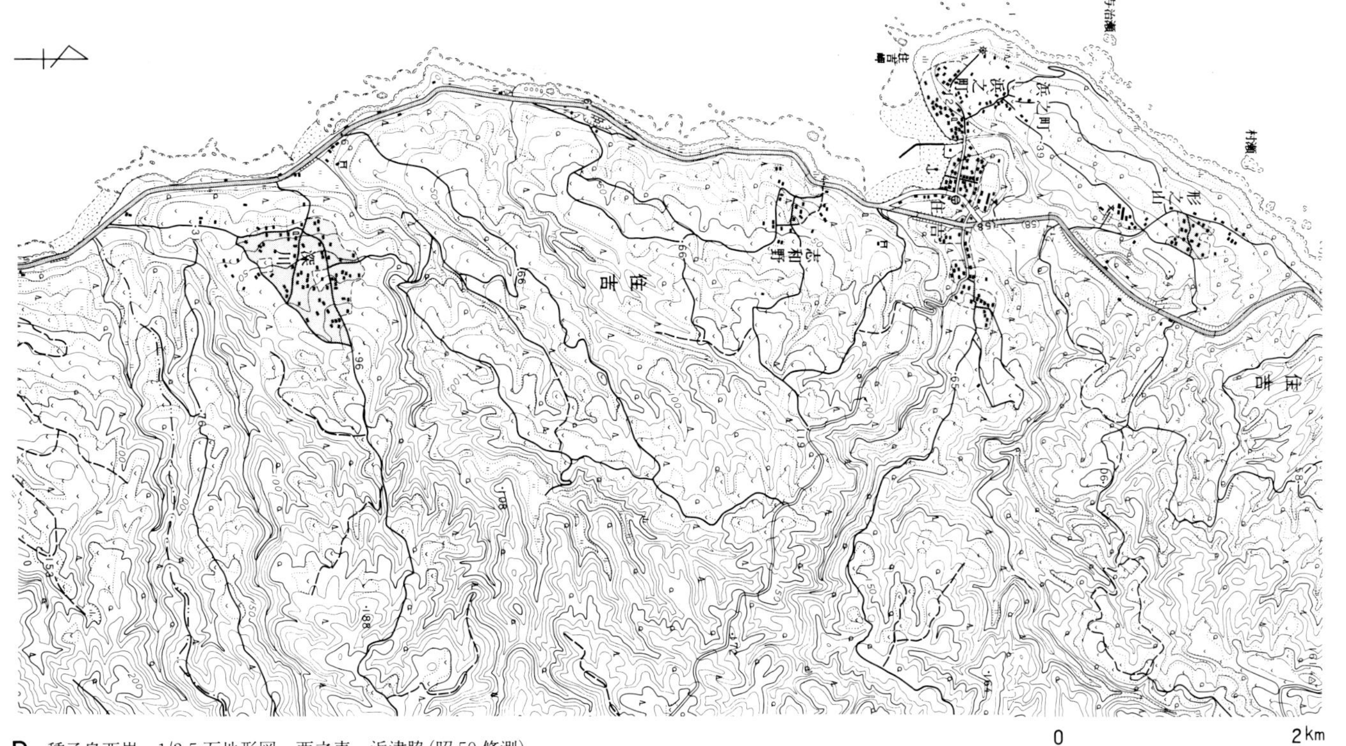

D 種子島西岸．1/2.5 万地形図 西之表・浜津脇（昭 50 修測）

§3-2 河成段丘——桂川中流部，鳥沢付近

桂川(相模川の山梨県での名称)には何段もの河成段丘が見られる．ここには中流の鳥沢(とりさわ)付近の段丘地形，とくに堆積性の段丘(堆積段丘)に現われる地形をとりあげよう[1]．

空中写真A，地形図Dに見られる段丘面は，広くて平坦な中位のもの(DのM)とそれ以下の何段かに分かれる低位のもの(L)，局地的な高位のもの(H)に大別できる．M段丘面は本流沿いに連続するだけでなく，小支流のつくる段丘面や山麓の緩斜面につながり(Aの左半分でことによくわかる)，山地と入り組んだ境界をもって接している．これはM面が堆積性の段丘で，本流と支流の堆積作用でつくられ，もとの谷が埋もれたことによって生じた現象である．

鳥沢駅の南東，堀之内の西方ではM面を下刻した本流の谷幅が広く，右岸にはL面が広く発達している(Bによく見える)．しかし，すぐ下流(Dでは小篠の北)以東では桂川は急に峡谷を流れるようになる(Bでもわかる)．峡谷の谷壁が急なのに対して，鳥沢駅南東の幅広い谷の谷壁はおおむね緩やかである．ただし堀之内のすぐ西の桂川屈曲部(攻撃斜面)の谷壁は急である．この付近の地質調査の結果をまとめて，堀之内を通る南北断面をつくるとCの右図となり，堀之内のM段丘の地下には埋没谷があることがわかる．地質調査の結果から推定した埋没谷底の位置をDに記入したが，その位置とM段丘を刻む谷形を比較すると次のことが知られる．すなわち，埋積砂礫層が厚いところを掘り込んだ谷は幅広く，それが薄く基盤が高いところを掘り込んだ谷は峡谷をなすのである．

ここより少し上流(Dの左端)，猿橋での南北断面はCの左図のとおりである．ここではM段丘砂礫層が半ば下刻されて幅広い谷底があったところに，富士の溶岩(猿橋溶岩)が流下し(約8千年前)，その後，溶岩の北側を下刻した桂川は，溶岩直下の基盤岩に掘り込んだので峡谷をつくることになった．ここが「猿橋」のかかる峡谷である．

Cの左右2図に見られる桂川の峡谷は，いずれも川が埋積谷底(右は砂礫による，左は砂礫と溶岩による)を下刻するにさいして谷底の縁に位置していたために，埋没谷の谷壁をなす基盤岩に掘り込むことによって生じたものである．この種の現象は谷側積載(こくそくせきさい)[2]といわれる(§1-5のA参照)．堆積段丘にかかわるこの種の地形現象を知っていると，地形から埋積谷の存在を推定でき，峡谷にダムをつくったら，横の埋没谷を通して漏水が起こるなどの事態(実際にあったこと)を未然に防ぐことができるのである．下流の相模川につくられた城山ダムの場合にも，ダムは谷側積載峡谷に建設されたが，漏水を防ぐため埋積砂礫層中にコンクリートの遮断壁がつくられた．

A 空中写真(山-513，C4-18,19,20，1968)

B 堀之内の曲流を北方の中野付近上空よりのぞむ．（貝塚撮影）

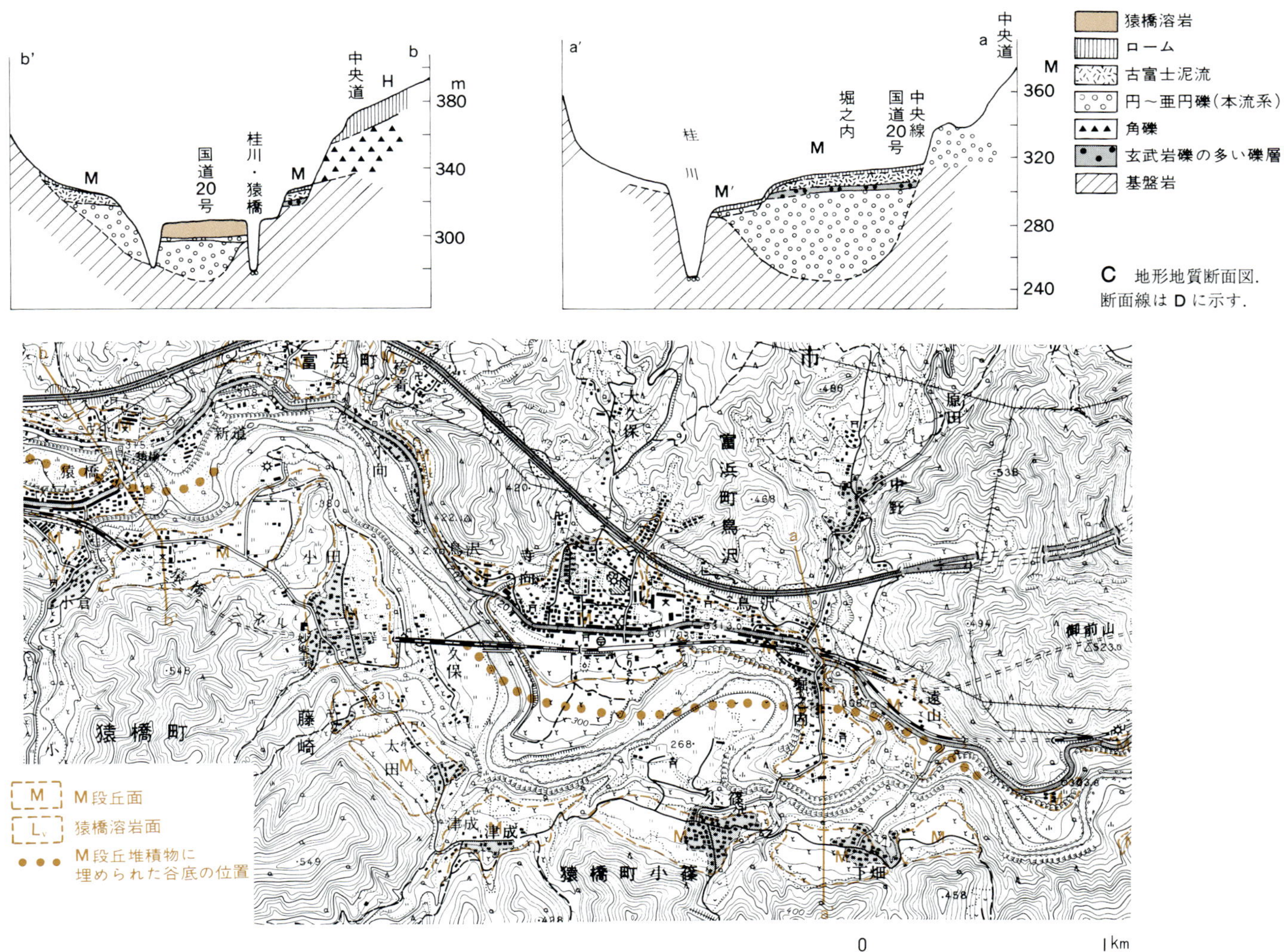

C 地形地質断面図．断面線は **D** に示す．

D 1/2.5 万地形図　上野原（昭 56 修測）・大月（昭 52 年修測）

§3-3 山地の開析——木津川沿いの信楽高原と大和高原

木津川は伊賀盆地から山城盆地(京都盆地)に至る間で峡谷部をつくる．A，B，C はその峡谷部付近の空中写真，水系図，地形図である．木津川の北岸山地は信楽(しがらき)高原(信楽山地)，南岸山地は大和高原の一部である．C の南東にある伊賀盆地北縁には木津川断層[1,2]の断層崖があり，C の中央東寄りにある国見岳の南斜面はそのつづきである．この断層にほぼ沿う木津川を境に，北の信楽高原は南の大和高原より高い．両高原とも木津川の下刻にともなって，また信楽高原では木津川断層崖の成長もあって，開析されつつあり，河谷の若返りにともなう山地の開析過程をよく示している．

B・C の東半はすべて花崗岩よりなり，西半(ほぼ図中央を南流する横川以西)は西北西の走向をもつ丹波層群(中・古生界)の泥岩やチャートよりなる．花崗岩は厚さ数 m ないし 10 m 以上の風化帯をもつ[3]．C の南東部，g の記号のあたりには丘陵頂部を構成する礫層(北又礫層)があり，また C の北方(図の外)にも丘陵頂部に信楽礫層・大福(おおふく)礫層があり，これらは古琵琶湖層群の一部で，鮮新世後期の河成礫とみられている[1,4]．

A と C をみると，木津川北岸の童仙房付近には海抜 500 m 前後の小起伏地形があり，谷底には沖積低地をともなう(B に谷底低地を示す)．また南岸には 300 m 前後の小起伏地形が読める．童仙房付近の小起伏地形の東側や西側にはそれより高い山地が残丘状にみえ，小起伏地形との間におよその境界(地形的な不連続線)を引くことができる(B に破線で示す)．

童仙房付近と南岸の小起伏面は，木津川とその支谷の谷によって開析されており，小起伏面と開析谷間の不連続線を示すことができる(B に実線で示す)．この不連続線はいわば山地の開析前線である．旧侵食輪廻と新侵食輪廻の境界といってもよい．開析前線は木津川の比較的大きい支谷ほど奥に入っている．南岸の B に f を付した 4 支谷では，小起伏地形を開析する前線と，さらにその開析谷を切る木津川谷壁沿いの開析前線が二重に存在する．これは下刻が次々に起こったことを示している．細かくみればそのような開析前線はさらに多い可能性がある．B・C の西部には木津川の大きい支流和束(わづか)川の谷があり，この谷の支谷がみえる．これら支谷も尾根上の小起伏地形との間に開析前線をもつが，木津川沿いの小支谷の開析前線ほど明瞭ではない．

B に描かれた水系図は地形図と空中写真で認められるすべてを描いてある[5]．水系のパタンは開析前線を境に違いが大きく，新輪廻のものはすき間の細い櫛の歯状が卓越する．この地域は 1953 年 8 月 15 日の「南山城水害」時の豪雨によって多数の山くずれを生じた．それは，開析前線付近の急な斜面に多かった．開析前線は主としてこのような崩壊によって前進してゆくと考えられる．

A 空中写真(m 527-14, 15, 16, 1947)

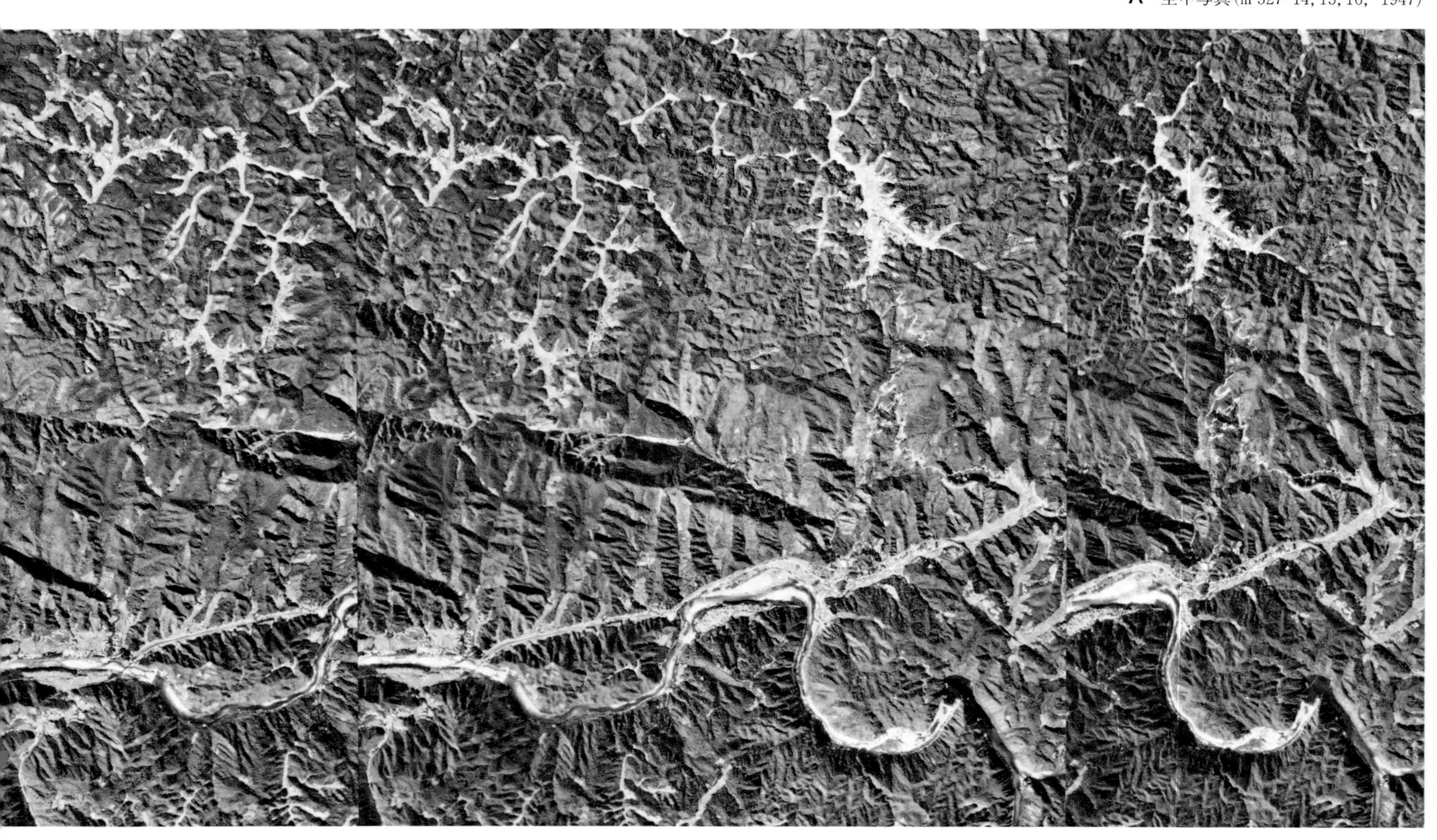

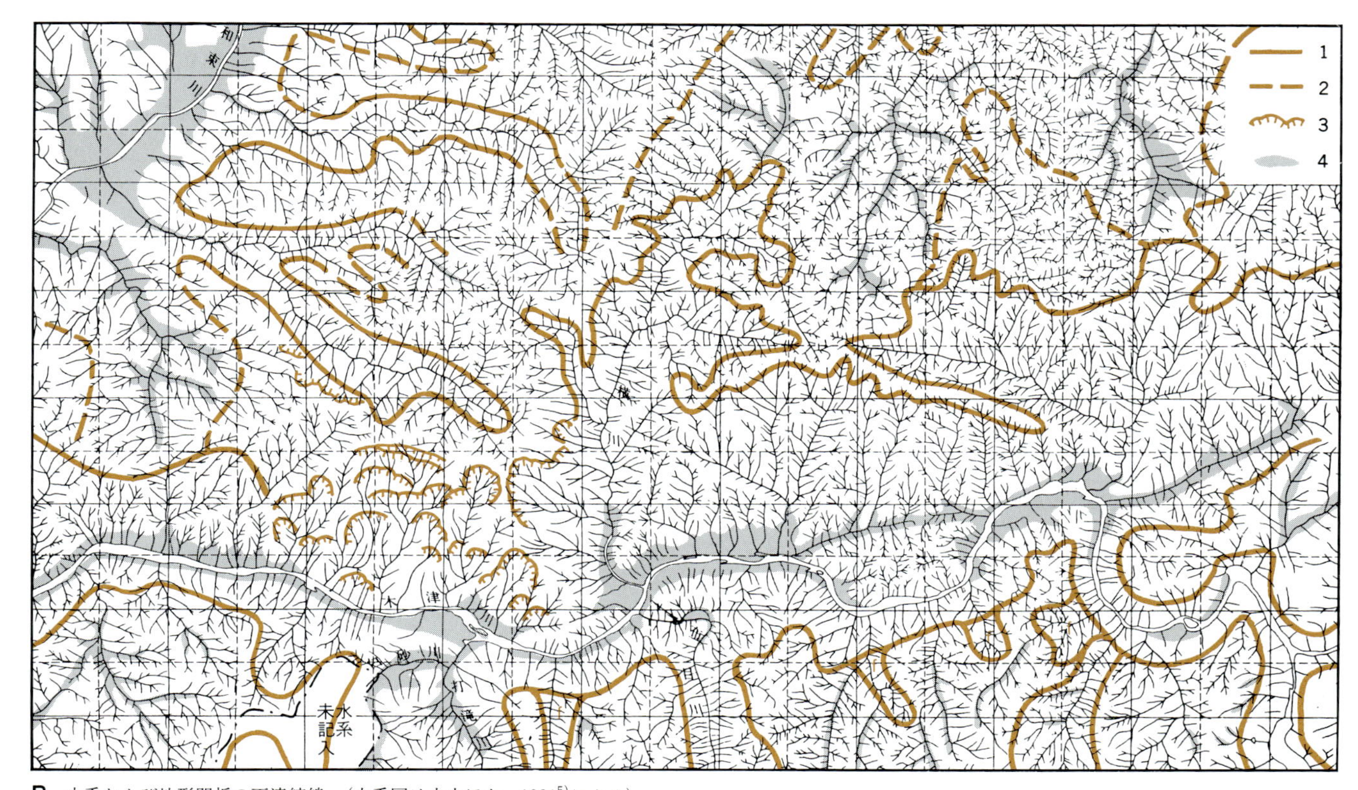

B　水系および地形開析の不連続線.（水系図は水山ほか，1981[5]による）

1. 山地開析の不連続線(開析前線)　2. 小起伏面と残丘との境界(北東部)およびやや不明瞭な開析前線(北西部)　3. 地すべり地形　4. 沖積低地

C　1/5万地形図　上野(昭56修正)・奈良(昭52修正)

§3-4 隆起準平原——吉備高原中央部

日本でもっとも模式的な隆起準平原とされている中国地方の吉備(きび)高原は，とくにその中央部に典型的で，詳しく研究されてきた[1,3]．ここでは岡山県川上郡成羽町西部付近を例にとる．

高梁川支流の成羽川は比高 300 m 以上の深い V 字谷を形成し，穿入(せんにゅう)曲流をなして吉備高原を深く下刻して南東へ流れている．A や C 中央部の隠地には切断曲流の跡があり，成羽川はかつて丘を迂回して中布瀬から隠地・丸山へと流れていたが，志藤で短絡し，現流路になったことがわかる．成羽川沿いにはほとんど河岸段丘が認められず，谷底平野もきわめて幅がせまい．

一方，山頂部は起伏の少ない丘陵状を呈する．そこではなだらかな谷壁斜面をもった短い谷が樹枝状に密に発達する．それらの谷の河床は成羽川に近づくところに，明瞭な遷急点をともなっている．山頂部は標高 400～500 m の定高性を示す小起伏(侵食平坦)面で(A の山頂部，B 東半部の山頂部)，中国山地に広く認められる低位小起伏面である瀬戸内面，とくにそのうち最高位の瀬戸内 I 面に当たる．標高約 500 m 以高の地域は吉備高原面と呼ばれる中位小起伏面やその残丘からなる山地である．前者は後者に食い込んで分布している(B の西半でよくわかる)．

この地域の大部分は著しく変形を受けた古生代や中生代の基盤岩石で構成されているが，前述の小起伏面はそれらをある高度で切って発達している．吉備高原には，古第三紀の地層は分布せず，この期間に陸上での削剥作用を受けて，その概形が形成されたと考えられている．

中期中新統は高梁川沿いの河谷底などでは層厚数十 m 程度の河成礫層をともなうが，上部は浅海成層となって，山地上の低所にも点在する．さらに，瀬戸内 I 面上のやや低い所には俗に山砂利と呼ばれる河成礫層の高瀬層が，帯状に分布する(B)．これは中新世末頃の地層で，層厚は 50 m 以上にもおよび，基底は谷地形をなす．この埋没谷は現水系とほぼ直交して南方に追跡できる．なお，吉備高原にはこれらを貫いた玄武岩からなる小丘が所々にみられる．

以上のような事実から，吉備高原の地形発達史をまとめると次のようになる．古第三紀末頃までに低起伏化した山地は中新世の海進前に開析谷ができ，海進と共に河成礫層の上に浅海成層が堆積した．やがて陸化して削剥を受け，吉備高原面ができ上がった．その後，吉備高原は再びさかんな開析を受けるようになって谷地形が生じ，高瀬層により埋積された．さらに玄武岩の活動期を経て，削剥を受け，瀬戸内 I 面が周辺に形成された．この小起伏面形成中に旧水系から現水系への大規模な流路の変更があった．また吉備高原全体に曲隆が進行し，穿入曲流が形成されてきた．

A 空中写真(CG-64-9Y，C5-24,25)

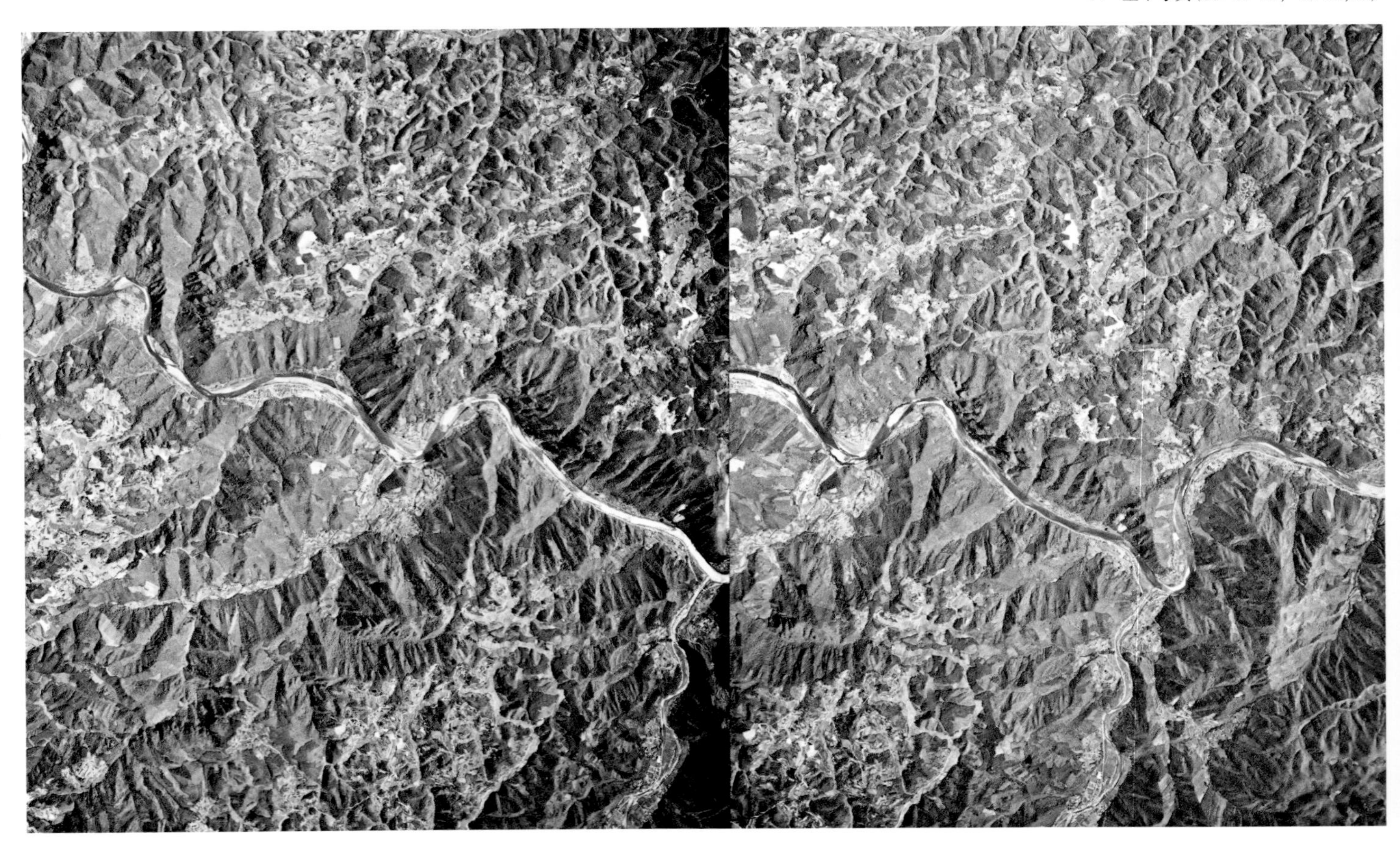

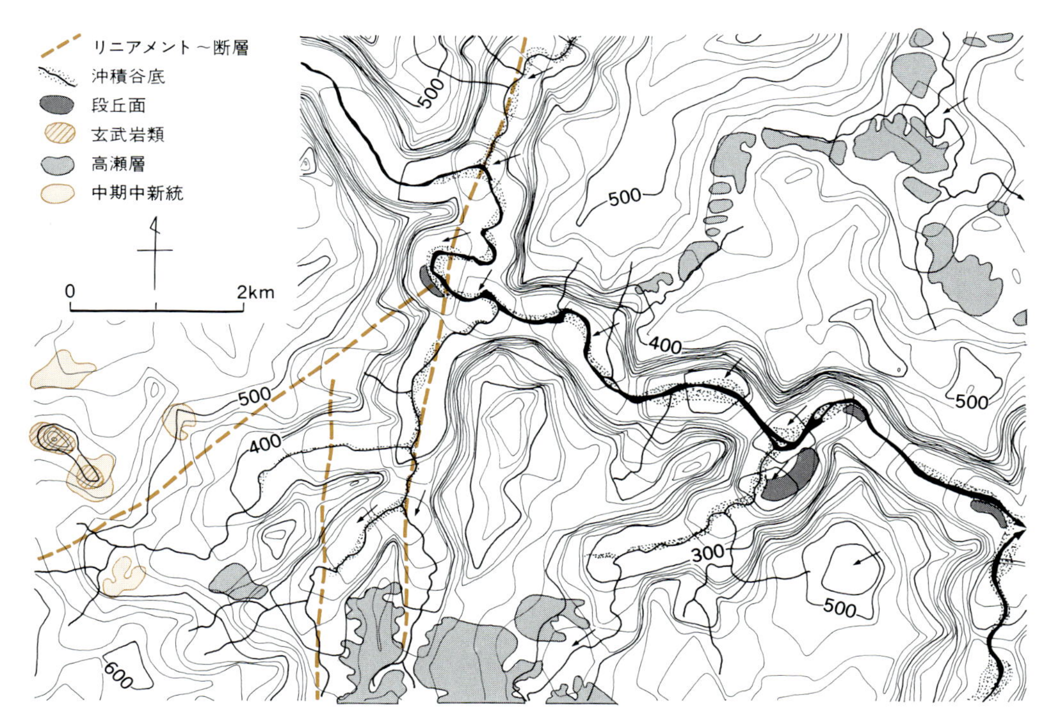

B 接峰面図(幅 0.5 km の谷埋めによる)．約 480 m 以高の平坦部が吉備高原面，約 400～500 m のそれが瀬戸内Ⅰ面の分布域.

C 1/5 万地形図　高梁(昭 52 修正)・油木(昭 49 修正)

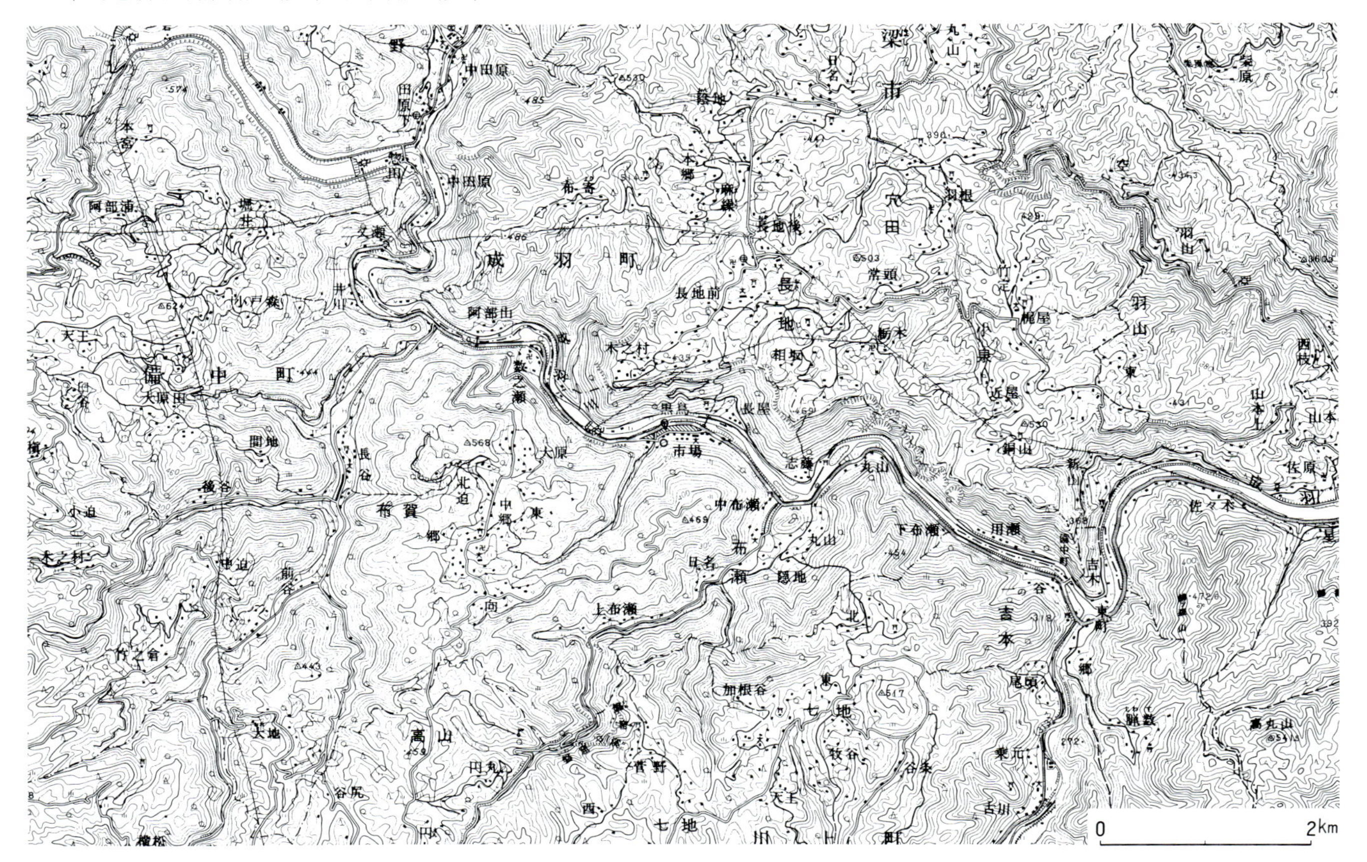

§3-5 積載谷——アメリカ，スプリットマウンテン・キャニオン

AとC(いずれも左が北)に見られるように，ユタ州北東部にあって東西にのびるスプリットマウンテンの山脈は，グリーン川に横切られ，そこは深い峡谷となっている．山脈の北麓と南麓は海抜1500 m 前後，山脈の頂部は2200 m に達するから，峡谷の深さは700 m におよぶ．山脈の名(スプリット：裂けた)はこの峡谷があることに由来する．川はどうして山脈を横断することになったのか？

図Dに示すように，グリーン川はワイオミング盆地をすぎて，ユタ州北東部のユインタ山脈を東に迂回するように横断した後，南流してコロラド川に合流する．スプリットマウンテンは，ユインタ山脈の南東麓にあって同山脈に並走する小山脈である．Dで見られるように，ワイオミング盆地周辺のロッキー山系には山脈を横切る川が多く，本例もその一つである．それらの成因については，J. W. パウエル[1]がユインタ山脈を横切るグリーン川峡谷について初めて先行河川という考えを述べて以来，先行谷とも考えられたが，以下に記すように積載谷と考えるべき資料が多い[2,3]．図D中の山脈の多くは先カンブリアの岩石や褶曲した中・古生層からなり，山麓から盆地にかけてはほとんど変動を受けていない第三紀層が分布する．その分布と山脈の高所に残る侵食面(§7-1にあるペディメントの集合)との関係から，この地方は第三紀末には図Eのような地形(ペディメントとそれにつづく堆積平原)を呈していたと見られる．その後の全般的隆起によって，川は下刻し，第三紀層下に埋もれていた基盤岩よりなる山脈を掘り出すとともに，処々で山脈を横切る峡谷(つまり積載谷)をつくったのである．

スプリットマウンテンは，地質断面図Bに示すように，背斜構造をなす石炭紀・二畳紀層よりなり，山頂部を構成するのは二畳紀の砂岩である．山麓には外側に急斜する三畳紀～白亜紀の地層があり，そのうちの砂岩(図C中のa, b, c)は侵食に抗してできた山列(ホグバック，12章参照)となっている[4]．背斜構造は中生代末～第三紀初期につくられ，上記のようにいったん第三紀層(BのTとそのつづき)に埋められたのち掘り出され，その過程で侵食されにくい地層(主に砂岩)が高くのこり，第三紀層の上から下刻をすすめたグリーン川によって峡谷がつくられたのである．

背斜部が山脈をなし，山頂部に平滑な地形がある点で，この山脈は信濃川沿いの活褶曲の背斜部の丘(§11-6)と一見似ているが，成因的に全く異なる．また§11-6 Eの③，④付近にある丘を横切る3つの谷は，活褶曲による隆起に先行してできていた川が，隆起部を掘り下げてつくった先行谷であり，本峡谷と成因を異にする．なお，スプリットマウンテンの背斜軸は西方へ低下していることが山脈上面の形態やBの地層a, b, cなどのつづき方から読みとれる．

A　空中写真(8-27-83, 316-90, 91, 92.　400806 HAP 82, U. S. Geol. Surv.)　右下の黒丸は撒水による農地．

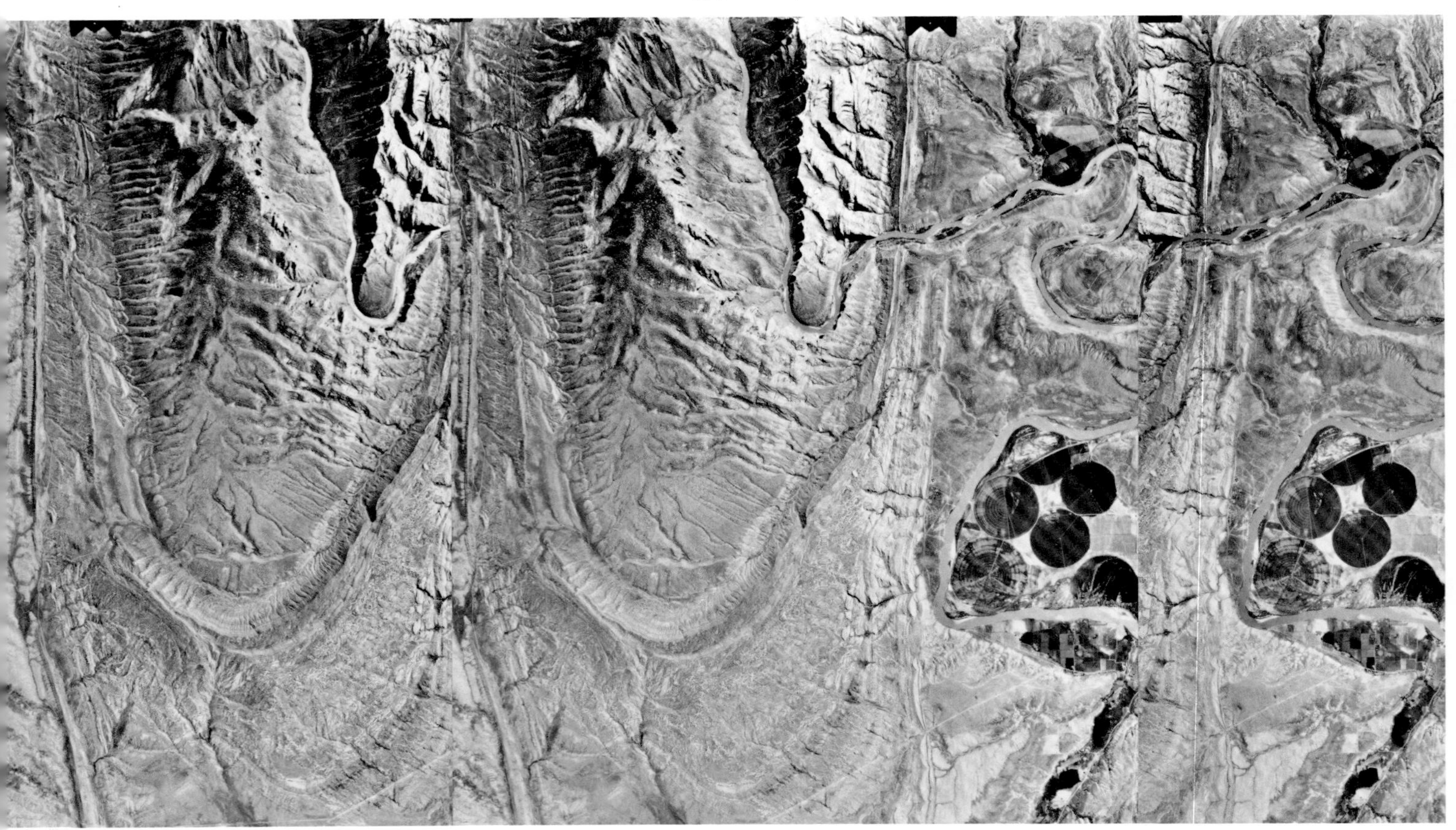

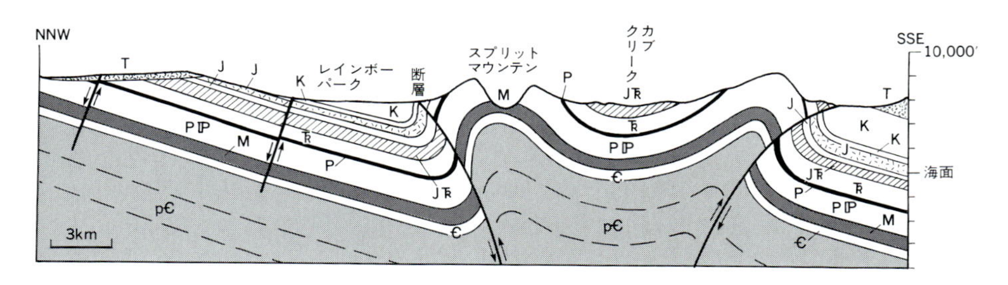

B スプリットマウンテン(図**C**の上部)を通る南北地質断面図. (U. S. Geol. Surv., 1971[5])
T. 第三紀 K. 白亜紀 J. ジュラ紀 Ꞧ. 三畳紀 P. 二畳紀 **P.** ペンシルバニア紀 M. ミシシッピ紀 Є. カンブリア紀 pЄ. 先カンブリア紀

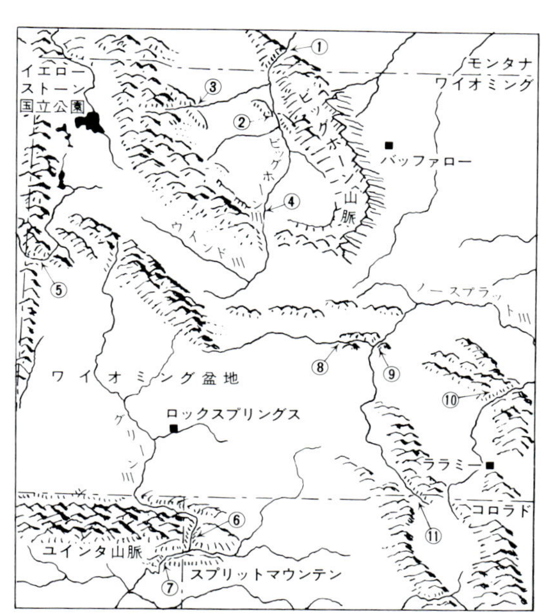

D ロッキー山系中部の山脈と川. 山脈を横切る川(番号をつけた所)がすこぶる多い. (Atwood and Atwood, 1938[2]による)

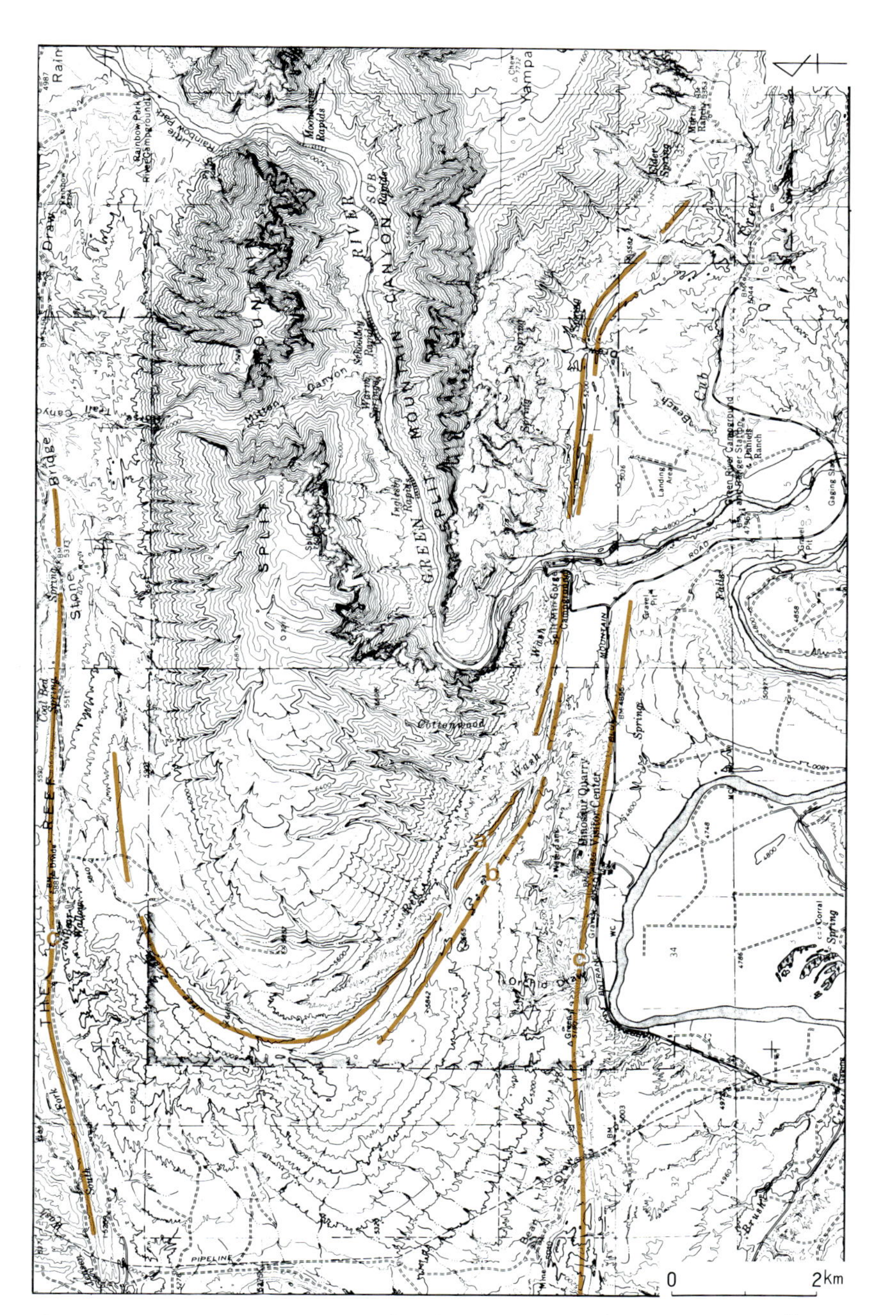

C スプリットマウンテン付近の地形図. 等高線間隔80フィート. (U. S. Geol. Surv., 1971[5])

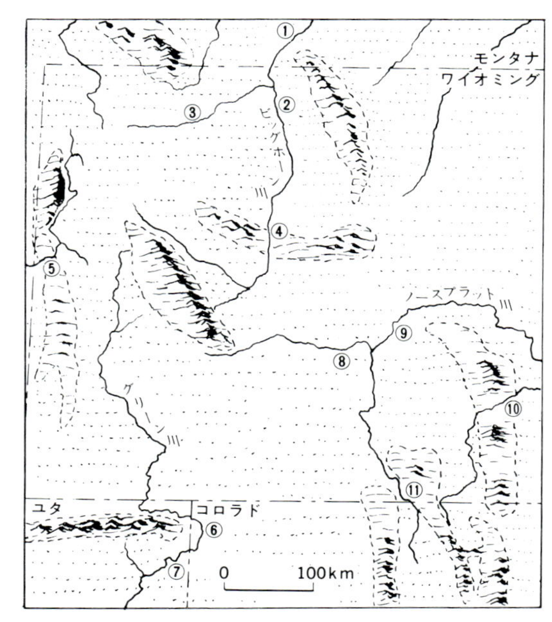

E Dの地域の第三紀末の地形復元図. (Atwood and Atwood, 1938[2])

§3-6 河川争奪と不適合(無能)谷——北近畿，石田川と百瀬川

起伏の小さな山地では，一つの川が他の川の上流部を奪いとって生じた地形がしばしばみられる．琵琶湖北西の野坂山地にみられる例は，小規模ながら明瞭である[1,2]．

A, D の西部で北東から南西に流れる石田川（淡海池のある谷）の上流部には，湿地をもつ広い谷底平野(a)があるが，その上流側は北から南東方向に流れる百瀬川の谷で奪われてしまい，つづかない．aのような谷は，そこを現在流れている川の流量とは適合していないという意味から不適合谷とか，現水流が谷地形をつくる能力がないという意味から無能谷とか呼ばれている．石田川上流部を奪った百瀬川は，川原谷より上流側で盛んに下刻を行ない，両岸に多くの崩壊を発生させている．このためこの川は砂礫の運搬量が大きいので，下流部には規模の大きな扇状地や自然堤防，さらに比高 10 m におよぶ天井川（てんじょうがわ）を形成している．一方，**D** の a 地点より北側の百瀬川河岸には，一段の段丘面がみられる．この段丘面は地形的に a 地点とそれにつづく石田川の谷底にスムースにつづいていく(**C**)．したがってこの段丘面は争奪直前の石田川の河床であったことになる．

当地域は近畿三角帯の頂部にあって，活断層をともなった新期の変動が顕著なところである．そうした変動は河川の争奪現象にも深く関係したらしい．**B**(3)の中に示したマキノ断層(fm)は，谷や尾根の屈曲から右ずれで北西側を隆起させた活断層であり，酒波断層(fs)は，西側山地を隆起させてきた逆断層と考えられる．**B** はこれら断層の活動と，石田川，百瀬川の流路変更の過程を示した図である．**B**(1)では石田川は現在の耳川上流部に発していたが，断層をともなった地塊運動の結果，石田川の淡海池以北が減傾斜運動を受けるようになって，堆積傾向の著しい谷となり，まず最上流部が耳川の粟柄谷によって争奪された(**B**(2))．それにともなう流量の減少および地殻運動の継続によって，谷の堆積作用は進行し，また西側山地からの崖錐の伸長もあって，マキノ断層の南西延長部にある断層鞍部から流水は溢流し，東流する百瀬川へ流下するようになった(**B**(3))．元来河床勾配が大きかった百瀬川は急に流域面積を増し，流量が増えたため侵食の復活を起こした．この結果，旧石田川の河床は段丘となった．

このように，日本では河川争奪が地殻運動に直接ないし間接に関与して起こる場合があるようである．

A 空中写真(KK-67-1X，C3A-2, 3)

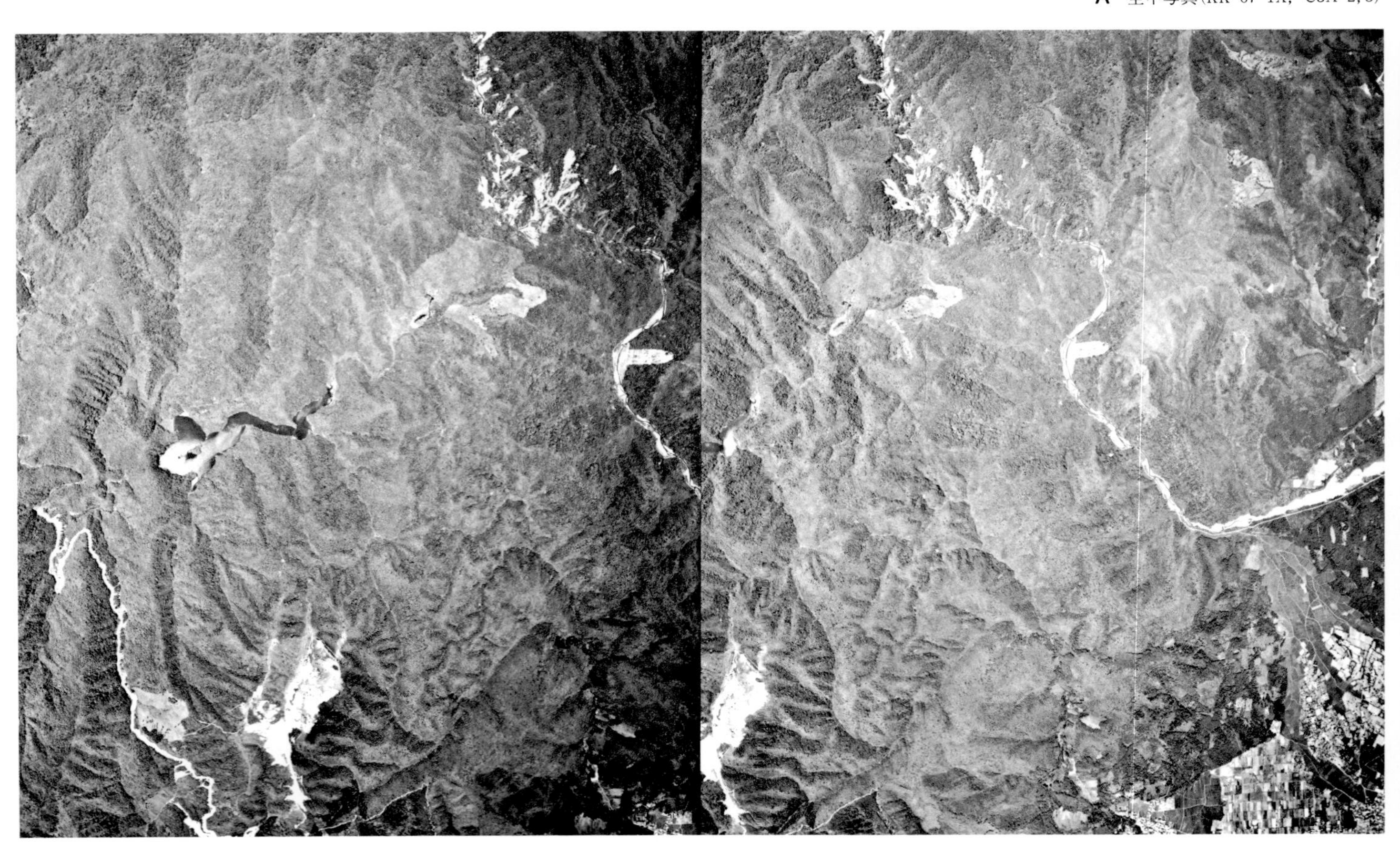

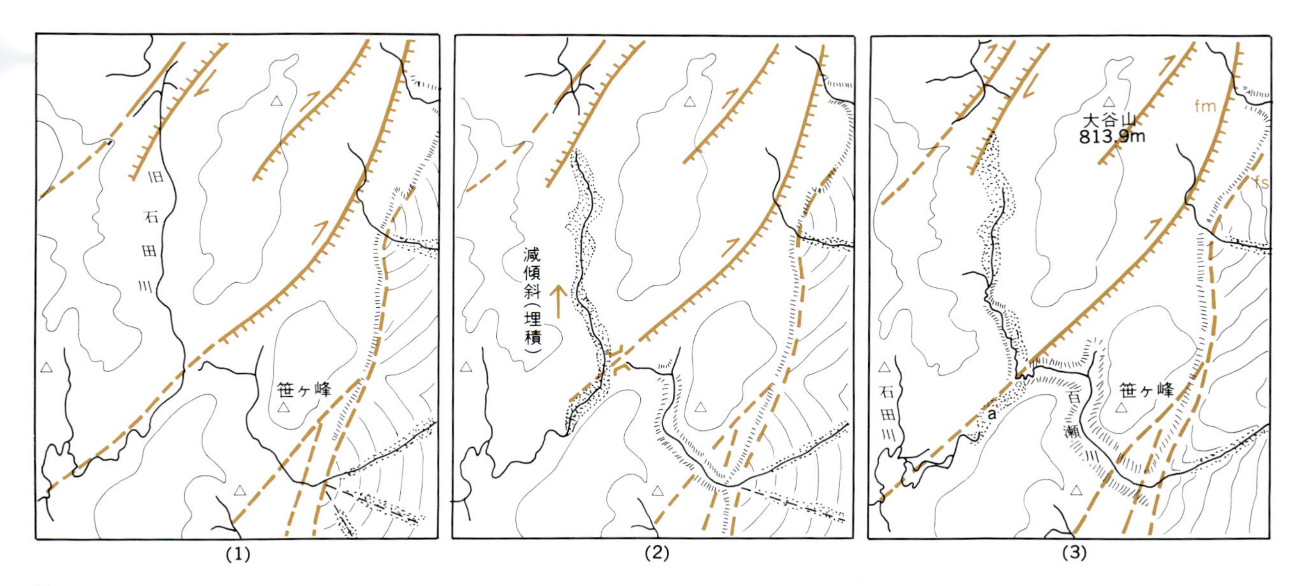

B 石田川・百瀬川の流路変更と随伴した地形変化.

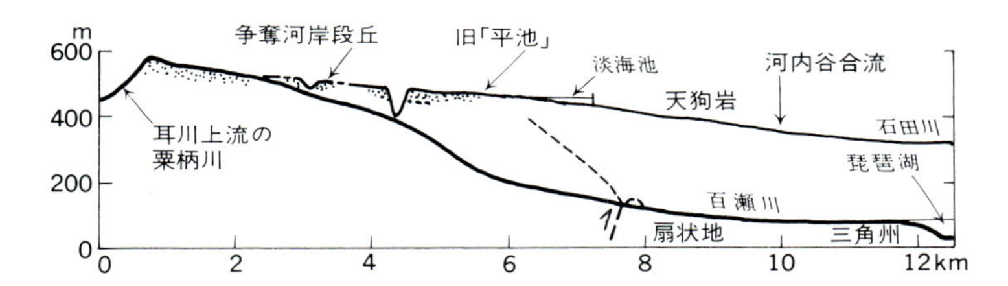

C 石田川・百瀬川の河床縦断面形.

D 1/2.5万地形図 梅津・熊川(昭54修測)

第4章 川のつくる堆積地形

解説

川は上流から掃流や浮流という形で運搬してきた礫・シルト・粘土を，河口ではもちろん，条件次第では上・中流でも堆積させて河成堆積平野すなわち沖積平野をつくる．ただし，沖積平野の語は日本では沖積世(完新世)に堆積作用でできた平野という意味に使用されることもある．

流水による運搬物質が堆積するのは流速あるいは掃流力が減少するためである(**図1**参照)．掃流力(S)は，水深(H)・勾配(I)・流水の密度(Q)・重力加速度(g)の積で表わせるから(平均流速もH・Iの関数である)，堆積は水深や勾配の減少で生じ，それは次のような場合に生じる．川幅の拡大や氾濫による河道の水深減，流水の地下への浸透による水深減(乾燥地や扇状地で起こる)，山から平野へという勾配の減少，海や湖への流入による勾配の消滅．

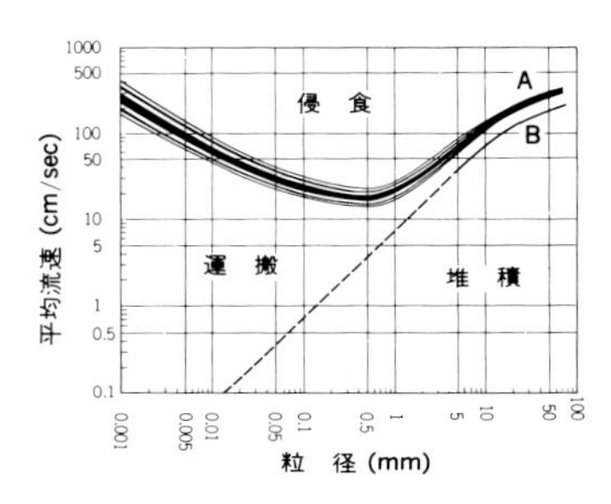

図1 ユルストローム図．多くの資料をもとにユルストロームが1939年に描いたもの．上の太い帯は堆積物が動き始める速度(初動速度)を，下の実線-破線は沈降速度を示し，これらによって侵食・運搬・堆積の3領域が区別される．注目すべきことの一つは砂は初動速度がもっとも小さいことである．粘土・シルトの初動速度が砂より大きいのは，粘着力と表面の凹凸が小さいことによる．媒質が水でなく空気の場合には，3領域は上にずれるがパタンは変らない．砂が礫や粘土から分離して砂州や砂浜や砂丘をつくること，河岸が砂であれば侵食されやすく，粘土であれば河岸は安定していることなど，この図で説明できる現象はすこぶる多い．

河のつくる堆積地形としては，沖積平野全体の地形もあり，流水と運搬物質の主な通路である河道の形態もあり，さらに小規模のものには河床の微地形もある．河床の微地形は後にふれることとし，まず沖積平野と河道の形態をみよう．沖積平野はおおまかにはその形態の違い(堆積環境や堆積作用の違いでもある)によって，扇状地(および扇状地性の沖積平野)，自然堤防地帯(中間地帯などともいわれる)，三角州に分類される(**表1**参照)．また，河川が沖積平野を下刻したものは，開析扇状地，開析三角州などと呼ばれる．

扇状地および扇状地性の沖積平野

山地と低地が，たとえば断層崖で境されているように急に接している場合，山地から低地に流出する川は谷口に運搬物質を堆積させて(沖積)扇状地をつくる．堆積は，上記のように川幅の拡大，勾配の減少，流量の浸透による減少などによって生じるが，このうちのどれが強く働くかはそ

表1 沖積平野を構成する主要3類型の比較．[ ]内は副次的なもの．

要素 ＼ 類型		扇状地	自然堤防地帯(中間帯)	三角州
平野	形成環境	山麓平坦地～谷底	山間の谷底～沖積平野	河口～浅海[湖]
	形成作用	川の流水[土石流・泥流]	川の流水	川の流水と海[湖]水の流れ
	勾配	大(10^{-1}～10^{-3})	中(10^{-3}～10^{-4})	小($<10^{-4}$)
	構成要素	河道・河道跡(網状流跡)	河道・河道跡(ポイントバー・三日月湖)・自然堤防・後背湿地	同左および河口州・水中の頂置面前置斜面
	氾濫物質	礫・砂・シルト	砂・シルト・粘土	砂・シルト・粘土
	透水性	大(地下水面深く川からの透水多)	中(地下水と河川水の交流あり)	小(地下水面浅い)
河道	河岸物質	礫・砂[シルト]	砂・シルト	砂・シルト・粘土
	河床物質	礫・砂	砂[礫]	砂・シルト
	平面形	網状(全体としての屈曲は小)	屈曲大～蛇行	分岐[蛇行]
	移動	側方移動大	側方移動大，蛇行の下方移動も大	小
	河道幅(W)	大	中	中～小
	水深(H)	小	中	大
	W/H	大(10^3～10^2)	中(10^2～10^1)	小(10^2～10^1)
河床	砂礫堆(砂州)	多列・大小の砂礫堆	単列(交互)砂礫堆[多列砂礫堆]	不明瞭

の場所の条件によって変わる．いずれの場合でも，扇状地の形態は谷口から河道が次々に方向を移動させ，河道沿いに堆積を起こすことによって生じる．したがって，谷口から等距離のところでは川の縦断面形で定まる同一の高度をとり，等高線は同心円状になる．なお，類似の地形をもつ岩石扇状地（侵食扇状地）が川の側方侵食によってできることがあり（未固結岩のところや半乾燥地に多い），これと区別するためには沖積扇状地（または堆積扇状地）の語が用いられる．

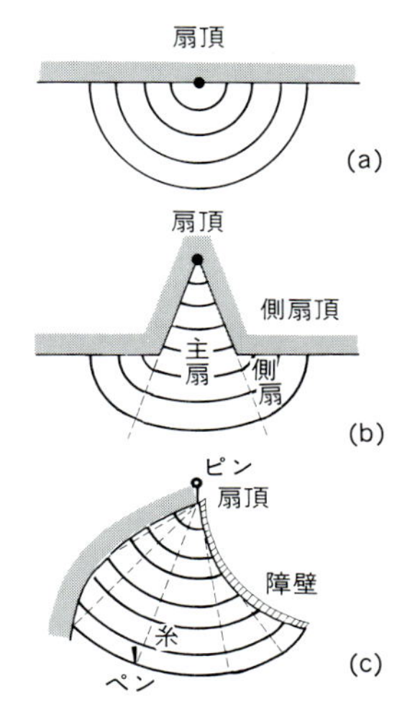

図2　扇状地の模式的等高線．（村田，1971[1]）

等高線で示される扇状地の同心円状の形態は山麓線の形状によって変化することがあり，それは扇状地上の河川が，谷口を頂点（扇頂）とする直線流路を山麓線にさまたげられてとり得ない場合に生じる．**図2**は山麓線に支配される扇状地等高線の違いを幾何学的に描いたものであるが，このような理論的形態は細部を除くと，ほぼ現実の等高線と一致する（§4-1にその例を示す）．

扇状地は日本では砂礫より成るのが普通で，シルト・粘土を構成物とすることは少ない．しかし，小さい流域の川がつくる小扇状地の場合には，豪雨時に山地から押し出された土石流堆積物より成ることもある．カリフォルニアのような半乾燥地で，山地が頁岩など細粒物質を供給しやすい場合，強い雨は泥流を発生させるから，山麓には主に泥流堆積物よりなる扇状地が生じる．これを乾燥扇状地または泥流扇状地と呼び，流水による掃流物質（砂礫）よりなるものを湿潤扇状地または水流扇状地と呼んで区別することもある[2]．

日本の比較的大きい扇状地は洪水のさいに搬出される砂礫を主体として構成されているが，扇状地の表面は細砂やシルトからなる表土に薄く（数十 cm 以下），広くおおわれていることが多い．それは洪水の氾濫堆積物で，氾濫原土（フラッドローム，オーバーバンクシルト）と呼ばれる．この土は河道が移動してくると侵食されて河道堆積物である砂礫におきかえられる．河道跡は年代が新しければ，網状流のパターンを残した浅い凹地（河道跡）として，また表土が薄く粗粒で透水性のよい砂礫からなる地帯として，空中写真で容易に識別できる[3]

扇状地河川は一般に網状流をなすが，それは河床の微地形として砂礫堆（または砂州）と呼ばれる舌状の高まりが河道中に複列（2列以上）に配置し，その間をぬうように低水時の流水が網状をなすものである（**図3**の1参照）．扇状地のように広がる堆積平野をつくることができない幅のせまい谷底平野でも，礫質で複列ないし単列の砂礫堆（**図3**の2）を河道にもち，次に記す自然堤防と後背湿地の区別がはっきりしない平野は，一般に扇状地性の沖積平野と呼ばれる．

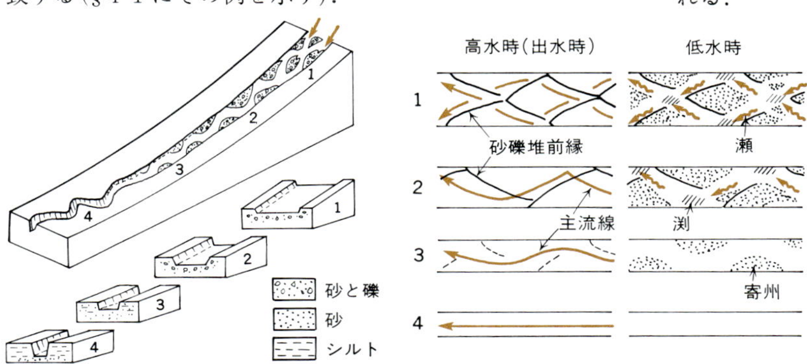

図3　思川の河道形状と河床形態．このような形態は一般的である．（池田，1975[4]）

自然堤防地帯(中間地帯)

自然堤防と後背湿地の存在で特徴づけられ，河道は蛇行(曲流)することが多い沖積平野は，一般に自然堤防地帯と呼ばれる．この地帯の微地形と堆積物を模式的に示すと図4のようである．

河道にそっては河床堆積物と自然堤防堆積物がそれぞれの微地形をもって分布する．自然堤防堆積物は増水・氾濫時に河道のへりに堆積する砂やシルトで，河道の両側に連続性のよい微高地——自然堤防——をつくる．その背後につづく後背湿地は，氾濫時の水中に浮流していたシルト・粘土が沈積するところである．そこは沼沢をなすことも多く，泥炭など有機質堆積物も加わる．

自然堤防地帯の微地形や堆積物は，河川(流量)の規模はもちろん，流量(水位)の変動の仕方などによる違いが大きい．たとえば，河道の深さ(水深，河道堆積物の厚さとも関係する)は，ミシシッピ川の下流では平水時でも 30 m ほどあるが，日本の大河川の下流ではせいぜい 4～8 m である．洪水時の水深の差はさらに大きい．また，曲流する大河川の凸型の岸には，河道の移動にともなって，ポイントバー(寄州(よりす)または蛇行州)の列が残される．この名は砂堆が凸型に突き出した岸(ポイント)にできることに由来する(ミシシッピ川下流では凸型の岸近くに××ポイントという地名が多い)．日本の川のように水位変化が急激で，洪水の侵食・堆積作用が強力なところではポイントバーはできにくい(できても侵食されたり自然堤防堆積物におおわれて残りにくいのであろう)．§4-2 で記す石狩川のポイントバーは日本では例外的に発達のよいものである．洪水が自然堤防をこえてあふれる現象も，ゆるやかに増水する河川と急に増水する急流河川では違いが大きい．ミシシッピ川の場合には溢流水が自然堤防の外側にクレバスと呼ばれる大小の滝をつくり，溝の末端に当たる後背湿地にクレバス堆積物を広げるが，日本の川では，人工堤防の破堤から推測すると，自然堤防がえぐりとられることが多いのであろう．

自然堤防地帯の河道は曲流することが多い．曲流河道の屈曲は河床の砂礫堆と図4のような対応関係のあることが多く，淵(p)のところで河岸の侵食が起こり，曲流は同じような形を保ちつつ下流にずれてゆく．しかし，河道の屈曲が著しくなり，短絡が起きて三日月湖ができる場合も少なくない．曲流の波長は川の流量(あるいは川幅)と正の相関がある．大波長の曲流谷中に小波長の曲流河川があるときは不適合河川と呼ばれ，流量の減少が推定される．

三角州

川が海や湖に流入するところでは，河川運搬物質の堆積によって河口に中州ができ，川は分流を起こす．これが次々に起こって三角州が拡大する．図5に示すように，三

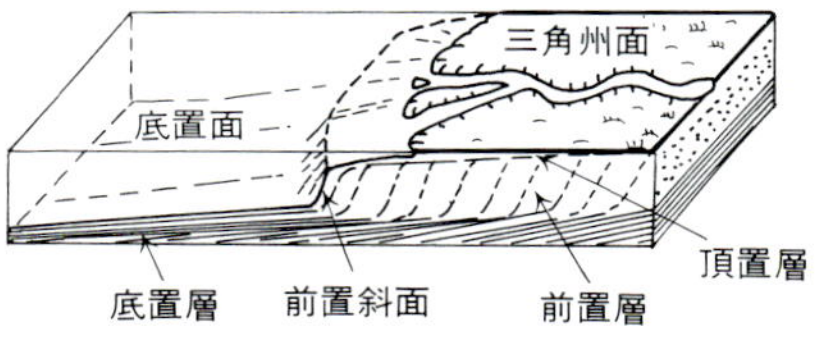

図5 三角州の構造を示す模式図．

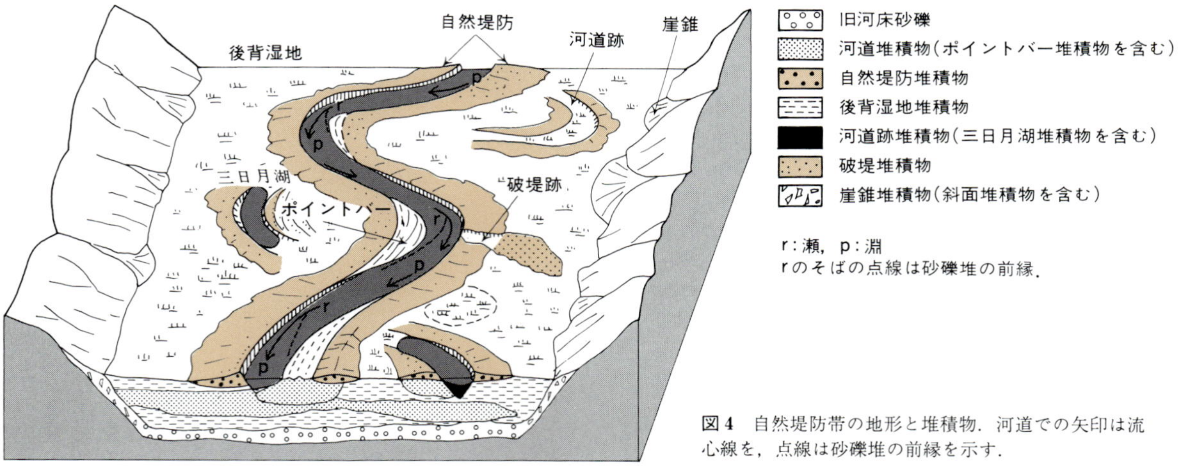

図4 自然堤防帯の地形と堆積物．河道での矢印は流心線を，点線は砂礫堆の前縁を示す．

角州構成層の上部をつくる主要なものは掃流物質の砂である．浮流物質のシルト・粘土は海(湖)中に拡散してのち，薄く広がる底置層として沈積し，三角州構成層の下部をつくる．河口から搬出される砂は，三角州の前縁で海中の砂の安定角に近い角度をもつ斜面(前置斜面)を底置層の上に前進させ，前置層を広げてゆくのである．

図6に示すように，三角州の構成には川の堆積作用と海の波や流れによる侵食・運搬作用との相対的な強弱によって，一つの系列を認めることができる[5,6]．1)河口での砂質堆積物の前進が，波や流れによって妨げられることがなければ河口部(とくに自然堤防)は突出し，鳥の足指に似た形の鳥趾状三角州をつくる．2)波や流れが相対的に強く，河口に堆積した州がある程度動かされると，円弧状またはカスプ状の三角州となる．3)波や流れがさらに強いと三角州は突出せず，砂質の平滑な海岸がつくられる．さらに，沿岸流の流れが強力であったり，海が河口から急に深いと，河口に砂質の沖積低地がほとんどできなかったり(たとえば熊野川)，礫質の扇状地が直接海に臨んだりする(黒部川，富士川，安倍川など，§4-1参照)．

河床の形態

水流による河床の形態は，規模の小さいものから大きい方へ，砂漣－砂堆－砂礫堆などに分けられる．砂漣・砂堆は水深オーダーの平面規模をもつものをいうのに対して，砂礫堆は河幅以上の長さをもち，すでにふれたように河道形態と関係が深い．河床の礫は偏平な場合には上流側に傾いて配列し，インブリケーション(**写真1**)と呼ばれる瓦状構造を呈する．この構造は礫層から古流向を知るのに利用される．

写真1　相模川河床礫のインブリケーション(神奈川県相模原市，右が上流)．手前にみられる最大礫の長径は約30 cm．(河尻清和氏提供)

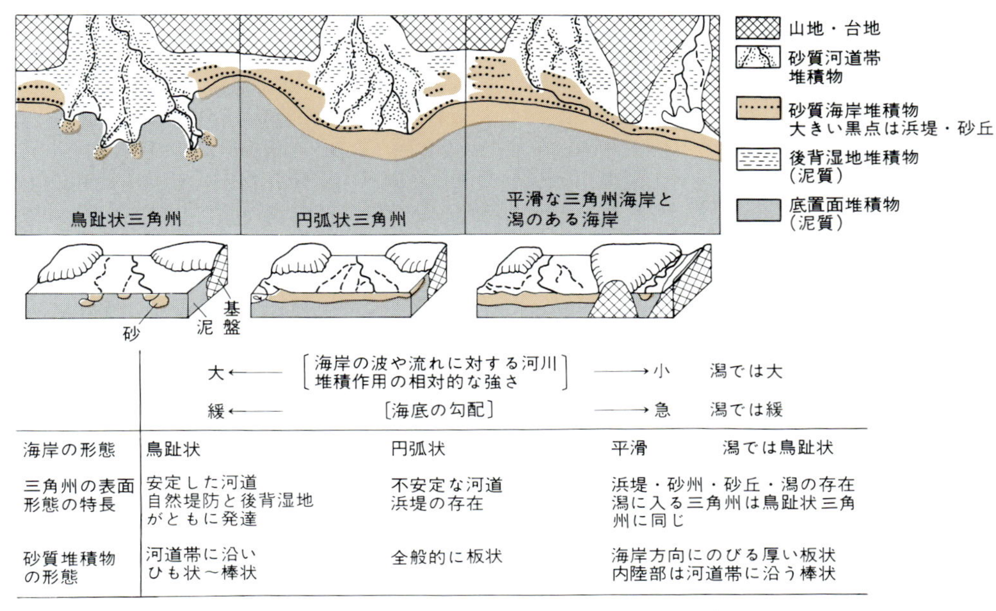

海岸の形態	鳥趾状	円弧状	平滑　潟では鳥趾状
三角州の表面形態の特長	安定した河道 自然堤防と後背湿地がともに発達	不安定な河道 浜堤の存在	浜堤・砂州・砂丘・潟の存在 潟に入る三角州は鳥趾状三角州に同じ
砂質堆積物の形態	河道帯に沿いひも状～棒状	全般的に板状	海岸方向にのびる厚い板状 内陸部は河道帯に沿う棒状

図6　三角州の形態と堆積物の系列．(貝塚，1978[5])

§4-1 扇状地——黒部川扇状地

飛騨山脈を北流する黒部川は年 4000 mm をこす降水に養われ，高く急な斜面(平均約 35°)からの岩屑を急勾配の河床(平均約 1/40)で搬出し，谷口(愛本(あいもと)狭窄部)以下に礫を堆積させて富山湾に臨む扇状地をつくっている．

図 **B** には，扇状地全体の地形を示した．図の東側と南側にあって，段丘状になった扇状地(開析扇状地)にしても，現扇状地にしても，谷口を扇頂として扇面を広げている．愛本の海抜高度は 130 m で，これより河口までの水平距離は 13 km あまりだから，扇状地の勾配は約 1/100 である．この図からわかるように，黒部川は流路を移動させて礫を堆積し，扇頂からどの方向にもほぼ等しい勾配をもつ扇面をつくった．等高線はほぼ扇頂を中心とした同心円である．それらがどの程度円に近いかを見るために，**B** では◎Ⅰを中心として，10，30，50 m の等高線に沿う円弧を描いてある．南西部の三日市付近の等高線は円弧から大きくはずれ，ここは側扇であることがわかる(4 章解説図 2 参照)．◎Ⅱは側扇頂の位置である．

扇状地上には **B** に示したように旧河道が残されている．これは空中写真によって判読されたものである[2]．黒白の空中写真では河道跡は一般に周囲より白っぽくみえる．旧河道の砂礫が地表近くまであり，地表の水分が少ないためである．現地ではそのような河道跡地を「かわら」と呼ぶ．これに対して，川の氾濫によって堆積した細粒の表土(氾濫原土)が旧河道礫を厚くおおっているところを現地では「はん」と呼び，そこは空中写真には一般に黒っぽくうつる．古くから河道でなくなった扇面には氾濫原土のほか風塵(テフラやレスを含め)もたまるし，河道跡の凹凸は少なくなる．

A は谷口付近のもので，現河道の微地形とともに，起伏や土地利用からは旧河道の河床の微地形(網状をなす低水路跡とそれにかこまれた川(砂礫堆)のパタン)が見える．このような微地形は，地形面が古いほど不明瞭となる．谷口付近の地形面には，新しい方から a〜h の記号を付した．愛本駅の西側の小段丘のように記号を付さなかったものもある．d は下立段丘，e は舟見野段丘と呼ばれている[3]．舟見野段丘は **B** に示されているように下流部では現扇状地に埋められ，またその勾配が現扇状地より大きい(約 2/100)．その年代は火山灰との関係から 2 万数千年前の氷期のものと見られるから，氷期の気候と，低下していた海面のもとにつくられたのであろう．しかし，勾配が大きいのは以前からいわれているとおり[4]，山側の隆起も関係している可能性がある．

谷口の愛本で狭窄部をつくる尾根は珪長岩よりなり，差別侵食によってこの地形がつくられた．珪長岩とその西側の新第三紀堆積岩は断層で接し，この断層(黒菱山断層)は活断層と見られている．

A 空中写真(CB-64-6X，C6A-6,7)

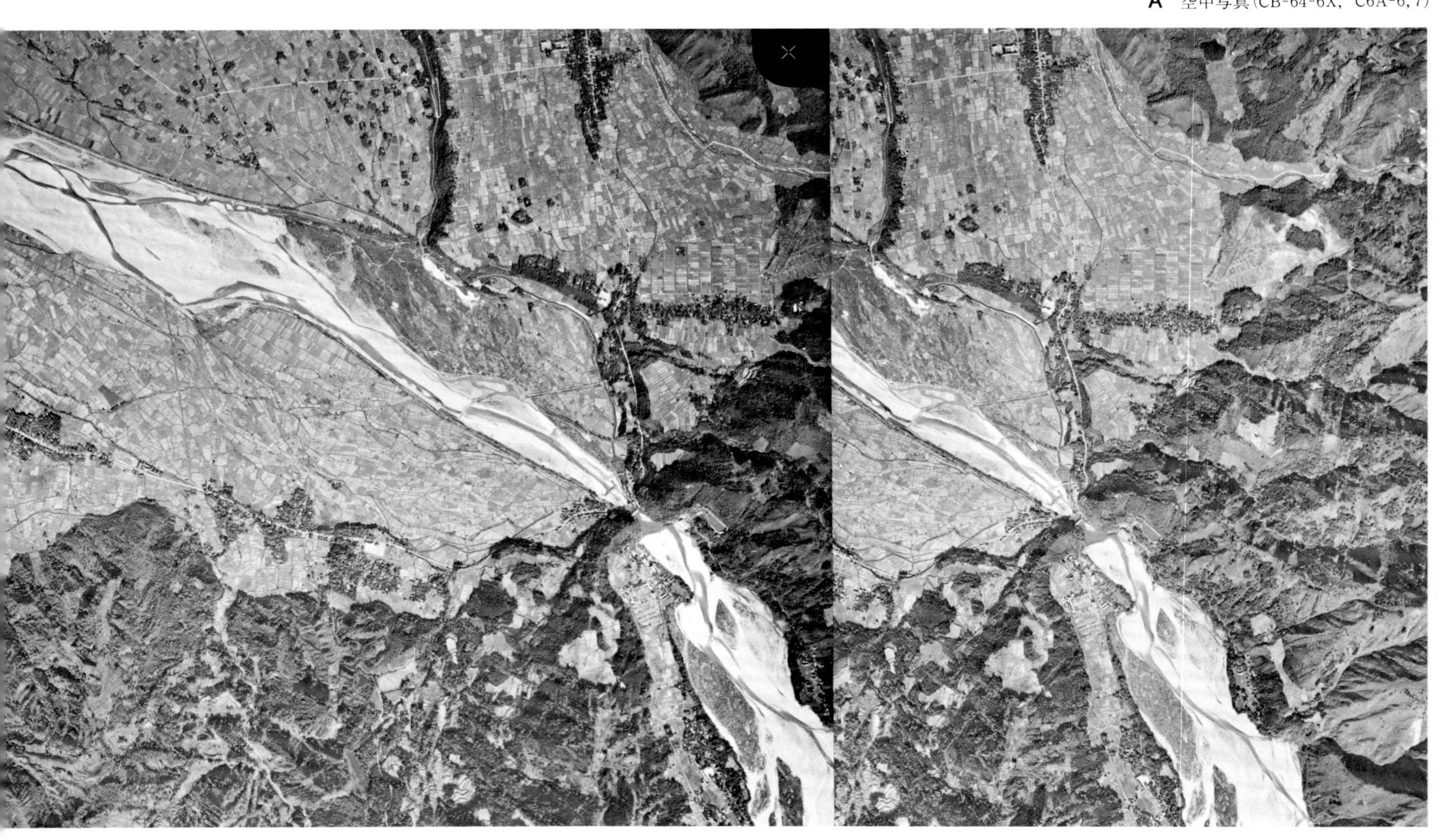

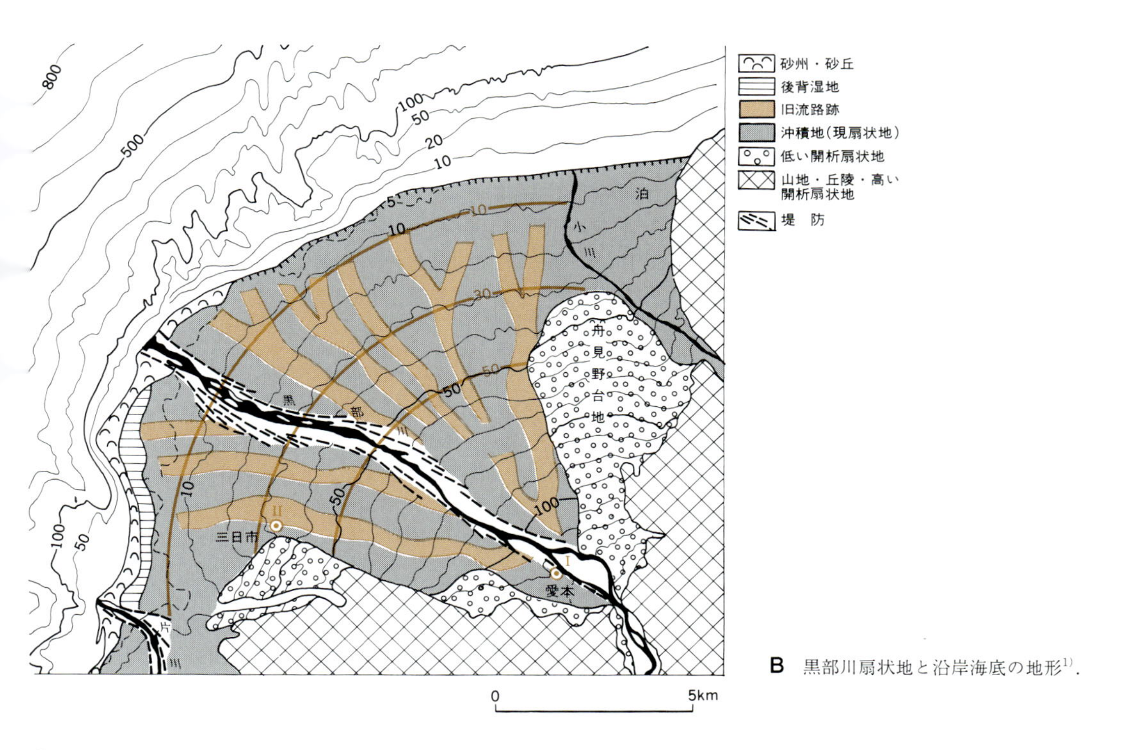

B 黒部川扇状地と沿岸海底の地形[1].

C 1/2.5 万地形図 舟見(昭 54 修測)

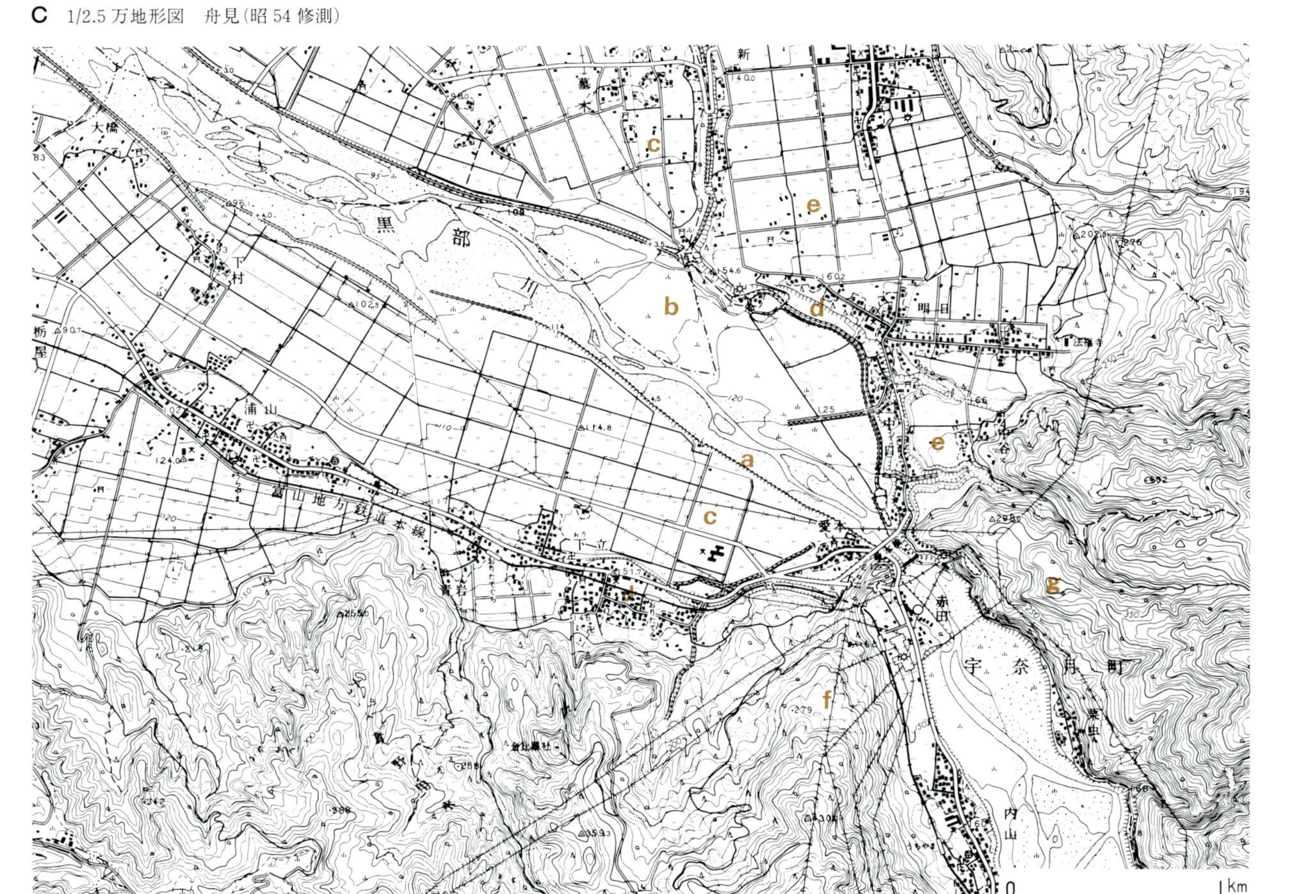

§4-2 蛇行河川と自然堤防——石狩川中流部

石狩川は日本の代表的な緩勾配河川であり，神居古潭（カムイコタン）の狭窄部から月形付近までは蛇行がことに著しい．この区間は自然堤防地帯である．月形付近以下は泥炭が発達し，三角州の性格をもつようになり，河道の移動は小さい[1]．自然堤防地帯の河床勾配は北部で約1/1000，南部で約1/3000であり，河床は礫を交える砂よりなる．ここに示すのは南部の一部分である．

図Bは蛇行流路の変化を示す．石狩川は現在人工的な捷水路が多いが，この図中には人為的な河道の短絡は一つもない．空中写真Aは Bの中央の部分で，1947年の撮影による．これと1916年測量の地形図Dをくらべると，写真右上のループ状河道の移動が著しかったことがよくわかる．Bには，1899，1916，1947年の河道の位置が示されている．

A中にpと記した4カ所あたりには，河道の移動によって河岸の州が順次残された“しわ”状の地形——ポイントバーの列——が見える．写真右上に見える蛇行ループの頸部は上流から移動してきた河道によって短絡された．Cの断面は，このループにおける河道がいずれも西側に深い非対称の断面形をもち，緩斜する滑走斜面側にポイントバーをのこしていることを示している．

地形図Dにいくつかある新旧の三日月湖は埋積されつつあり，とくに西側の山地に由来する小河川の搬出物によって埋められている．これら小河川は山麓につづく更新世の段丘[3]（開析扇状地）の前面に小扇状地をつくっているが，河川はいずれも自らつくった扇状地を下刻している．下刻の原因は，蛇行河道による扇状地の側侵食による局地的侵食基準面の低下と推定される．

石狩川の河道沿いには，自然堤防が発達する．Dに桑畑や普通畑の記号で示され，また人家があるのは，上記の扇状地やポイントバーをのぞくとほとんどが自然堤防である．湿地・草地や水田で表わされているのは，ほとんどが後背湿地と河道跡である．Bには1904年の大洪水の氾濫の範囲が示されている．また後背湿地のかなりの部分が泥炭地であることが示され，高位泥炭（H）と低位泥炭（L）に区別されている．石狩川とその支流の河道帯にかこまれた凹地が泥炭地となり，早くから泥炭が成長した凹地中央部では低位泥炭のステージから高位泥炭のステージに進んだ．高位泥炭はこの付近ではミズゴケ泥炭またはホロムイスゲ—ミズゴケ泥炭からなり，厚さ3m前後，低位泥炭は木—ヨシ泥炭がもっとも多く，ヨシ泥炭およびスゲ—ヨシ泥炭がこれにつぐ[3]．高位泥炭地は周辺より2〜3mほど高まることが下流地域で知られている[1]．最近の地形図によると，これらの泥炭地は土地改良の事業によって耕地あるいは牧草地となっている．

A　空中写真（m 593-11，12，1947）

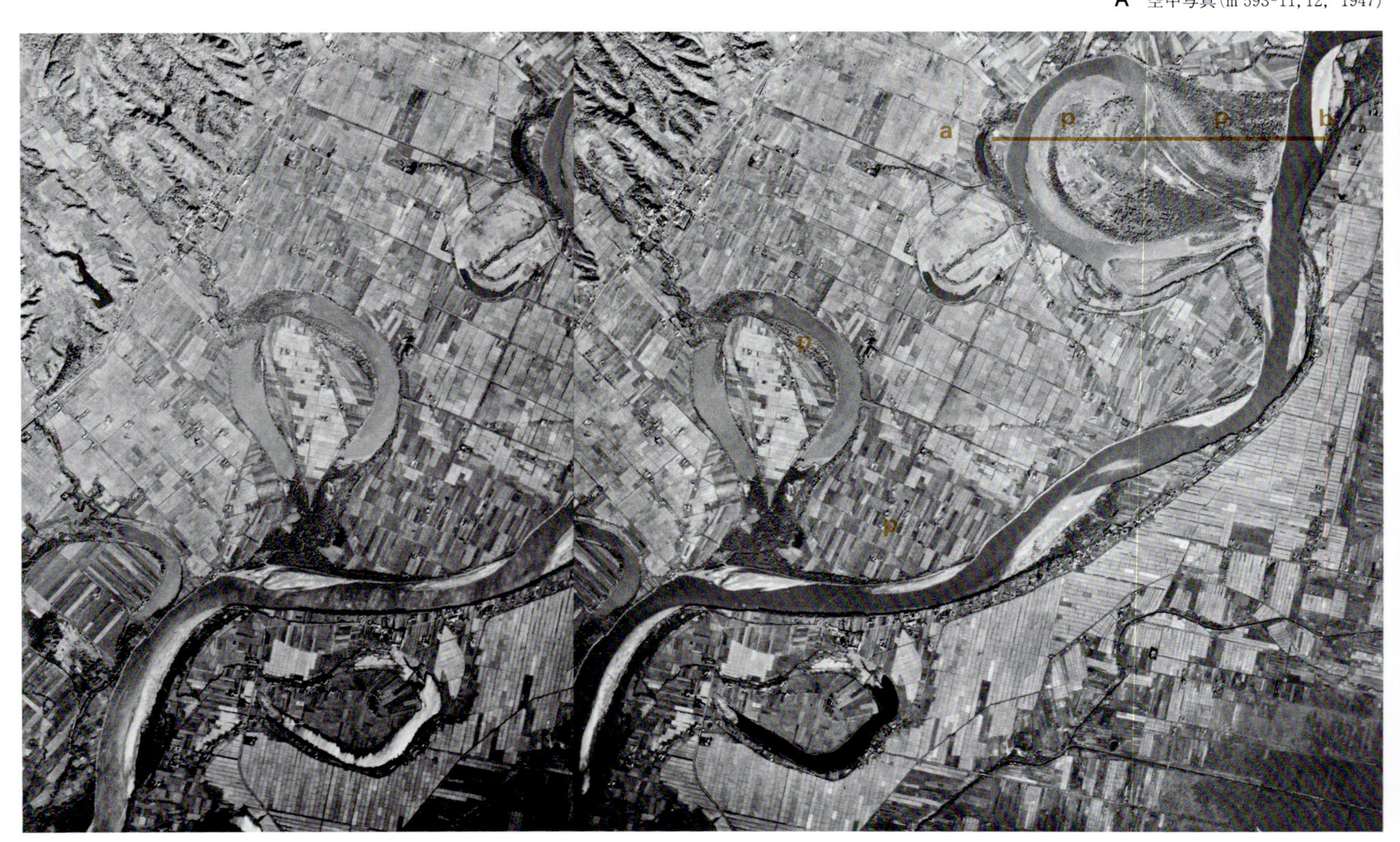

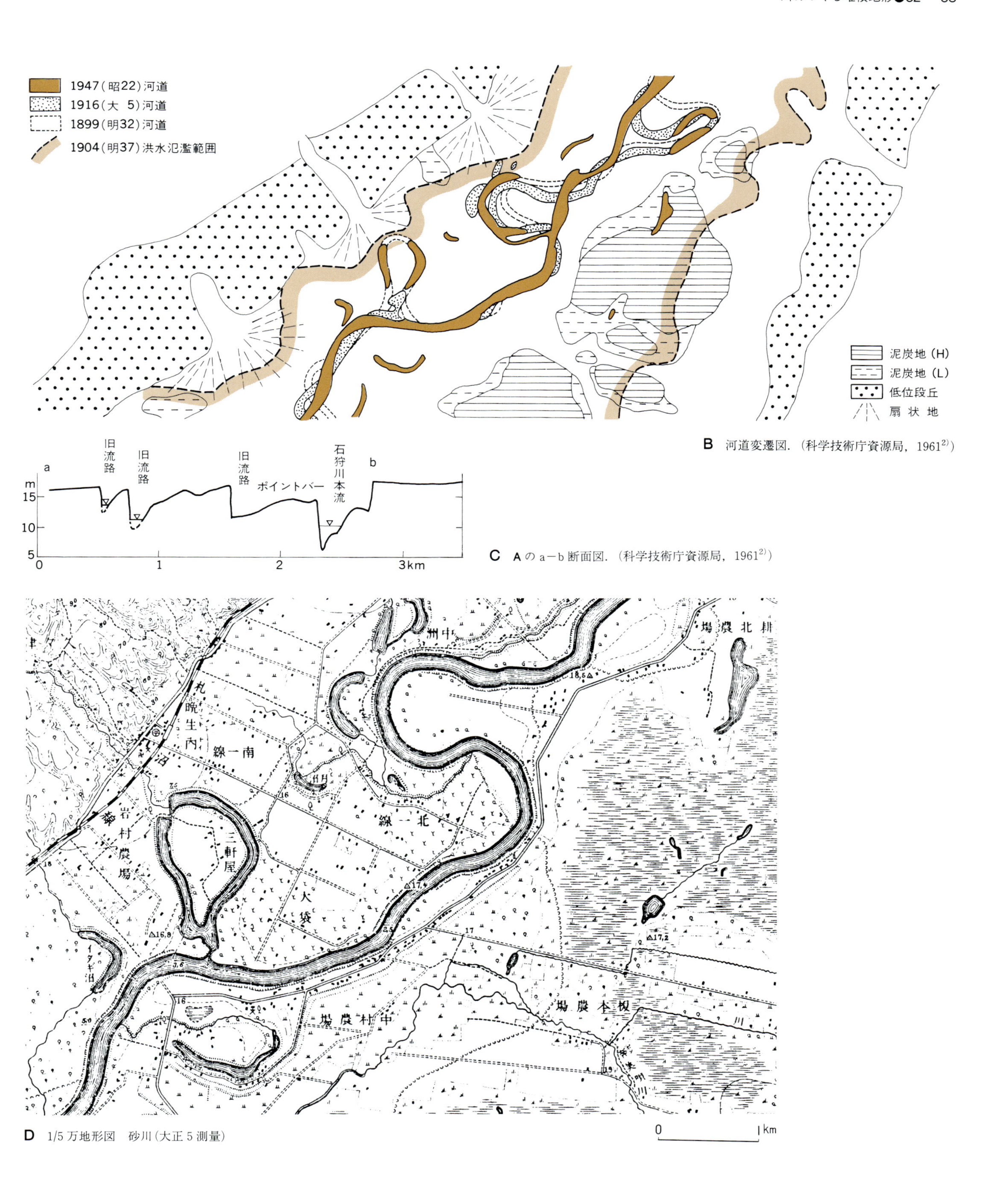

B 河道変遷図．(科学技術庁資源局，1961[2])

C Aのa−b断面図．(科学技術庁資源局，1961[2])

D 1/5万地形図 砂川(大正5測量)

§4-3 円弧状三角州——東京湾の小櫃川三角州

小櫃川の三角州は日本でもっとも典型的な円弧状三角州である．AやDで見られるように，現在の小櫃川は河口近くで分流し，分流河道の間にはやや海側に張り出した河口州をもっているが，沖積低地全体としての海岸線は滑らかな円弧状を呈している．Aで読めるように，現在の川の北側には旧流路跡の凹地（a，湿田）が数条あり，川は流路を変えつつ各方面に河口州をつくったことが推定される．しかし，海岸線の多くの部分には砂堤（浜堤）があり（Aでは白く見える，b），もとの河口州は形成後波によって円弧状に滑らかにされ，その海岸に沿って浜堤がつくられたと解される．Aの右上隅に暗くみえる奈良輪の水田地帯は，西から高洲にのびた砂洲にかこまれた入江が元禄年間に干拓された所である[4]．

三角州の前面にはDに描かれている干潟があり（Aでは干潟上に短冊型のノリひびがみえる），現河口と近い過去の河口前面には澪（みお）が見える．しかし，古い河口の前面では砂に埋められたためであろう，澪は不明瞭である．

干潟の前面の水深約5mから約20mまでの海底は急斜し，その前は再び平坦になっている（B，C参照）．急斜面は三角州の前置斜面，その前方は底置面，急斜面より陸側の平坦な海底および陸上低地は三角州の頂置面である．

海底底質の粒度分析結果[1]によれば，前置斜面の下端までは砂であるが，底置面はシルトよりなる．この三角州のボーリングコアの粒度分析[2]によると，上位に砂層（US，上部砂層）が，下位にシルト層（UM，上部泥層）があり，それぞれが図Bに見られるように現海底の底質によくつながる．このことは，現海底と同じ粒径分布をもつ構造が，次第に海側に前進してきたことを物語っている．

三角州上の微地形には，自然堤防，旧河道，後背湿地のほか，木更津市街の北東には3列に大別される砂堤（Aのc，d，e）がある（C参照）．これらはかつての海岸沿いにつくられた浜堤と推定され，三角州の前進を示す．砂堤上の古墳の分布は浜堤が古墳時代以前につくられたことを物語る．

Cにはボーリングによって知られた沖積層基底等深線が描かれており，三角州の地下には−30mに達する埋没谷があることや，台地の前面には−10m以浅の埋没平坦面があることが読みとれる（B参照）．台地の末端が東京湾に面する斜面はかつての海食崖であり，その前面の埋没平坦面は海食崖の後退にともなってできた海食台である．小櫃川三角州は，最終氷期の海面低下期にできたと推定されている河谷を埋積し，また海食台をも埋めて拡大した．その拡大のフロントが現在の前置斜面であり，その斜面の比高ないし上部砂層の厚さは三角州前面の東京湾の深さにほぼ等しい．これは，前置斜面の比高から上部砂層の厚さを推定できるということでもある．

A　空中写真（m 50-65, 66, 67，1947）

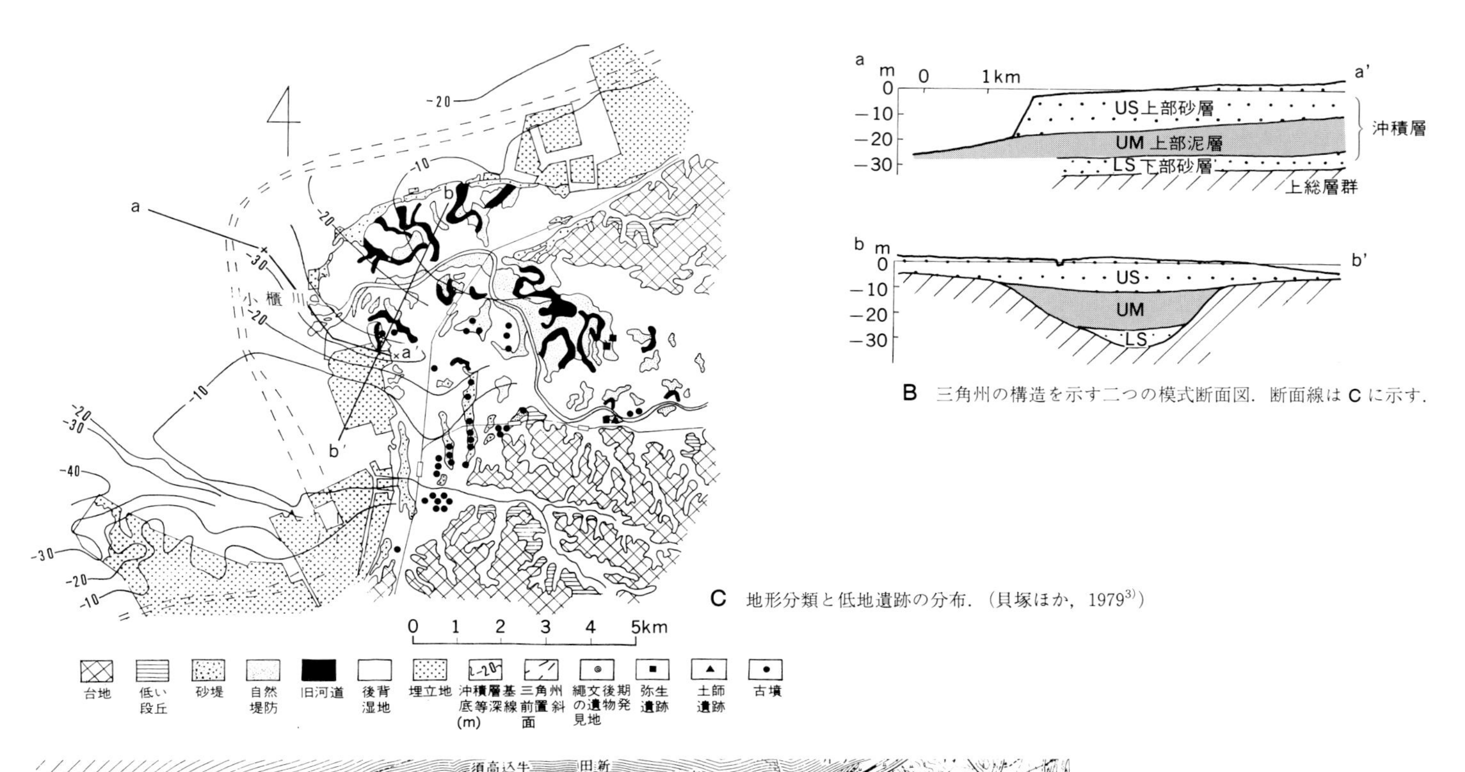

B 三角州の構造を示す二つの模式断面図．断面線は **C** に示す．

C 地形分類と低地遺跡の分布．（貝塚ほか，1979[3]）

D 1/5 万地形図　木更津(昭 29 修正)

§4-4 鳥趾状三角州——ミシシッピ川三角州

Aは鳥趾(ちょうし)状三角州の代表例とされるミシシッピ三角州のランドサット画像である．この画像やミシシッピ三角州全体の形成過程と形成年代を示したBや地形分類図Dからわかるように，鳥趾(鳥の足ゆび)状をなすのは現在のミシシッピ川本流流路の先端部であって，過去の三角州の突出部はいまでは波の作用や地盤の沈降によって，円弧状の砂州を生じたり，鳥趾状の形が変形したりしている．

Bに描かれているように，この東西 300 km，南北 100 km 以上，関東平野の約3倍の面積をもつ三角州地帯は，ミシシッピ川が次々に流路を移動しつつ大陸棚上に三角州域を拡大してきたもので，その年代は完新世の海面上昇以後の約 6000 年間である．現在の三角州末端は陸棚のへりに達しており(D)，そこでは海底地すべりなどが起こっている[3)]．したがってこの三角州がさらに大きく突出することはないであろう．

三角州の河口では，Cに示すようにデルタフロント堆積物(シルト質で円弧状三角州の前置層に相当する)と呼ばれる州ができ，それによって水路は分岐し，自然堤防が突出していく．その有様がAに写っている．分岐は洪水時に自然堤防の破堤として生じることも少なくない．デルタフロント堆積物の前方・側方には粘土質のプロデルタ堆積物(底置層相当)がある．

バトンルージュ付近から上流の台地間の沖積低地を流れるミシシッピ川では蛇行流路の移動が大きいが，それより下流では，流路の分岐は多くても，移動は少ないため，ポイントバーや三日月湖は少なく，自然堤防の発達がよい．Aで白っぽく帯状にのびるところがそれで，ラフォルシェ川分岐点あたりでは，ミシシッピ川もラフォルシェ川も左右合わせて幅約 10 km，比高 3～5 m の自然堤防の中央を流れる．ミシシッピ川の川幅は約 1 km(日本の大河と同程度)であるが，水深は 30 m ぐらいあり，洪水の時はさらに河底をほり下げて深くなる．ラフォルシェ川はBに示すとおり，かつてのミシシッピ本流流路であったが，本流の移動とともに埋積され，今は小川となっている．かつてこの三角州は今より沖まで鳥趾状の三角州をはりだしていたようであるが，本流による堆積が減じるとともに前面が海の流れで円弧状の砂州に変えられたのであろう．

セントバーナード三角州はラフォルシェ三角州同様，円弧状の砂州を沖合にもち，かつてはこのあたりまで鳥趾状三角州をのばしていたことを示す．三角州の沈降は形態からもわかるが，先史時代貝塚の沈水や自然堤防上の木の枯死・後背湿地植物の変容からも知られている．ミシシッピ川三角州の後背湿地は，Dに描かれているように，樹木のあるところはスワンプ，草本だけのところはマーシュと呼ばれている．

A　ミシシッピ三角州のランドサット画像．(2014 年 2 月．https://eoimages.gsfc.nasa.gov/images/imagerecords/85000/85519/mississippi_oli_2014_lrg.jpg)

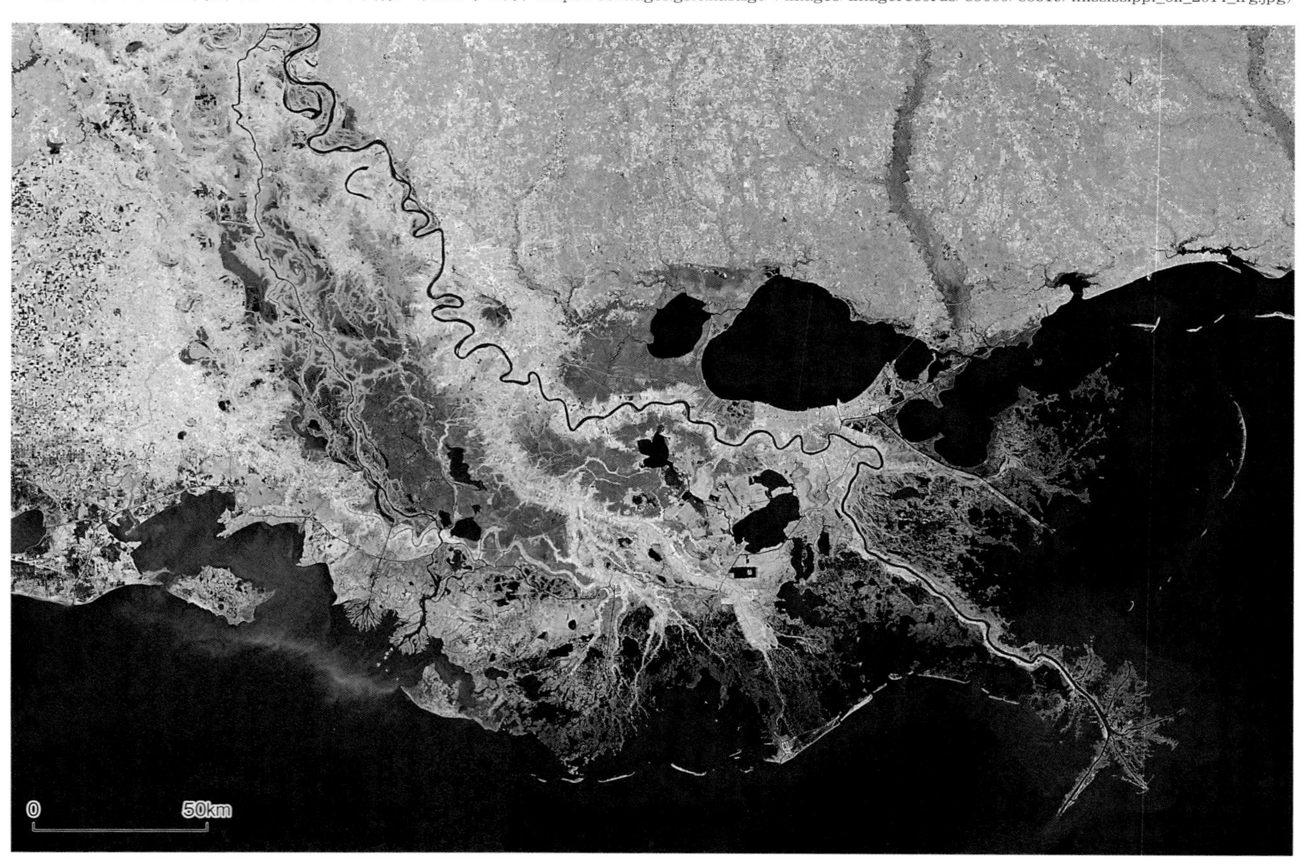

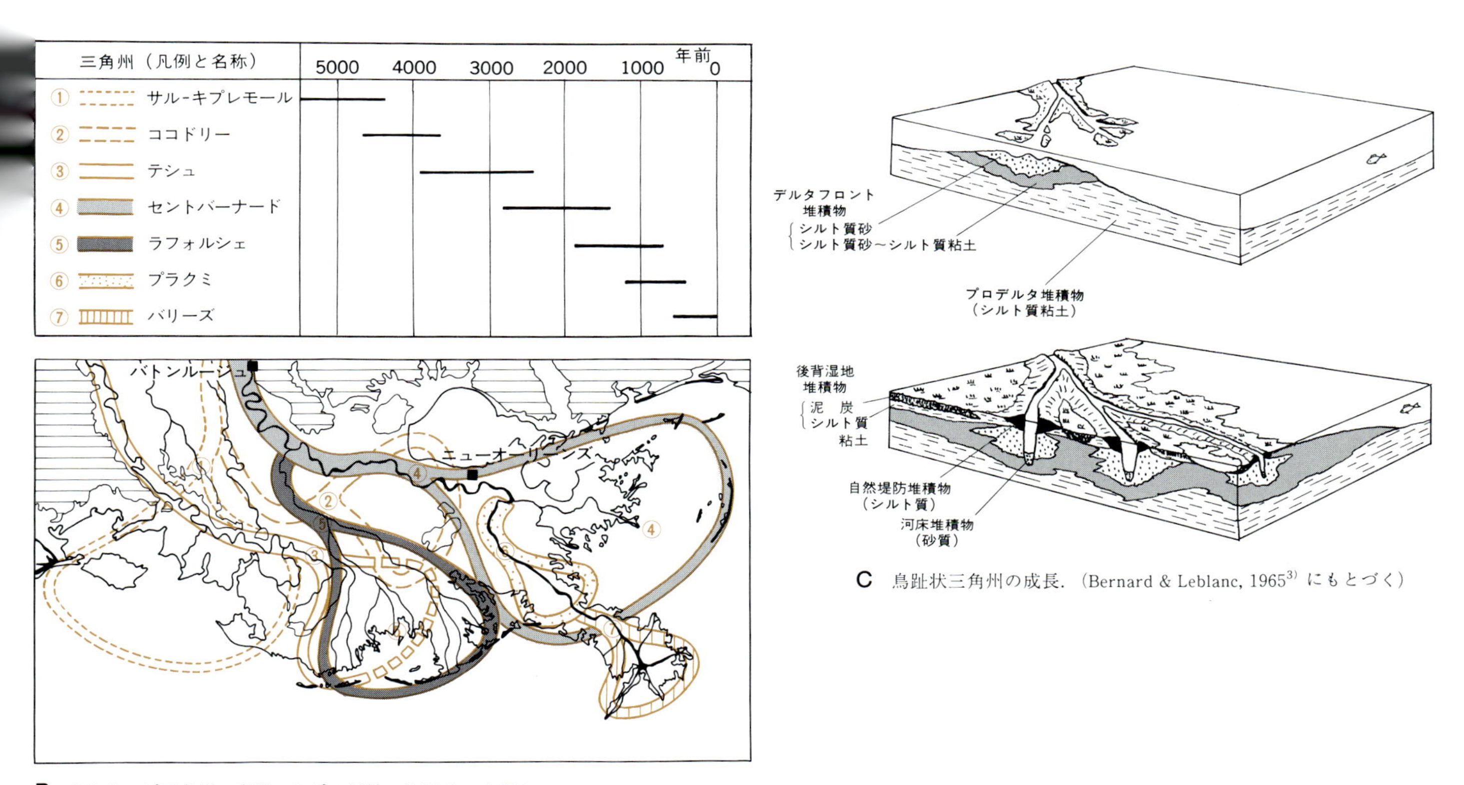

C　鳥趾状三角州の成長．（Bernard & Leblanc, 1965[3] にもとづく）

B　ミシシッピ三角州の変遷．セピア以外の凡例は D と同じ．（Kolb and Van Lopik, 1966[2]）

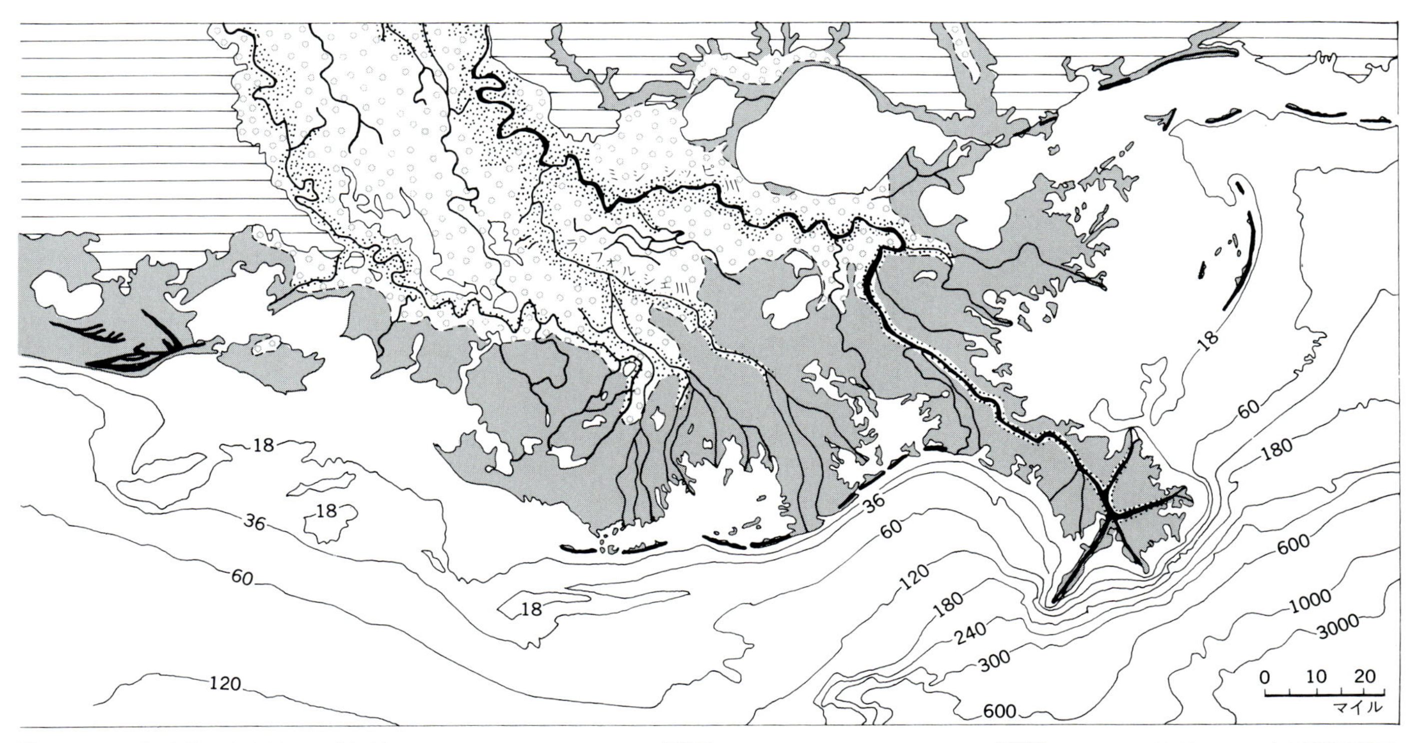

D　ミシシッピ三角州の地形分類図．等深線はフィート．（Bernard and Leblanc, 1965[3] を簡略化）

第5章 海岸地形

解説

一般に，陸地と海水の交わる線を海岸線(汀線)と呼ぶ．実際の海岸では，汀線の位置は潮汐の影響によって周期的に変化し，高潮位汀線と低潮位汀線との間を往復する．砂浜海岸では両者の間を前浜，高潮位汀線より内陸側へ異常な大波が達する限界までを後浜(あとはま)，低潮位汀線より沖側で砂の移動する限界までを沖浜(おきはま)とそれぞれ呼んでいる(**図1**)．

海岸に働く力

海水の運動(海岸に打ち寄せる波および海水の流れ)によって海岸および浅海底は絶えず変化し，**図1,2**にみられる海岸に特有な種々の地形が形成される．

波　風が吹く海面に発生するのが風浪で，暴風時には波高10mにも達する波が観測される．また，遠方から伝わってくるうねりがある．台風襲来前に太平洋岸に押し寄せる波がこれである．

海岸に立って沖合をみると，波が海岸に向かってくるように見える．実際には，個々の水粒子は円運動を行ない，波形のみが前進する．波が沖合から浅海に近づくと，水粒子の円運動が妨げられて波が砕け，水自体が海岸へ向かって前進し強い侵食力が生じるのである．

波は海底や沿岸部を侵食し，種々の海食地形を形成する．一方，波の侵食によって生じた岩屑や河川が運び出した砂などは，波や沿汀流(沿岸流と区別する)によって移動し，種々の堆積地形をつくる．しかし，波の作用のおよぶ深さは割に浅く，海底の岩盤をもけずり取れる水深は，最大波高とほぼ同じ深さまでであるといわれる．たとえば，1973〜1974年にかけ，海底火山の噴火によって生長した西之島新島をとりかこむ海食台末端水深は−12〜−15mである[4]．

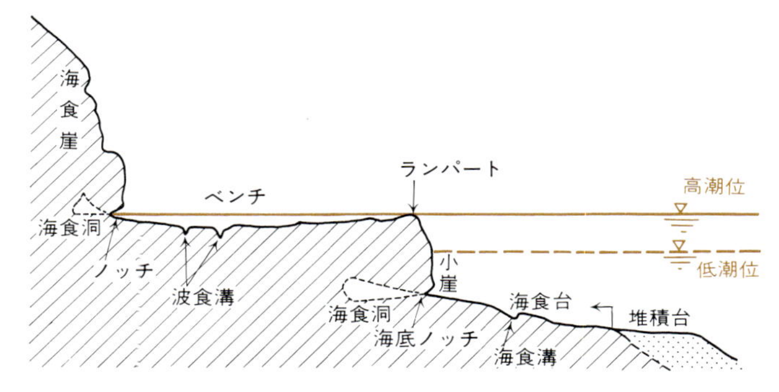

図2　岩石海岸に発達する種々の地形．(茂木，1971[3]を簡略化)

汀線付近での海水の流れ　汀線に向かって進行する波は，汀線が一種の壁の働きをするので，そこで強制的にとめられる．したがって，水は汀線付近にたまり，海面をわずかに上昇させる．ある程度以上の海水が汀線付近に蓄積されると，せまい帯となって汀線にほぼ直角に沖へ向かって流れ出る．これが離岸流である．また，波が汀線に対し斜めに進入すると，汀線に平行な波の分力は沿汀流となって汀線沿いに流れを発生させ，しばしば海浜の岩屑を移動させる(§5-5参照)．なお，沿汀流や離岸流の発生する汀線付近より沖合いにみられる流れは，海流の一部であることが多く，波の進行方向に関係のない流れで，沿岸流と呼ばれる．

また，潮差の大きい海岸(とくに湾内)や，出口のせまい

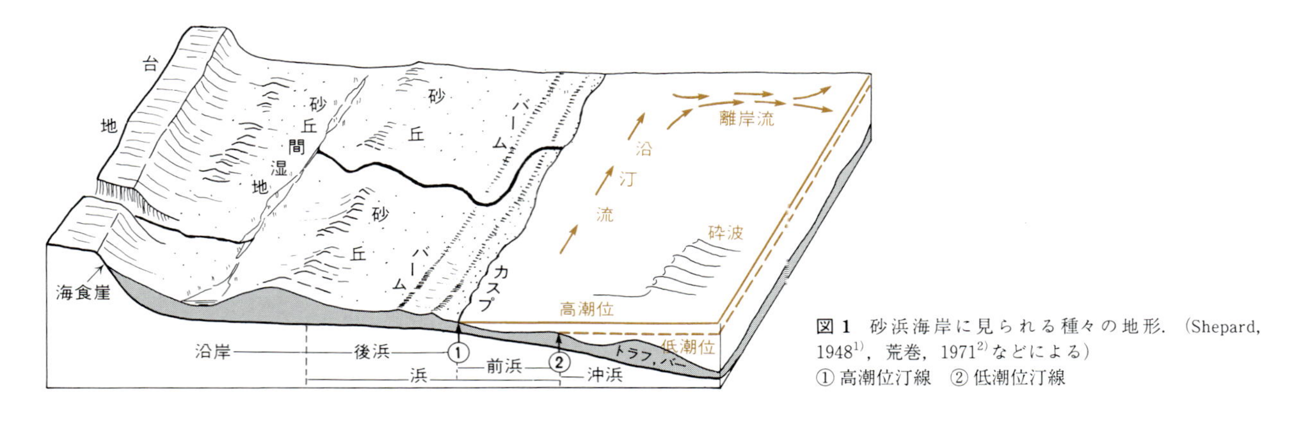

図1　砂浜海岸に見られる種々の地形．(Shepard, 1948[1]，荒巻，1971[2]などによる)
①高潮位汀線　②低潮位汀線

内海では，潮汐の干満に応じ強い潮汐流が発生する．巨大な海底地震の引き起こす津波は時に巨大な波となって海岸に押し寄せる．

岩石海岸

海岸まで山地がせまっている岩石海岸は日本の各地に見られる．典型的な岩石海岸は，海岸に急斜する海食崖と高潮位すれすれに発達する波食棚(ベンチ)からなる(**図2**)．さらに低潮位面下の海底には海食台が発達する．波食棚と海食台を合わせ海食台地という．海食台の前方には堆積台が形成されるといわれてきたが，現実の岩石海岸で発見される例はきわめて少ない[5]．海食崖の後退は波の水圧による直接の打撃，岩の割れ目に押しこめられた空気圧による破壊，打ち寄せる岩屑の削磨作用などによって進行する．このような波食作用により海面付近にまずノッチがつくられ，これが深くなると，上部斜面は不安定となって崩落する．海食崖の基部では節理面や断層面などの割れ目に沿ってとくに波食が進行し，ノッチはさらに海食洞へと発達する．海食崖の後退は一様には進まず，海食洞や天然橋(**写真1**)をつくり，さらに侵食が進むと一部分が海中にとり残されてスタックとなる．

海食崖の後退によりその前面にベンチが形成される．**写真2**は房総半島の先端の野島崎で，最低位の平坦面は関東大地震時の地殻の隆起(白浜で約1.8 m)にともなって離水したベンチである．岩石海岸に発達する平坦面は，波食棚，海食台など成因と結びつけた語で呼ばれるが，単にショア・プラットホームと総称し，形成される場所により，高潮位プラットホーム，潮間帯プラットホーム，低潮位プラットホームなどと区別する方がよいとする意見もある[7]．前述したように海底の侵食深は水深10 mほどなので，プラットホームは海食崖の基部から水深10 m程度の海底までの間に形成される．したがって，その平均勾配が1°のとき，潮差のない海岸で幅500 mほど，潮差5 mの海岸で幅800 mほどのプラットホームが形成されよう．これ以上の幅を有するプラットホームが形成されるためには，徐々に海水準が上昇する(ゆっくりした海進)ときのみと考えられる[7]．

写真1　磐城海岸，富岡北方下小浜に見られた海食洞と天然橋(1972年撮影)．なお，この天然橋は，1973～1974年に落下し[6]，先端部のみがスタックとなって海中にとり残された．(© 日本交通公社フォトライブラリー)

写真2　房総半島先端，野島崎．野島崎をとり巻く最低位のベンチは1923年の関東大地震のときに離水した．このとき，野島崎周辺では土地が約1.8 m隆起した．(朝日新聞社提供)

砂浜海岸

海食崖を後退させて生産される岩屑や河口から排出される岩屑は供給源付近に堆積すると同時に，沿汀流によって海岸に沿って漂移し，河口周辺や湾内に堆積し，砂浜を形成する．広い砂浜の見られる砂浜海岸では，波浪や沿汀流によって海浜堆積物が移動し，種々の地形が形成される(**図1**)．代表的な砂浜海岸を断面で見ると，内陸部の後背湿地から数条の砂丘列をへて後浜に達し，前浜をへて，低潮位より外の外浜では，バー，トラフが発達する．浜にくだける波は，砂礫を押し上げ，後浜にバーム(汀段)や浜堤(ひんてい)を形成する．砂の供給が多く風の強い海岸では，細粒の砂が吹き上げられ，浜堤を母体としてしばしば砂丘が発達する．また，高潮位，低潮位付近には，アーチ状に連続する微地形——カスプ(§5-5参照)——が見られる．

沿汀流が発達し，砂の供給の多い砂浜海岸には，種々の砂堆がつくられる．総称して沿岸州または砂州と呼ばれ，陸地との間にラグーンをいだいている．沿岸州は満潮位より突出しており，浅海底に見られるバーと区別される．沿岸州のうち，一端が陸地と連なり海中にのびるものは砂嘴と呼ばれ(**写真3**)，時には先端が数本のかぎ状の州に分かれ分岐砂嘴となる(野付崎§5-4や三保の松原)．砂嘴が湾の入口を横切って発達すると，湾口沿岸州となる(**写真4**)．完全に陸地から分離され，汀線に沿ってのびる島は沿岸州島(堤島)と呼ばれる．また，陸地から離れている島が，州によって連なった場合，この種の州をトンボロ，連結された島を陸繋島と呼ぶ．

写真3　北海道根室湾に流入する春別川河口にみられる砂嘴．(小池撮影)

写真4　浜名湖の湾口に発達する湾口沿岸州．現在は国道バイパスが建設されてしまっているが，これは自然状態に近いころの湾口沿岸州である．(朝日新聞社提供)

海岸線の変化

岩石海岸では，海食崖を侵食し汀線が後退する．十分に固結した岩石からなる海食崖では崖の後退はきわめて遅いが，更新世～新第三紀層など固結の進んでいない岩石からなる海食崖では，後退速度が大きく，1～2 m/年にも達する．日高，磐城(**写真1**)，屏風ヶ浦(千葉)，渥美，明石などの海岸では，顕著な後退が見られる．

一方，砂浜海岸では，波や沿汀流の強さに応じ，汀線の位置がたえず移動する．汀線の位置や汀線付近に見られる堆積地形は，きわめて短期的な海況の変化に応じて，移動・変形するとともに，一般には，季節に応じた1年を周期とした砂浜の変化が見られる．砂浜海岸では，汀線付近での物質収支がつり合っているとは限らない．長期的には一方に偏し，汀線の前進・後退を引き起こしている．日本の砂浜海岸では，自然状態下では，汀線の前進傾向にあったが，最近は人工的な要素が加わって，大幅な汀線後退を引き起こしている事例が多い．現在も汀線の前進傾向を保っている砂浜海岸は，石狩川河口，九十九里浜中央部(§5-5参照)，遠州灘など限定された地域に見られるのみで，大河川の河口周辺などでは，戦後，大規模な海岸線の後退がつづいている．これは，自然条件に加え，放水路の建設による河口の移動(例：信濃川旧河口§5-6参照)，大貯水池の構築による堆砂や河床礫の採取による河川からの堆積物供給の減少(例：大井川，天竜川河口)が大きな要因と思われる[8]．

海面の相対変化と海岸地形

海岸線の位置は，海岸での侵食・堆積のほかに，1)陸地そのものの隆起・沈降，2)海水面そのものの昇降，によっても変化する．海岸付近の地形を扱う場合，海水準の変動が，1)，2)どちらの原因によるものか判定することは一般に困難である．そこで，原因はどちらであれ，相対的に陸地側の下降する動きを沈水，反対に陸地側の上昇を離水と呼んでいる．また，陸地に海水が進入する場合を海進，反対に海の方が後退する場合を海退という．

離水が起きると，もとの海底が水面上に現われ新しい陸地が形成される．離水した海底面の前面に新たな海食崖がつくられると，階段状の地形——海成段丘——ができる

(例：室戸岬§5-2参照).

山地が沈水すると，谷には海水が進入し奥深い湾ができ，稜線部は半島となり突出する．また稜線上の鞍部が低いと先端部が島となる．入江に富む地形は，スペイン北西部の入江の名にちなんで，リアス海岸と命名されている．三陸海岸のリアス海岸(§5-3および**写真5**)はあまりにも有名である．

写真5　三陸海岸，大船渡東方，綾里付近のリアス海岸．入江の湾口が東(日本海溝)へ向けて開いているので，津波の害を受けやすい．1933年には綾里湾で28.7 mの津波を観測した．(朝日新聞社提供)

これまで述べてきた海岸に見られる地形のほか，大規模な海岸地形には，氷河の侵食したU字谷に海水が内陸深くまで進入してつくられるフィヨルド，三角州や扇状地の前面に形成される三角州海岸(§4-3参照)や扇状地海岸(§4-1参照)，断層崖がそのまま海に望む断層海岸，火山が海にせまっている火山海岸などがあげられる．

生物のつくる海岸地形

サンゴ礁　　サンゴ礁は亜熱帯～熱帯の海岸や島をふちどる造礁サンゴおよび他の石灰藻などのつくる地形である．サンゴは，1)海水の表面水温が18°Cを下らない(27～28°Cが最適)，2)水深45 m以浅，3)塩分27～28‰以上，4)透明な流動する海水，5)日光およびプランクトンの豊富なこと，などの条件下でサンゴ礁を形成する．

サンゴ礁は，形態的に，裾礁(きょ)，堡礁(ほ)，環礁(かん)に区分される(**図3**)．裾礁は，海岸に沿って分布する波食台のような地形で，干潮時に表面が露出する程度の高さをもつ．堡礁は

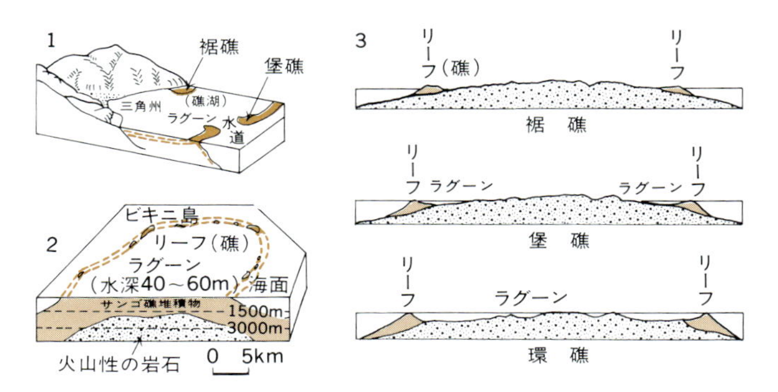

図3　サンゴ礁の模式図．
1. 裾礁および堡礁　2. 環礁(ビキニ環礁)　3. 断面図

陸地とは浅い海(礁湖)を隔てて沖合に防波堤状に連なるサンゴ礁で，礁はところどころ切れ，礁湖への新鮮な海水の進入が保たれている．環礁は円形のサンゴ礁列が海面に見られるのみで，環礁内の礁湖の深さは最大70 m前後である．

環礁で，ボーリングを行なうと，なかなかサンゴ起源の石灰岩下の基盤に達しない．第三紀時代から島の沈む速度に合わせ，サンゴ礁が生長してきたことを示すものである(平均すると2～3 cm/1000年程度の速度)．

サンゴ礁の3形態の形成に関して，二つの学説が提示されている．一つはダーウィンやデーヴィスがとなえた沈降説で，他はデーリーがとなえた氷河制約説である．沈降説では，サンゴ礁の基盤となる島の沈降にともない，裾礁→堡礁→環礁と発展すると考えた．これに対しデーリーは，後氷期の海面上昇によって，堡礁や環礁ができたと考えた．環礁における厚い石灰岩の存在は前者の説を支持するもので，一方，礁湖の最大水深が70 m前後と一定なことは氷河制約説を支持するものである．サンゴ礁の発達史は，長い時間(100万年以上のオーダー)で考えれば，海洋プレートの沈降(14章参照)によって説明され，短い時間(数十万年以内)で考えれば，氷河性海面変動による海水準の昇降を考慮しなければならない．

マングローブ海岸　　熱帯・亜熱帯の遠浅の海岸では，マングローブが密生し，沖合いまでつづいて特殊な海岸地形をつくっている．陸地から，土砂の供給の多い河口周辺の泥土質の海岸を中心に分布している．日本では沖縄の西表島などにみられる．

§5-1 岩石海岸のベンチ——宮崎県青島付近

宮崎県南部の日南海岸には，青島付近から南方へ向かって海岸線を縁どるように潮間帯に「波状岩」または「鬼の洗濯板」と呼ばれる波状の小起伏をもつベンチ(波食棚)が発達している(**A**).

青島は，周囲約1km，最高点5.7mの低い島で，島をとりまく潮間帯上部には幅200m前後の標式的なベンチが発達する[1]．また島全体は，天然記念物に指定されている亜熱帯性植物群落におおわれている．青島は，地形上は干潮時にのみ海上に露出するトンボロ(5章解説参照)によって九州本島と結ばれ，弥生橋によって容易に島に渡ることができる．

青島をとりかこむベンチは，新第三系宮崎層群上部の砂岩と泥岩よりなる互層を切って発達する．この互層は，全体として，N30°E，14～20°Eの走向，傾斜をもつ単斜構造で，一般に厚さ10～100cmの砂岩層と厚さ10～50cmの泥岩層とのきわめてリズミカルな互層である[1]．

ベンチ上に見られる波状の起伏は**B, D**に示されるように，比高数cm～約1mで，峰部は常に砂岩，谷部は主に泥岩からなっている．高橋[1]によれば，ベンチを構成する岩石は力学的には次のような過程で侵食される．砂岩では，細粒・粗粒を問わず乾湿の交代による破砕は生ぜず，日射によって風化が進む．強度が低下した表層部が波浪や風によって摩耗侵食を受ける．したがって，平均高潮位付近以上で侵食がすすむ．一方，泥岩では，潮間帯での乾燥収縮によって表面に亀裂を生じ，吸水膨張によって容易に破壊されるので，こまかい風化節理が形成されて小岩片に分離されやすい．小岩片は波浪によって容易に除去される．したがって侵食の下限は平均海面よりやや低いところにある．このように，潮間帯における侵食速度は，乾湿破砕を受ける泥岩層の方が砂岩層よりもはるかに速く，より低いところまで侵食されるので，砂岩層は泥岩層に対して相対的に突出し，「鬼の洗濯板」が形成されたのである．**A, C**はいずれも，干潮時に撮影されており，**A**ではベンチの分布と，走向にほぼ直交する小断層群が，**C**ではベンチ上の起伏が示されている．

なお，このような地形は，小規模なものは日本各地の海岸に見られるが，三浦半島南西部の荒崎海岸でも，凝灰質砂岩と泥岩からなる同様のベンチが発達している[2]．

A 空中写真(C，KU-74-12，C16-43, 44)

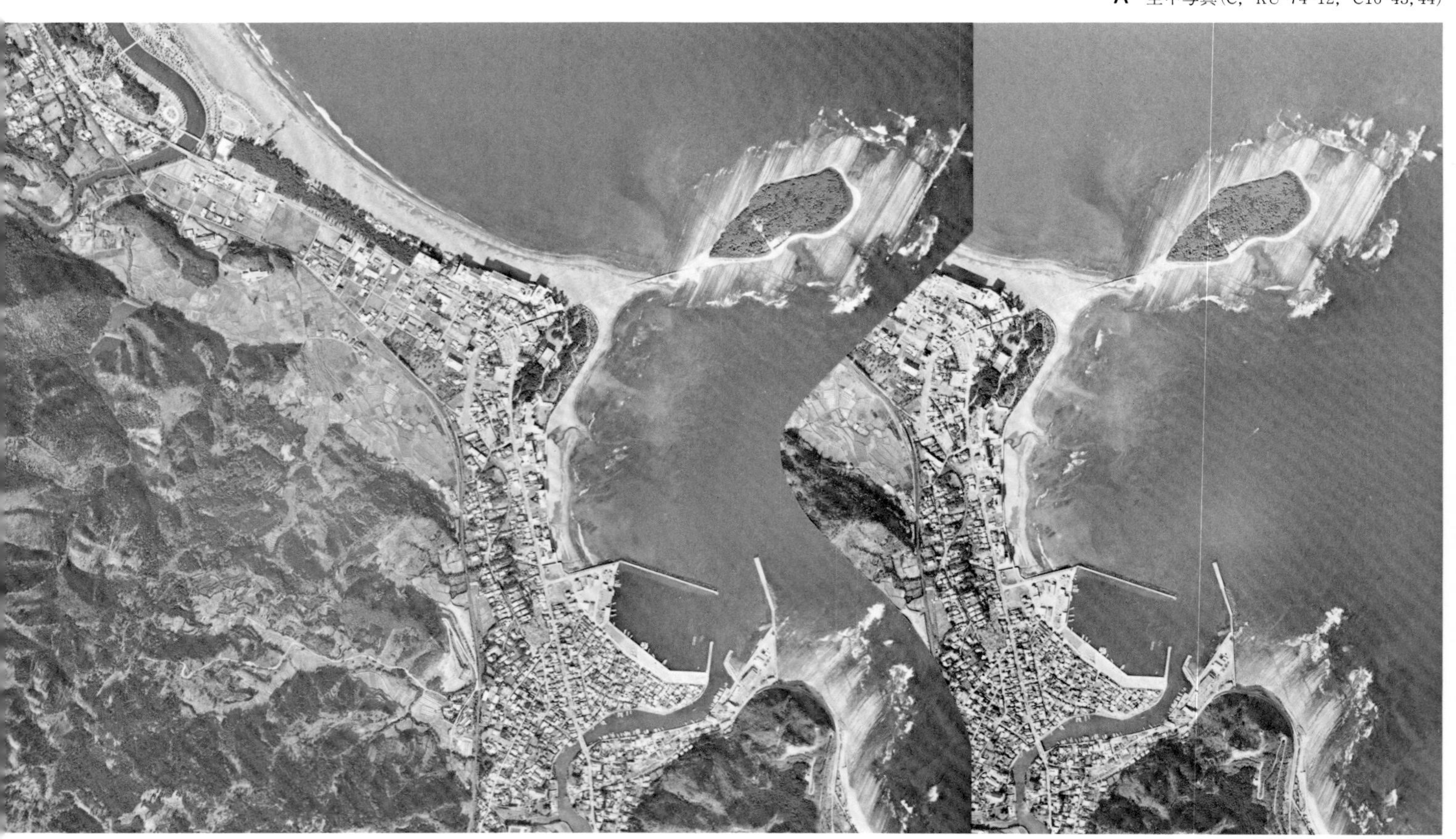

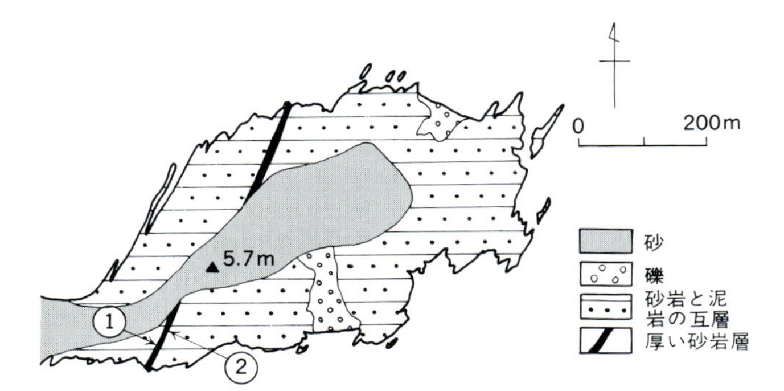

B1 青島の地質図とベンチ．①，②は断面①，②(B2に示す)の位置．

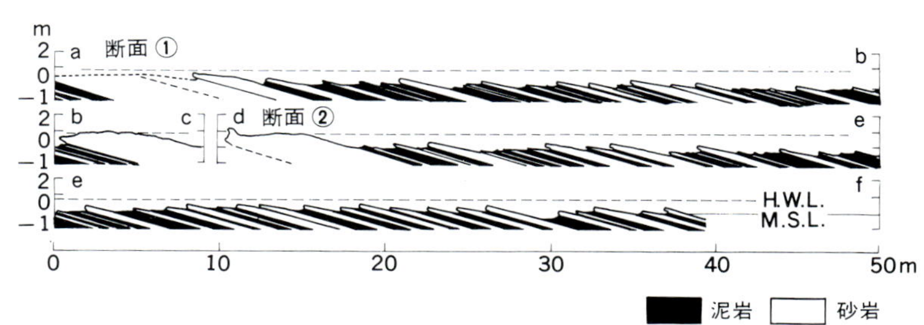

B2 ベンチの地質断面図(水平垂直同一縮尺)．(高橋，1975[1])
H. W. L.：高潮位，M. S. L.：中等潮位

C 青島港東南方に見られるベンチ．(小池撮影)

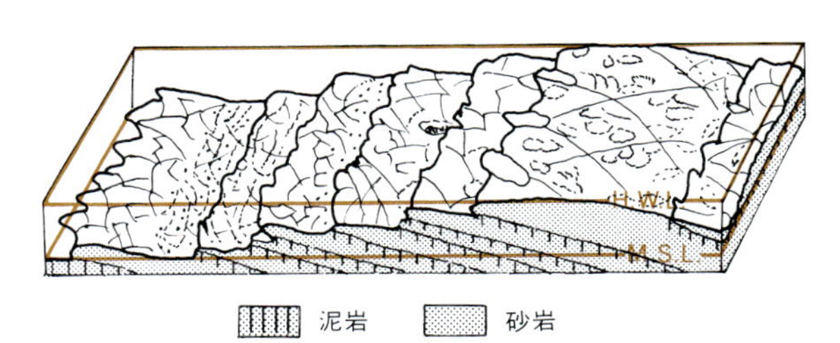

D 青島をとりまくベンチの模式断面図．(高橋，1975[1])
H. W. L.：高潮位，M. S. L.：中等潮位

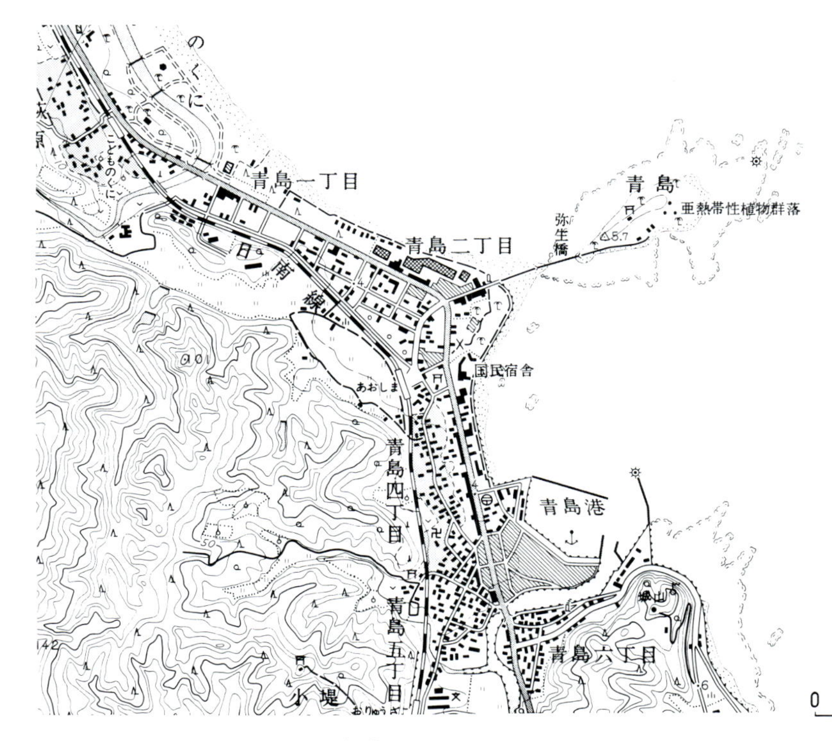

E 1/2.5万地形図 日向青島(昭55改測)

§5-2 海成段丘——室戸半島西岸

室戸半島西岸には過去の海水準を記録する海成段丘が発達している．A の範囲では5段の海成段丘(H1, H2, M1, M3, L)が識別できる(B)．もっとも明瞭なのは室戸岬面1(M1)で，谷で深く開析されてはいるが，谷の間には海側に緩傾斜する幅広い段丘面がよく保存されている(B～D)．M1面の陸側・海側はともに段丘崖(旧海食崖)で境されているが，海側の崖は比高が大きく，急勾配で新鮮な崖地形を示すのに対し，陸側の崖(そのふもとが旧汀線に当たる)はかなり緩やかである(C)．さらにH1, H2の高位段丘面群はM1面よりも開析が進み，段丘面の幅は狭い．段丘面と谷との境もやや漸移的である．

一方，最低位のL面は，幅はせまいが海岸沿いによく連続する．このような形状から，高位の段丘ほど形成期が古いこと，したがって陸地が相対的に上昇してきたことがわかる．M3は，M1(またはM2)の末端に見られるせまい面で，背後の面とは比高が小さく，空中写真から識別するのはややむずかしいが，この面とM1面の旧汀線高度との間には50 m以上の高度差があり，両面が異なる時期の海面を示すことは確かである．M2, M4は，その分布が河口のみに限られているので河成面と判断され，それは露頭観察からも確かめられている．

Bのa−b間の断面をEに示す．H2は下部に河成層をともなう海成堆積物からなり，全層厚は15 mをこえる．M1面は図示した範囲では堆積物はうすいが，これに連続する面は基盤の谷地形を埋める厚さ10～15 mの海成層からなる場合がある．L面も同様に主要河川の河口付近では堆積物は厚い．このように本地域は隆起地域であるにもかかわらず，段丘面の形成過程の間に沈水現象が認められる．このような沈水現象は他地域にも共通して見られるので，氷河性海面変化によるとみなされ，主要な海進期の存在から，Lは後氷期，M1は最終間氷期，H2はその前の間氷期に対比される．

室戸半島では，平均的に見て等速隆起(室戸岬では1946年地震とその前後の測地学的資料から年2 mm，高知に向かって次第にその量を減じる)の継続とその間に繰り返された海面変化との和が，実際の地形発達および高度とよく合うこと(F)から，主要な段丘の分化は地殻変動の緩急によるのではなく，陸地の等速的隆起と海面変化の複合から生じたという考えが示されるに至った[1]．なお，M1面は海側に向かってかなり傾き，時に比高の小さい崖がみられることがある(この図にはないが行当崎など)のは，巨大地震に伴う隆起のあと(§11-7参照)と思われる．上述した主要な段丘面の分化と，一段丘面中の小段の形成とは異なった成因を考える必要がある．

A　空中写真(SI-68-5Y，C14-1, 2, 3)

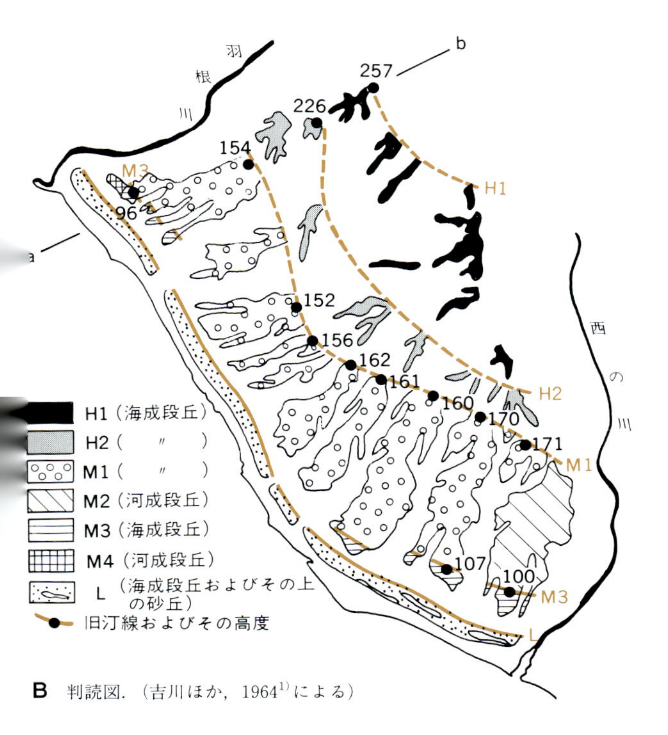

B 判読図．（吉川ほか，1964[1]による）

D 1/2.5 万地形図　羽根・室戸岬（昭 52 修測）

C 西の川西方の広く発達する海成段丘 M1 面とその下位の L 面．L 面上の集落は西灘．（太田撮影）

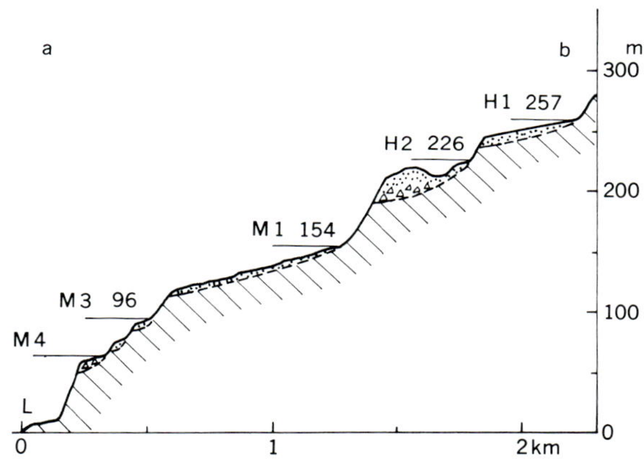

E 断面図．位置は **B** に a—b で示す．（吉川ほか，1964[1]）

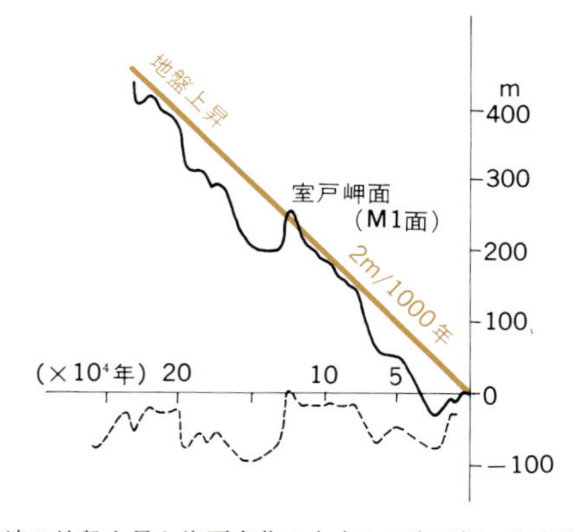

F 等速の地盤上昇と海面変化の合成から室戸岬の海成段丘の形成を説明する図．（吉川ほか，1964[1]などによる）
点線は海面変化曲線（Shackleton and Opdyke, 1973[2]の酸素同位体比の分析結果を海面変化曲線によみかえて簡略化したもの）．直線は 2 m/1000 年の地盤上昇を示す．実線の曲線は，上記の二つを合成して求めた地盤の海抜高度の変化．

§5-3 リアス海岸と防災——三陸，田老海岸

リアス海岸と呼ばれる入江に富む地形は，山地または開析の進んだ丘陵・台地が沈水して形成される．三陸海岸は典型的なリアス海岸として有名で国立公園に指定されている．

三陸海岸は，古～中生代の種々の堆積岩類と花崗岩類の構成する開析の進んだ山地が海にのぞむ海岸で，宮古湾以南の大小の入江の発達する典型的なリアス海岸の発達する部分と，宮古湾以北の深い入江の見られないほぼ直線的な海岸とに分けられる．リアス海岸の概形は第三紀～第四紀中ごろまでに形成されたと推定されるが，第四紀，特にその後半には氷河性海面変化によって，この海岸は離水と沈水を繰り返し，この過程で数段の海成段丘が形成された[1]．現在，湾内の水深は 100 m 以浅で，最終氷期にはすべて陸化し，後氷期の海進によって谷は溺れ，リアス海岸となった．入江の湾奥に流入する河川のつくる平野は小規模で，背後に急傾斜の山地がせまっている．入江の河川による埋積は遅く，リアスの原形がほぼ保たれている．

三陸海岸は，巨大地震の多発する日本海溝に面し，入江の湾口が東方（海溝方向）に開いているので，津波の害を受けやすい．1896 年（明治 29 年）三陸沖地震，1933 年（昭和 8 年）三陸沖地震，1960 年（昭和 35 年）チリ地震津波などの地震の際，湾奥の低地に立地する集落は大被害を受けた．なかでも，1933 年には，津波の波高は綾里湾（5 章解説の写真 5）で 28.7 m にも達した．

A, **E** は宮古北方の田老湾周辺の空中写真と地形図で，**E** には 3 回の津波襲来時の浸水線も示されている[2]．図中に見える田老町は 1896 年，1933 年と 2 度の津波で大被害を受け，1933 年には，死者 911 名，流出家屋 428 戸におよぶ大惨事となった．この経験にもとづき，長内川右岸の旧市街を守るため，延長 1350 m，高さ 10 m の堅固な防潮堤（**A** の a，**B**）を 1958 年に完成させたので，1960 年には旧市街は安全であった．チリ地震津波後，港の背後，長内川左岸の新市街を守る堤（**A** の b）を，さらに 1978 年には田老川左岸の耕地を守る堤（**A** の c）を完成させ，湾に流入する河川には防潮水門（**A** の d, e）をもうけ，河川への逆流を防いでいる．港の東側にそそり立つ海食崖の岩盤上には，明治 29 年（1896）15 m，昭和 8 年（1933）10 m の 2 本の白線が描かれ，過去の津波の波高を明示している（**C**）．

なお，大船渡湾奥に位置する大船渡市はチリ津波地震で大被害を受けたが，入江が細長いこと，港湾機能を阻害しないことなどの条件を考慮し，湾口に天端高＋5 m，延長約 740 m の防潮堤（**D**）を建設して，津波を防ごうとしている．

A 空中写真（C，TO-77-4，C5B-7, 8）

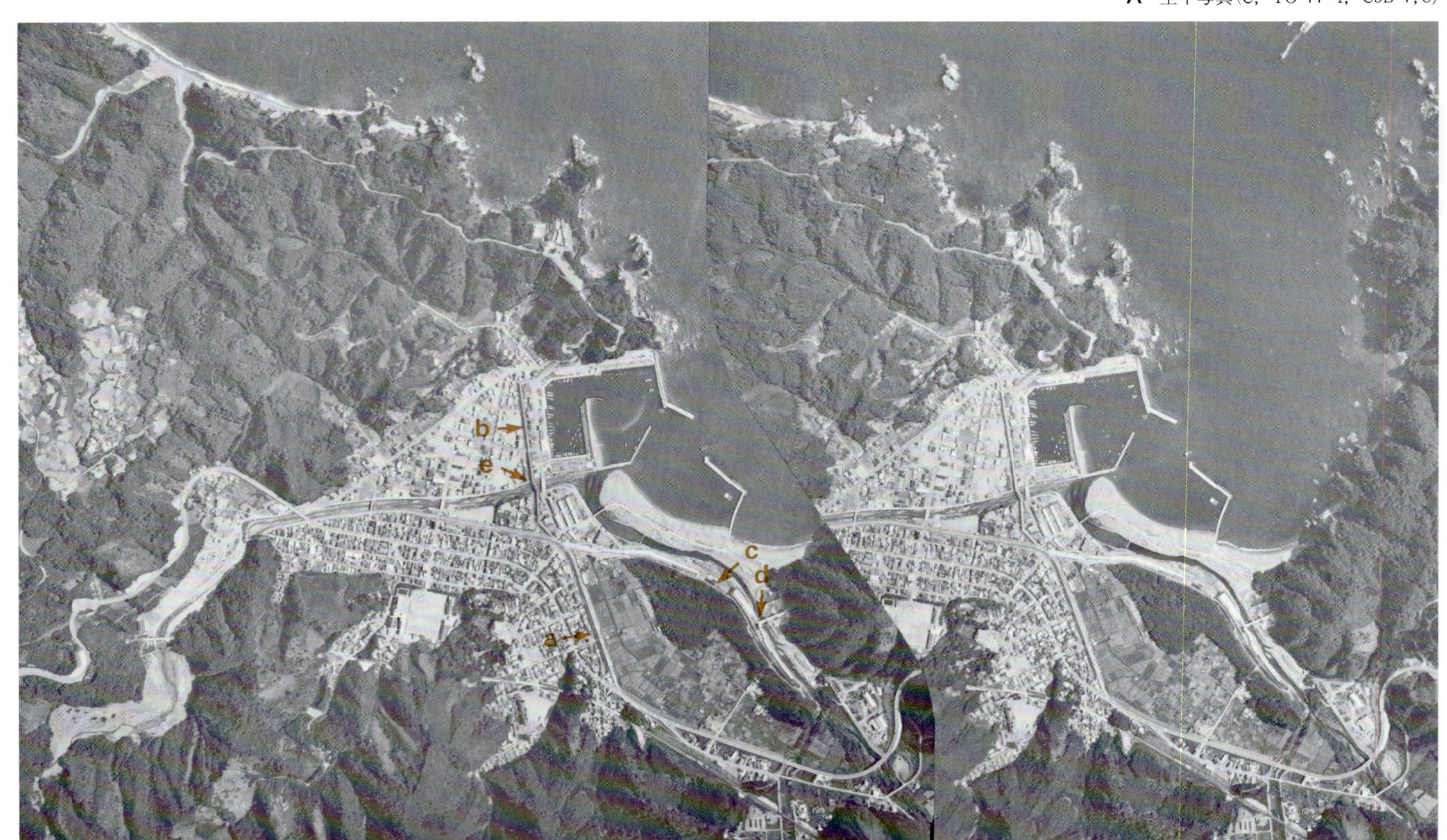

B 三王付近から見た田老町の中心街．手前に 1967 年完成の防潮堤(**A** の b)，背後に旧市街をかこむ堤(1958 年完成，**A** の a)が見える．

C 田老湾背後の海食崖に記された津波の波高．明治 29 年 15 m，昭和 8 年 10 m の 2 本の白線と崖下に津波被害の説明板が見える．

D 大船渡湾口に建設された津波防潮堤．(**B, C, D** は小池撮影)

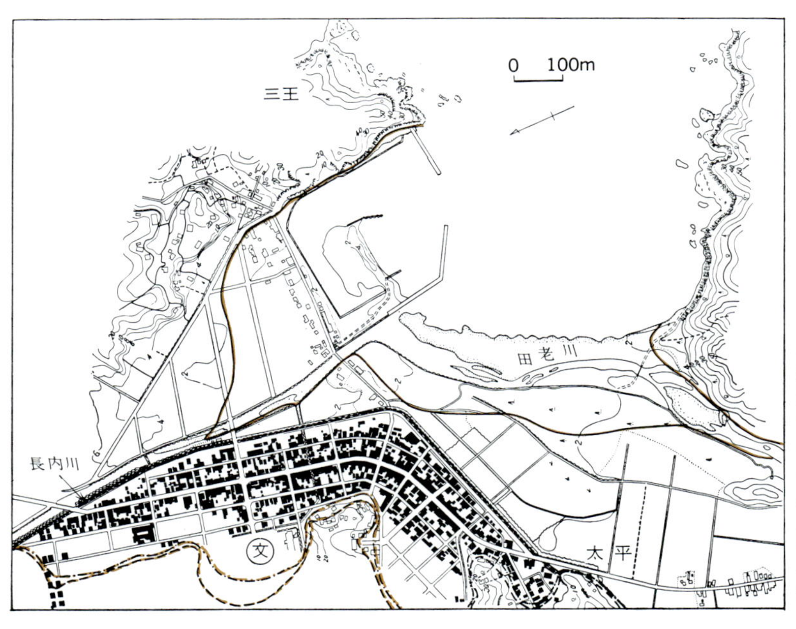

E 田老町の中心地と明治 29 年，昭和 8 年，チリ地震津波(昭和 35 年)時の浸水範囲(防潮堤はチリ地震津波当時のもの，昭和 35 年現在)．(国土地理院，1961[2])

§5-4 砂嘴の発達——北海道野付崎

野付崎は北海道東部に位置し，知床・根室の2半島にいだかれ，国後島との間の根室海峡に突出する鉤形の分岐砂嘴(さし)である．砂嘴は標津(しべつ)川河口南方より東南東方向にのびる延長約20 km，最大幅4 kmの規模をもつ．砂嘴は9群に分岐し[1〜3)]，分岐した尖岬にいだかれる野付湾は水深4 m以浅で，澪(みお)の発達する泥質の海底平坦地となっている(**C**)．

砂嘴の発達方向を規定するもっとも重要な作用は波である．野付崎付近では北西〜北からの風が卓越するので，オホーツク海を吹くこの方向の風によって発生する波が国後島にぶつかり，南西へ向かう沿汀流〜沿岸流を発生させて，根室海峡に進入し，野付崎以北の海食崖をけずって多量の岩屑を生産する．これに対し，南方からの波は根室半島〜歯舞諸島によってさえぎられてしまう．周期10秒の波の屈折図[3)]によると，北東からの波は，野付崎の北約20 kmまでの海域では波の進行方向へ向かって海峡の幅がせまくなり波向が収束しているのに対し，野付崎付近で分散しはじめる．したがって，海食崖をけずって生産される岩屑が野付崎付近で堆積しはじめ，砂嘴を形成してきたものと推定される．

野付崎の地形は，外海に面する浜堤列とそれらに斜交する内湾側へ湾曲する砂嘴群を構成する浜堤列，および浜堤列間に分布する堤間凹地によって構成される[3)]．砂嘴はa〜iの9群(**C**)に区分され，b, c上には摩周・カムイヌプリ起源の火山灰Km-1f(3000年前)およびKm-2a(500年前)の2枚の火山灰が，d〜h上にはKm-2aのみがのっている．aは発達不良な尖岬で，b, c, dの3群の砂嘴は，ダケカンバ，トドマツなどの高木におおわれ(**A, C**)，微地形は不鮮明である．尖岬上の微地形が鮮明に見られるのは，eより新しい部分で，浜堤列と堤間凹地の組み合わせ，外洋に面する浜堤列と砂嘴群との関係が明瞭に判読できる(**A, B**)．

b, c, d，およびf, g, hがそれぞれ一連の砂嘴群を構成しており，その高度もあまり大きな差がないこと，および植生の状態，微地形の残存程度，尖岬群をおおう火山灰の年代などから総合的に判断し，iとの比高を考慮すると，c, dは，2500年前ごろ(海水準，約＋1.1 m)に，f, g, hは1000年前ごろ(海水準，約＋0.8 m)にそれぞれ形成され，eは両者間の低海水準期(＋0.3 m)に，最後にiが500年前以降に形成され，現在も最前縁での成長が続いている[3)]．

砂嘴先端部の微地形は**B**によってよく示される．**A, B**を比較すると，1952〜1970年の間にも，最前縁に2列の小浜堤が付加され，最大で幅約200 mほど砂浜が前進している．なお，空中写真上で汀線の位置を比較すると，1952年〜70年の18年間に砂嘴の東端の竜神岬では50 mほど砂浜がけずられ，南部のナカシベツでは逆に50 mほど前進している．

A 1952年撮影の空中写真(m 562-130, 131, 132, 1952)

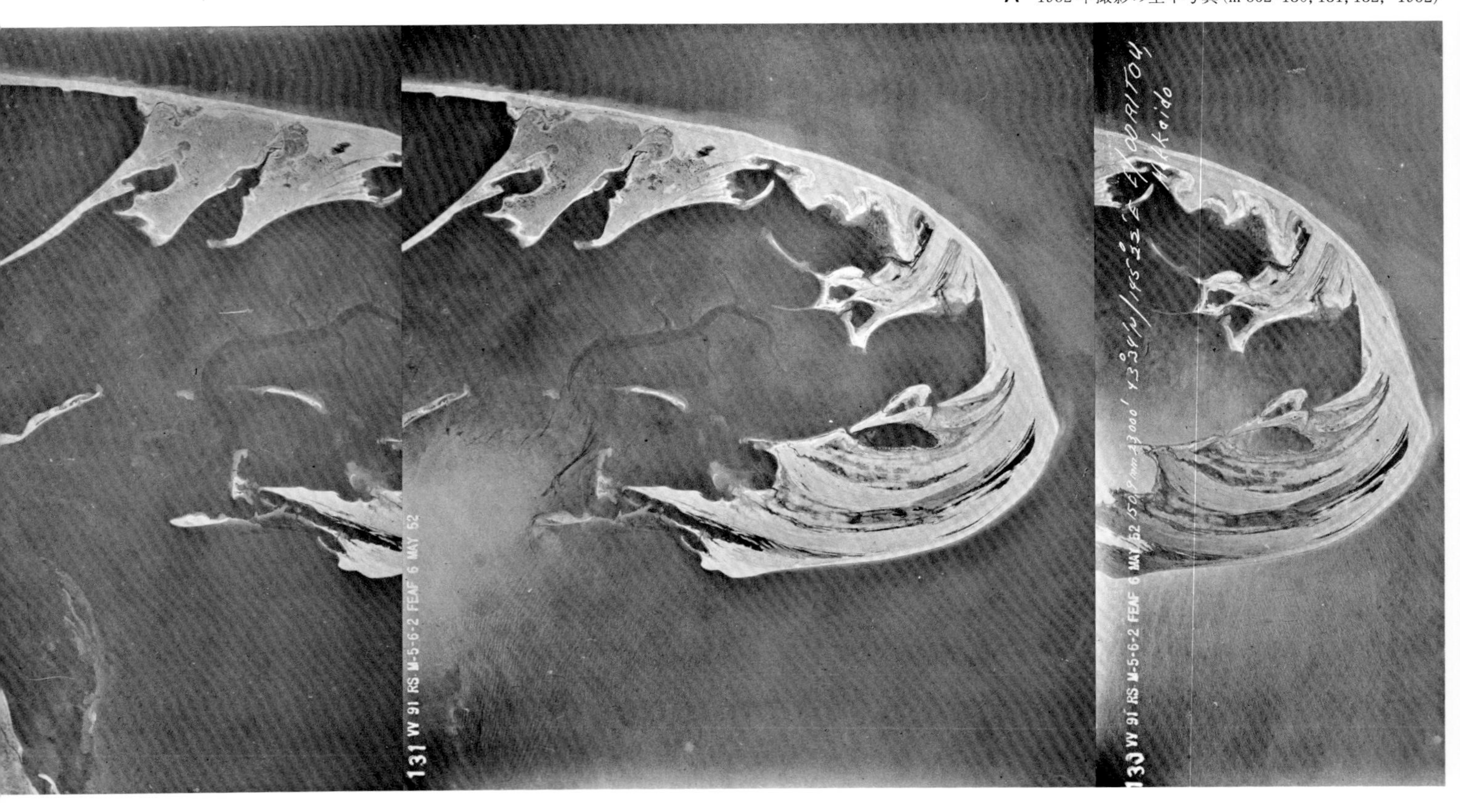

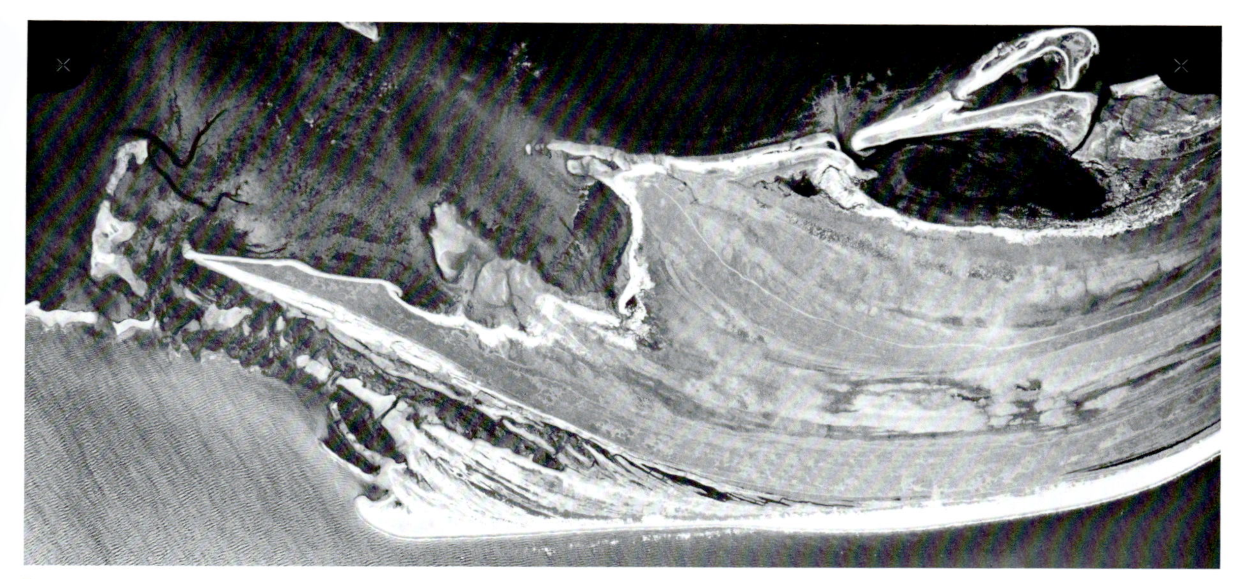

B 砂嘴先端部の空中写真．1970 年撮影．（HO-70-4X，C11-14）

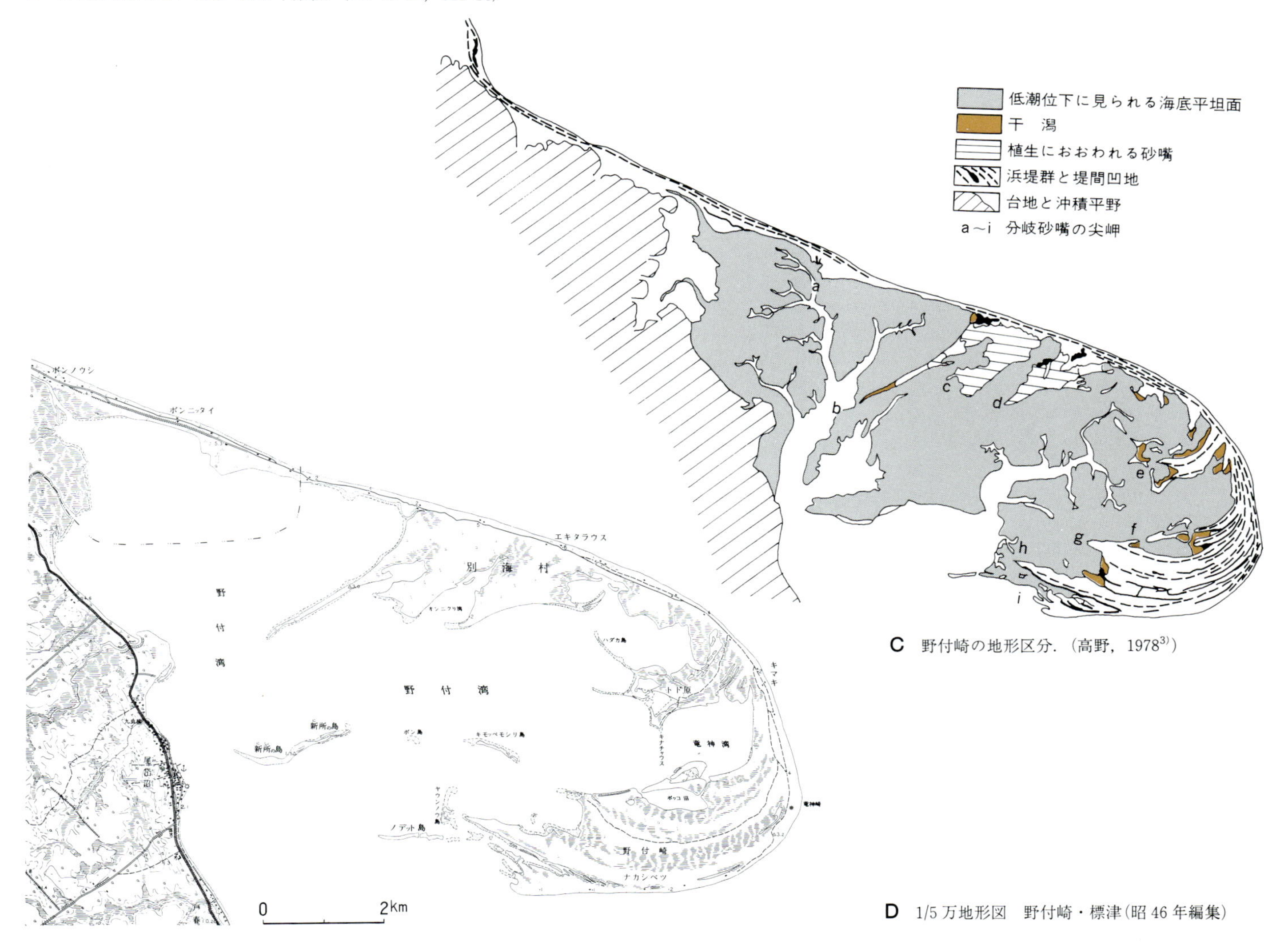

C 野付崎の地形区分．（高野，1978[3]）

D 1/5 万地形図　野付崎・標津（昭 46 年編集）

§5-5 海岸平野の発達——九十九里浜平野

九十九里浜は，東北端の屏風ヶ浦から南端の太東崎に至る延長約60 km，幅約10 kmにおよぶ日本で最大の面積を有する砂堤列平野である．海岸に平行に細長くのびる比高1～数mの砂堤が堤間湿地をはさんで何列も分布し，さらに砂堤の一部は砂丘におおわれる．この平野は，3群の砂堤列（Ⅰ，Ⅱ，Ⅲ），3時期の砂丘（Do, Dm, Dy），堤間湿地群などからなる平野で，縄文海進極大期（約6000年前）以降，内陸側から現海岸線に向かって徐々に離水したものである[1]（B, C）．

A, D, Eは，この平野中央部，作田川流域の地形を示したものである．図中には，海側から順に集落や海岸線に平行する道路の見られる第3砂堤列（A, E中のⅢ），堤間湿地（Aでは暗色部，Eでは主に水田），第2砂堤列（EのⅡ）やこれをおおう中期砂丘（EのDm）が見られる．Aに見られるa, b, cなどは堤間湿地で，新期砂丘（Dy）背後のd, eは木戸川および作田川の旧流路跡で湿地および水田となっていた．1/2万迅測図（1880年）や1/5万地形図（1904年測図）などでは，河口が南西へ大きくかたより，北東から南西へ砂が移動していたことを示している．

九十九里浜平野での沿汀流の卓越方向は，作田川以北では北東→南西，以南ではほぼ南→北であり，平野の両端（北の屏風ヶ浦，南の太東崎）に発達する鮮新～更新統の露出する海食崖を後退させて平野中央部へ向かって砂を供給しつづけた[2]．1970年代末からは海食崖侵食防止工事が進み，砂の供給は減少ぎみとみられる．新旧の地形図や空中写真を比較すると，屏風ヶ浦は0.7 m/年，太東崎は0.9 m/年の割合で崖が後退した．現在，九十九里浜平野への砂の供給源はこれらの海食崖の侵食（8.8万 m^3/年），一の宮川，夷隅川からの排出（26.8 m^3/年），海食崖に隣接する砂浜の侵食（11.3万 m^3/年）で，これらの砂（合計46.9万 m^3/年）がほぼすべて平野中央部に堆積し，海岸線を前進させてきた[2]．

新旧の1/5万地形図（1904～1967年）を比較すると，作田川河口付近で過去60年間に約200 mほど海岸線が前進した[3]．これは平野全体の前進速度（7～10 km/6000年）よりやや速い．白幡納屋や荒生納屋（c）などの集落は，それぞれの母集落より分かれた納屋集落[4]で，道路（f）沿いの集落は江戸末期～明治初期までに，海側の道路（g）沿いの集落は最近，納屋から定住家屋となった．

遠浅で絶えず海岸線の前進する九十九里浜では良港に恵まれなかったが，近年河口部の旧流路を活用した小規模な掘込み漁港が建設されるようになった．作田川河口部には片貝漁港（h）がつくられたが，航路の閉塞を防ぐため，1960年以降，導流堤（i）が建設された．このため河口両岸では1947年～1970年間だけでも，海岸線が200 mも前進した．

A　空中写真（KT-70-4X，11B-10, 11）

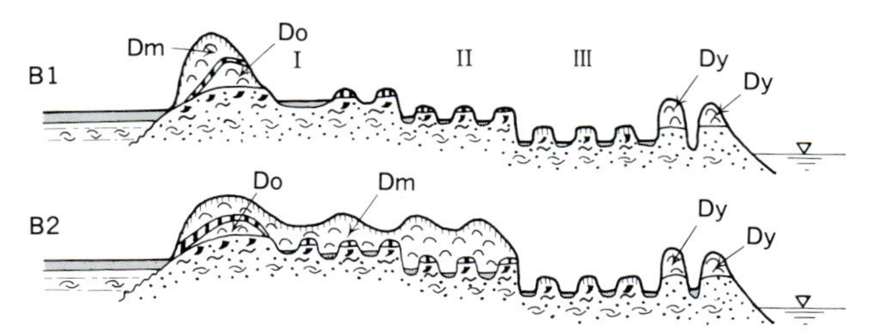

B　九十九里浜平野の模式断面図．（森脇，1979[1]）
B_1：河川流路から離れた地域，B_2：河川流路ぞい．

D　九十九里浜平野（作田川河口付近）の斜め空中写真．写真は作田川河口導流堤建設開始直後（左岸のみ）のもので，アーチ状にみえる波の遡上部分は，カスプ地形である．（©交通公社フォトライブラリー）

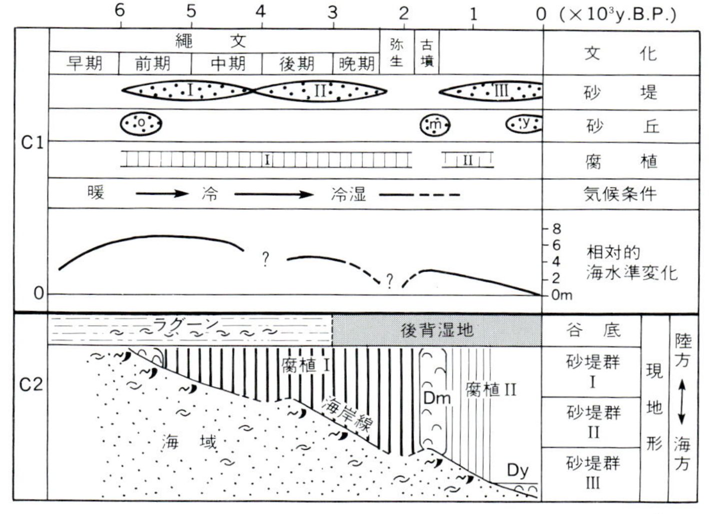

C　九十九里浜平野の編年（C_1）と時間－空間ダイアグラム（C_2）．（森脇，1979[1]）

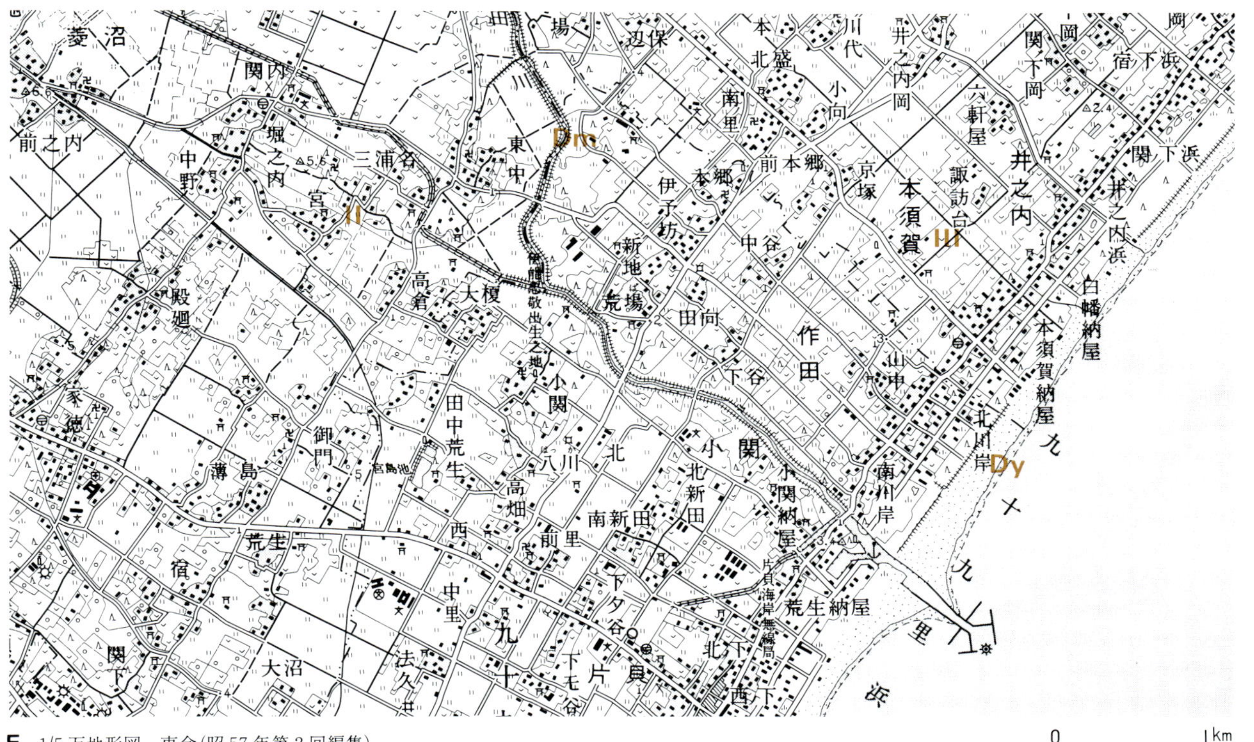

E　1/5 万地形図　東金（昭 57 年第 2 回編集）

§5-6 海岸侵食——新潟県信濃川河口周辺

新潟県の海岸では，信濃川，阿賀野川などの運び出す土砂が北西の季節風によって陸上に吹き上げられ，北東の岩船から南西の角田山山麓まで，延長 70 km にわたって海岸砂丘が発達している．これらの砂丘群は，内陸側から，Ⅰ，Ⅱ，Ⅲの3群に区別される(**B**)，砂丘Ⅰは縄文中期以前，Ⅱが古墳時代以前，規模のもっとも大きいⅢ，とくに現海岸寄りの砂丘列(Ⅲ-2)は室町時代以降に形成された[3,4]．また，旧信濃川の河口は，室町時代まで新川河口付近(**B**)に存在し続け，その後，河口はいったん関屋分水付近に移動した後，現在の位置に達したと考えられる[1]．

新潟平野の海岸から沖合の水深 50 m ほどまでは勾配 1/100 ほどの平滑な海底が続いている．また，新潟市周辺の平野下には厚さ 100 m をこす軟弱な細粒物(1.8 万年以降の堆積物)が見られ，海底へもつづいているものと推定される．したがって，これらの未固結の細粒物は波浪によって侵食されやすい．さらに，水溶性天然ガスの汲み上げによる地盤沈下が進行し，1950 年代から 1970 年代中ごろまでに新潟市周辺の海岸部は総計 1～2 m も沈下した．

現在の信濃川河口周辺における海岸侵食は，信濃川の河道改修の進行にともなって激しくなった．特に大きな影響を与えたのは，河口から沖合にのびる 2 本の導流堤(**A, F** に見える．左岸側は 1903 年完成，以後 1907～1924 年にかけ補強)，および大河津分水(1922 年完成通水)である．さらに上流域でのダム群の建設が供給土砂を減少させた．これに加え，地盤沈下による相対的な海水準上昇の影響もみのがすことはできないだろう．

新旧の地形図の比較や実測資料によると，1911～1931 年の 20 年間には，信濃川河口左岸では侵食傾向にあったが，右岸から阿賀野川河口にかけては汀線は前進していた．しかし，大河津分水路の完成後，信濃川左岸の汀線は全面的に後退し，阿賀野川河口周辺でも大幅な後退に転じた[5]．とくに信濃川河口左岸側では，19 世紀末以来，最大 400 m 近くも汀線が後退し，前面の海底も侵食され(**E**)，砂丘Ⅲを破壊して住宅地にせまり，大きな社会問題となった．大規模な侵食は，水深 30 m の海底まで厚さ 2.9 cm/年(79 万 m^3/年)程度の速さで進行した[2]．現在信濃川河口周辺の海岸は，種々の消波ブロックやコンクリート壁によって保護され，海岸侵食は 1955 年以降，一応くいとめられている[5]．もっとも侵食の激しかった信濃川河口左岸では，海岸は消波ブロックに守られ，さらに突堤と離岸堤によって保護されている(**C**)．現在でも海岸侵食の進行している寄居浜以西の海岸では，新たな工事が進んでいる(**D**)．なお，ダム群が建造された現在でも，信濃川は年間約 1200 万トンの土砂を流出させ，このうち 900 万トンが大河津分水から海中に排出されている[6]．

A 空中写真(CB-73-1X，C2-1, 2)

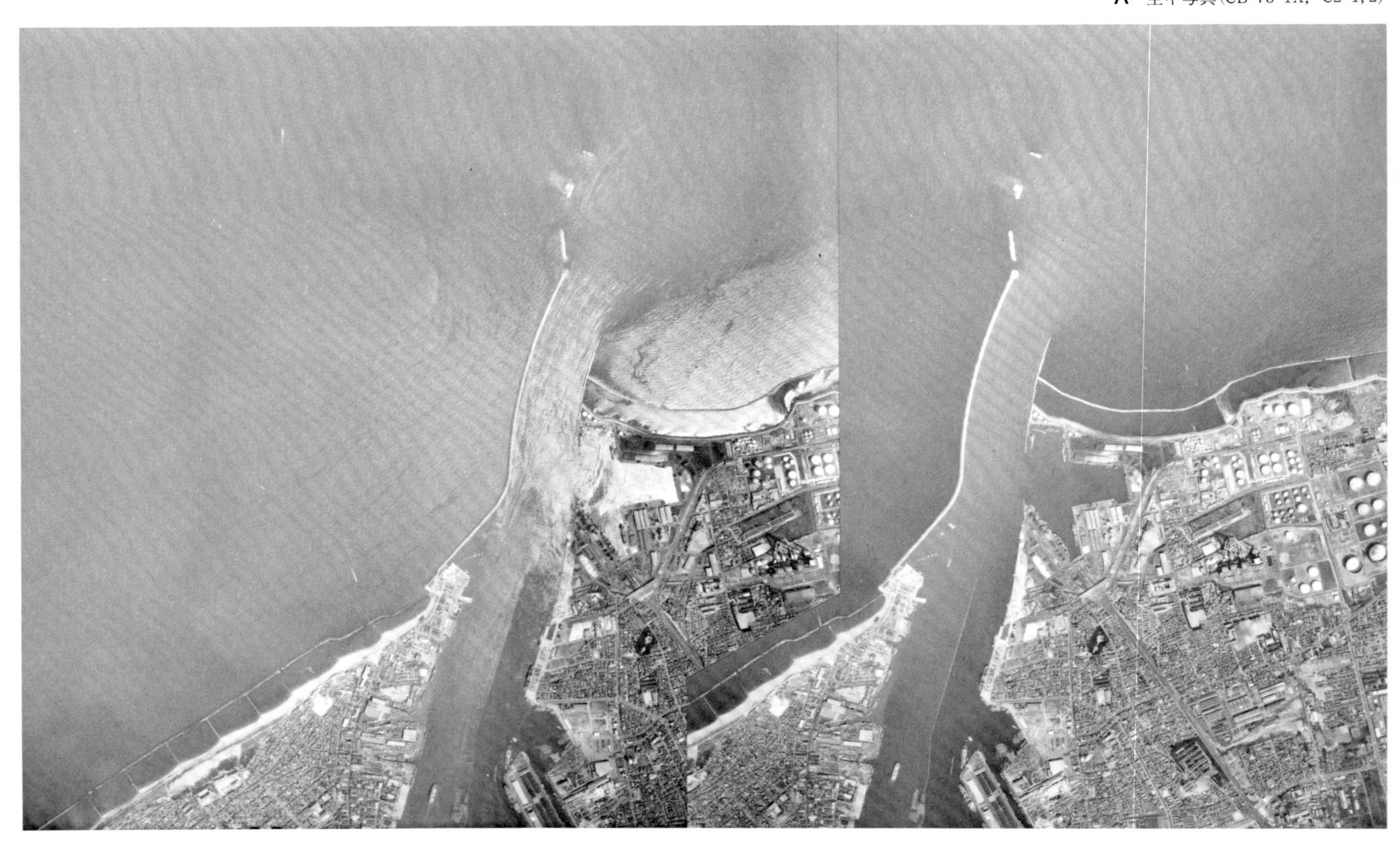

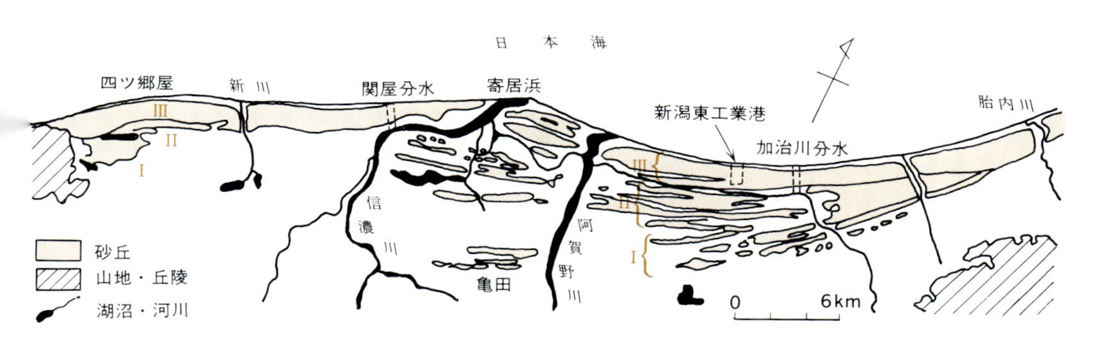

B 新潟砂丘の区分.（磯部，1980[1]，承認：60 地調第 959 号）

C テトラポットに守られた新潟海岸（日和田浜付近）．海岸は消波ブロックで守られ，さらに突堤，離岸堤によって二重に海岸侵食を防いでいる．

D 建設中の離岸堤．新潟海岸，寄居浜付近．（C, D とも小池撮影）

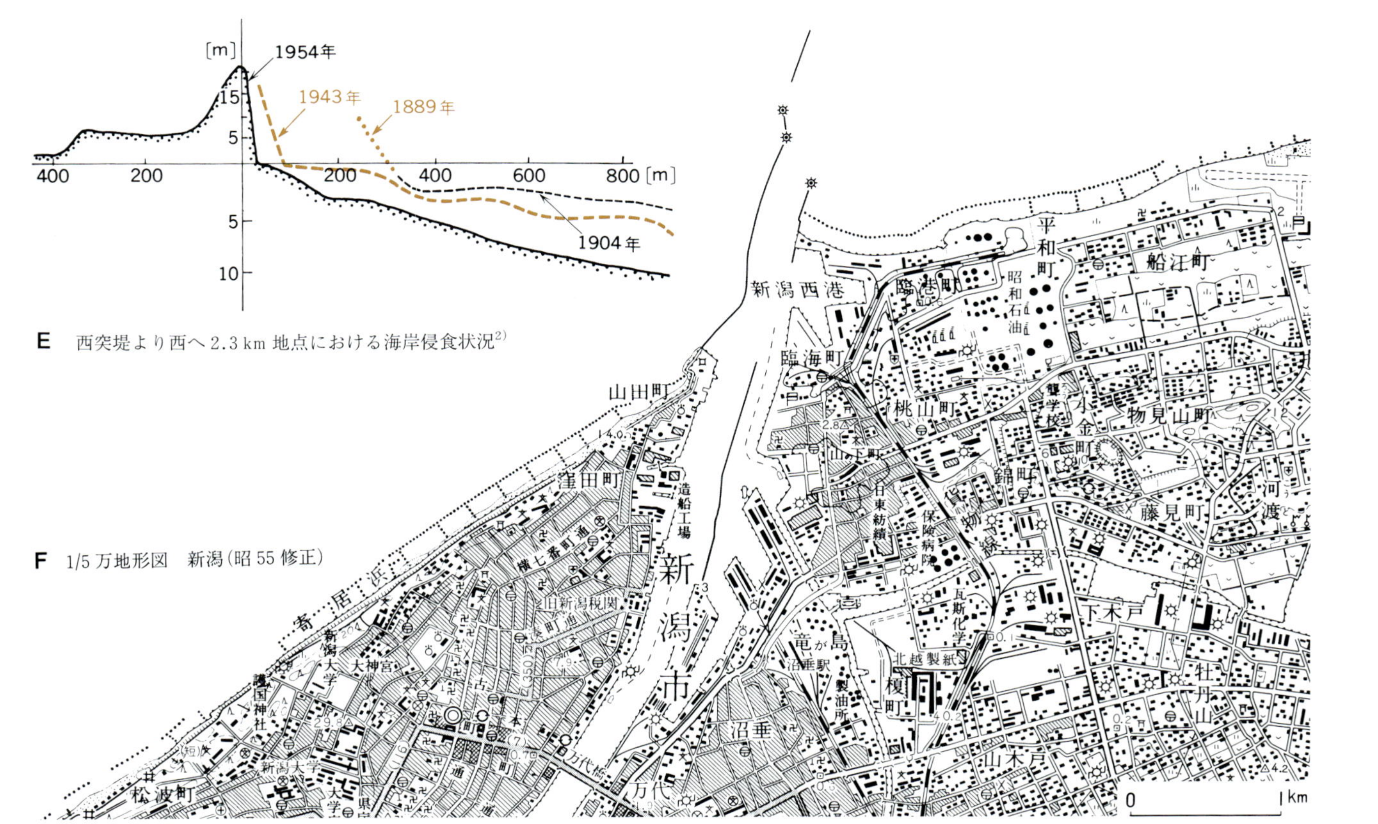

E 西突堤より西へ 2.3 km 地点における海岸侵食状況[2]

F 1/5 万地形図　新潟（昭 55 修正）

§5-7 裾礁——与論島

北緯 27°01′～04′ に位置する与論島は，島の最高所が海抜 97 m ほどの低平な島で，島全体に第四紀の隆起サンゴ礁によって構成される海成段丘群が発達する[1] (A, C, E)．現在の海岸線は，典型的な裾礁でふちどられており，琉球列島のサンゴ礁の特徴をもっともよく示す島の一つである．島の北部の賀義野から，北東部のミナタ離(パナリ)にかけての裾礁(A)はとくに見事なもので，以下に述べる裾礁を構成する微地形群がすべてそろっている．

裾礁の微地形構成を礁の外縁側から内側へ略述してみよう[2] (B, D)．最外縁部は砕波帯で，櫛の歯のように並列する谷部(縁溝)と尾根部(縁脚)が顕著な部分である(A)．これらは幅が数 m，長さが数十 m から 150 m 前後の規模で発達している．これを縁溝－縁脚系(D の i)とよび，北東部の風上側で明瞭である．活発な礁形成とともに，造礁部の礁石灰岩が波食にさらされ巨礫が生産されている．

砕波帯の背後にある礁縁部の主部は，礁原と呼ばれる平坦な部分で，一般に低潮位面に一致している．礁原上の微地形は，外縁部に貧弱ながら凸部(石灰藻嶺)があり，その背後に水深が数十 cm 程の凹部(内堀，D の g)が並走する．内堀から礁湖側へは条溝[2] (D の f)とよばれるごく浅い溝が礁原の走向に直交して並び，風上側の礁原部を特色づけている(A)．

礁原部の背後には水深 1～6 m 前後の浅礁湖(礁池ともいう．D の b～e)が広がり，静かな内海になっている．浅礁湖の礁原側は，ハマサンゴのミクロアトール他のサンゴ塊帯で，その内側は有孔虫砂を主体とする砂礫物質の漂砂帯である．

ところで，C の地形断面をみると，隆起サンゴ礁の地形とそれを構成する礁石灰岩との関係は不明の部分も多いが[1]，それぞれの段丘面の幅はほぼ一定で，段丘面と対応する礁石灰岩の層厚も約 50 m 前後である．現成礁の幅と礁石灰岩の層厚と比較して大差のないことは注目される．

現成礁の平面的な形状と幅(E)は，島の東側で広く，西側で狭い．この原因を島の中央部で北北西－南南東に走る西落ちの断層[1] に求める立場もある．しかし，島の東西南北で現成礁の急な礁斜面の基底部の水深(島棚の緩斜面との急変部，これをデーリー点[3] と呼ぶ)は，いずれもおよそ 50 m 付近で一致している．この事実は，与論島の島棚上で，後氷期に入ってからの海水準上昇過程で，現海水準下 50 m 付近で礁形成がはじまり，現在に至ったことを物語っている．一方，礁の幅の広狭は島棚の勾配によって決められている．

A　空中写真(C，OK-77-1，C69-4, 5, 6)

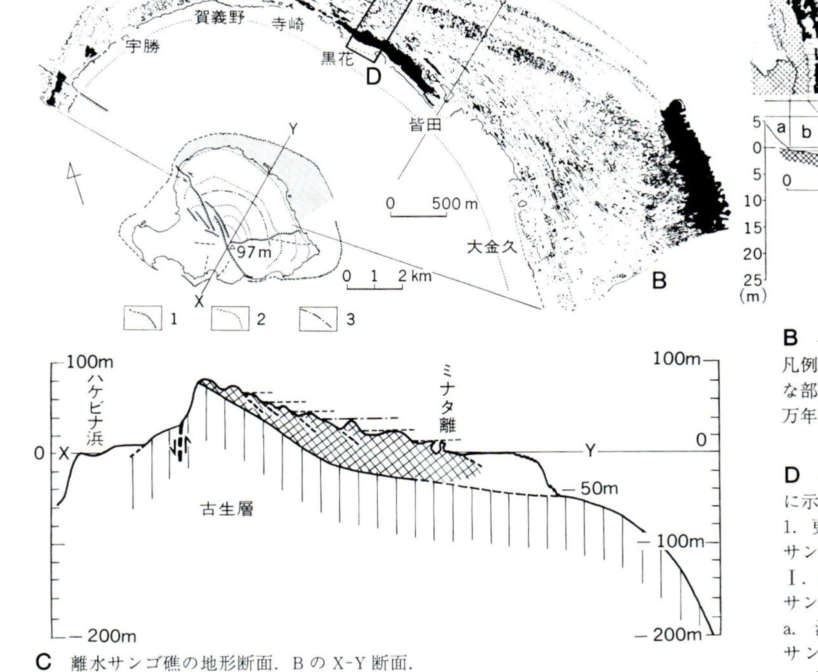

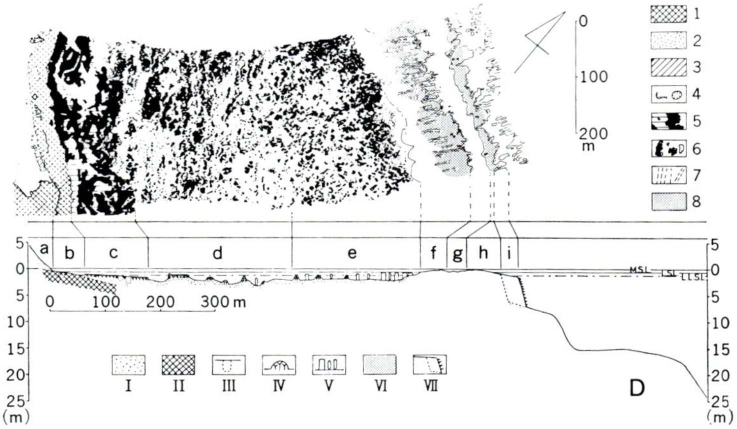

B 与論島の現成サンゴ礁の微地形構成と離水サンゴ礁.（堀，1980[2]）
凡例は **D** の5〜7に共通. 図内の島の概念図には 1. 断層（点線は不確実な部分），2. 離水サンゴ礁からなる海岸段丘の旧汀線，3. 最終間氷期（12.5万年前）の海岸段丘（堆積面）と判断される旧汀線，などが示される.

C 離水サンゴ礁の地形断面. BのX-Y断面.
凡例は **B** の3および **D** の1と2に同じ. 自記紙の紙おくりのようにサンゴ礁が離水している.

D 与論島北東部の現成裾礁の微地形の帯状配列. 上は平面図（範囲は **B** に示す），下は平面図内の平均的な断面図.
1. 更新世の礁石灰岩　2. 砂浜　3. ビーチロック　4. 溶食凹地　5. 枝サンゴ帯　6. サンゴ塊　7. 漂砂　8. 干潮時に離水する部分
Ⅰ. 砂浜　Ⅱ. 更新世の礁石灰岩　Ⅲ. 凹地　Ⅳ. 砂堆と枝サンゴ　Ⅴ. サンゴ塊　Ⅵ. 干潮時に離水する部分　Ⅶ. 縁溝・縁脚系　点線は縁溝底
a. 浜とビーチロック　b. 潮間帯下部　c. 枝サンゴ帯　d. 漂砂帯　e. サンゴ塊帯　f. 条溝帯　g. 内堀　h. 石灰藻嶺　i. 外側礁原　なおb-e間を浅礁湖または礁池，f-i間を礁縁と呼ぶ.

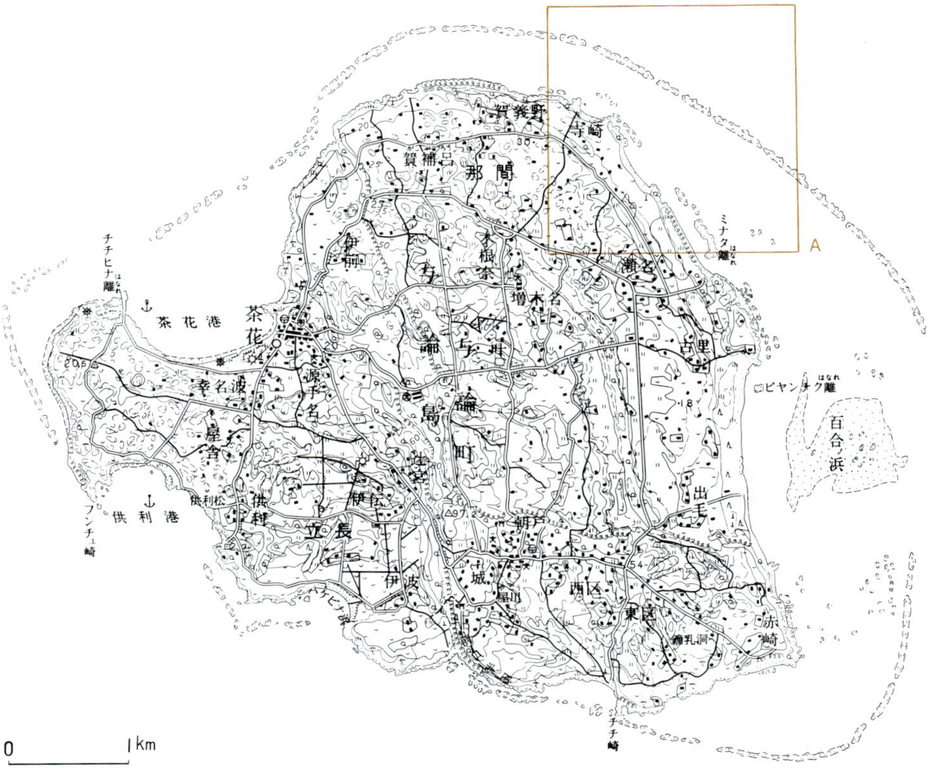

E 1/5万地形図　与論島（昭48修正）

§5-8 堡礁――ミクロネシア，ポナペ島

カロリン諸島東部のポナペ島は典型的な堡礁にとり囲まれている．ランドサット衛星の画像(A)の解析写真と，地図(D)から島の形状とサンゴ礁の発達の特徴が読みとれる．島全体は，玄武岩からなる溶岩台地状の地形(最高峰はナナラウト山，787 m)を呈し，階段状の平坦面[1] をもって海面に達する(B の上部)．海岸線の屈曲は，南西側が比較的単調であるのに対し，北東側は付属島も点在し複雑である．

中央島をとり囲む現成サンゴ礁の外礁の輪郭はなめらかで，その形状はほぼ六角形である．長さは北西辺から順に，23 km, 17 km, 17 km, 15 km, 15 km, 13 km，全周が 100 km に達する．堡礁の外縁をなす外礁の背後には，最深部の平均深度が約 40 m，最大深度 86 m の礁湖があり，中央島の海岸線にそっては内礁が発達している．内礁の背後，とくに島の南西側ではマングローブ林が発達する[1,2]．外礁の各辺の平面的な形状に注目すると，北東辺，東辺は直線よりむしろ外洋側へ凸になっている．一方北西辺の北側，西辺，南辺，南東辺は，外洋側に対し凹形を示す．これは外洋側の等深線からも推定されるように，礁の基底をなす火山体斜面で礁形成前に崩壊が生じたと推定され，外礁の各辺が外洋に対し凹形となった部分がその崩壊斜面に当たると考えられる．洋島ではこれと同様の現象がよく見られる．

中央島海岸と外礁間の距離は，北東辺，北西辺で長く，最大 6 km に達する(B 参照)．これに対し南側で短く，南東辺では 2 km にすぎない．内・外礁および礁湖を含む礁全体の幅の広狭は堡礁の成因と関係して注目される．堡礁の模式図[3] (C) に示すように，典型的な堡礁は，氷期の低位海水準から現在の海水準までの海面上昇に追いつくように連続的に礁が形成されたサンゴ礁の核心域(南北緯 20° より低緯度の熱帯海域)で見られる．ポナペ島の堡礁もこの例である．したがって外礁の基底の礁石灰岩の層厚は，氷期と間氷期の海水準変化量に一致するはずである．残念ながらこれを直接支持する資料はないが，氷期の低位海水準に対応して，中央島から延長河川となって流下した河口部が現在 16 カ所で水道となっている．この水道の水深が平均 60～70 m あり，最深部では 110 m に達する[1]．すなわち礁の全体幅の広狭は，外礁の礁石灰岩の層厚が等しい場合，島棚斜面の勾配に依存し，緩いほど礁の全体幅は広くなる[3]．

外礁の礁原幅は A で見るように，貿易風の風上側にあたる北～北東部で広く 800 m に達する．しかし風下側の西～南西部ではせまく 400 m 程である．これに対応して低潮位面に対する礁原面の高さも北～北東部で高くなっている．

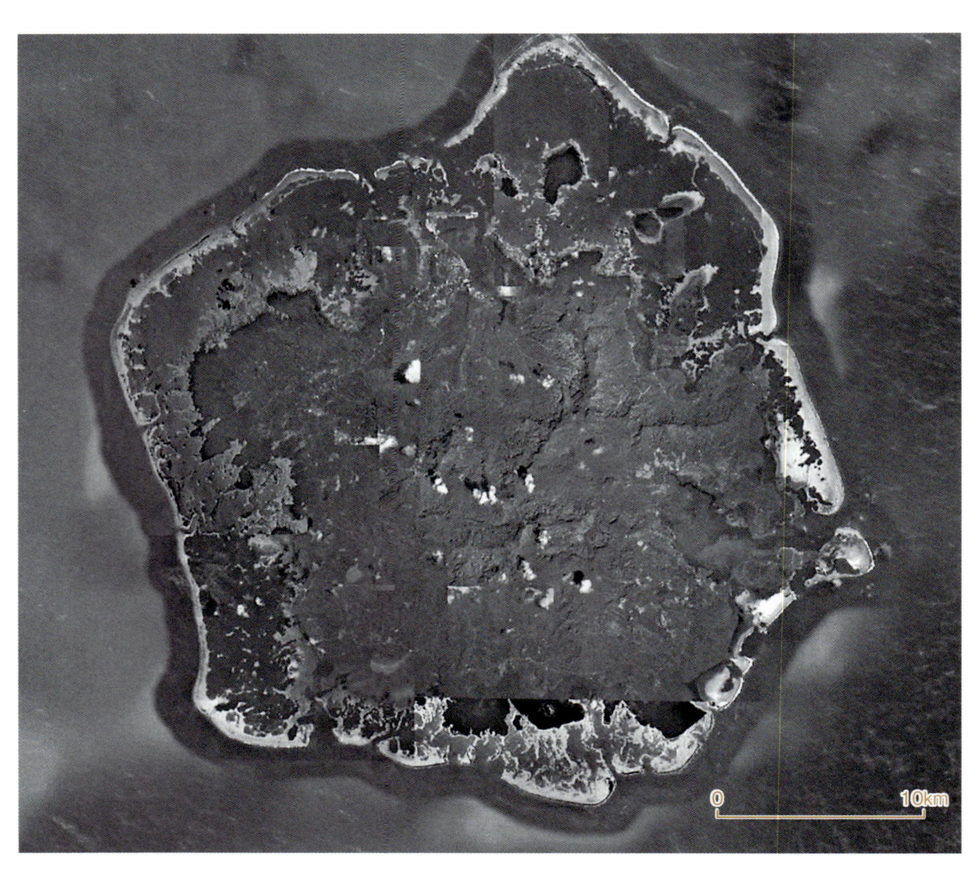

A　ポナペ島の Google Earth 画像(Image Landsat/Copernicus, Data SIO, NOAA, U.S.Navy, NGA, GEBCO, 2019 年)

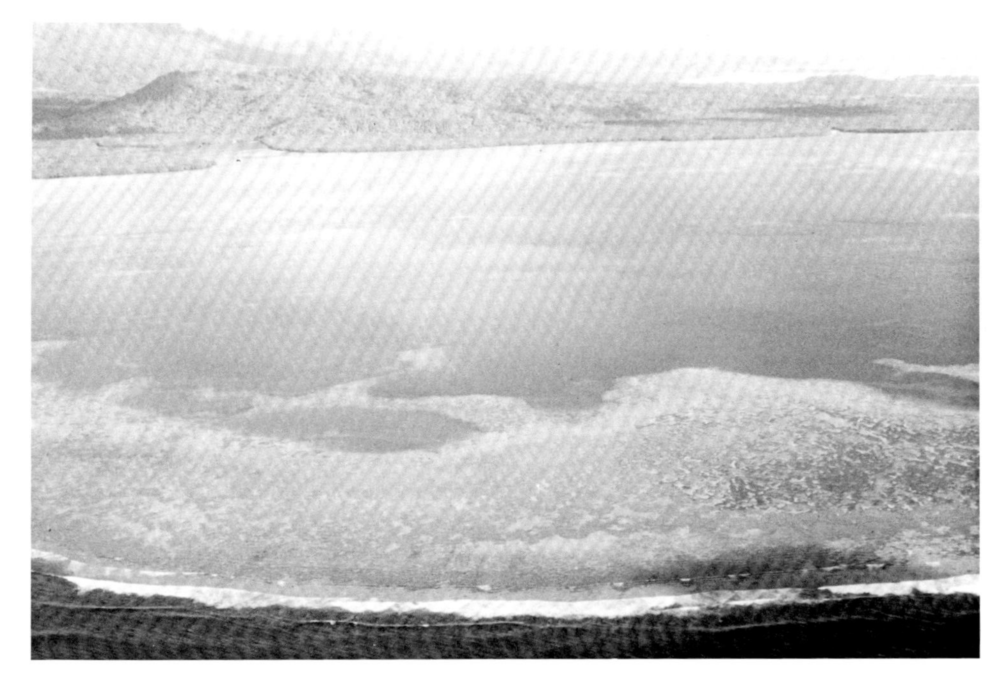

B　ポナペ島北東部の堡礁．手前の白い部分が砕波帯．その背後に幅が約 500 m 以上の礁原，さらに中央島との間に幅 2～4 km，深さ約 40 m の礁湖が広がる．（1980 年 8 月 12 日撮影，広島大学総合科学部清水昭俊助教授提供）

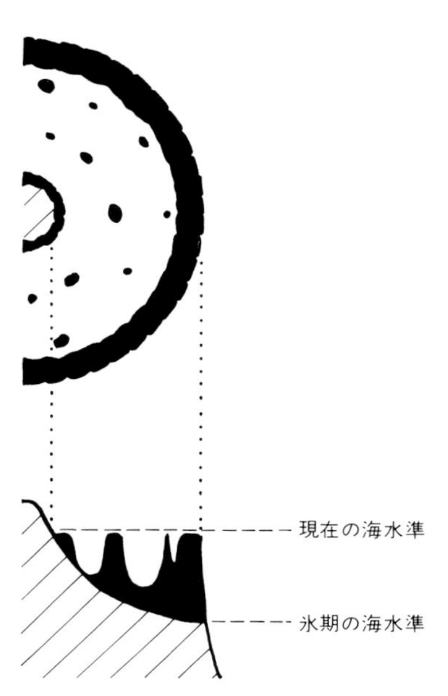

C　核心域の堡礁の模式図．黒色部分が礁石灰岩で，斜線部分が基盤岩．

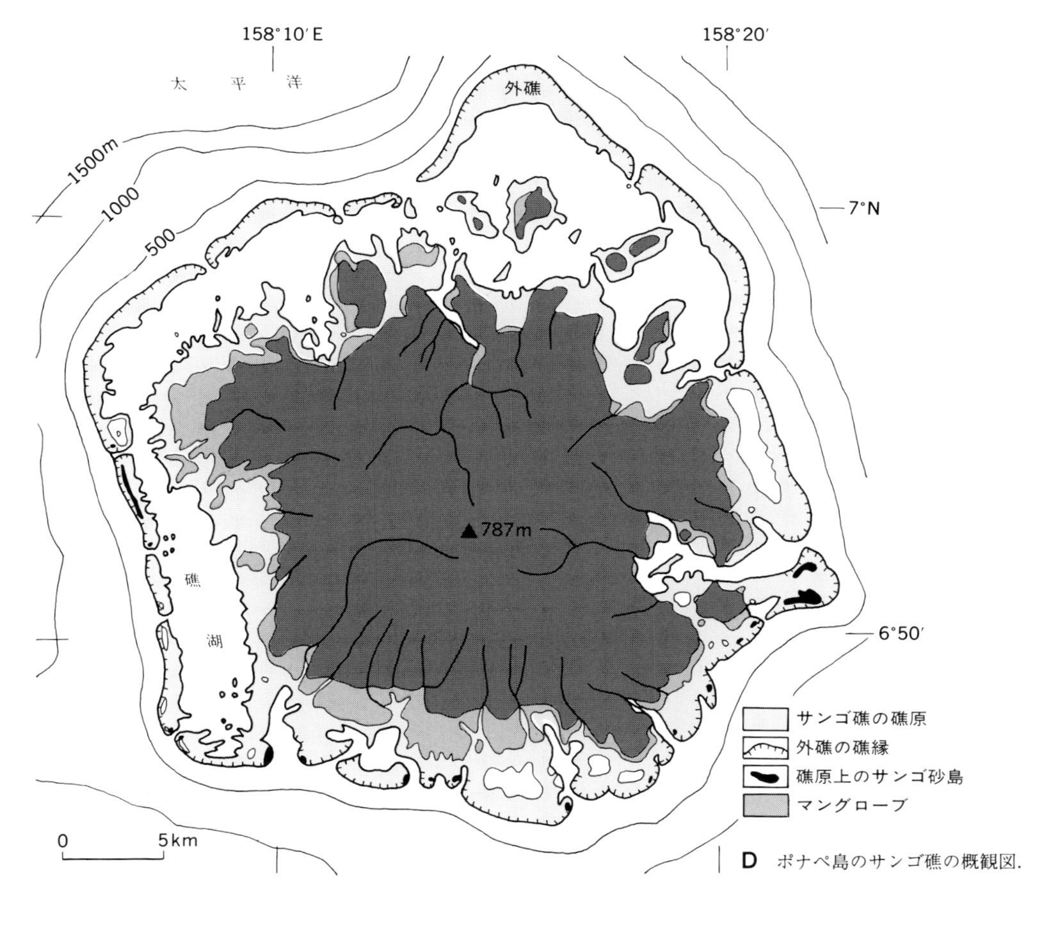

D　ポナペ島のサンゴ礁の概観図．

§5-9 人工構造物による海岸地形——東京港15号地

1978年当時，すでに全国の海岸線総延長の約27％が，掘込み，埋立て，護岸等で改変された，いわば人工海岸地形で占められていた[1]．東京湾に限れば，現在その海岸線の90％が埋立海岸となっている（B, C）．

東京湾の埋立ては江戸時代に始まり，1960年頃までは湾岸の三角州頂置層や更新統を切る波食台など，主として砂ないし砂まじり泥などの底質から成る，水深数m以浅の所で行なわれてきた．しかし，最近では，より深い三角州前置層の薄い砂層や，底置層など泥質の部分にも，埋立地が進出している．現海岸線に近い，主として1950年代以後の埋立地は，標高が3～4m以上と比較的高いのに対し，より内陸側の古い埋立地は標高2m程度以下と低く，東京低地の場合はさらにその内側により低い干拓地が続く（C）．また湾の東岸，いわゆる京葉工業地帯の埋立地は，海底土のしゅんせつによる砂・泥や，背後の台地・丘陵地から切りくずしてきた砂などを主な埋立物質としているのに対して[2]，湾奥の東京港一帯には，市街地からの廃棄物で埋立てられた所が多い[3]（C）．

Aは，東京港北東端の15号埋立地（江東区若洲，通称新夢の島）である．東部約3分の1を占める標高15～24mの部分は主として廃棄物で，西部の標高8m内外の部分はしゅんせつ土砂で，それぞれ埋立てられた．いずれも，三角州底置層として形成された軟弱で厚い沖積層中部泥層をおおう薄い砂層の上に，埋立て物質がのっている．東部の廃棄物（主として生ゴミ）の厚さは10～20m（71haの地域に，いわゆるゴミ戦争の期間を含む1965～74年に投棄された廃棄物の総量は約1800万トン[3]），その上に覆土1～3m，西部のしゅんせつ土砂の厚さは10m程度である（F）．この埋立地は，西端部が木材埠頭となっているほかは，写真撮影時（1979年）にはまだ利用されておらず，地表には埋立直後の不規則な微起伏が認められる．しゅんせつ土砂から成る部分に見られる色調の濃淡は，地表の排水状況，ひいては表層物質の粒度組成を反映したものであろう．

埋立物質も下位の沖積層（この部分では，沖積層基底高度は海面下55～70m，D）も，きわめて軟弱で含水比が高いので，埋立後は当然圧密沈下を起こす．廃棄物により埋立てられた部分の地盤沈下状況をEに示す．最盛時には半年で3m，埋立完了（1973年）後7年を経過してもなお，年間数cm～20cm程度の沈下を記録している．なお，この部分は海浜公園として利用される予定であったが，ゴルフ場に計画変更された．いずれにせよ，大型建造物をつくる計画はない．

A　空中写真（CKT-79-4，C15B-21，22）

B 東京湾北半部のランドサット画像.

高い埋立地
低い埋立地
現在埋立中
廃棄物埋立地（都内のみ図示）
（埋没）波食台
埋没谷
台地・丘陵地
埋立前の海底等深線

東京港
15号地
千葉港
羽田空港
横浜港
木更津港
富津州
−10
−20
−30
−40
−50
0 10km

C 東京湾の海底地形と埋立地.（各種資料[2〜4]より田村編集）

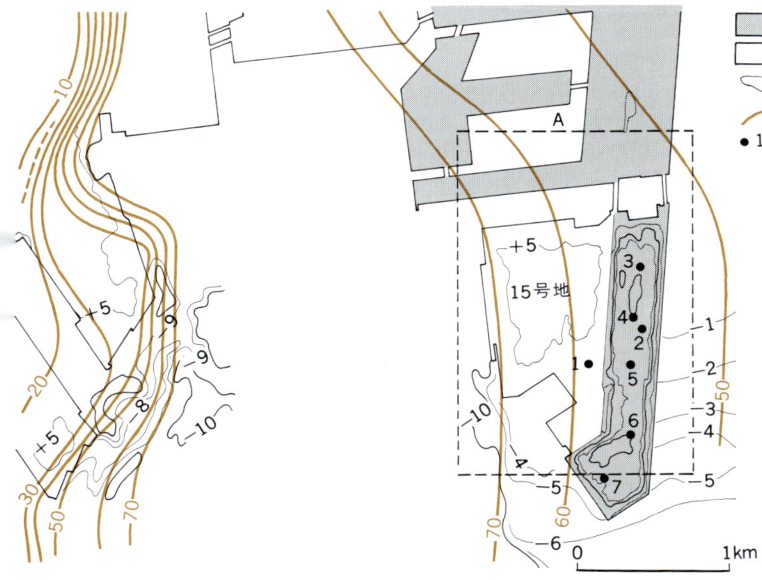

D 15号地付近の地形と地盤.（東京都港湾局資料および1/2.5万土地条件図より作成）

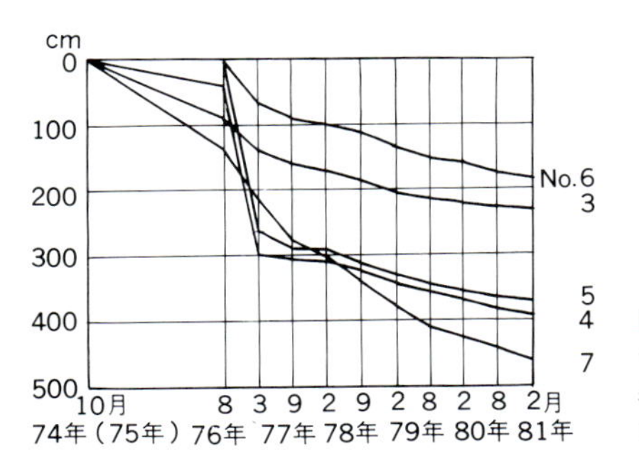

E 東京港15号埋立地東部（廃棄物で埋立てた部分）の地盤沈下量の経年変化. 地点はDに示す.（佐藤, 1981[3]）

No.1
No.2
標高（m）
N値
0 20 40
盛土
砂
シルト

F 15号地の地盤柱状図. 地点はDに示す（東京都港湾局資料による）. a. しゅんせつ土砂（粘土・シルトまじり砂礫） b. 覆土（主にシルト） c. 廃棄物（主に生ゴミ）

第6章 風のつくる地形

解説

水の作用が微弱で植被に乏しい乾燥地帯では相対的に風の作用が重要となる．風も流水と同じように地表の物質を侵食し，運搬し，堆積させる．空気は粘性が小さく，比重も岩石粒の2000分の1ほどしかないので，運搬力は弱く，水流や氷河の流動にくらべれば，風は地形形成営力としてはごく弱いものである．

風による侵食

砂や固結度の低い砂岩などは，そこから剝離した砂粒が次々に除去されるため風による侵食を受けやすい．さまざまなスケールの風食凹陥地の存在が知られている．たとえばアレキサンドリア(エジプト)南西数百 km のカッタラ凹地は周囲より 300 m も低い面積 200 km^2 の凹陥地で，凹地底は海面下 134 m に達している[1]．

わが国では，いったん植生で固定された海岸砂丘が再び部分的に活動し始めた侵食砂丘の例が知られている．そのほか風の侵食作用を示すものとして風食礫(三稜石など)や，付け根のところで風食を受けたキノコ状の岩(§7-2 B)などがある．

風による堆積

風による地形としては堆積地形の方が侵食地形より重要である．一般に粒子が小さいほど沈降速度が小さいので遠くまで運ばれやすいが，地表から飛散する際にはシルト・粘土より砂の方が，濡れて乾いた時固結しにくいので，風の作用を受けやすい．同じ砂でもシルトや粘土が混じった堆積物(土壌など)は風の作用を受けにくい．風成堆積物の供給源のひとつは海岸・湖岸である．これらはほとんどすべての気候帯で砂粒の供給源となっている．波の淘汰作用と水位変化(季節変化とか潮差)によって乾いた砂が準備され，風によって陸側へ運ばれる．

このほか砂の供給源としては，乾燥地帯などの河川の氾濫原や，氷河のアウトウォッシュ・プレーンなどがある．とくに氷河時代の大陸氷床の周辺地域では，流量の季節変化の大きい融氷河川の氾濫原沿いに砂丘が形成され，より細かいものは遠く運ばれて広い地域に堆積し，レスと呼ばれる特異な地層となった(**図1**)．氷期におけるレスの堆積と間氷期におけるその土壌化は，氷河周辺地域では第四紀編年を行なう上で重要な役割をもつ指標となっている．

砂　丘

砂粒が堆積することによってつくられる地表面には，さまざまな形態をもつさまざまなスケールの“波形”が観察

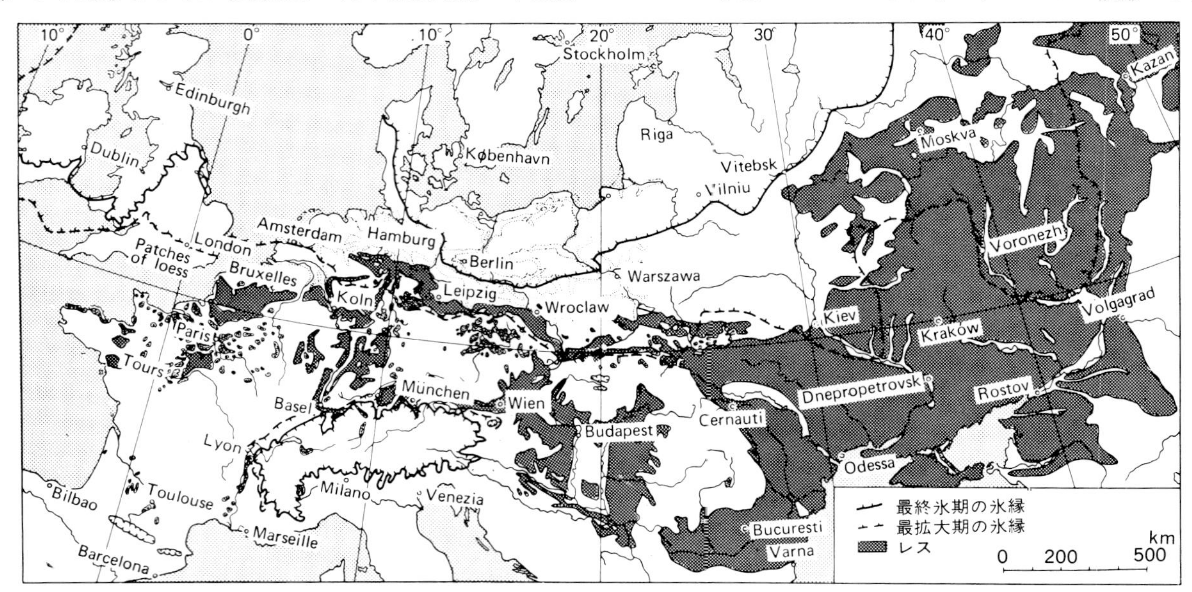

図1　ヨーロッパにおけるレスの分布．(Flint, 1971[3])

される．ランドサット画像を使って砂丘の波長を計測した例によると，その値は 100 m（識別できる最小値）から 50 km にもおよんでいる[2]．波長が数 cm から数 m のものをリップル（砂漣），数百 m までのものをデューン（砂丘），それ以上のものをドラ（大砂丘）と呼ぶ．

砂丘の形態を支配する要因としてはまず風の強さと風向あるいはその安定度をあげることができる．また砂の粒径や供給量も重要な要因である．さらに降雨の量や季節配分，植被の状態なども関係する．概念的にハック[5]がまとめた例を図 **2** に示す．

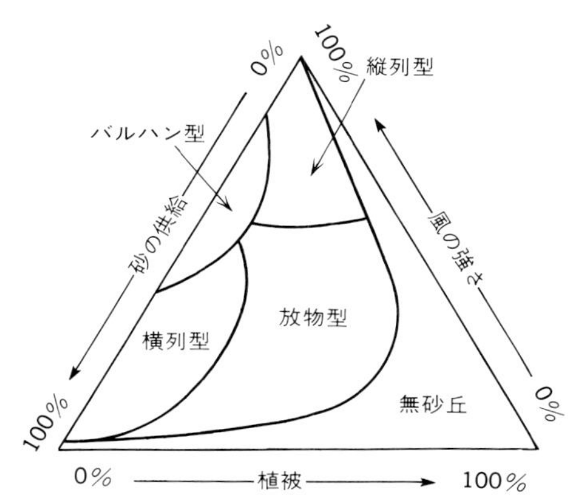

図 2　砂丘の形態とそれに関与する要因．（Hack, 1941[5]）

いったん砂丘地形がつくられるとその影響を受けて地表に近い層の気流が変わり，その結果として砂丘がますます生長する．何らかの理由でいったん植生が入り込むと，それが接地風速を弱め，また根網が砂層を固め，表面に腐植層が形成される（固定砂丘となる）という変化もある．また人間による植被の破壊が固定砂丘の再活動を引き起こしたという例（§ 6-2）もある．このように砂丘と砂丘形成に関係する要因との相互作用はかなり複雑である．

乾燥気候帯と対応するような分布を示す内陸砂丘帯では，砂粒は母岩からの風化物として生成され，そのままあるいは流水によるふるい分けを受けた後に砂丘砂となる．第四紀の気候変化に応じて，内陸砂丘形成帯が移動したということが，アフリカ大陸などで知られている（**図 3**）．湿潤気候下のわが国でみられる砂丘はほとんどが海岸砂丘である．この場合，砂の供給源が海岸であるため，海面変化やその他の理由により，海岸線の水平位置が遠ざかるなどして，砂の供給が減少すると固定砂丘となる．海岸砂丘の形成・固定をそのまま気候変化に読みかえることは危険である．

砂丘の形態や内部の堆積構造から当時の卓越風向を知ることができる場合がある．テフラの分布が上層風の化石であるとすれば，砂丘は地上風の化石であるともいえる．

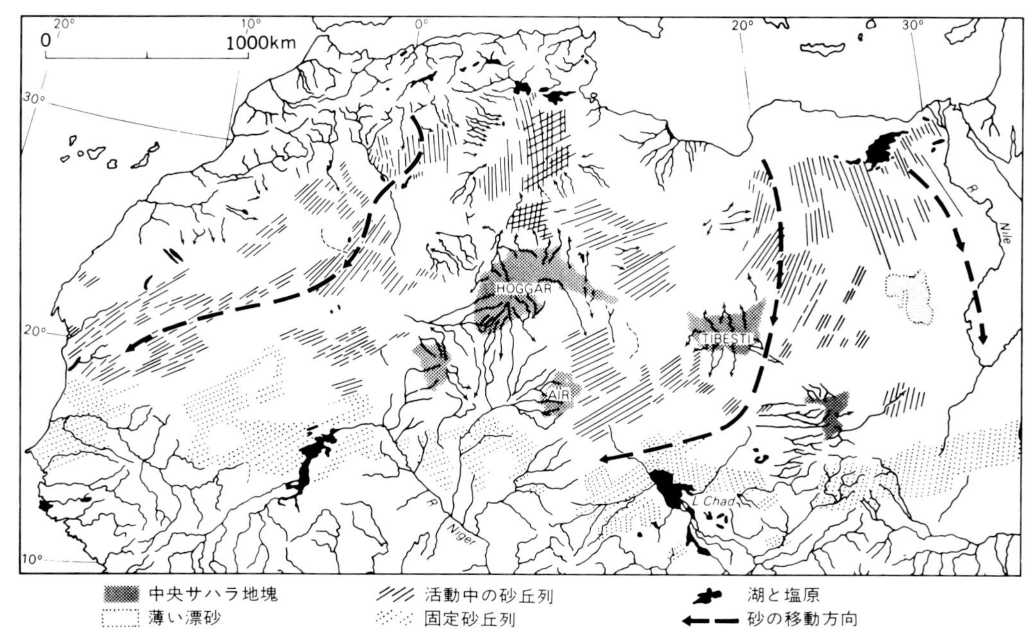

図 3　北アフリカにおける砂丘の分布．（Mabbutt, 1977[4]）

§6-1 さまざまな砂丘と風食地形

A　砂丘の分類．（Mckee, 1979[1]）

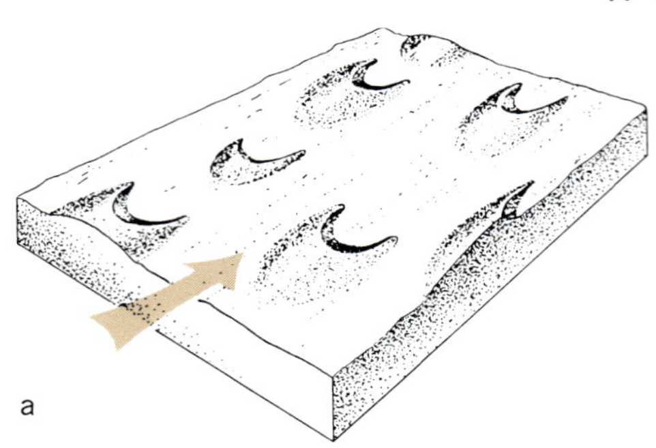

バルハン型．三日月状の滑落面をもつ．

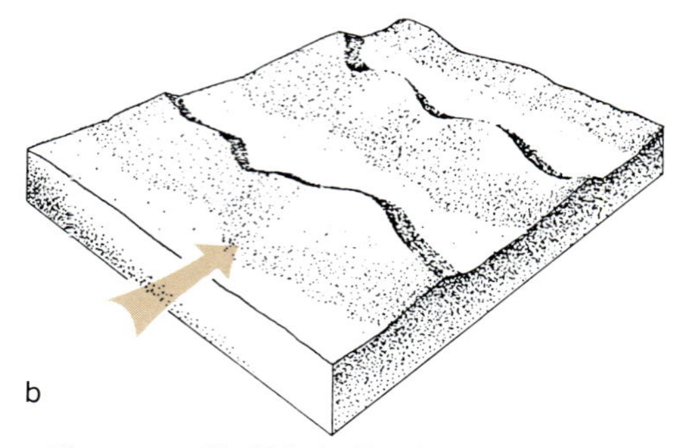

擬バルハン型．バルハン型の滑落面が横に連結したもの．

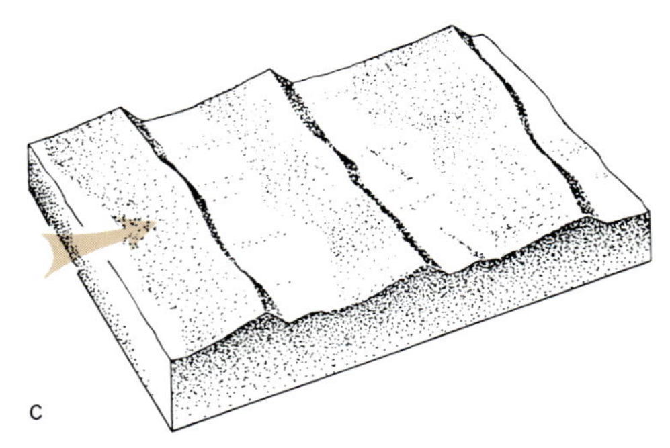

横列型．非対称の尾根状の形態をもち，横に長く連なる．バルハン型→擬バルハン型→横列型の順に漸移する．

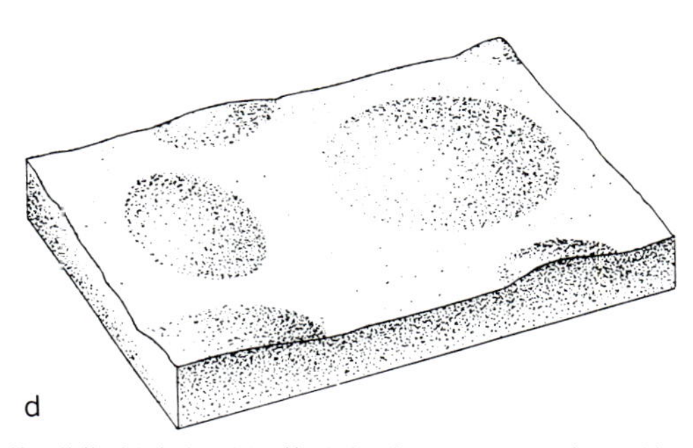

ドーム型．滑落面を欠き，円～楕円形の高まりをなす．高さが低くなると，平坦型に移行する．その場合，表面にわずかに縦の縞模様が見られることもある（縦縞型）．

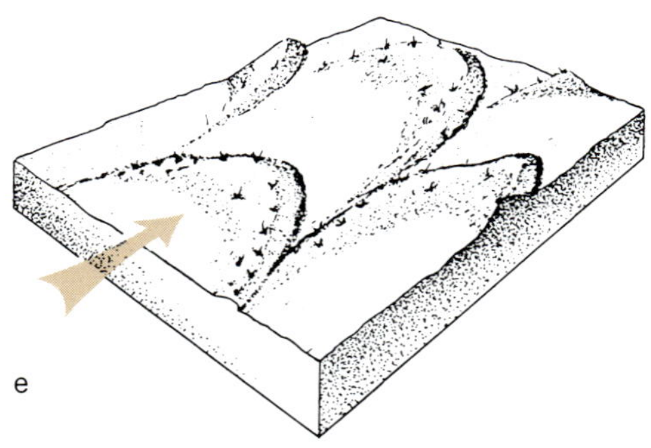

放物線型．平面型ではU字型を示し，尾根の付近に植生がついている．

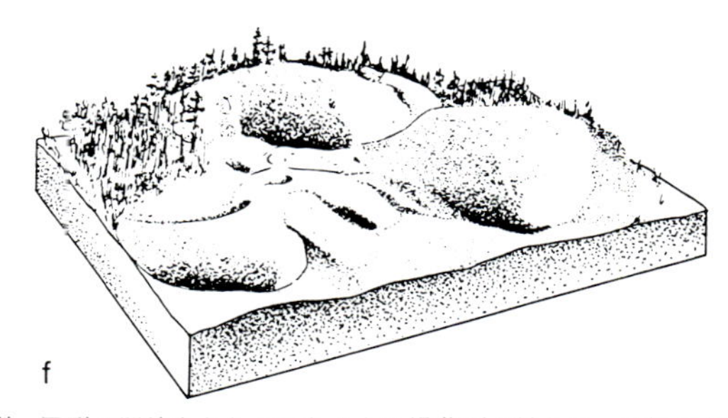

円環型．円形の凹地をとりかこむような滑落面が見られ，尾根の周囲は植生におおわれる．オーストラリアにはプラヤ（塩原）の周囲をとりかこむような形をした粘土からなる“砂丘”があり，ルネットと呼ばれている（§6-3）．

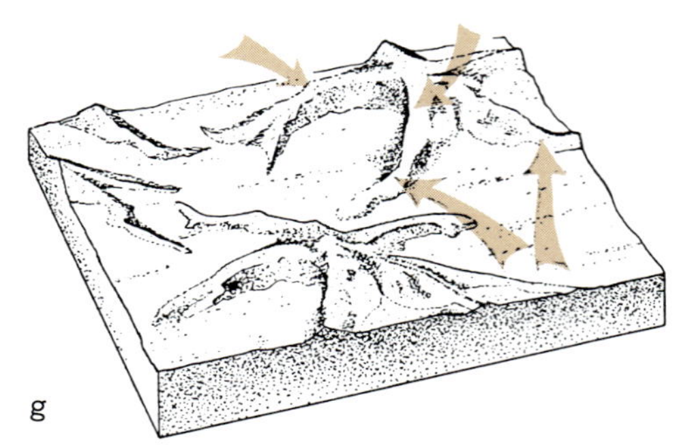

星型．3ないしそれ以上の滑落面が一点に集まり，ヒトデ状の高まりをなす．3ないしそれ以上の安定した風向があるとき形成される．風が正反対の2方向だと，星型と横列型の中間型（逆向き型）となる．これは反対方向の対になった滑落面を持つ．

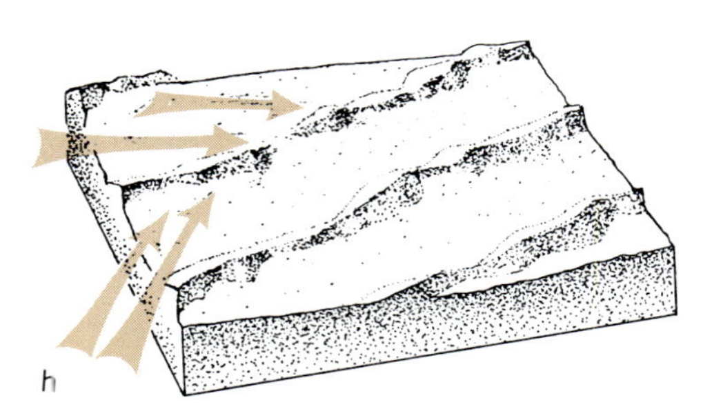

線型．いわゆる縦列砂丘で，アフリカやサウジアラビアではセイフと呼ばれる．滑落面は両側に見られる．

B 空中写真で見る砂丘.

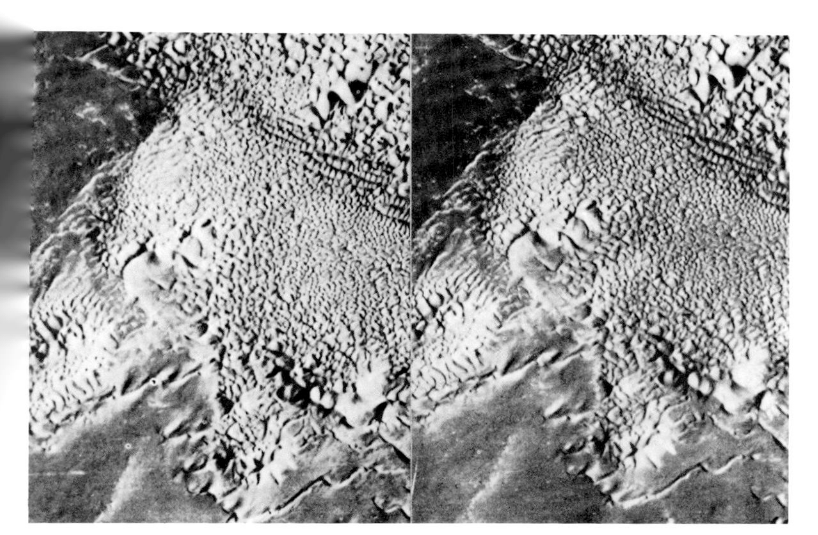

a 比高が200 m ほどある古い巨大な砂丘が，新しい砂丘にすっかりおおわれている．新しい砂丘はバルハン型で，配列からみて現在の卓越風向は2方向あることがわかる．モーリタニア．(Bandat, 1962[2])

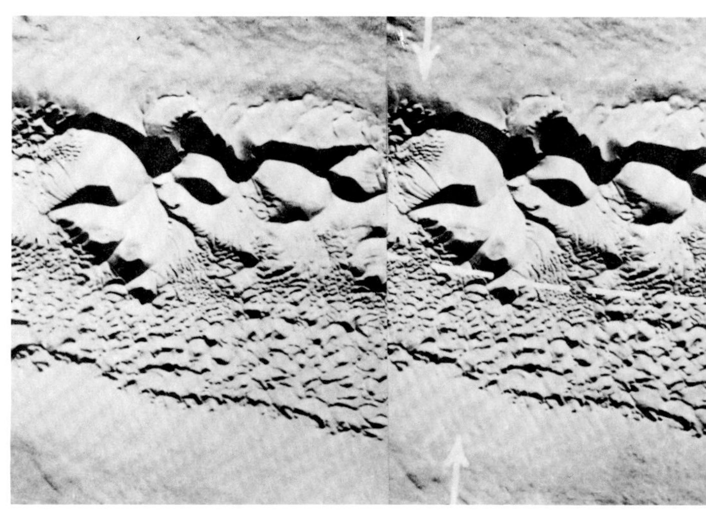

b 中央に星状砂丘があり，卓越風向が複数であることがわかる．このことはその周囲一面に分布している横列砂丘群の配列からもわかる．アルジェリア．(Bandat, 1962[2])

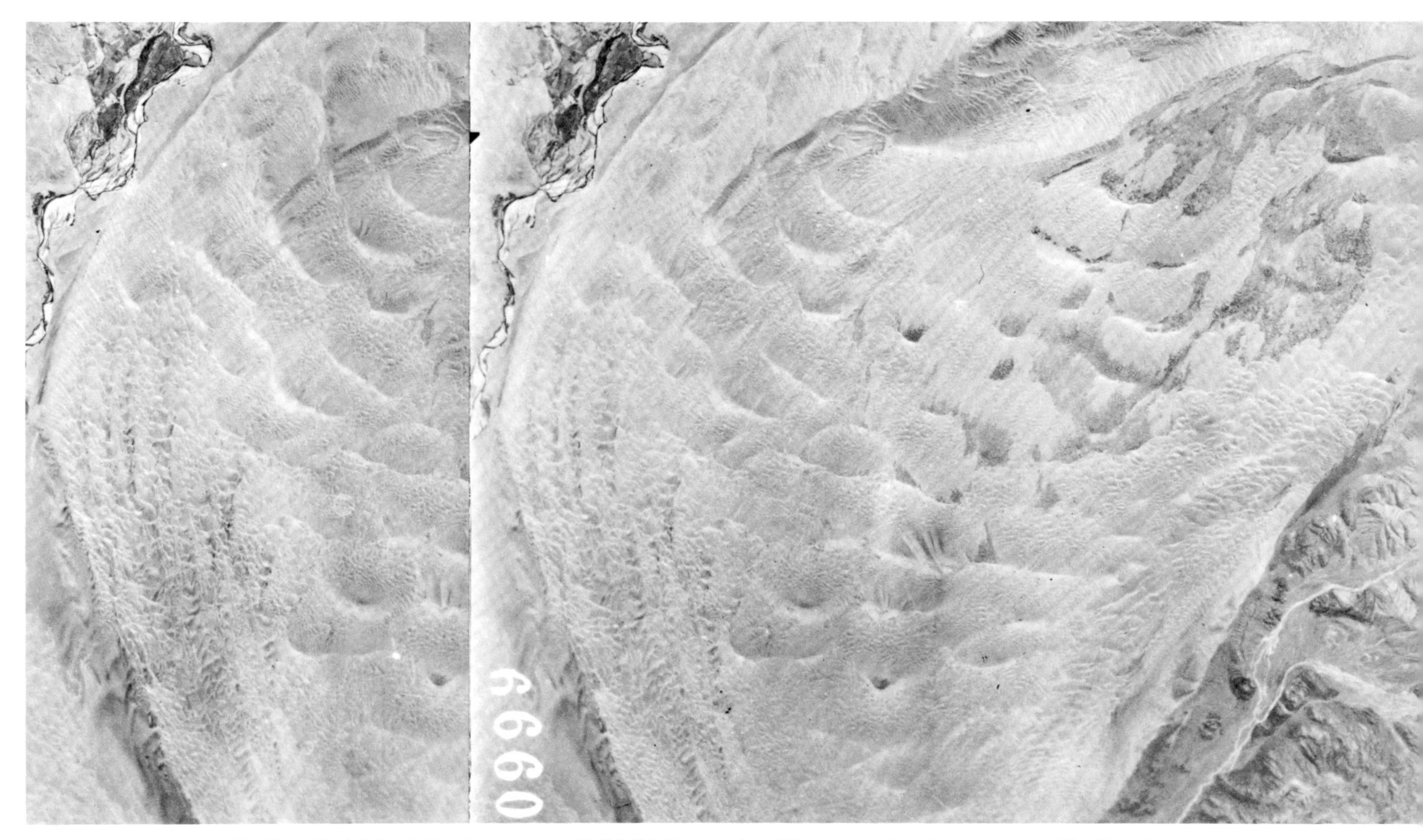

c ペルー南部，ヤウカ海岸砂漠の巨大砂丘列．北部チリからペルーの海岸砂漠地帯では，南太平洋高気圧から吹き出し，アンデス山脈に沿って北上する風向の安定した南風が1年中吹いている．小さなバルハンが複合して巨大バルハンを形成し，さらにそれらが集まって，南北にのびる巨大な高まりを形成している．写真から読みとれる流線は北部で東偏しているが，これはこの地域の気流の一般的傾向であると同時に，前方に山塊があるためであろう．

§6-2 海岸砂丘——渡島半島江差海岸

冬季に強い季節風に直面する日本海側の平野には大規模な海岸砂丘が分布する．海岸平野の発達のわるい海岸でも，砂丘は段丘・丘陵に乗り上げて発達している．これらの完新世の砂丘砂層中には，「旧期クロスナ層」と呼ばれる，厚さ 30～50 cm の，腐植に富む黒色砂質土壌がはさまれ，これによって，Do(旧期)砂丘と Dy(新期)砂丘とに区別されている[1]．冬～春に強い西風が吹く北海道渡島半島の江差海岸には，せまい海岸平野上と海成段丘上に完新世砂丘がみられる(**B, D**)．幅約 200 m の海岸低地には比高10～20mの砂丘が列をなし，さらに何段かの段丘面(陣屋面：標高 15～30 m，大澗面：45～55 m，尾山面：60～90 m など[3])や段丘崖に砂丘が乗り上げている．また砂丘は古櫃川などの谷に沿う低地や隣接する段丘面・斜面をおおって，1 km 近く内陸側へ進出している．砂丘砂は段丘崖の基部や段丘面の崖端部に特に集積する傾向があり，段丘面の識別をむずかしくしている．

C, E に示すように，完新世砂丘は挟在するクロスナ層や火山灰層によって細分され，年代が決められる．約 15 m の厚さを有する段丘上の砂丘砂の中部には，厚さ 35 cm の旧期クロスナ層がはさまれる．この層は含まれる炭化物の^{14}C 年代により，約 2000 年前の埋没土であることが知られている．このクロスナ層の下位は Do 砂丘で，その下半部は褐色で火山灰質である．この部分を内陸側に砂丘の縁辺部まで追うと，褐色ローム(風化火山灰)層と指交関係にある．このことは，火山灰降下中に海岸沿いで砂丘形成が進行し，強風によって段丘上に火山灰質砂丘砂が吹き上げられて堆積したことを示す．その後に，主に低地部で，非火山灰質の Do 砂丘が形成された．

Dy 砂丘は新鮮で崩れやすい灰白色砂丘砂からなり，より内陸側へ進出している．上部に薄い腐植層の集まりである新期クロスナ層をはさむ．この層準には厚さ約 5 cm の灰白色火山灰層が認められ，Dy 砂丘の細分，対比に有効である．これは大陸の白頭山から約 1000 年前に飛来したと推定される苫小牧火山灰(Tm)[2]である．古櫃川の沖積低地には，流木を大量に含む洪水性砂礫層(3400～1800 年前)が発達し(**E** の c)，さらに上位では砂泥質堆積物に移化する．これは，日期クロスナ層の時代に，大量の砕屑物が海岸に搬出され，約 1700 年前に Dy 砂丘の形成が開始された時，砂丘砂を内陸側に大量に吹き上げるに十分な砂質物の蓄積が海岸に用意されていたことを示唆している．

A 1/2.5 万地形図 江差・桂岡・上ノ国(昭 55 改測)

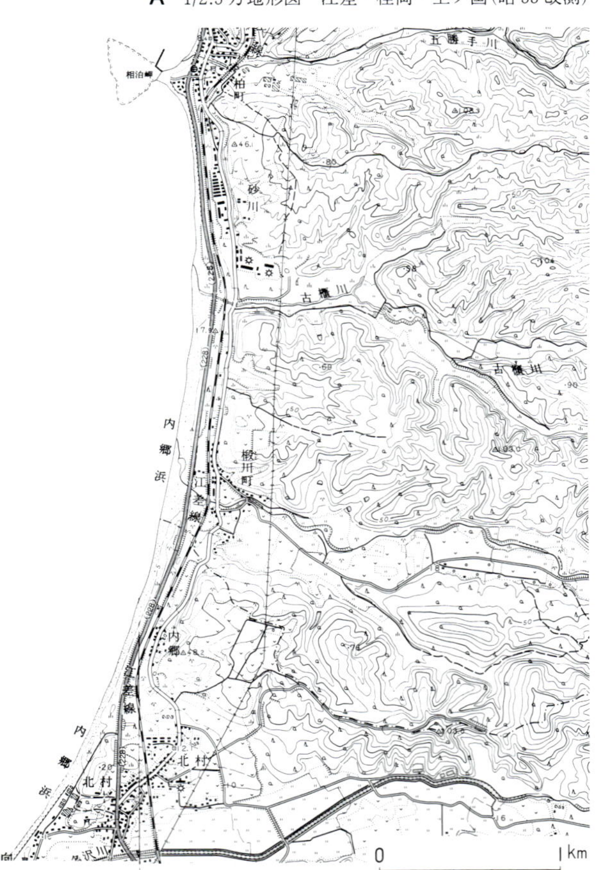

B 砂丘砂の分布．(段丘面は大森，1975[3]にもとづき，一部修正)

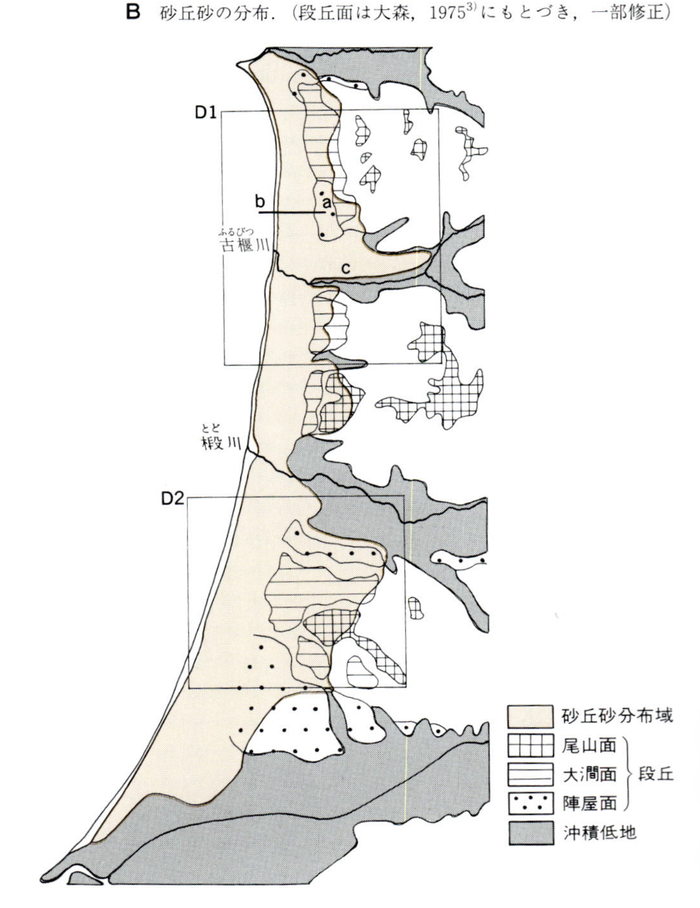

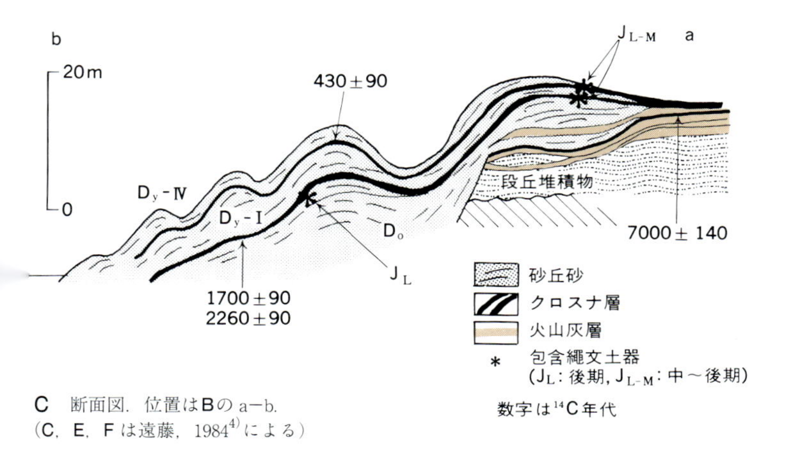

C 断面図．位置はBの a−b.
(C，E，F は遠藤，1984[4]による)

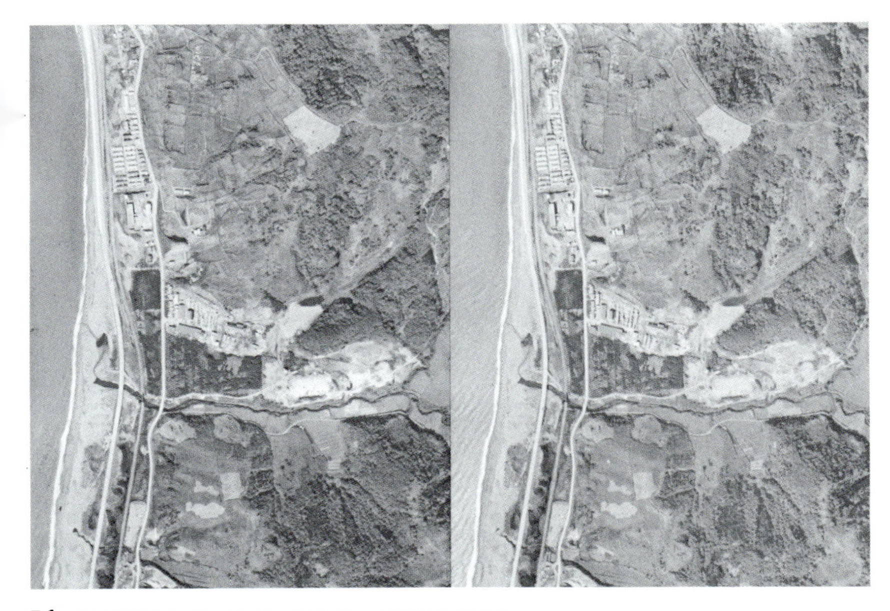

D1 空中写真(C，HO-76-18，C9-1,2) 位置は B に示す．

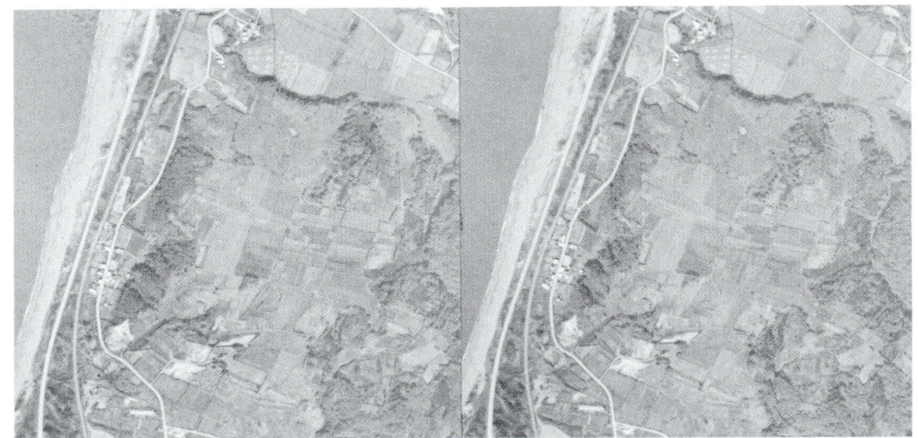

D2 空中写真(C，HO-76-18，C 10 A-1,2) 位置は B に示す．

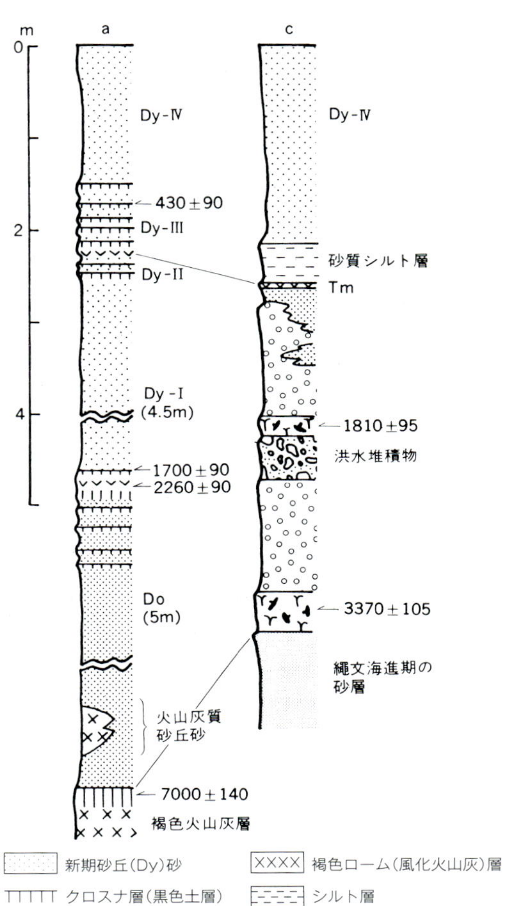

E 柱状図．位置はBに a，c で示す．

F 江差海岸砂丘発達史．
(土器記号)：包含縄文土器(L：後期，M：中期)，Tm：苫小牧火山灰

×10³ y.BP	砂丘と火山灰	土壌と年代資料	砂丘の特徴
0	Dy-Ⅳ砂丘 Dy-Ⅲ砂丘	←材430±90	灰白色の新鮮な砂丘形成(Do砂丘上および台地上)
1	vvvvvvvvv Tm Dy-Ⅱ砂丘 Dy-Ⅰ砂丘 vvvvvvvvv		
2		←炭 1700±90 ←炭 2260±90 クロスナ層(HO) (土器記号) L	砂丘固定 土壌発達 洪水堆積物
3	vvvvvvvvv		
4	Do砂丘	(土器記号) M	非火山灰質の砂丘形成(砂州上に発達)
5			
6	vvvvv vvvv vvvvv		縄文海進 火山灰降下 火山灰質の砂丘形成(台地上)
7		←腐植 7000±140 クロボク	段丘上および斜面にクロボク発達
8			

§6-3 大陸の砂丘——オーストラリア，ムンゴ湖畔

東海岸を除くオーストラリア大陸中央部，南緯 18°〜25° の間は，年降水量 100 mm 以下の広大な砂漠地帯となっており（B），縦列砂丘が見られる．最近の研究[2] によると，最終氷期末期には「大乾燥期」が存在し，現在の砂漠地帯に加え，これをとりまく半砂漠地帯（年降水量 100〜250 mm）までが，砂が活発に移動する砂漠的環境に支配されていた．半砂漠地帯では，縦列砂丘のほかに，主として「大乾燥期」に形成されたルネットと呼ばれる湖岸砂丘が発達することが特徴である．現在はこの地帯の砂丘の大部分は土壌・植被におおわれるが，一部では再活動によって植生や農地の破壊が進んでいる[3]．ルネットは C のように，縦列砂丘の間を縫って古水系を示すように多数連なっていた湖沼群の湖岸に弧状に発達したもので，後述するように，その生成は湖水位の低下と密接に関連する．

ここではムンゴ湖（ニューサウスウェールズ州西端部）のルネットについてみてみよう．現在は干上がった乾湖であるムンゴ湖の東岸に沿って，長さ 20 km にわたる弧をなして，現在でも活動的な大砂丘が発達する．この白色の砂の連なりは，ウォールズ・オブ・チャイナと呼ばれ，オーストラリアでは最も著名なルネットである．A はその中心部の垂直写真，F はほぼ同じ範囲の斜め写真である．このルネットの風上側（西側）斜面では主に風による侵食のために最終氷期に形成された古砂丘は露出し，侵食をまぬがれた部分は小丘として立ちならんでいる（D）．ボーラーによれば[2]，最終氷期末期のムンゴ後期（2.5 万〜2 万年前）およびザンキ期（2 万〜1.3 万年前）は「大乾燥期」とされ，それまで高かった湖水位は急速に低下し，活発に砂丘が形成された（E）．砂丘形成の過程は，湖水位の低下と乾燥化の進行とともに，湖岸の石英砂が風で移動しはじめ（主にムンゴ後期），湖底が干上がると，湖底の泥が乾固・砕屑化し，泥が凝集した砂粒子は析出した細粒な石こう等の結晶とともに風で運搬され，古砂丘の主体を形成した（主にザンキ期）．一方ルネットの風下側斜面には風上側から運搬された新鮮な砂が堆積して，東側に細長くのびる多数の高まりを形成している（A, D, F）．ルネットの頂上部および高まりの構成砂層の下部には著しい腐植質土壌が見られ，完新世の砂丘を大きく 2 つの時代に分けている（D）．^{14}C 年代等によると埋没土壌は 4500〜2000 年前に形成されたことがわかるので，この土壌より上位の部分（Dy 砂丘）は最近 2000 年間に形成されたことになる．埋没土壌の下位には完新世の前〜中期に形成された小規模な砂丘（Do 砂丘）が見られる．以上の，ザンキ期や完新世の 2 度の砂丘形成は，各地の河畔や海岸でも認められるように，大陸規模のものであり[2,3]，より広域的な気候の乾燥化と密接な関連をもつものと思われる．

A 空中写真（Turlee 4 NSW 1462-5098, 5099, 5100, reproduction by permission of the Department of Lands, New South Wales） 範囲は C に示す．

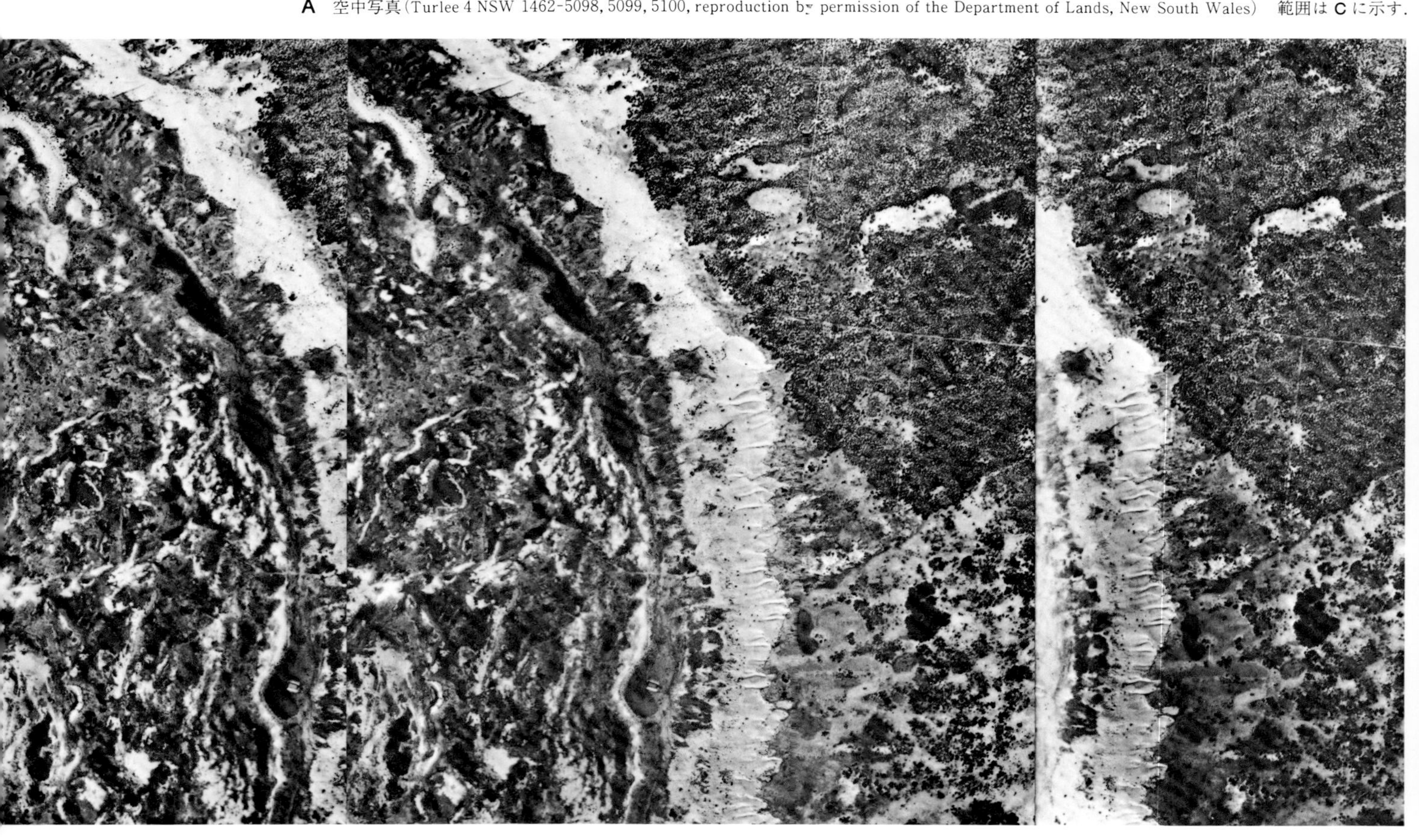

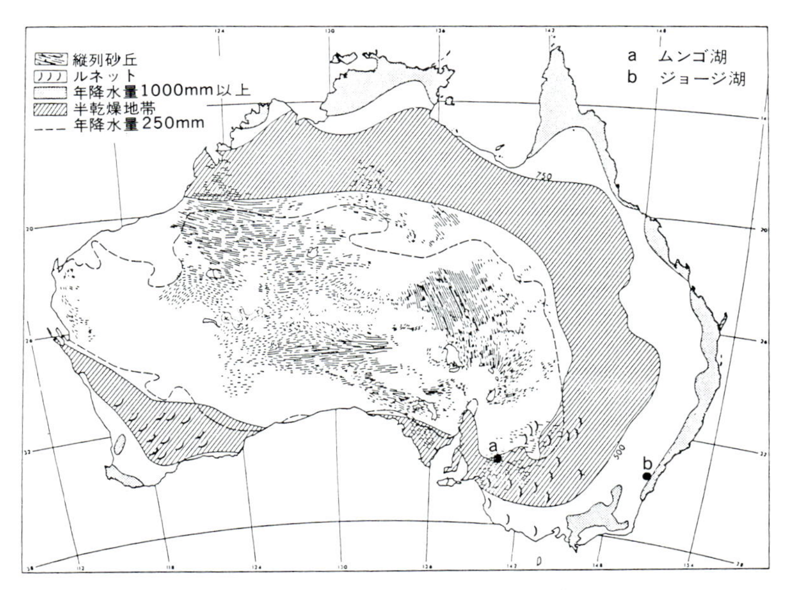

B オーストラリアにおける砂丘の分布と降水量．(Bowler, 1971[1])

C ムンゴ湖周辺のルネットと縦列砂丘.

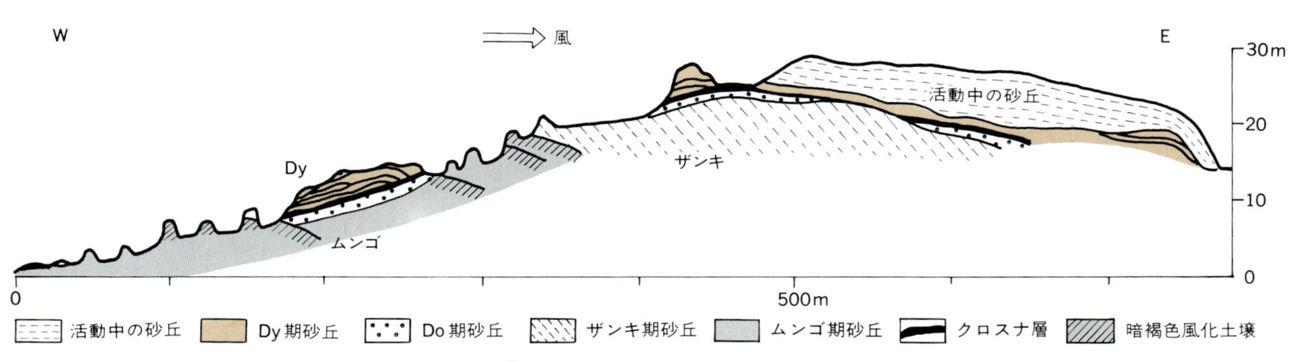

D ムンゴ湖のルネットの東西断面図．(Suzuki, *et al*., 1982[3])

E 湖水位変動との関連で見たムンゴ湖ルネットの砂丘形成およびジョージ湖との比較.

×10³ y.BP	砂　丘		砂丘の特徴と ¹⁴C年代	土壌	湖水位※ dry overflow	ジョージ湖※ 湖水位 low high	古気候 cool warm
0	Ⅳ	Dy砂丘	活動中の砂丘，埋れ木(modern)				
	Ⅲ						
1	Ⅱ		埋れ木(1040±110) 活発な砂丘形成				
2	Ⅰ						
			砂丘の安定化，土壌生成卓越				
3–5		Do砂丘	穏やかな砂丘形成(腐植質砂丘砂) 炭 (4560±140)				
10							
		ザンキ砂丘	「大乾燥期」活発な砂丘形成，泥質・石こう質，貝・骨 (16280±250 17670±550 19030±530)				
20		上部ムンゴ砂丘					

※ Bowler et al.(1976)による

F ムンゴ湖のルネット．(武内和彦氏撮影)

§6-4 人工の砂丘——遠州灘海岸

浜名湖以東の遠州灘に沿う海岸には砂丘が広く分布する．主に天竜川河口から供給された砂が，冬季の西風によって飛砂となり砂丘が発達する．御前崎西方の菊川から新野川の河口付近の海岸では，現在の汀線から2.5～3 km内陸まで砂丘が分布している．とくに汀線から1 km以内の地域には，幅がせまく長い3～4列の砂丘列が汀線とは斜めの軸をもって分布している(**A, D**)．それらの砂丘列の多くは，その東端が現在の汀線付近の砂丘に収れんしているのが特徴である．

大正5年測図の地形図(**B**)と昭和54年の地形図(**D**)を比較すると，大正5年時には斜めの砂丘は池新田集落の南側に1～2列分布していたにすぎず，汀線近くでは海岸に直交する縦列砂丘が櫛の歯状に広く分布していた．またそれらの砂丘列の間は平坦で，規則正しい地割の畑地として利用されており，砂丘をおおう松林と対照的である．国道より内陸は全体として起伏にとみ，旧横須賀街道沿いに池新田・塩原新田などの集落がある．さらにその内陸側は，新野川や菊川に沿って谷底平野がある．それらの谷底平野は縄文海進によって形成された溺れ谷に由来するが，その出口を砂堤・砂丘によってふさがれたために排水が悪く，江戸時代初期まで沼沢地であった．

池新田付近の土地利用(**C**)を見ると[1]，最も内陸側の第1区は砂堤・砂丘により閉塞された湿地「新野池」が江戸時代初期に干拓されたもので，現在は水田として利用されている．第2区は第2次大戦前にすでに開発されて集落がならび，民家の間に水田・畑地が不規則に分布する．第3区は第2次大戦前は林地・耕地として利用され，戦後になって集落ができはじめた．この林地には飛砂防止と防風を目的として黒松が植林された．第4区は前述のように，汀線に斜めの方向をもつ砂丘列のある地区だが，実はこれらは人工的に改造された砂丘列である．

明治中期以降，砂丘地の大規模な改造と開拓が行なわれてきた[1]．はじめに砂丘地に「堆砂垣」と称するそだを卓越風の方向に約45°の傾きで北西から南東にのびるように立てる．西風による飛砂はこの垣に沿ってとまり，高まりをつくる．この高まりができると，西風は地表付近で方向を変え，飛砂は人工の斜砂丘をつくり海岸に向かうようになった．その後，砂丘の全面に方眼状の「静砂垣」を立て，その中に砂丘固定用の黒松の苗を植えた．この方法によって，大正から昭和初期にかけて砂丘の固定と海岸への誘導を行ない，砂丘間の平坦地の耕地化が可能となった．

A 空中写真(CB-77-8 X，C 20-5, 6)

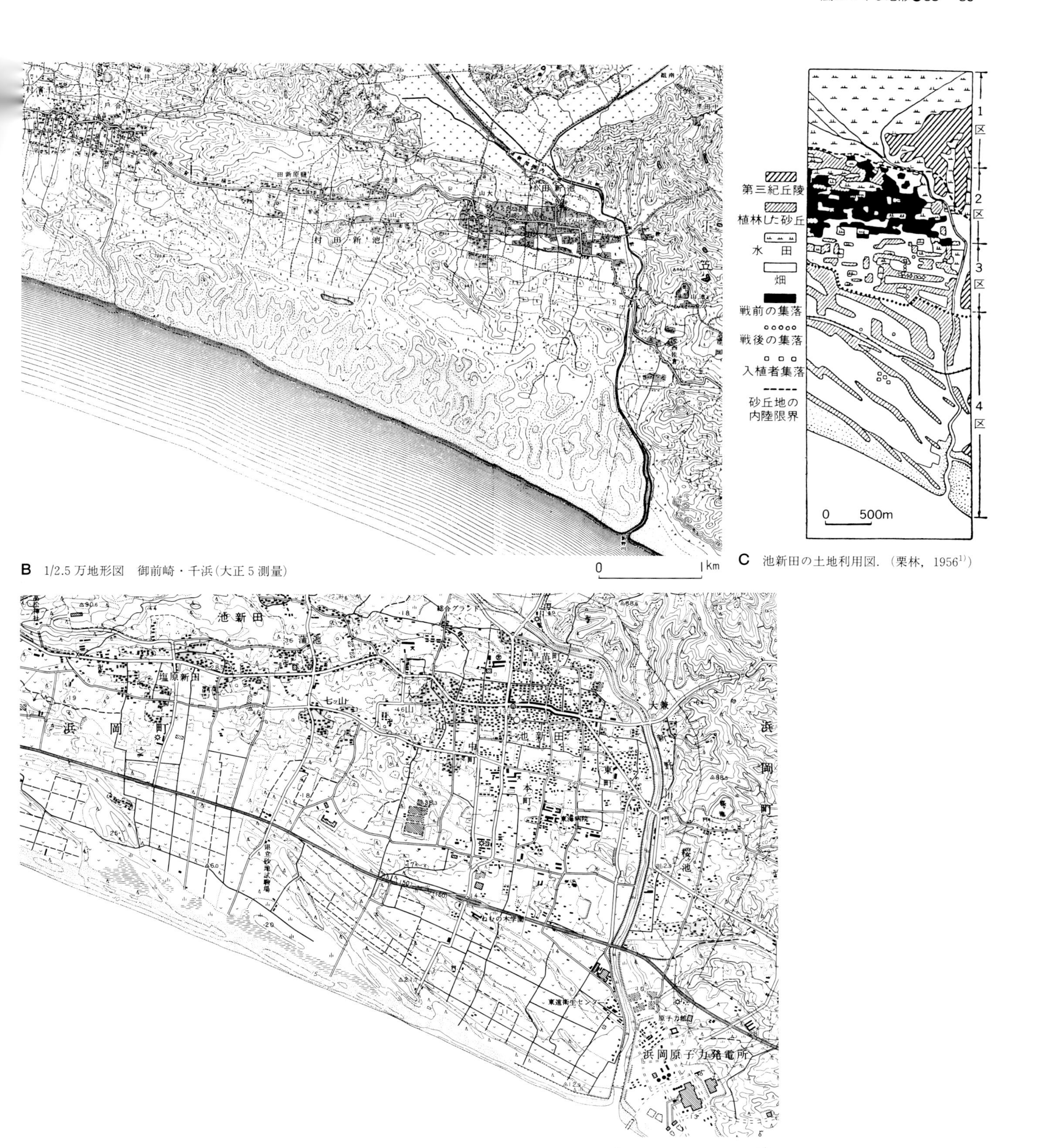

B　1/2.5万地形図　御前崎・千浜(大正5測量)

C　池新田の土地利用図.（栗林, 1956[1]）

D　1/2.5万地形図　御前崎・千浜(昭54修測)

第7章 乾燥～半乾燥地形

解説

地球上には水分不足のため植被がないか，あっても貧弱な乾燥～半乾燥地域が存在する．その面積は気候区分の方法によって若干異なるが，陸地の1/4～1/3に達する(**図1**)．植生の分布を規制する土壌水分は，主として降水量とその季節配分および蒸発量を支配する気温によって決まる．ケッペンは年平均気温T(°C)と年降水量P(cm)を組み合わせて区分を行なったが，これは簡便で有用である．それによれば湿潤な森林地域と半乾燥地域の境界は，冬雨夏乾燥のところで，$P=2T$，降雨の季節変化の小さいところで，$P=2(T+7)$，夏雨冬乾燥のところで，$P=2(T+14)$の線とよく合うといわれている．そして年降水量がこの値の1/2以下になればそこは全くの乾燥地域(砂漠)となる．(半)乾燥地域の降雨の最大の特徴は，それがまったく不規則だということである．年々の降水量の変動は非常に大きく，また数日の雨で1年の降水量のすべてに達するほど集中性が高い．このような気候の特徴は，植物の生育にとってきわめて不都合である．

半乾燥～乾燥地域においては地形を変える力としての流水の働きは微弱であると考えられやすいが，植被や土壌が貧弱なために集中豪雨時の表面流はきわめて効果的に働く．布状洪水と風食によって基盤岩石からの風化生成物はただちに除去される(**写真1**)ので，岩石が直接地表に露出しているところが多い(岩石砂漠)．布状洪水は山麓の基盤岩を面的に侵食し，傾斜が1°～7°くらいのペディメント(§7-1参照)という地形を作る．ペディメント上にはその勾配に比例した大きさの礫が散在しているが，下方では次第に堆積物の厚さが厚くなり，バハダ(§7-2参照)に移行する．バハダは分級の悪いシルトや砂礫層の堆積面である．バハダや扇状地面では細粒物質が沈下したり，風で除去されるため，地表がデザート・ペーブメントと呼ばれる礫をしきつめたような状態になることがある．そして礫の表面は砂漠ウルシの被膜のため暗色を呈するようになる．

(半)乾燥地域の山地谷密度は一般に低いが，ガリーが細かく入り込んでいる場合(**写真2**)もあり，ワジ(アラビア語)，アローヨ(スペイン語)などと呼ばれる涸れ谷が発達する．運搬物質が多く，しかも礫であるためか，乾燥地の水流は横に広がりやすく，勾配は急である．谷の出口には扇状地が形成されることが多い．その形態はわが国の扇状地とさして変わらない(**写真3, 4**)．しかし堆積物中の礫の円磨度は低く，マトリックスは泥質である．水洗を受けた礫層も存在するが，大部分は土石流によって運ばれてくるもののようである．

乾燥地の降雨は局地的な対流性降雨であることが多いためか，大きな河川は発達しにくい．また大きな河川が存在してもよさそうな広い平野部において，本流河川の力はきわめて微弱である．これは上流部で流水の強烈な作用を示す小規模の地形がふんだんに存在するのと対照的である．本流河川の力が弱いため，局地的な基準面となる湖や，季節的に，あるいは降雨の直後だけに水のたまる湖が形成されやすい．これらの湖の水はきわめて塩類に富み(塩湖)，干上がった湖岸や湖底には塩類が厚く集積する．このようなところはプラヤ(北米)とかサラール(南米)と呼ばれる(§7-2参照)．

季節的な降水がかなり規則的にあるようなところではステップ，プレーリー，パンパと呼ばれている地域のように，地表は草本植物におおわれる．安定した大陸では平原あるいはわずかに開析された台地状の地形を呈するが，基本的には侵食面であることが多い．ステップの草本植物は中新世ごろから地表をおおうようになったと考えられている．

化学的風化に効果的な高温・多雨気候区のうち明瞭な乾季がある地域はサバンナと呼ばれ，季節的に落葉する孤立した高木とまばらなかん木・草本などによって特徴づけられる植生によっておおわれている．この地域の代表的な地形はインゼルベルクとペディメントである．島状に孤立した露岩からなる高まり(インゼルベルク)の周囲をペディメントがゆるやかな円錐状にとり囲んで発達する．この地域の河川の下刻力が弱いのは，河川が礫を運んでいないためだという考えもある．いずれにせよ基準面の安定している

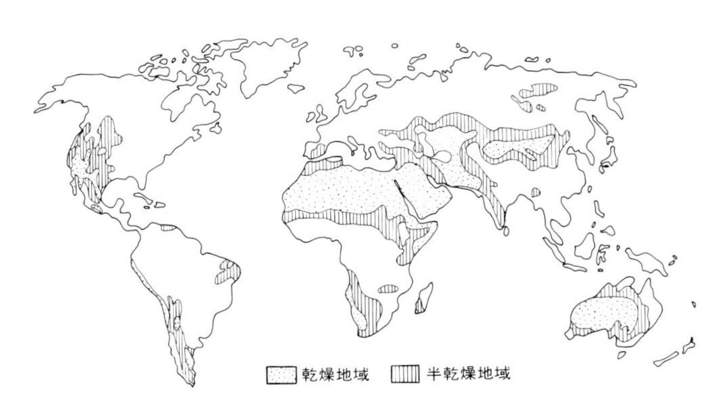

図1　地球上の乾燥・半乾燥地域．年平均気温10°C以下の地域は除く．(Meigs，1953[1]より簡略化)

写真2　透水性の悪い湖成層に細かい谷が入り込み，バッドランド化している．ボリビア，ラパス郊外．(写真2～4野上撮影)

写真1　タフォニ(蜂の巣)風化．カリフォルニア，デスバレー．(今泉俊文氏撮影)

写真3　乾燥地帯の崖錐．植被がないだけで，湿潤地帯のものと同じ形態をしている．アルゼンチン，メンドサ西方のアンデス．

写真4　乾燥地帯の小起伏山地と扇状地．扇央部に低断層崖(活断層)がみえる．チリ，アカタマ砂漠．

ところでは広大な侵食面が形成される．

(半)乾燥地域における気候→植生→地形をつなぐシステム(geo-eco-system)は外部独立変数としての気候変化(とくに乾湿変化)の影響を敏感に受けるだろう．ある特殊な地形(たとえばペディメント)と気候・植生の対応，あるいは帯状分布における気候帯との対応，気候変化に起因する分布域の移動，化石地形，人為とくに植生破壊の影響等々，残された興味ある問題が多い．

§7-1 ペディメント——ケニア南東部，ヴォイ付近

ケニヤの大半はいうまでもなく熱帯で，乾季・雨季の明瞭な地域である．ナイロビの南東約 300 km のヴォイ付近(平年，雨季は 3〜4 月と 10〜12 月，年降水量約 500 mm，年可能蒸発量(ペンマンの E_0)約 2000 mm，年平均気温約 25 °C，気温年較差 3 °C)では，ここに示すような，広大な平坦面上に基盤岩の丘が突出する地形がとりわけ目立つ．このような丘を(かなり大きな山塊まで)，海に浮かぶ島との連想から，インゼルベルクと呼ぶ．インゼルベルクをとり巻く，直線状ないし緩い凹状の縦断面形をもつ侵食性の緩斜面がペディメントで，それとインゼルベルクとの境界には明瞭な傾斜変換線(ピーモント・アングルあるいはペディメント・アングル)がある．ペディメントの成因には諸説あるが，背後急斜面の後退(インゼルベルクの侵食・縮小)の結果生じた地形であるという点では一致している．ペディメントがさらに拡大し，いくつも合体して形成された広大な平原が，ペディプレーンである．

A から，基盤岩(ここでは先カンブリア系黒雲母片麻岩)の構造に支配されて並ぶ大小5つのインゼンベルクと，それをとり巻く3群のペディメントが判読できる．**D** に示すのは，**A** のうち左(北)端のムァキンガリと，さらにその北(**B** 左下隅)のイリマである．どのペディメントも，上端の最急斜部で 6° 程度の傾斜をもち，これは背後斜面より著しく緩いが，下端は 1.5° 内外の傾斜でペディプレーンに漸移する．ペディメント上では，豪雨時にのみ発生する表流水が布状に広がって流れる(リルウォッシュが全面ほぼ均等に発生する)とされているが，詳しく見ると，リルが集中して地表が浅く削り取られている所があり，さらに一部はガリーにまで発達している(**C**)．そのリルの集中部ないしはガリーの下流端から，それらが運搬した砂質堆積物がペディメント上にまき散らされ，空中写真に白っぽく写っている．

C に示す断面で行なった簡易弾性波探査と地表観察などから，このペディメントでは，表層ほぼ一面に厚さ 2〜5 m の赤褐色シルト〜砂から成る細粒ペディメント堆積物(下底に薄い細礫層をともなうことが多い)があり，その下位に基盤岩の原位置風化層が数 m〜10 m 以上の厚さで続くと判断される[1]．背後急斜面から供給される岩塊は，ピーモント・アングルからせいぜい 50 m 程度の範囲内で消滅する．このように熱帯のペディメントでは，おそらく風化が活発なため，礫の分解が速やかで，しかも細粒堆積物におおわれた基盤岩表層が化学的に著しく風化している．これに対して熱帯のそれより先に注目された乾燥地帯のペディメントは，薄い角礫質堆積物をもち，しばしば新鮮な基盤岩を露出させ，またピーモント・アングルもより明瞭とされている．

A 空中写真(1/61 KEN 16 No. 556, 557, 558, Survey of Kenya)，左が北．

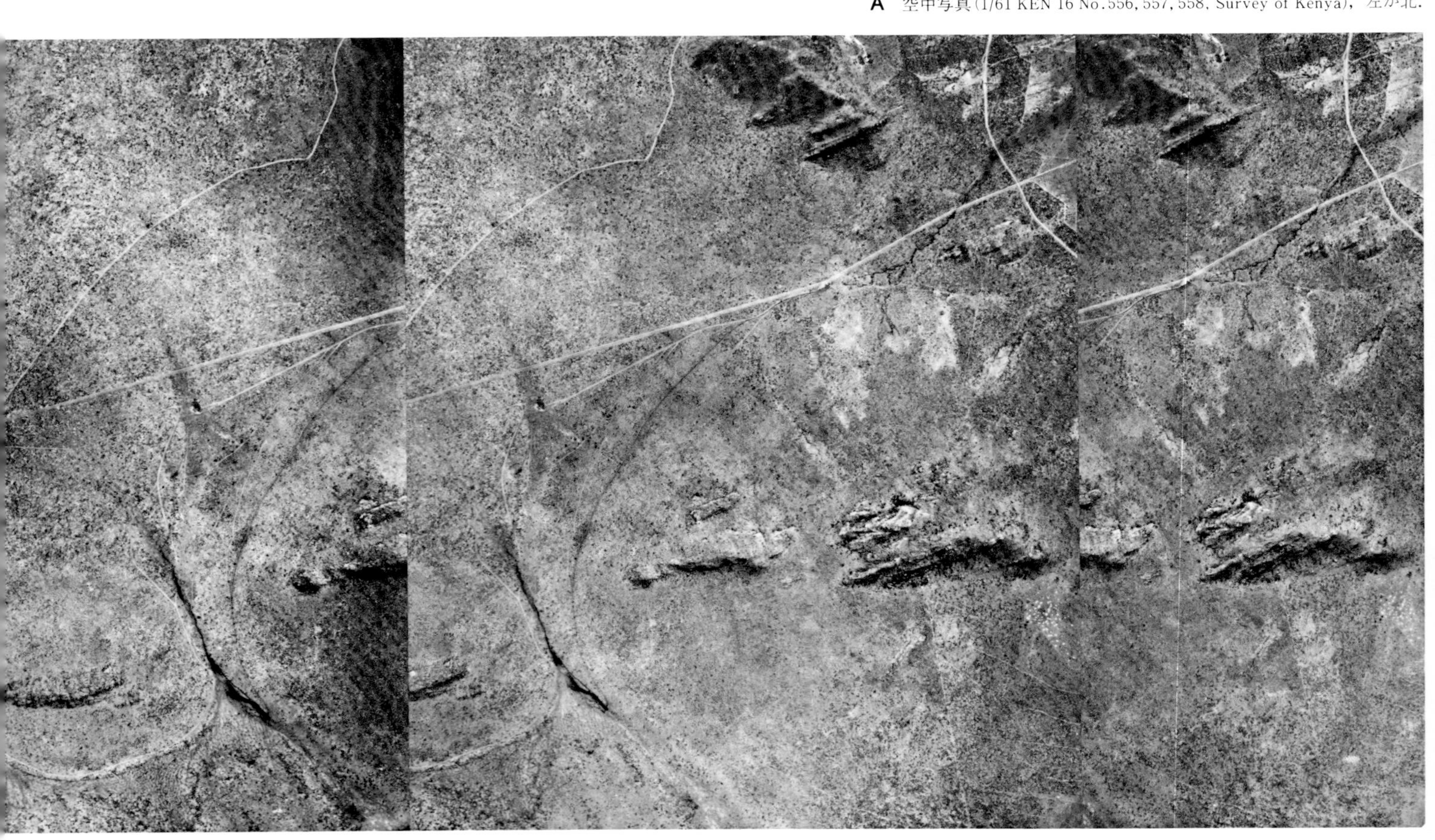

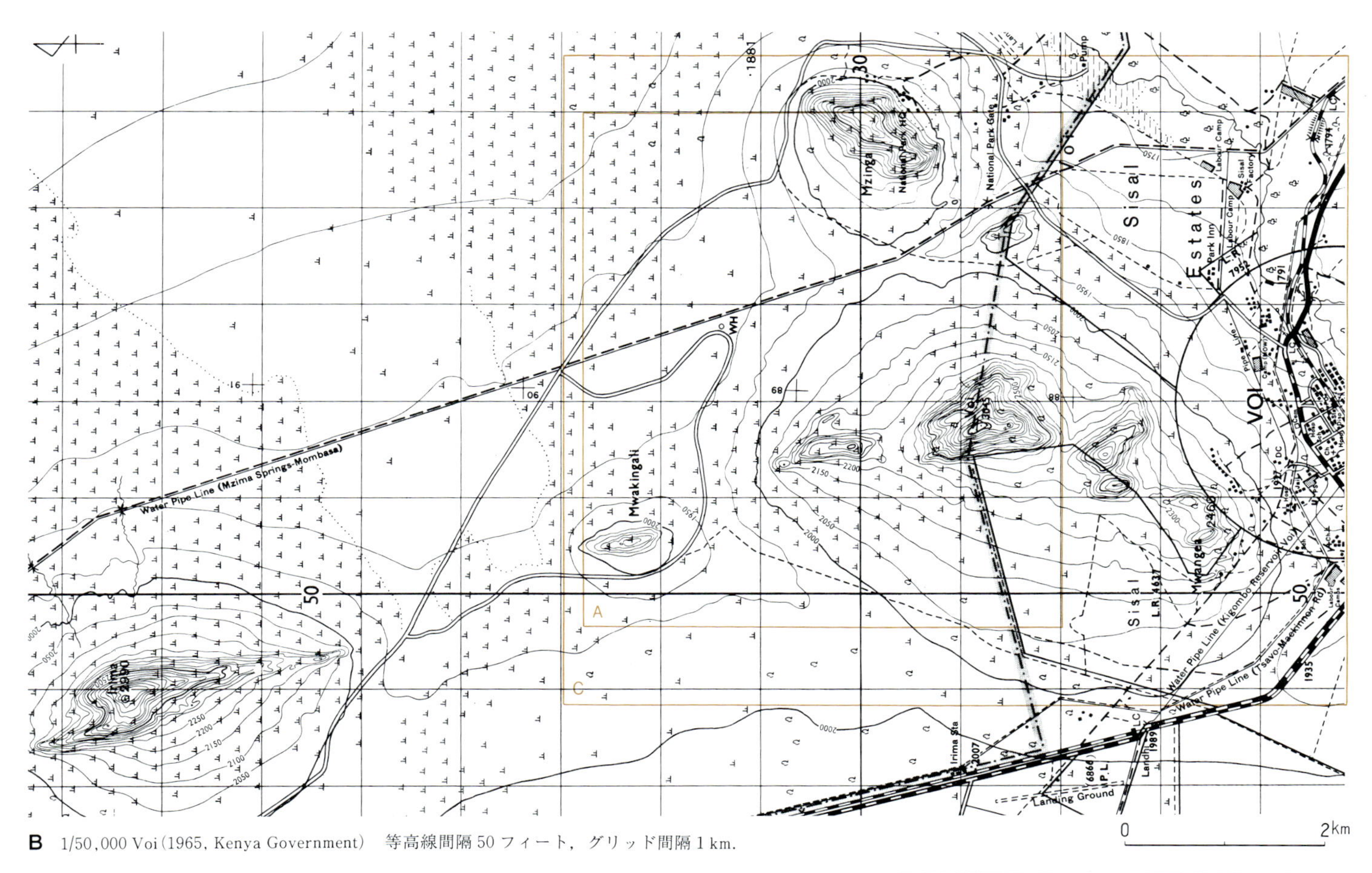

B 1/50,000 Voi (1965, Kenya Government) 等高線間隔 50 フィート，グリッド間隔 1 km.

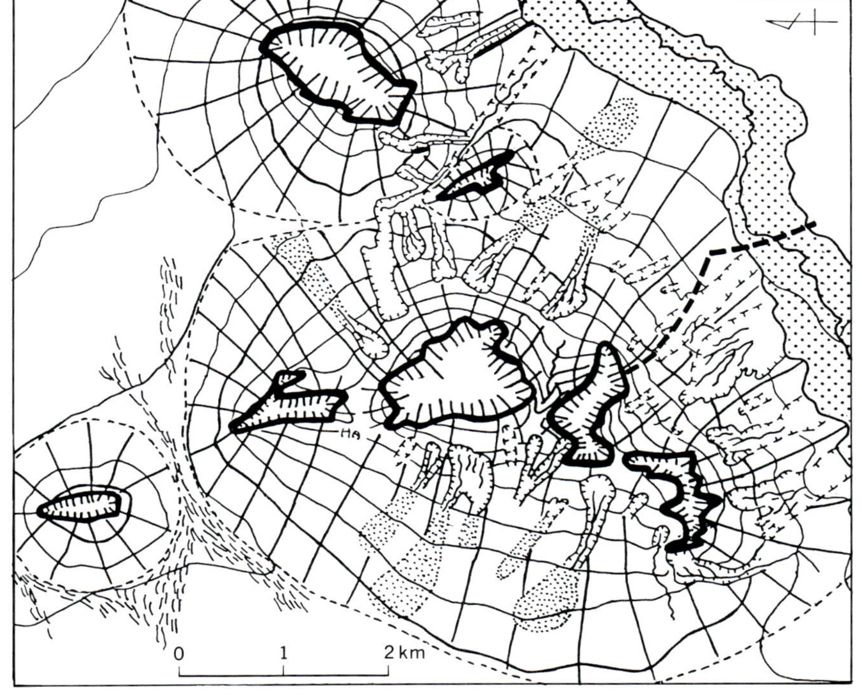

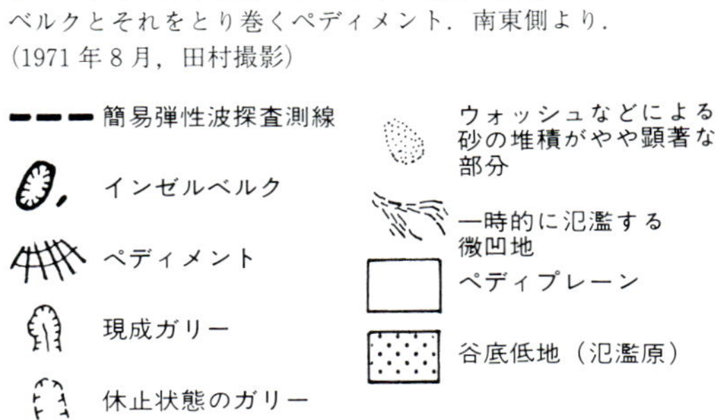

C 地形学図.（門村浩作成，Toya *et al.*, 1973[1]）

D ムァキンガリ(左)およびイリマ(右)の両インゼルベルクとそれをとり巻くペディメント．南東側より．(1971 年 8 月，田村撮影)

§7-2 バハダとプラヤ——アメリカ，デスバレー

アメリカ合衆国カリフォルニアのシエラネバダ山脈からソルトレーク東方のワサッチ山脈まで続く東西 600 km の乾燥地帯には，南北方向に並走する正断層群によって形成された山脈と盆地が交互に現われ，ベーズンアンドレインジ地域と呼ばれている．大部分の断層は第三紀後半に生成し，第四紀に入っても活発な活動を続け，傾動地塊または地塁山地と断層角盆地または地溝とが交互に現われる地形が形成された．

デスバレーは，この地域の西南部，ネバダ州境に近いカリフォルニア州東南部に位置する最深部が海面下 84.6 m（**E** の a）に達する断層角盆地である．アメリカでは最も深い盆地で，海面下の土地面積が 1430 km^2 にもおよび，盆地底は砂漠となっている．現在のデスバレーの形成は第三紀中葉（約 4000 万年前）にはじまったと考えられる．デスバレーの形成に関与した断層は，盆地東縁のブラック山脈直下と盆地西方のパナミント山脈西縁を限る 2 枚の高角度の正断層である．盆地はその東縁をブラック山脈西縁の急斜する断層崖に限られ，傾動を続けてきたパナミント山脈東麓に発達した断層角盆地である（**D**）．盆地底は高温で乾燥し，最高気温 56.7°C を記録したことがある．降水量が年 60 mm 足らずであるのに対し，蒸発量は 3800 mm にも達する．したがって，デスバレー周辺では典型的な乾燥地域が発達する[1,2]．

A はダンテスビュー（**E** の b）からほぼ西方を見た写真で，雪におおわれるパナミント山脈は開析が進み，山脈から流れ出るワジは大量の岩屑を運び出して広大な扇状地を形成している．扇状地の扇頂高度はワジごとに異なるが，乾燥盆地中央のプラヤとの境界である扇端の高度は海抜－73 m ほどである．乾燥地帯の山麓に発達する扇状地群は全体としてバハダと呼ばれ，盆地中央部の一面に塩の堆積するプラヤ（**C**）との境界は明瞭である．デスバレーのバハダを構成する扇状地群は，全体として，ほぼ 1 m/1000 年の割合で堆積していると推定される[3]．なお，盆地東縁のブラック山脈直下には，小規模な扇状地がみられるにすぎない（**A, E**）．

プラヤを吹きぬける砂を含む風は，ブラック山脈直下で強い風食を進めマッシュルームロック（**B, E** の c）のような奇岩をけずり出している．風は全体として南西→北東へ吹きぬける．このため盆地北東部には吹きよせられた砂によって砂丘が形成されている．

現在は典型的な乾燥地域となり，盆地底にプラヤの見られるデスバレーも，最終氷期末には淡水湖が発達していた．この湖は，最大水深 183 m に達し，少なくとも 2 万～1 万年前ごろには淡水湖として存在しつづけた[3]．

A ダンテスビュー（位置は **E** に b で示す）から見たデスバレー．向側の雪をいだく山々はパナミント山脈で，山麓から手前へバハダ－プラヤ－バハダと続く様子がはっきりする．（**A**～**D** すべて 1976 年 3 月 21 日小池撮影）

B 砂漠の中央部から吹きつける‘砂’を含んだ風によって侵食された岩，マッシュルームロック．位置は **E** に c で示す．

D　デスバレーの形成過程を示すレリーフ．ダンテス・ビューの広場に設置されている．

C　海抜－80～－85 m のプラヤ上を蛇行して流れる‘塩の川’（ダンテスビューより）．

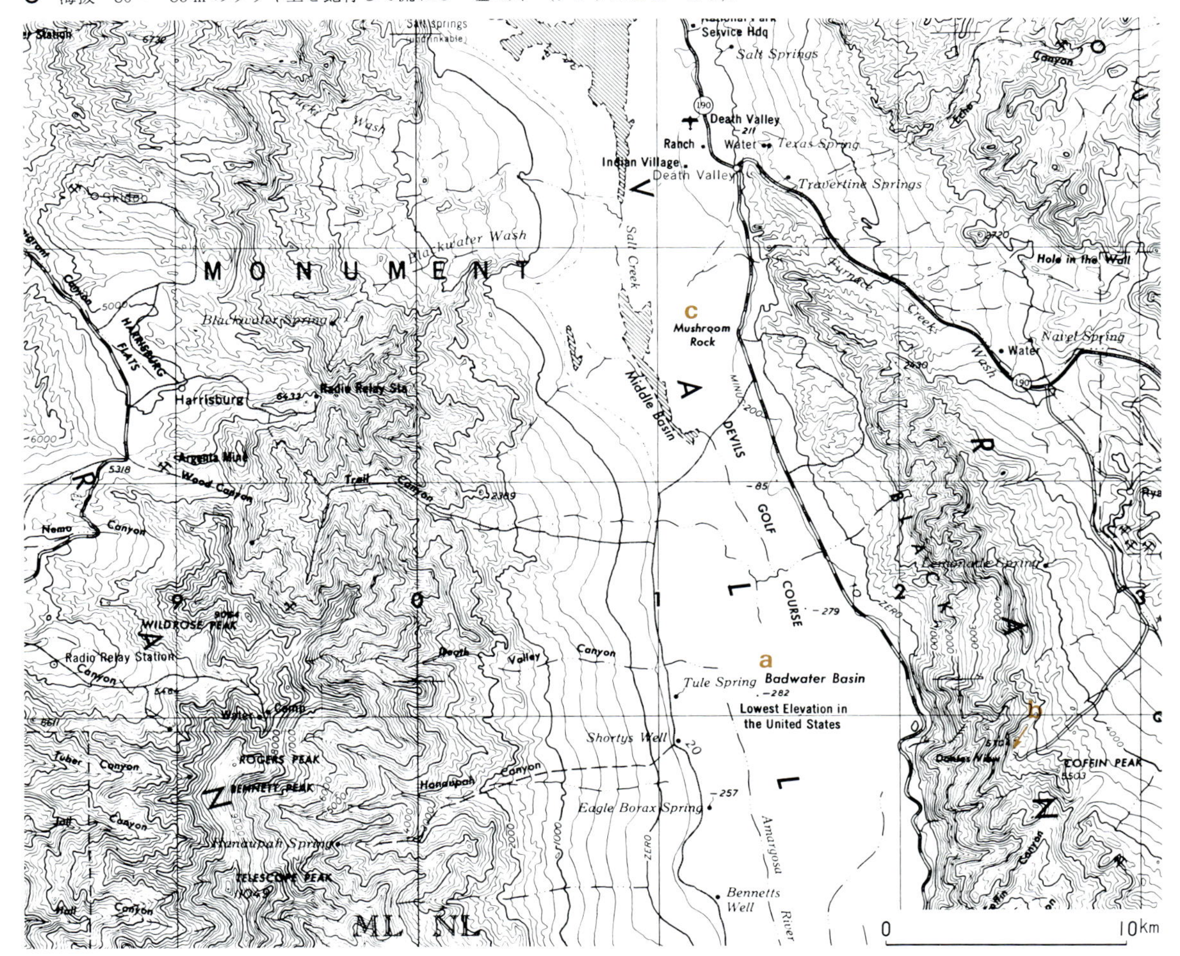

E　デスバレー中央部の地形図 1/250,000 Death Valley（1970, U. S. Geol. Surv.）．a．デスバレー最深部（－84.6 m）　b．ダンテスビュー　c．マッシュルームロック

§7-3 氷河期湖の湖岸段丘——ボリビアアンデス，アルチプラノ

ボリビアの南部アルチプラノには，東山系と西山系にはさまれた広大な内陸流域が存在する(**B**)．世界の他の地域と同じように河川は湿潤な地域から乾燥している方へと流れている．すなわち淡水のチチカカ湖(海抜 3810 m，8100 km^2)からデサグァデーロ川が流れ出し，塩湖であるポポ湖(海抜 3686 m，1480 km^2，1966 年)に注いでいる．ポポ湖は非常に遠浅らしく，水位の季節変化や年々変化で湖の面積が大幅に変わるということを地図や衛星画像から知ることができる(**C**)．

ところで最終氷期にはこのポポ湖が拡大し，面積約 5 万 km^2 にも達した(**D**)．氷期の高水位時に形成された地形は，湖盆の北部ではデサグァデーロ川とウマラ川が運び込んだシルトからなる堆積平野面で，水位の変化は低い段丘崖として残されているが，あまり明瞭ではない．それ以外の地域では水位の変動は小規模な波食台地形として，丘陵や山地斜面にその跡が印されている．とくに沈水前の地形が扇状地である場合や，やわらかい第三紀の凝灰岩からなる斜面の場合には，幅数十 m におよぶ明瞭な波食台地形が形成されている(**A**，**F**)．そしてその旧汀線付近には石灰質の堆積物が沈着し，固結してトラバーチンとなっている．この地域に広く分布する古生層からなる斜面に旧汀線が位置している場合には，段地形はあまり明瞭ではないが，このトラバーチンが旧汀線をよく指示する．トラバーチン石灰岩は同レベルの湖浜の砂～礫層中より得た貝化石より若干新しい ^{14}C 年代を与える(**E**)．

崖錐や扇状地が沈水した場合には，汀線でその礫が掘り起こされて摩耗を受ける．そのため汀線が長く停滞したところではよく円摩された礫が発見できる．また沈水したところとそうでないところでは，土壌の生成年代が異なるため，色調に差が現われる(**F**)．

扇状地と汀線についての地形学図(**G**)からその形成の順序について検討してみると，低水位期に扇状地が形成され，高水位期にはその形成が止んでいたように見える．高水位期(氷期的気候期)には低水位期(現在のような間氷期的気候期)にくらべて，気温が低く，蒸発が減り，土壌水分が増し，植被が密となり，背後の斜面が安定したのではないかと想像される．

^{14}C 年代にもとづく湖水位の変化は **E** に示されている．P_3 汀線(3737 m，約 13,000 年前)直後に水位が急激に低下し，2000 年もたたないうちに現在と同じように湖が干上がってしまったということが注目される．すなわち約 13,000 年前に氷期が終わり，少なくとも 2000 年間は非常な高温期であったことが推定される．このような気候変化はコルディエラレアルの氷河の消長から推定される気候変化と同じ傾向を示している．

A　丘陵を切る旧汀線を示す空中写真．

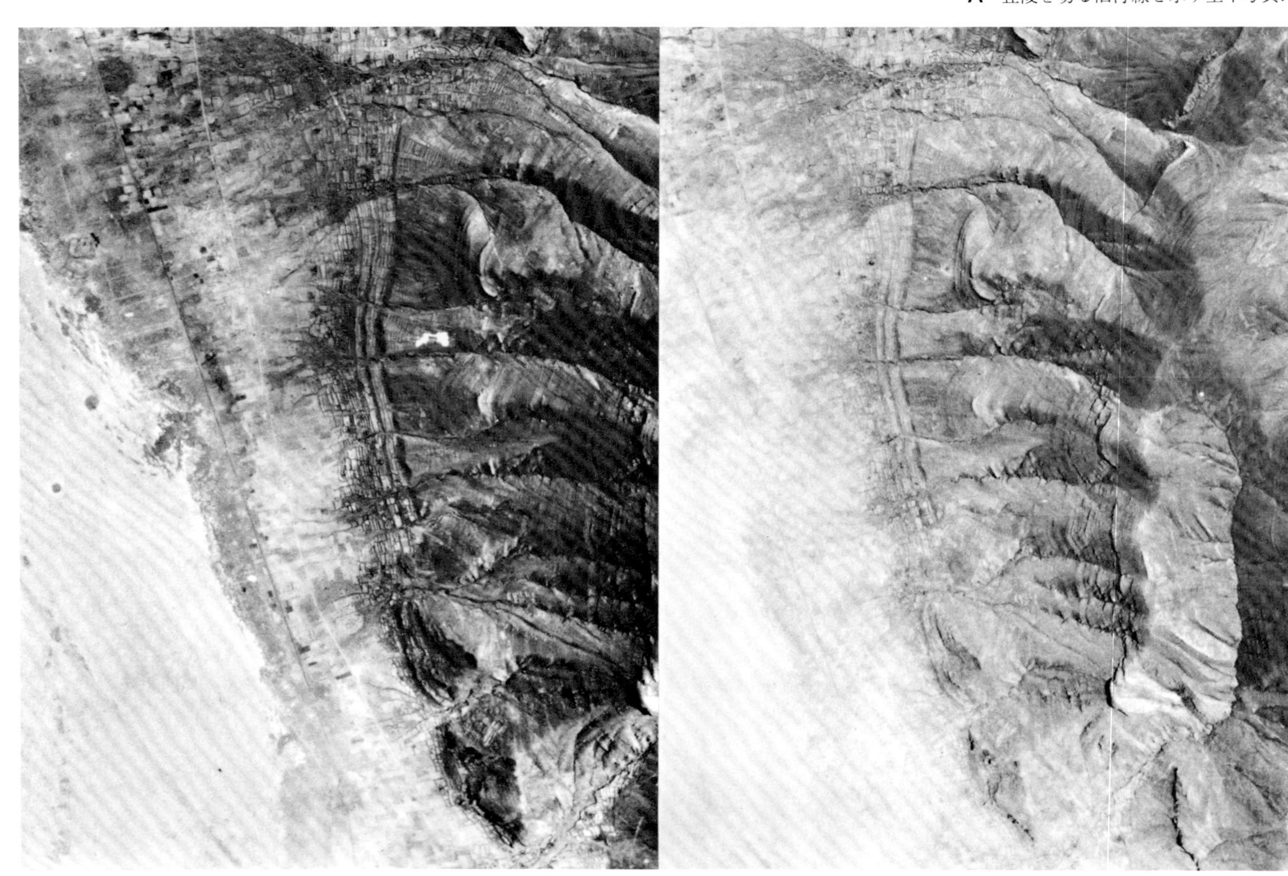

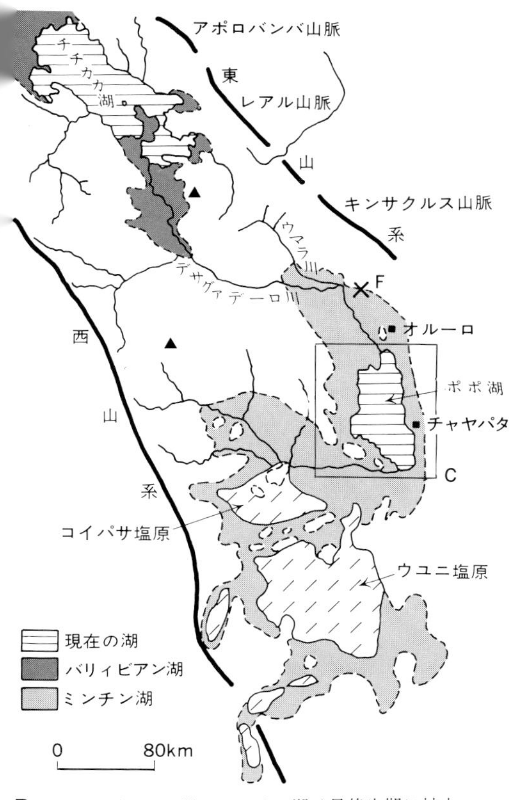

B アルチプラノの湖．ミンチン湖は最終氷期に拡大した．枠は **C** の範囲を，×印は **F** の地点を示す．

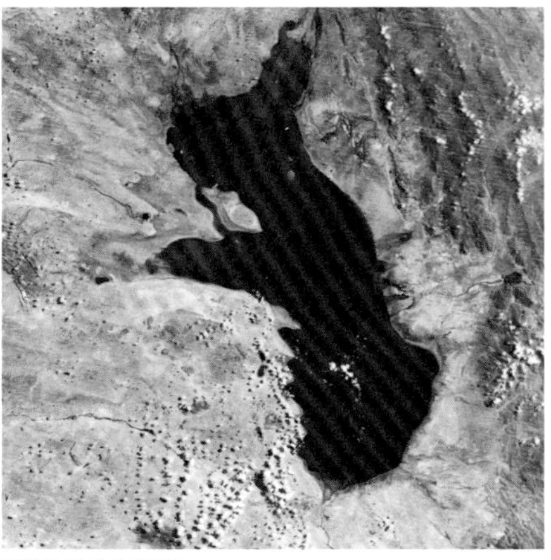
1973年3月23日

1975年8月31日

C ポポ湖のランドサット画像．範囲は **B** に示す．

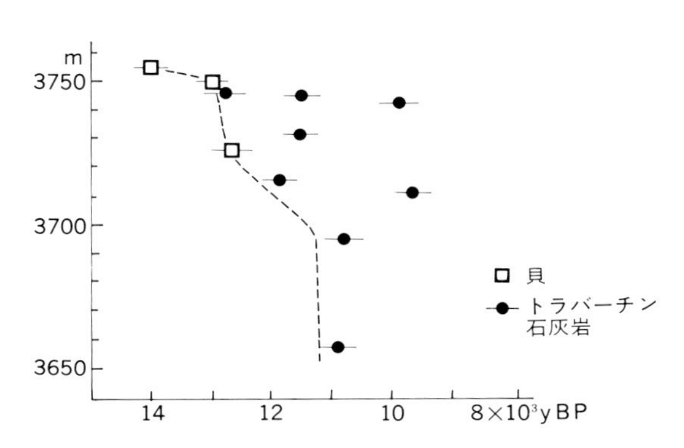

E 汀線付近の堆積物の ^{14}C 年代．

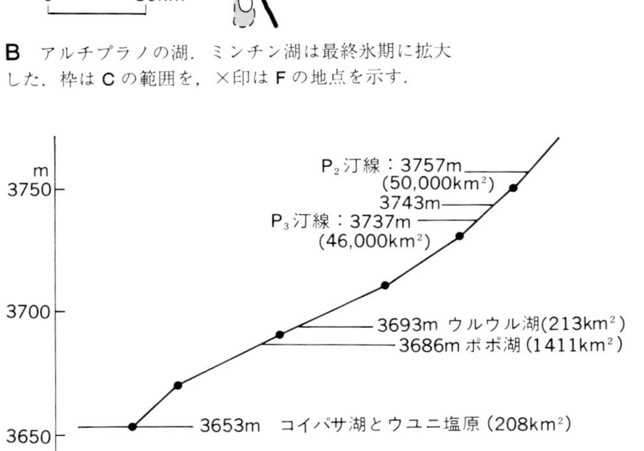

D ポポ湖盆（ミンチン湖）の高度—面積曲線．数字は現在および氷期の湖水位とそのときの面積を示す．

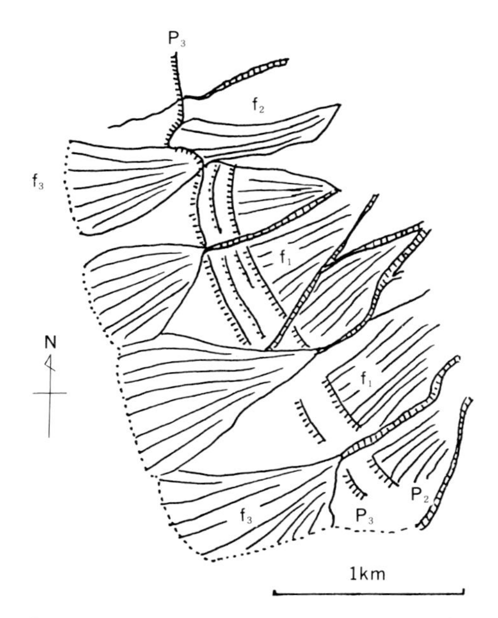

G 汀線地形と扇状地の形成順序を示す地形学図（チャヤパタ北方）．
形成順は古い方から $f_1 \rightarrow P_2 \rightarrow f_2 \rightarrow P_3 \rightarrow f_3$．

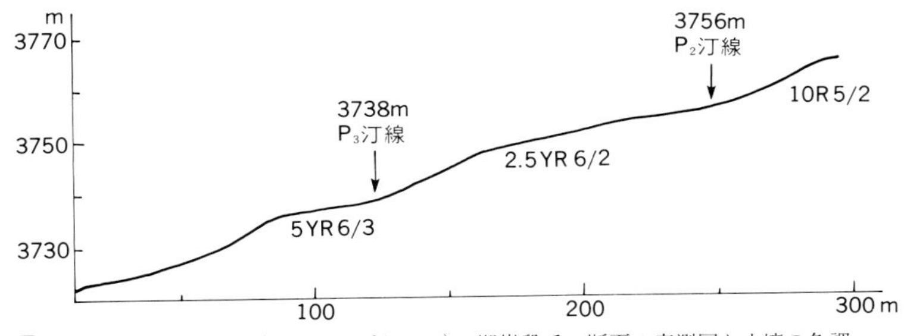

F ベヤ・ビスタ・ロマ（ユーカリプトゥス）の湖岸段丘の断面の実測図と土壌の色調．

第8章 周氷河地形

解説

周氷河という用語は，はじめ氷期の大陸氷床周辺という意味に使われたが，現在では氷河の存在とは無関係に，凍結融解の諸作用の著しいところ，といった気候地形学的な観点で用いられている．

周氷河地域の範囲

周氷河地域と氷河地域との境界は氷河の末端であり，きわめて明瞭に識別できる．しかしその温暖地域との境界については，景観に注目して森林限界，構造土限界とするもの，地表下の温度状態を重視して地中の温度が年中 0°C 以下，つまり永久凍土分布地に限るとするもの，気候要素を用いて，最暖月平均気温 10°C の等温線，あるいは年平均気温と降水量の組み合わせで表わすもの，などさまざまな考えが提出されているが，合意をみていない．シベリアでは広大な永久凍土地帯が森林におおわれている(**写真 1**)など，それぞれの区分による境界が一致していないからである(**図 1**)．山地では永久凍土の分布がよくわかっていないこともあって，巨視的には森林限界を周氷河限界とするのが一般的である(**図 2**)．したがって周氷河地域は，周極地方のほか温帯や熱帯の高山にも存在する．最近は気候要素の数値にこだわらず，地形形成作用そのものに注目して，凍結融解の作用が卓越する地域とすることが多い[1〜3]．その面積は陸地の 10〜15% とみられている．

写真 1　永久凍土層．シベリア，レナ河中流．後期更新世の風成シルト層の永久凍土．凍結しているので切り立った崖になっている．(写真 1〜18 すべて小疇撮影)

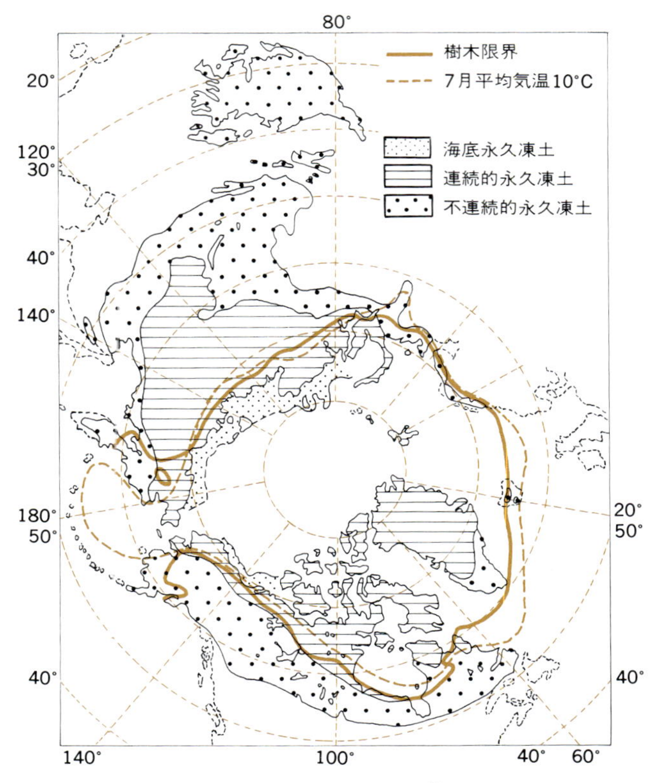

図 1　北半球の永久凍土分布図．(Washburn, 1979[3])．樹木限界と 7 月平均気温 10°C 等温線は，小林，1969[7] ほかの資料による)

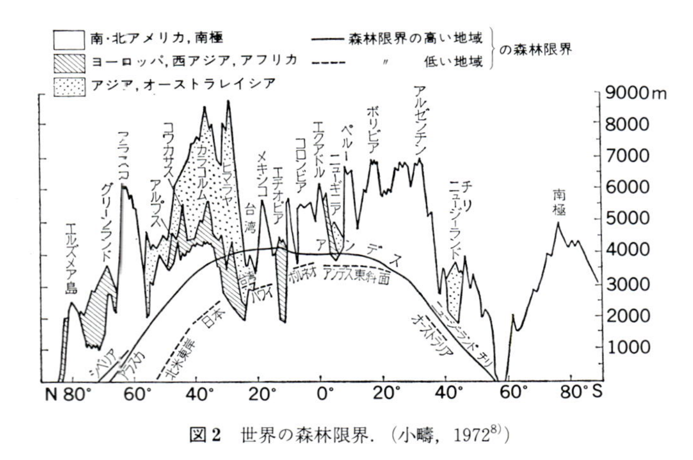

図 2　世界の森林限界．(小疇，1972[8])

周氷河地形形成作用

周氷河地域では地中の水が一定の周期で液体と固体の相変化を繰り返す．熱帯の山地では昼夜の周期で凍結融解を繰り返す日周的凍土が，温帯の山地ではそれに加えて季節的凍土が生じる．地下深くまで凍結したままの永久凍土帯でも，夏には地表の1m程度が融解する．いずれにせよ，水は凍ると体積が約1割増大し，融けると流動する．それが地表におよぼす効果を総称して凍結融解作用と呼ぶ．岩石の節理や孔隙中の水は，岩石の表面に近い部分のみが凍っても，内部に未凍結のまま残された水に大きな圧力をかける．そのため凍結融解を繰り返すうちに，岩石は凍結のおよばない深さまでも破壊される．基盤からはがされた岩塊は同じプロセスでさらに細片化する．これが凍結破砕作用で，その強さは，凍結融解の反復頻度，凍結の程度，水の供給，それに岩石の性質に左右される．南極大陸でも日向の露岩の表面温度が30°Cをこえることが観測されており[4]，厳冬のエベレスト山麓海抜5400mの氷河上でも日射を受けると，岩塊表面温度はたちまち氷点以上になる．したがって気温のデータから岩石の凍結融解反復頻度を知ることはできない．ヒマラヤ，アンデスなどでの観察では，日周的ないし季節的な凍結融解周期による凍結破砕作用は雪線から下で急に弱くなるようである．

一方，未固結の表層堆積物に働いて，それを変形，変位させる作用を融凍攪拌作用とよぶ．これには次のようなさまざまな作用が含まれている．1)凍結進行時に下の未凍結部分から毛管現象で水を吸い上げ，氷を析出して地面を押し上げる凍上(**写真2**)．2)土中の礫が凍上する土に凍りついて引き上げられ，凍土が融けても元の位置にもどれないため，次第に長軸を立てて地表に向かって押しだされる，礫の凍着凍上とそれによる垂直方向の淘汰．3)地温低下による凍土の収縮にともなう凍結割れ目の形成(**写真3**)．4)永久凍土帯で凍結割れ目をみたした水が凍ってできる氷楔(ひょうせつ)(**写真4**)の成長と，それにともなう周辺部分の変形．5)粒度組成や含水量の不均等分布が原因となって起こる凍結時の不均等な体積変化や，凍土中にとじ込められた未凍結土にかかる凍結圧による，集塊変位といわれる物質の動き．6)融凍時に下層の凍土が不透水層となるため，融雪水も加わって過飽和状態となった表土がわずかな傾斜でも流下するソリフラクション．これらの諸作用は永久凍土帯で激しく，毛管力の大きな火山灰土やレスにも強く働く．

写真2　構造土の中心部の凍土．赤石山脈三峯岳，11月初旬の状態．

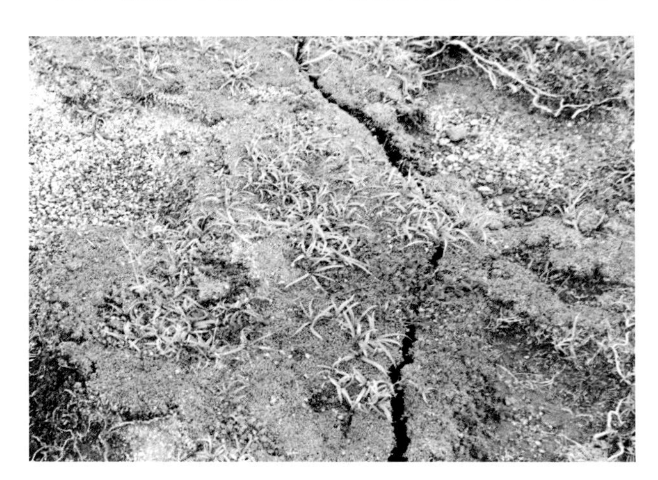

写真3　凍結割れ目．大雪山白雲岳．

写真4　氷楔．シベリア，ヤクート地方．

写真 5　礫質多角形土．北海道トムラウシ山．

写真 8　植被階状土．飛騨山脈白馬岳．

写真 6　巨大(氷楔)多角形土．スピッツベルゲン中部．

写真 9　アースハンモック．アイスランド．

写真 7　礫質縞状土．赤石山脈薬師岳．

写真 10　パルサ．アイスランド．

写真11　ピンゴ．シベリア，ヤクート地方．

写真12　インボリューション．根室本線平野川信号所の切り取り面．左端の物差しは1 m．

写真13　岩屑斜面．ネパールヒマラヤ，ゴーキョ北西海抜5300 m．中央のやや上方に人物．

凍結破砕作用，融凍攪拌作用に，融凍水や融雪水，降雨のウォッシュ(洗い流し作用)と流水による運搬作用が加わって，周氷河地域の地表を低下させる作用を凍結削剝作用(クリオプラネーション)という[5]．周氷河地域に働く諸作用のほとんどが地表に全面的に作用するから，時間の経過とともに地表は平滑化される．しかし凍結削剝作用には堆積の概念は含まれていない．

凍土現象

融凍攪拌作用のおよぶ深さは，数十 cm からせいぜい数 m 程度であり，それがつくる地形には小型のものが多い．地表に見られる微小形態と，断面に現われた融凍攪拌現象を合わせて凍土現象という．

地表に幾何学模様を表わす構造土はその代表的なもので，形態によって次のように分類される．礫が淘汰されて模様をつくっているものを礫質構造土，礫の淘汰のないものを土質構造土，そして植物におおわれたものを植被構造土とし，さらにそれぞれを多角形土，円形土，網状土，縞状土，階状土に分ける(**写真5〜8**)．大きさは熱帯や温帯の山地に多い径10 cm 程度のものから，永久凍土帯に限って分布する，氷楔のつくる径数十 m の巨大多角形土までさまざまである．構造土は，基本的には凍結割れ目，集塊変位，凍上によって形成され，傾斜地ではそれにソリフラクションとウォッシュ(洗い流し)が関係する[3,6]．礫質構造土は，凍着凍上で垂直的に淘汰された礫が，不等凍上，不等沈下，霜柱，風，クリープなどによって，凍結割れ目に落ち込んで形を整える．大量の礫が凍着凍上で地表にもたらされると，水平的な礫の淘汰が行なわれず，地面に石を敷きつめたような石畳(いしだたみ)(ストーンペーブメント)が発達する．

地表が完全に草や矮小潅木におおわれたところでは，半球形の小さな高まりができる．そのうち，1)径1 m 前後高さ数十 cm のものをアースハンモック(凍結坊主)(**写真9**)，2)中に氷の薄層をもち泥炭地にできる径数 m〜数十 m，高さ数 m の高まりをパルサ(**写真10**)，3)氷の核をもち径数十 m から最大数百 m，高さ数 m〜十数 m に達するものをピンゴという(**写真11**)．それぞれ凍結割れ目と集塊変位，泥炭土中の氷の析出，泥炭におおわれた融解湖の再凍結によって生じたと考えられている．融凍攪拌現象のうち，表層の断面にみられる，凍着凍上で長軸を上下に向けた礫を礫の立ち上がり，地層の褶曲変形構造をインボリューション(**写真 12**)と呼んでいる.

岩塊地形

花崗岩などの深成岩類や火山岩類は，凍結破砕によって径数十 cm〜数 m の岩塊をつくりやすい. 平坦地や緩斜面が岩塊でおおわれると岩石原，斜面がおおわれると岩屑斜面(**写真 13**)と呼ばれる. 斜面を滑動する個々の岩塊を滑動岩塊，岩塊の集合体が全体として斜面を流下するものを岩塊流(**写真 14**)という. 岩塊流は一般にマトリックスを欠いており，動きがきわめて遅い. そのため，滑材となる細粒物質が岩塊間のすき間を埋めていた時期に流動し，その後マトリックスが流失して停止またはほとんど停止したと説明されることが多い. 氷河堆積物や深層風化層起源のもの，あるいは大量の火山灰の降下があった場合などはその可能性もあるのであろうが，もともとマトリックスを欠くものでは，岩塊の接点についた水が凍って滑材の役割をはたしているとみられる.

永久凍土帯の氷河が退いた氷食谷を年数十 cm〜数 m の速さで流下する，中に氷をもつ岩塊の集合体が岩石氷河で，表面形は氷河によく似ている(**写真 15**). 活動的なものでは先端が 40 度近い急傾斜で終わり，その比高が数十 m に達するものがある. 岩石氷河の氷の起源は，消滅しつつある氷河氷，氷河とは無関係な雪崩や融凍水その他に由来するものなどが考えられている.

氷食谷壁などの急崖からは凍結破砕礫が崩落して，その基部に大きな崖錐を発達させる. 崖の下に雪田があると，崩落した岩屑は雪面上を滑ってその前縁に達して止まり，そこに崖錐前縁堤(プロテーラスランパート)とよばれる小さな高まりをつくる. 頁岩，片岩，石灰岩など小岩片をつくりやすい山地では，数 cm 大の角礫とシルトを主とする細粒物質が数 cm ずつ互層をなして斜面をおおう成層斜面堆積物(グレーズリテ)を堆積させる(**写真 16**). これは世界各地の温帯の山地で氷期の堆積物として報告されているものの，永久凍土帯では知られておらず，成因についても不明の点が多い.

写真 14 岩塊流. パキスタン，カラコルム山脈ラシュパリ海抜 4650 m.

写真 15 岩石氷河. ネパールヒマラヤ，アマダブラム北西面ツロ氷河の末端. 写真は海抜 4500〜5000 m の部分.

写真 16 成層斜面堆積物. ニュージーランド南アルプス，フルヌイ川上流.

周氷河性斜面形

凍結削剝作用によって形成される，周氷河地域に特徴的な斜面形態をもつ地形を，周氷河性斜面と呼んでおく．流水の作用が相対的に弱い周氷河地域では，削剝は主として下方よりも側方へ斜面を後退させる方向に進行し，特徴的な斜面形を発達させる．

フレンチ[2)]は周氷河地域の斜面形として，1)急崖―崖錐斜面，2)平滑岩屑(凸―凹)斜面，3)階段状斜面，4)寒冷ペディメントの4つのタイプを示している．1)急崖は氷食作用など他の侵食作用や岩石組織の影響で生じ，凍結破砕で後退しつつ基部に崖錐を発達させる．2)平滑斜面は全体が岩屑におおわれた上部が凸，下部が凹のなめらかな斜面で，その形成にはソリフラクション，残雪の作用，融凍水のウォッシュがかかわっている．凸ー凹の傾斜変換点付近に塔状岩体(トア)の突出することがある(**写真 17**)．3)斜面の平均傾斜は前二者よりも緩やかであるが，明瞭な傾斜変換点をともなう階段状斜面が各地で知られている．段丘でいえば段丘面にあたる部分が凍結破砕階段，その背後の段丘崖に相当するところが凍結破砕崖でトアをともなうことがある．階段は奥行きが数十～百数十 m，長さ数百 m で，その上には岩石原や構造土が発達する．崖は高さ 1～20 m で，この凍結破砕崖が平行後退することによって階段状斜面が発達すると見られている．4)寒冷ペディメントは広い谷の谷壁下部や山麓に広がる，半乾燥地域のペディメントと同様の形態をもった緩斜面で，ソリフラクションや融雪水と降雨によるウォッシュによって形成されると考えられている．

凍結融解の諸作用で生じ，斜面下方へ移動してきた岩屑や粗粒物質は，一部が風でとばされるとはいえ，大半は河流によって運び去られる．したがって周氷河地域においても流水の作用は無視できない．凍結融解と流水の両作用が働いて発達した地形として，日本では谷頭が浅く開いた皿状地と，日射および雪の吹き溜まりに関連して，両岸の谷壁の傾斜が異なる非対称谷(**写真 18**)が知られている．

写真 17　トアと構造土の発達する凍結削剝面．ニュージーランド南島オールドマン山脈．

写真 18　非対称谷．大雪山白雲岳北東の谷．

§8-1 永久凍土不連続帯の周氷河地形——大雪山

大雪山の中央部は森林限界を高くぬき，ハイマツや矮小潅木と草本類がまばらに生える高山帯になっている．空中写真(**A**)の範囲には高木は1本もなく，年平均気温－3°C程度と推定され，永久凍土が存在する[1,2]．東側の赤岳から小泉岳をへて緑岳にいたる尾根は，大雪山南東縁の古い外輪山の一部で，凍結破砕礫におおわれた幅の広いなめらかな凸型斜面になっている(**B**)．北西側は新期カルデラの熔結凝灰岩がつくる小起伏面で，北海岳—白雲岳間の通称北海平には凸型斜面をもつ低い高まりが並ぶ．**A**で明るい灰色に見えるこれらの凸型斜面にはほとんど全面に階状土やソリフラクションロウブ，巨大多角形土など，大型の構造土が発達している[3]．

Cにその巨大多角形土の実測図と断面および地温の測定値を示す．多角形土は幅数十cmの草の帯がパターンをつくり，草の帯の中央には幅数cm，深さ数十cmの割れ目が走っている．全体の網目模様とその大きさは，永久凍土帯の氷楔(ひょうせつ)がつくる巨大多角形土と同じであり，しかも地表下約1mから下には永久凍土層がある．しかし氷楔の存在は確められていない．白雲岳北面の岩屑斜面のうち，**A**のaとbには岩塊がつくる舌状ないし階段状の地形がみられる．現地の観察では礫の表面は風化しているがマトリックスはない．しかし前面の地面を押してしわをつくっていることなどから，現在活動中の岩塊流であることがわかる．

谷は，東ー南東向き斜面が西ー北西向き斜面よりも急な非対称谷になっている．ここでは岩石の組織や地殻運動の影響は考えられないから，非対称谷の成因は両斜面の積雪の不均等による地形形成作用の種類と強さの違いによるとみられる．冬の卓越風の風上側になる西ー北西向き斜面には雪があまり積らず，凍結融解作用が強く働く．凍土の融解とともにソリフラクション，融凍水，融雪水によるウォッシュ(洗い流し)が活発化し，凸型斜面を発達させるとともにその下部に斜面物質を堆積させて流水を対岸へおしやる．一方，風下側の東ー南東向き斜面には大量の雪が吹き溜り，その下の凍土をおおってそれを長く存続させる．融雪とともに雪面から現われた凍結した斜面は上部からゆっくりと融解をはじめ，ソリフラクションやウォッシュによる平行後退的な削剥によって，平滑な直線ないし凹型の斜面を形成する．両斜面が尾根で切り合えば非対称山稜をつくることになる．大きな吹き溜りは雪田を形成して雪窪(**A**のc, d, e)をつくる．このように永久凍土層をもつ大雪山山頂部には，激しい凍結削剥作用が働いて，日本では他にあまり例の見られない特異な地形が発達している．

A 空中写真(山-790，C 20-21, 22, 23，1977)

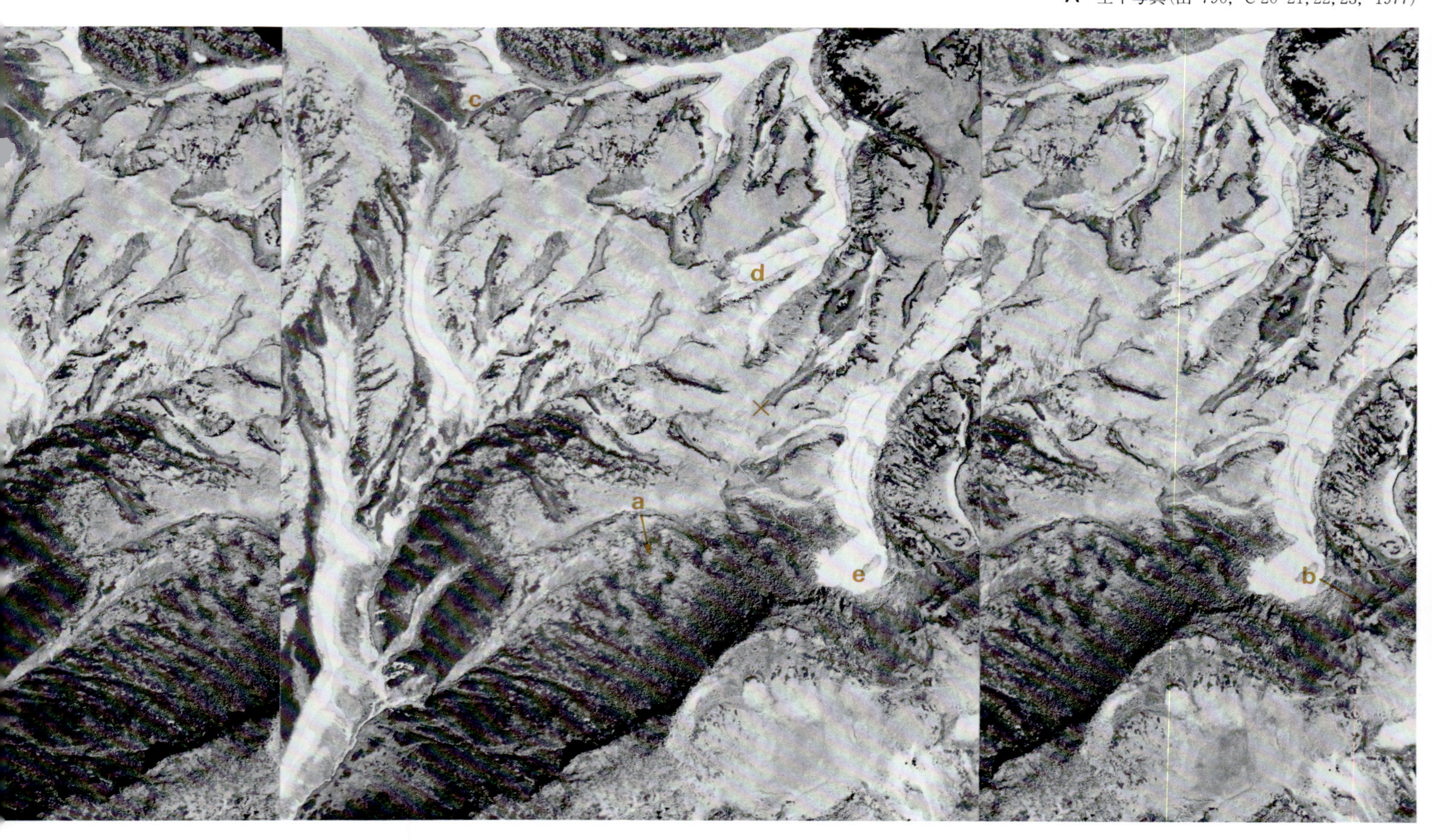

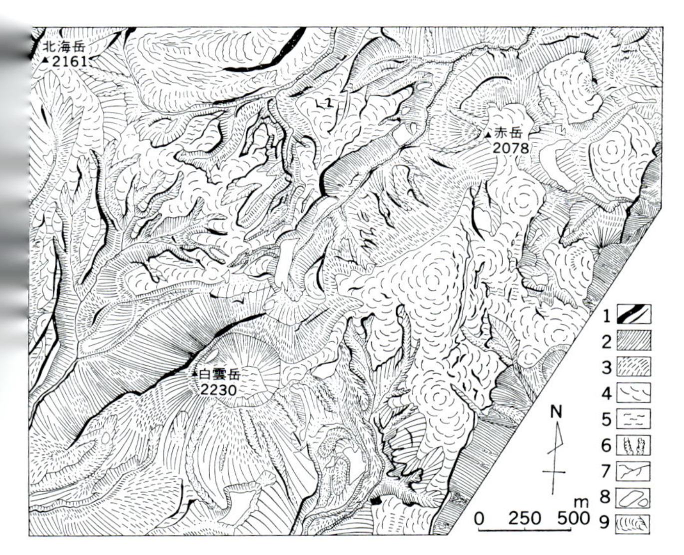

B 大雪山南東部の地形分類図.（小疇，1972[4]）
1. 崖および急斜面 2. 凹または直線斜面 3. 凸斜面 4. 階状土の発達するやや凸な緩斜面 5. 平坦地（多くの場合草地） 6. 雨裂 7. 水流 8. 雪田 9. 新期溶岩流

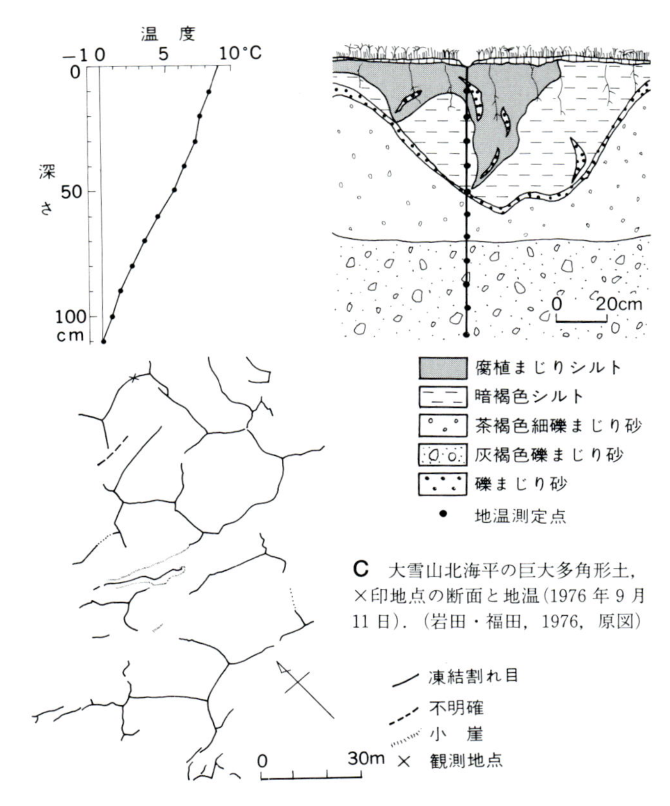

C 大雪山北海平の巨大多角形土，×印地点の断面と地温（1976 年 9 月 11 日）.（岩田・福田，1976，原図）

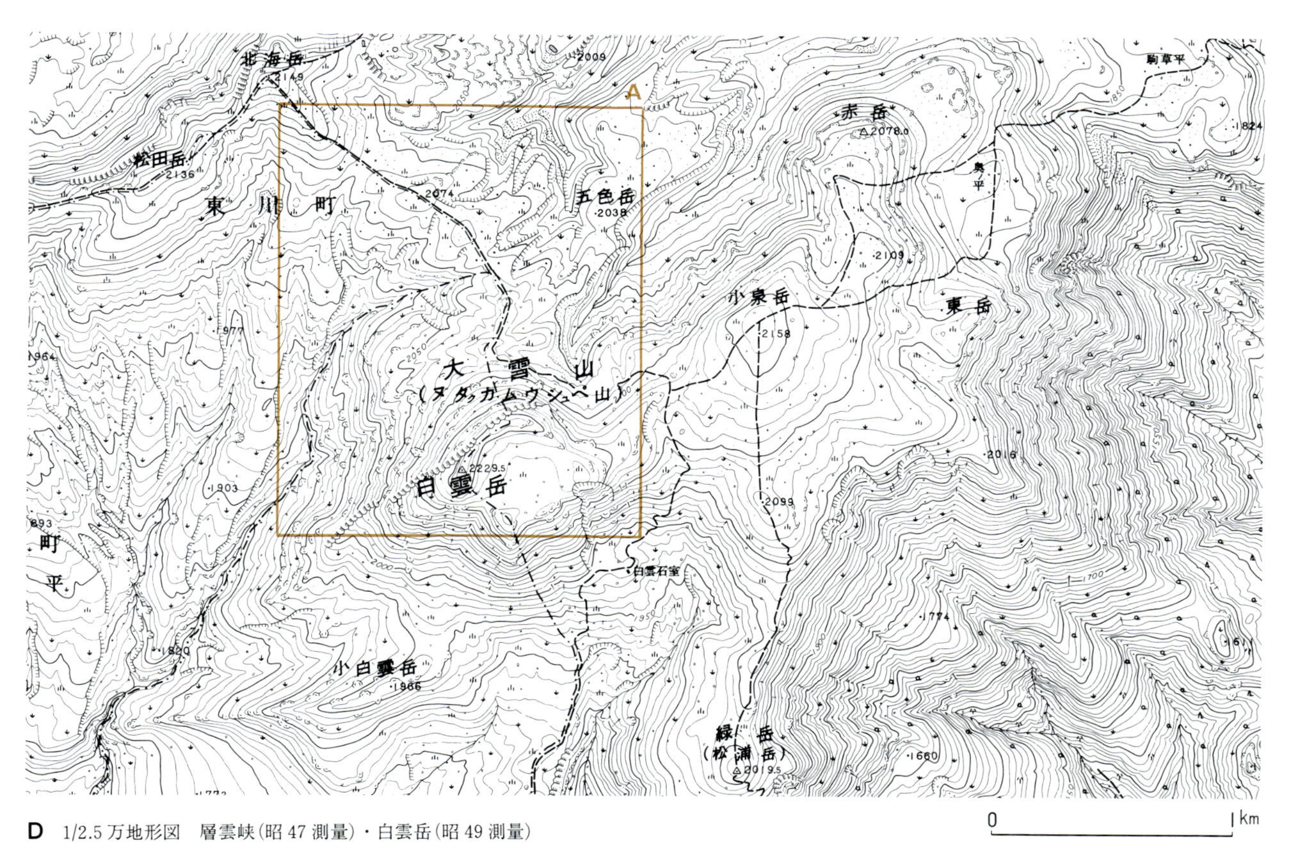

D 1/2.5 万地形図 層雲峡（昭 47 測量）・白雲岳（昭 49 測量）

§8-2 非永久凍土帯の周氷河地形——白馬岳

白馬岳の頂上付近一帯は，日本アルプスで周氷河地形が最も広く発達しているところである．しかし永久凍土の存在は確認されていない．空中写真(**A**)，地形図(**D**)でまず気がつく地形は，稜線をはさむ東西両斜面の傾斜が著しく異なる非対称山稜である．東側の急崖は白馬沢(a)と大雪渓の支谷(b)源頭にある氷期にできた氷食谷頭壁である[1]．崖の発達には断層や節理が大きな影響を与えており[2]，氷河の消滅後は雪食作用がそれを修飾している[3]．稜線の西側の緩斜面は飛騨山脈隆起前の古第三紀に形成されたとみられている小起伏面遺物で，最終氷期には氷河におおわれていた．地形図にはあまりよく表現されていないが，c, d 付近の尾根上には舟窪(ふなくぼ)と呼ばれる浅い凹地が並び，2本の尾根が並行して走る二重山稜を形成している．二重山稜は非対称山稜の急斜面側に，本来の主稜線を含むブロックがせり出すような形でずり下がったために生じた，小規模な断層角凹地両側の稜線からなるもので[4]，周氷河地形ではない．

森林限界以上の白馬岳西斜面には，凍結融解作用の卓越する植被にとぼしい周氷河岩屑斜面が広がっている．岩屑斜面は稜線の西斜面を帯状にふちどって分布するものと，窪みや浅い凹みの部分を占めるものの二つに分類できる．前者は尾根をのりこす冬の西風が断熱材となる雪を吹き払うため，露出した地表が10・11月と3〜5月に凍結融解をくり返し，12〜2月には地表が融解しないため植物が成育できずに出現したものである．後者の浅い凹地内のものは反対に吹き溜った雪が7〜8月まで残って雪田を形成し，植物の成育を妨げるため生じたものである．それぞれ強風砂礫地または周氷河砂礫斜面，残雪砂礫地とよんでいる[1,5,6]（**B, C**）．

周氷河砂礫斜面には凍結融解にもとづくクリープとソリフラクション，それに植被を欠くため降雨や融雪水によるウォッシュ（洗い流し）などの作用が働いて，岩石原，石畳(いしだたみ)や構造土におおわれた凸型または直線状の平滑斜面が発達する．残雪砂礫地では10月頃から雪の下の地面が凍結したままで冬を越すが，融雪と同時に発生するクリープ，ソリフラクションにくわえて，小規模な土石流や降雨と融雪水のウォッシュが起こる．融雪水によって飽和され，乾く間もなく秋の雨を迎えるので，強風砂礫地にくらべて凍結融解の頻度は小さいが，斜面物質の移動量はかなり大きい．そのうえ，雪窪から流れ出る流水が最終的には荷重を運び去って直線ないし凹型の斜面が発達する[6]．

A 空中写真(山-657，C4-3, 4, 5，1973)

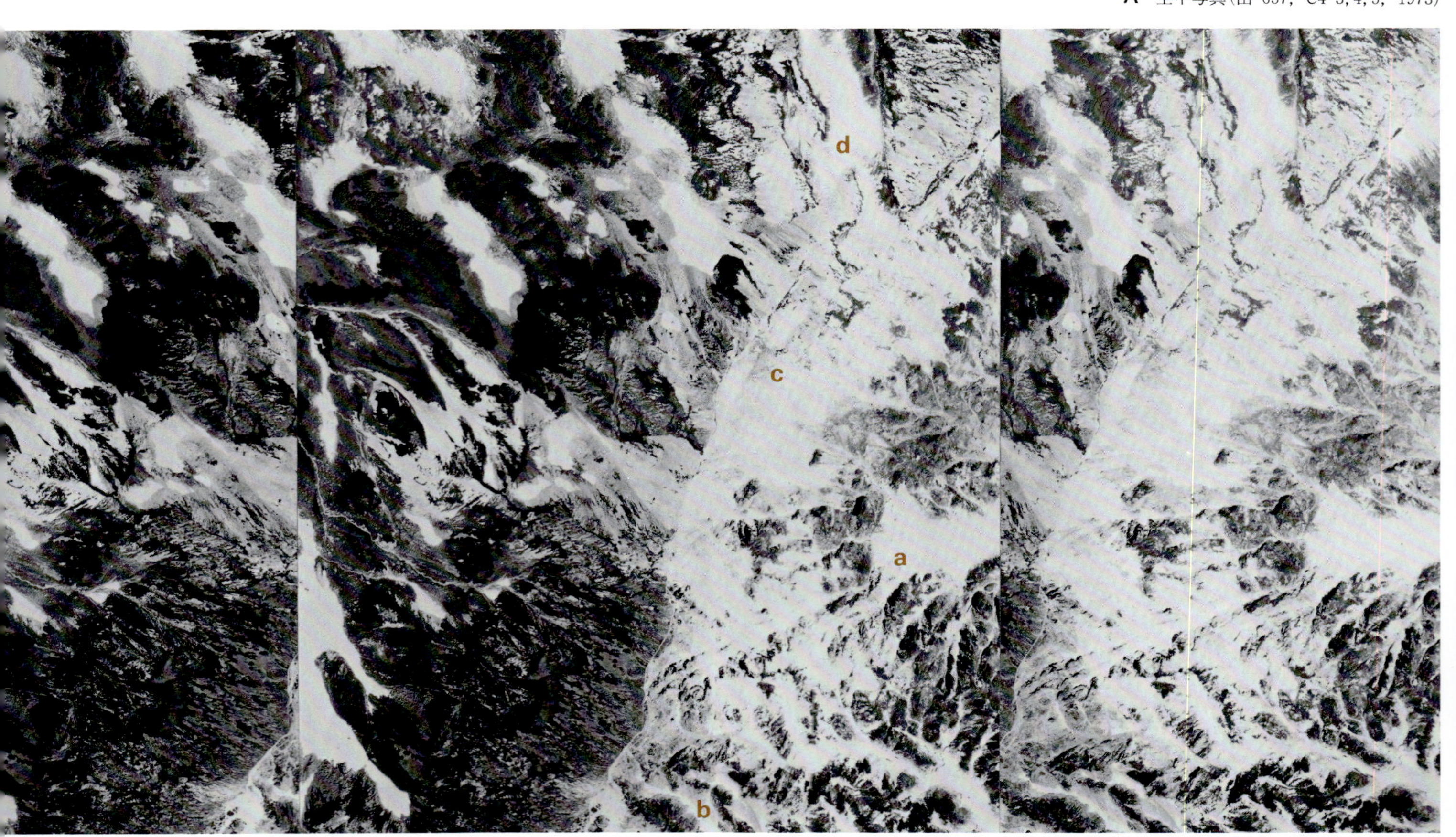

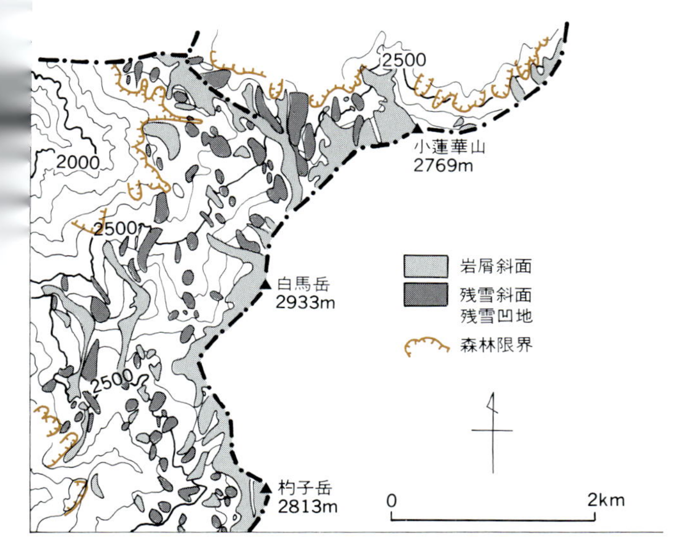

B 白馬岳付近西側斜面の岩屑斜面と残雪斜面・残雪凹地の分布．(小疇ほか，1974[1])

C 白馬岳北方の岩屑斜面と残雪凹地．7月末の状態．西側斜面(稜線左側)上部に強風砂礫地が，下方のハイマツ帯に残雪凹地が分布している．手前の岩はトア．(小疇撮影)

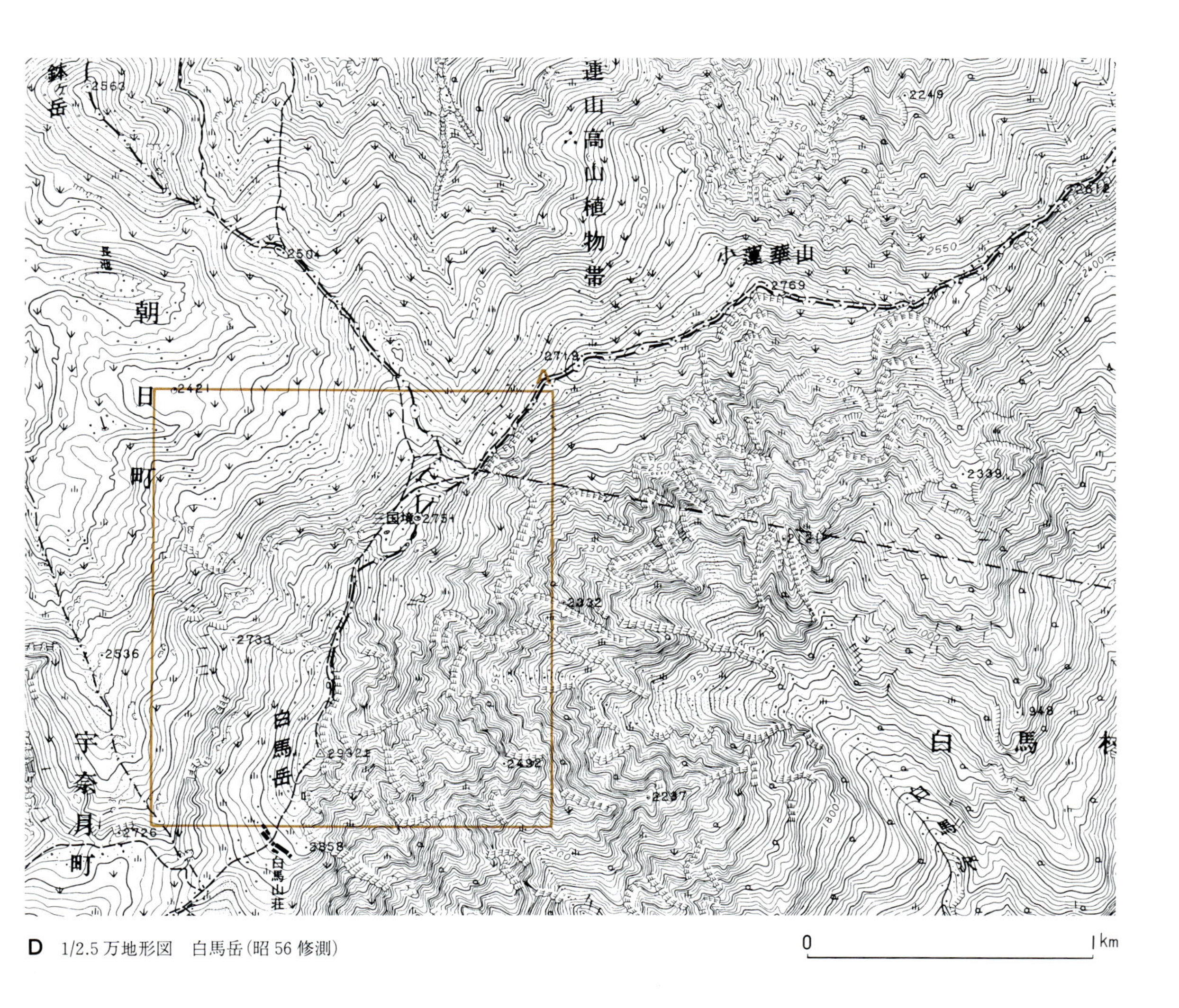

D 1/2.5万地形図　白馬岳(昭56修測)

§8-3 永久凍土連続帯の地形――極地カナダ

カナダ極地の連続的永久凍土地域では，永久凍土の厚さが 100 m 以上にもなっている．連続的永久凍土地域にのみ発達する特徴的な地形に，ピンゴと氷楔多角形土がある．いずれも永久凍土の部分融解と再凍結や，表層の冷却過程で形成される．

ピンゴは高さ数 m から 60 m，直径 30～600 m の円錐形の小丘で，エスキモー語に由来する．シベリアではブルグニヤクと呼ぶ．後に述べる成因から，ハイドロラコリスということもある．カナダ北西部のマッケンジー河デルタ地域で特に発達がよく，1400 以上のピンゴが知られている．空中写真(**A**)は，同地域のタクタヤクターク半島(69°22′N, 133°07′W)の一部で(**B**)，a, b 二つのよく発達したピンゴと，c 付近に発達段階の異なるものがいくつかみえる．a はイブークピンゴと呼ばれているもので，周囲より 2～3 m 低くなった永久凍土の融解による凹地(サーモカルスト)に形成されている．大きさは東西 230 m，南北 280 m，高さ 48 m で，南側斜面が無植生の急斜面になっており，北側が少しゆるく張り出している．頂には直径 30 m ほどの凹地があり，そこから放射谷状の裂け目が斜面にのび，その中を柳の群落が埋めている(**D**)．ボーリングと重力測定によって，**C** に示すような断面図がえられており，地表の隆起が中心部にある氷体の形成によることが予想される．発達段階が異なるピンゴを比較して，**E** のような形成過程が考えられている[1]．凹地に湖沼が形成されると，湖底下の凍土は 0°C 以上の水に接するため部分融解する．次に湖水が排出されると再び外気(－10°C)にさらされて，融解層の再凍結がはじまる．構成層は細粒のアウトウォッシュ堆積物で毛管力が大きく，凍結時に氷晶を分離しやすい．再凍結時には周辺部から凍結面が中心へと収れんするため，融解層の水圧も増大する．すなわち湖底の中心部で氷晶分離が継続して進行し，氷体が生長して地表を隆起させピンゴが形成される．このイブークピンゴの現在の隆起速度は 2.8 cm/年で，隆起をはじめてから少なくとも 1000 年が経過していると推定されている[2]．

A の d, e, f 付近など広い範囲にみられる網目模様は，1 辺が 10～20 m の巨大多角形土で，輪郭となる部分の地中に氷楔が形成されているので，氷楔多角形土ともいう．氷楔は冬に凍土表面が強く冷却され収縮して割れ目を生じ，その中へ夏に融解水が流下して凍結するためできるもので，2 mm/年程度の割合で成長し[3]，最大で幅 6 m にもなる．形成環境として，厚さ 100 m 以上の永久凍土層があり，冬季に表層が－40°C 以下に冷却されることが必要である．氷楔多角形土をともなうピンゴもある．なお，この地域の現在の年平均気温は－12°C である．

A　空中写真(A 22535-60, 61)

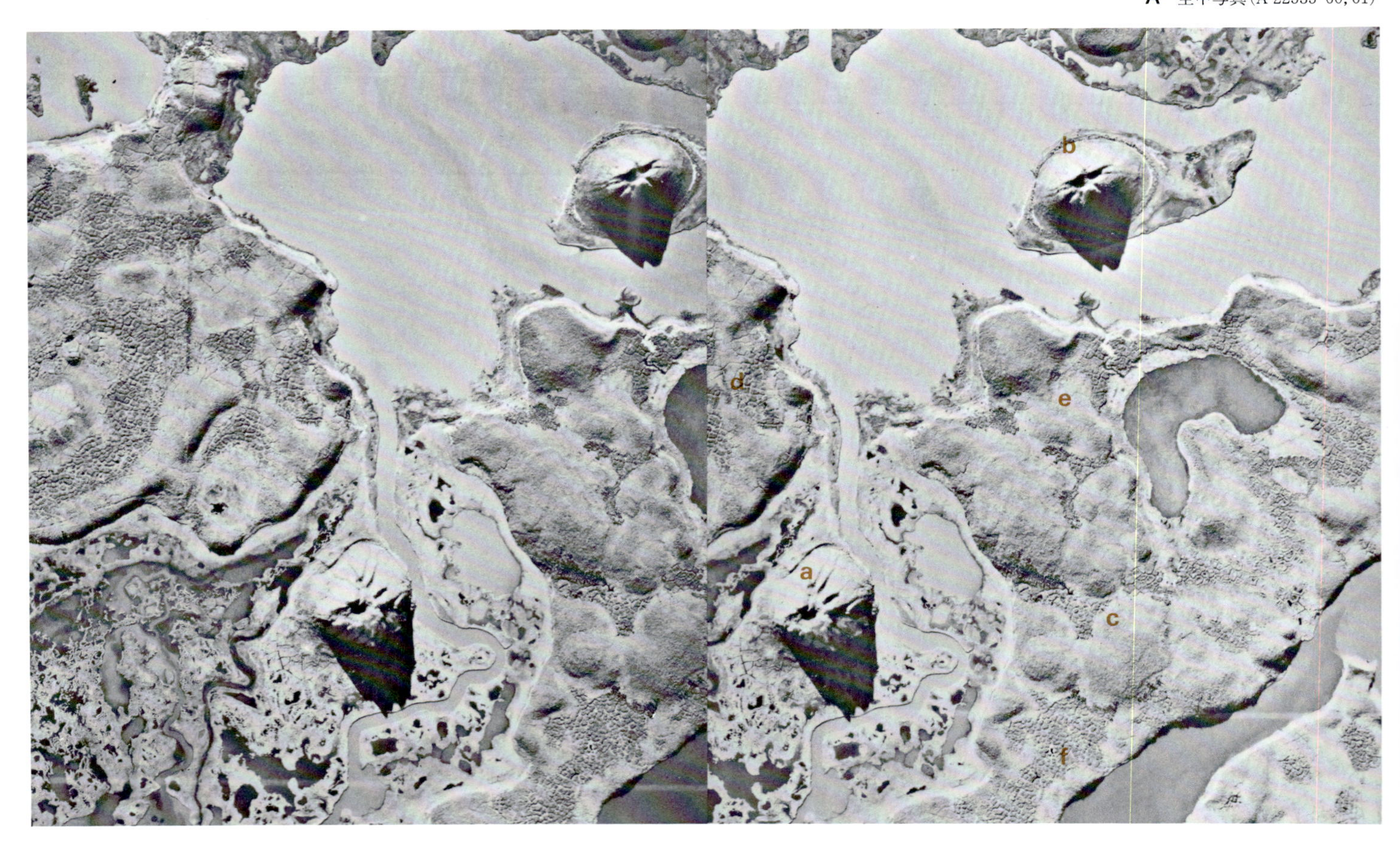

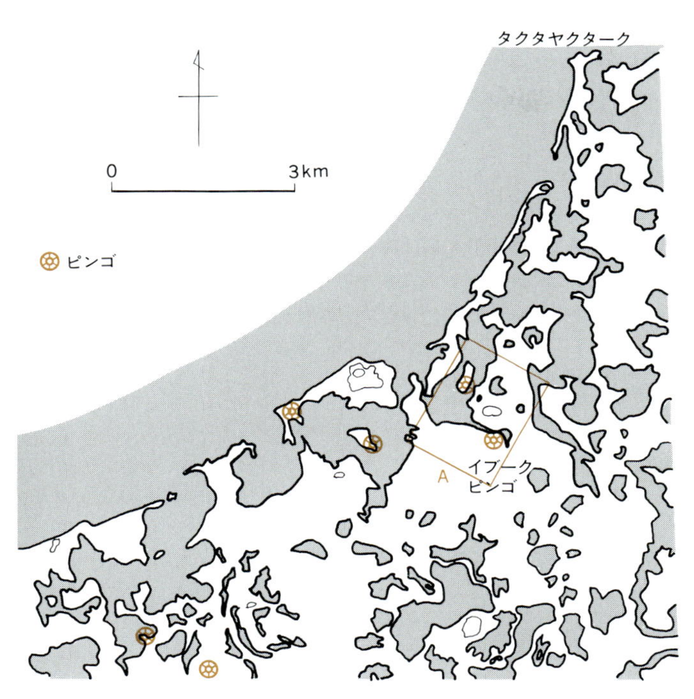

B タクタヤクターク付近の地形とピンゴの分布．枠は A の範囲．（福田，1975[4]）

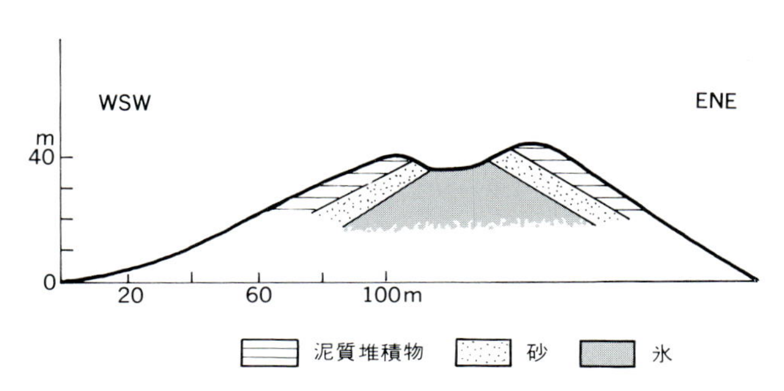

C イブークピンゴの断面図．（福田，1982[1]）

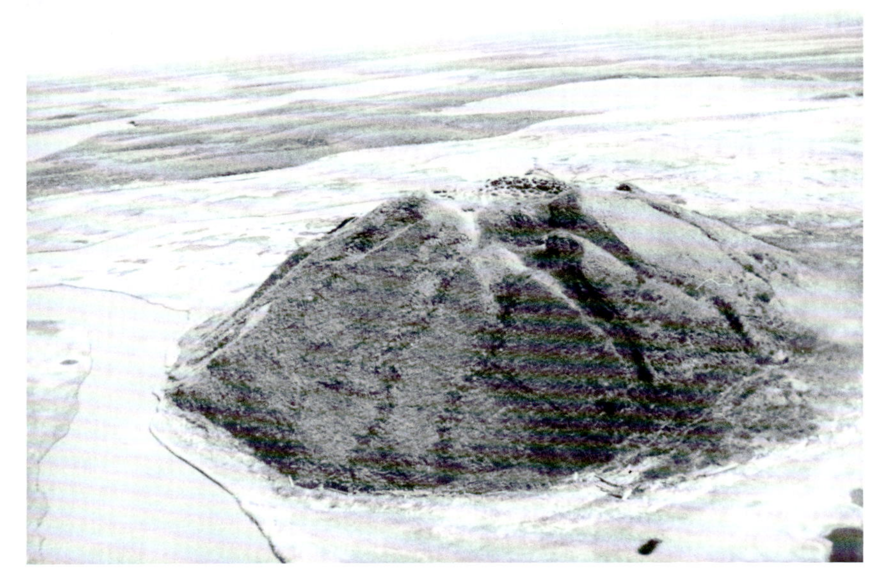

D イブークピンゴ．南西の上空より望む．

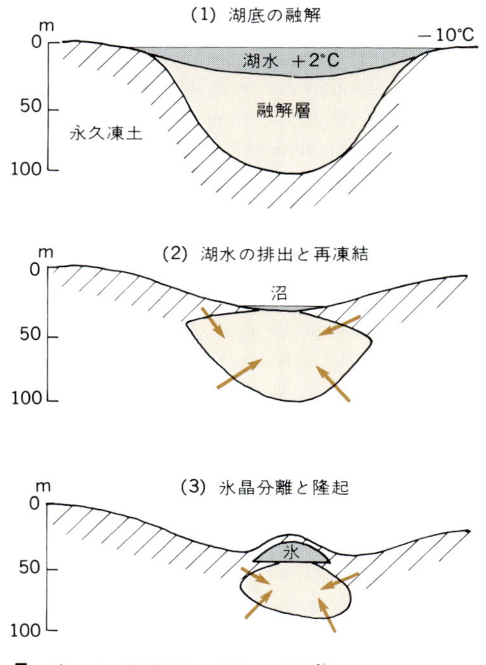

E ピンゴの発達過程．（福田，1982[1]）

§8-4 氷期の周氷河地形——宗谷岬

北海道最北端の宗谷岬付近は，明治時代以降しばしば山火事にみまわれて，針葉樹林がすっかり姿を消して一面の笹原に変わった．そのため眺望がひらけ，地形がよくわかる．ここには南北にのびる数列の向・背斜が見られ，ゆるやかに褶曲した白亜紀と中新世の堆積岩類[1]を切って，なだらかな波状起伏を示す丘陵がつづいている(**B**)．海岸沿いには最高 60 m 以下に海成段丘が分布している[1,2]．しかし全体に起伏が小さく，空中写真(**A**)，地形図(**D**)でも，段丘と丘陵の区別がつきにくい．丘陵には数列の尾根が地質構造と同じく南北に走っているが，背斜軸とは一致していない．

ここでは地形は構造よりも岩質によく適応しており，地層の時代とは無関係に砂岩や礫岩のところが尾根，泥岩のところが広い谷になっている．尾根筋には大雪山中央部(§8-1 参照)にみられるように，凸型斜面をもつ低い丸みをおびた平頂丘が連なっている．凸型斜面上の道路の切り取り面では，表土の下に径数十 cm 以下の砂岩角礫が数 m 以上の厚さで斜面をおおっているのが観察される．谷はなめらかな凹型斜面をもつ浅く開いた盆状谷で，周氷河皿状地と呼ばれ，その分布が密なことから氷期の周氷河地形が日本で最もよく見られるところと考えられている[3,4]．この浅い谷底には狭い V 字谷がきざまれ，谷中谷をなしている．新しい V 字谷は旧谷底を下刻するのみでなく，樹枝状の支谷が谷頭侵食によって斜面を開折しつつあり，河系も拡張期にあるきわめて若い谷であることがわかる．後氷期に谷壁の傾斜が急な V 字谷ないし箱形の谷が刻まれているのであるから，それによって破壊されつつある浅い谷をもつ古い地形は，最終氷期に流水の作用が相対的に微弱で，面的に働く凍結削剥作用によってつくられた周氷河地形であると推定される．

野外観察では，この地域の泥岩は凍結融解作用によってまず径数十 cm，厚さ数 cm の板状にはがれ，その後数 cm 以下のサイコロあるいはフレーク状に細片化し，急速に泥岩を構成する個々の粒子大に細粒化するようである．この泥岩の 5×5×5 cm 大の試料を用いた室内実験では，凍結融解の 3 サイクルで割れ目を生じ，10 サイクルで数個に割れ，30 サイクルで完全に破壊された[5]．凍結破砕によって細粒化する泥岩は，ソリフラクションやウォッシュによって容易に移動し，わずかな流水によっても流亡する．その結果，浅い盆状の谷が泥岩の部分に発達し，これに対して塊状にわれて岩塊をつくる砂岩の部分が高く残されて尾根を形成したと考えられる．なお，丸山，弁天島などは玄武岩の貫入岩体からなる残丘で，丸山の頂上は玄武岩の凍結破砕礫におおわれている(**C**)．

A 空中写真(HO-74-1 X，C 3-2, 3, 4)

B 宗谷岬付近の周氷河波状丘陵とそれを刻む後氷期の谷．丸山から北方．

C 丸山山頂の玄武岩の凍結破砕礫．(B, C とも小疇撮影)

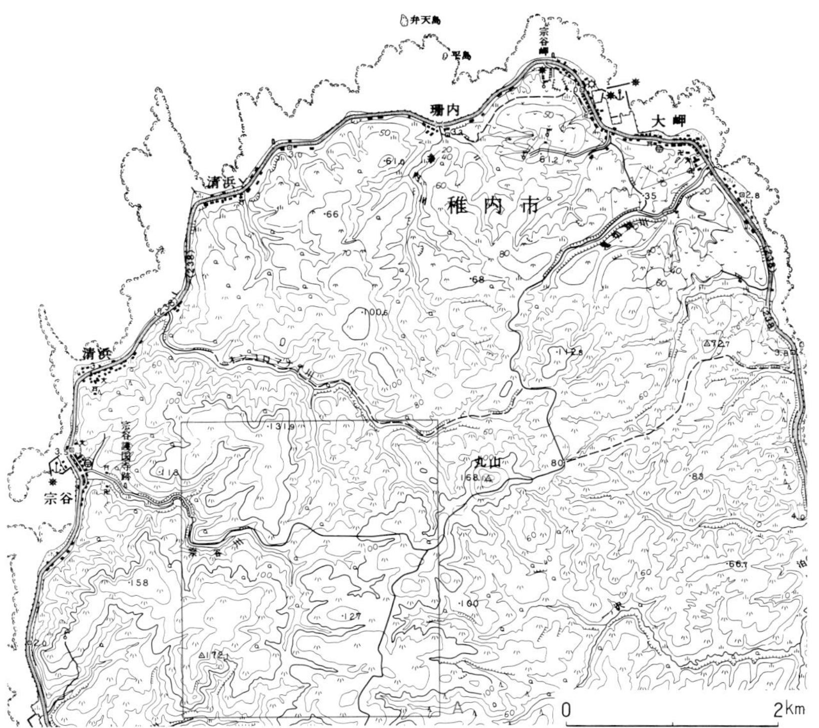

D 1/5 万地形図　宗谷岬(昭 52 修正)・宗谷(昭 53 修正)

§8-5 化石周氷河現象——北海道，根釧原野

根釧原野の空中写真(**A**)には，平坦な畑地に人工とは思えない幾何学模様が見られることがある．**B**は，空中写真から判読された根釧原野の上春別付近の畑地に見られる多角形模様を図示したものである．これは，欧米各地で広く認められている化石巨大多角形土[1,2,3]と形や大きさが同じであり，しかも**B**の道路の交差点南方のそれに対応する砂利採取場の露頭に化石氷楔(アイスウェッジカスト)が確認されていることから，氷期に氷楔がつくった巨大多角形土であることがわかる[4]．化石氷楔はほかにも，十勝清水の段丘をおおう火山灰層中にも見出されている(**D**)．

このように過去の周氷河環境下に形成され，現在はテフラや表土におおわれて化石化した凍土現象が化石周氷河現象で，過去の寒冷気候を示す有力な証拠になる．融凍攪拌作用を受けた融凍攪拌土は本来の層構造が乱されて複雑な攪拌構造をあらわす．このような構造は泥炭層と砂層，火山灰層と軽石層といった物理的性質の異なる層が互層をなす場合に識別が容易で，火山灰が凍結融解作用を受けやすいこともあって，火山灰層中に多く見出されている．現成の周氷河現象は地表で平面形として観察されるが，化石周氷河現象は大部分が露頭に断面形としてあらわれるので，それが何の化石形であるかみきわめることが大切である．埋没アースハンモック(**E**)はサインカーブ状の波形をえがく．礫の凍着凍上をあらわすのが礫の立ち上り(**F**)で，その礫が横の方向にも淘汰されてV字形に集まっているのが化石礫質構造土である(**G**)．ピンゴの化石形は環状の高まりに囲まれた丸い泥炭地になるが，日本ではまだ見出されていない．化石氷楔はかつての氷の楔の部分に活動層の物質が落ち込んでできるので，下層の中に上層の物質がV字状にささったような形を示す．楔の両側の層はゆがみ，下端が曲っているので地割れと区別できる(**D**)．北海道東部の露頭で最もよくみられるのはインボリューションである．これはさまざまな凍土現象にともなって形成されるので，特定の地表形態をともなわない場合もある．

凍土現象の形成環境は**C**のようにまとめられ，それにもとづいて化石形として認められる凍土現象が形成された当時の環境を復元することができる．それによれば北海道では，最寒冷期には低地にも広範囲に永久凍土が発達し，年平均気温が今よりも11～12°C低かったと考えられる．

A 空中写真(HO-69-2 X，C 5-9,10)

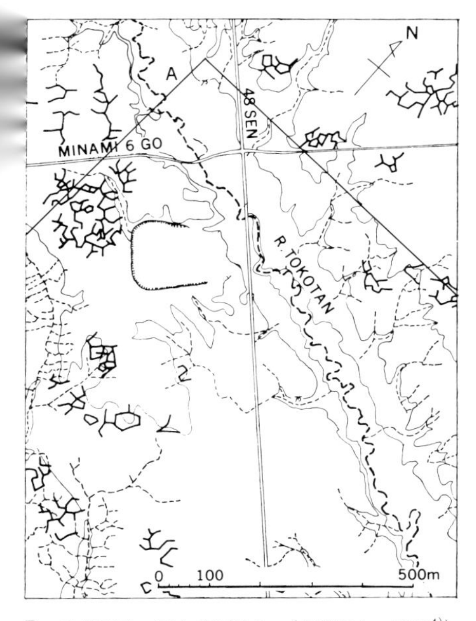

B 根釧原野の巨大多角形土.（小疇ほか，1974[4]）

年平均気温(°C)	6 4 2 0 −2 −4 −6 −8 −10 −12
積雪	季節的積雪 / 雪線 / 氷河
凍土	季節的凍土 / 不連続的永久凍土 / 連続的永久凍土
植物帯	落葉広葉樹林 / 寒帯針葉樹林 / ツンドラ
凍土現象	アース ハンモック 礫質構造土 パルサ ピンゴ アイスウェッジ
日本とその付近のおもな地点	帯広5.9°C 根室5.7°C 長春4.4°C 哈爾浜3.3°C Khabrovsk 1.5°C Blagovescensk 0.2°C Nikolaevsk −2.4°C Okhotsk −4.6°C 富士山 −6.6°C Anadyr −7.4°C Yakutsk −10.1°C Zyrianka −11.5°C

C 凍土現象の形成環境.（小疇，1977[5]）

D 十勝平野上佐幌のアイスウェッジカスト．V字形に落ち込んでいるのが支笏降下軽石(Spfa, 32,200 $^{+4700}_{-3100}$ yBP).（D～G 小疇撮影）

E 根釧原野の埋没アースハンモック.

F 帯広市郊外の段丘礫の立ち上り.

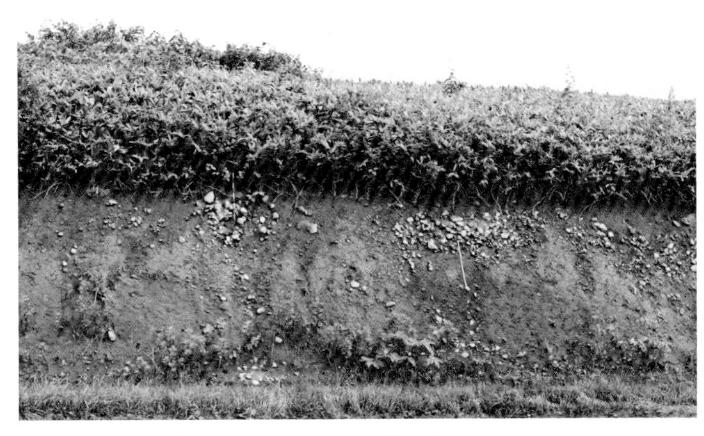

G オホーツク海沿岸オッチャラベの化石礫質構造土.

§8-6 積雪の作用と雪崩による地形——只見川流域，御神楽岳

北半球の冬には，ほぼ北緯 40 度以北の陸地が積雪におおわれる[1,2]．その範囲は周氷河地域よりも広い．したがって，積雪の作用によって形成される地形は，周氷河地域に限らない．ことに日本海側斜面の山地のような豪雪の地域では，周氷河限界より下方にも積雪の侵食作用による地形が発達する．

雪食作用は，凹所や風下側斜面に吹き溜った残雪の作用(ニベーション)と，斜面を移動する積雪の作用とくに雪崩の作用に大別できる[3]．残雪の作用には周囲の岩石の凍結破砕，斜面物質のソリフラクションを含む融凍攪拌，融雪水による荷重の運搬などが含まれる．いずれも雪が直接地表に作用するというより，残雪の存在が凍結融解作用を助長しているといった性質のものである．残雪が越年する大きな雪田をつくるには気温の低いことが必要であるから，その作用はほとんど周氷河地域に限られ，雪窪や凍結破砕階段(アルチプラネーションテラス)などの地形をつくる．これに対して雪崩は寒冷地域以外でも急斜面にある程度の積雪があれば発生する．雪崩は積雪が地面を滑動してはじめて地表に作用する．したがって，厳寒地の乾いた雪の表層雪崩よりも，むしろ比較的気温が高いため湿潤で重い雪が繰り返し全層雪崩を起こすような，東北南部から北陸地方の豪雪山地に雪崩の作用は強く働くであろう．

只見川流域は谷川岳付近などとともに，雪崩地形が最もよく発達するところである[4]．空中写真(**A**)に見られるように，ここでは樹木は雪崩の通路とならない尾根上にだけ生育し，斜面には潅木や草しか生えていない．その斜面を刻む基盤岩が露出した直線状の沢が雪崩によって削られた雪崩道である(**C**)．雪崩道は雨樋を傾けたような，浅い U 字形の横断面形と直線ないしわずかに凹形の縦断面形をもち，稜線直下から谷壁斜面の最大傾斜方向にまっすぐのび，岩盤上には無数の擦痕がついている．この地域の雪崩道は長さ 150〜700 m，幅 10〜80 m 位で，ほとんど全部が傾斜 40±5 度以内におさまっている．只見川流域では，冬の卓越風の風下にあたる東から南にかけての斜面に，雪崩地形の発達がよい．**C** は **A**, **D** の本名御神楽南西方の前ケ岳(a)南面に発達する雪崩道群で，大きなものは 2, 3 本の雪崩道が合流して，複合雪崩道となり広い露岩斜面をつくっている．山が高くなり谷底との比高が大きくなるほど，b, c, d の順に谷頭が大きな半円を描くようになる．北西風によってもたらされた雪は稜線をこえた東ないし南斜面上部に大きな雪庇を張り出させ，また斜面上部に吹き溜ってそれがすべり落ちるのであろう．なお雪崩地形の発達には地質条件も重要で，この地域では第三紀の凝灰岩山地にとくに集中して分布している．

A 空中写真(山-534，C 3-2, 3, 4，1968)

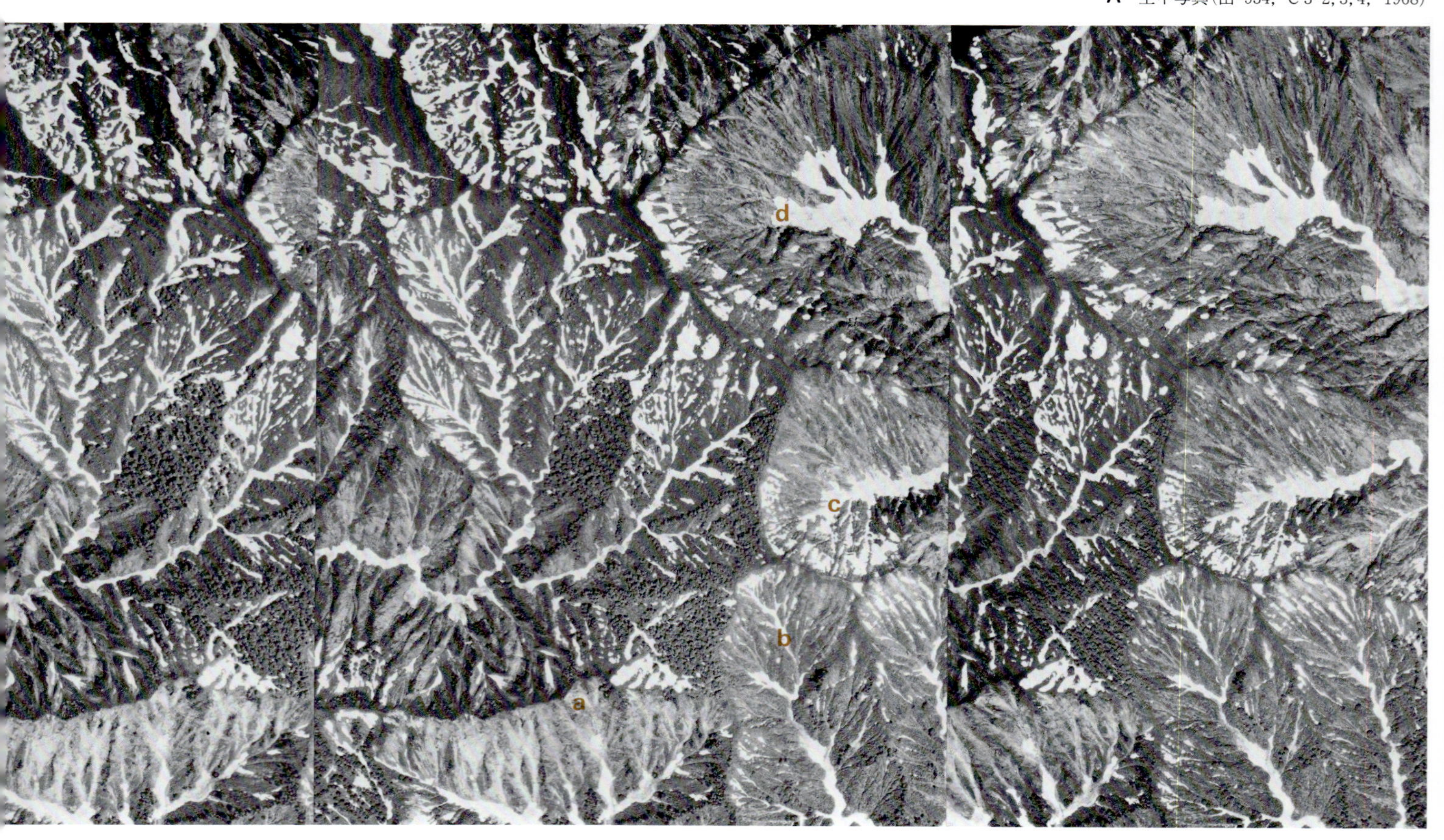

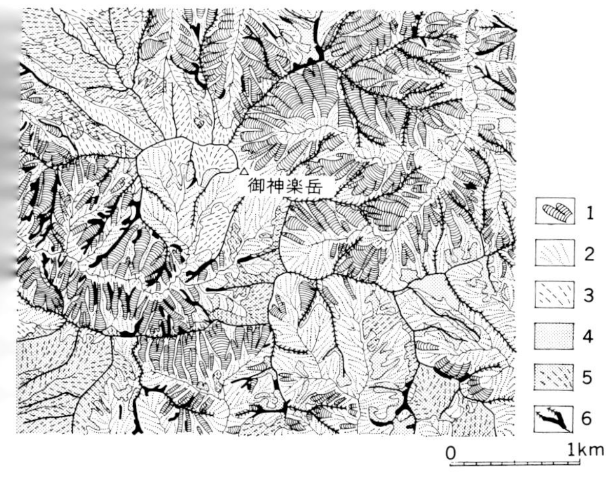

B 御神楽岳周辺の地形と植生.（下川，1982[5)]）

凡例番号	地　　形	植　　生	全層雪崩発生状況
1	等斉～凹型斜面（アバランチ・シュート）	無植生～草地（一部に灌木）	毎年1回以上発生
2	等斉～凹型斜面（ふつう細い水食ガリに刻まれる）	雪崩型低木～灌木林（マルバマンサク，ヒメヤシャブシ，コメツツジなど）	ほぼ毎年発生（短い斜面ではグライド卓越）
3	凸型斜面（山頂小起伏面）	多雪型低木～灌木林（マルバマンサク，タムシバ，イヌツゲなど）	まれに発生（グライド発生）
4	等斉～凹型斜面	ブナの高木林（ブナ，ミズナラ，トチノキ，カエデ類など）	発生せず
5	凸型斜面（山頂小起伏面，地すべり性緩斜面）	〃	〃
6	尖鋭な尾根	キタゴヨウ，スギ林	〃

C 前ヶ岳南面の雪崩道群（A に a で示す）．（小疇撮影）

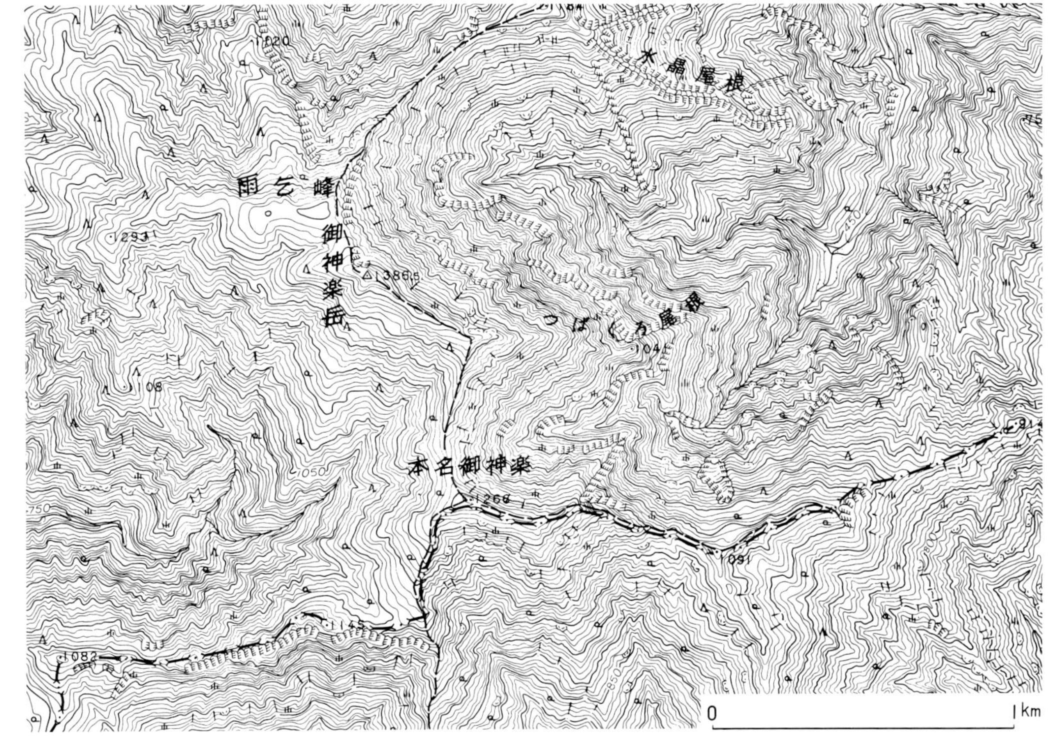

D 1/2.5 万地形図 御神楽岳（昭 53 修測）

第9章 氷河地形

解説

人工衛星からの観測によれば，北半球の冬には世界の陸地の半分が雪におおわれる．大半の地域では雪は夏までに融けてしまうが，陸地の約 10% の範囲ではそのまま年を越す[1]（**図 1**）．そのほとんどは表面が雪でも下部には氷がかくれていて，氷河を形成している．現在の氷河面積の 97% は南極大陸（約 1200 万 km^2）とグリーンランド（約 180 万 km^2）の二つの氷床によって占められ，残りの 3% がヒマラヤ，アンデス，アラスカなどの山地に分布している[2]．更新世の氷河最拡大期には，ユーラシア大陸と南北アメリカの高緯度地方に氷床が出現し，また高山の氷河が低地に進出して，氷河面積は現在の 3 倍に達し（**図 2**），各地に氷河地形を発達させた．

氷河は氷の粘性が大きいため，かなりの幅と厚みをもって，地表に大きな圧力をかけながらゆっくりと流動する．そのため，他の営力とは異なる作用を地表におよぼして特有の地形をつくる．氷河の作用による地形が氷河地形であるが，氷河の末端をのぞいて氷河の下底に働いている作用や形成中の地形を直接見ることはほとんどできない．したがって氷河地形と呼んでいるものは，かつての氷河によって形づくられ，現在は氷から解放されているものをさすことが多い．ただし，現在あるいは氷期に氷河上に出ていた山稜や岩壁は，氷河に削られていなくてもその下部が氷河の侵食を受けて形成されたものであるから，氷河地形に含める．

氷河の種類

毎年の降雪量が融雪量を上まわる高緯度地方や高山では，年々積雪の一部が，圧密，融解，再凍結などのプロセスによって，フィルン（万年雪）をへて密度 0.83 以上の氷河氷に変わる．そのようにしてできた氷河氷の塊が，重力に引

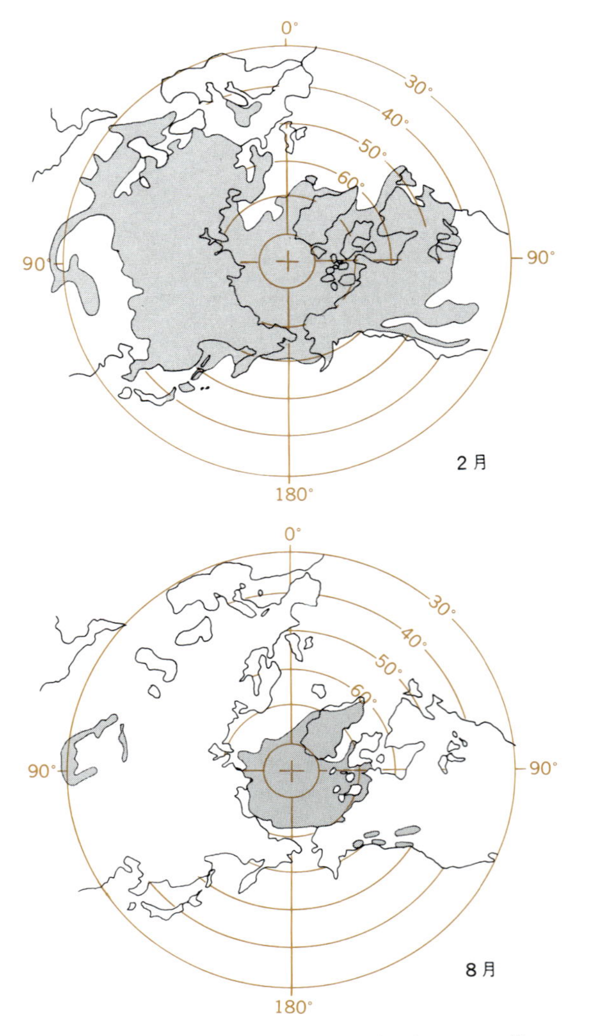

図 1 北半球の 2 月と 8 月の雪氷の分布．（Kukla, 1978[1]）

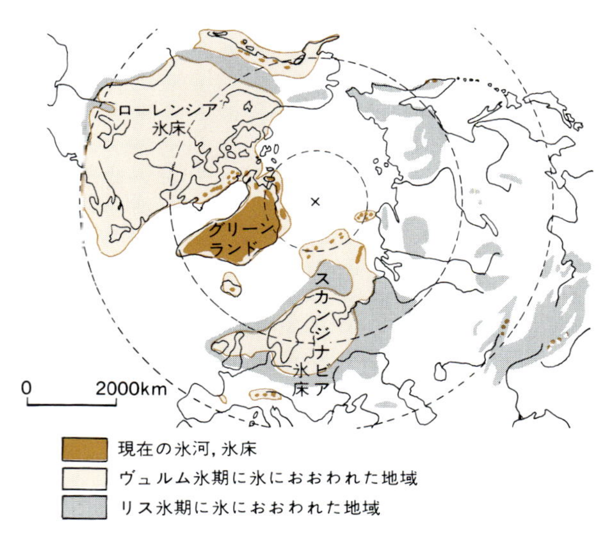

図 2 第四紀における氷河・氷床の発達（北半球）．（若浜，1978[3]）

っぱられて高所から低所へ，中心から周縁へと，現に流動しているか，ごく最近まで流動していたことが明らかなものが氷河である．また，氷河学的には，後述の消耗域で失われる氷を補う形で涵養域から氷の流動のある氷体を氷河と定義する．日本の多年性雪渓と呼ばれるもののうち，下部が氷化しているものがあることは古くから知られている．しかしこれらは上記の条件を満たしていないので，氷河と呼ばないほうがよい．

山地に発達し末端が山地内で終わっている氷河を山岳氷河と呼び，そのうち谷頭部を占めるものが圏谷氷河(**写真1**)，圏谷からあふれて下流へ谷を流れ下るものを谷氷河(**写真2**)という．末端が山麓の平野まで達しているのが山麓氷河で，アラスカやチベットなどに分布する．氷期にはアルプスをはじめ多くの山地にこの型の氷河が発達した．台地や平頂峰の上部あるいは全部をおおう氷河を氷冠または氷帽と呼ぶ(**写真3**)．南極大陸のもののように大陸全体，あるいはその数分の1をおおうような大氷河は氷床，またはとくに大陸氷床と呼ばれる．氷期には北アメリカ北部，北西ヨーロッパなどに大陸氷床が発達した(**図2**)．

氷河は温度状態によって，融点以下にあって水を含まない寒冷氷河と融点にあって水を含む温暖氷河に分けられる．なお，厚い氷河では氷に高い圧力がかかるため，融点は厳密にいえば0℃よりも低くなる．大きな氷河の場合，上流または氷床の中心部が寒冷氷河，下流や周辺部が温暖氷河になっているのがふつうである．

氷河の質量収支と雪線

山岳氷河の上部では，降雪量が融雪や蒸発で失われる雪氷の量よりも大きく，毎年積雪が蓄積され，氷河が育っていく．一方，下流側ではその反対に氷河が融解や昇華，蒸発によってやせていき，末端で完全に消滅する．前者の地域を氷河の涵養域，後者を消耗域と呼ぶ．その中間の涵養量と消耗量がつりあい1年間の雪氷の質量収支がゼロになる線がその年の均衡線であるが，その位置は観測によらなければ決定できない．しかし氷河上にその年に降った雪が残る下限線は，前年までのよごれた氷がむき出しになった部分と，その年に積ったまっ白な雪におおわれた部分との境界線として容易に認められる．これは万年雪下限線また

写真1　圏谷氷河．ボリビアアンデス，ワイナ・ポトシ南面．(写真1～9すべて小疇撮影)

写真2　谷氷河．アルプス，ゴルナー氷河．氷河上の黒い帯は中央堆石．

写真3　氷冠．アイスランド，ソゥリスヨークトル．

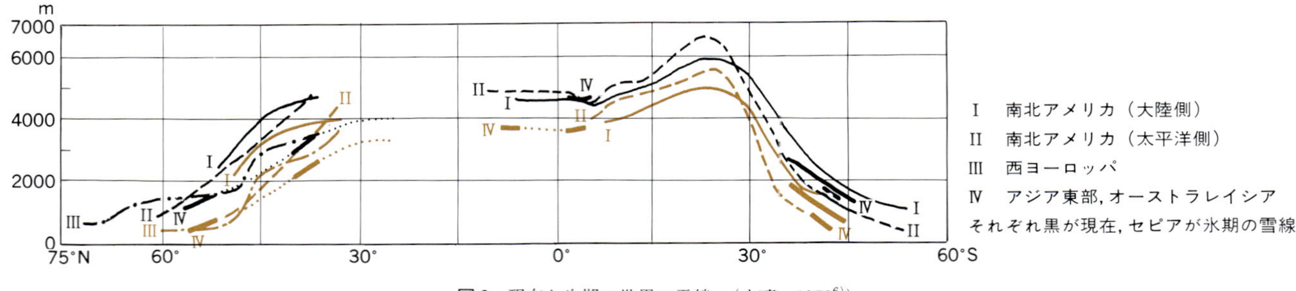

図 3 現在と氷期の世界の雪線.（小疇，1973[6]）

は万年雪線（フィルンライン）と呼ばれ，均衡線を推定する一つの目安になる.

それぞれの氷河の平均的な均衡線をつなぎ，山腹を横切る仮想的な線が雪線で，その高さはいわば均衡線の長期間の平均高度を連ねたものになっているといえよう．雪線は氷雪気候の境界，地形形成地域の境界，植生の高山帯の限界をも代表し，森林限界と同様に自然地理学的にきわめて重要な境界である．雪線高度は巨視的には，降雪量と融雪期の気温で決まるので，低緯度地方で高く，高緯度地方で低くなる．ただし赤道付近では降雪量が大きいので，中緯度高圧帯下の乾燥地域よりも雪線高度が低い（**図 3**）．局地的な地形の影響をうけて，卓越風との位置関係，日射への露出度などが原因となって，雪線の高度分布はこまかく見るとかなり複雑である.

氷河の流動

氷河の流動メカニズムは複雑だが，氷体の内部変形によるものと，底面でのすべりによるものに大別できる．寒冷氷河の流動はもっぱら前者によっており，表面における流速が年に数 m ないし十数 m ときわめて遅い．温暖氷河は水が潤滑油の役割をはたしてすべりを助長するのと，基盤の高まりの上流側で圧力が増大して融解し，下流側で圧力が減じて再凍結＝復氷が起こるため，底面のすべりの割合が表面で観測される流速の 50～90％ に達して，年数百 m 以上の速さで動くものもある[4,5].

各氷河の表面流速は，両側で遅く中心線で速く，縦断方向では均衡線付近で最大になる．縦断面における流線は，上流部では氷河の表面に対して下向き，均衡線付近で表面に平行，下流で上向きに変わる．下端に近づくにつれて氷河の消耗が激しく，岩屑の割合が大きくなって流速がおとろえ，逆断層を生じて前方のブロックにのり上げる．小さな氷河はこのように均衡線を中心にして，回転運動をするようにして流下する（**図 4**）.

氷河の侵食作用

氷河は下の岩盤に圧力をかけながら，上記のような動きをするので，上流側では中に含まれた岩片を材料にして岩を削磨する．それによって岩盤には無数の氷食擦痕（**写真 4**）や，それより幅と深さが大きな条溝，あるいは流れの上流または下流に張り出す三日月形の摩擦割れ目がつく．基盤に突出部があると，それを乗りこすとき圧力融解が起こるために，上流側では岩盤が流線形にきれいに削磨されるのに対して，復氷で氷河に岩が張りつく下流側では，それがはぎ取られて（プラッキング）ゴツコツし，上流側と下流側の非対称な地形ができる．そのようにして形づくられた流線型の高まりの小型のものを羊背岩（**写真 5**），大型のものを巨大羊背岩または鯨背岩と呼ぶ.

氷河の回転運動の結果，山腹はえぐられて氷河の源頭部に半円形の急斜面，その下流側には岩窪が形成される．圏谷はこの二つの地形の組み合わせからなる．氷食谷では岩窪と段が交互に現われ，谷の縦断面が階段状になることが多い．その成因としては，支流の合流による氷量の増加，岩石組織の違い，氷河の流動のくせなどが考えられている[5]．一方，氷河は曲がりくねった谷でもまっすぐ流れようとし，谷に張り出した尾根の先端を削りとって，切断山脚を出現させる．また氷河底では氷が中心から外側へ押し出されるような動きをともなって流下するので，両側が急で底の平らな氷食谷が形成され，その典型的なものは U 字谷と呼ばれる（**写真 6**）．氷河が海まで達し，海面下にまで氷食谷を発達させた後，氷河が後退し，そこへ海水が侵

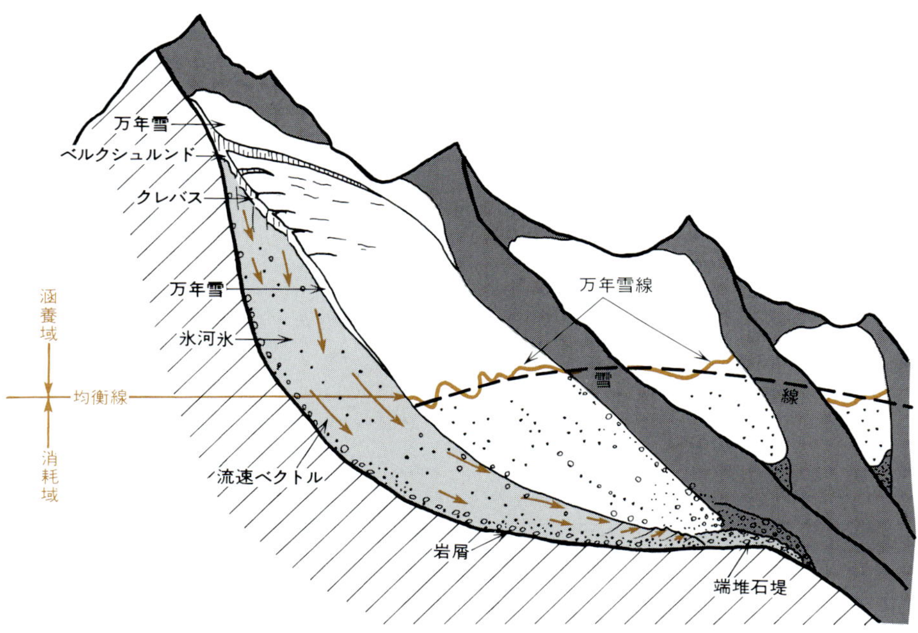

図 4　圏谷氷河の模式断面.

写真 4　氷食擦痕．ヒマラヤ，クンブ地方.

写真 6　氷食谷．アルプス，ラウターブルンネン谷.

写真 5　羊背岩．ウェールズ，スノードニア山地.

写真 7　フィヨルド．ノルウェー，ガイランゲルフィヨルド.

入したのがフィヨルド(**写真 7**)である．

氷河は表面の高さが同じになるように合流するから，氷厚の大きな主流の方が，支流より深い谷をうがつ．そのため氷河の消滅後，支流は本流に不協和合流して，しばしば滝をかける(**写真 6**)．

氷河の堆積作用

流下するにつれて氷河は消耗し，氷河底の岩屑層の上をそれを引きずりながら流動する．やがて下底では侵食がほとんど進まず，氷河は岩屑を運搬するのみとなり，さらに下流では運搬も不可能となって岩屑が堆積する．氷河が運搬する岩屑のすべてを堆石(モレーン)と呼ぶことがある．この用語法では個々の岩屑，その集合体，それがつくる地形の全部が堆石となり，混乱をまねきやすいので，最近ではそれぞれを区別して，岩屑(デブリ)，ティル，モレーンと呼ぶことがすすめられている．訳語としてはティルを堆石または堆石層，モレーンを堆石堤または堆石列とするのがよいであろう．

谷氷河の両側には，山腹から崩落した岩屑が並んで側堆石堤をつくる．氷河が合流すると，側堆石どうしが合して中央堆石列ができる(**写真 2**)．そして氷河の末端には，半月形の端堆石堤または終堆石堤が形成される(**写真 8**)．氷河が後退すると，端堆石堤の背後に底堆石が谷を埋めて残されていく．そこには古い堆石や底堆石が氷河の働きで流線形の低い高まりになったドラムリンが分布することがある(**図 5**)．氷河の末端付近では融氷水が氷河のわきのほか，氷河の上や中を流れて接氷河融氷水流堆積物と呼ばれる砂

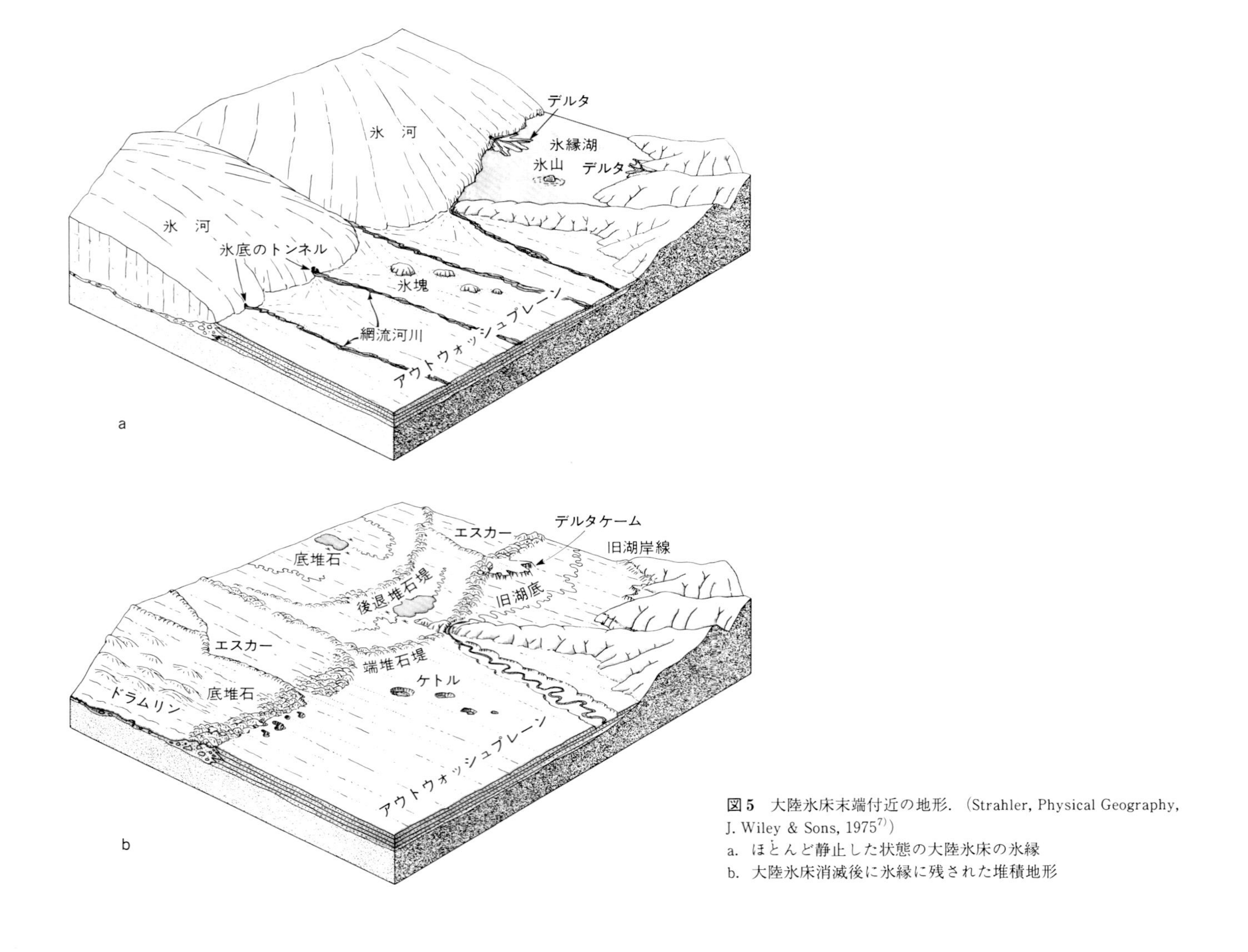

図 5　大陸氷床末端付近の地形．(Strahler, Physical Geography, J. Wiley & Sons, 1975[7])
a. ほとんど静止した状態の大陸氷床の氷縁
b. 大陸氷床消滅後に氷縁に残された堆積地形

礫を堆積させ，氷河後退後に特徴のある堆積相をもった一群の地形を残す(**図6**)．氷縁の水流によって谷壁沿いに形成された段丘状の高まりはケーム段丘と呼ばれ，中に埋もれていた氷塊が融けてできるすり鉢形の凹み，ケトルをともなうことがある．氷中や氷底のトンネルに堆積した土手状の砂礫の高まりはエスカー，氷上の流れの窪みや穴に溜った砂礫は，融氷後逆に円錐形の高まり，ケームを形づくる．大陸氷床の縮小時には，氷床の縁辺部一帯で氷河が停滞して融解が急速に進行するので，これらの地形が広範囲にわたって発達する．

端堆石堤の前面には，融氷水流によって洗い出された融氷水流堆積物が堆積する．一般に堆石が粘土から巨礫，巨岩塊まで大小さまざまの物質の乱雑な堆積物であるのに対し，融氷水流堆積物は層理の発達した，淘汰のよい水磨された砂礫層または砂層で，堆積相がまったく異なる．これが谷中に堆積した場合はヴァレー・トレイン(**写真9**)，平地に堆積した場合はアウトウォッシュ・プレーン，サンダー(アイスランド語)などと呼ばれる．

写真8　端堆石堤．アルプス，ブレチェール氷河．

写真9　融氷水流とヴァレー・トレイン，ニュージーランド，タスマン氷河．

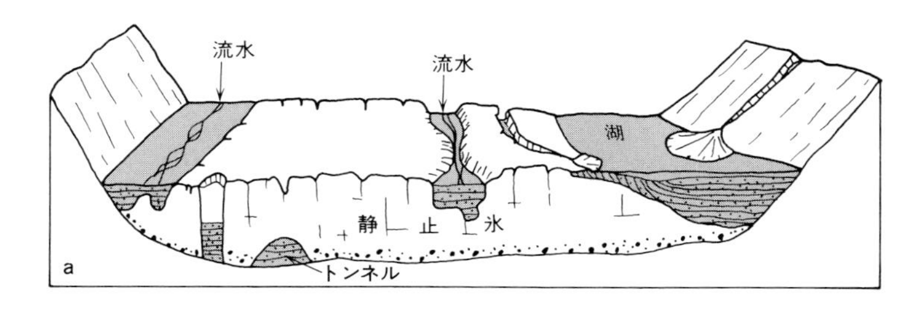

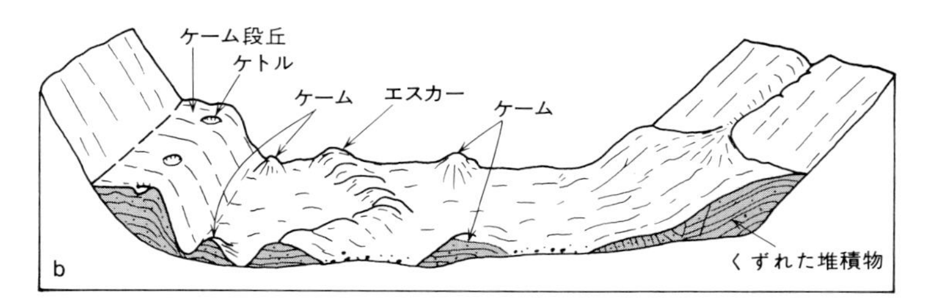

図6　接氷河流水堆積物と地形．(Flint, 1971[2])
a. 動きが止まり消耗しつつある谷氷河．静止氷と谷壁の間にできた河や湖，氷上や氷底のトンネルを流れる流水による成層堆積物は氷の壁でささえられている．b. 氷河消滅後，谷中に残された堆積物．氷河の融解によって堆積物はその場に残され，ささえを失って変形する．

§9-1 山岳氷河の地形——アルプス，モンブラン山群

壮年的に開析されて，十分な高さと深い谷をもつ山地が氷食を受けると，山腹を氷河に削られて岩がむきだしになった大起伏の高山地形が形成される．ことにアルプス，ヒマラヤのような雪線よりもはるかに高い大起伏山地では，谷頭の圏谷氷河や急斜面にひっかかった懸垂氷河から流れ出たり，崩れ落ちた氷河が合して谷氷河となり，ほとんど山地全域が氷食を受けて高山地形を呈する．

アルプスの最高峰モンブランの北東側には，北東－南西に走る2列の山稜間の凹みを埋めて，海抜2500 m以上に幅4 kmのジュアン氷河など3つの万年雪原が存在する．それぞれの万年雪原から流れ出た氷河は，メール・ド・グラス氷河1本にまとまって，北西側の山稜を横切って北流し，海抜1400 mに達している(**A, D**)．雪線以下では夏には冬の間の積雪が融けるので，氷河上に側堆石(a)や中央堆石(b)が現われる．また，**A**には氷河の流速が一様でないためにできる多数のクレバスが認められる．ただし，下流へ向かって弧を描く蛇の腹のようにみえるしわ(c)は，氷瀑(アイスフォール)を通過する氷の厚さが夏と冬で違い，それが氷瀑直下の氷河の圧縮によって強調されてできた縞模様，オーギブ[1,2]で，クレバスではない(**B**)．オーギブはここでは波紋状の凹凸をつくっているが，氷河によってはそのような凹凸をつくらず，気泡を多く含む白い氷と気泡の少ない青氷の縞になることもある．オーギブの縞の間隔は，1年間の氷河の移動距離すなわち流速を示すので，氷河の表面の流速分布がわかる．氷河の両岸には，現在の氷面より一段高い位置に，小氷期の19世紀前半に拡大した氷河が残した側堆石堤と，その後の氷河の縮小によって生じた崖(d)が見られる．小氷期には先端左側の敷居(e)をこえて，氷河がシャモニーの谷まで達していた．fの圏谷前面の端堆石堤も小氷期のものである[3]．

山は山腹を氷河や雪崩に削られてやせ細る．さらに氷面上の岩盤には凍結破砕作用が働き，節理に沿って岩が割れてくずれ落ちる．その結果，山腹には急峻な岩壁ができる．2つの岩壁が接する尾根は，鋭くとがった鋸歯状山稜(アレート)(g)を，複数の鋸歯状山稜が合すれば，氷食尖峰(ホルン)あるいは針峰を形づくる(**C**)．モンブラン山群は，節理間隔が大きく堅固な花崗岩から構成されており，しかもその節理が垂直に近いため，これらの高山地形がとくによく発達する．地形図でわかるように，山稜付近では1 km方眼内の起伏量が1000 m前後に達し，ドリュやグランドジョラスの岩壁の比高は1000 mをこえる．これほどの大起伏になると，垂直写真の実体視は困難で，かえって斜め写真の方が地形の特徴をよく表わしている．

A 空中写真(F 80 300 3530 3630 68,70 Institut Géographique National, France)

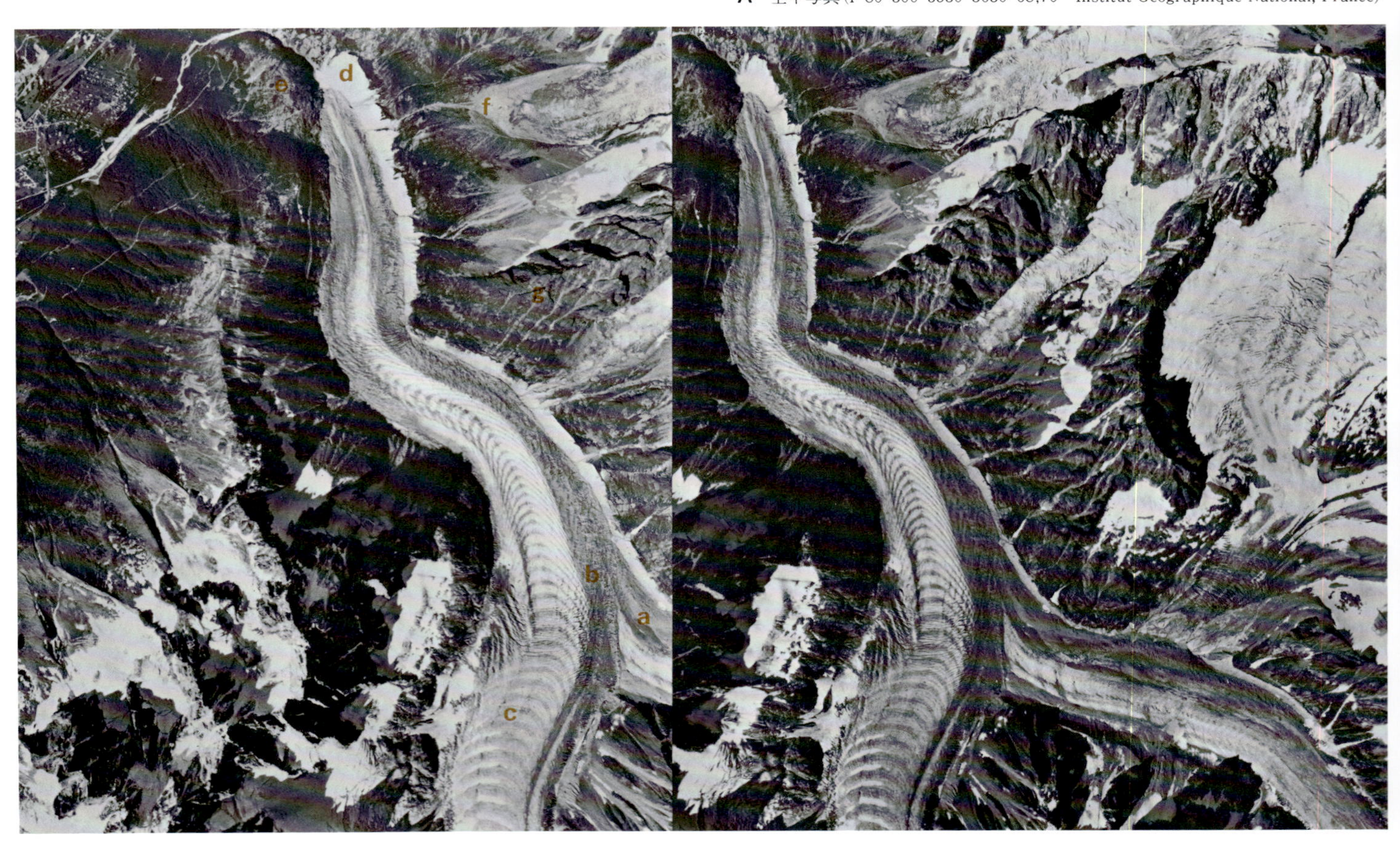

B　万年雪原から谷氷河への落ち口．万年雪線と氷瀑の下のオーギブ(A の c)と中央堆石(A の b)が見える．

C　エギーユ・デュ・グレポンの南西面．花崗岩の氷食岩壁と鋸歯状山稜，針峰，左右に懸垂氷河が見える．(B, C とも小疇撮影)

D　1/50,000 Mont=Blanc～Grand-Combin (1971, reproduced with the permission of the Federal Office of Topography from 7. 8. 1985)

§9-2 山麓氷河の地形——ボリビアアンデス，レアル山脈南西麓

ボリビアアンデスのレアル山脈は，チチカカ湖の東からラパスの東にかけて，北西－南東に走る最高 6400 m 余に達する山脈である．南緯 16°～17° の低緯度でしかも乾燥地域のため，雪線高度は 5100～5400 m と高く，比較的小さな山岳氷河が多数分布する[1]．山脈の北東斜面はアマゾン流域に深く落ち込み，南西山麓には海抜 4000 m のアルチプラノがひろがっている．更新世の数回の氷期には，レアル山脈南西斜面の氷河はそのたびにアルチプラノに達して，そこに数回の氷期の山麓氷河が大きな堆石台地とアウトウォッシュ・プレーンを発達させた．

ここでは，ラパス北西方の最終氷期(この地域ではミユニ氷期という)の最低位堆石堤と，その付近の地形を示す．空中写真 A の a，b から鳥のくちばしのように細長くのびる高まりが最低位端堆石堤である．アルプスやニュージーランド，それにアンデスでも南部の湿潤地域では，山麓氷河の端堆石堤は下流側へ大きく弧をえがいて張り出すのがふつうだが，ここでは乾燥気候のためか先がとがっている[2]．堆石堤の内側には氷河の後退時にできた小さな堆石堤が何列も認められる．そのうち c と d のものは他にくらべて大きく，側堆石のリッジをともなっており，後退中の氷河はそこでしばらく停滞したことがわかる．堆石堤の外側にみられる乱れた麻のような流路跡の高まりは泥流堤で，その分布範囲がアウトウォッシュ・プレーンである．アウトウォッシュ・プレーンは分級のよい砂礫層から構成されたきわめて緩勾配の扇状地をなすのがふつうで，このような泥流になるものはめずらしい．ここでは堆石も大量の泥質物質を含んでおり，堆積物のみからアウトウォッシュの泥流と区分することはむずかしい．しかし平面形が異なるので，空中写真 A や地形図 C の等高線の走り方の違いから，両者は地形的に区別できる．氷河成堆積物が細粒物質に富むのは，レアル山脈に固結度が低く細粒化しやすい古生代の泥質堆積岩が広く分布していることによると思われる．しかし，なぜアウトウォッシュ・プレーンが泥流になるのかは不明である．

ミユニ氷期の堆石とアウトウォッシュ・プレーンの両側は，地形分類図 B でわかるように，より古い氷期の堆石とアウトウォッシュの堆積面である．とくに堆石堤は，数回の氷期のものが相接して，高さ 300 m 以上の小山のような堆石台地をつくっている．B から，新しい氷期の氷河堆積物は，より古い氷期のそれの間の低所かそれを刻む谷を埋めて堆積していることがわかる．また，現在はミユニ氷期のアウトウォッシュ・プレーンを開析して扇状地が発達する時代になっており，古い氷期の氷河堆積物と扇状地との関係を見ても，ここでは間氷期が扇状地の形成期であったことがわかる．

A 空中写真

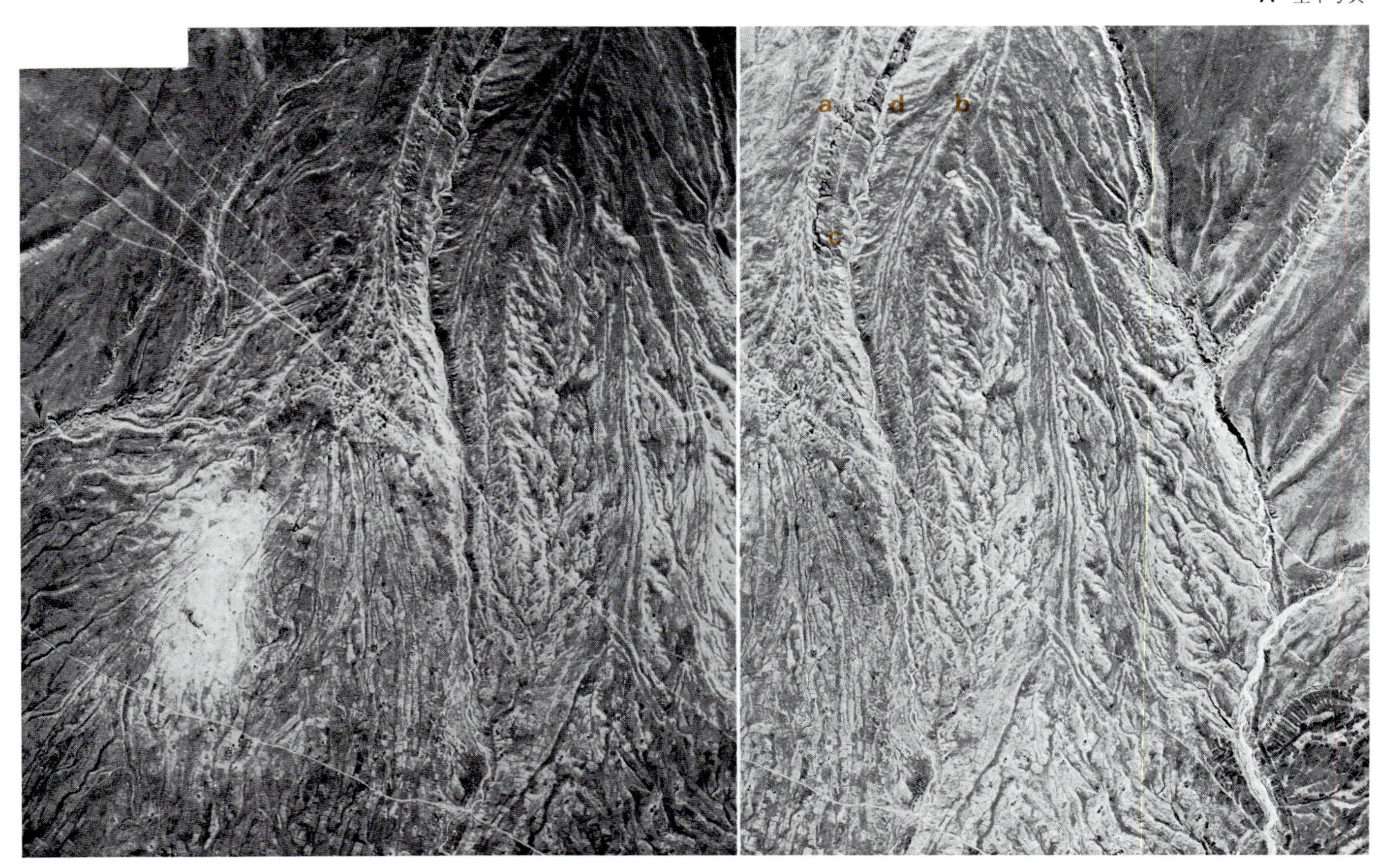

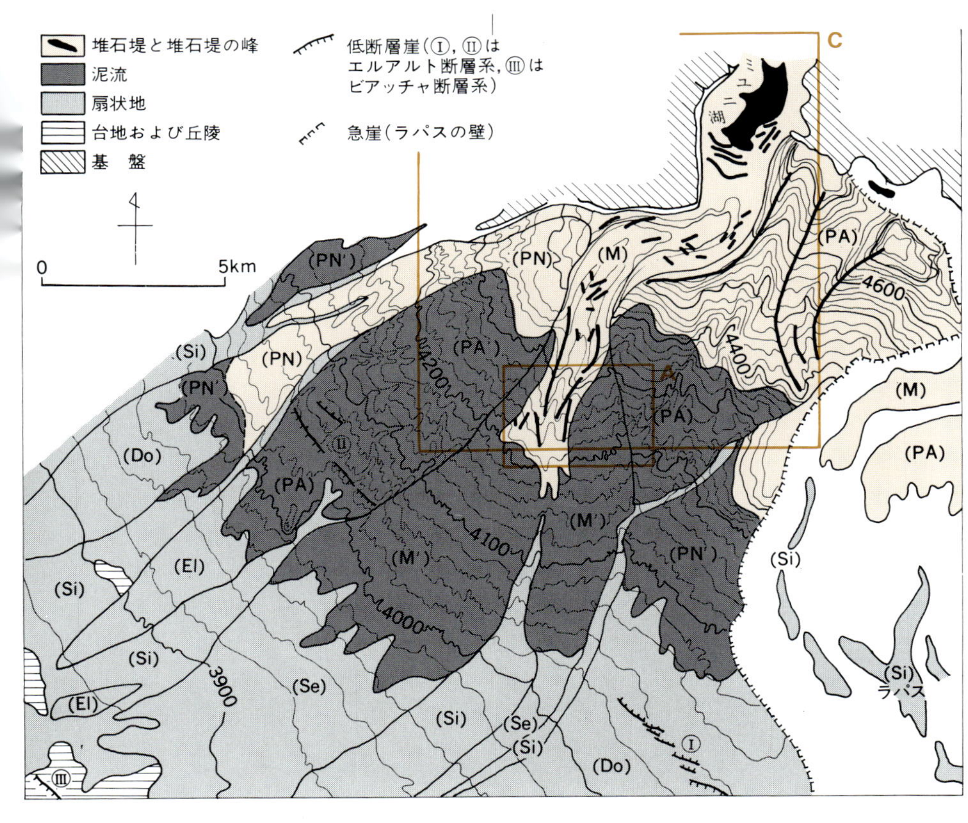

B ラパス周辺のアルチプラノの地形区分.(野上ほか, 1980[3])
Si(シーケ面):後氷期の扇状地, M, M′:ミユニ(最終)氷期の堆石堤とアウトウォッシュ, Se(リオセコ面):最終間氷期の扇状地, PN, PN′:パタヌエパ(最後から2番目)氷期の堆石堤とアウトウォッシュ, Do(ドロレス面):最後から2番目の間氷期の扇状地, PA, PA′:パタアングチア(最後から3番目)氷期の堆石堤とアウトウォッシュ, El(エルアルト面):最後から3番目の間氷期の扇状地

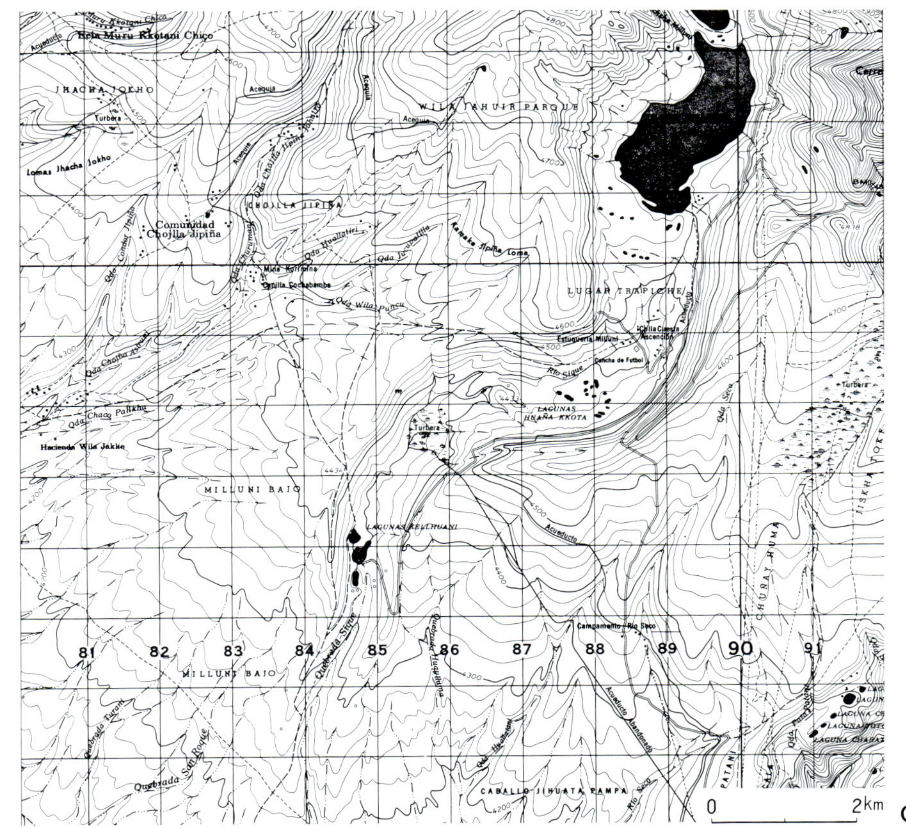

C 1/5万地形図 La Paz Norte

§9-3 大陸氷床による地形——東南極ラングホブデ

南極大陸はその95%が大陸氷床におおわれている．現在の南極氷床は，面積 1200 万 km^2，厚さ最大 4800 m 弱，平均 2450 m である[1]が，かつては 1400 万 km^2 弱にまで拡大していた[2]とみられる．昭和基地のあるオングル島など大陸縁辺部の露岩地域は，氷床拡大期にはその下敷きになっていたところで，氷床の侵食作用で形成された地形が発達している．

ラングホブデは，オングル島の約 20 km 南に位置する昭和基地に最も近い大陸沿岸の露岩地で，南北 13 km，東西 5 km，最高点が 500 m 弱の片麻岩類からなる低い山地である．C を見ると，北部の長頭山付近では，海抜 50 m 以下の小起伏の低地から，全体として上に凸の卵形または流線形をなす山が周囲を急崖で囲まれて突き出た地形を示す．北端の 339.7 m の山(a)はその代表的なもので，垂直写真 A や斜め写真 B でみると，長頭山という地名の由来が理解できる．このような流線形をした高まりは，氷底下の基盤の突出部を氷がつつむようにして乗りこえ，削磨した結果生じた鯨背岩[3]または巨大羊背岩で，長さ数百 m に達するものも多い．山全体が一つの鯨背岩になっているようなものは，かつての大陸氷床地域，しかも氷床の中心から離れて氷の流れを妨げるように位置する山地にとくに発達がよく，スカンジナビアやスコットランドの山地にその好例が見られる．ラングホブデは，大陸氷床縁辺に分布する露岩地の一つで，岩盤上に残された氷河擦痕から，かつての氷河は東ないし南東の方向からここを乗りこえていたとみられている．しかし氷床下の氷の流動は複雑で，実態があまりよくわかっていない．

地形図では，山とともに海抜 50 m 以下の小起伏面が目につく．この面はリュッツォホルム湾東岸の露岩地や，オングル島など湾内の島々にも広く認められることから，古い侵食面の残片で，長頭山はその侵食面上の残丘とみられる．またこの面上には，多くの凹地と方向性をもつ微起伏が目立つ．空中写真では，それが節理や片麻岩の組織を反映して，侵食に対する抵抗力の弱い部分が選択的に侵食された組織地形であることがわかる．凹地のうち，b, c, d は池の水面高度が海面下になっている．この地域が乾燥気候下にあって，池への水の流入量が蒸発量より小さく，池の水収支が負になっているためである．堆積物は長頭山北面にわずかに崖錐が分布するほか，海岸のところどころに砂が見られるのみである．海抜数 m の隆起汀線から得られた貝化石の ^{14}C 年代から，この地域が氷から解放されたのは，3万年よりも古いと考えられている[4]．そのわりに地形がきわめて新鮮なのは，低温と乾燥のため風化作用が弱いからであろう．

A　空中写真(6 AV　I-1　017, 018, 019)　左が北．

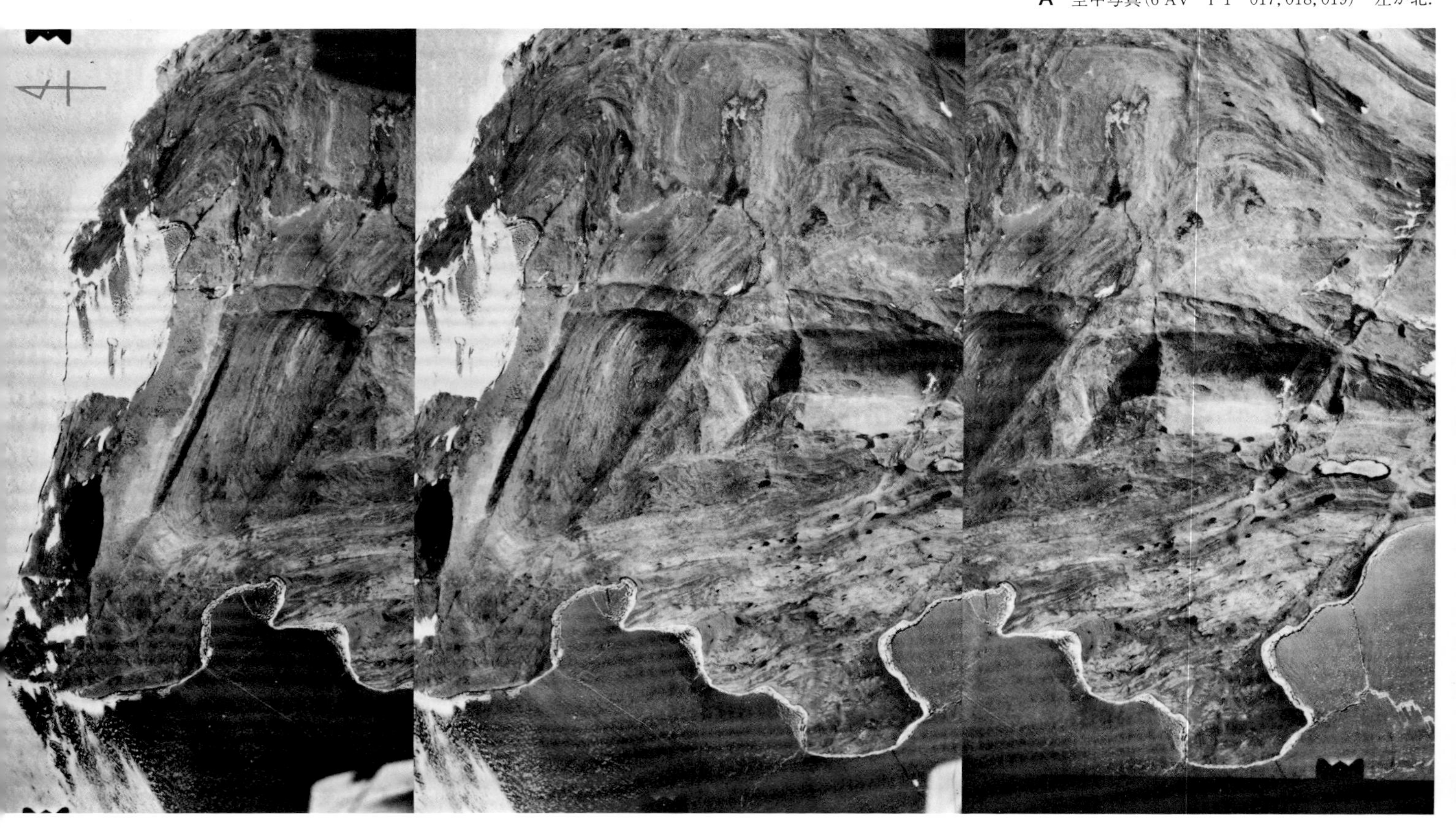

B 長頭山の鯨背岩地形と周囲の小起伏面．ラングホブデ北岬付近から南東方向を望む．(小疇撮影)

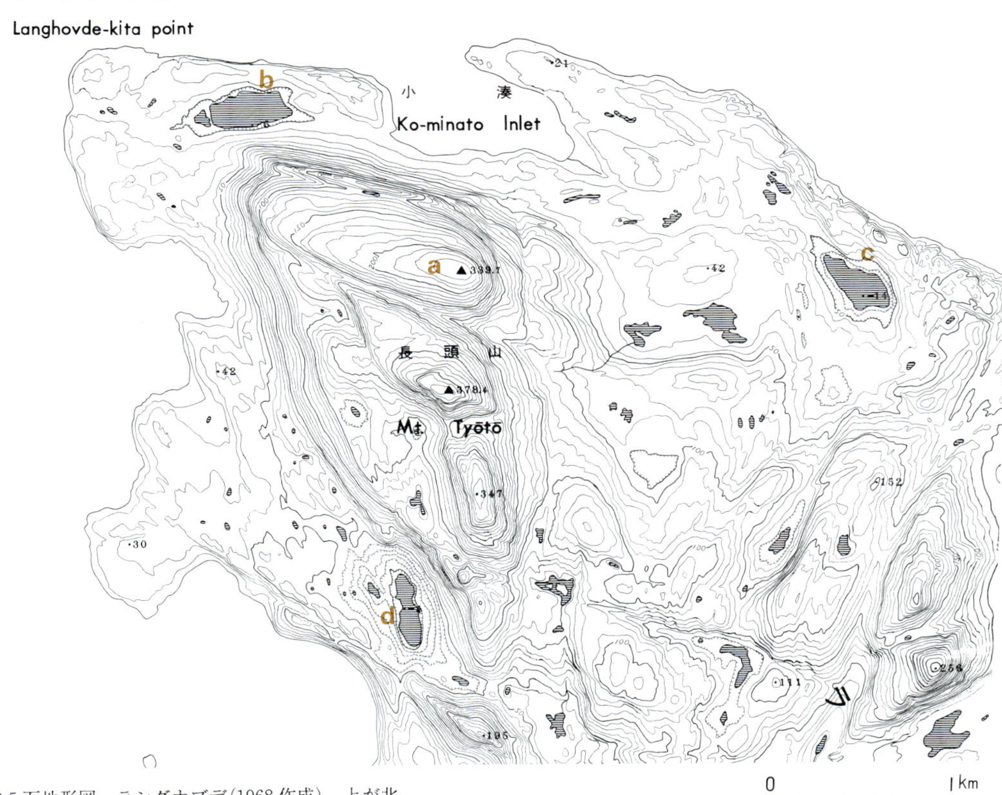

C 1/2.5 万地形図 ラングホブデ(1968 作成)．上が北．

§9-4 日本アルプスの氷河地形——槍・穂高連峰

飛驒山脈南部の槍・穂高連峰は，北部の立山連峰，後立山連峰とともに，氷河地形が日本でもっとも見事に発達しているところである．ここでは3000 m 級の稜線は，一部をのぞいて，東西両斜面の氷食谷頭が切り合い，槍ヶ岳で鎌尾根とよぶ鋸歯状山稜をつくっている．その稜線上にならぶ槍ヶ岳，北穂高岳，奥穂高岳，前穂高岳は，いずれも氷期に山腹を氷河で削られた氷食尖峰である．

空中写真 A，地形図 C に槍・穂高連峰東斜面の槍沢と横尾谷の氷河地形を示す．南北に走る主稜線の東側に，東へ開いた馬蹄形の急峻な圏谷壁をめぐらした圏谷が並んでいる．東斜面に圏谷の発達がよいのは，北西風のもたらす雪が稜線の風下側直下に吹き溜るためである．このような地形による降雪の捕捉効果は稜線付近に限られる．C で見ると，圏谷は南端の涸沢圏谷が最も大きく，北へ向かって小さくなっている．これは連峰の南の方が梓川の下流に位置し，圏谷形成前にすでに深い谷ができていたためで，南の方ほど氷食が激しかったわけではない．南岳から北には，古い侵食面のなごりとみられる定高性のある尾根がのびており，谷は浅く起伏量が小さくなる．天狗原の圏谷が他よりも小さく，圏谷底が高位置にあるのも，氷河の発達前に小起伏の広い尾根が存在していたためではないかと考えられる．

圏谷から下流には，急峻な岩壁が連続し，その基部は崖錐におおわれている．この急崖は氷食谷壁で，それをたどるとかつての谷氷河を復元できる．このようにしてみると，槍沢と横尾谷を分ける横尾尾根から北のすべての圏谷氷河は合流して槍沢を，それより南の圏谷氷河は合流して横尾谷を流下する二つの谷氷河を形成していたことがわかる．槍沢氷河は，中岳圏谷との合流点付近(a)，天狗原圏谷との合流点付近(b)に段を，横尾尾根北東端を削って切断山脚(c)をつくり，この付近から下流に典型的なU字谷を発達させた．氷河は槍沢では一ノ俣合流点，横尾谷では横尾岩小屋付近まで達して，そこに端堆石堤を残している．槍沢氷河は後退時に d, e, f, g などの端堆石堤を残した．これらの堆石堤はハイマツにおおわれて，空中写真では黒くみえる．天狗原圏谷内の h, i 付近の堆石堤群は，他とくらべて小さなしわのような起伏が多い．これは氷河消滅時に岩屑が氷をおおいつくして，岩石氷河の状態をなしていたためと思われる．堆石堤の間の凸部は B に示されているように，氷食をこうむった基盤岩の高まりで，多くは羊背岩になっている．羊背岩は j のような圏谷出口の敷居や，氷瀑の落ち口など基盤岩の高まった部分にできやすい．

A　空中写真(山-674，C 29-4, 5, 6，1973)

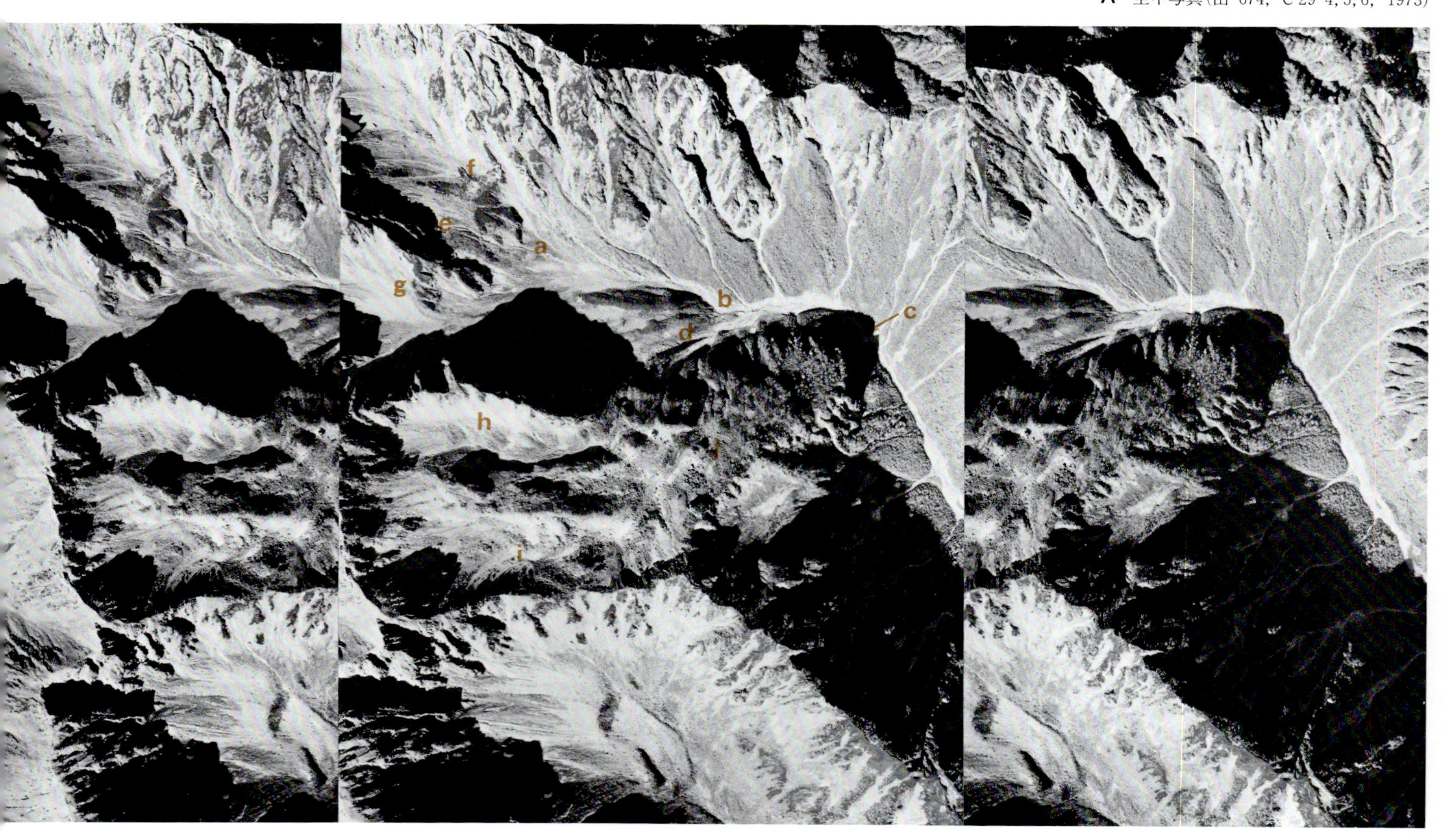

I　雪食地形
残雪
現在の雪食地域

II 氷食地形
氷食谷頭壁と切断山脚
羊背岩
堆石堤
開析されつつある
堆石堤
複合崖錐斜面
開析された崖錐

III　周氷河地形
岩塊流

B　槍ヶ岳の地形分類図.（五百沢，1979[1]）

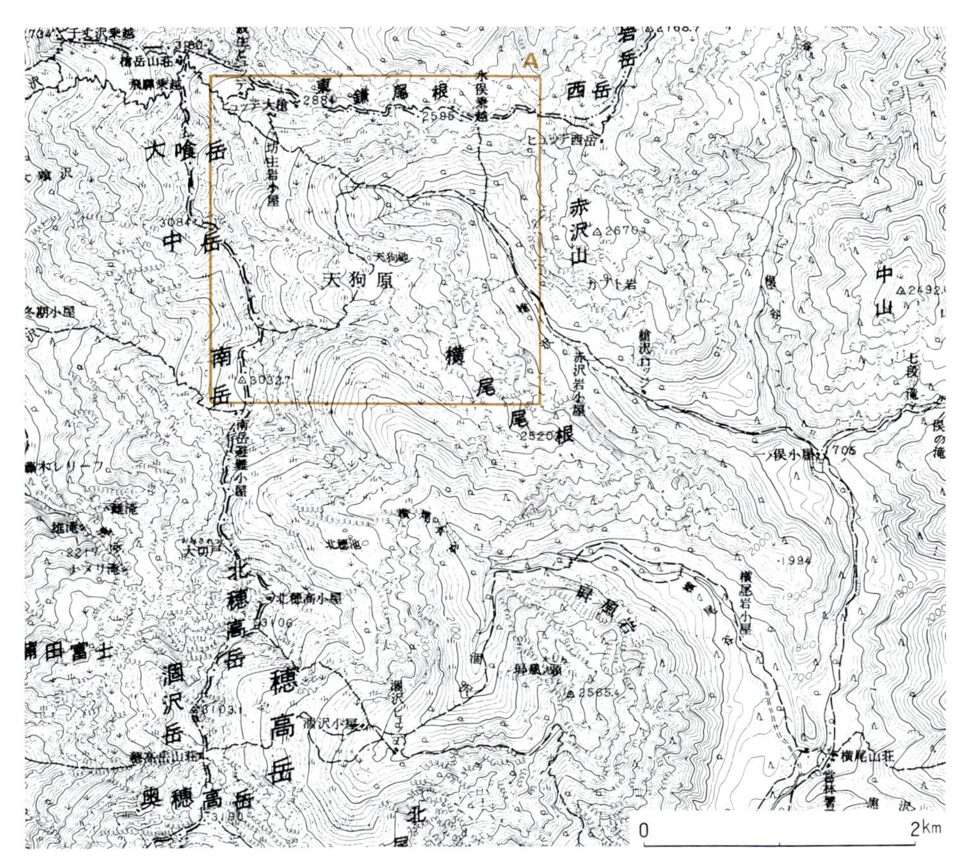

C　1/5 万地形図
槍ヶ岳（昭 50 編集）・上高地（昭 52 編集）

§9-5 間氷期の海食崖と氷期の融氷水成段丘
——ニュージーランド南島西海岸

海岸と山脈が平行して子午線方向に走っている地域では，中緯度から高緯度に行くにつれ，平野や海岸の地形形成に関与する氷河の役割は大きくなる．そして氷期に氷河の前進に関係して形成された地形と，間氷期の海進のもとに形成された海岸地形とが共存するようになる．このような各種地形発達の地域的な違いを，チリやニュージーランドの例から模式的に描いたものが **B** である[1]．すなわち，氷期の端堆石の海抜高度は緯度が増すとともに低下し，やがて現海面に近い高度となる．さらに現海面より低まる高緯度ではフィヨルドが発達する．端堆石の高度が現海面に近い **B** の ② や ③ のところでは，氷期につくられた氷成ないし融氷水成地形が，海成段丘や海食崖に切られたり，それをおおったりする例が見られる．

ここで示すニュージーランド南島西海岸ホキティカ地域では，3回の氷期の融氷水成段丘(古い方からホホヌー［H］，クマラ1［K1］，クマラ2_1［$K2_1$］)が，それぞれ次の間氷期の高海面期に生じた海食崖によって切られ，その海食崖直下の海成段丘面が再び次の氷期の融氷水成堆積物におおわれるという形成順序がみごとにとらえられた[2]．

A はホキティカ東方でHとK1の2段丘が，それぞれ現海岸線に平行するカロロ(b-b')とアワツナ(a-a')と呼ばれる2時期の海食崖で切られる様子を示している．**D** はアラフラ川沿いの段丘などの投影断面図で，**E** はこの範囲を含む海岸からモレーン地帯までの地形図である．

開析度の大きいH段丘につづく端堆石堤は，カロロ海食崖より約4km上流に認められる．またK1段丘はあまりよく発達していないが，その堆積物はカロロ海食崖直下で海成段丘をおおっている．もっともよく発達する$K2_1$段丘面は，後氷期海食崖から約14km上流にある端堆石堤からつづくもので，下流側ではアワツナ海食崖の下にある海成段丘面をおおい，現海岸沿いの後氷期の海食崖に切られている．さらに$K2_2$段丘はもっとも新鮮な融氷水成段丘で，海抜180mにある堆石堤からつづいている(**A, D**)．

これらの堆石，融氷水成段丘，海食崖，海成段丘の形成年代は，**C** のように考えられている．すなわち，$K2_1$, $K2_2$, K3の3者は最終氷期(ニュージーランドではオティラ氷期と呼ばれる)に，アワツナ海食崖・海成段丘形成期(2回のサブステージがある)は最終間氷期(オツリ間氷期)に，K1はその前のワイメア氷期に，などと対比されている[2]．しかし，表示のように放射年代はもっとも新しい2亜氷期についてしか得られておらず[3]，最終間氷期がアワツナ期なのか，それともカロロ期なのかには論争があった[2,4]．

A 空中写真(No.4506-3, 4, 5, the Department of Lands and Survey, New Zealand) 範囲は **E** に示す．

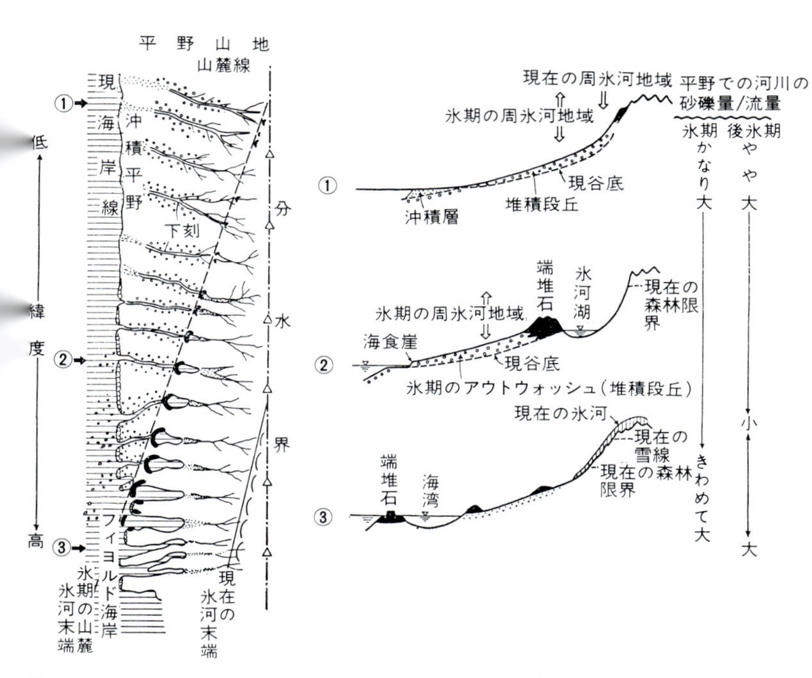

B チリとニュージーランドから模式化される氷河と地形発達との関係.（町田，1977[1]）

C ニュージーランド南島西海岸地域の氷期・間氷期編年.（Suggate, 1965[2] にもとづく）

	氷河の前進	海食崖・海成段丘の形成	^{14}C 年代 (10^3yBP)
後氷期		後氷期海食崖・海食台	0～6
オティラ氷期	クマラ 3（K 3） クマラ 2_2（K 2_2） クマラ 2_1（K 2_1）		14～16 18～24 50？
オツリ間氷期		アワツナ 2 アワツナ 1	
ワイメア氷期	クマラ 1（K_1）		
テランギ間氷期		カロロ	
ワイマウンガ氷期	ホホヌー（H）		

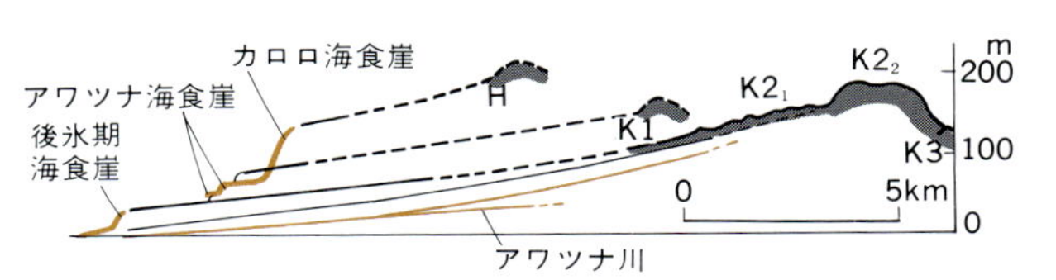

D ニュージーランド南島西海岸の堆石堤およびアウトウォッシュと海食崖との関係．南緯 42°43′，東経 171°3′ 付近．（Suggate, 1965[2] にもとづく）

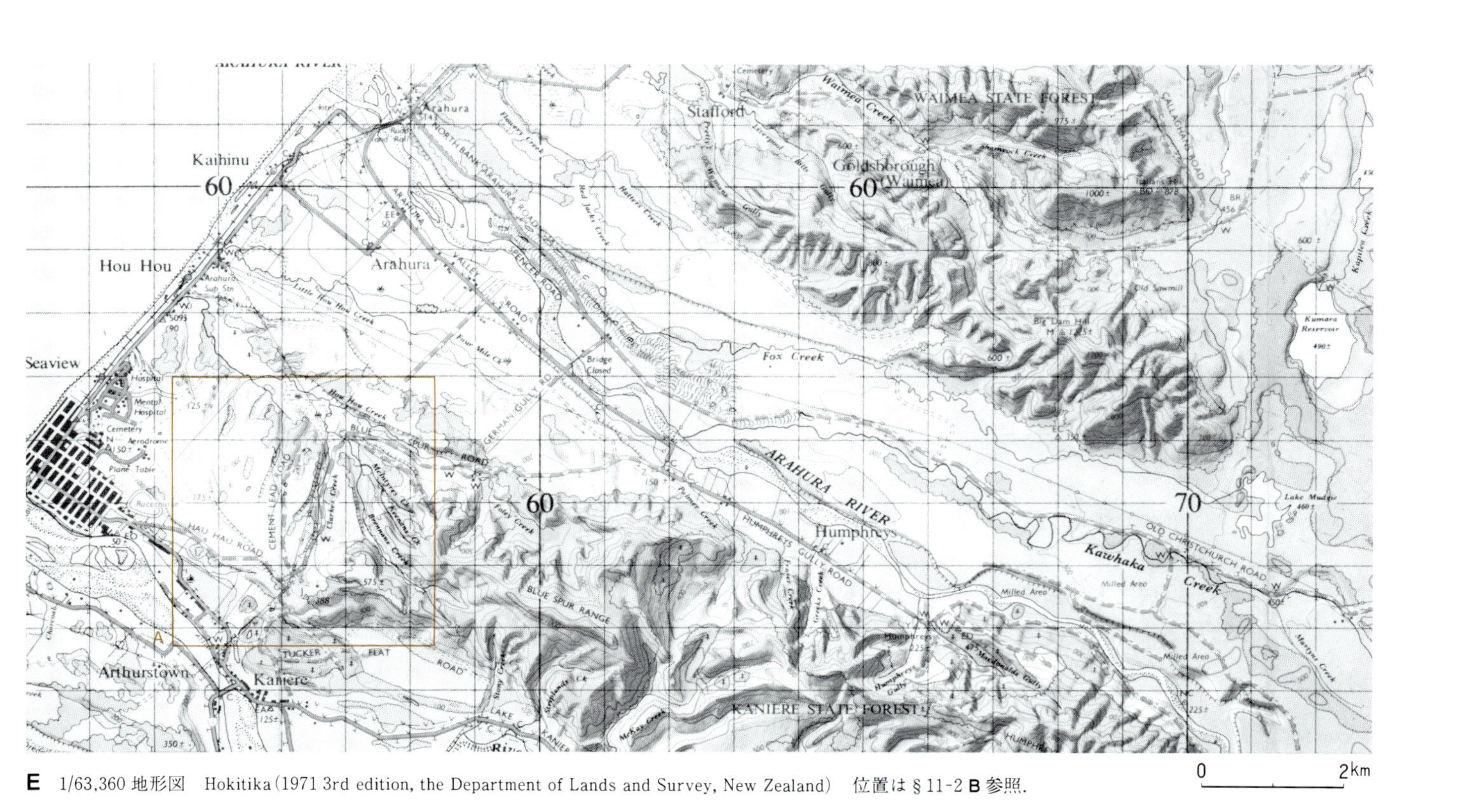

E 1/63,360 地形図 Hokitika（1971 3rd edition, the Department of Lands and Survey, New Zealand） 位置は§11-2 **B** 参照.

§9-6 山麓氷河の消長——アルプス北麓

アルプス北麓に広がるフェルトと呼ばれる平野は氷河時代の研究にとって重要な役割を果たしてきた．ここでA.ペンクが第四紀における複数回の氷河作用の考えを示したのは1882年のことであった[1]．**B**から，氷期にはイン，イラーなどの河谷からアルプス北麓に氷河が広がり，それらは互いにほぼ連続していたことがわかる．これらの山麓氷河は端堆石堤，アウトウォッシュ・プレーンを残すものだけで4回発達した．それらの氷河を発達させた氷河期は新しい方からヴュルム氷期，リス氷期，ミンデル氷期，ギュンツ氷期と呼ばれる．いずれの氷期名もこの地方の小河川名に由来する．**B**で読めるのは，1)最後のヴュルム氷期の端堆石堤は最も明瞭で連続性がよいこと，2)リス氷期の氷河の発達が大規模であったこと，3)そのためにミンデル，ギュンツ両氷期の端堆石堤は2,3の地点を除いてすべてリス氷期の氷河におおわれたこと，などである．

Cにアルプス北麓でも最も集中的に研究されてきたイラー川ーギュンツ川ーミンデル川地域の地形を示す(地形図**A**も参照)．ヴュルム，リス，ミンデル各氷期の端堆石堤(W, R, M)はそれぞれアウトウォッシュ・プレーン(w, r, m)に連続するのに対し，ギュンツ氷期の端堆石堤は認められない．各氷期のアウトウォッシュ・プレーンは**C**の地形地質断面図のように，段丘化あるいは台地化している．谷筋に発達するヴュルム氷期のアウトウォッシュ・プレーンは低位段丘，リス氷期のそれは高位段丘を形成する．とくにヴュルム氷期の端堆石堤は何列も認められる(**A**)．谷は堆石堤列を横切る部分でせまく，その前面のアウトウォッシュ・プレーンで広がる，模式的なトランペット谷になっている．これらの氷河末端の地形はいずれもヴュルム氷期の氷河最拡大期における小変動を示している．一方開析の進んだ高位の台地は少なくとも三つの異なる高度に発達する(**C**)．それらを構成するアウトウォッシュ堆積物はシート状礫層と呼ばれ，第三紀層モラッセをうすくおおっている．下位から新期シート状礫層(m：ミンデル氷期)，古期シート状礫層(g：ギュンツ氷期)，最古期シート状礫層(d：ドナウ氷期)に分けられる．

上記のペンクの4氷期に加えて，その後さらに認定されたドナウ氷期[2]，ビーバー氷期[3]は最古期シート状礫層の細分に基づいている．ビーバー氷期は**B**のツーザム台地においてのみ認められているにすぎないが，**C**の高度709 mの孤立台地(b)はビーバー氷期のアウトウォッシュ・プレーンの残片の可能性がある[4]．

以上のようにアルプス北麓では6回の氷期における氷河の消長が地形・地質に記録されていると考えられる．

A 1/25,000 8127 Grönenbach (1983, Bayerisches Landesvermessungsamt München) 文字記号については**C**参照．

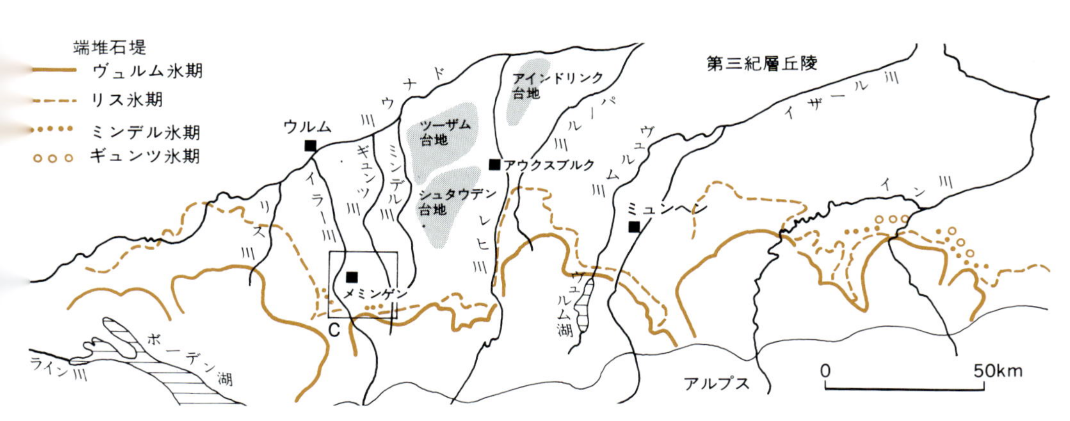

B アルプス北麓の端堆石堤の分布．（Graul, 1973[5]）に他の資料[6,7]を加えて作成）

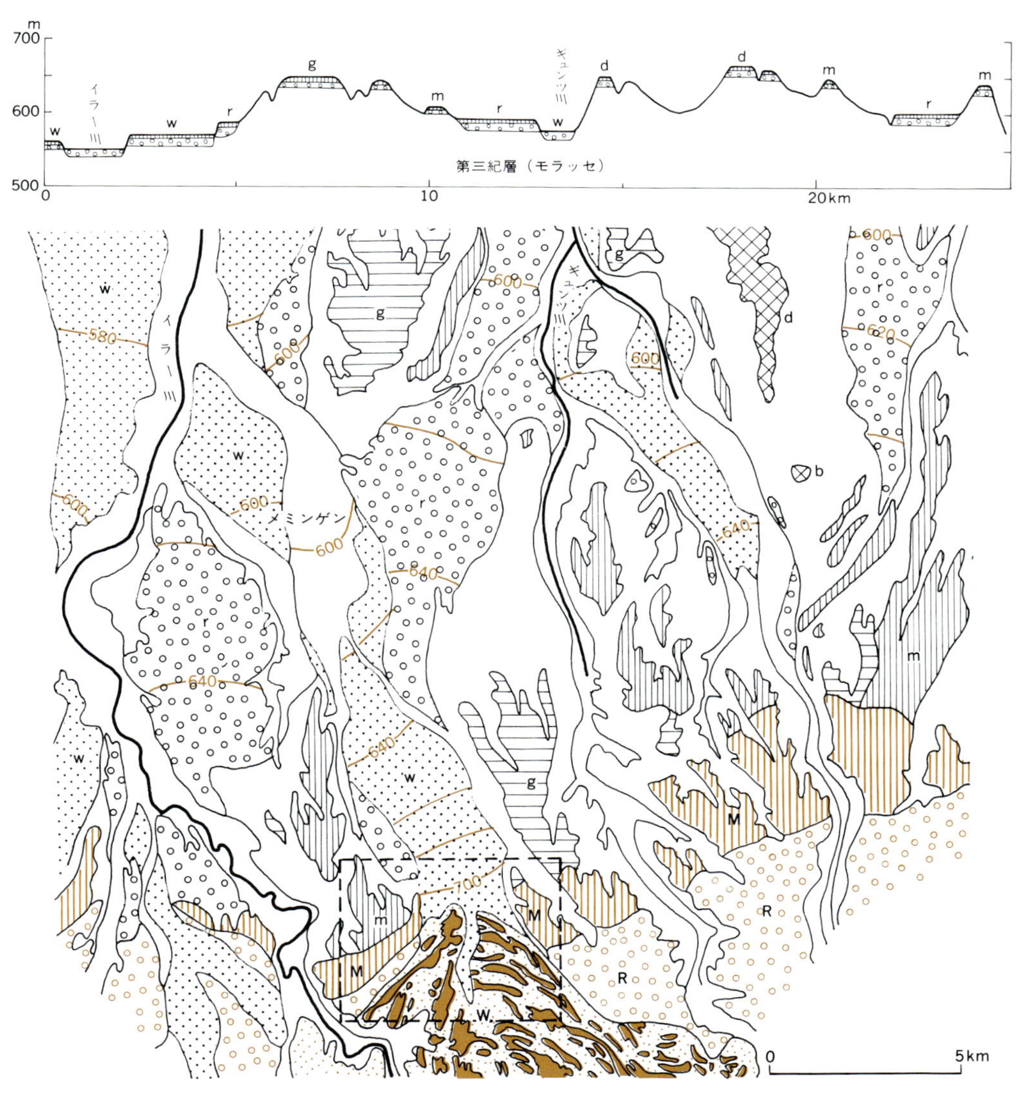

C イラー川〜ギュンツ川地域の氷河の消長による地形地質．枠は地形図の範囲．地形地質断面位置は図の上縁付近．
端堆石堤（W. ヴュルム氷期　R. リス氷期　M. ミンデル氷期）
アウトウォッシュプレーン起源の段丘・台地（w. ヴュルム氷期　r. リス氷期　m. ミンデル氷期　g. ギュンツ氷期　d. ドナウ氷期　b. ビーバー氷期）

§9-7 大陸氷床の消長——北西ヨーロッパ

ライン川下流部から東ドイツ，ポーランドを経てソ連に至る北ドイツ平原，東ヨーロッパ平原には，スカンジナビア氷床の消長にともなって形成された多くの端堆石堤列が分布する(**B**)．これらの端堆石堤列，アウトウォッシュ・プレーン，そして融氷水を集めて流れた谷(ウアシュトロームタール)はかつての氷床末端付近の一連の地形である(**C**)．衛星写真**A**にはウアシュトロームタールが明瞭に見られ，現在のエルベ川はその広い谷底の一部を流れている．ここには3回の氷期が地形として記録されており，古い方からエルスター氷期(**B**のE端堆石堤列で示される)，ザーレ氷期(Sd, Sw)，ヴァイクセル氷期(Wb, Wf, Wp)と呼ばれる．これらはいずれも河川の名に由来する．

大陸氷床の消長を示す地形は，その広がりに対して起伏が小さいので小縮尺の空中写真や地形図での判読は困難である．いっぽう大縮尺の資料からは全体像を得ることができない．**A**と**C**から，最後のヴァイクセル氷期の氷床におおわれたバルト海岸に沿って，狭長な湾入部(キール湾，シュレスヴィヒ湾など)や多くの氷河湖が分布しているのがわかる．これらは氷床末端付近の氷床下での融氷水の侵食作用によって形成された谷地形(トンネル谷)が原形をなす．このようなヴァイクセル氷期の新鮮な氷河地形に対し，より古い2氷期の氷河地形は侵食が進み，全体として台地状の地形を呈する．

Bで読めるのは，1)エルスター氷期には，氷床は最も大きく成長し，バルト海と周辺の低平な地域をおおいつくして南方の山地斜面にのりあげたこと，2)ザーレ氷期の氷床も大きく，南西縁ではエルスター氷床の範囲を越えて現在のライン川より西方にまで前進したこと，3)ヴァイクセル氷床はエルベ川の谷を越えず，西縁はユトランド半島のほぼ中央部を南北方向に縦断していること，などである．

ザーレ氷期の氷床の厚さは最大3500 mを越えたと推定されている．**B**の端堆石堤，ウアシュトロームタールは小規模な氷床の消長をも表わしており，それによってヴァイクセル氷期はブランデンブルグ亜氷期(Wb：約19,000年前)，フランクフルト亜氷期(Wf)，ポムメル亜氷期(Wp：14,800年前)の3亜氷期から成ること，ザーレ氷期に最拡大期ドレンテ(Sd)とヴァルテ(Sw)の2亜氷期から成ることがわかる．エルスター氷期も2亜氷期から成るとされるが，地形との関係は明らかでない．**B**ではさらに小さな変動(フェイズ)，とくにヴァイクセル氷床の縮少過程がよみとれる．約1万年前頃には氷床は**B**の範囲外にまで後退し，氷床縁はほぼヘルシンキ，ストックホルム，オスロを結ぶ線付近にあった．

A　北ドイツ平野～ユトランド半島南部のランドサット画像．

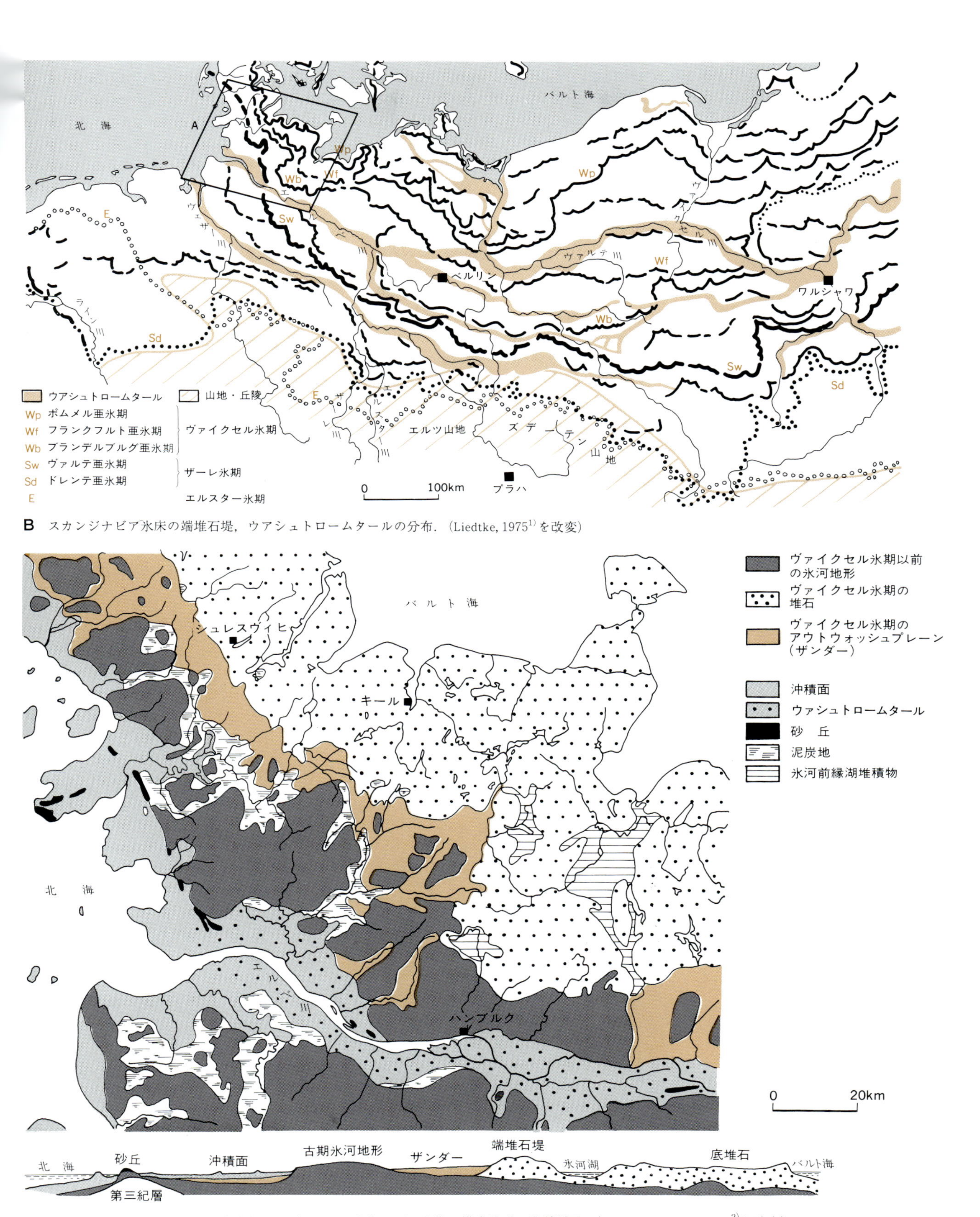

B スカンジナビア氷床の端堆石堤，ウアシュトロームタールの分布．（Liedtke, 1975[1] を改変）

C 北ドイツ平野〜ユトランド半島南部の地形．下図は北海〜バルト海の模式地形・地質断面．（Degn and Muuß, 1979[2] を改変）

第10章 火山地形

解説

火山活動によって生じた地形を火山と定義すると，地球表面の大部分は火山地形だといえないこともない．大洋底は広がるプレート境界の海嶺からわき出した火山岩からなるし，大陸にも広い範囲に溶岩台地や火砕流台地がある．またテフラのおおう範囲も広い．しかし，ここでは火山地形を，火山活動で生じた，噴出中心付近の地形と限定することにしよう．それは富士山のように，噴出物が積もった高まりの地形をさすことが多いが，爆発的噴火のために山体が破壊されたり，陥没したりして生じた十和田湖や鹿児島湾のような地形も含んでいる．また火山はふつう火山岩からなるが，後述のように火山岩からなる山すべてが火山というわけではない．

世界の火山

図 **1** に世界の活火山の分布を示す[1)]．グローバルな観点では，火山は広がるプレート境界とせばまるプレート境界に沿って帯状に分布するものと，プレート内部に点的に分布するものとに，大別される．広がるプレート境界の火山があまり図示されていないのは，深海底のため火山活動の情報が少ないことに由来するのかもしれない．一方，せばまるプレート境界の活火山は，全活火山のうち数では77％余を占める．そのうち約80％は太平洋をとりまく「火の環」に位置する[1)]．

広がるプレート境界の火山は，大西洋中央海嶺や東太平洋海膨といった深海底の火山帯で代表される．とくに噴出物の量が多いところは，アイスランドなどのように島となって海面上に現われている．そのほか東アフリカや紅海・アラビア半島の火山もこれに属する．これらの地域では，活動はあまり爆発的でなく，溶岩台地，盾状火山，溶岩湖，

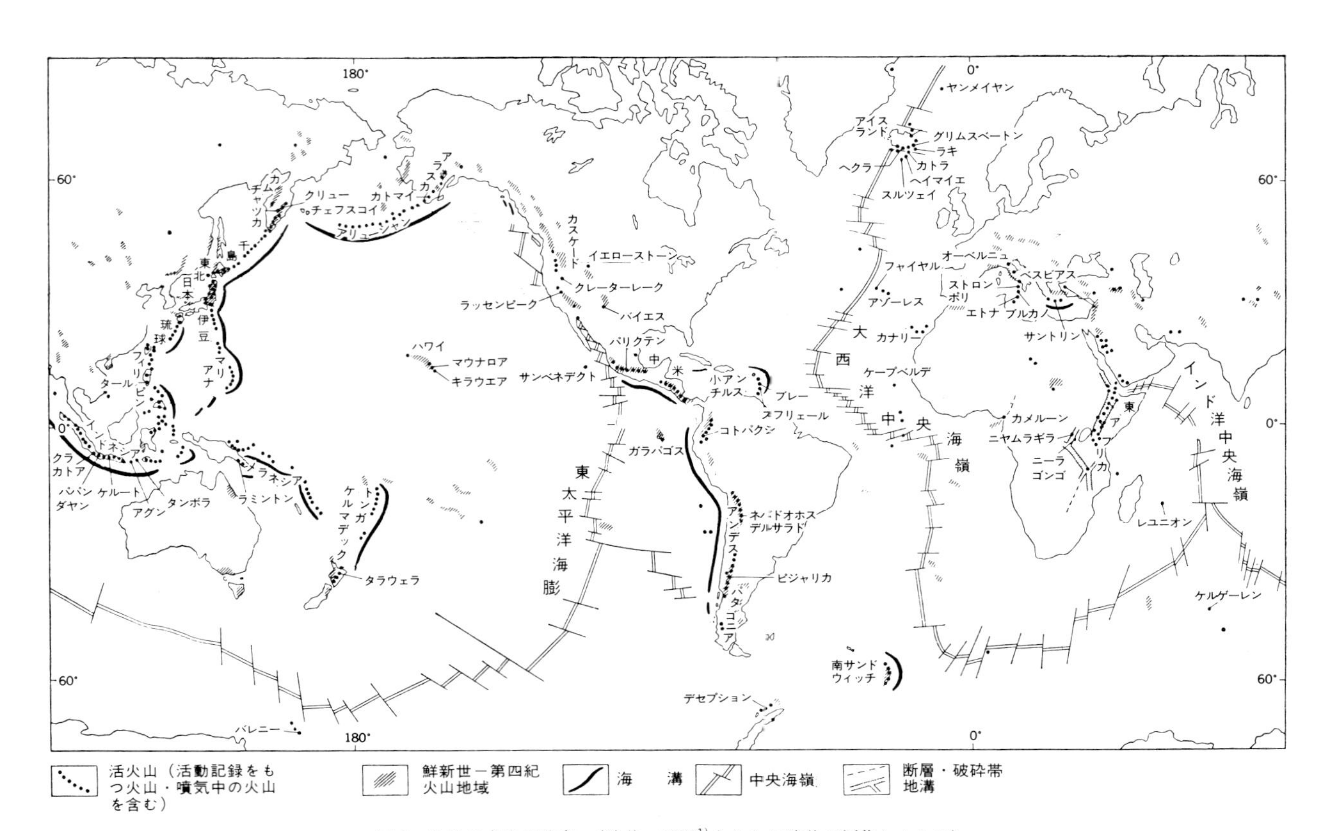

図 1　世界の火山の分布．（勝井，1972[1)]をもとに勝井が編集したもの）

そして多数の砕屑丘などの地形が発達する．環太平洋地域以外のせばまるプレート境界の火山としては，インドネシア弧，エーゲ弧，小アンチル弧などがあげられる．いずれも，中性～珪長質のマグマに特有な，爆発的な火山活動が活発で，成層火山やカルデラが多く生じている．プレート内の火山としては，太平洋におけるハワイのほか多数の火山島や海山，さらにアジア大陸のモンゴル，中国，シベリアに点在する火山があげられる．多くの場合，個々の火山の規模は大きい．

広がるプレート境界の火山の代表例としてアイスランド，せばまるプレート境界のそれとして日本列島，プレート内のホットスポットの火山としてハワイをとりあげ，マグマの生産速度を比較した結果[2]によると，アイスランドでは4～6 km^3/年，ハワイでは1 km^3/年以下であるのに対し，日本では0.75 km^3/年程度である．このことは，開くプレート境界とホットスポットにおける火山地形の単位が，せばまるプレート境界におけるそれに比べてはるかに大きいことと調和的である．前者の2地域の火山を特色づける玄武岩質の盾状火山は，後者にはほとんど認められない．

日本列島とその周辺の火山

環太平洋の変動帯では，北米大陸西岸を除くと火山の配列にいくつかの規則性が認められる．すなわち海洋側に海溝が発達し，これと並行して内陸側(内弧側)150～300 km の距離に火山帯が形成されている．海溝付近とそのすぐ内陸側には浅発地震帯があるが，さらに内陸にいくにつれ，震源は深まり，かつ地震の発生密度も小さくなる．そして火山がはじめて出現する火山前線の位置は深さ100～250 km の地震の発生する地帯の直上にある．日本列島では太平洋プレートとフィリピン海プレートの縁(海溝)に平行に2系統の火山前線・火山帯が形成されている．火山の密度と大きさ(噴出物の量)は火山前線に近い地域でもっとも大きいが，内弧側にいくほど減少する．ただし内弧側に入ったところでも鳥海山，大山，済州島(チェジュ)，鬱陵島(ウルルン)などのように，ところどころに大型の火山が見られる．また火山前線から内弧側にいくほど，噴出物はアルカリ(K_2O+Na_2O)に富むようになる．アルカリに富むマグマはより高圧の条件下，すなわちより深い所でつくられるので，マグマの発生場所は内弧側ほど深く，日本列島の地下では深発地震の発生す

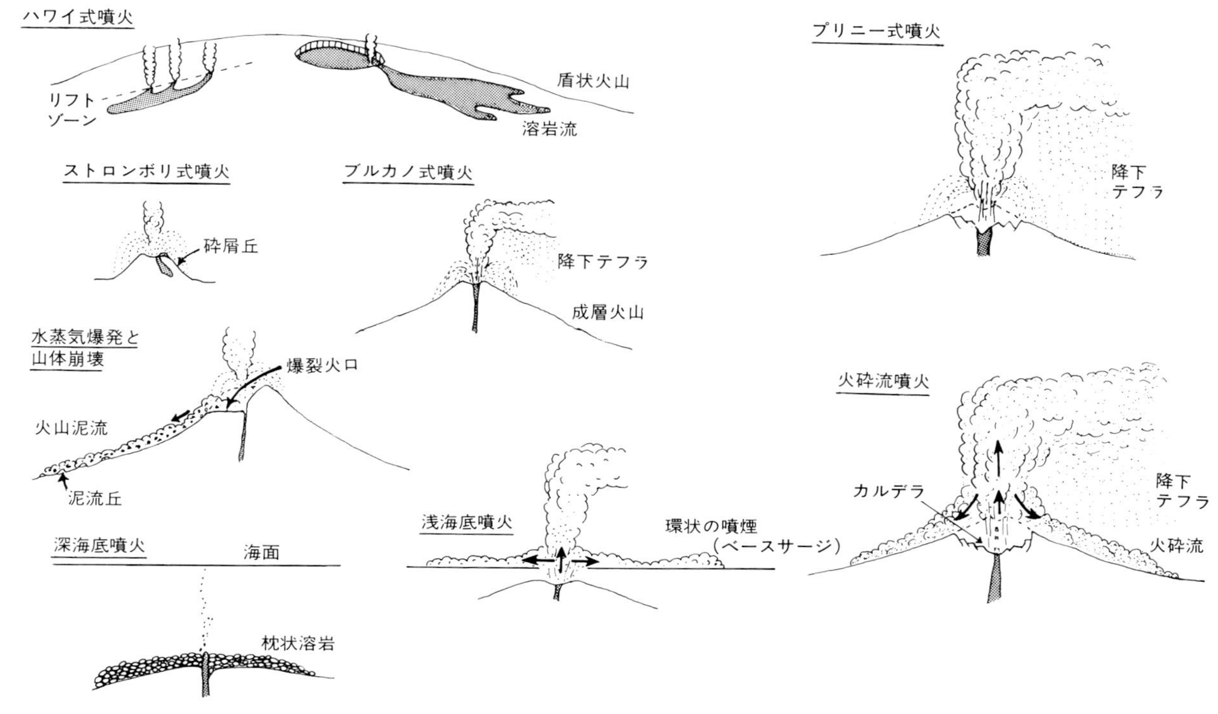

図2　いろいろな噴火様式.

写真 1 プリニー式噴火．セントヘレンズ，1980 年 5 月 18 日．(U. S. Geol. Surv.)

写真 3 小規模な火砕流噴火．浅間山，1973 年 2 月 6 日．(長野県町営浅間火山博物館，宮崎氏撮影)

写真 2 1980 年 5 月 18 日セントヘレンズ噴火による降灰．日中でも夕方のように暗い．(K. Ronnholm 撮影)

写真 4 ハワイ式噴火．キラウエア火山の割れ目噴火(1971 年 9 月)．

る面に相当すると考えられている[3]．

火山活動と噴出物および火山地形

火山地形のいろいろなタイプを決めるのは，火山活動の様式，それにともなう噴出物の性質と量，そして活動の反復性である．それらは多くの場合，マグマの性質と噴火時の物理条件(マグマの温度，火口の形，火口周辺の環境など)に深く関係する．**図 2** には種々のタイプの噴火様式と火山地形との関係を模式的に示してある．

一般に珪長質マグマの噴火は爆発的であり，頻度は比較的小さい．それはこのマグマに水(蒸気)が多量に含まれること，マグマが高粘性で容易には移動しにくいことなどによる．プリニー式と呼ばれる爆発的噴火は，多量のガスとテフラを瞬時に放出する(**写真 1**)．その結果，火口は大きく破壊されたり，陥没したりしてカルデラの地形をつくる．火口の上空に立ち上った噴煙柱をつくる軽石・スコリア・岩片・火山灰など(テフラ)は風に送られて広い地域に降下・堆積する(**写真 2**)．また高温のガスとテフラの流れ(火砕流)は，発泡しながら高速度で火口から周囲の地域に広がり(**写真 3**)，大規模な場合には平地や谷間にテフラが堆積して台地(火砕流台地)をつくる．火口内に珪長質マグマの液相の部分(溶岩)が現われるときには，比較的低温で高粘性のために急峻なドーム(溶岩円頂丘)が生ずる．

マグマの性質が苦鉄質であると，その噴火はハワイ式と呼ばれる大量の溶岩の流出活動(**写真4**)や，ストロンボリ式と呼ばれる溶岩の破片を噴出する活動となる(**写真5**).それはあまり爆発的ではないが，頻度は高いのがふつうである．こうした特徴は，苦鉄質マグマが高温で低粘性であり，しかも水の含量が少ないことに由来する．こうした活動の結果，火口が小さな火山錐や盾状の火山，あるいは小型の砕屑丘が生ずる．なお，マグマが苦鉄質であっても，海水や湖水，積雪，氷河氷などに接触して多量の水をガス化した場合には，激しい水蒸気爆発を起こし，ベースサージ(**写真6**)を発生させ，大きな凹地(マール)を生んだり，火山錐の斜面大崩壊(爆裂火口の形成)を誘発する．後者の場合崩壊物質は山麓に堆積して，凹凸の多い泥流地形をつくることが多い．

日本列島に例の多い中間の性質をもつ安山岩質マグマの活動とそのつくる地形は，上記2タイプの中間的なもので，溶岩の噴出を中心とした比較的穏やかな活動とテフラ噴出の多い爆発的活動とが交錯する．前者の活動が中央火口において長く続くと，円錐形の均斉のとれた成層火山が生ずるが，後者の活動が介在すると，小カルデラができたり，爆裂火口ができたりして複雑な火山地形を生む．箱根火山のように，せまい地域にいろいろな火山地形(大型成層火山，カルデラ，火砕流台地，小型の盾状火山，溶岩円頂丘，小型の成層火山など)が見られるのも，玄武岩質からデイサイト質までのいろいろな岩石を生じた安山岩質マグマによる，長寿の火山の特色だといえよう．

上記のような，陸上火山の火山活動，噴出物，火山地形の間に見られる一定の関係は，目撃された噴火の研究，および個々の火山の地質学的研究から導かれた結果である．ところで，これとは別になかなか観察する機会のえられない火山活動がある．深海底の火山活動と厚い氷河氷下での噴火(氷底噴火)がそれである．これらについても最近とみに知見が増えてきた．高水圧の条件下にある深海底の火山活動では，マグマは枕状(まくらじょう)溶岩や水中自破砕溶岩となって，比較的ゆるやかな傾斜をもつ火山を形成するらしい．また氷底噴火ではしばしば急速な融氷にともない泥流が発生する．氷期に厚い氷床下の噴火で生じたと考えられる独特の

写真5　ストロンボリ式噴火．アイスランド，ヘクラ，1970年．(© Solarfilma, Iceland)

写真6　ベースサージ．タール火山，フィリピン，1965年．(WWP)

地形をもつ卓状火山やパラゴナイトリッジがアイスランドの火山地形を特色づけている．

上記のように，さまざまな火山地形と噴出物の性質を究明することにより，われわれはそれを生んだ火山活動の様式，形成機構，さらには火口付近の環境条件も理解することができるのである．

火山活動の反復性と地形発達

火山には，1回のひとつづきの噴火でできた比較的小型のもの(単成火山または単輪廻火山)から，数千回もの噴火がせまい地域に数十万年間にわたって繰り返されてできた大型のもの(複成火山または多輪廻火山)までいろいろある．単成火山は地殻に伸長応力が働くような地域に，群れをなして形成されることが多い．このような地域には地殻に多数の割れ目が生じ，時によりそのどれかが噴出中心となって，そのまわりに砕屑丘や小型の盾状火山あるいは溶岩円

頂丘がつくられる．単成火山の火山活動継続時間はふつう数時間から十数年の長さである．

複成火山は，地殻の下部に大きなマグマが存在し，しかも噴出中心の位置があまり大きく変わらないといった条件の下でつくられる．あまり爆発的でない噴火が限られた噴出中心で反復した場合には，円錐形の火山が生じる．噴火と噴火との間の休止期の長さは，一般に珪長質マグマの場合に長く(1千年～数万年)，苦鉄質マグマの場合に短い(数十年～数百年)．また長い休止期間をへて起こった噴火ほど，マグマの結晶分化はすすんで，大爆発となることも知られている[5]．

カルデラのうち，一般に小型のものは単輪廻の活動で生じるが，大型のものは多輪廻の噴火によることが多い．しかし，過去に何回ものプリニー式噴火の証拠をもつ大型のカルデラでも，その地形は最新の大噴火に影響を受けていると見られる場合が多い．なお，珪長質マグマによる単輪廻の巨大噴火の噴出物の容積は，何万年にもわたって噴火成長してきた複成成層火山のそれにほぼ匹敵するほど多量であることも知られている．現在のところ，スマトラのトバ湖の約75,000年前の噴火は，第四紀後期では世界最大で，体積およそ2000 km^{3}のテフラを噴出して広い火砕流台地を形成し，100 km×30 kmもの大カルデラ(再生カルデラ)を出現させたことが知られている[6]．

いうまでもなく，現実の火山地形は過去の噴火の歴史を反映している．**図3**は，こうした地形発達史の観点から日本列島の火山を分類したものである[7]．

ところで，火山地形は成層火山であるとカルデラ火山であるとを問わず，活動の最盛期から時間がたち活動が微弱化するとともに，侵食をうけ形を変えていく．日本列島の火山噴出物の場合，年代測定が行なわれた例(富士山や箱根山)[8,9]から考察すると，大型複成火山の寿命は数万年から数十万年間にわたる．日本のように侵食の激しい地域では，活動最盛期から50万～100万年も経過した火山体は著しく侵食されて噴出中心も判定しがたいような複雑な地形に変貌する．カルデラの場合も，十数万年以上経過すると，埋積がすすむとともにカルデラ壁も侵食され，著しく変貌をとげる．このような火山の地形変化の速度から判断すると，現在見られる火山地形はほとんどすべて第四紀に入ってから形成されたものである．第三紀や中生代の火山活動に火山地形にではなく，山地をつくる火山岩に記録されている．日本列島の場合，新第三紀火山岩類は第四紀火山の基盤をなすことが多い．

火山地形と噴出物は種々の地学現象をとく鍵となる

火山活動は，比較的短時間のうちに独特の整った地形を

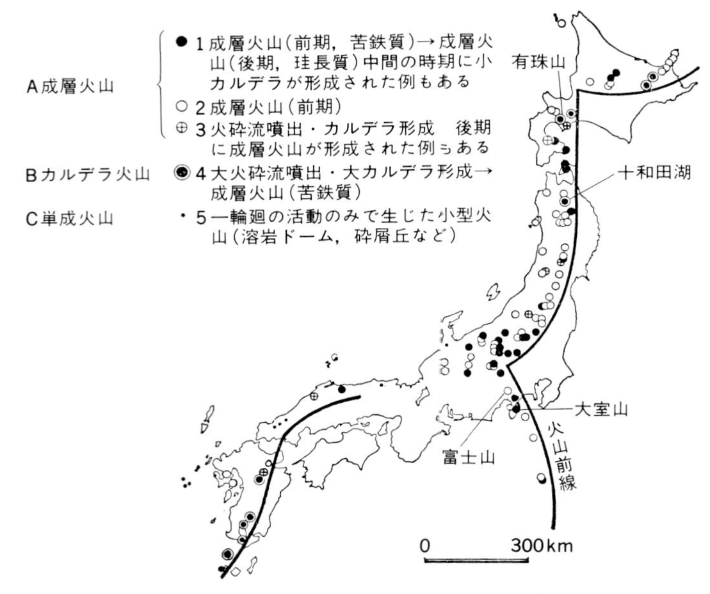

図3　発達様式によってわけた第四紀火山．(守屋，1979[7]にもとづく)

形成する．そのため原地形の失われ方，程度，あるいはその変形の様子から侵食作用や地殻変動の性質や速度を求めることが可能である．また火山帯はどのような気候帯にもまたがって形成されているため，多くの火山の谷地形を比較することにより，ある時代の気候に影響された侵食営力の高度的分布を求めることもできる．たとえば，雪線や周氷河的環境の高度などの緯度的な変化は，多数の成層火山の谷地形から求められる．また，火山噴出物の放射年代測定や古地磁気編年は，他の地層よりも容易に行なわれるので，その結果を利用して氷河編年や気候編年を確立する試みも行なわれている[10,11]．

火山体における側火口の配列には，地域によって特定の方向性が認められることが多い．これは，個々の火山体の下にたまたま存在する弱線の現われと考えるのではなく，当該地域全体に火山とは独立に存在する広域的な地殻応力場方位を示唆すると考えた方がよい[12] ようである．

火山噴出物のうちテフラ層は瞬時に広い地域をおおい厳密な同時面を形成することから，古くから地学や考古学などの研究に鍵層として用いられてきた．現在では，テフラは火山活動史や火山地形発達史を編む上に欠かせない噴出物であるとともに，その広い分布地域の地形発達，層位，古生物，土壌，考古などの研究に目ざましい進歩をもたらす地層として注目されている[9]．さらに，テフラをもたらす爆発的噴火は，人類に甚大な災害を与えるとともに，広い範囲の自然環境(生態系も含む)に大きな影響を与える．過去においては，古代文明の衰退をもたらした噴火もあった．また，エアロゾルは成層圏に滞留して日射をさえぎり，グローバルな気候に影響を与えることも知られている．このようにテフラの関係する研究分野はきわめて多岐にわたっている．

§10-1 火山活動にともなう地形変化——有珠山

有珠火山は，洞爺カルデラの南壁に生じた複成火山で，直径 1.8 km の小カルデラをもつ成層火山(基底直径 6 km，比高 500 m)と多数の中央火口丘や寄生火山(砕屑丘，溶岩円頂丘，潜在円頂丘など)からなる．

この火山の活動は，約 1 万年前から 7～8 千年間の成層火山形成期ののち，長い休止期をおく．そして 1663 年の大噴火で新しい活動期に入り，現在までに 7 回の活動が記録されている．いずれも噴火期間は 1 カ月～2 年と短く，活動休止期は約 30 年～100 年と長い[1,2]．ここでは 1943～1945 年と 1977～1978 年の噴火による地形の変化を示す[3～5]．

1943～1945 年の昭和新山の形成場所は **C** と **D** の比較から明らかなように，有珠外輪山東麓の緩傾斜地(畑地)である．**D** の昭和新山頂上部東側の台地状平坦地(屋根山)は，外輪山溶岩や 1663 年の降下軽石からなるもとの地表が押し上げられた部分である．ここには押し上げた張本人である溶岩は露出していない．このような山は潜在円頂丘と呼ばれ，有珠火山では他に 6 例(オガリ山，有珠新山，明治新山など)もある．一方，屋根山から突出している昭和新山頂上部は，厚い被覆層を突き破ってでてきた高粘性の溶岩からなる．このような昭和新山の生長はミマツダイアグラムとして観測，記録された[6] (**A**)．

1977～1978 年の噴火は，有珠カルデラ内で起こったもので，テフラを噴出する爆発的噴火は 1977 年 8 月 6 日以降の 1 週間(第 1 期噴火)と 11 月 16 日以降の 1 年弱の間(小規模な水蒸気爆発が多発，第 2 期噴火)に起こった．多数の火口から大気中に放出された軽石・火山灰は，風に運ばれて **B** のように広がった．**B** の中の 1～4 火口は第 1 期噴火の火口で，a～n 火口は第 2 期のそれである．多くの火口はのちに埋没したり破壊されたりして，j～m 火口(結合して一つの火口となる)と第 4 火口とが残された(**E**)．

D と **E** の比較によると，著しい地形変化は，噴火後数カ月以上もつづいた高粘性マグマの上昇によってもたらされた．その顕著なものはオガリ山の隆起と有珠新山の形成(南西側に断層崖を形成)，小有珠の沈降(57 m 低下)，それに外輪山北東縁の外側への水平移動(160 m，その結果外輪山斜面は急傾斜となり，崩壊を誘発した)などである(**B, D, E**)．有珠山北麓の各地では地盤変動の結果，各種の施設が被災した．

ここでは最近 2 回の噴火による地形変化をみたが，同様の現象は歴史時代の噴火でも繰り返された．小有珠溶岩円頂丘，旧オガリ山潜在円頂丘，大有珠溶岩円頂丘，四十三山(明治新山)はそれぞれ 1663(または 1769)年，1822 年，1853 年，1910 年の爆発的活動後の珪長質高粘性マグマの上昇によって形成されたものである．

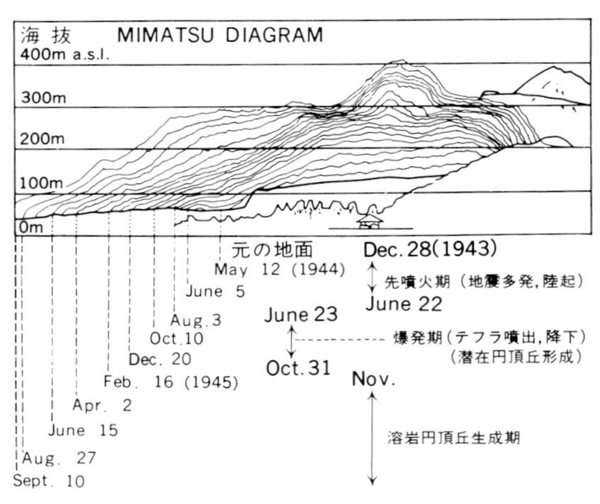

A 昭和新山の成長を示すミマツダイアグラム．2.5 km 東方から観測．(三松，1970[6])

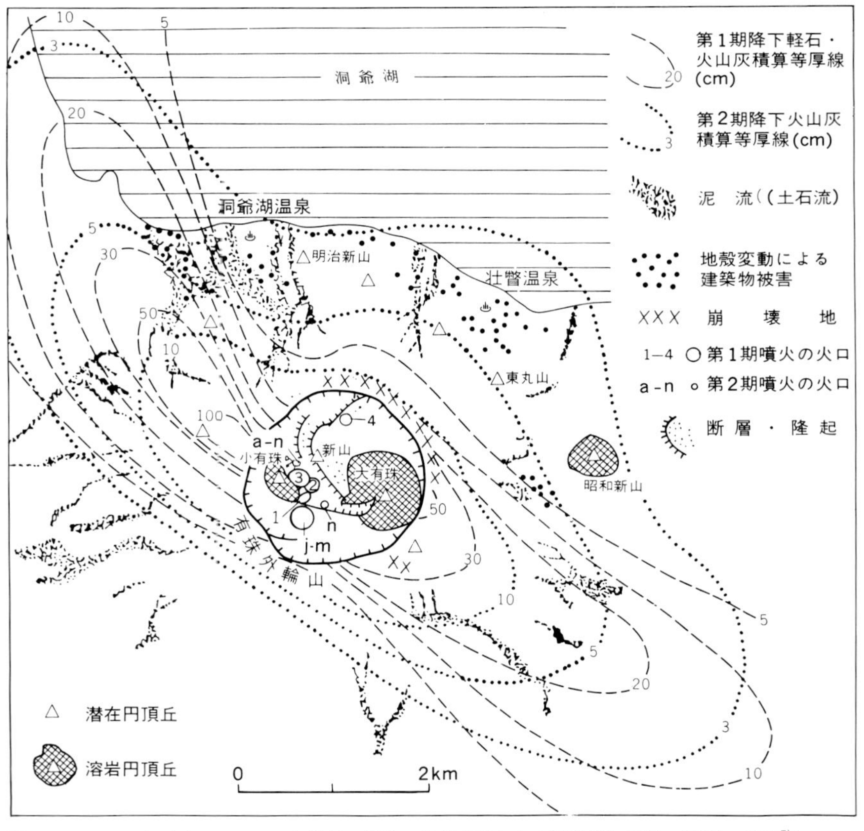

B 1977～1978 年噴火にともなった降灰，泥流，地殻変動による災害発生地域．(勝井，1980[7])

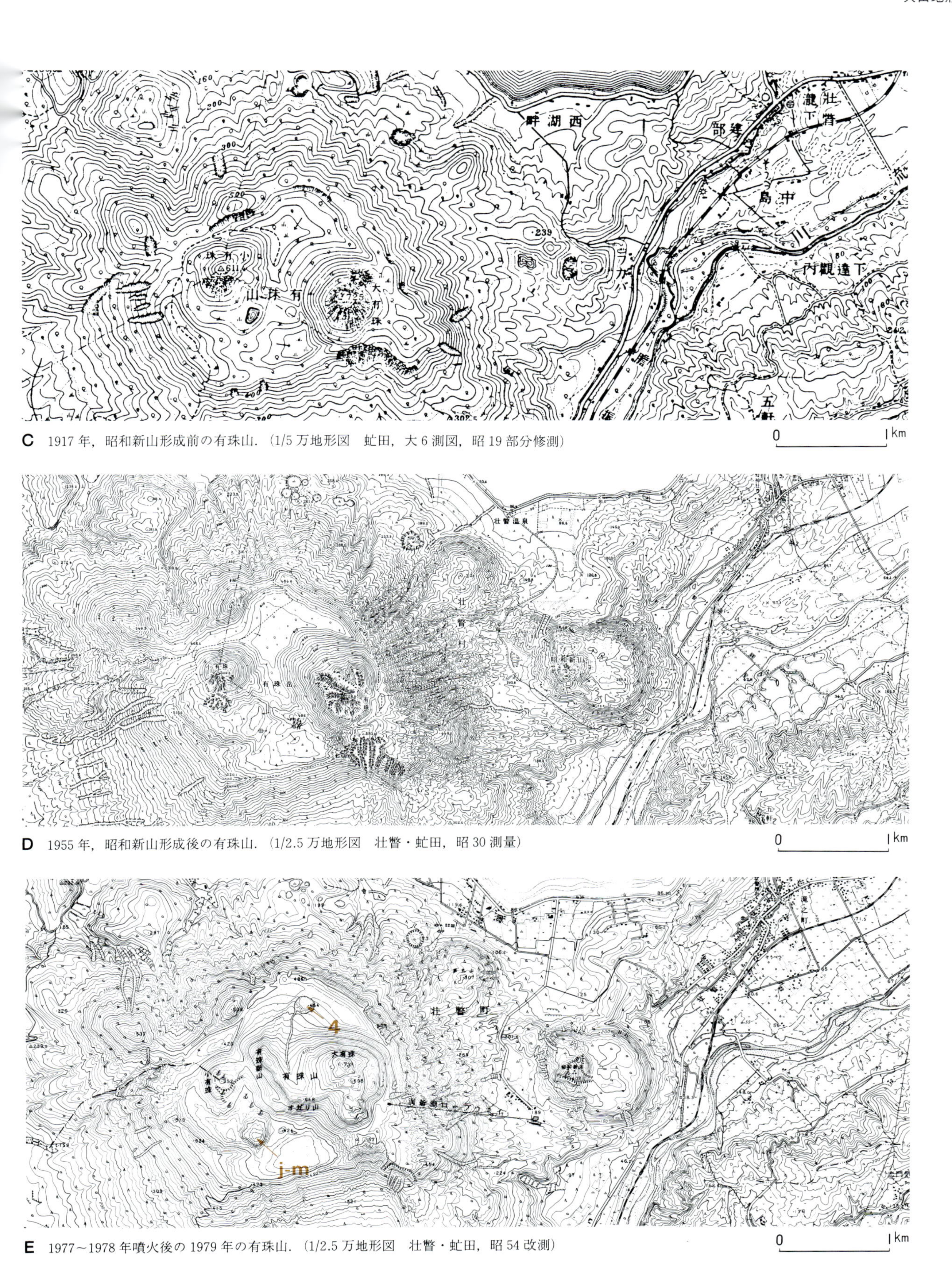

C 1917 年，昭和新山形成前の有珠山.（1/5 万地形図　虻田，大 6 測図，昭 19 部分修測）

D 1955 年，昭和新山形成後の有珠山.（1/2.5 万地形図　壮瞥・虻田，昭 30 測量）

E 1977～1978 年噴火後の 1979 年の有珠山.（1/2.5 万地形図　壮瞥・虻田，昭 54 改測）

§10-2 爆発的噴火で生じたカルデラ──十和田湖

1回ないし数回の大噴火で10^1～10^2km^{3}もの多量の噴出物を噴出し，その結果カルデラ──クラカトア型カルデラ──を形成した火山の典型例が十和田湖である．十和田カルデラは**C, D**のように外側の大カルデラと中湖カルデラとの二重になっている．外側の方形のカルデラの縁辺に広がる台地は，古い成層火山の裾野ではなく，カルデラ形成に関わって噴出した火砕流堆積物のつくった台地で，同様のものは十和田湖から距離数十kmもの広い地域に認められる(**A**)．外側のカルデラ底(湖盆)は浅く，平坦で，厚い噴出物や陥没した岩体のかけらで埋まっているらしい．なお小突起御門石は御倉山とともに後カルデラの溶岩丘である．カルデラ縁が円形でなく方形であるのは，陥没が既存の断層を利用して起こったことを示唆する．**C**のa地点では火砕流台地が北北西-南南東の断層(東上り)で変位している．テフロクロノロジーによると，大量の火砕流を噴出した巨大噴火は，約5万年前以降3回ほど発生した．最新の大噴火は15,900～15,500年前ごろに起こり，八戸降下テフラと八戸火砕流堆積物を噴出した[1,2](**A, B**)．外側のカルデラはこのときに生じた．

内側の中湖カルデラは陥没カルデラではなく，爆発で生じた．はじめ10,000～9000年前に十和田湖の南部に，苦鉄質マグマの活動により小型の成層火山が生じた．**C**の中山半島から御倉半島までの南側斜面がその裾野にあたり，溶岩や一部溶結した降下テフラ群(二ノ倉火山灰)[2]からなる．この山体の大部分を破壊し，中湖をつくった爆発は，約9200年前と約6000年前に起こった(**B**)．前者は体積約2 km^{3}の降下軽石(南部軽石[2])を噴出したプリニー式噴火で，後者は4～5 km^{3}もの降下軽石・火山灰(中掫軽石[2])を噴出したプリニー式・水蒸気プリニー式噴火である．十和田カルデラのテフラの多くには，マグマが湖水に接触して起こったと考えられる水蒸気プリニー式噴火の堆積物が認められる．中湖カルデラの急峻な壁が2段(陸上と湖底)に分けられることや，北西部の湾入した火口状の壁，あるいは北方から伸びる谷地形などは，いずれも数回の噴火と関係をもって形成されたに違いない．

なお，十和田カルデラの最新の噴火は，10世紀初頭(AD 915年らしい)に起こり，降下軽石・火山灰(大湯軽石，十和田a)や，毛馬内火砕流を噴出した[3]．このような噴火史は，十和田湖が1000～2000年に1回位の頻度で爆発的噴火をする活火山であることを示唆している．

B 最近1.6万年間に十和田カルデラが噴出した主なテフラ．(Horiuchi *et al.*, 2007[5]；工藤，2008[6]；Bourne *et al.*, 2016[7]；McLean *et al.*, 2018[8]による)

テフラ名	噴出物の種類	降下テフラの分布主軸	考古学的年代	年代
十和田aテフラ	pfa, afa, ps, pfl	S へ 280 km	平安時代	西暦915年
十和田b降下軽石	pfa, ps (?)	ESE へ 50 km	縄文晩～弥生	2700年前
中掫テフラ	pfa, afa, ps	SW へ 700 km	縄文前期	6000～5900年前
南部軽石	pfa	ESE へ 80 km	縄文早期	9200年前
二ノ倉火山灰(群)	sfa, afa	E へ 30 km	縄文早期	15500～11700年前
八戸テフラ	pfa, afa, pfl	E へ 60 km 以上	細石器時代	15900～15500年前

pfa：降下軽石，afa：降下火山灰，sfa：降下スコリア，pfl：火砕流堆積物，ps：火砕サージ堆積物．

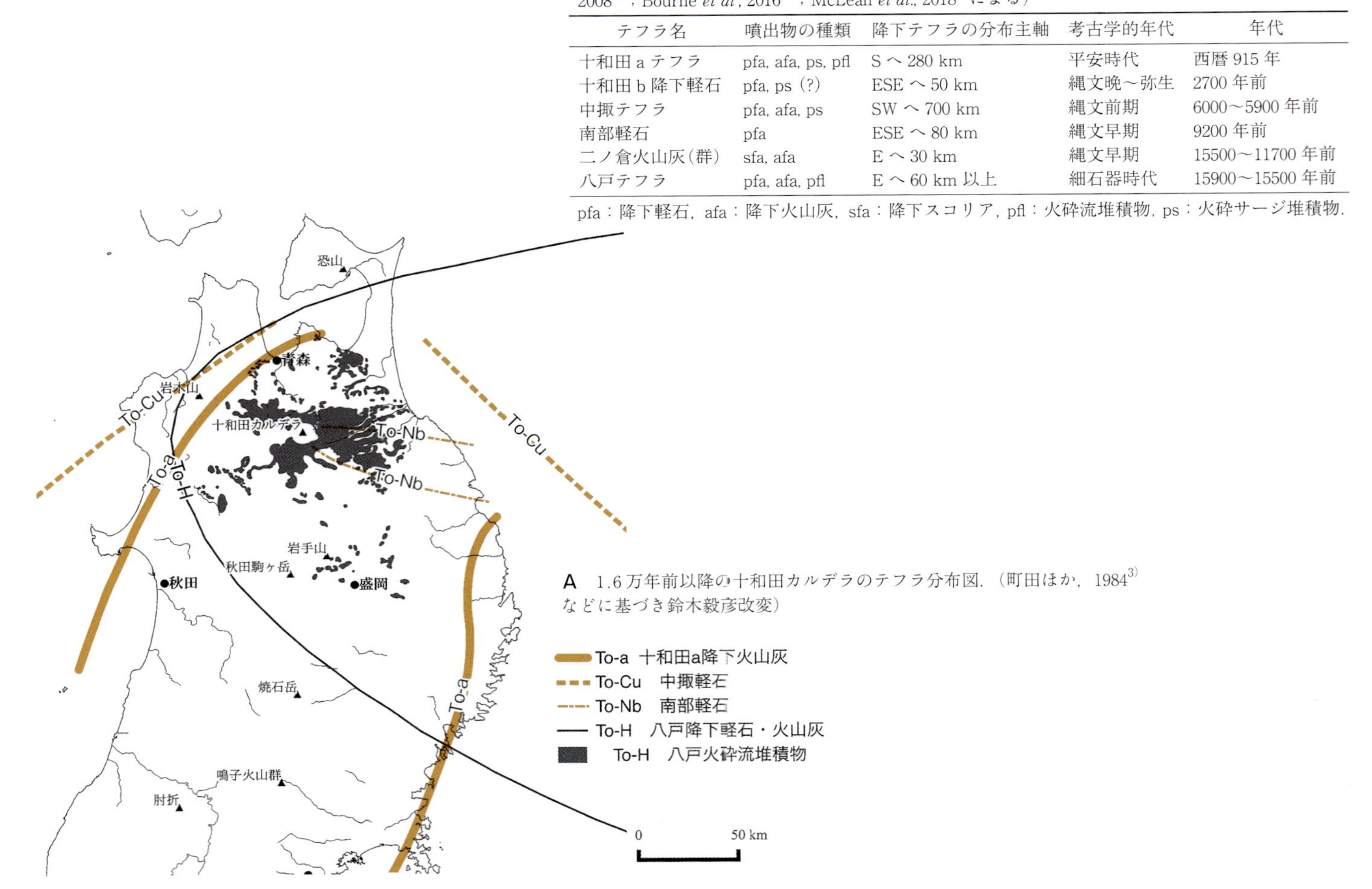

A 1.6万年前以降の十和田カルデラのテフラ分布図．(町田ほか，1984[3]などに基づき鈴木毅彦改変)

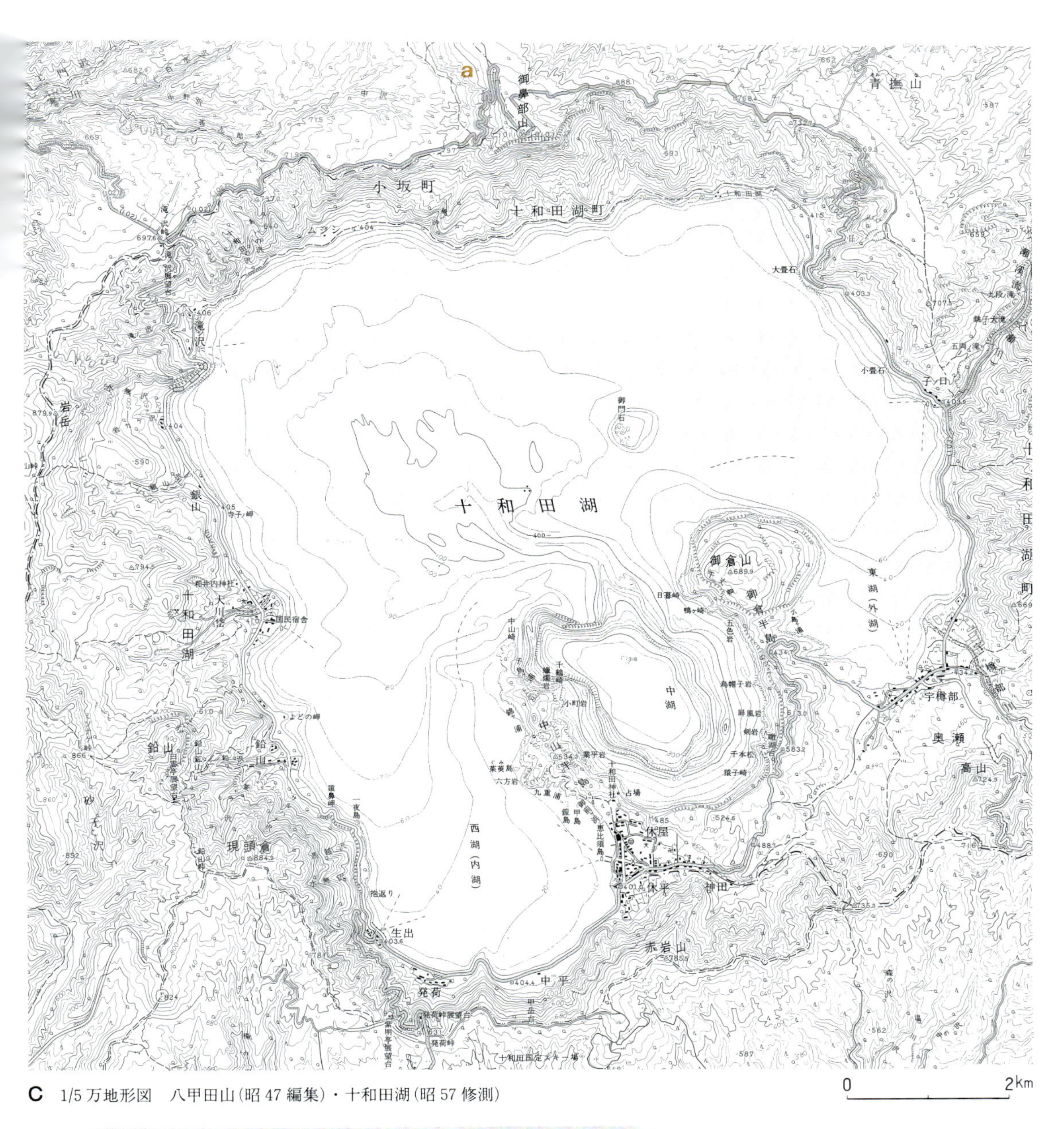

C 1/5 万地形図 八甲田山（昭 47 編集）・十和田湖（昭 57 修測）

D 冬の十和田湖．（稲村不二雄氏撮影，朝日新聞社，世界の地理，**4**, 1984 より）

§10-3 複成(成層)火山——富士山

苦鉄質マグマによるあまり爆発的でない噴火(ハワイ式, ストロンボリ式)が, 主火口で繰り返されると, 山体の割に火口が小さく, 裾野をひいた円錐形の火山が生長する. 富士山は, 噴火がおよそ8万年間にわたり, 数十年〜数百年の間隔で千回以上も反復した結果, 溶岩や粗粒テフラが積み重なって日本最大の火山に成長した(**A, B**). 山腹や頂上の火口から流下した最新期溶岩流群(**B**)は, 2000年前〜1000年前ごろの噴出物で, いずれもほとんどテフラをともなっていない. 一方, 高空へテフラを噴出する爆発的噴火も稀ではなかった. AD 800年と1707年の噴火がその例で, 二つの場合とも多量のスコリア・火山灰を南関東に降下させた(**C**)[1]. 中央火口から20〜40 kmの範囲に堆積して山体をつくった噴出物(主に溶岩と粗粒テフラ)の総体積はおよそ250 km^3, 山体から遠隔地に抜け出した降下テフラ(関東ローム層の上部をなす)のそれは200 km^3にものぼる(**D**). 広い地域をおおったテフラは, その中に他の火山由来のテフラをはさみ, 噴火の前後関係を解明させ, また考古学, 地形学, 土壌学などの研究とも深く関わり, 総合してこの地域の地史を編むのに役立っている[2]. 富士山活動開始を示す年代は, 富士のテフラ層群の最下部にあって, フィッション・トラック法でおよそ8万年前と年代決定された御岳第1軽石層にもとづいている[3]. また縄文早期の時代ょ, 富士山の爆発的活動が比較的静穏な時期であったことも解明されている[2].

富士山の等高線は, 完全な同心円を描かずに北西ー南東方向にのびた楕円形をなす(**E**). この方向には60個余りの寄生火口が開き[4], 砕屑丘や溶岩流が形成されて, 斜面を高まらせた. 北西ー南東方向の火口の帯状配列は, 近くの箱根や伊豆大島などでも共通に見られ, 火山とは独立に存在する広域的な地殻応力場方位の現われと考えられている[5].

主火口の周りに噴出物が厚く堆積している富士山でも, ところどころに古い山体が顔を出している. **A**に見られる宝永火口東縁の突起は周囲の新しい溶岩流よりも高く突出し, 古い降下スコリア層からなる. また北山腹には, **B**のように小御岳と呼ばれる古い火山体が露出している.

A 南側からみた富士山. (国際航業㈱提供)
西側の斜面が東側に比べて急であること, 宝永火口は3つあること(下方のものほどテフラに埋もれて不鮮明), 宝永テフラの厚いところが裸地となっていること, などに注意.

B　富士山の地質概略図．上の地質断面図はテフラから考えられたもの．（町田，1977[6)]）

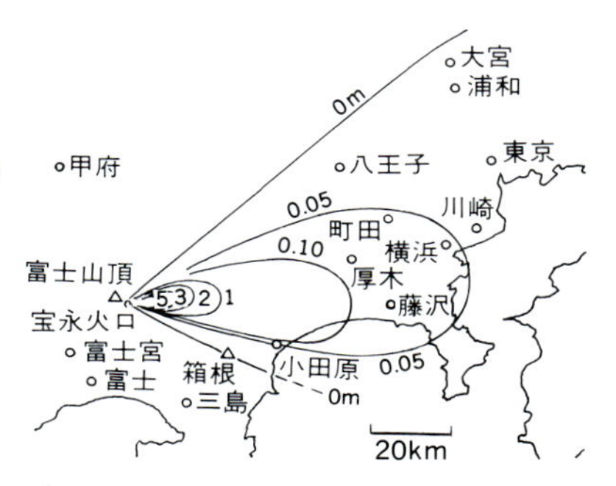

C　宝永スコリア（1707年）の等厚線図．（Tsuya, 1955[1)]，一部補訂）

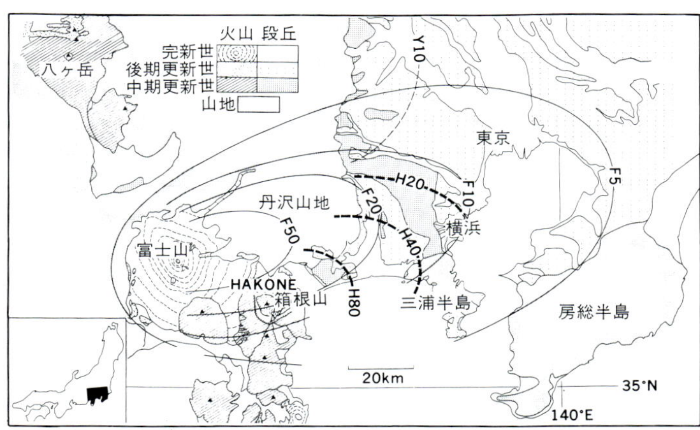

D　富士山から噴出したテフラの等厚線図（F）．このほかに，箱根山（H），八ヶ岳（Y）のテフラなどがえがかれている．数字は厚さ（m）を表わす．（Machida, 1975[7)]）

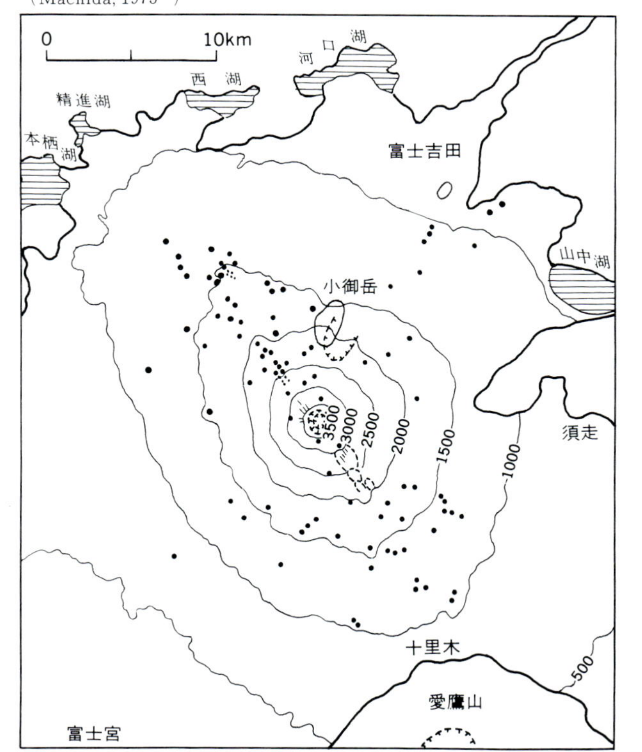

E　富士山の寄生火山の分布．（津屋，1943[4)]）

§10-4 降下テフラが厚く堆積した地域の地形——富士東麓

中緯度偏西風帯の火山では，テフラは火山の東麓に厚く積もって，独特の地形をつくる．ここでとりあげる富士東麓では，丹沢山地西部の山地斜面や河成段丘が厚さ 100 m を越すテフラの下に埋もれている．A, D の西部を占める湯船原は，富士火山の降下テフラ層，岩屑流堆積物，湖成層，河成礫層などが積み重なって生じた堆積平野が開析された台地で，ひと言でいえば火砕物台地（テフラ台地）である．降下テフラ層の厚さは 140 m をこす．またその北方に広がる緩斜面は，谷に刻まれていた丹沢山地の南斜面が，厚い降下テフラの堆積によって，谷密度の小さいなだらかな斜面に変貌したものである．こうした地形はここから西方～西北方の須走，篭坂峠，山中湖にかけてつづき，丹沢山地が富士山の噴出物の下に埋もれていく様子がわかる．

A, D の中部から東部にかけての地域は，いくつかの南東に流れる河谷に刻まれた低い山地の地形を示している．この地域の地質は B のように，足柄層（前期更新統－鮮新統，A）を基盤として堆積した後期更新世の河成礫層（駿河礫層，SG）と，その上に降下堆積した厚い降下テフラ層によって構成されている．降下テフラ層のグループ中には，南関東一円に広く追跡され，年代も測られている示標テフラが多く見出されており（とくに御岳第 1 軽石層（B の Pm-1）が重要），駿河礫層の堆積面の形成時代はおよそ 8 万年前と見積もられている[1]．

こうした若い年代の河成礫層のつくる地形は，ふつうの場合あまり開析されていない台地や段丘（南関東の小原台面相当）であるのに，ここではいかにも古そうな低い山地の地形を呈している．それは降下テフラが厚く台地の地形をおおったことやテフラの侵食に対する抵抗性が小さいことなどに由来する．

なお駿河礫層は，現在の谷の流向（西から東へ）と違って，東から西へ流れていた河川が形成したものである．丹沢山地中央部に発した当時の河川は，現在のように山地から南東方向に流れて足柄平野を経て相模湾に注いだのではなく，現在の富士東麓をとおって駿河湾に注いでいた．流路を大きく変更したのは，富士山がおびただしいテフラや溶岩を噴出した約 8 万年前～5 万年前の間で，おそらくその噴出物による堰止めが富士東麓で起こったためと考えられる[1]（C）．

A 空中写真（山-289，C8-13, 14, 15，1962）

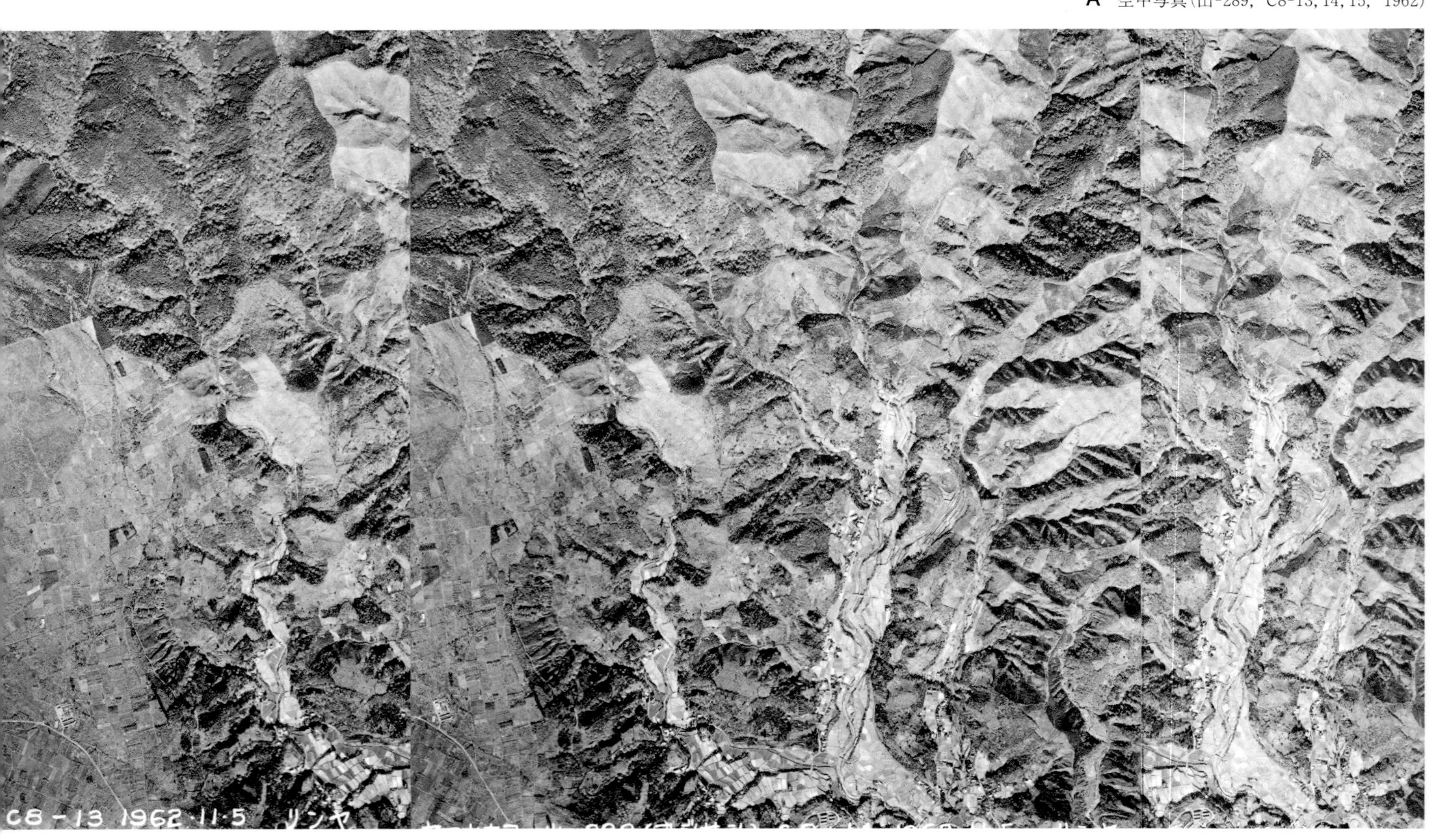

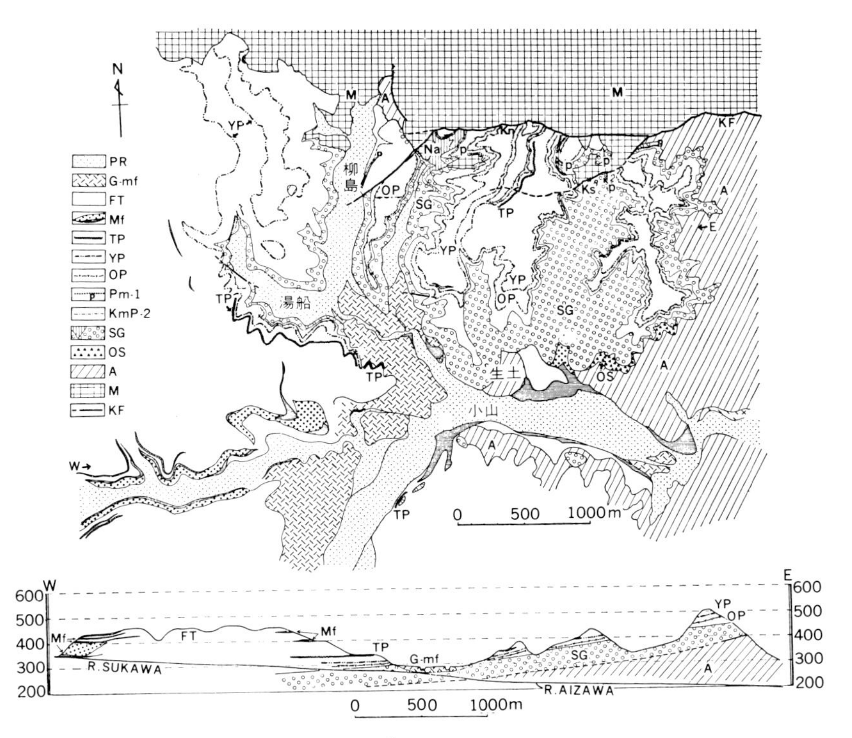

B 駿河小山付近の地質図．（町田ほか，1975[1]）
PR：現河床，G-mf：御殿場泥流堆積物，FT：富士山の降下スコリア群，Mf～Km P-2：示標テフラ，SG：駿河礫層，OS～M：基盤岩類，KF：神縄断層．

丹沢山地
(a)
小御岳
小山
古期外輪山
愛鷹山
新期外輪山
0 10km

丹沢山地
(b)
小御岳
富士山
愛鷹山
箱根山
箱根
TP fl 火砕流
溶岩流
湖のあと
0 10km

C 富士山の発達にともなう古地理のうつり変わり．aは約8万年前，bは約5万年前．丹沢山地から流れ出る河川（酒匂川）の流向に注意．（町田ほか，1975[1]）

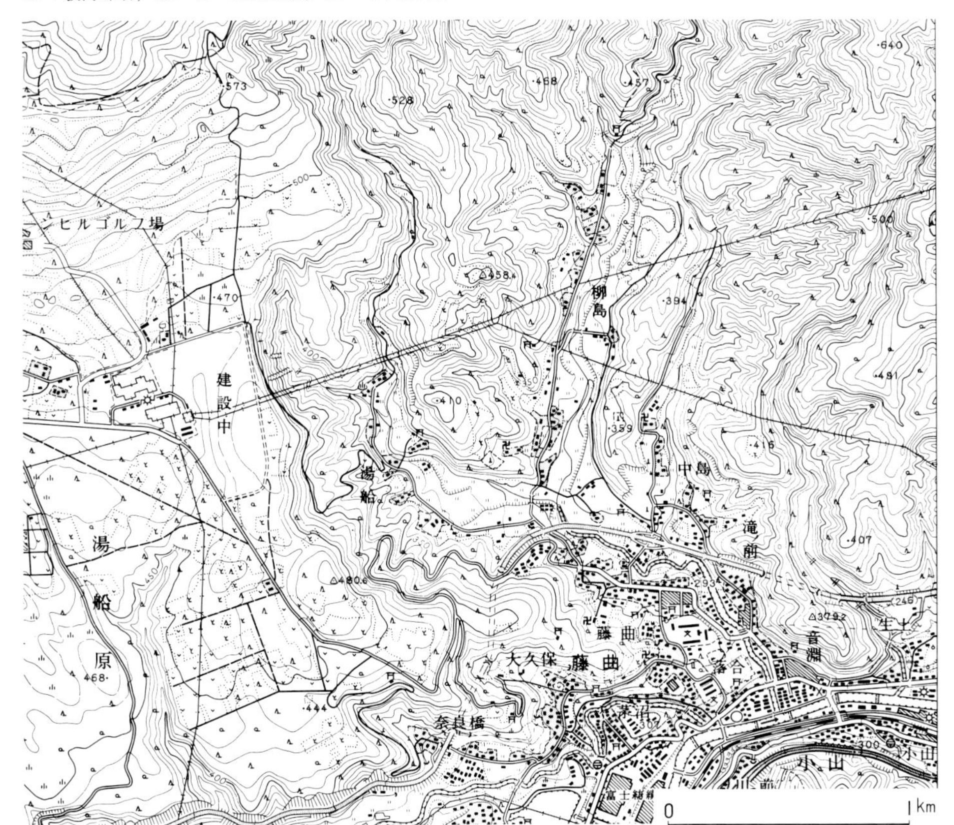

D 1/2.5万地形図 駿河小山（昭52修測）

§10-5 単成砕屑丘と溶岩流——伊豆大室山

苦鉄質マグマの活動による砕屑丘の形成と溶岩流の流出活動は，これまでしばしば目撃観察された．伊豆半島の単成火山群の中にもこのような活動で形成された小型の火山が多い[1]．大室山はその典型的な事例である．

大室山砕屑丘(**A**)の形成に先立って，スコリア・火山灰を噴出する爆発的噴火が起こった．それらの降下テフラは，**B**のように広い範囲に分布している．その厚さは砕屑丘直下でも，10 m 程度にすぎず，旧地表面を平行におおっている．なおこの降下テフラ層は，伊東市内各地の遺跡で縄文前期の土器包含層をおおい，縄文中期の土器包含層におおわれている．したがってこの噴火が発生したのは約 5000 年前と推定される．この噴火は縄文前期末のこの地域の人間と自然に大きな災害を与えたに違いない．

この噴火の後期にはマグマの発泡が悪くなって，比重の大きいスコリアや岩片が放出され，それらは弾道を描いて火口の周りに降下・堆積し，さらに斜面を転動して砕屑丘をつくった．砕屑丘の斜面は直線ないし，上方にやや凸の断面形をもっていて，ゆるく裾野をひく大型成層火山の火山地形とは異なっている．砕屑丘の構造は**C**のように模式化される[2]．

大室山をとり巻くように広く分布する溶岩の噴出は，降下スコリアとの層位関係からみると，一連の噴火の後期から末期にかけて行なわれた．その大部分は砕屑丘の火口から流下したのではなく，低位置の a, b (**D** の 2 カ所)から溢出し，広い範囲をおおって流れた．それらの溶岩噴出点は高まりをなすが，高粘性の溶岩円頂丘(§10-1 有珠山の例)とは異なり，低い丘をなすにすぎない．低粘性の溶岩は，川をせき止めて湖をつくったり(**D** の南西の池集落)，海食崖をはい下りて海に入り，三角州状の地形をつくった(**D** の c, d)．なお，溶岩が広く分布する「先原」一帯はゆるやかな台地をなすところから，「先原アスピーテ」と呼ばれたこともある．しかし先原一帯での溶岩の厚さは 5〜15 m 以下とごく薄く，各所でその底に降下スコリア層や更新世の風化テフラ層などが露出している．したがって先原の台地状の地形は，溶岩流の堆積によって強調されたものの，大局的にはそれ以前の多輪回の火山活動により形成されたと考えられる．

A, D では砕屑丘の火口の一部から溢れ出た溶岩も認められるが，ごく小規模である．火口壁の西部から西側斜面に脈状の高まりをみせ，砕屑丘の麓に堆積している小地形がそれである．

A　空中写真(CB-67-1 X，C 14-15, 16, 17)

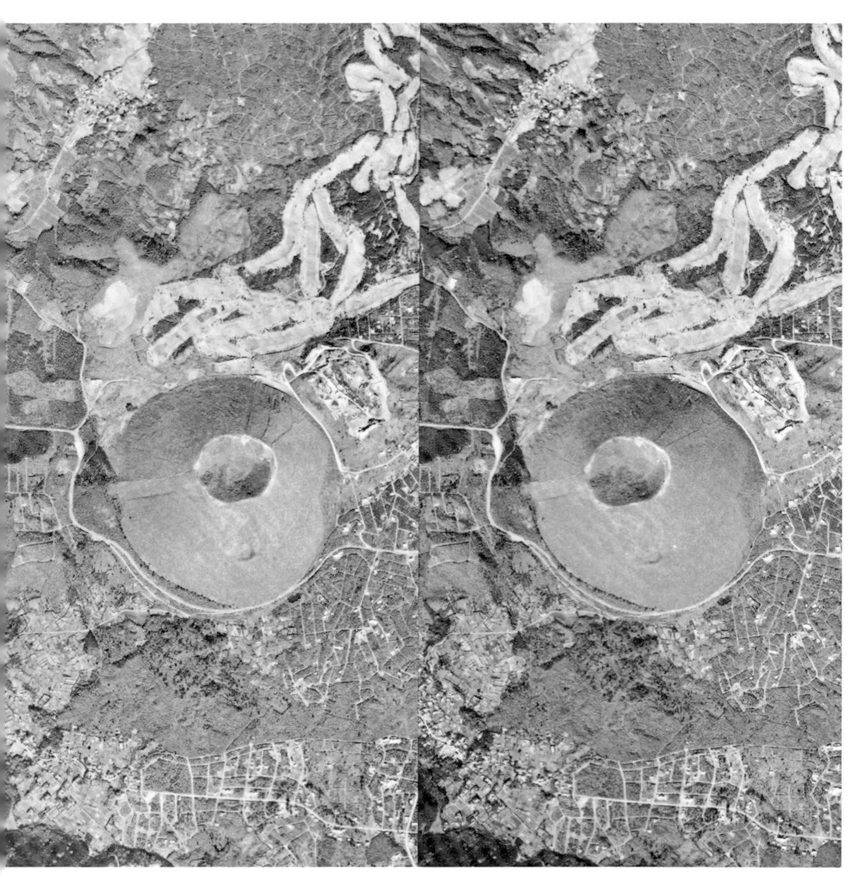

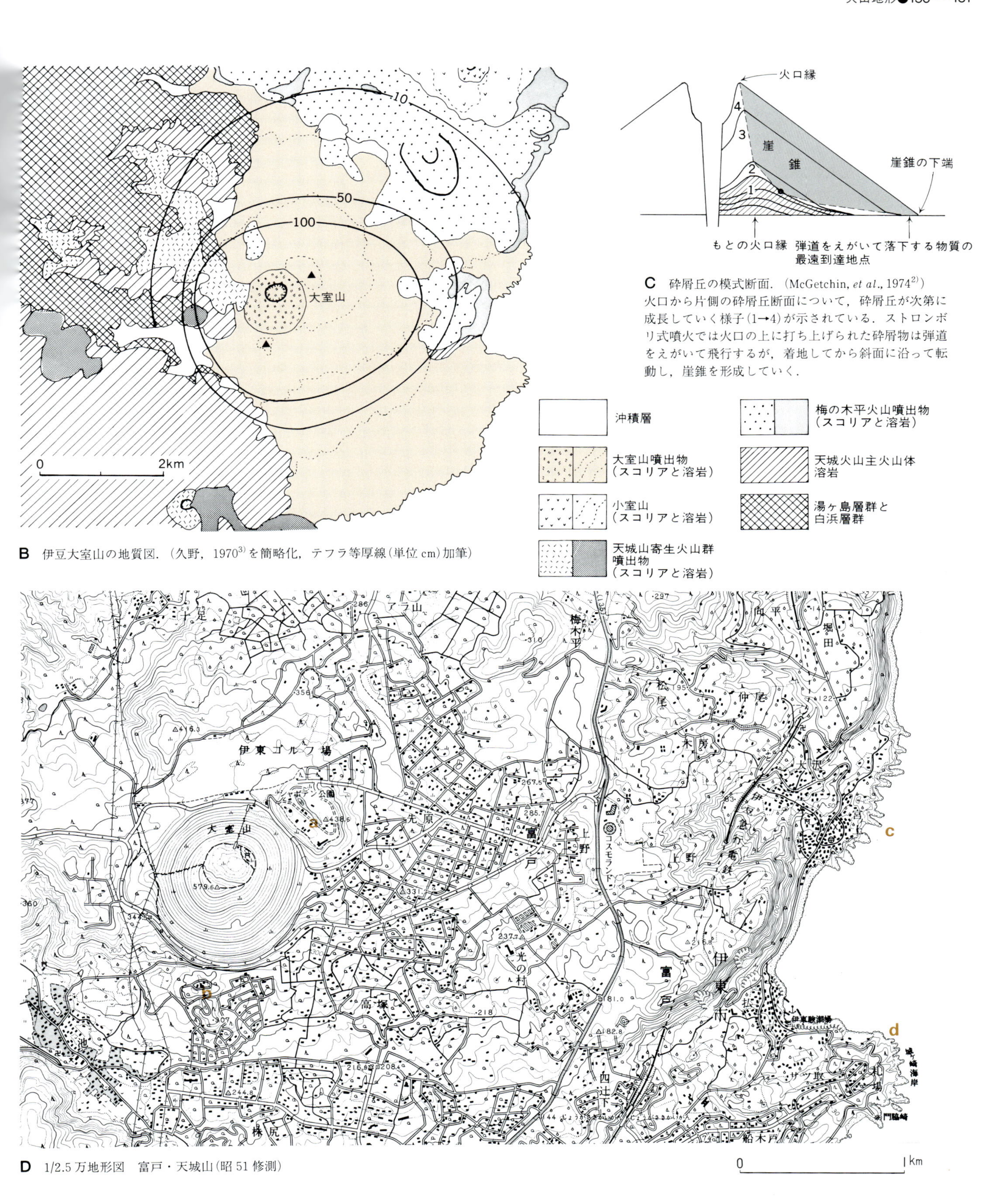

C 砕屑丘の模式断面.（McGetchin, *et al.*, 1974[2]）
火口から片側の砕屑丘断面について，砕屑丘が次第に成長していく様子(1→4)が示されている．ストロンボリ式噴火では火口の上に打ち上げられた砕屑物は弾道をえがいて飛行するが，着地してから斜面に沿って転動し，崖錐を形成していく．

B 伊豆大室山の地質図.（久野，1970[3] を簡略化，テフラ等厚線(単位 cm)加筆）

D 1/2.5 万地形図　富戸・天城山(昭 51 修測)

§10-6 アイスランド型盾状火山――アイスランド，スキャルドブレイダー

中世の騎士が使った円板状の盾を伏せたような形の火山は盾状火山と呼ばれる．このような形の火山は，粘性の非常に低い(10^2～10^4 ポアズ)玄武岩がほぼ1カ所の火口から噴出する中心噴火の結果として形成される．爆発力がよわいため破片状噴出物はきわめて少なく，大部分の噴出物は厚さ数m以下の薄い溶岩流となって広がり流れ下る．盾状火山には単成小型のアイスランド型と，複成大型のハワイ型の二つがある．ハワイ島キラウエア火山の東リフトゾーンに1970年代後半に生じたマウナウルは，最も新しいアイスランド型の盾状火山であろう．しかし，アイスランド型盾状火山としてはその名のごとくアイスランドのもの，特にスキャルドブレイダー(Skjaldbreidur，広い盾の意)が最も著名である．

アイスランド南西部にあるスキャルドブレイダーは単成火山としてはきわめて大規模で，噴出物の容積16 km^3にも達する盾状火山である(**A**，**B**，**C**)．この火山は，最高点海抜高度1060 m，比高550 m，底面の直径10 km，斜面の傾斜は直線的で平均7°～8°，山頂に径300 m程の小火口がある．これは後氷期の前半，数千年前に形成されたが，表面は周氷河作用により溶岩流に特有の微地形はほとんど認められなくなっている．北面を除く海抜700 m以下の斜面は厚いコケにおおわれている．**A**, **B**で白く見えているのは雪である．

アイスランド型盾状火山の生ずる条件は実はまだよくわかっていない．アイスランドでは最近3500年ほどの間，盾状火山が生ずるような噴火は一度も起こっていない．ところが，これに先立つ後氷期の前・中期の7000年間には約20回も起こり，盾状火山が形成されている．後氷期を通じて氷床が縮小してきたであろうことを考えると，アイスランド型盾状火山は氷床のへりなどで生じやすいのかもしれない．この考え方は，アイスランドでは割れ目噴火が多いので，盾状火山のような中心火山を生ずるには，割れ目火口が点的な1カ所の火口になる条件が必要だと考えられることとも調和的である．今後の研究で，盾状火山の噴火が割れ目噴火として始まったことや初期の噴出物に水冷破砕岩が多いことなどがわかってくれば，上記の説明はよりもっともらしくなる．

A 空中写真(AMS 1096, 1097, © Iceland Geodetic Survey)

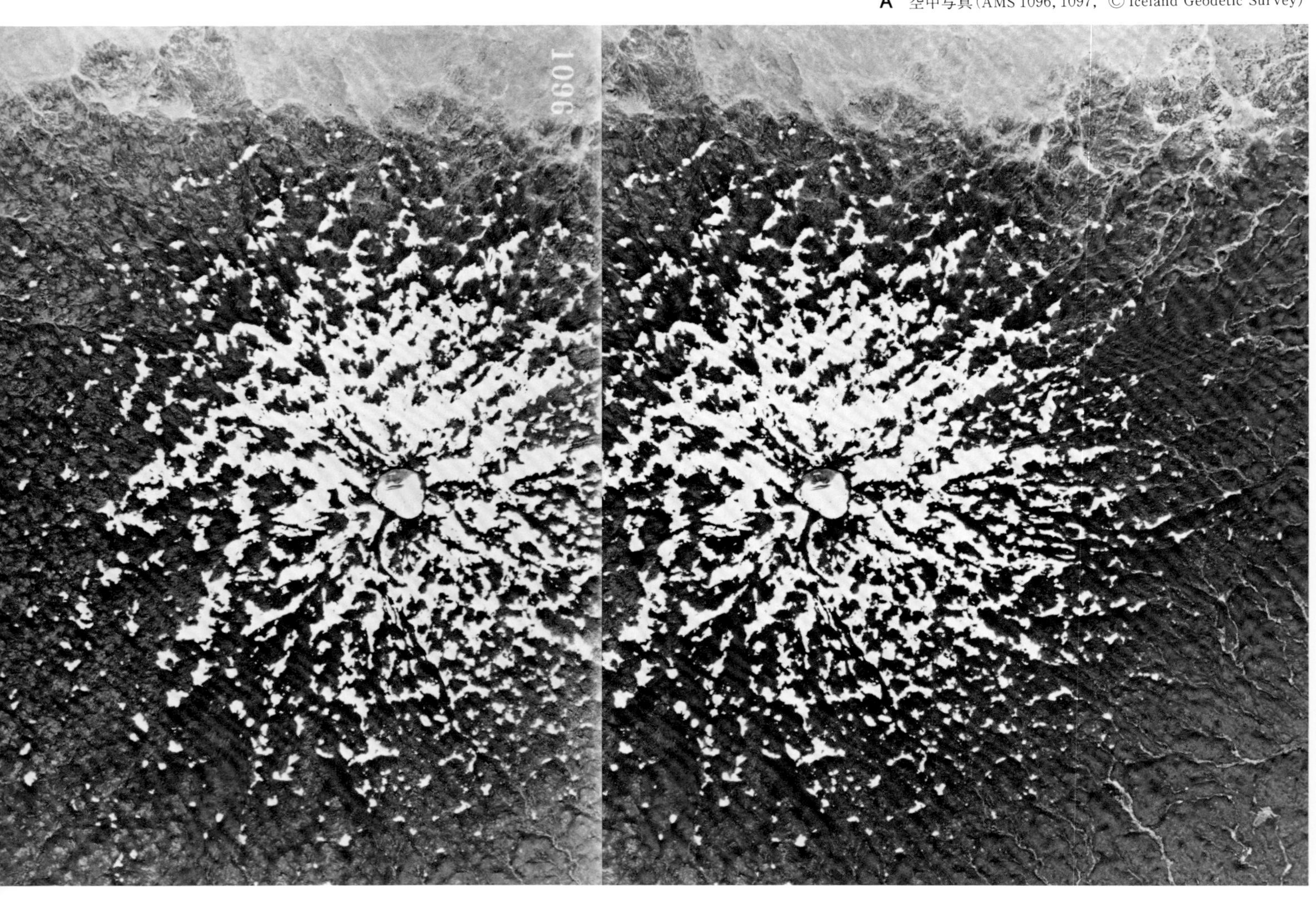

B　地上写真．（Sigurdur Thorarinsson 撮影）

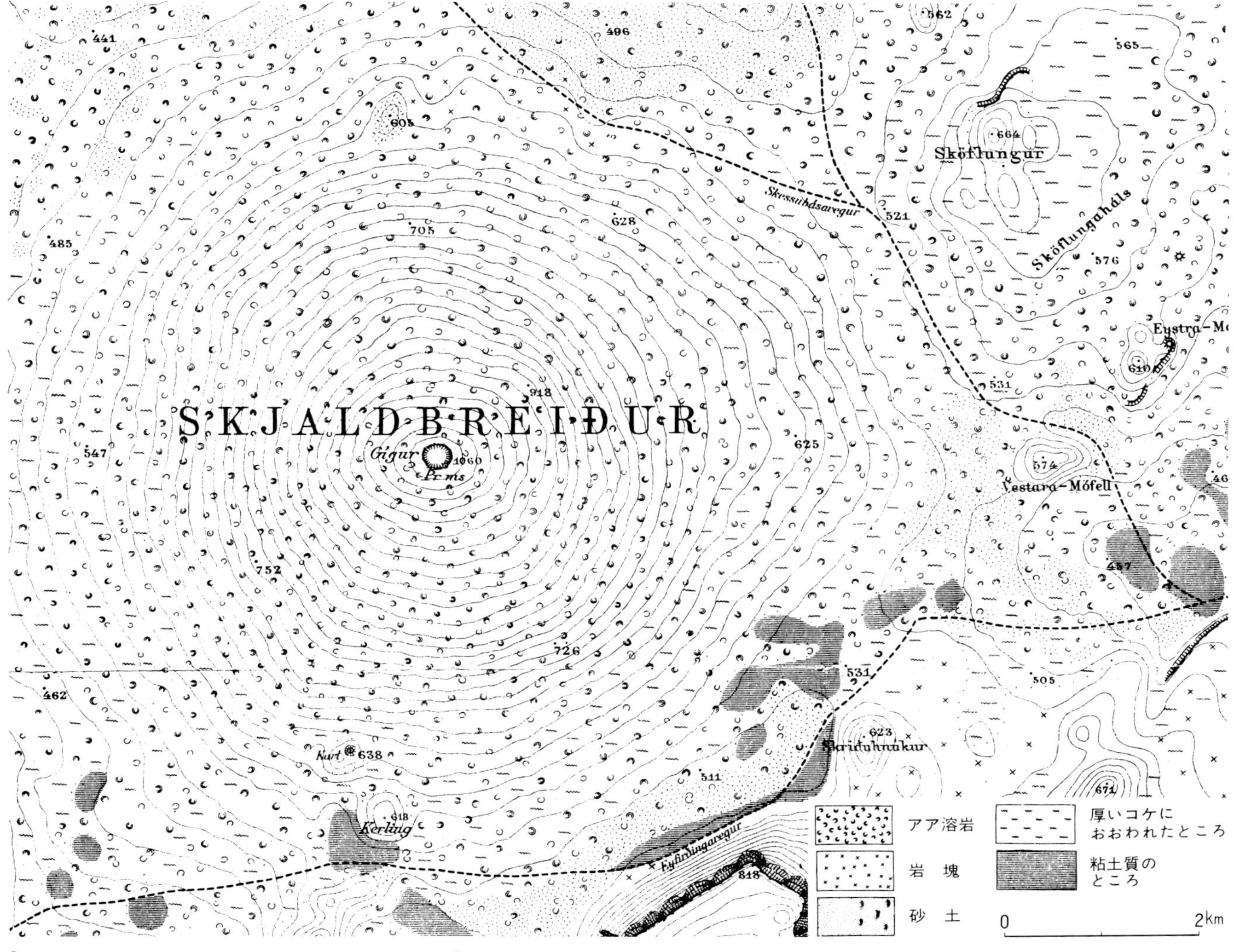

C　1/50,000　Uppdráttur Islands 46 S. V. Hlöðufell (1954, © Iceland Geodetic Survey) 等高線間隔 20 m.

§10-7 ハワイ型盾状火山——ハワイ，キラウエア

ハワイの盾状火山群は数万〜数十万年をかけて，深さ5000 mにもおよぶ深海底から成長し，全容積は10^4 km^3にも達する．はじめは枕状（まくらじょう）溶岩からなる海山で（Bの1），さまざまな化学組成の溶岩を噴出した．キラウエアの南60 kmのロイヒ海山（C）が現在この段階にある．頂上火口が海面に近づくとマグマと海水が接触して爆発的噴火を繰り返し，破片状の水冷破砕岩（ハイアロクラスタイト）が堆積する（Bの2）．海水と接触することのない火道ができあがると，噴火様式は溶岩流の噴出を主とするものに変わり，島が広がる．海に流入した溶岩は水冷破砕岩となる．こうして断面がレンズ型の，「プライマリ・シールド（最初にできる基本的な盾状火山体）」と呼ばれる火山島の本体が形成される．荷重による沈下も進行する．溶岩は均質なソレアイト玄武岩で，ゆるやかな斜面をもつ大型盾状火山が成立する．そして山頂部にカルデラが生じると（Bの3，D），溶岩は山腹まで浅い地下を移動して噴火するようになり，もはや山を高くすることはない．

AとEに示したキラウエア火山は，マウナロア（D，海抜4168 m）とともにこの段階にある盾状火山で，後者の南東山腹に形成され，山頂部に3×2 kmのカルデラをもっている．キラウエア火山は地球上でもっとも活動的な火山の一つで，最近は特に頻繁に噴火し，0.1 km^3/年の割合でソレアイト玄武岩（主に溶岩）を噴出してきた．A, E中の円形の山頂火口ハレマウマウの地下から側方移動した溶岩は，割れ目帯（リフトゾーン）をとおって数十kmも離れた側火口から噴出することが多い．このとき一挙に失われるマグマの量が多いと，山頂部が陥没しカルデラを生じる（このタイプのものをキラウエア型カルデラという）．A, E中のキラウエアイキなどの火口は，陥没して生じた凹地で，1959年に溶岩が流れ込んで化石溶岩湖となっている．

こうしたハワイ型の盾状火山では，老年期（Bの4）になるとマグマはアルカリに富み始め，噴火もやや爆発的となり，溶岩流とともに多数のスコリア丘を生じ，カルデラが埋まる．マウナケア（C）がこの段階にある．次の段階は百万年単位の長い休止期である．この侵食期の後，大部分の火山では活動が再開する（Bの5）．全貌はよくわかっていないが，ハワイ島の北西のマウイ島の火山からカウアイ島（C）まではこの段階にあるらしい．活動は間欠的・小規模で，多数の単成火山を生ずる．マグマは極端にシリカに乏しく，アルカリに富む．オアフ島のコオラウ火山の中心部にあるダイアモンドヘッドなどの小火山群は，この時期のものである．本体のコオラウ火山も遠望すれば「プライマリ・シールド」の形がみとめられる．この後，火山島は沈降を続け，環礁をつけた海山となってしまう（Bの6）．

A　空中写真（USGS EKL-14 CC-71, 72）

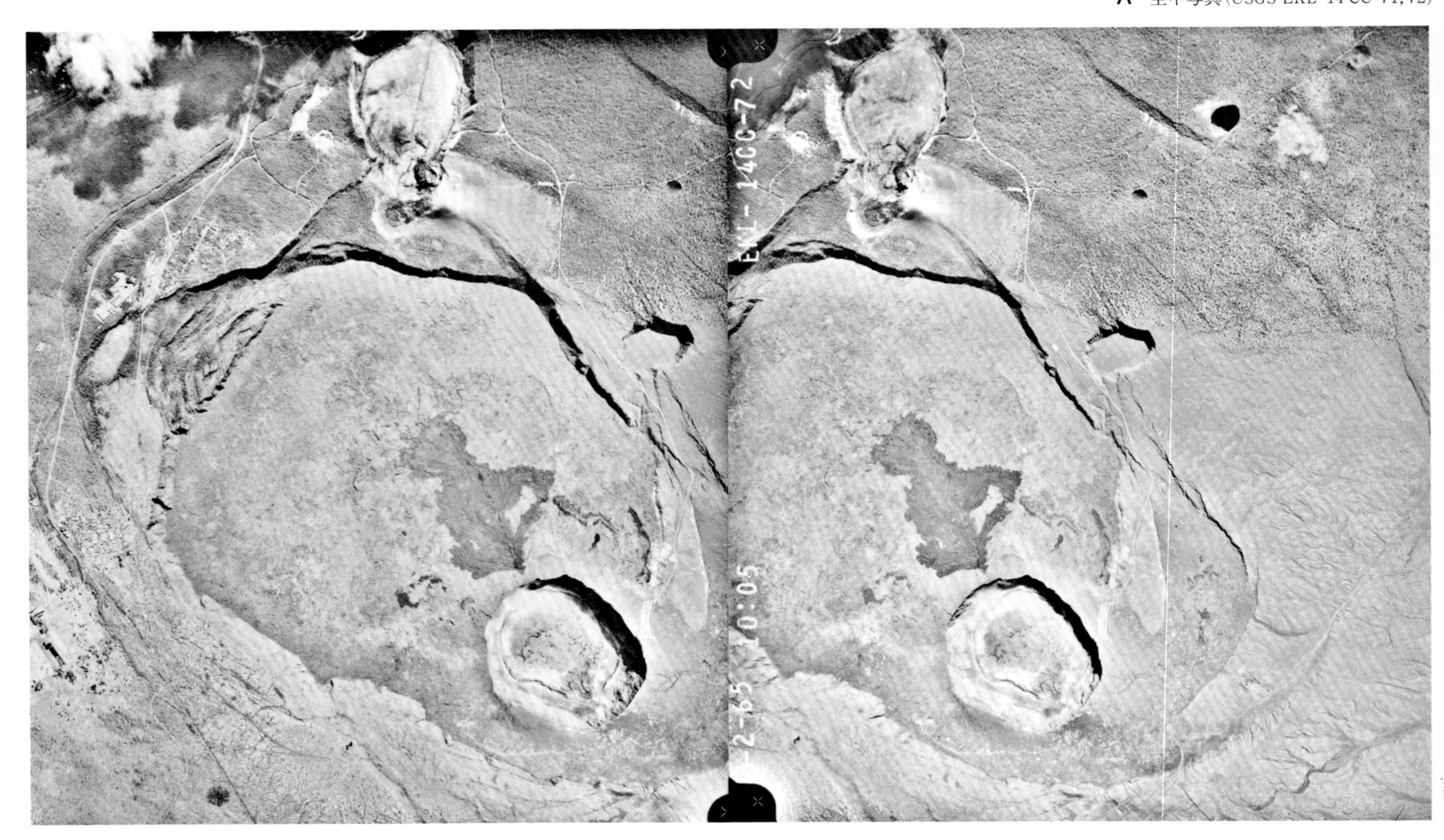

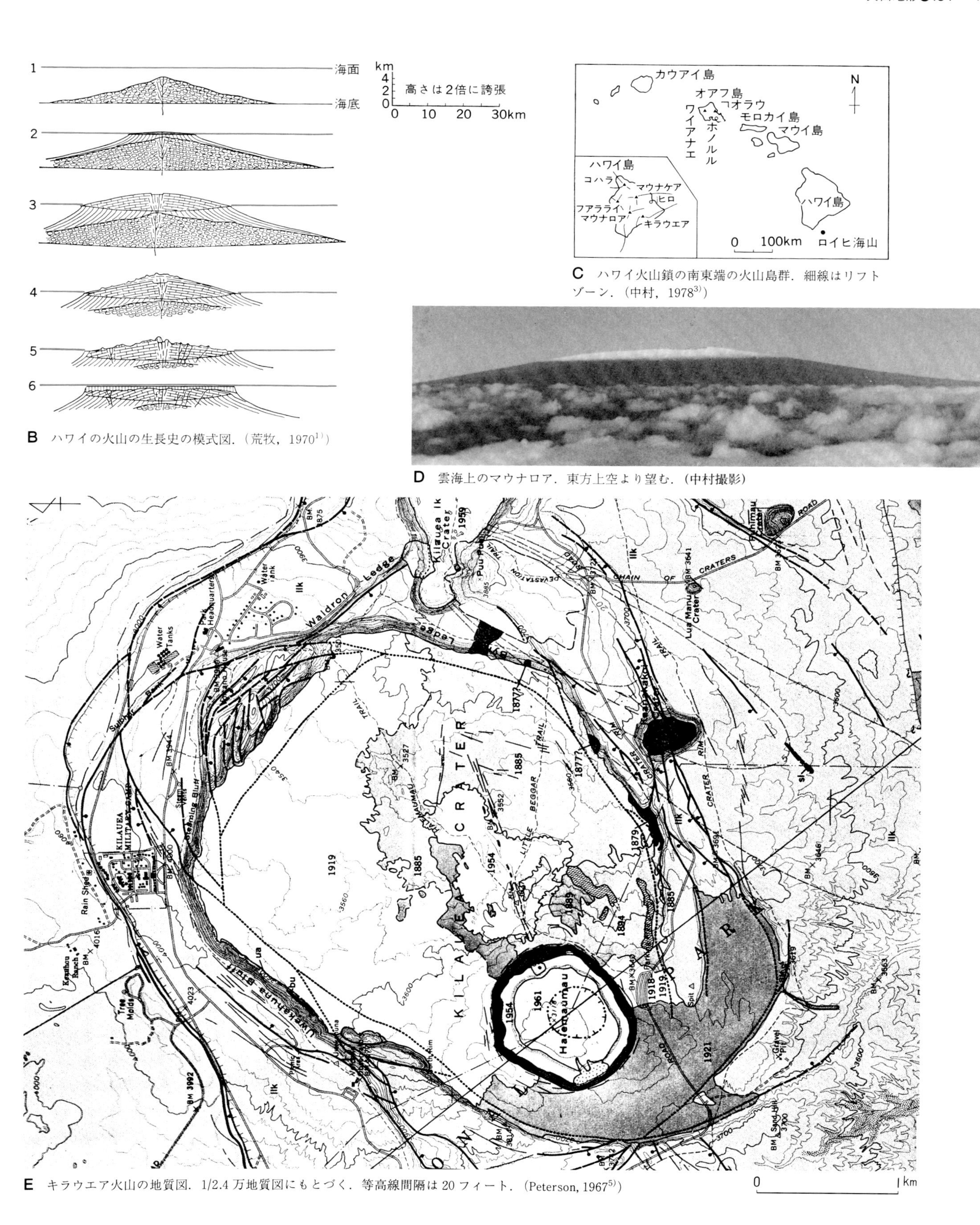

B　ハワイの火山の生長史の模式図.（荒牧，1970[1]）

C　ハワイ火山鎖の南東端の火山島群．細線はリフトゾーン．（中村，1978[3]）

D　雲海上のマウナロア．東方上空より望む．(中村撮影)

E　キラウエア火山の地質図．1/2.4 万地質図にもとづく．等高線間隔は 20 フィート．（Peterson, 1967[5]）

第11章 変動地形

解説

変動地形とは，地殻変動によって生じた地形である．地殻変動と関係する地形はたくさんあるが，地殻変動の直接の所産による地形を変動地形と呼び，地質構造を反映した侵食地形である組織地形とは区別する[1)]．たとえば，ある崖地形が断層運動によって直接生じたものならば変動地形(断層崖)であるが，過去の断層運動の結果抵抗性を異にする岩石が接し，差別侵食が働いてできた崖(断層線崖)ならば組織地形である(§1-5 参照)．もっとも，断層崖は形成されるとすぐに重力や流水によってその形態を変えていくので，純粋の変動地形は多くはない．しかし，たとえ侵食による影響を受けていても，その原形が地殻変動そのものによって規定されている場合には，変動地形に含めるのがふつうである．

変動地形は新しい変動帯を特色づける地形であり，日本列島に豊富に見られ，かつ列島の地形とその形成史の解明の手がかりにもなるものである．現在(10^1～10^2 年)の地殻変動の検出には測地学的・地球物理学的方法が，10^6 年程度以上の古い地殻変動の検出には地質学的方法が有効であるが，変動地形はその間の期間(第四紀)の変動を見出すのに有効である．

地殻変動の様式の差に応じてさまざまな規模の変動地形が生ずる．仮に大・中・小の 3 種類に分けてみると，大洋底の大地形・弧状列島・世界の大山脈・海底の変動地形などは基本的には大規模な変動地形であるが，13, 14 章で扱うのでここではとりあげない．中規模のものとしては，日本列島内の山地や平野の形成など波長 100 km 前後の変形が該当しよう．小規模のものは，個々の活断層・活褶曲・活傾動などによる若い地形の変形がある．この種の変動地形は，段丘面・扇状地面・侵食小起伏面などの地形面，段丘崖・旧汀線・谷・尾根などの地形線の変形・変位として直接観察し得るもので，縮尺数万～数千分の 1 程度の地図や空中写真から読みとりやすい．地形面・地形線の変形が変動地形を認定するためのいわば‘露頭’なのである．したがって本章での実例は主にこの種のものから選ばれている．

変動地形を認定するには，2～9 章などで述べたいわば‘正常な’侵食・堆積地形から，地殻変動による‘異常な地形’を識別することが必要で，そのためには‘正常’な地形の実態をまず知らなければならない．

変動地形の諸類型

図 1 にさまざまな変動地形を模式的に示す．基本的には変動地形の型はその地域の地殻に働く重力による垂直応力と，水平応力の比によって規定される[2,3)]．**図 1** の a～d は

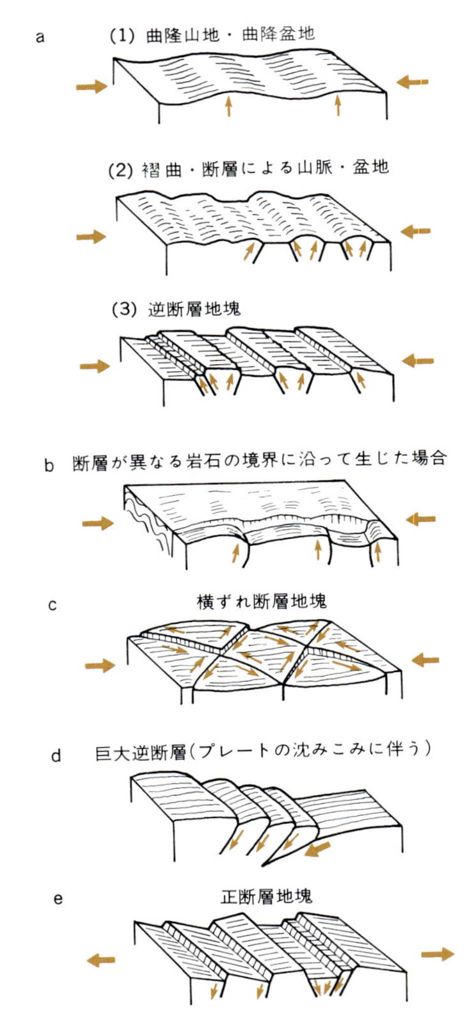

図 1　変動地形の諸類型．(貝塚，1977[2)]，Huzita ほか，1973[3)] による)

水平圧縮応力の下で，e は伸張応力場で生じたものである．せばまる変動帯に属する日本列島では a〜d が卓越するのに対し，広がる変動帯である海嶺あるいは大陸の地溝帯では e が卓越する（14 章解説参照）．トランスフォーム断層により特色づけられるずれる変動帯では横ずれ断層が卓越する．しかし同じ方向の水平圧縮応力下でも，その強さや，岩石の物理的性状，既存の断層の有無などによって，圧縮応力に対して異なる規模・型の変形が生ずる．たとえば東北日本の日本海岸では同方向の (2) と (3) が見られるが，それぞれの分布は未固結の被覆層の有無と関係するらしい．中部・近畿地方では花崗岩質の岩石は塑性変形を受けやすく (1) 型となるが，古・中生層地域では砕けやすいので (3) 型になり，異なる岩石の境界部には b が生じるといわれる[3]．d はプレート境界部の海底に見られる低角巨大逆断層である．

曲動による変形

まず，中規模の変動地形の例として，日本列島に見られる曲動をあげよう．ほぼ同時代とみなされる地形（第三紀末に形成された侵食小起伏面），地層（海成鮮新統）の高度分布から推定された第四紀全期間における隆起・沈降量の分布を**図 2** に示す．この図と現在の地形の起伏をくらべると，現在の山地高度の大きい地域ほど第四紀の隆起量が大きく，また第四紀の沈降量の大きいところに大平野が発達していることがわかる[4]．つまり現在の山地・盆地・平野のおおまかな形は第四紀における曲隆・曲降の所産であるといえる．その傾向は現在も進行していることが，水準点の改測結果から知られている．

関東平野では第四紀の沈降量が 1500 m 以上におよび，規模・量ともにわが国で最大の曲降を示す．この運動は第四紀の地層の厚さ・分布，台地・丘陵・山地の配列，台地の高度分布にも現われている．**図 3** に示すように，かつて東方に開口していた古東京湾に堆積した下末吉層とその相当層からなる台地面は，逆に東方に向かって高さをまし，本来の堆積面高度としては説明できない．海成下末吉面の高度がもっとも低いのは東京湾北部で，まわりに向かって高くなるので，造盆地的曲降をうけたことがわかる．この地殻変動を，関東造盆地運動と呼ぶ[6,7]．大阪・新潟・石狩などの大平野も周辺に断層をともなうことなどはあっても，大局的には同様な曲降によって形成されたところが埋めたてられたものである．

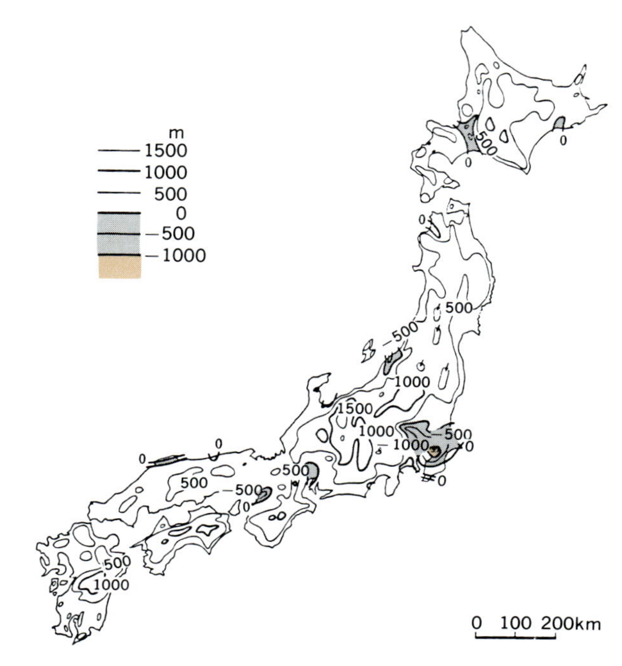

図 2 日本列島における第四紀の垂直変位量の分布．(Res. Group Quat. Tect. Map, 1973[5])

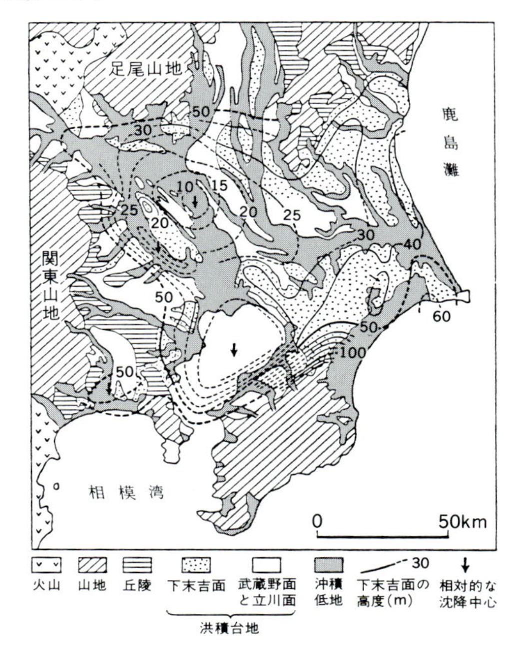

図 3 海成下末吉面の高度分布．（貝塚，1977[2]）

傾動による変形

同時代に形成された本来水平に近い地形面，地形線がある方向に著しく傾き，傾動を示すことがある．能登半島に分布する下末吉面相当の海成段丘の旧汀線高度は 120 m から 20 m と南へ低下する傾動を示す．しかし，細かくみると，旧汀線高度に不連続があり，能登半島は断層で境された数個の傾動地塊の集合からなっている[8]．室戸岬（§5-2 参照），房総半島南端（§11-7 参照），ニュージーランド北島北東部[9]および南部（§11-8 参照）などの海成段丘も傾動した段丘の例である．

これらの傾動は，断層，いいかえると地震と関係していることが多い．上記の室戸岬，房総半島南端はそれぞれ海底に震源をもつ地震による傾動隆起の例である．そのほか，小佐渡南端の 1802 年小木地震にともなうもの[10]，1964 年新潟地震による粟島[11]の傾動隆起もそのような例である．以上の諸例では，ともに古い段丘が地震変位と同じ向きに，より大きく傾動しており，変位の累積が認められる．したがって，段丘の変形から過去の地震活動を推定することも可能である．

より大規模な傾動の例として濃尾傾動地塊がある．恵那山西方から発達する三河高原は鮮新統の瀬戸層群に部分的におおわれ，第三紀末に形成された侵食小起伏面である．その高度は最高約 800 m から南西に下り，その対比地層である瀬戸層群は濃尾平野では深さ 1000 m をこえ，養老山脈東縁で断層によって分布を断たれる．このような地形・地層の高度分布をもたらした運動を濃尾傾動運動と呼んでいる[12]．

活断層による変位地形

活断層は第四紀後半に繰り返し活動し，将来も活動の可能性がある断層で，地形ないし第四紀層のくい違いとして表現される．断層変位の様式は縦ずれ変位と横ずれ変位に区分され，前者は正・逆の 2 種に，後者は左ずれ，右ずれ

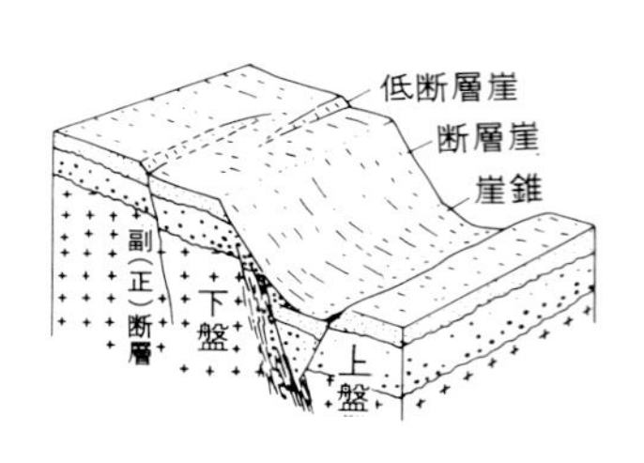

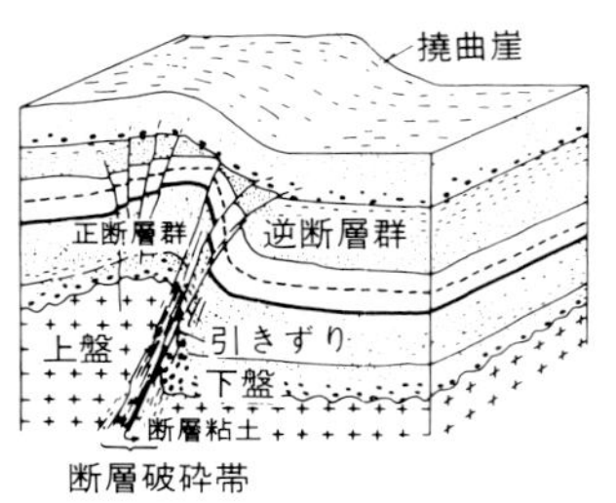

図 4　縦ずれ活断層の模式図．（活断層研究会，1980[13]）

の 2 種に分かれる．縦ずれ活断層は地形の高さのくい違いとして，横ずれ活断層は地形の水平位置のくい違いとして，変位のあとを地表にのこしている場合が多い．くい違いの痕跡は現在に近い時期に活動したものほど新鮮で，古いほどその後の侵食・堆積によって不明瞭になる．しかし，同一活断層に沿っては変位が累積されているのが普通である．活断層による変位地形を**表 1**[13] に示す．

縦ずれ活断層による変位地形　縦ずれ活断層の活動によって地表面は切断され，またはたわみ，断層崖または撓曲崖（とうきょくがい）をつくる（**図 4**）．両者をまとめて変動崖と呼ぶ．両者の別は地図や空中写真だけでは区別しにくく，また実際の崖地形は両者の複合からなる場合もあるので，単に断層崖という場合に撓曲崖を含めることもある．正・逆を問わず断層崖は一般に山地と盆地・平野との境界付近に位置することが多い．

断層変位の向きの違いによって地表への表現はやや異なる．正断層の場合には断層の走向は巨視的には方向性をもつが，比較的短小な断層が同方向に配列して地塁・地溝を形成している（§11-3, 4 参照）．北アメリカ西部のベイスンアンドレンジにみられる活断層はその典型である．断層崖下には開口割れ目をともなうことが多い．逆断層は，低角の場合には地形の起伏に応じて弯曲する．逆断層による崖は撓曲崖をなすことが多く（§11-3 参照），上盤側に地形的

表 1　断層変位地形の主な用語．（活断層研究会，1980[13]にもとづく）

1)　崖　地　形 （縦ずれ地形，変動崖）	断層崖，撓曲崖，低断層崖，三角末端面*，逆向き低断層崖
2)　凹　地　形 （変動凹地）	断層谷，地溝，小地溝，断層凹地，断層陥没池，断層池*，断層鞍部，断層角盆地
3)　凸　地　形 （変動凸地）	地塁，小地塁，断層地塊山地，傾動山地，ふくらみ*，圧縮尾根
4)　横ずれ地形	横ずれ尾根，横ずれ谷，閉塞丘，段丘崖・山麓線のくい違い

*　印の地形は他の原因でも形成されるので，必ずしも断層変位地形とは限らない．

写真1　ニュージーランド南島，マッケンジー盆地の西縁をほぼ南北方向に走るオストラー断層(a)．断層のトレースはかなり湾曲していて，断層面が低角であることがわかる．隆起側のたわみをともなう典型的な逆断層で，約15万年前のアウトウォッシュからなるTable Hill(b)は断層から背後に向って著しく傾いている．この断層は約17,000年前のアウトウォッシュ(c)およびより若い約14,000年前のアウトウォッシュ(d)も変位させ，断層崖の比高は古い面ほど大きく，累積的な変形がみられる．また，cの地形面は，主断層の背後の副断層(e)によっても切られている．(L. Homer 撮影，N. Z. Geol. Surv.)

図5　右ずれ断層による変位地形の諸例．(活断層研究会，1980[13])
a. 三角末端面　b. 低断層崖　c. 断層池　d. ふくらみ　e. 断層鞍部　f. 地溝　g. 横ずれ谷　h. 閉塞丘　i. 截頭谷　j. 風隙　k-k′. 山麓線のくい違い　l-l′. 段丘崖のくい違い

なふくらみをともない(**写真1**)，地表面が山側に逆傾斜することすらある．断層崖上で地すべりを生じることもしばしばである．逆断層による新期の変形が本来の山地と盆地の地形境界より平野側にはり出していることも多い[たとえば14,22]．

比高の小さい断層崖を低断層崖と呼ぶことがある．断層崖下の扇状地やモレーンを切るもの，新しい時期の段丘を変位させるものなどがそれに当たる．これは新期の活動によるものが多いので，規模のわりに崖地形が明瞭である．その中で本来の地形の傾斜方向と逆方向に崖面を向けるものを逆向き低断層崖[13]と呼び，本来の地形と不調和なために発見しやすい．低断層崖，逆向き低断層崖は，活断層認定のよい手がかりとなる．

比高の大きい断層崖は断層運動が繰り返され，高度差を増したものである．断層崖の生長の過程においても崖の上部は侵食され，麓で堆積が進むから，崖の高さが縦ずれの上下成分の総量を示すわけではなく，また断層崖の傾斜は断層面の傾斜と一致しないのがふつうである．断層崖を横断する谷によって崖の開析が進むと崖の一部は三角末端面になる．断層崖の配列・組み合わせなどによって地表にさまざまな起伏が生ずる(**表1**)．

横ずれ活断層による変位地形　**図5**は横ずれ断層の活動によって生ずる変位地形の模式図である．もっとも典型的なものは地形線の屈曲で，とくにいくつかの地形線が断層を境に系統的に切断屈曲していれば横ずれ変位の確実な証拠となる(§11-1, 2 参照，**写真2**)．横ずれした尾根が隣の谷の前面をふさぐような位置に移動したものを閉塞丘(へいそくきゅう)と呼んでいる．

写真 2　サンアンドレアス断層に沿う谷の右横ずれ．大きい谷ほど横ずれ量が大きい．(R. Wallace 撮影，U. S. Geol. Surv.)

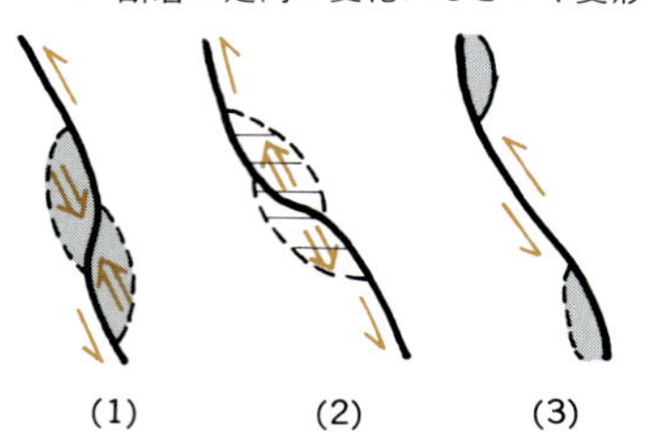

b　断層の雁行による変形

(4)　(5)

図 6　横ずれ断層にともなうふくらみ・凹地の形成を示す模式図．いずれも左ずれの場合．(1)(3)(4)ではふくらみ(バルジ)が，(2)(5)では凹地が形成される．(松田，1974[15]，Lensen, 1976[16] などによる)

横ずれ断層は概して直線的に長く続くが(**写真 3**)，小縮尺の地図では直線的に見えても大縮尺の地図でみるとわずかに屈曲したり，雁行(がんこう)することが多い．横ずれによって局地的な圧縮や伸張が生じ，その結果として 2 次的なさまざまな形状のふくらみ(バルジ，圧縮尾根，モールトラックなど)や小地溝その他の凹地が形成される[15, 16](**図 6**)．その規模は比高数 m 程度またはそれ以下のものから数十 m 以上のものまでさまざまである．このような変形のため，横ずれ断層に沿っては横ずれ変位の向きは常に一定であるが，縦ずれの向きは場所によって異なってくる．

系統的な地形線の屈曲がない場合でも，雁行割れ目や高まり，凹地の配列から横ずれ変位の存在とその向きが推定されることがある(**図 7**)．**図 7** で a, b, f を左雁行(または杉型雁行)，c, d, e を右雁行(またはミ型雁行)という．引張りの場合と押しの場合とで雁行の仕方が異なることに注意したい．1930 年の北伊豆地震の際には左ずれの丹那断層にともなって右雁行の割れ目が形成された[18]．糸魚川—静岡構造線に沿う赤石山地東麓の富士見付近のバルジの配列は f に当たるものであろう．

地震断層　本来断層はすべて地震と関係して生じるが，歴史時代の地震によって生じた断層をとくに地震断層と呼ぶことがある．地震断層によって地形や人工物が上下または横方向にくい違いを生じた例は多い．**写真 4** はネバダの 1915 年の地震で生じた低断層崖で，山麓に沿って延々と続き，乾燥地域であるためか保存がよく，今なお新鮮な形

写真 3　直線的に走る横ずれ断層の例．アメリカ西部ガーロック断層．谷の左横ずれが明瞭である．(U. S. Geol. Surv., 1-17-76，1-140)

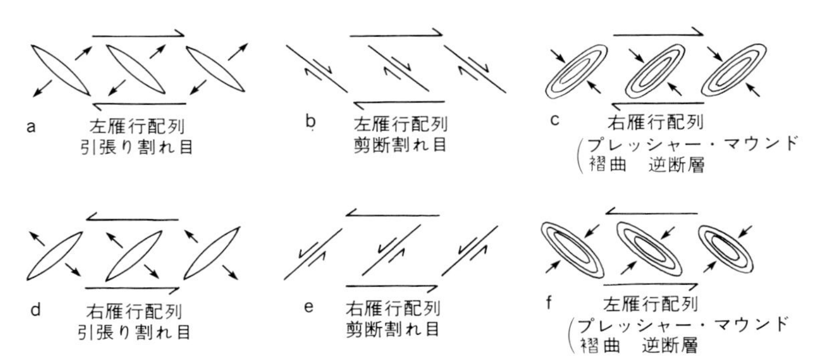

図 7　横ずれ断層による雁行配列.（小出ほか，1978[17]）
a〜c. 右ずれ断層　d〜f. 左ずれ断層

写真 4　ネバダにおける 1915 年の地震断層（正断層）.（太田撮影）

状を保ち，遠くから見ると道路のようである．これらの例を含め 1 回の地震断層による変位量は上下・水平ずれともに一般に数 m 程度以下にすぎない．しかし，これらはつねに地形から認められる比高の大きい断層崖に沿って，ないしはその延長上に位置しているので，地震断層による変位が長期間にわたって累積したことがわかる．なお，地震断層のさいにさまざまな規模の噴砂が生ずることがある．サンアンドレアス断層に沿う断層のトレンチ調査(断層活動の最新の時期・周期などを求めるための発掘調査，わが国でも最近 10 カ所以上でこの種の調査が行なわれている）の際には，埋没した噴砂が過去の地震活動を知る手がかりとして用いられた[19]．

活褶曲による変形

厚い被覆層からなる地域では圧縮の際に地表面は切断されることなくたわんで褶曲し，背斜部はもり上り（活背斜丘陵），向斜部はたわみ下る（活向斜谷）．段丘面のように新しい地形がこのような変形を受けていれば褶曲が最近進行したことを意味し，活褶曲と呼ばれる．信濃川下流およびその支流に沿う段丘は波長の小さい活背斜丘陵と活向斜谷とが何列も発達する世界でもみごとな例である（§ 11-6 参照）．なお，単に背斜丘陵，向斜谷という場合には組織地形をさすのがふつうであるので，ここにいう活背斜丘陵，活向斜谷と区別しなければならない．

波長が大きい活褶曲は大縮尺の空中写真上などでは認めにくいが，同時代にできた河成段丘面の高度分布の異常から知ることができる．ニュージーランド南島のフルヌイ川の河成段丘は，河口部が 3.5 km 上流よりも約 70 m も高く逆傾斜をし，活褶曲による変形が明らかである[20]．

活褶曲の形成にともなって，小規模な断層が生じることがある．これらの断層には，地層の層面間のずれによって生ずるものと，背斜軸頂部の伸長によって生ずるものの 2 種がある[21]．いずれも規模は小さいが，波長が大きくてゆるやかな活褶曲の検出にはきわめて有効であると考えられている．

§ 11-1 横ずれ断層地形――石鎚山脈北麓の中央構造線活断層系

中央構造線活断層系に沿う石鎚(山)断層崖は，比高(800〜1500 m)と長さ(60 km 強)において，日本内陸では最大規模の断層崖である(**A, B**)．山麓線はほぼ東北東方向に一直線にのび，断層崖の下部には急傾斜の三角末端面(**A**〜**C** の斜面下部の三角形状の急斜面)がいくつも連続して見られる．この山麓線以南には結晶片岩類が，以北には和泉層群と第四紀堆積物が分布し，地質境界としての中央構造線の露頭が西谷川(**C** の 1)および浦山川(**C** の 2)の山麓出口で観察される．この断層破砕帯は走向 N 75°E，傾斜 45°N で，中新世頃に貫入した安山岩質の岩脈も著しく破砕を受けている．また，中央構造線にほぼ平行する畑野断層の断層破砕帯は **C** の 3 で観察できる[1,2]．

中央構造線沿いには，大小の河谷の右ずれ屈曲があったり，鞍部列が直線状に配列したりしている．とくに大きい屈曲は **C** の河谷 m−m″, n−n′ で見られ，その量は約 550〜600 m であり，後述の高位段丘形成以後に生じたと思われる．l−l′, m−m′ の右ずれ屈曲は約 60 m であるが，これは中位段丘形成後のものである．畑野断層に沿っては，河谷 a−a′・a″, b−b′, c−c′ などの系統的な右ずれが認められる．尾根筋の屈曲もほぼ同じ形をもつ．断層に沿って全体を約 120 m もどしたとき，これらの河谷や尾根がもっともうまく連続するので，この値が高位段丘面形成後の右ずれ量と考えられる．したがって，高位段丘面を刻む開析谷ができ始めて以来の右ずれ量の合計は，両断層による変位の和，約 700 m と推定される．

この付近にある開析扇状地としての高位段丘の堆積物は **D** に示す層序を持ち，上部礫層は全体にクサリ礫化し，地表面には厚さ 1.5 m 前後の赤色土が見られる．おおまかな推定として，20〜30 万年前にその堆積を完了し，以後に開析が始まったとみなされるので，平均変位速度は千年につき数 m 程度になり，A 級の活断層である．

この高位段丘のほぼ中央部で変電所工事が最近行なわれ，畑野断層やこれに付随する断層もよく観察された．露頭観察では，正断層や逆断層に見えるところがあり，場所によってかなり異なるが，一般的には南傾斜の高角断層であり，地下では中央構造線と合流すると考えられる．地表面の上下変位と露頭断面の見かけ上の変位の向きとが異なるので，横ずれを考えないと説明できない．また，畑野断層は，谷底堆積物も切断しているので，完新世にも活動したとみなされる(**D**)．

横ずれ断層の場合，断層線は一般にきわめて直線的にのび，多少の上下変位や波曲状変形をともなうことが多いが，中央構造線もまさにそうした特徴をもっている．

A 空中写真(SI-66-5 Y，C 2-7, 8)

B　高度500〜600 m より中央構造線および畑野断層を望む(左が東，右が西)．範囲は C とほぼ同じ．(岡田撮影)

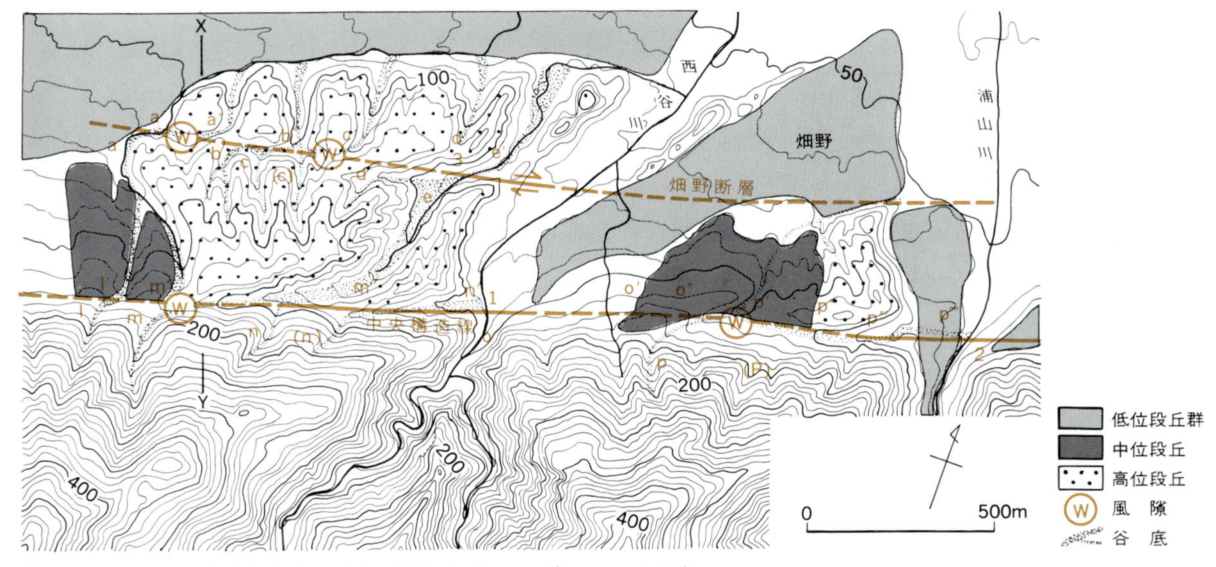

C　石鎚山脈北麓の中央構造線周辺の地形・地質．(岡田，1973[1]，Okada, 1980[2])

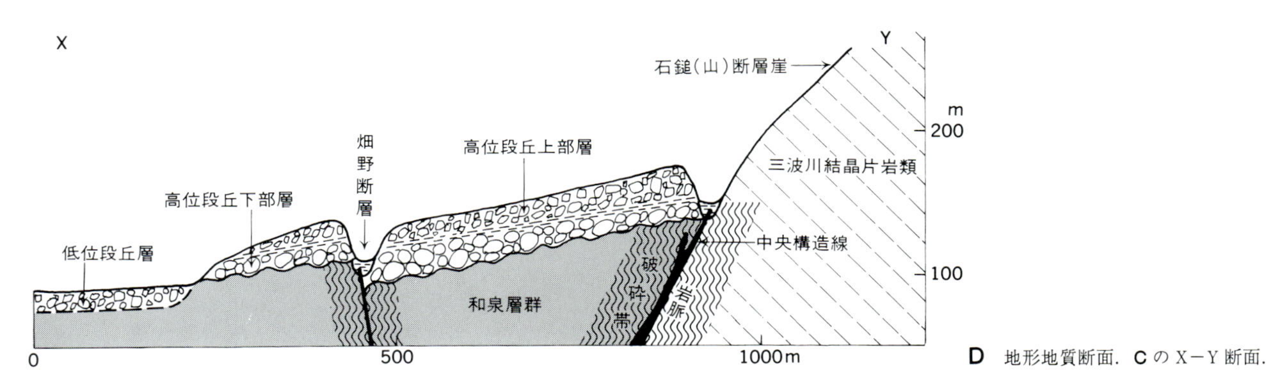

D　地形地質断面．C の X−Y 断面．

§11-2 活断層による変位の累積
——ニュージーランド北島，ワイララパ断層

ニュージーランドの最大の活断層は，南島の主方向とやや斜交して北東－南西方向に続くアルパイン断層で，衛星写真(B)上で明瞭に追跡できる．アルパイン断層は 500 km に達する右ずれを示すほかに，縦ずれ変位も著しく，東のサザンアルプスと西の海岸低地との間の地形境界をなす比高 2000 m 以上の急崖を形成した．第四紀における縦ずれの速さは 10 mm/年におよぶ所がある[1]．アルパイン断層は南島北部では数本に分岐し，クック海峡を経て北島に続く．ワイララパ断層はその一つにあたる(E)．

ワイララパ断層は西のタラルア・リムタカ山地と，東のワイララパ低地を境する断層で，1855 年に生じた M7 級の大地震はこの断層の活動によるものである．タラルア山地から南東流するワイオヒネ川に沿って発達する 8 段の河成段丘(C の a～h)はこの断層によって変位をうけ，段丘面をきるみごとな低断層崖が形成された[2]．この低断層崖は，川の方向と直交して直線状に走るので，河食による弯曲した崖とは容易に識別できる．低断層崖の比高は，川からはなれた古い段丘面ほど大きいことが，A, C から明らかである．h 面をきる低い崖は 1855 年の地震の際に生じたものである．もっとも新しい地形である氾濫原には断層変位は認められない．川沿いに続く弯曲した崖はワイオヒネ川の曲流のあとを示すが，これらは低断層崖上で急に終り，その続きとみなされる崖が低断層崖の手前では断層の向こう側よりも左に現われることから，向こう側が相対的に右側にずれたこと，すなわち右ずれ変位が生じたことがわかる．右ずれの量も古い段丘ほど大きい．このように，縦ずれ，横ずれとも累積的変位を示している(D)．

この地域でもっとも古い河成段丘面である a 面は，最終氷期の最後の亜氷期に当る寒冷期(約 20,000 年前)に形成されたと考えられるので，D に示した値から，右ずれの平均変位速度は 6 mm/年，縦ずれのそれは 0.9 mm/年となる．1855 年の地震のさいの右ずれ変位量は約 3 m であったので，上述の変位量はこれと同じ規模の地震による変位が約 500 年に 1 回のわりで生じた結果とみなすことができる[2]．

A の左 2 枚の写真をみると，低断層崖の上にもり上がった高まりがあることに気がつく．この高まりは，横ずれ断層の走向のわずかな変化，あるいは断層線の末端部と関係して生じた物質の過剰によるものと説明され，“ふくらみ”(バルジ)と呼ばれる．このような地形は横ずれ断層に沿ってしばしば見られる変位地形の一つである．

A 空中写真(No. 320-30, 31, 32, the Department of Lands and Survey, New Zealand)

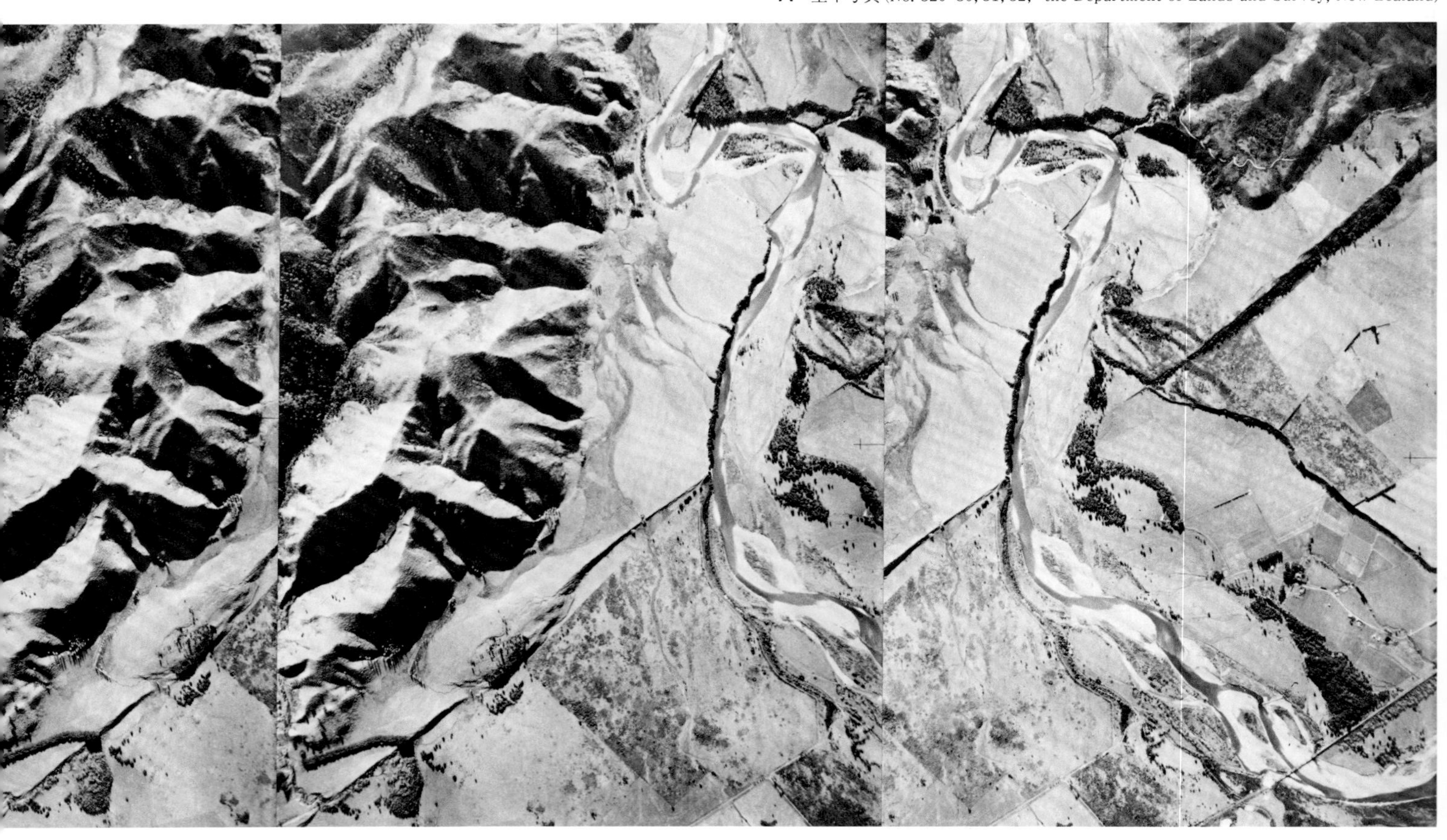

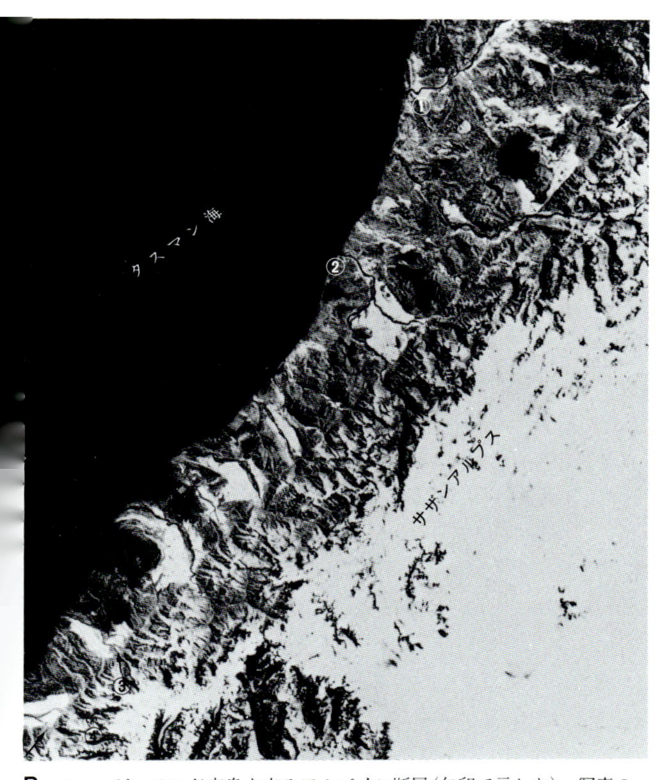

B　ニュージーランド南島を走るアルパイン断層(矢印で示した). 写真の範囲は E に示す. ランドサット画像.
①グレイマウス　②ホキティカ　③フランツヨセフ氷河　④フォックス氷河

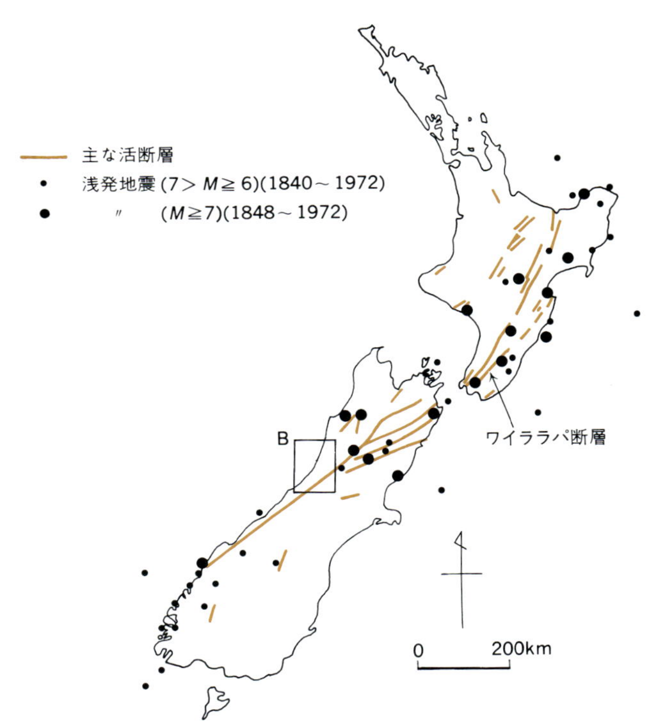

E　ニュージーランドの主な活断層と浅発地震の分布. (Lensen, 1977[3])

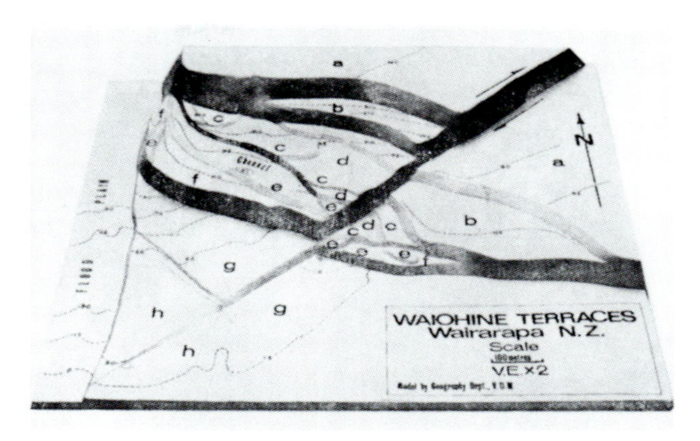

C　ワイオヒネ段丘の変形を示す模型. A の大きな川(ワイオヒネ川)より東の部分. (Lensen and Vella, 1971[2])

D　ワイララパ断層に沿う段丘面の変位量. (Lensen and Vella, 1971[2])

段　丘　面	変　位　量(m)	
	たてずれ	よこずれ
a	18.3	不明
b	14.7	99.0
c	12.3	85.5
d	12.0	66.9
e	10.2	不明
f	不明	不明
g	3.6	32.1
h	0.9	12.0

F　ワイオヒネ段丘を切る断層崖(右下にみえる真直な崖). (太田撮影)
川の侵食により湾曲した崖との対照が明瞭.

§11-3 逆断層による変位地形——鈴鹿山脈東麓

日本の活断層の特色の一つは，圧縮応力下で形成された逆断層が多いことである．古期岩石からなる鈴鹿山脈とその東の奄芸(あげ)層群(鮮新・更新統)からなる地域は高角の逆断層(一志(いちし)断層)[1] で境されている(**E** の c－d)．この断層に沿って東向きの急斜面が連なり，奄芸層群は著しく変位しているので，一志断層が第四紀中期ごろまでは活動していたことは確かである．しかし，一志断層沿いには，段丘の変形は見出し難く，むしろ一志断層の約 2 km 東で新旧の段丘のみごとな変形が見られる．**E** の e, f などではもともと東に緩傾斜していた扇状地性の段丘面が東に向かって次第に傾きを増し，凸形の断面形を示しつつさらに東の低位の段丘面下にもぐりこみ，撓曲崖(とうきょくがい)の形態を呈する(**C, D, E**)．実際に，g 地点では段丘礫層が段丘面の傾きと平行して東に 60° という急な傾きを示すので，上記の斜面が侵食崖ではなく，段丘面そのものが変形した撓曲崖であることが確かめられた．変位量は f(Ⅰ面)で 60 m 以上，e(Ⅲ面)で 30 m 以上，さらに南方ではⅦ面をきる比高 8 m の低断層崖(h)となり，変位の累積が認められる．このような撓曲は地下の逆断層の地表への表現とみられ，治田断層[2]，または麓村断層[3] と呼ばれる．この断層は本地域で第四紀後半に活動している主要な活断層の一つで，西の古い段丘と，東の新しい段丘との明瞭な地形境界を形成する(i－j)．この断層崖の背後にはこれとほぼ平行する 2 本のリニアメントがあり，この中の東のものは西落ちの低断層崖を示す(**E** の k－m)．その変位量は m 地点で 2 m，そこでは断層露頭もある．また，一志断層の約 250 m 東には，南北方向で西落ちの低断層崖(n－o，新町断層[2,3])が，青川の形成による河成段丘群を変形させている．この断層は延長わずかに 1 km にすぎないが，やはり変位の累積が認められる(Ⅰ面で 11 m，Ⅲ面で 6m，Ⅳ面で 1 m[3])．なお河成段丘面の配列から，青川はⅤ面形成時までは北東方向に流れていたことがわかる．

以上の状態は断面図(**C**)で示されている．これからわかる諸特徴，すなわち，1)第四紀後期に活動している活断層が本来の地質上の，ないしは主な地形境界としての断層よりも平野側にはり出していること，2)未固結な被覆層からなる地域では基盤岩の断層が地表では撓曲崖の形態を示すこと，3)逆断層の上盤側にふくらみや，山側が低下する低断層崖をともなうこと，などは日本各地の逆断層に共通してみられる特色である．

A 空中写真(KK-71-6 X，C 2-1, 2, 3)

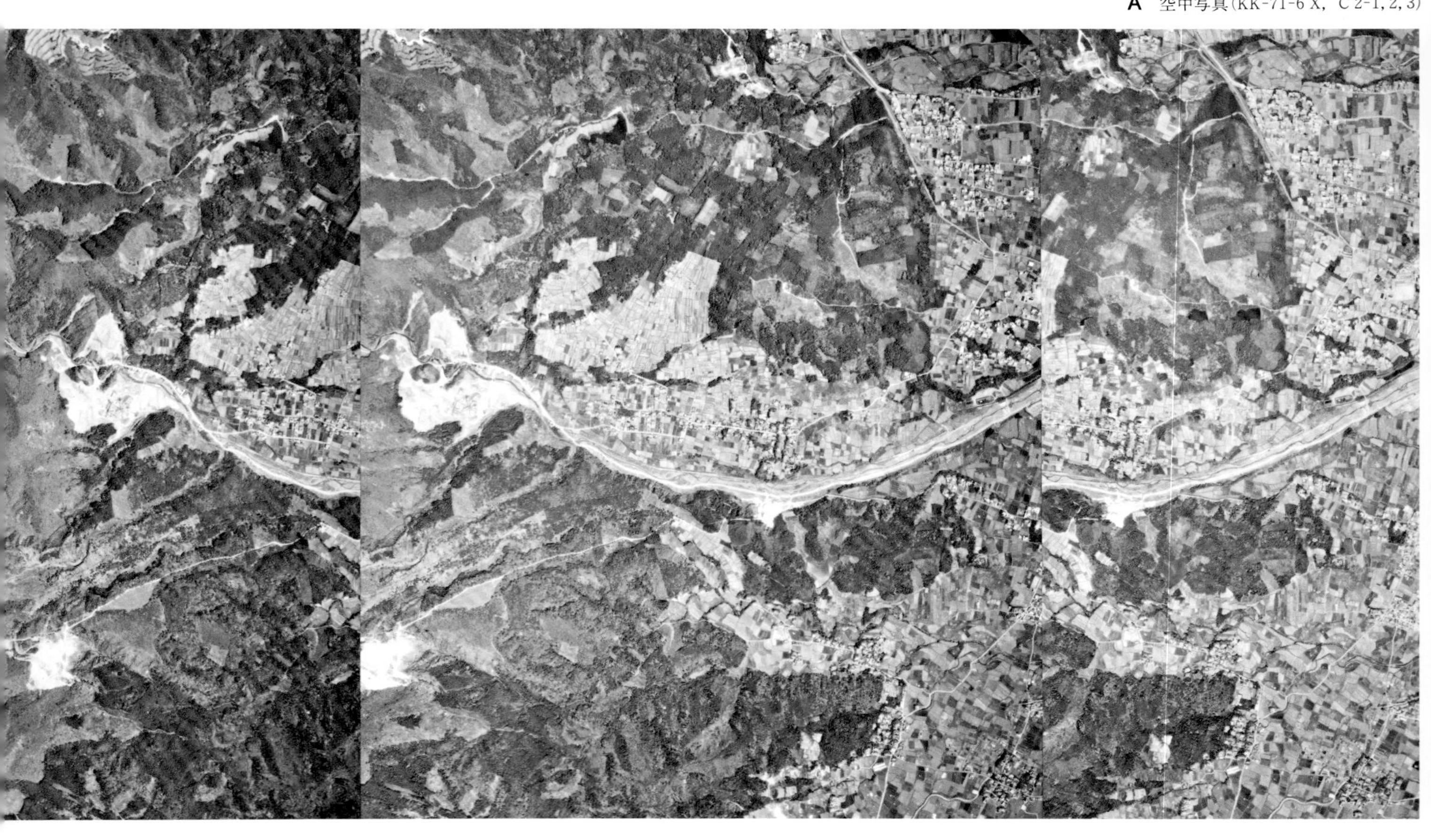

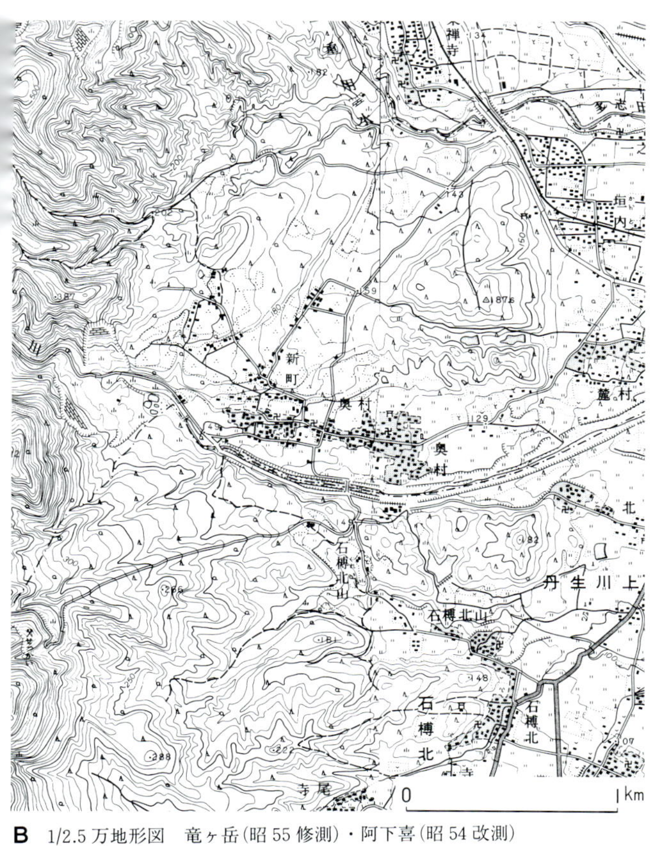

B　1/2.5万地形図　竜ヶ岳(昭55修測)・阿下喜(昭54改測)

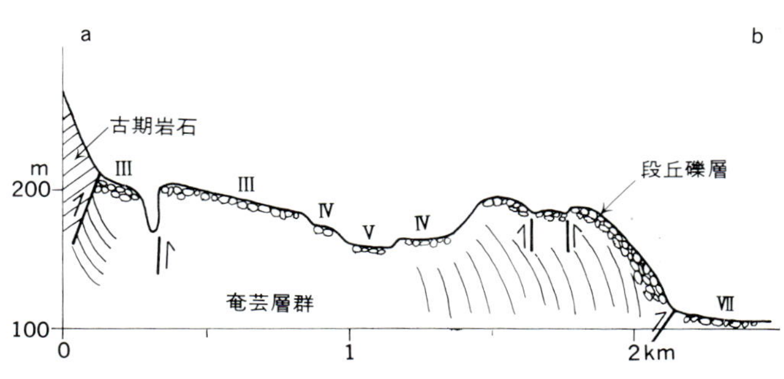

C　断面図．Eのa—b断面．(太田・寒川，1984[3]による)

D　空から見た撓曲崖．Eのe—f付近．(岡田撮影)

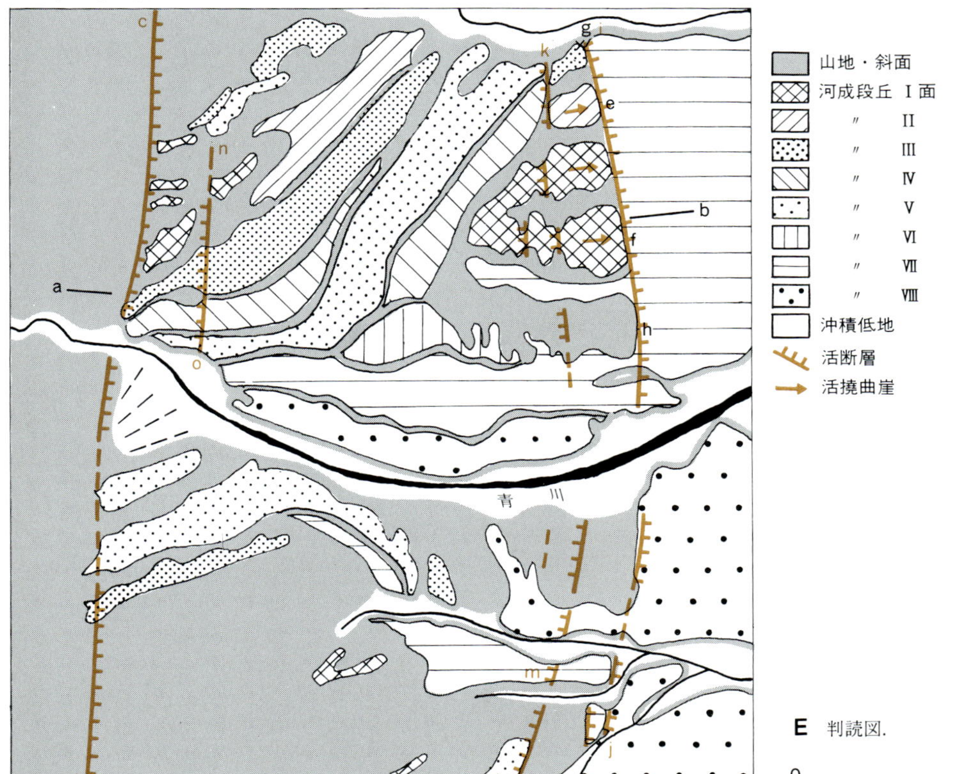

E　判読図．

§11-4 堆石堤を切る正断層地形
——ペルー，コルディエラブランカ断層

コルディエラブランカは，ペルーアンデス山系に属し，海抜5000 m以上の山頂に現在も氷雪をいだいている「白い山脈」である．この山脈の西斜面は，比高4000 m以上の断層崖でサンタ河沿いの盆地に面し，山麓には新しい断層運動を示す変動地形が認められる[1]．

コルディエラブランカ西麓に沿って北北西－南南東の顕著な断層崖が発達して，その延長は180～200 kmに達する．中部ペルー地域には本断層以外の活断層がきわめて数少なく，また本断層の規模が雄大であることは，日本の本州中部地域とは対照的である．コルディエラブランカ断層の北半では，比較的単純な断層線を示し，比高数百m以上の三角末端面をともなう断層崖地形が発達し，山脈を深く刻む氷食谷の出口付近で氷河性堆積物を切る低断層崖も明瞭である．断層線はワラス市北東で西に凸のカスプ状に屈曲し(**B**)，それ以南では，断層は数多くの雁行状の断層線に分かれ，断層崖の比高も小さくなり，西向きだけでなく東向きの低断層崖も現われ，地溝を呈すところもある(**B, C**)．

南緯9°35′以南では，三角末端面の地形が不明瞭となり，山麓の堆石堤や扇状地を切る低断層崖が発達する．低断層崖は全体として山麓線の一般方向に平行して分布するが，個々の低断層崖は互いに雁行している．ケロッコチャ谷の出口付近の低断層崖の写真を**A**，**E**に，地形判読の結果を**D**に示す．山麓線に沿って，西南側落ちの低断層崖が北北西－南南東に走り，堆石堤を切断している．ケロッコチャ谷には，明瞭な一連の新期堆石堤群(M1～M6)が分布し，最も外側の堆石堤(M1)は山麓線を越えてパンパ(平原)に達し，その末端高度は海抜3800 m付近にある(**C**)．M1の内側にM1形成後に一度後退した氷河が再進出して形成したM2堆石堤がある．M2堆石堤は断層運動によって切断され，M2堆石堤を切る低断層崖の比高は25 mである(**C, D**)．堆石堤内側の谷底にある河成段丘群も1～11 mの変位を受けている．古い地形ほどそれを切断する低断層崖の比高が大きく，断層運動による変位が累積していることを示す．M2堆石堤の形成年代を約1.3万年前とすると，M2形成後の平均垂直変位速度は約2m/1000年である．山麓の低断層崖の基部に地溝状の凹地をともなうこと，断層面が南西に急傾斜しているなど，正断層にともなう特徴がみられ，コルディエラブランカ断層は西傾斜の正断層で，その変位の向きは，コルディエラブランカの隆起とサンタ河谷の沈降という大起伏の形成と調和的である．

A 空中写真

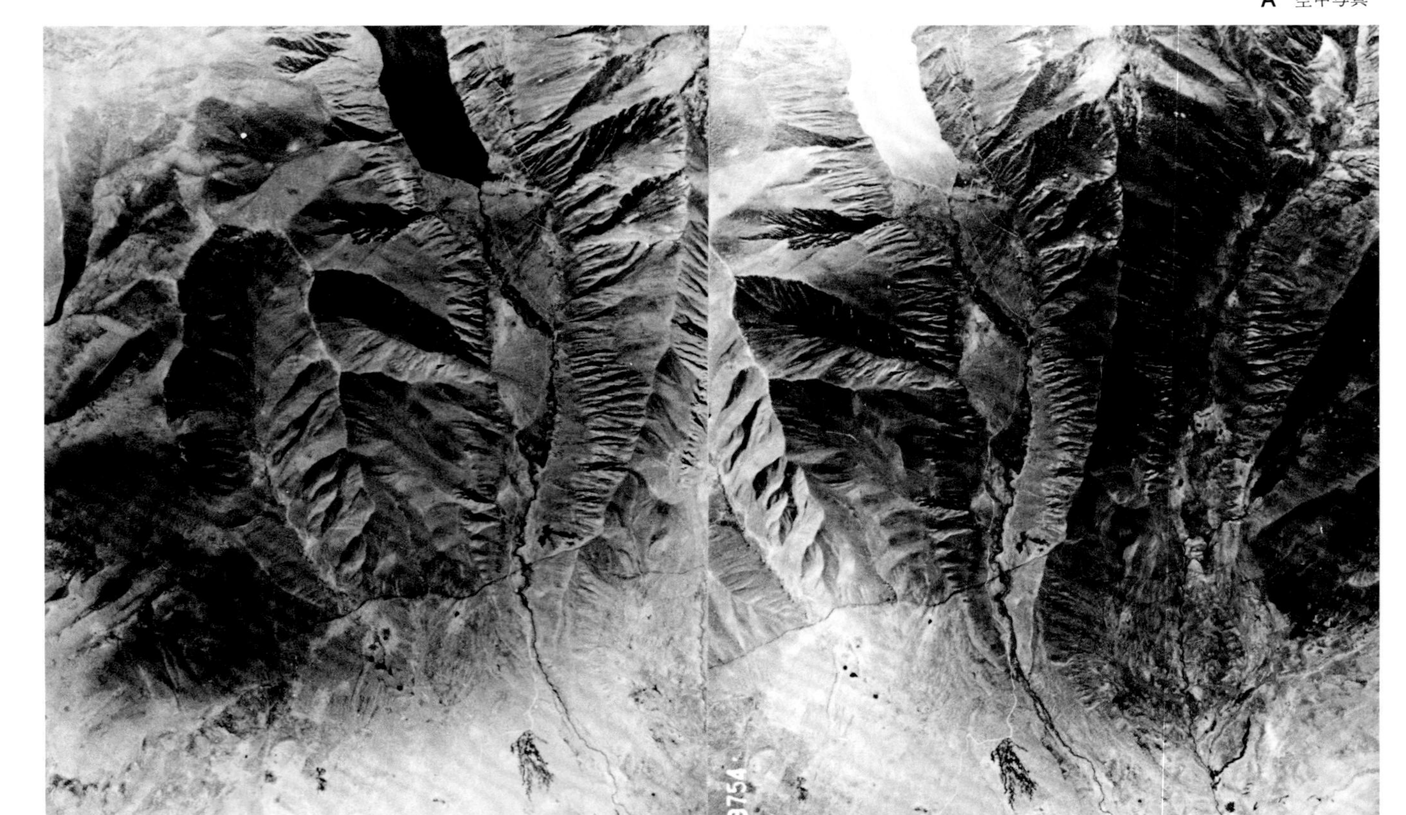

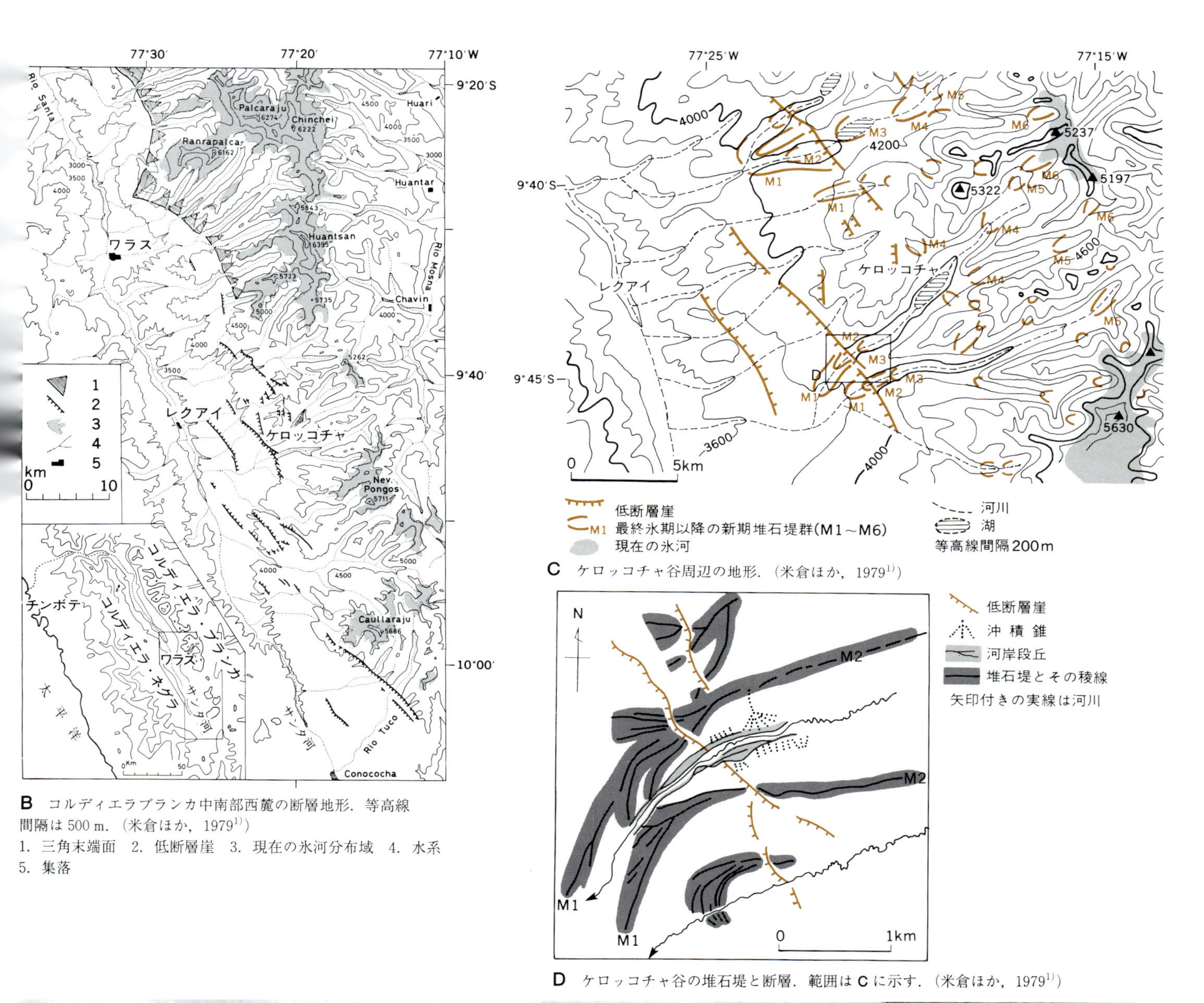

B コルディエラブランカ中南部西麓の断層地形．等高線間隔は500 m．(米倉ほか，1979[1])
1．三角末端面　2．低断層崖　3．現在の氷河分布域　4．水系　5．集落

C ケロッコチャ谷周辺の地形．(米倉ほか，1979[1])

D ケロッコチャ谷の堆石堤と断層．範囲は C に示す．(米倉ほか，1979[1])

E ケロッコチャ谷の左岸堆石堤と谷底をきる低断層崖(上流をみる)．(米倉撮影)

§11-5 正断層地形――アイスランドのギャォ

正断層運動は地表の拡大にともなう変動の一つなので，しばしば開口地割れをともなう．岩石がやわらかい(地下深い)ほど正断層が，もろくて堅い(浅い)ほど開口地割れが生じやすい．数 km 以深ではすべて正断層となる．地表では両者は漸移し，アイスランドではまとめてギャォと呼ばれる．地表が拡大する原因・規模は，小は地すべり頂部の滑落崖から，大はプレートの分離にともなう海嶺中軸部の正断層・地割れ群まで様々である．アイスランドの例は後者の陸上版である(**D**)．

ティングヴェトリル地溝(**B**)はアイスランド南西部，首府レィキャヴィークの東北東 40 km にあり，南西部はティングヴァトラ湖になっている．地溝西側はアルマンナギャォ群，東側はクラプナギャォークリダルギャォ群で限られている．地溝床にも数条の開口地割れがある．この地域は，**B** の右下隅に見えている割れ目火口から約 9000 年前に流出した玄武岩質のパホイホイ溶岩流でいったん埋め立てられ，平坦化されている．だから，この深さ 30～40 m，幅約 5 km の地溝は最近 9000 年間に生じたもので，最後の変位は 1789 年地震の時に起こった[2]．

地溝をつくる運動は 9000 年よりも前から続いている．これは，アルマンナギャォ群の北東延長が 9000 年より古い氷期の火山噴出物を切るところ(**A**，**B**，**F**)では上下変位量が 100 m にも達していることからもわかる．**C** はアルマンナギャォを北東から見た写真で，その範囲を **B** に示す．また，地溝両側のギャォの地溝側には幅 100 m 以下，傾斜十数度の斜面がついている部分がある(たとえば，**C** の地割れと左側道路の間．**A**，**F** でもわかる)．これは水平だった前記溶岩流のヒサシが傾いた部分で，その下位にやわらかい堆積物があったこと，したがって 9000 年より前にも地溝があって堆積物をためていたことを示す．

ティングヴェトリルでギャォ地形が特に明瞭なのは，厚い玄武岩溶岩流という風化に強い堅い材質に加えて，9000 年前以降火山噴出物などにおおわれることがなかったからである．

A 空中写真(AMS 2170, 2174, ©Iceland Geodetic Survey)

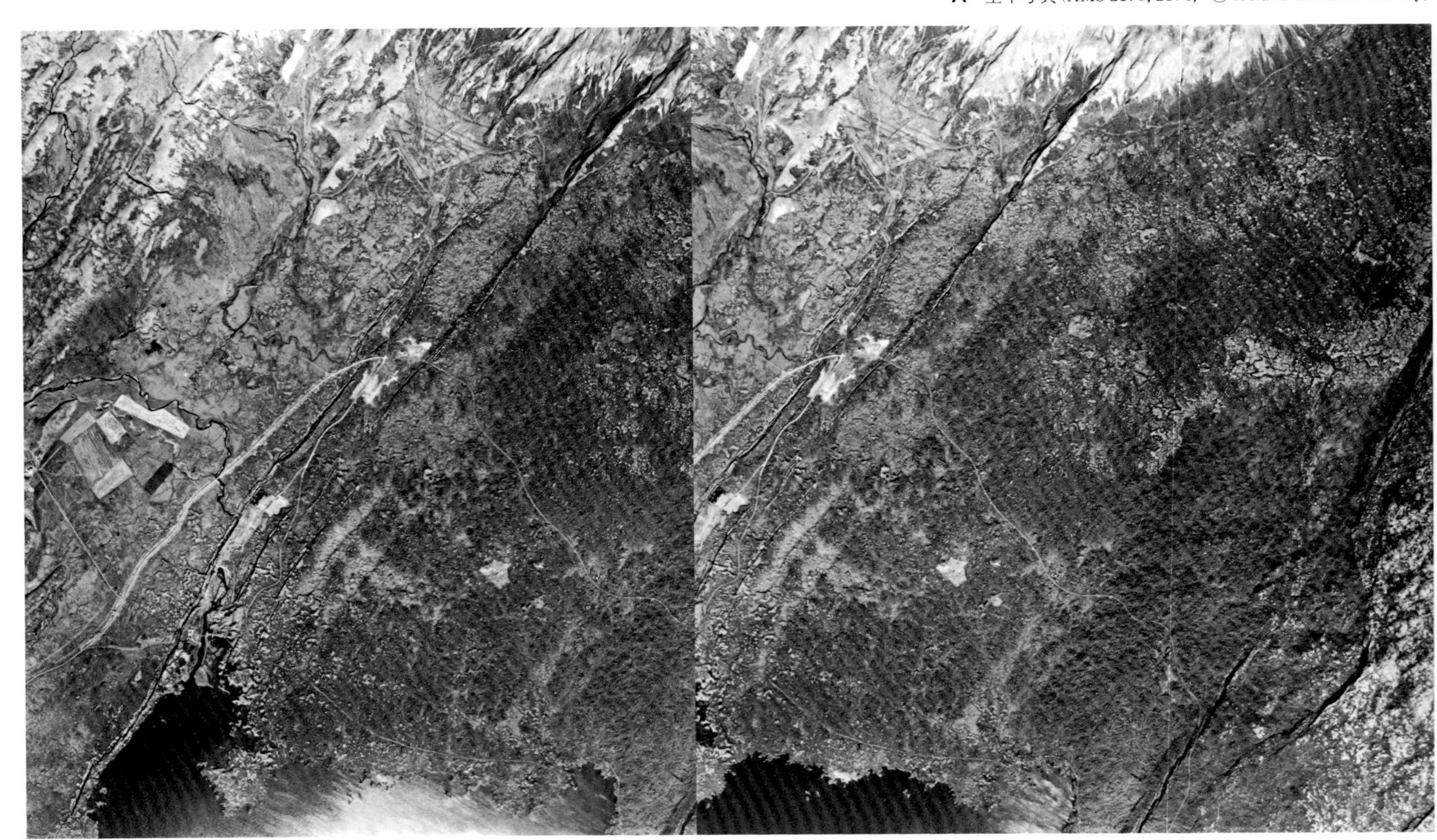

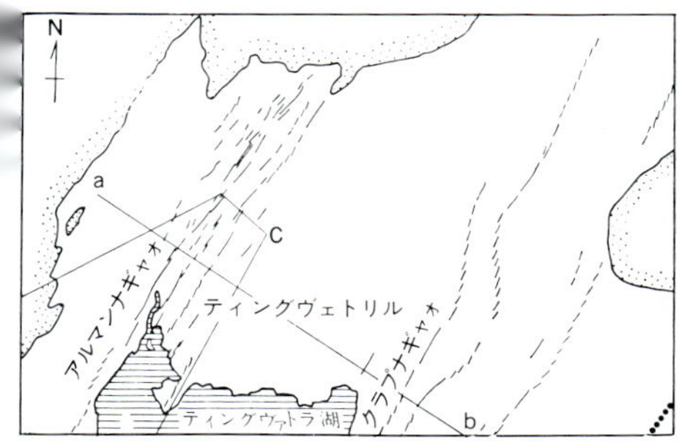

B ティングヴェトリル付近のギャォの分布．砂目は氷期の火山噴出物，白地は後氷期の火山噴出物．右下隅の点線が割れ目火口．（中村，1978[1]）

C ティングヴェトリル付近の地割れと正断層．南西を望む．範囲は B に示す．最大のものがアルマンナギャォで見えている範囲で 5.5 km.（Sigurdur Thorarinsson 撮影）

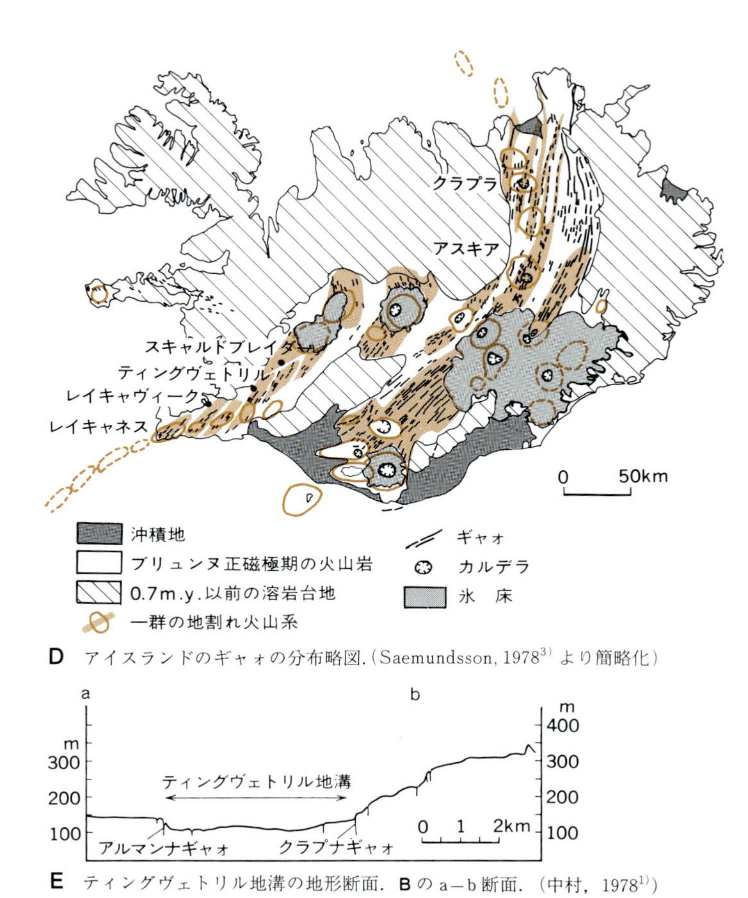

D アイスランドのギャォの分布略図.（Saemundsson, 1978[3] より簡略化）

E ティングヴェトリル地溝の地形断面．B の a—b 断面．（中村，1978[1]）

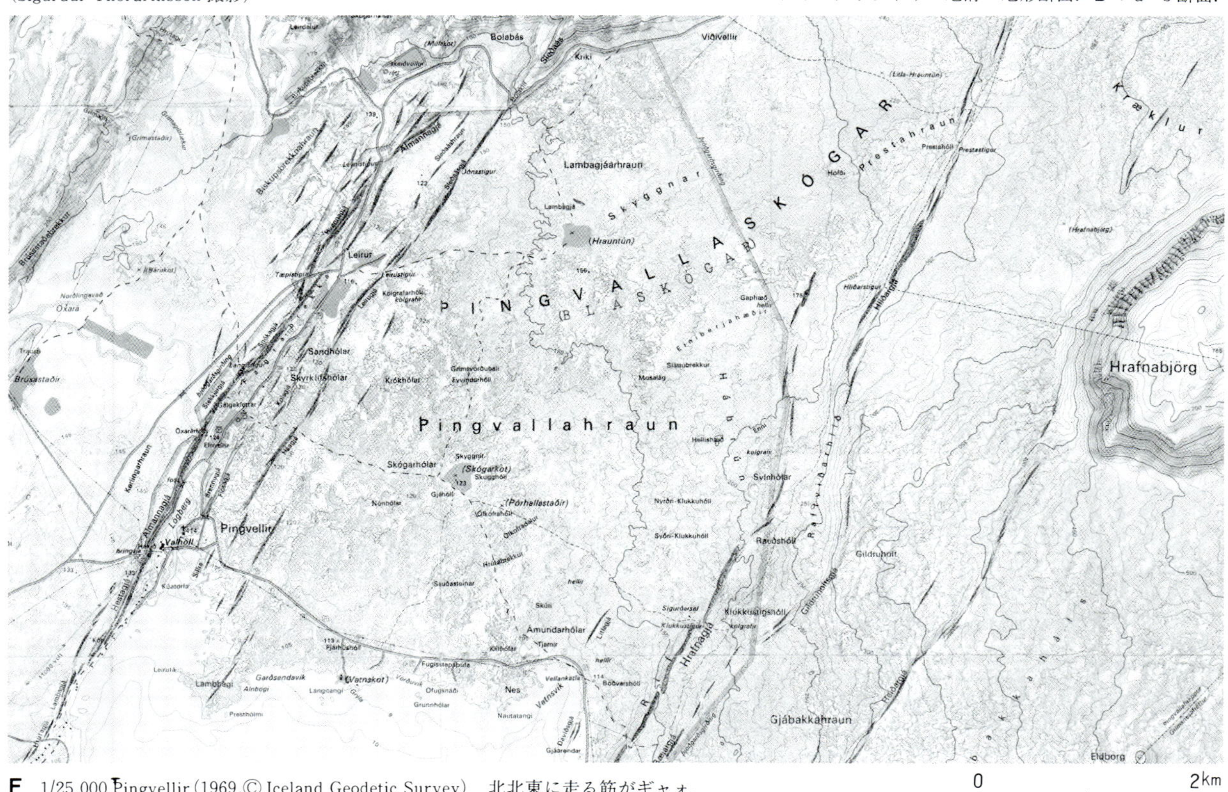

F 1/25,000 Þingvellir（1969, © Iceland Geodetic Survey） 北北東に走る筋がギャォ．

§11-6 活褶曲による河成段丘面の変形
——信濃川下流地域

空中写真 A は，長岡市西方，関原付近の河成段丘を示す．右下の大きな川が信濃川の支流，渋海川である．空中写真から，この地域の段丘は，ふつうの河成段丘のように平坦な段丘面と急な段丘崖からなるのではなく，段丘面の頂部は水平であるが，東または西に向かって次第に勾配をまし，段丘面が凸形の斜面を示すことがわかる(B, C)．この状態は段丘面の東縁でとくに顕著で，急勾配の段丘面が沖積面下に埋没している．このような地形は活褶曲による変形の結果生じたもので，背斜軸上では段丘面は尾根状に高まって背斜丘陵(活背斜丘陵)となり，向斜部では谷状に低まる凹地(活向斜谷)をなす．これらの地形は谷を埋めてえがいた等高線図(E)によく表現されている[1〜3]．

本地域の活褶曲は，基盤の魚沼層群(鮮新・更新統)の褶曲と対応している(C)．最近これらの活背斜丘陵を横切る多くの大規模な露頭から，段丘面，段丘堆積物が魚沼層群と同じ方向に変形しており，また魚沼層群の傾きは段丘面・堆積物のそれよりも大きく，褶曲が進行していることが確認された[3]．E には，A より広い範囲の変形が示されている．主要な向斜軸に対応する小粟田原(こおだつばら)の向斜状変形はとくに明瞭である．その西には越路原(こしじつばら)およびその北方に続く数列の活背斜丘陵と活向斜谷がある．背斜東翼の勾配の急な所では断層をともなうことがあり，波長が小さいほど変形量が大きい(C, E)[1]．越路原，関原では背斜軸も北に向かって傾き下り，活背斜丘陵の北端は沖積面下に没する．B に示した活背斜丘陵は本地域で最も波長が小さく(0.2〜0.3 km)，急勾配のなまこ型の独特な断面形を持ち，基部に断層があるらしい．その西側の丘陵の尾根の位置も背斜軸と一致している．

活褶曲の概念は，1940 年代初に，段丘面の変形・水準点の改測結果が，基盤の褶曲構造と同じ向きに変形していることにもとづいて提唱された[4,5]．すでに完成した構造とされていたものが成長を続けているというこの発見は，当時として意義深いものであった[6]．

活褶曲は，河川が褶曲軸を横切る場合には段丘の縦断面形の変形として(最上川の支流小国川など)[7]，河川が褶曲軸と平行する場合には段丘の横断面形の異常として表現される．信濃川中・下流地域は後者に当たり，とくに図示した地域の活褶曲は，1940 年代の初期に発見され[4]，その後の調査で変形速度が日本でも最大級の大きさを示すものとしてよく知られている．現在も褶曲が進行していることは，水準点の改測によりこの地域の一部で確認されている[7]．

A 空中写真(CB-65-4 Y-1，C 2A-6, 7)

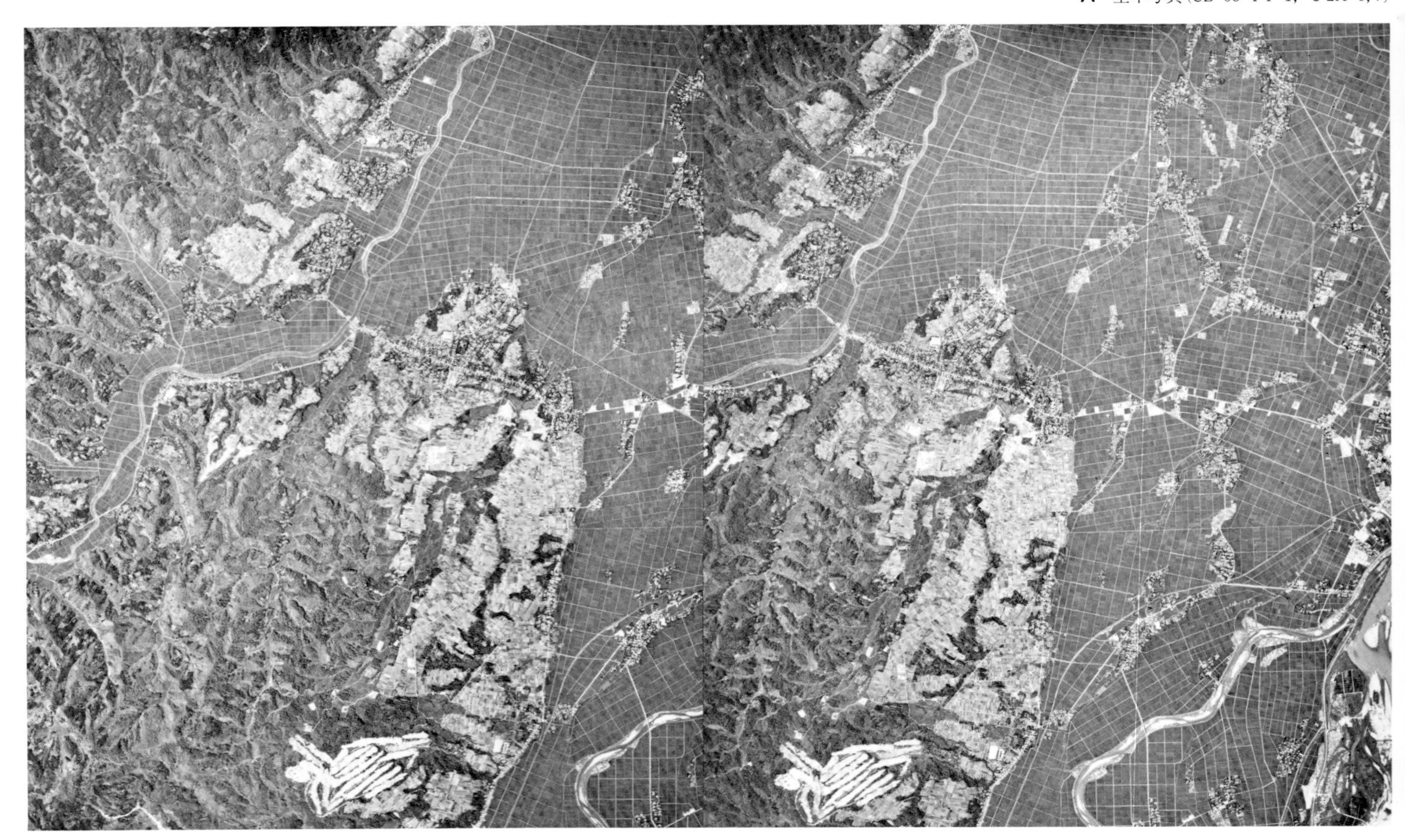

B　小波長の褶曲により背斜丘陵となった段丘 A 面．鳥越付近を南東より望む．a−b が背斜軸，c−d の丘陵頂も背斜軸に当たる．（松田時彦氏撮影）

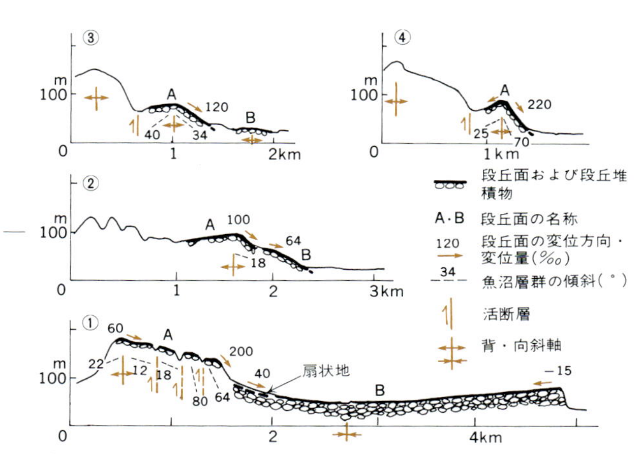

C　活褶曲により変形した段丘の横断面図．位置は E に示す．(Ota, 1969[1])を改変)

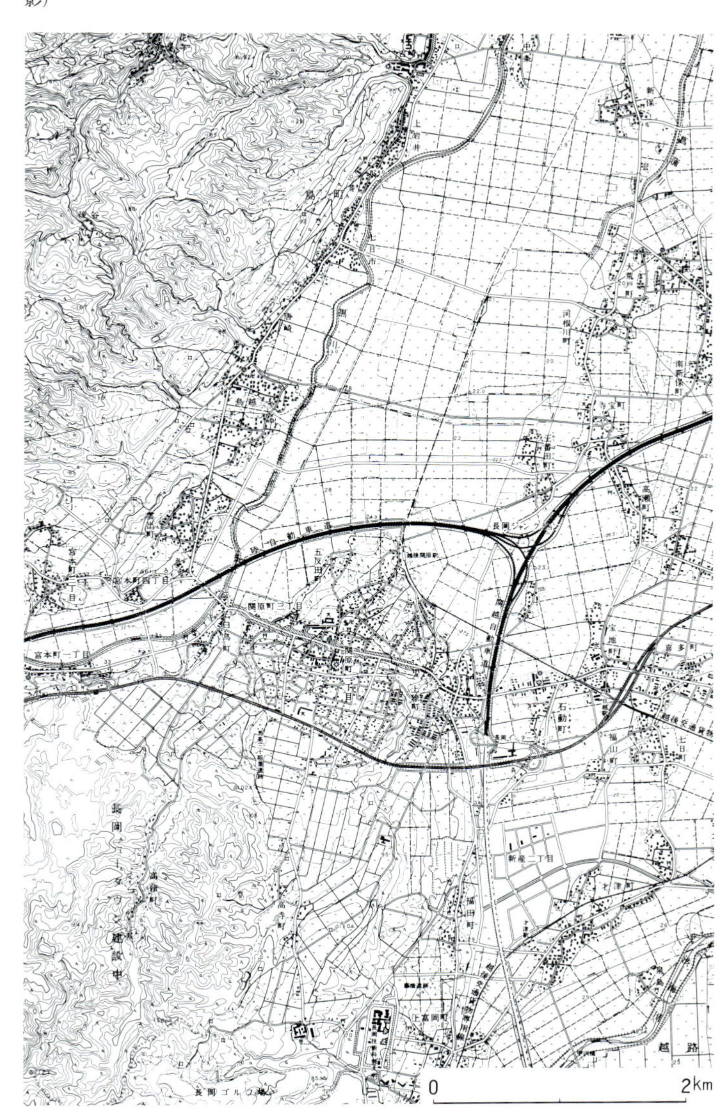

D　1/2.5 万地形図　長岡(昭 55 修正)．範囲は E に示す．

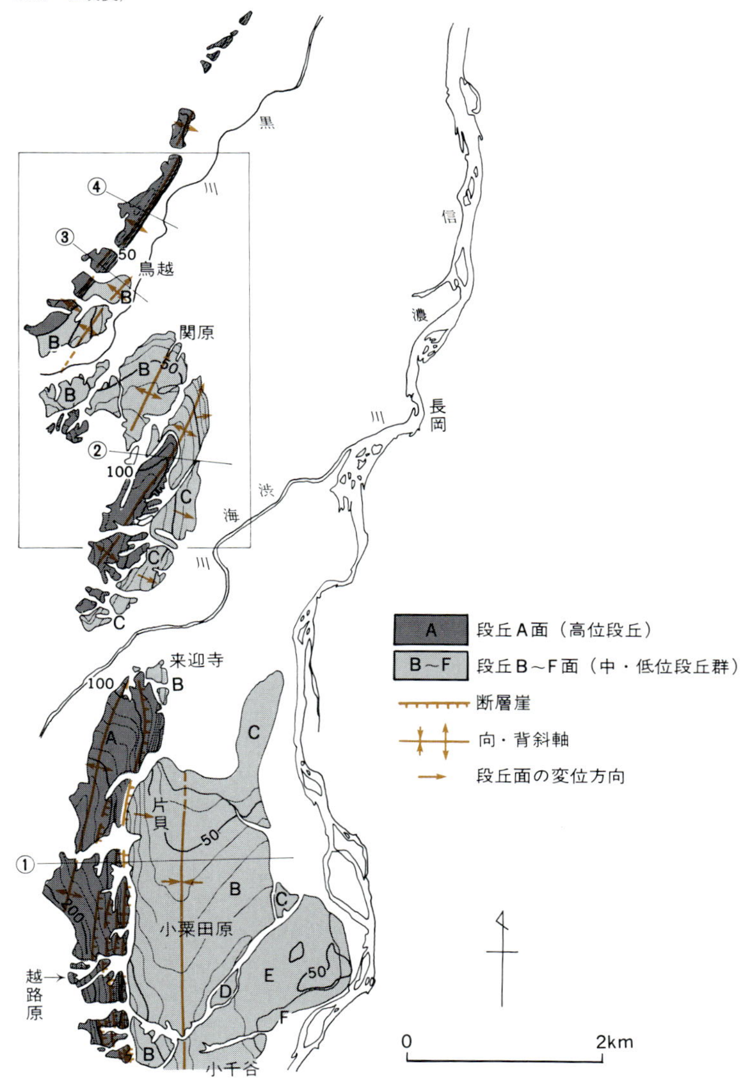

E　信濃川下流地域の変形した河成段丘面の分布．(Ota, 1969[1]，太田・鈴木，1979[3]) などによる)

§11-7 地震隆起による海成段丘——房総半島南部

空中写真Aの範囲は房総半島南西端の洲崎半島である．まず目につくのは森林でおおわれた開析された丘陵と，それをとりまく耕地化された海抜約30m以下の海岸沿いの低地との対照である．地形図Dではよくわからないが，空中写真を見るとこの低地は4段に大別され(B)，各段の境界はいずれも現海岸線とよく似ている．上記の状態から海岸沿いの低地は比高の小さい海成段丘の集合であることがわかる．これらを上位から順にⅠ，Ⅱ，Ⅲ，Ⅳ面と呼ぶ．Ⅰ面の内縁は大小の谷に沿って入り込み，当時の海岸線がいりくんだ輪郭の沈水海岸線であったことを示す．洲崎燈台ののる高まりは当時の島であった．この沈水を生じた海進の最盛期は，Ⅰ面構成層(沼サンゴ層)中の造礁サンゴや貝の化石などの^{14}C年代から，ほぼ6500年前である．つまりこの海進は後氷期の海進で，日本では縄文海進あるいは沼サンゴ層にもとづいて沼海進と呼ばれるものである．Ⅱ面以降現在に至る海岸線の平面形はこの時の海岸線の形——それは氷期の谷の形に支配されている——をうけついでいる．

もっとも海側のⅣ面は高度3～4mで，1923年の大正関東地震で隆起した岩礁状の地形を除くと，最新の段丘面である．この面は，古文書，古地図などの検討から1703年(元禄16年)の元禄関東地震によって陸化したことがわかっており[1,2]，元禄段丘と呼ばれる．この地震による隆起のために広い範囲が陸化し，当時離れ島であった今の野島岬が陸つづきとなり，相浜などの漁港は使用不可能になって新しい港の建設が必要になるなど大きな環境の変化を生じた．新たに陸地となった土地は現在耕地・集落として利用されている(C)．元禄段丘の高度は最大6m(EのⅣ)であるが，元禄地震後の逆もどり量と大正関東地震の隆起量とを考慮すると隆起量は少なくとも4mで，北ないし北北西に向かう傾動を示す．このことから，元禄地震は，房総半島沖の相模トラフに沿う断層が活動して生じたもので，相模湾内に震源を持つ大正関東地震とは異なるタイプの地震であると考えられている．元禄段丘は幅広く平坦なので，元禄地震以前かなり長期にわたり変動を受けずに海食を受けていたと推定される．Ⅱ，Ⅲの面は元禄段丘と規模・比高がよく似ているので，これらも元禄地震のような大地震によって陸化したものとみなすことができ，縄文海進の最盛期以降，元禄地震のようなタイプの大地震が少なくとも4回繰り返されたと考えられる[1~3]．地震による北方への傾動の累積はEに示されている[4]．Ⅰ面の高度は30mに近く，この値は世界的に推定されている当時の海面高度(現海面上約2m)とくらべ異常に大きい．このような大きな隆起は上述の地震隆起の累積の結果である．

A 空中写真(KT-68-6X，C5-1,2,3)

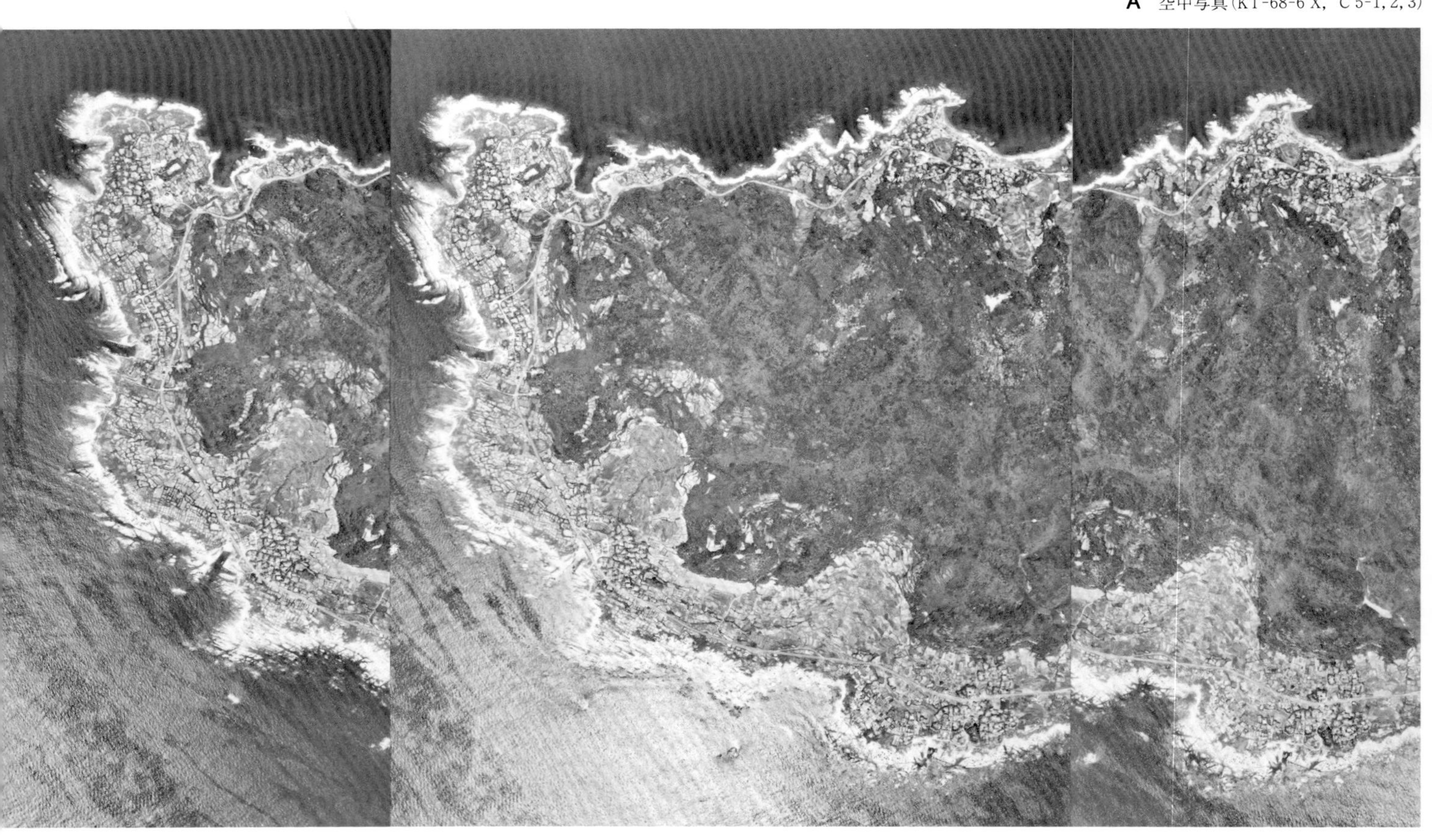

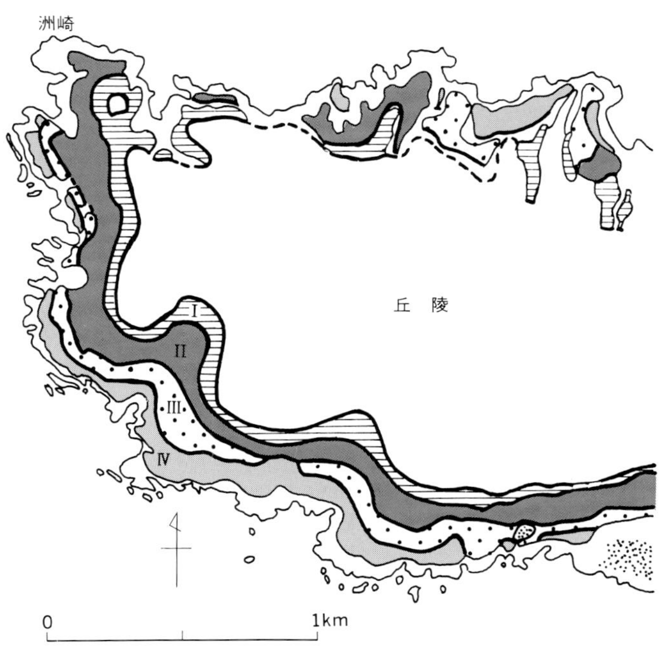

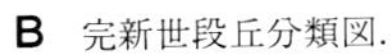

B　完新世段丘分類図.

C　布良付近の元禄段丘. 位置は **E** に矢印で示す. 集落がある平坦面が元禄段丘(IV). この段丘が基盤の急斜している地層をきって発達していることがわかる.

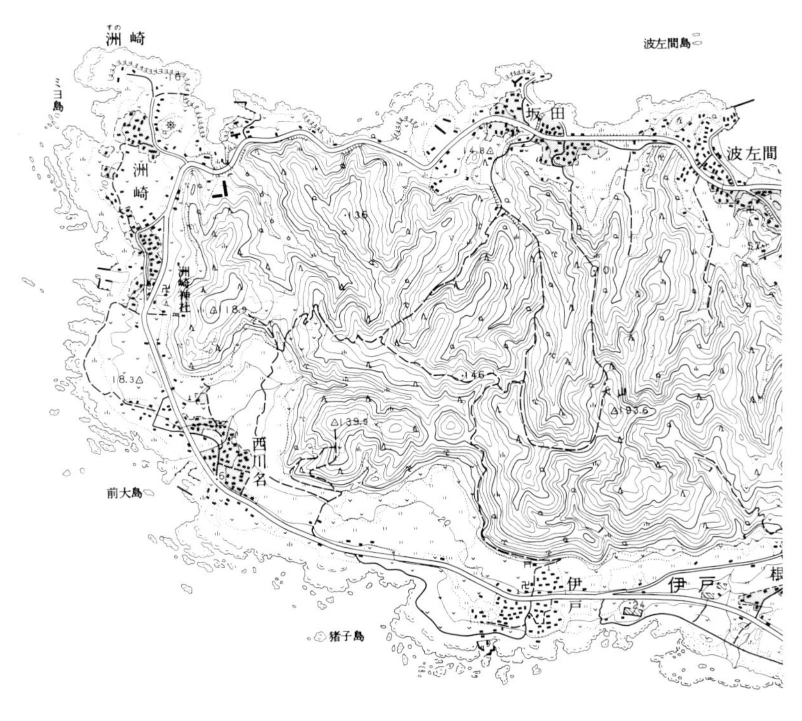

D　1/2.5 万地形図　館山(昭 55 修測)

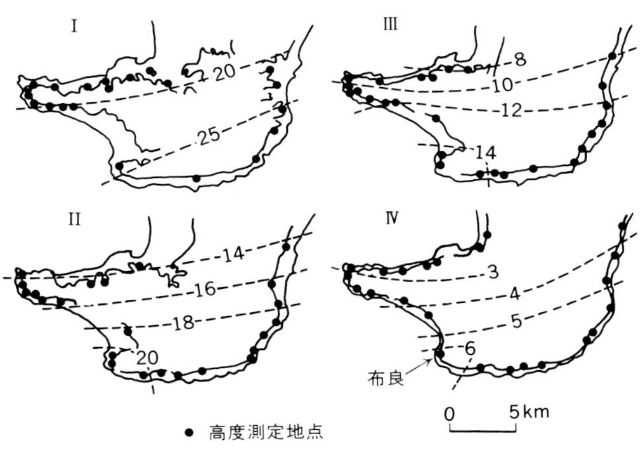

E　旧汀線高度の分布. 黒丸は高度測定地点, 等値線の単位 m. 完新世の海成段丘の傾動が累積していることを示す. (Ota, 1982[4])

§11-8 海成段丘の傾動――ニュージーランド北島ベアリング岬付近

ニュージーランド北島南西端，ウェリントン周辺の海岸は土地の隆起が著しく，時代を異にする数段の段丘でふちどられている．ウェリントン対岸のベアリング岬付近の海成段丘は，1組の写真からも傾動をよみとることができる数少ない例の一つである[1]．本地域の海成段丘は，B1～B6の6段に分類できる(**D**)．B1は狭い段丘で，空中写真**A**からは見分けにくいが，現地で風化した海成堆積物をのせる小平坦面として識別できる．B2, B3は開析は進んでいるが旧汀線は容易に追跡できる．B4は最も広い段丘面で，ワイヌイオマタ川をへだてて東方の，基盤の谷地形を埋める厚さ10 m以上の海成堆積物からなる面(**C, E**のa, b)に連続するので，最終間氷期の海面上昇と関係して形成されたものと推定される．この面の下位にB5が局地的に見られ，現海岸線沿いには後氷期の形成であるB6面が続いている．各面間の段丘崖はB4をふちどるものを除くと緩やかである(**A**)．これは，崖高が比較的小さいことに加えて，氷期のソリフラクションとそれにともなう斜面堆積物によって修飾されたためと思われる．ウェリントン付近では，厚さ数十mにおよぶ背後からの斜面堆積物により本来の海成段丘が完全にかくされていることもあるが[1]，ベアリング岬付近ではワイヌイオマタ川によって背後の山地と隔てられているため，斜面堆積物による影響はそれほど大きくはない．

B4段丘について見ると，一続きの旧汀線の高度が大きく異なり，すでにコットン[3]によって指摘されたように北西に向かって傾動をしていることがわかる(**A, B, C**)．このような傾動は，この地域の約15 km東方にあるワイララパ断層(アルパイン断層の支断層，§11-2参照)と関係している．この断層の活動による1855年の地震の際にも段丘の傾動と調和する隆起が生じた．トラキラエ岬付近(**B, E**)では海岸線に沿って高さ30 m以下の低地が発達しているが，これらは数列の離水した浜堤列からなっている[4]．そのもっとも外側のものが上記の地震で隆起したものである．これを含めてどの浜堤もそれぞれ北西に向かう傾動を示し，地震ごとに傾動を繰り返して山地が生長したことをものがたっている．**D**は，B4面の変形の状態を実測値に基いてえがいてある[2]．この図に示される複雑な変形は，上記の一般的な傾動(**C**)に加えて，ベアリング岬断層にともなう局地的な変形(逆向き低断層崖，逆断層の隆起側でのふくらみ，北西へのピッチング)が加わって生じたものである．

A 空中写真(No. 170-1, 2, 3, the Department of Lands and Survey, New Zealand)

B トラキラエ岬付近(手前)からベアリング岬(左上)に至る海成段丘．トラキラエ岬付近の５段の離水浜とベアリング岬から東方にかけて分布するB4 面およびそれに対比される海成段丘がみえる．B4 面の上に２段以上の開析された段丘面も認められる．(D. L. Homer, N. Z. Geol. Surv. 撮影)

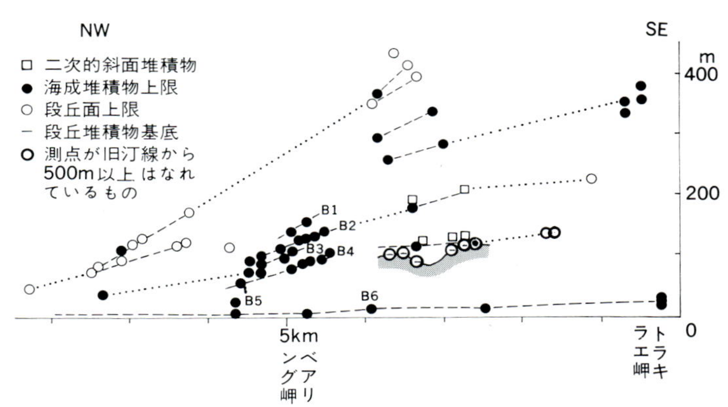

C 旧汀線の傾動．トラキラエ岬～ベアリング岬間の段丘高度を投影したもの．(太田，1976[2])

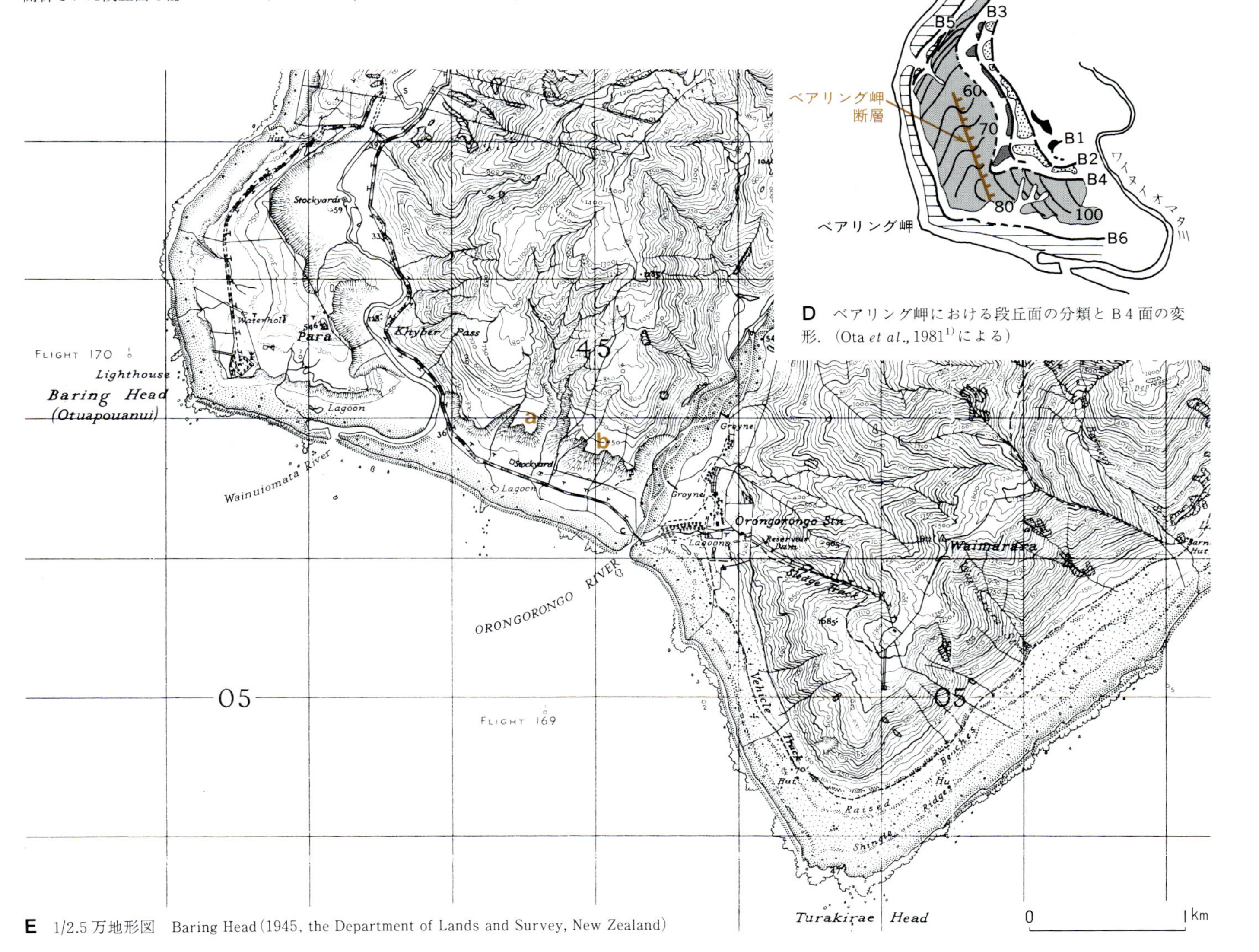

D ベアリング岬における段丘面の分類と B４面の変形．(Ota *et al.*, 1981[1] による)

E 1/2.5 万地形図 Baring Head (1945, the Department of Lands and Survey, New Zealand)

第12章 組織地形

解説

地表は種々の外作用によって侵食され，それぞれの外作用に対応する特色をもつ地形が形成される．ときには，地表を構成する組織(地質構造や岩質など)を反映した独特の侵食地形——組織地形——が現われる．したがって，外作用によって地殻中の抵抗力の弱い組織部分がより侵食されることによって形成されるのが組織地形といえよう．種々の岩石の外作用に対する抵抗力は，同一岩石であっても，気候帯の差も含め外作用の種類，作用のされかたによって異なり，ある作用に対しては強い抵抗力を示すが，他の作用に対してはきわめて弱い抵抗を示す場合も見られる．

地表を構成する岩石は，温度変化，凍結融解作用，生物の働きなどによって物理的または機械的に破壊(機械的風化)され，造岩鉱物は大気中や地下の水，酸素，炭酸ガスや生物とその分解生成物によって化学的に分解され溶かされる(化学的風化)．このようにして，抵抗力の弱い岩石・鉱物や岩石中の断層・節理・割れ目に沿って，より速やかに風化され，次いで，表流水，地下水，氷河，波，風などによって侵食されて風化生成物が除去され，組織の差を反映した地形が形成される[1)]．

岩質の差，地質構造を反映する組織地形

地表に分布する岩石はそれぞれ異なった物性をもち，地表に働く外作用に対し異なった抵抗性を示す．物理的な意味での岩石の物性は，ある大きさの試供体の圧縮・引張り破壊強度の測定によって示すことができる．また摩耗については回転ドラムなどを用いて測定されることがある．

このような物性値も侵食に対する一つの目安とはなるが，実際の地表では，ある広がりをもった岩体としての‘物性’の方が重要な意味をもつことが多い．たとえば，限られた大きさの試供体としては，きわめて‘かたい’性質を示す玄武岩も，節理や割れ目が多いと，容易に岩塊となって除去される．物理的に弱い(未固結または空隙の多い)地層は風や波の侵食によっては容易に運び去られるが，地表では水を通しやすい(透水性が高い)ために谷の発達が悪く，逆に流水によっては侵食されにくい．また，石灰岩それ自身は物理的には強いが，炭酸ガスを含む水には容易に溶食されてカルスト地形を形成する．青島周辺にみられるベンチ(§5-1)は，傾斜する砂岩と泥岩の互層を切って発達するが，ここでは吸水性の差を反映し砂岩部分が凸部に泥岩部分が凹部となり，全体として洗濯板状の地形を形成している[2)]．深い峡谷をつくるグランド・キャニオンの谷壁では，石灰岩と砂岩部が急崖(自由斜面)を，頁岩部が岩屑斜面を構成し，全体として階段状の地形を形成している(§12-1)．また，もともとは谷を埋めて堆積した砂礫層のつくる台地面が，透水性がよいため周辺の山地より侵食されにくく，台地に砂礫を供給した山地の方が早く削られて低下し，地形の逆転が起こる場合もある[3)]．このように，岩石の侵食に対する抵抗性は，必ずしもいわゆる岩石の‘かたさ’を意味するものではなく，侵食作用の性質に応じて，岩石の物理的・力学的あるいは化学的諸性質が複雑に関係してくるのである[4)]．

節理が密に発達する花崗岩の場合，地下水の浸透により地下深くまで化学的風化が進み，マサ化することが多い．しかし，局部的に節理間隔が広いと比較的新鮮な岩塊や円みをおびた核がマサの中に残存する．マサとなって鉱物間

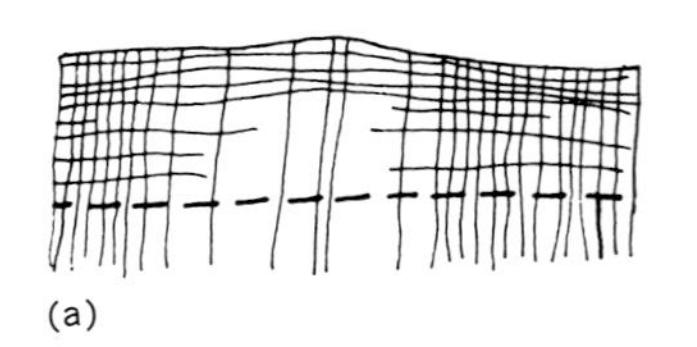
(a)

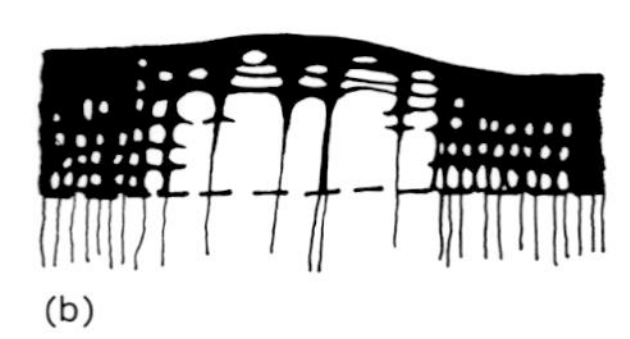
(b)

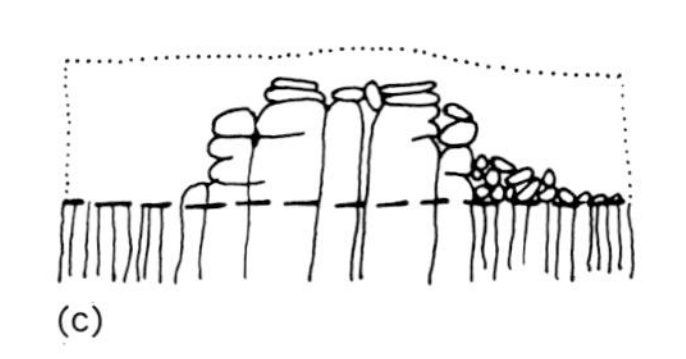
(c)

図1 花崗岩よりなるトア(岩塔)の生成段階．(Holmes, 1978[5)])
(a)節理間隔の変化が大きい花崗岩の垂直断面．(b)地下水の下方への移動により永久飽和帯より上で岩石の分解がすすんだ時期．分解の進んだ岩石は黒色で示されている．(c)分解された岩石が除去され，周辺より突出するトアが残る．

写真1　イングランド南西部，コーンワル半島，デボン県，ダートムアのマナトンに発達するトア(岩塔)の1例で，ボーア人の鼻とよばれる．風化に対して強く，間隔の広い節理をもつ塊状の花崗岩がつくる残存地形である．(Fox Photos Ltd)

写真2　グランドキャニオン南壁(デザートビュー)からみた海抜1900 mほどの構造平野と平野より突出するメサ状山塊(セダー山，2150 m)．位置は§12-1図**D**の地形図参照．(小池撮影)

の結合力を失った部分が機械的に除去されると，岩塊がトアとして地表に突出する(**図1**，**写真1**)．また，深成岩類はその組成の変化に応じ，節理の発達状態，風化の程度が著しく異なることもある(§12-4)．現在，凍結破砕作用が卓越する日本アルプス各地の高山帯に見られる稜線の起伏は，節理の発達が密な部分が一般に低く鞍部となり，節理の発達が相対的に粗い部分が突出して峰となっている．とくに，断層破砕帯は深く切れ込んだ鞍部を形成している[6]．

断層運動の結果形成される断層崖，断層谷は変動地形(11章参照)であるが，断層に沿っては岩石が破砕され相対的に弱い線(帯)が形成される．このような地域で新たな削剝が起こると，断層に沿ってより強く侵食作用が働き，断層線崖や断層線谷が形成される．

風化や侵食に対して異なった抵抗性を示す水平な堆積岩の互層が存在すると，抵抗性の弱い層は容易に侵食され，抵抗性の強い地層が残り，地層の上面は，地層の広がりに対応しベンチまたは構造平野(**写真2**)となる．侵食が進むと，ベンチは縮小し，メサ(**写真2**)，ビュートへと変化する．地層が傾斜をもつ場合，ケスタ(§12-2)，ホグバックとなる(**図2**)．また，水平に堆積した溶岩流，岩脈やシルなども周辺の岩石に比べ抵抗性を示し，同じような地形を形成することが多い．

若い褶曲山地は，(活)背斜山稜と(活)向斜谷からなっているが，侵食が進むにつれて背斜山稜がけずられ向斜谷をうずめる．さらに背斜構造をけずって背斜谷がつくられ，逆に向斜谷の侵食が進まず，向斜山稜となることがしばしば見られる(**図3**)．このように，礫岩，砂岩，泥岩など侵食に対する抵抗力の異なる地層が互層をなしている場合，複雑な山稜と谷からなる地形がつくられる．しかし，それらの配列は褶曲構造の形態によって変化する．褶曲軸が直線状の場合，長い平行した山稜と谷の地形が，ドーム構造や盆地構造をもつところでは，同心円状の山稜と谷がつく

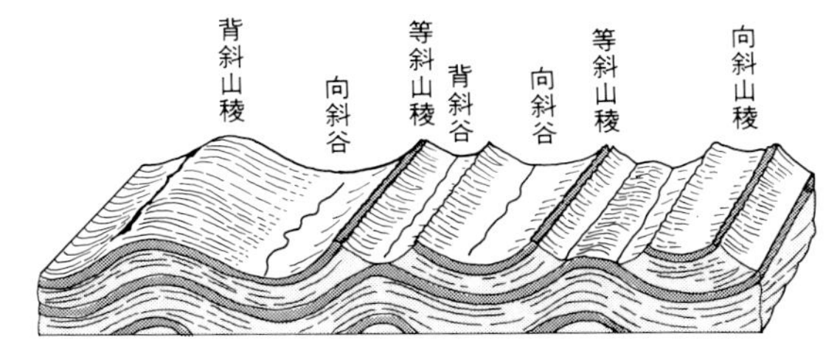

図3　褶曲構造を反映した種々の組織地形．

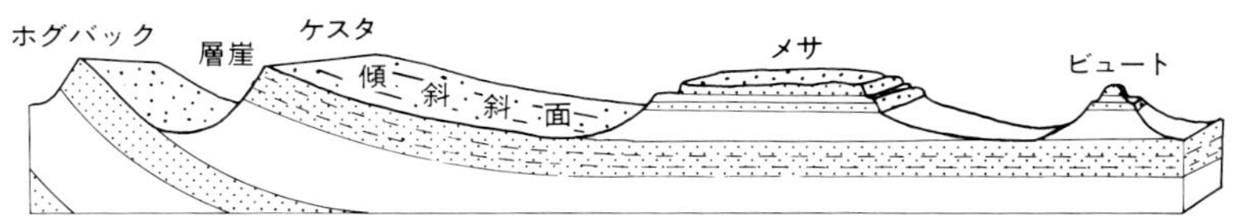

図2　種々の侵食地形と構成地層の構造や傾斜との関係を示す模式図．

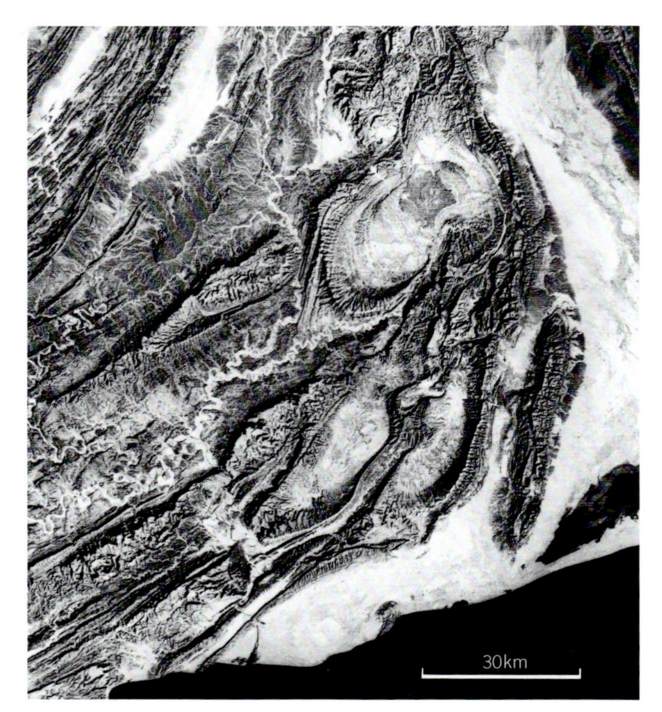

写真 3 パキスタン南部，チャマン断層南部のランドサット画像．チャマン断層南端に接してみられるのが，長径 40 km，短径 20 km ほどのドーム構造で，ドーム周辺の褶曲構造を反映した地形の配列も明瞭に読み取れる．

られる(**写真 3**)．褶曲軸が傾斜した(プランジした)褶曲構造のところでは，W 型や船形をした山稜と谷の地形が複雑に配列する(§ 12-3 参照)．

カルスト地形

地表を構成する岩石はある程度は化学的作用によって溶食されるが，石灰岩や石こうなど炭酸カルシウム($CaCO_3$)を含む岩石は容易に溶食され独特の地形——カルスト地形——が形成される．石灰岩は地球の全陸地面積の 7% ほどを占めるので，カルスト地形を形成する代表的な岩石といえよう．石灰岩は純粋な水にはほとんど溶けないが，炭酸ガスが含まれると，石灰岩中の炭酸カルシウム($CaCO_3$)が溶食され炭酸水素カルシウム($Ca(HCO_3)_2$)となって，水に溶けてしまう．なお，‘カルスト’の名はこの種の地形がもっとも標式的に発達するユーゴスラビアの地名にちなんで命名されたものである．

カルスト地域の表面形　地表に露出した石灰岩の上を雨水が流れると，石灰岩の岩質や節理の入りかたなどの差によって，溶食の進行速度に差異が生ずる．とくに節理に沿って溶食が進み複雑に交錯する小溝群が発生し，溶食の進まない部分は岩塊や岩柱として残る．露出した石灰岩地帯に見られる溶食溝(カレン)に刻まれ大小の石灰岩柱の林立する地形はカレンフェルトと呼ばれる(**図 4**(1))．

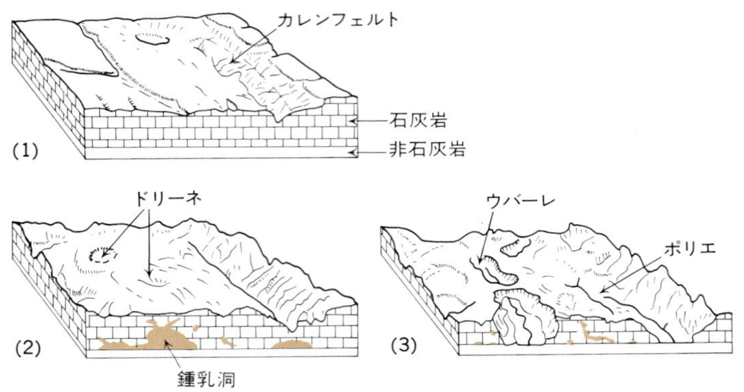

図 4 湿潤地域におけるカルスト地形の発達．

写真 4 ユーゴスラビア，ディナールアルプス山中に発達するポリエとその底にみられる円形のカルスト湖．(小池撮影)

台地状の石灰岩地域では，雨水は節理や断層線などに沿って地下に浸透し石灰岩を溶食する．溶食がすすむにつれ，地表面には多数のすり鉢状の凹地群が形成され，シンクホールまたはドリーネと呼ばれる(**図 4**(2))．ドリーネは構造線の交点に強く働く溶食や，地下の洞窟(鍾乳洞)の天井が陥没することによって形成される．ドリーネが拡大し，隣接するドリーネと合体すると，大きな細長い凹地となり幅も増していく．これがウバーレである．ウバーレやドリーネなどの凹地群が連結すると，ときには径数十 km にもおよぶ盆地が形成される．ポリエと呼ばれるもので，ポリエの底はほぼ地下水面と一致し平坦である．ポリエ底がさらに拡大するとポリエ盆地となる(**写真 4**，**図 4**(3))．

鍾乳洞　石灰岩地域では，地表でドリーネ，ウバーレなどの凹地が拡大されていくと同時に，地下では，浸透した水が地下水となって流れ，溶食によって流路を拡大し洞穴網が発達する．これが，石灰洞または鍾乳洞と呼ばれる石灰岩地帯の地下水網の幹線である．鍾乳洞の内部構造は複雑で未知の部分が多い．こみ入った平面形とともに，地下水位の変動にともなって洞穴底の高度を異にする洞穴群が発達することがある[7]（§12-6参照）．地表に各種のカルスト地形の発達する秋吉台では，秋芳洞をはじめ大小100以上の石灰洞の存在が推定されている[8]．

石灰岩地帯の地下水は，炭酸水素イオン（HCO_3^-）によって飽和されており，空気にふれて水分が蒸発すると炭酸カルシウムの結晶が析出する．このため，鍾乳洞の天井から滴下する水から炭酸カルシウムが析出して鍾乳石がたれ下がり，落下した水滴から洞穴の底に石筍（せきじゅん）が形成される（**写真5**）．また，洞穴底には石灰華（せっかいか）段丘（§12-5 C）が生ずることもある．石灰岩地帯を流れる炭酸水素イオンで飽和されている河川水は，河床に見られるわずかな障害物のまわりに炭酸カルシウムを析出させ，ツーハと呼ばれる階段状の高まりを河床に形成する．高まりが急激に成長する場合には，ツーハ背後に湖が形成されることもある．ユーゴスラビアのプリティビツェは最も有名な例である[9,10]．

写真5　ニューメキシコ州カールスバッド洞窟中にみられる‘キングスチェインバー（王の部屋）’．天井からたれ下がる鍾乳石と洞穴底から生長した石筍（せきじゅん）が美しい．（Paul Popper Ltd）

気候とカルスト地形　古典的なカルスト地形に関する知見は，アドリア海沿岸地域の研究が基礎になってきた．したがって，カルスト地形に関する術語もこの地方の研究から生まれたものが多い．しかし世界各地の石灰岩地帯では，それぞれの地域の気候条件に対応し，石灰岩の削剥速度（平均的な地表面の低下）が異なり，溶食様式も変化し，さまざまな形のカルスト地形を形成している[9]．水のほとんど存在しない乾燥地帯では溶食は進まず，地表にはきわめて浅い皿状の地形が形成されるのみで，ドリーネの発達はきわめて悪い．一方，極地や永久凍土地帯でも水が流動せず溶食が進まない．

もっともさまざまな形態のカルスト地形が発達するのは湿潤熱帯地方である．熱帯地方では溶食による地表の削剥速度が速く，ドリーネ→ウバーレ→ポリエなどのカルスト凹地の発達拡大が速く，石灰岩中の溶食に対し強い抵抗力を示す部分のみが残丘状に地表から突出する．残存地形は円錐形の塔となるので円錐カルストと呼ばれ，コックピットカルストとタワーカルストに大きく二分される[9]（**図5, 6**）．

なお，洋上に点在するサンゴ礁のつくる島々にも，離水サンゴ礁が発達すれば，ドリーネ群と鍾乳洞からなる小規模なカルスト地形が発達する．南西諸島では，離水サンゴ礁が何段にもわたって発達する島々がみられ，カルスト地形の発達が良好である（§5-7）．

図5　半円球状のコックピットカルストの模式図．ジャワ島中部によく発達し，斜面は熱帯雨林におおわれている．（Jennings, 1971[9]）

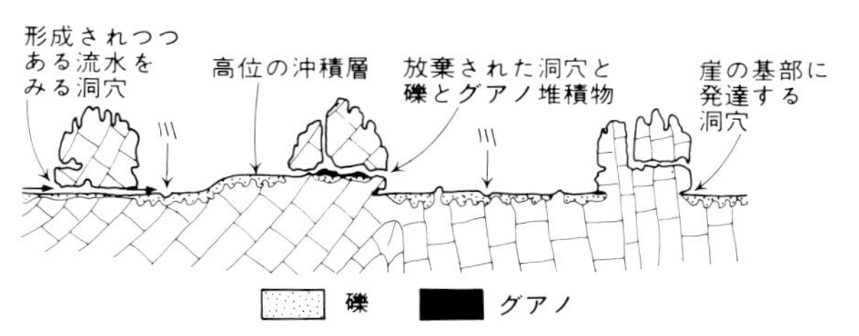

図6　タワーカルストの模式断面．（Jennings, 1971[9]）　グアノ：一般には魚を捕食する鳥類の排せつ物にもとづくリン酸石灰堆積物．洞穴内ではコウモリの排せつ物が主となる．

§12-1 水平層を切る大峡谷——グランド・キャニオン

アメリカ，アリゾナ州のコロラド高原を深く刻むグランド・キャニオンは，最大1900 mほど高原をうがち，縁から縁までの幅も8～24 kmと変化する，文字どおりの大峡谷である．

白亜紀末ごろ，この地域はほぼ海面すれすれの土地であった．始新世に入ると曲降運動が進行し，厚さ3000 mに達する地層が堆積した．しかし，中生代～新生代前半に堆積した地層は，大部分，中新世の間にグランド・キャニオン地域から運び去られ，ほぼ，同じ時期に峡谷の侵食もはじまったと考えられている．

グランド・キャニオンは先行谷の代表例とされてきたが，鮮新世の初期にミード湖付近で成長した曲隆帯により背後に湖が形成されたことがあり，積載と先行が組み合わされた成因をもつので積載性先行谷と呼ばれる[1]．更新世の間に2000～3000 mに達した隆起運動に応じて，峡谷の下刻は急速に進行した．下刻にともなう差別侵食の結果，峡谷の谷壁は様々な色彩の段と斜面から成っている(**C**)．

Bは**D**のa－bにそう模式的な断面で，コロラド高原面は，古生代，二畳紀のカイバブ石灰岩よりなる剝離準平原面で，峡谷壁は，1)二畳～石炭紀の石灰岩・砂岩・頁岩の互層からなる比較的急斜する上部斜面がみられ，この斜面下部のレッド・ウォール石灰岩も，侵食に抗し谷壁中央に急崖を形成している．カイバブ石灰岩やココニノ砂岩およびレッド・ウォール石灰岩などは侵食に抗し，コロラド川の支谷間の河間地に，ビュートやメサとして残っている(**B, D**中のbutte, temple)．2)カンブリア紀のトント統よりなる比較的緩傾斜の下部斜面，および3)先カンブリア紀の地層を300mほど刻みこむ深くせまいインナーゴルジの3部分に分けることができよう[2]．

Aはグランド・キャニオン国立公園地域のランドサット画像で国立公園地域のほぼ全域をカバーし，峡谷の東半部(**D**のほぼ全域)の実体視が可能である．実体視可能域の西端部に断面のa－b(**B**)が位置している．コロラド川の南流部(マーブル・キャニオン)に東から合流するリトル・コロラド川は合流点から上流へ向って徐々に峡谷の深さを減じており，構造平野を刻む谷の発達過程を示す好例といえよう．なお，北東－南西に走る直線状の支谷(ブライト・エンジェル・キャニオン，a－bのやや東)やこれとほぼ直交する北西－南東方向の支谷は，断層線谷であることが多い．

コロラド高原はコロラド川とその支流により深く刻まれているが，他の高原面はほぼ平坦な構造平野であまり開析を受けていない．グランド・キャニオン北縁から北方へ続く，カイバブ高原を構成するカイバブ石灰岩は，北方へ徐々に高度を低下させ，ザイオン国立公園地帯では，1000 m近い深さの峡谷の谷底付近に見出される．

A グランド・キャニオン周辺のランドサット画像．

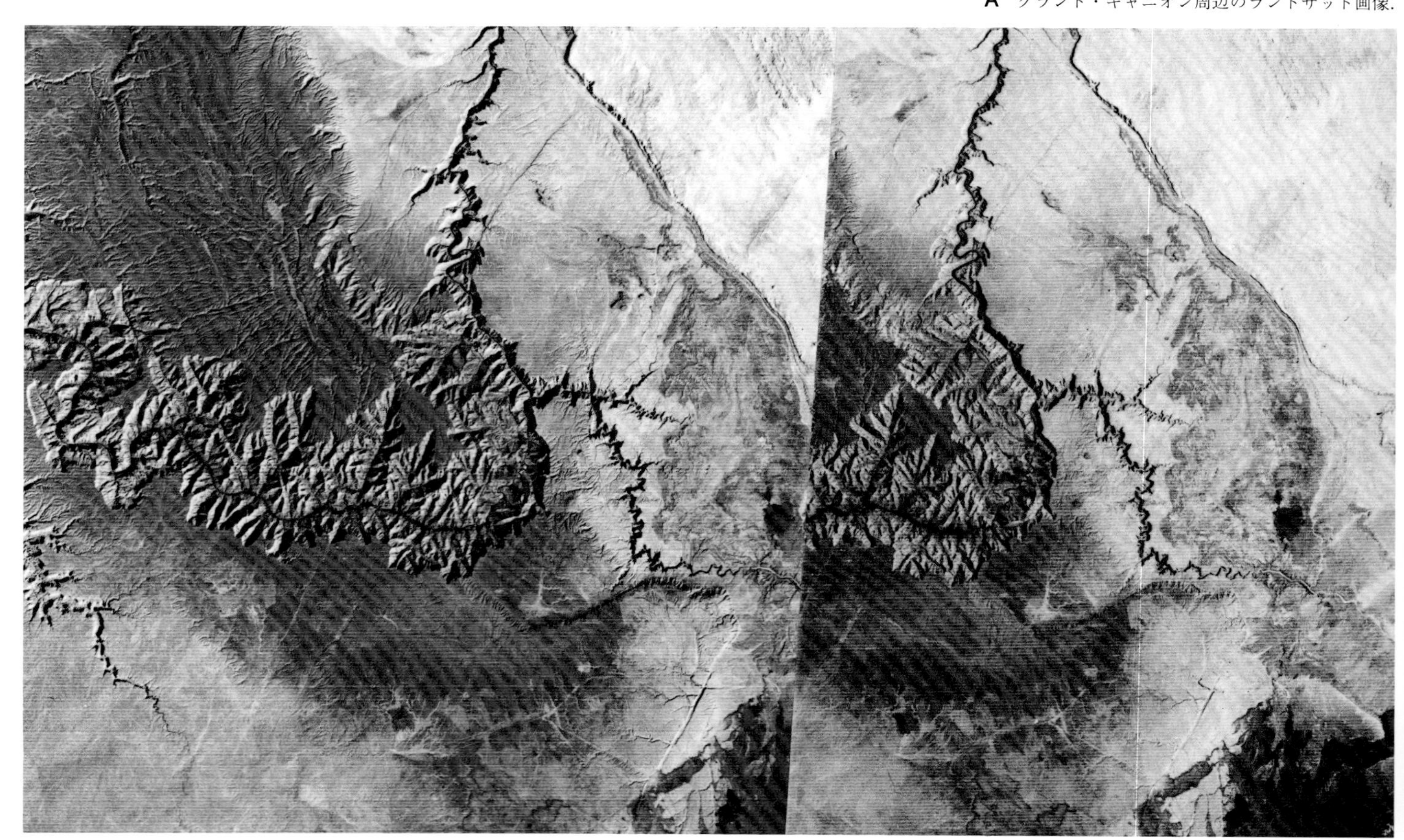

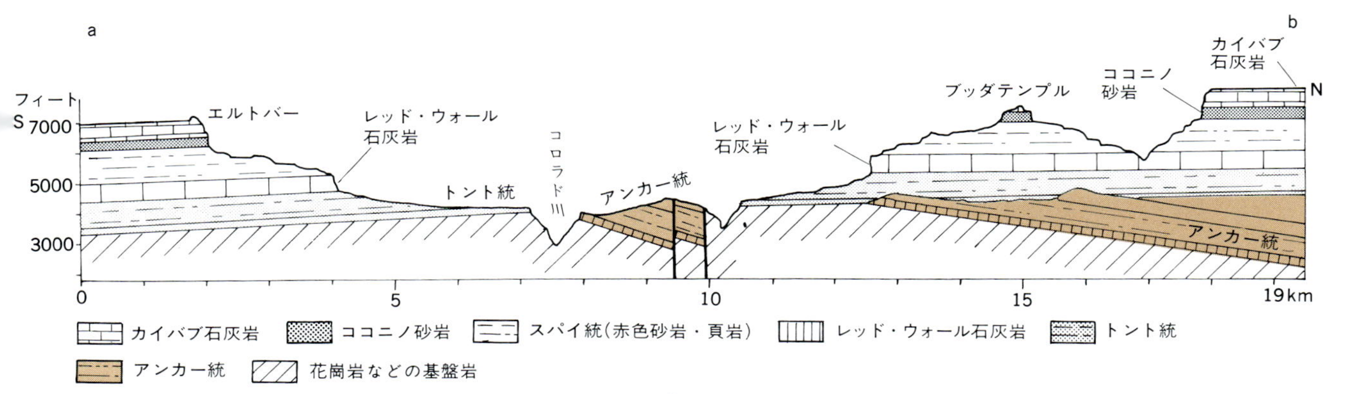

B グランド・キャニオン中心部の南北模式断面図．位置は D の a－b．(Darton, 1971[2])

C デザートビュー(D の c)からほぼ北方を見たグランド・キャニオン北部．(小池撮影)

D 1/25 万地形図　Marble Canyon (1963)・Flagstaff (1962)・Grand Canyon (1966)・Williams (1963) (U. S. Geol. Surv., 数字は limited revision の年)

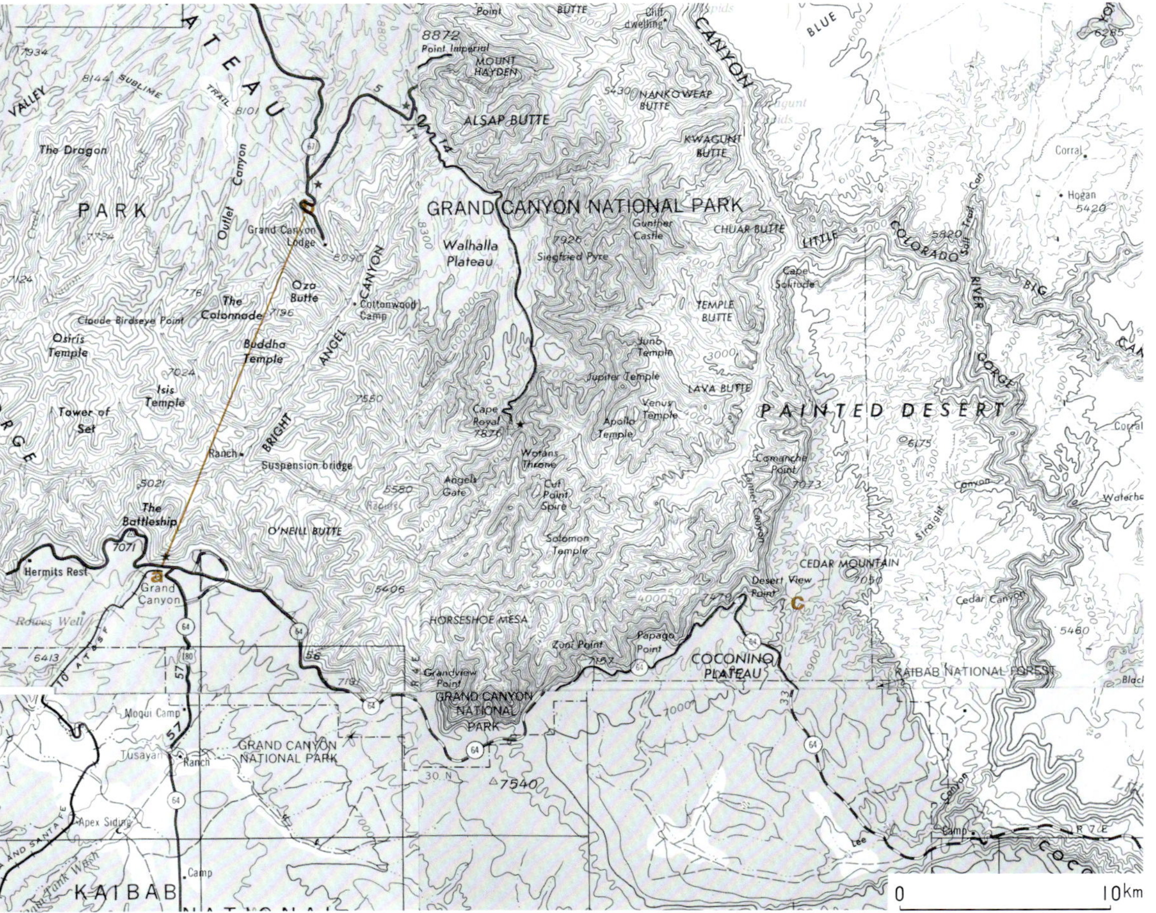

§12-2 ケスタ地形——イギリス，ピーク地方南東部

グレート・ブリテン島中央部のピーク地方は，ドーム状の地形(ダービーシャー・ドーム)を呈し，中央部ではより新しい地層が削られ広く石炭紀の石灰岩が分布し，波状の小起伏平坦面が見られる．ドーム周辺地域では石灰岩より新しい地層(石炭紀)が分布している．ここに取りあげるバスローとその周辺地域(D)は，シェフィールドの西南10 kmほどのところに位置し，南北に連なる急崖と東へ緩斜する平坦面(傾斜斜面，ディップスロープ)が分布している．これらの地形はミルストーン・グリットおよびコールメジャー(ともに石炭紀)を切って発達するケスタ地形である．

ピーク地方を含むグレート・ブリテン島の中央部は中生代白亜紀にいったん海底となり[2]，第三紀を通じて削剥を受け現在見られるような地形の概形が形成された[3]．ダービーシャー・ドームでは，鮮新世中期～更新世初頭の堆積物を切る1000フィート前後の平坦面が発達している[1,4]ので，現在見られる地形の概形は第四紀初頭にほぼ完成し，氷期の寒冷気候下で明瞭なケスタ地形へと成長したものと推定されよう．

ダーウェント川左岸のイーストモア地域には，ケスタ地形がよく発達している．ケスタ地形を形成するミルストーン・グリット～下部コールメジャーは全体としては海成粘土の薄層をはさむ泥岩～頁岩の互層であるが，この中に砂岩～礫岩層を数枚はさんでいる．これらの粗粒部が突出し急崖を形成している(B)．ケスタ地形の分布(D)，実測断面の1例(C)および実測断面付近の空中写真(A)を示す．急崖を構成するKG, CG, CRS(C, D)などの粗粒岩は，50～100 cmの間隔で節理が入り，急崖(自由斜面)から落下した岩塊が急崖下に岩屑斜面を形成している(B, C)．急崖背後の傾斜斜面は，地層の傾斜よりやや緩傾斜で急崖付近には岩屑やときにはトアの地形が見られるが，急崖から遠ざかると泥炭層におおわれる．これらのケスタ地形の形成は，現在進行していないように見えるが，岩屑斜面は新鮮な岩塊からなり土壌の発達も悪い．

この地域は，氷期に何度か氷床におおわれ，傾斜斜面の凹所をうずめるように氷河堆積物が分布していることがあるが，最終氷期には氷河におおわれず，周氷河地域に位置していた[5]．したがって，ケスタ地形の概形は，第三紀末～第四紀にかけての削剥作用によって形成されたものであっても，現在見られる新鮮な岩屑斜面の地形は，最終氷期の寒冷気候下で，急崖部から供給される岩塊が急崖下を岩塊流となって移動して形成されたものと推定されよう．なお，ミルストーン・グリット中の粗粒部分(とくにCG)は石うすの材料として採掘されたので，a－b断面(C)中のCGのつくる急崖は人工的な変化をかなり受けている．

A バスロー東方の空中写真(Derbyshire Country Survey 12-275, 276, 1971, Fairey Surveys Ltd.)

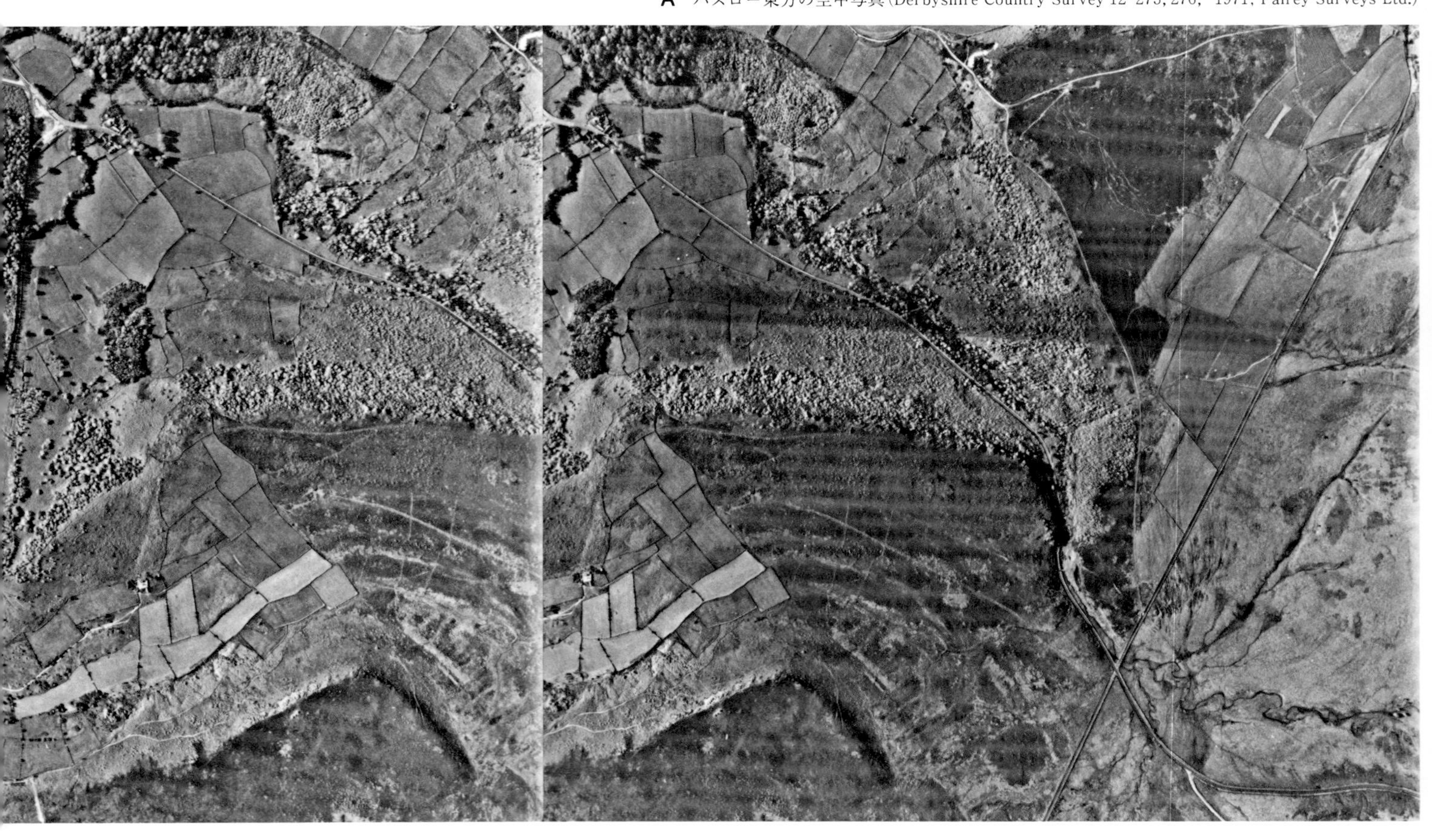

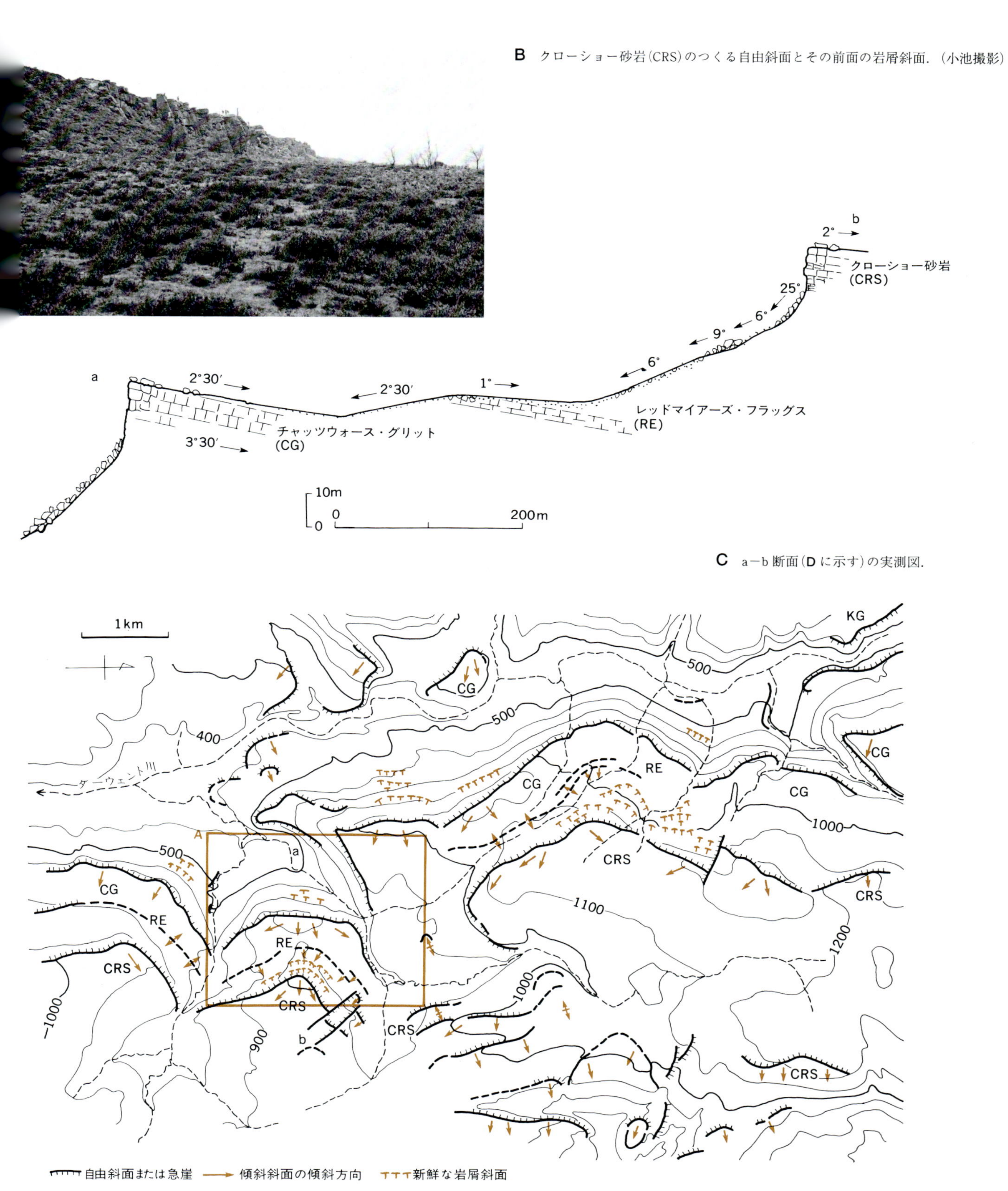

B クローショー砂岩(CRS)のつくる自由斜面とその前面の岩屑斜面.(小池撮影)

C a−b 断面(**D** に示す)の実測図.

D 写真判読および実地調査にもとづくバスロー付近のケスタ地形の分布,等高線の単位はフィート.急崖を構成する粗粒岩の略称は **C** と同じ.
CRS. クローショー砂岩 CG. チャッツウォース・グリット KG. キンダースカート・グリット RE. レッドマイアーズ・フラッグス

§12-3 古い褶曲構造を反映した組織地形——アパラチア山脈

アパラチア山脈はアメリカ大陸東部の海岸平野背後に，ほぼ北東－南西に続く，全長約 2000 km，幅約 600 km の規模を持つ大山脈で，海岸平野と内陸の中央低地との境界となっている．この地域には，山脈の基礎をつくった褶曲運動が古生代に起こり，中生代～古第三紀時代に準平原化された後，基盤岩類の褶曲構造を反映し，谷と山稜からなる典型的な組織地形が形成された．アパラチアは，海岸側から 1) 山麓台地，2) 三畳紀低地，3) ブルー山脈，4) グレート・バレー，5) 谷と山稜地帯（アパラチア褶曲帯），6) アパラチア台地の 6 地形区に分けられるが，谷と山稜地帯が典型的な褶曲構造を反映した組織地形を示している．谷と山稜地帯の褶曲構造は比較的単純で，全体として見れば，北北東－南南西にのびる一連の沈入（プランジ）褶曲よりなる[2]．褶曲変形を受けている古生代の堆積物は 3000 m に達し，この中に数枚の山稜を形成する砂岩（珪岩）～礫岩層が発達している．

ランドサット画像に示したのは，ペンシルバニア州，ハリスバーグ周辺の地域で，部分的には，実体視も可能である（**A**）．画像中で東方のサスクェハナ川に切られる最南端の山稜は最も連続のよいもので，画像中央部の大部分の山稜と連続している．山稜を構成するのは，ツスカロラ砂岩（シルル紀）（**B, C**）で，サスクェハナ川に切られる山稜群は，最南部のブルー山脈（**C, D**）を除くと，いずれも，ツスカロラ砂岩より上位の石炭紀のポコノ，ポッツビル砂岩のつくる山稜（**B**）で[3]，その断面は，**C** に示される．

アパラチア山脈に発達する谷と山稜の地形は，沈入褶曲をした砂岩（珪岩）～礫岩がそれらの間にはさまれる厚い頁岩に比較し，著しく川の侵食に対する抵抗力が強いために形成されたものである．いったん平坦化された褶曲構造が，再び差別侵食を受けて形成されたもので，背斜部・向斜部が背斜山稜，背斜谷，向斜谷，向斜山稜などにそのままなっているわけではなく，組織と地表形態との関係はきわめて複雑である．

谷と山稜地帯を流れる河川は，積載河川の例である．白亜紀に海の侵入を受けた後広範囲にわたって曲隆し，現在の水系が被覆層の上を流れる必従谷として出発し，大部分は南東方向へ流れ大西洋に流入した．その後も断続的な曲隆をくりかえし，回春した河川は被覆層（白亜紀層）により決定された水系パターンをほぼ受けついで，古生層に達する深い横谷を形成した．デラウェア，サスクェハナ，ポトマックなど，山脈を横断して南東方向へ流れる河川はこのような成因をもち，一方では，褶曲構造を反映し，適従谷が山稜に平行（北東－南西）して発達した．このように，侵食力の強い適従谷群がアパラチア山脈を長い山稜群に分割し，一方では，積載河川起源の大きい必従谷は深い峡谷を通って山稜群を横断し続けた．

A アパラチア山脈のランドサット画像．

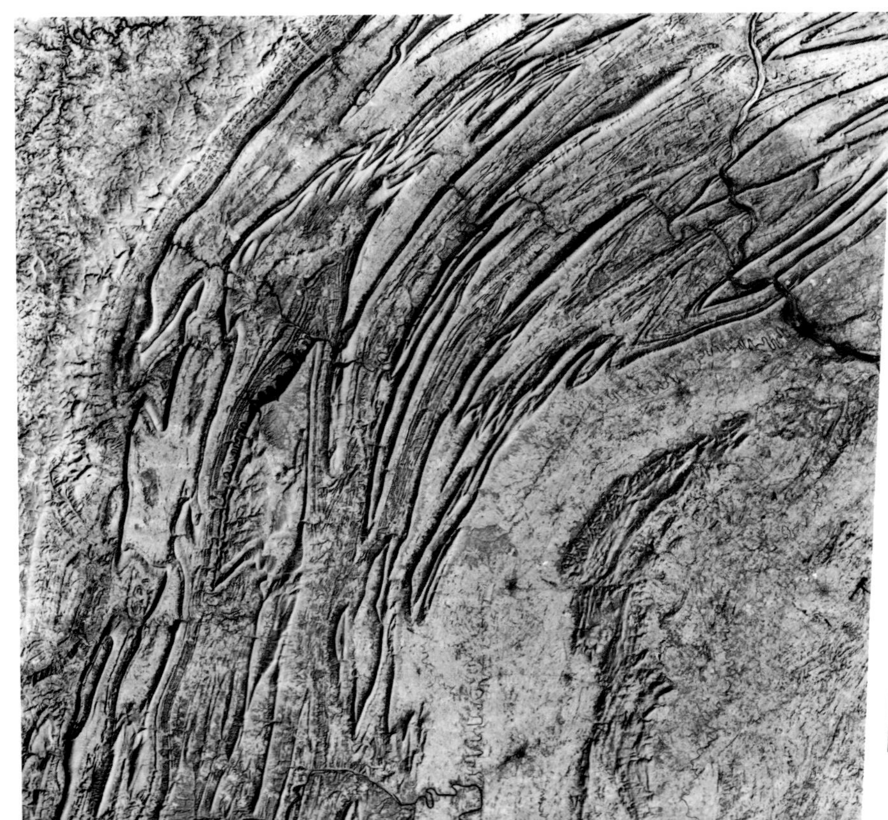

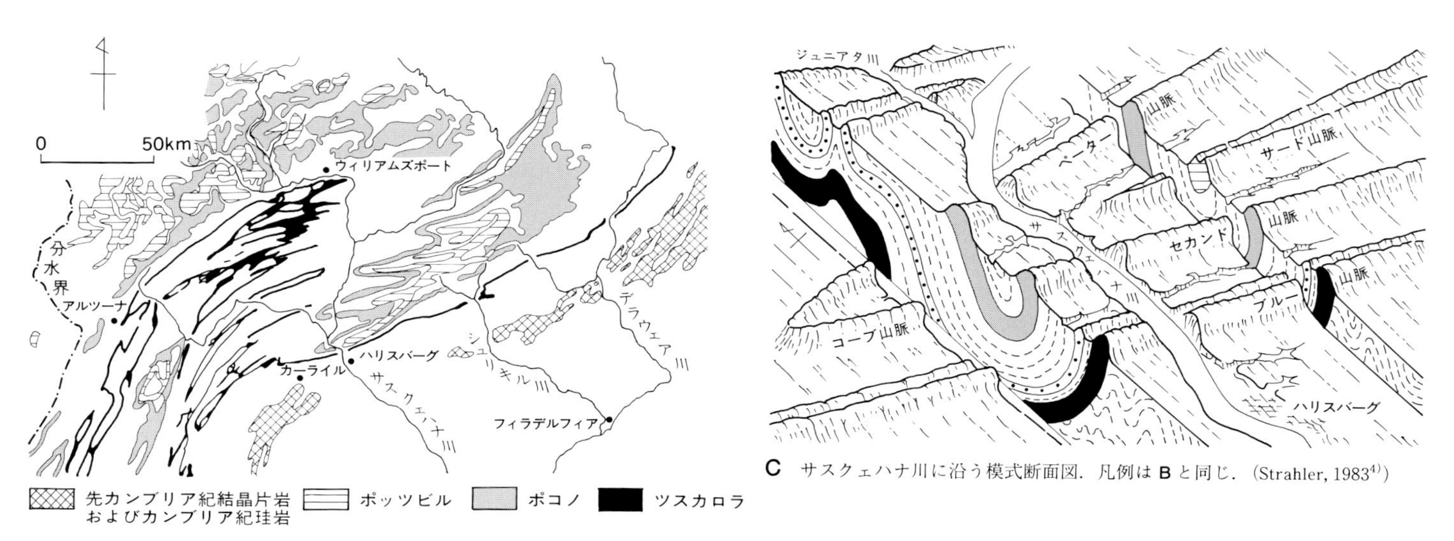

C サスクェハナ川に沿う模式断面図．凡例は **B** と同じ．(Strahler, 1983[4])

B アパラチア山脈に見られる山稜を構成する主な珪質砂岩～礫岩の分布を示す概念図．(Tompson, 1949[5])

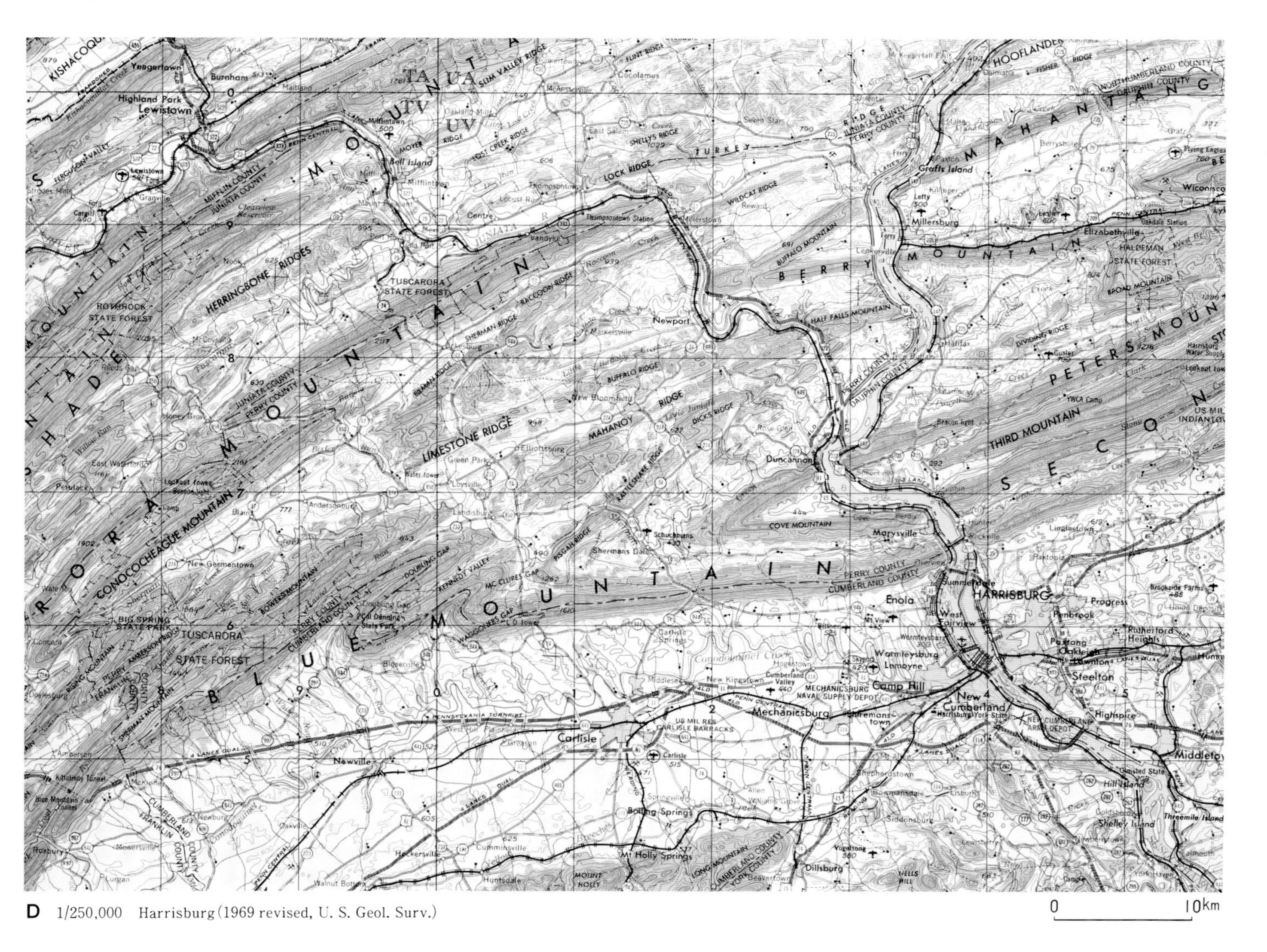

D 1/250,000 Harrisburg (1969 revised, U. S. Geol. Surv.)

0 10km

§12-4 岩質の差を反映した侵食地形——阿武隈山地北西部

阿武隈川とその支流域に属する阿武隈山地北西部では，300～600 m の高度を有する地域が広い面積を占め，より高い山地は互いに孤立して点在している．この地域では小起伏面が発達し，古くから隆起準平原として記載されてきた[1,2]．大滝根川流域では，数段の平坦面の存在が推定される．これらの面は阿武隈山地の花崗岩類を切って発達する侵食平坦面で，いずれも稜線部と谷底部との比高は 50 m 以下であることが多く，背面の高さはよくそろうが(**C**)，広い平坦面を残していることは少ない．

大滝根川流域には，上位より，常葉，船引，熊耳，三春，舞木上位面，舞木下位面の 6 侵食面が分布し(**B**)，面と面との境界は比高 20～40 m の南北に連なる崖状の地形である．最上位の常葉面を除く 5 面は，郡山盆地の長軸方向に一致して南北方向にのび，山麓階状の地形を呈している[3]．

阿武隈山地には，新旧の塩基性～超塩基性岩類(はんれい岩など)，新旧の花崗閃緑岩および花崗岩など，中生代後半に迸入した深成岩類が分布する[4]．侵食面がもっとも広く発達するのは，古期花崗閃緑岩分布域である．侵食面より突出する残丘状の山地(**D**)は塩基性岩，花崗岩，変成岩類から構成されている．これらの侵食面は鮮新世～更新世前半に阿武隈山地全体の西方への傾動運動にともない，傾動地塊背面の緩斜面部に次々に形成されたものと推定される[3]．

空中写真 **A** を実体視してみると，460～480 m の高さで背面のよくそろう短い小谷群に開析されて丘陵性の地形を呈する侵食面と，それより突出する山塊(片曽根山，文珠山，前田東方の△524.3)が見られる．**A**, **E** 内に見られる平坦面は，阿武隈山地でもっとも広い分布を示す古期花崗閃緑岩を切って発達する船引面で，残丘状の山塊ははんれい岩より構成されている．平坦面の発達する地域に分布する花崗閃緑岩類は，石英・斜長石・角閃石・黒雲母などのやや粗粒の造岩鉱物よりなり，岩体には全体として細かい節理が発達する．このため，節理に沿って化学的風化作用を深層まで受け岩体がマサ化してしまっているので，流水によって容易に除去される．これに対し，はんれい岩類は，花崗閃緑岩に比し細粒の造岩鉱物からなり，節理の発達も悪いので，深層風化をあまり受けていない．このように岩石の節理密度も関係して化学的風化に対する抵抗力に違いがあるため，はんれい岩類の岩体は残丘状に突出した山体を形成しているのだと考えられる．

A 阿武隈山地船引～片曽根山周辺．空中写真(m 216-13, 14，1947)

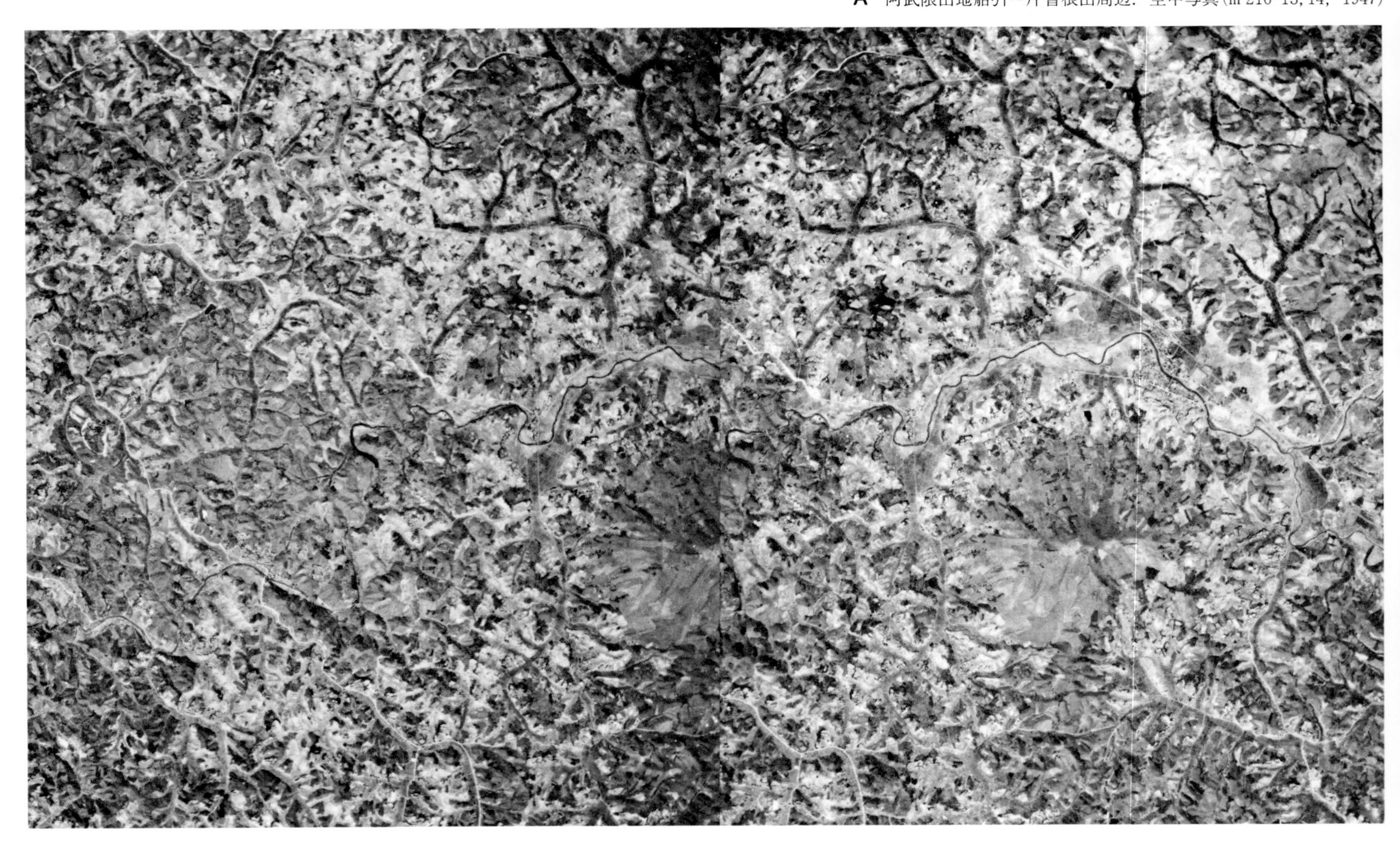

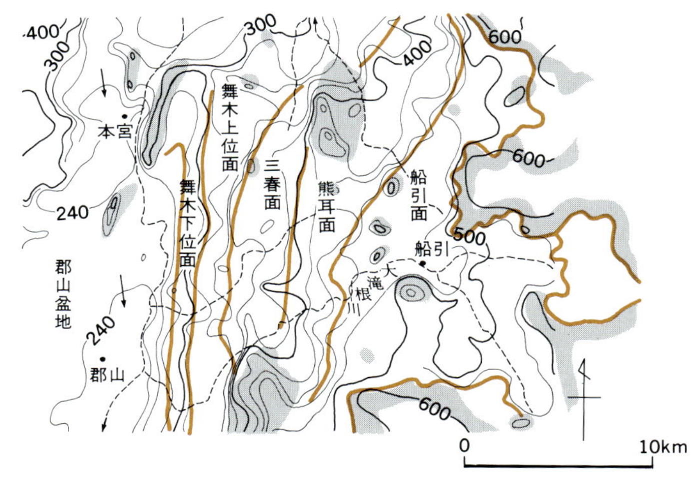

B　大滝根川流域の谷埋め接峯面図(幅 1.5 km 以下の谷埋め)と侵食平坦面の分布.（小池，1968[3]）

C　三春城山から東を望む．阿武隈山地中央に見える残丘が片曽根山で写真手前の約 420 m の面が熊耳面，背後の面が船引面(460～480 m)である．(小池撮影)

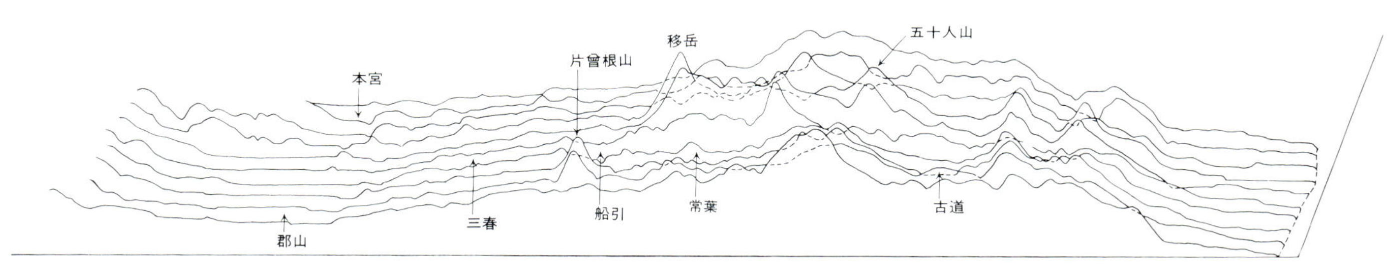

D　郡山－船引－浪江を通る阿武隈山地の投影断面図．山地の東西方向に幅 1.5 km の帯ごとに投影断面図をつくり，10 断面を平行にずらして投影したもの．(基図 1/5 万地形図，小池，1968[3])

E　船引付近．1/5 万地形図　常葉(昭 48 編集)

0　2 km

§12-5 カルスト地形——山口県秋吉台

石灰岩地帯では，雨水は岩石中の節理や割れ目に沿って地下に浸透し石灰岩を溶食して，種々のカルスト地形を形成する．一方，地表では河川網の発達が悪いので，河食からとり残され台地状の地形を呈することが多い．山口県の秋吉台はなだらかな起伏をもつ海抜200〜400 m の石灰岩台地——カルスト台地——である．秋吉台を構成する石灰岩は古生代後期(石炭紀〜二畳紀)の浅海に堆積したもので，フズリナなどの化石に富む非結晶質の岩体である．この地帯の地質構造については古くから多くの論争があったが[1]，最近の研究[2]では，秋吉台石灰岩は古生代に赤道付近で成長したサンゴ礁をいだいた海山が，プレート運動で太平洋を北西へと移動し，中生代の初頭に日本列島に付加したものと考えられている．

秋吉台は面積約 130 km^2 に達する日本最大のカルスト台地で，地表には，ドリーネ，ウバーレ，ポリエなどのカルスト凹地のほか，カレンフェルト，ポノール，湧泉，涸河など，地下には，大小の石灰洞が発達する[3]．一口でいって，ほぼすべてのカルスト地形がみられるカルスト地域である．空中写真(**A**)に示したのは，秋芳洞とその周辺地域のカルスト台地で，龍護峰をのせる 400 m ほどの台地が横臥褶曲部，その南東側の 200〜250 m の台地が広谷より南部の非石灰岩へ衝上する石灰岩よりなる台地である．カルスト台地上には，大小のカルスト凹地が，また草原地帯にはカレンフェルト[4]が発達している(**B**)．**A**を実体視して，これら凹地群の配列を追ってみると，北東－南西，北西－南東の 2 方向の直線上に配列することが多い．**A**で最も顕著な凹地列は，若竹山南方－なかじゃくり－矢ノ穴－鷹穴とつづく列(N50°E)，鬼の穴－矢ノ穴－木ノ窪とつづく列(N20°E)などであろう．台地上に無数に点在する凹地はドリーネで，直線状の配列は，石灰岩内の節理などの構造的な弱線に沿って溶食が進んだためと考えられ，あい異なる方向の弱線の交点付近に発達する凹地は規模も大きくなりウバーレと呼んでもよいであろう(例：鬼の穴，矢ノ穴など)．

A下部に見られる三角形の低地は広谷ポリエで，地下の排水網を流れてきた水は秋芳洞(昔は滝穴と呼ばれた)の入口から湧泉となって地表に現われている．秋芳洞は入口よりほぼ北へ 500 m ほど入った所で北西－南東方向と北東－南西方向の 2 本の支洞に分かれているが，凹地群の配列から判断される地表の弱線の直下に石灰洞が発達しているのではなく，やや離れて平行して発達している[3]．秋芳洞は，見学ルートだけでも 1.5 km，洞内容積 42 万 m^3 にもおよぶ石灰洞(鍾乳洞)で，内部には，鍾乳石，石筍，石灰華段丘(**C**)など，数々の美しい地形が見られる．

A　山口県秋吉台秋芳洞周辺．空中写真(C，CG-74-13，C 9-41，42)

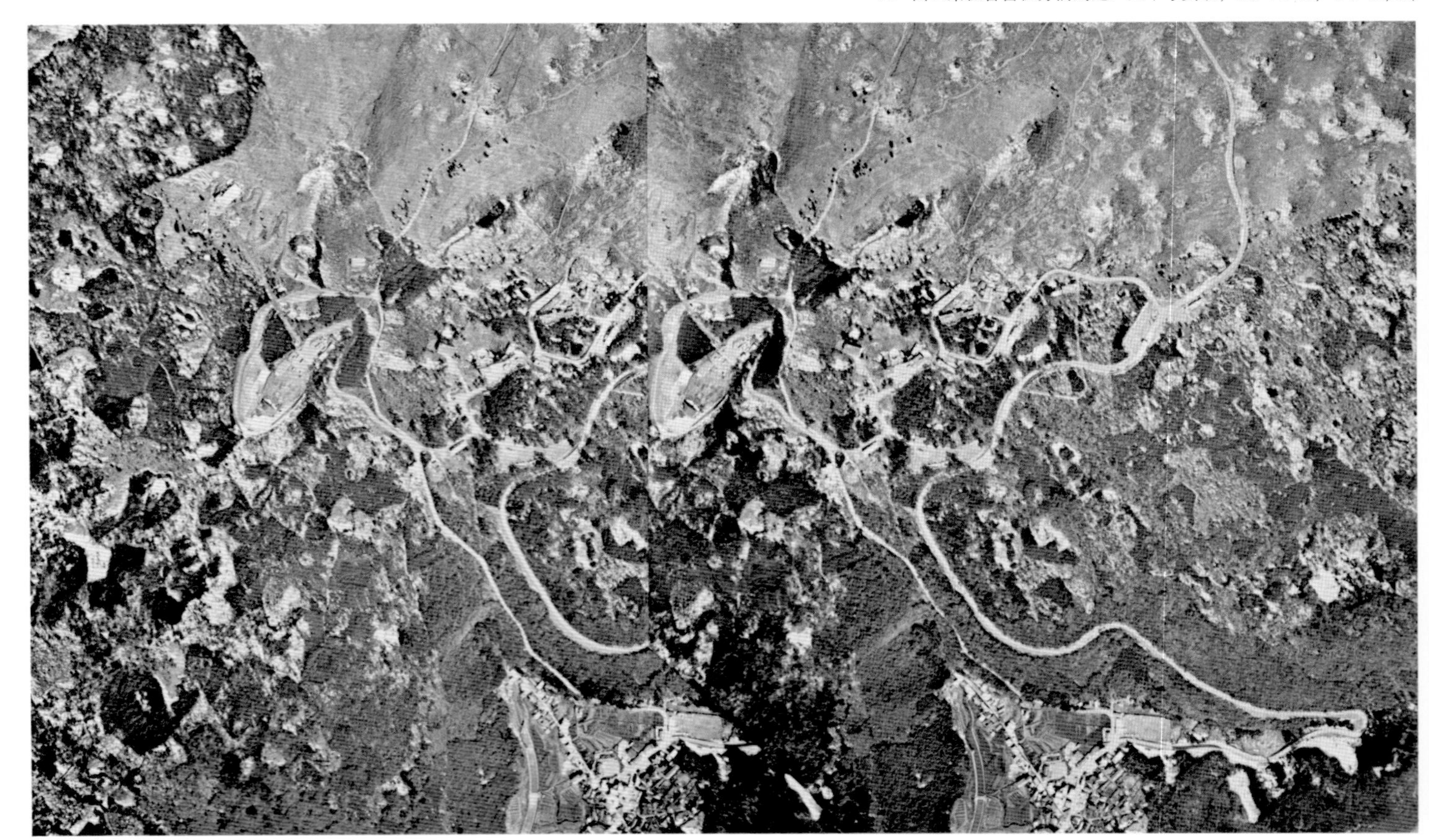

B　秋吉台若竹台周辺にみられるカレンフェルトとドリーネ群.

C　秋芳洞内に発達する石灰華段丘.（B, C とも小池撮影）

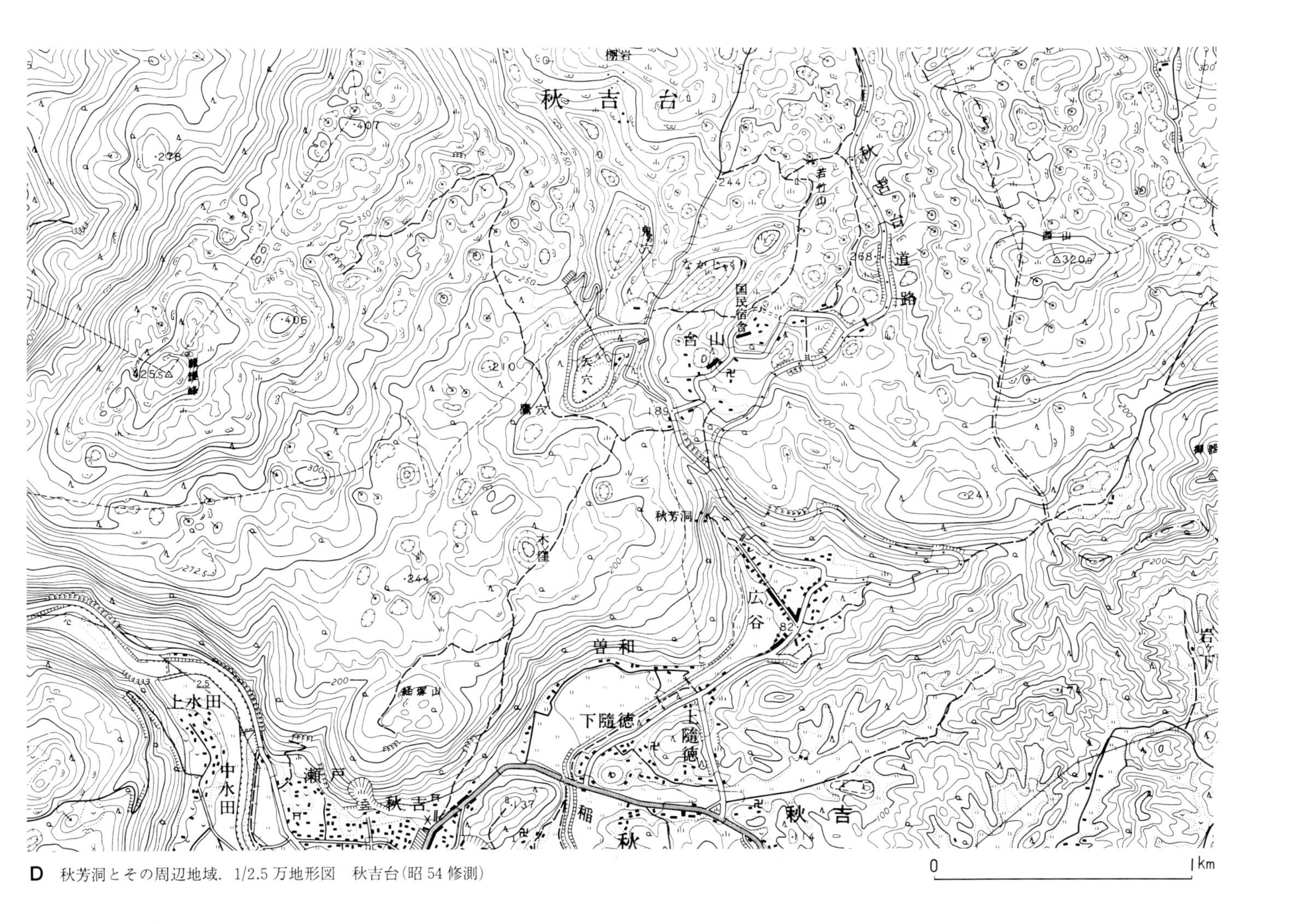

D　秋芳洞とその周辺地域. 1/2.5 万地形図　秋吉台（昭 54 修測）

§12-6 氷食地域に見られるカルスト地形
——イギリス北西イングルバラ周辺

グレート・ブリテン島には，白亜紀のチョークも含め，石灰岩よりなる台地～山地が広く分布し，典型的なカルスト地形が古生代石炭紀下部層からなる山地～丘陵部に発達する．ここにとり上げた北西ヨークシャー，イングルバラ周辺地域(**A**)は，北部ペニン山脈西麓，ランカスターより北東 20～30 km に位置している．この地域に分布する石灰岩は 180～200 m ほどの厚さで，先石炭紀の地層を不整合におおい，石炭紀の堆積岩類におおわれる．石灰岩を含む石炭紀の地層はほぼ水平でわずかに北東へ傾いている．

この地域は，最終氷期にも氷におおわれたので，地表に見られるカルスト地形の形成はきわめて新しい[1]．石灰岩中の地下にはレベルを異にする石灰洞が発達し，石灰洞の底面高度と周辺に分布する侵食平坦面および河床縦断面との関係が論じられたフィールドである[2]．石灰洞は 3 レベル(1200～1250，950～1000，800±フィート)に集中して発達し(**E**)，それぞれ，1300 フィートの侵食面形成期，デール期，現在(石灰岩の下底部)の基準面(地下水面)に対応して形成されたと推定されている[2] (**D, E, F**)．それらの形成期は明確ではないが，上位 2 レベルの石灰洞群概形の形成期は先氷河期と考えられていた[2]．しかし，洞内から中期更新世の動物群の化石が発見されることもあり，概形は先氷河期に形成されたとしても，更新世の気候変化に対応し，様々な変化をしたものと推定される[1]．

イングルバラ周辺で被覆層が侵食されて石灰岩が地表に現われたのは第三紀以降で，石灰岩層は谷壁に階段状の地形を形成し[3]，さらに氷食を受け，平坦なライムストーン・ペーブメントとなった．**B** は，地点①(**A**)から南へ向かって見た写真で，前面にはライムストーン・ペーブメントが見られ，背後の平頂峰がイングルバラで石灰岩をおおう被覆層のつくるケスタである．

イングルバラ周辺での石灰岩のつくる地表地形は，ライムストーン・ペーブメントで，最終氷期にも氷食を受けている．ペーブメントの表面は後氷期に入り泥炭や疎林におおわれるが，森の伐採と牧畜のため，再び石灰岩が露出した[2]．このため，石灰岩中の節理は再び溶食を受けて直線状のみぞ‘グライク’となり，それらの間の露岩は，ひだ‘クリント’となって拡大した(**C**)．みぞの中には，氷河性迷子石が落ち込んでいることもあり，グライクの再拡大がきわめて新しいことを示している．なお，この付近でのグライクの平均幅と深さは 20 cm と 107 cm，クリントの平均幅と長さは 147 cm と 335 cm と計測されている[1]．全体として，石灰岩のつくる階段状地形の中央部で大きなクリントが発達し，山麓部や崖端部では小規模である．そして，ライムストーン・ペーブメントがもっともよく発達するのは，氷食作用が強く，より未風化の石灰岩が地表に露出する中央部分である[1]．

A イングルバラとその周辺の地形図．(Reproduced from 1961 Ordnance Survey 1/63,360 Wensleydale, Crown copyright reserved)

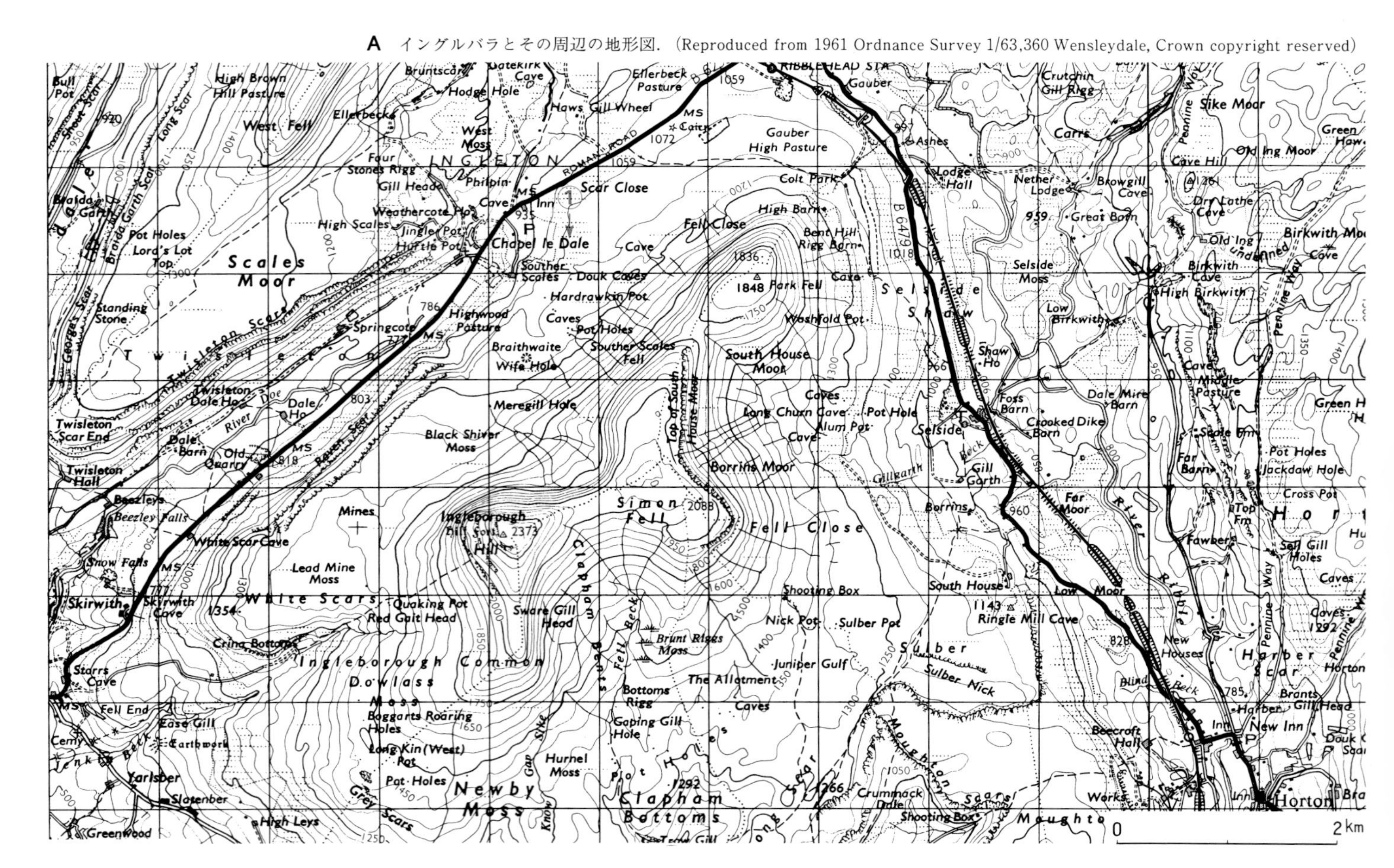

B　イングルバラの平頂峰とその山麓にみられるライムストーン・ペーブメント(A①より南方をみる).

C　ペーブメント上にみられる‘グライク’と‘クリント’の地形(イングルバラ東方マラムコーブ).(B, Cとも小池撮影)

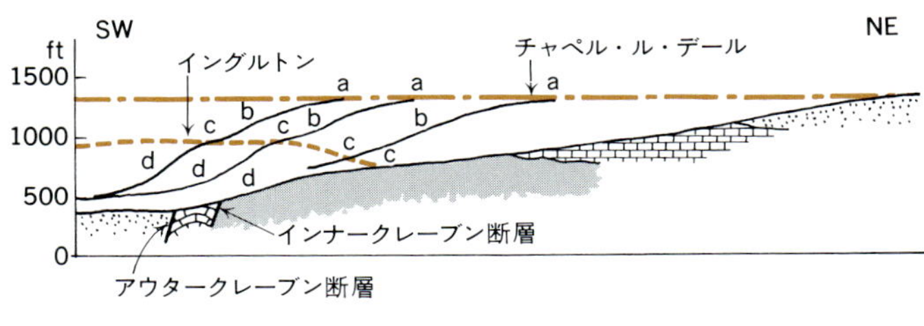

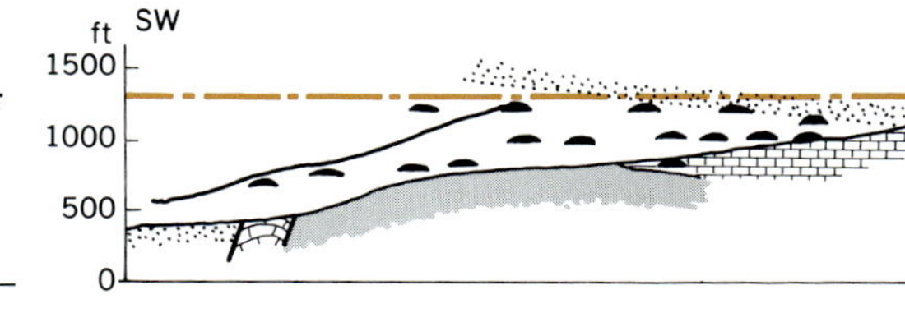

a　1300フィート期　c　デール期　b　第1期回春期　d　第2期回春期　石炭紀石灰岩より新しい地層　石炭紀石灰岩　先石炭紀の地層　石灰洞の洞床高度

D, E　グレタ川の河床縦断面図(D, 左)と石灰洞の洞床高度(E, 右)との関係.(Sweeting, 1950[2])

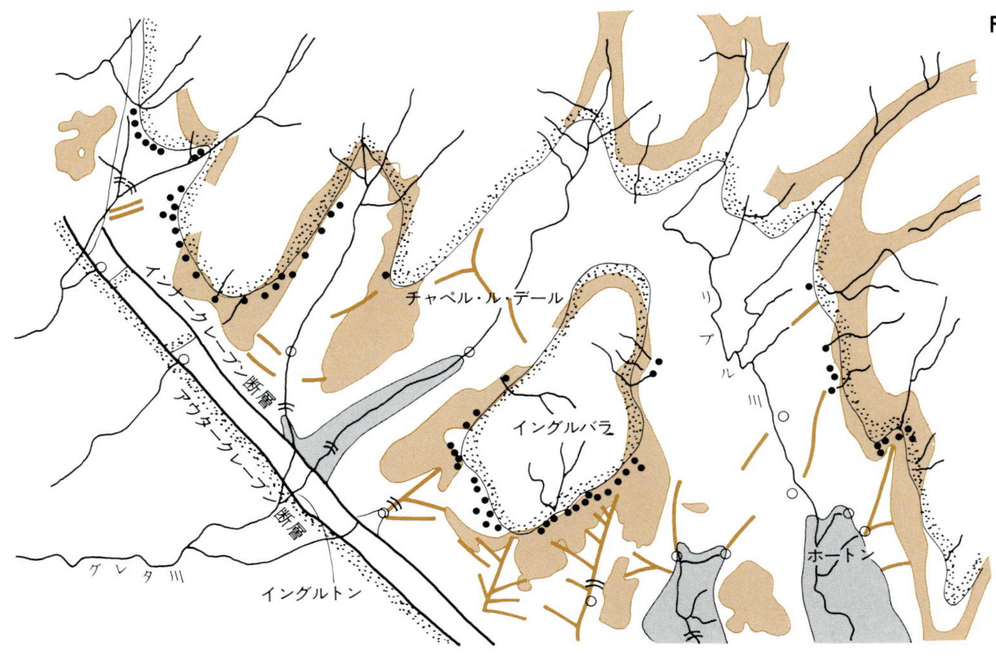

1300フィート侵食平坦面
1300フィート侵食平坦面を切って発達する涸れ谷
石炭紀石灰岩より新しい地層
石炭紀石灰岩より古い地層
第2期回春期の谷頭
大きな湧泉
主なポットホール

F　イングルバラ周辺の地形分類図.(Sweeting, 1950[2])

第13章 海底地形

解説

海底の大地形区分

地球表面は海水の有無により陸地(大陸)と海洋(大洋)に分けられる．海底(海洋底)は海洋下の固体地球表面で，その面積は全地球表面の70.9%におよぶ．地球表面の高度(深度)幅1kmごとの面積を比較すると，水深2km付近に面積頻度の極小があり，0～1kmの高さと4～5kmの深さの二つの範囲で面積が最も広い．陸地の大部分は花崗岩質の大陸地殻からなり，海底の大部分は玄武岩質の海洋地殻からなる．水深0～2kmの大陸縁辺部(海陸境界部)の大部分は大陸地殻からなっていて，地殻構造上からは，‘海面下にかくれている陸地’といえる．

海底の大地形[1-4]は，深海盆底，中央海嶺，大陸縁辺部に三分される(**図1**)．深海盆底は中央海嶺と大陸縁辺部の間にあって，水深5000m前後の深さをもち，大局的にはほぼ平坦な盆状の地形を示し，大部分は平滑な深海平原とそこから突出する深海海丘からなる．所により海嶺・海膨・海山・海山列・断裂帯などが起伏に変化をつけ，火山島やサンゴ礁が海面上に顔を出す．

海底の急峻な斜面をもつ細長い地形的高まりを海嶺とよび，とくに大洋中央部にある高まりを中央海嶺という．中央海嶺は大西洋・インド洋・南東太平洋などに連続して分布する長大な海底山脈で，深海盆底からの比高が2000～3000mもある．陸地の山脈より幅広く，水深4000mより浅い部分だけでも幅500～1000kmにもなる．山頂の平均水深は約2500mだが，その一部はアイスランドのように海面上に顔を出している(§14-3参照)．

大陸縁辺部は海溝と呼ばれる水深6000mをこす細長い地形的凹地の有無により，後述のように太平洋型と大西洋型に区別される．太平洋型大陸縁辺部では，大陸棚・大陸斜面の沖合に海溝がある．大西洋型大陸縁辺部では大陸棚または縁辺台地・大陸斜面の沖合にコンチネンタルライズとよばれる緩斜面があって，さらにその沖合により平坦な深海平原があり，海溝は存在しない．

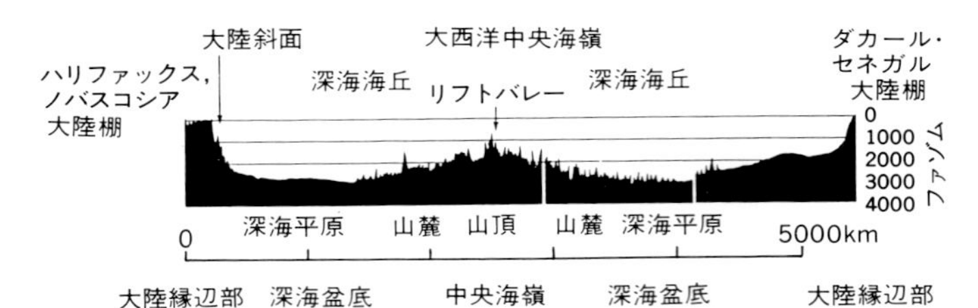

図1 北米東岸(ノバスコシア)からアフリカ西岸(セネガル)にいたる地形断面図．水深はファゾム(1000ファゾム≒1830m)．(Holcombe, 1977[3])

最近の地球科学の進展により，太平洋・大西洋・インド洋などの海底の基盤をなす地殻は，中央海嶺山頂部の地下(上部マントル)で生産され，中央海嶺から両側に年数cmの速さで拡大していくことが明らかにされた[2,4]．したがって，それらの海底の形成年代は中央海嶺を離れるにつれて古くなる．海洋地殻は大陸縁辺部の海溝から再びマントル内に沈み込んでいくので，海洋底は常に更新されており，大陸よりはるかに新しい．最も古い海洋底でも約2億年前の年代を示すにすぎない．日本海・フィリピン海などのような，大陸と島弧の間にある縁辺海の海底は，北西太平洋海盆などよりはるかに新しく，約5000万年前よりあとに形成された．太平洋・大西洋・インド洋の海底は，中央海嶺の軸から離れるにつれて形成年代が古くなるとともにその水深が深くなる．これらの海底の水深は，中央海嶺の軸からの距離よりも，海底の形成年代に直接関係し，2000万年前の海底の水深は約4000m，5000万年前のそれは約5000m，1億年前のそれは約6000mとなっている[4](**図2**)．それは中央海嶺から離れるにつれて海洋地殻が冷却され厚みを増すので，アイソスタティック(地殻均衡的)に沈降するためと考えられている(14章参照)．

深海盆底

中央海嶺と大陸縁辺部の間にある水深5000m以上の海底を深海盆底と呼び，その深海盆底には深海平原・深海海丘・海山・ギョー(平頂海山)などが分布する．南北アメリカ大陸東岸沖・アフリカ大陸沖などの大陸斜面のふもとの深海底は，水深3000mから6000mで，表面が非常に平滑で，勾配は1000分の1以下であり，深海平原と呼ばれる．元来は下記の深海海丘地域と同様の起伏のあった地形が，

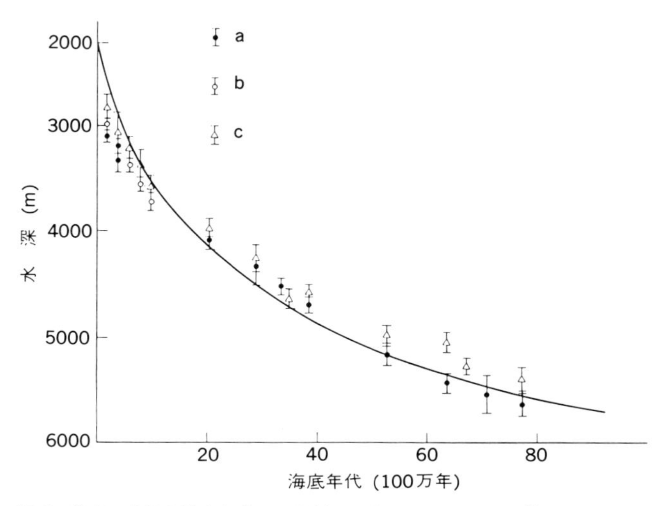

図 2　海底の水深と海底年代との関係図．(Sclater *et al*., 1971[5])
a．北太平洋（拡大速度ほぼ 5 cm/年）　b．南太平洋（拡大速度 3 cm/年以上）　c．南太平洋（拡大速度 3 cm/年以下）　実線は厚さ 100 km のリソスフェアの理論的縦断面形．

陸地から供給された多量の堆積物で埋積されて平坦化されたものである．

深海平原の中央海嶺寄りは起伏の多い深海海丘地域に移りかわる．比較的平坦な海底から孤立したほぼ円錐形の地形的高まりのうち，比高が 1000 m 以下のものを海丘，1000 m 以上のものを海山とよぶ．深海海丘の名称は単一の海丘に対してより，多数の海丘が分布して不規則な起伏のある海底に対して用いられる．深海海丘はとくに太平洋で広く分布し，大西洋では中央海嶺の山麓より大陸側に分布する．海山の多くは不規則に散在しているが，直線状をなすものを海山列，密集するものを海山群とよぶ．海丘・海山の多くは海底火山起源と考えられ，陸上の火山にくらべて規模の大きいものが多い（図 3）．

ハワイ海嶺－天皇海山列では，ハワイ諸島南端のハワイ島から離れるにつれて，火山島から海山へ移りかわり，それらの形成年代が系統的に古くなる（図 4）．マントル上部（アセノスフェア）からマグマが定常的に上昇する地点（ホットスポット）で火山島が形成され，ホットスポット上をリソスフェアが水平に移動するにつれて次々と火山島ができ，リソスフェアの軌跡に沿って火山島がならぶ．火山島はホットスポットを離れるにつれて次第に沈降して海山となる．こうして海山列が形成されると考えられ，ハワイ海嶺－天皇海山列はその典型例とされている．また海山の中には山頂部が平坦なギョーもある．それは火山島が陸上および浅海で侵食を受けてその山頂が平坦化されたのち，沈水したものと考えられている．熱帯・亜熱帯では深海底から突出する火山島の周囲や海山の頂部にサンゴ礁が形成されている（5 章参照）．海洋底リソスフェアが水平移動し，

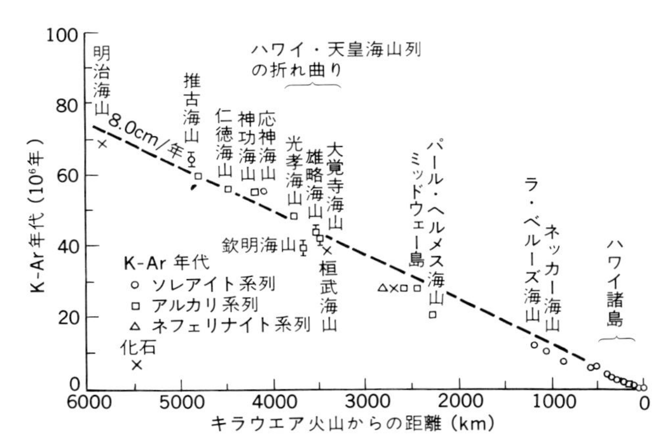

図 4　ハワイ海嶺－天皇海山列の火山の年代とキラウエア火山からの距離．(Dalrymple *et al*., 1980[7] を一部改変，兼岡，1982[8])

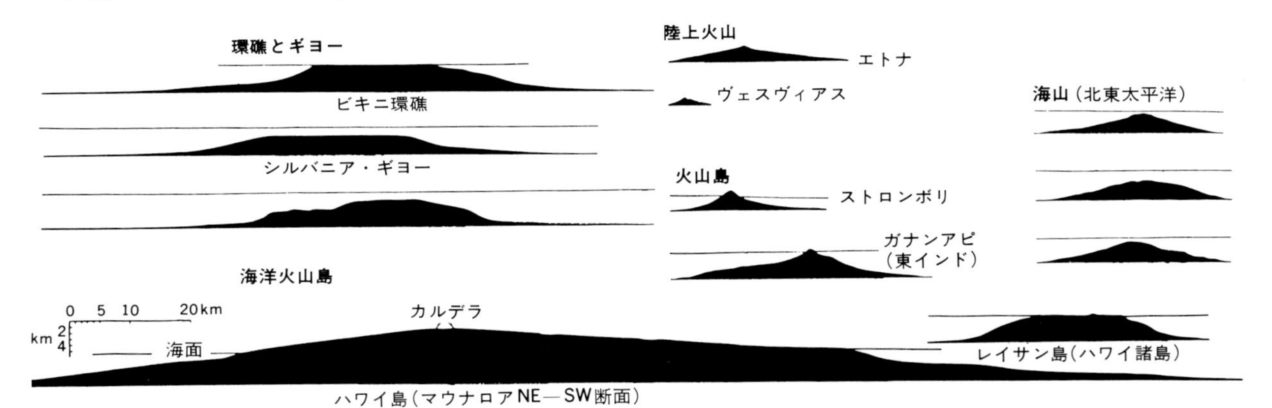

図 3　陸上の火山・海山・ギョー・火山島の大きさの比較．(Menard, 1964[6] を改変)

火山島が中央海嶺やホットスポットから離れるとともに海洋底が沈降するので，その上にのる火山島も徐々に沈降し，サンゴ礁の上方成長とともにサンゴ礁は裾礁，堡礁，環礁，卓礁と変化し，サンゴ礁の成育がおそい縁辺地域(高緯度地方)まで達すると，サンゴ礁の成育が海洋底の沈降においつかなくなって沈水サンゴ礁やギョーとなる．

中央海嶺

中央海嶺は海底で最も顕著で特徴的な地形といえる．全世界の大洋に連続して分布する地球的規模の海底山脈で，総延長8万kmにおよぶ．中央海嶺は幅広く，水深4000mより浅い部分は幅500〜1000kmだが，山腹・山麓を含めると1500kmをこす．中央海嶺の横断形は対称的で，中央部で最も高くその両側に斜面がひろがる．山頂部には，幅30〜50kmの中軸谷と呼ばれる比高1000m以上の谷地形が分布する．中軸谷の両側は断層崖で，その地形は東アフリカの大地溝のそれとよく似ている．インド洋中央海嶺はアデン湾・紅海・東アフリカ地溝帯に連続する．これら中央海嶺頂部と地溝帯はともに伸長テクトニクスの場で形成された地形である(**図5**)．

中央海嶺の山頂地下では浅い地震活動が活発で，地殻熱流量が高い．頂上の地殻直下には地震波速度のおそいマントル(アセノスフェア)の存在が推定されている．最近の潜水調査によって，中軸谷には堆積物がなく玄武岩質の新鮮な火山岩が露出し，中軸谷に沿う多数の割れ目や断層が観察され，また熱水噴出や特有の生物が生息していることが知られた(§14-3参照)．中央海嶺軸ではその直下からマントル物質が上昇して新しい海洋地殻が生産され，生長している．

中央海嶺は中軸谷のある海嶺型と中軸谷のない海膨型に分けられる．両者の違いは拡大速度に依存し，海膨型では拡大速度が大きく，2〜3cm/年(分離速度はこの2倍)より速い[4]．大西洋中央海嶺は両側の大陸の海岸線とほぼ平行して分布し，中軸谷をもつ典型的な中央海嶺である．一方，東太平洋海膨は太平洋南極海嶺や南東インド洋海嶺などとともに，海膨型のなだらかな幅広い海底山脈である．

中央海嶺には海嶺方向に対してほぼ直角に横断する谷や崖があり，それによって，海嶺頂部の位置が水平的に数十〜数百kmもくい違っているところがたくさんある．このような中央海嶺を横断する地形を断裂帯と呼ぶ．断裂帯に沿う谷は海嶺中軸谷より深いことがあり，両者の交差点が付近の最深部をなす．断裂帯は直線的で海嶺を水平にくい違わせているが，単なる水平横ずれ断層ではなく，ずれた海嶺頂部の間だけが水平反対方向にずれるトランスフォーム断層で，地震もその部分だけでおこる．大西洋の断裂帯は主に谷地形を示すが，東太平洋北米沖には長大な崖地形からなる断裂帯が分布する．北緯40°付近のメンドシノ断裂帯は長さ4000km，比高2000〜3500mにおよぶ崖地形である．メンドシノ断裂帯以南には約600km間隔で，それに平行する数本の断裂帯があり，断裂帯を境にして海底の平均水深が階段状にくい違っている．

大陸縁辺部

大陸と海洋の境界部では地形だけでなく，地質構造や地殻構造がともに急激に変化する．大陸縁辺部は海岸から深海底にいたる海底の総称であるが，前述のように，太平洋型と大西洋型に二分される．太平洋型大陸縁辺部は，海溝と島弧(弧状列島)または弧状山脈によって特徴づけられ，

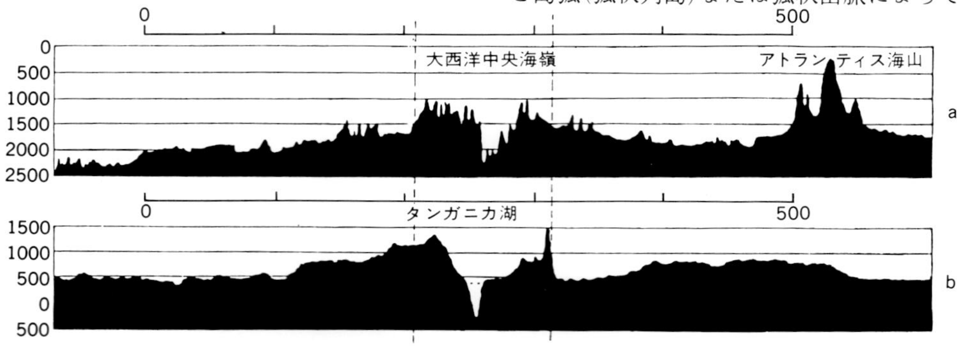

図5　大西洋中央海嶺とアフリカ地溝帯の横断面形．(Heezen and Menard, 1963[9])
a．北緯30度に沿う地形断面　b．南緯8度に沿う地形断面．縦軸はファゾム(1000ファゾム≒1830m)．横軸は海里(100海里＝185km)．

活動的縁辺部ともいわれる．そこでは海溝から島弧（弧状山脈）の下に海洋地殻が斜めに沈み込んでおり，最近地質時代および現在に地震・火山活動・地殻変動がはげしい．一方，大西洋型大陸縁辺部には海溝が存在しない．大陸の分裂・海洋底拡大によって大陸縁辺部が新しく発生した当時には火山活動・地殻変動が活発であったが，活動的な中央海嶺から大陸縁辺部が遠ざかった最近地質時代および現在は，海洋底の沈降とともに大陸棚・大陸斜面における堆積作用が卓越し，非活動的縁辺部となった．

太平洋型大陸縁辺部では，海岸から沖合に向かって，大陸棚・大陸斜面・海溝陸側斜面・海溝底・海溝海側斜面・海溝周縁隆起帯の順に地形がならび深海底盆に移りかわる（**図6**）．一方，大西洋型大陸縁辺部では，大陸棚・大陸斜面・コンチネンタルライズの順に沖合に向かってならび，より緩傾斜の深海平原に移りかわる（**図7**）．深海平原と大陸斜面との間の緩やかな斜面（傾斜約 2° 以下）は，深海底から大陸への立ちあがりという意味でコンチネンタルライズと呼ばれ，音波探査によれば最大 8 km に達する厚い堆積物からなる．この堆積物は海底地すべりや乱泥流（混濁

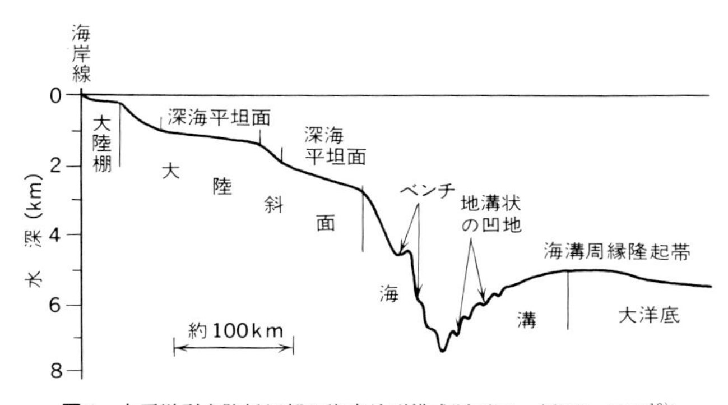

図6　太平洋型大陸縁辺部の海底地形模式断面図．（岩淵，1970[10]）

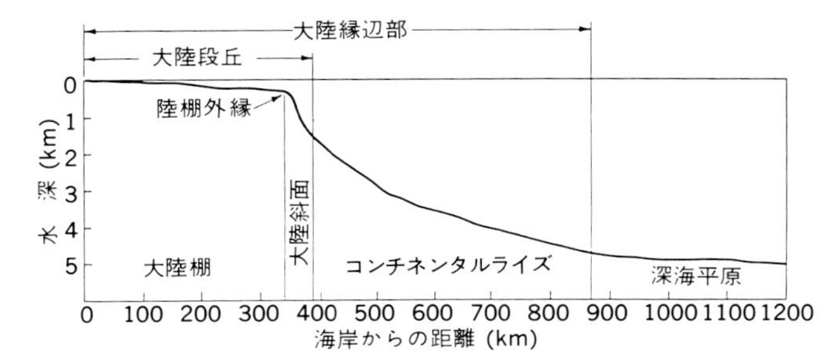

図7　大西洋型大陸縁辺部の海底地形模式断面図．縦横比 50 倍．（Kennett, 1982[11]）

流）によって大陸斜面から運搬・堆積したものである．

大陸の周辺には，海水にかくれている陸地ともいうべき大陸棚と大陸斜面があり，両者を合わせて大陸段丘と呼ぶことがある．大陸棚（または島棚）は大陸（または島）の周辺にある比較的平坦で緩傾斜（ふつう 1000 分の 1 以下の勾配）な浅海底で，一般的には 200 m より浅く，その沖合のより急傾斜な大陸斜面とは明らかな傾斜変換線（大陸棚外縁）によって区別される．大陸棚外縁の水深は平均して 130±20 m といわれる．大陸棚の幅は数 km 以下から 400 km 以上にわたり，場所による違いが大きい．一般に変動帯の周辺は幅せまく，安定地域の周辺では幅広い．大陸棚上には谷地形（海底谷）や平坦面（海底段丘）が分布する．とくに，現在の海水準に対応して形成されている水深 0〜20 m の平坦面と最終氷期の海水準最低位期に形成されたといわれる大陸棚外縁の平坦面が目立ち，その中間に数段の平坦面が認められる場所もある（§13-1 参照）．

大陸棚そのものの成因については多くの説があり，地域によって異なる成因が考えられる．揚子江・黄河・ミシシッピ川などの大河が流入する海域では，三角州が大陸棚の形成に重要な役割をはたしている．東北地方の日本海側のように，大陸棚外縁に基盤の高まりがあって，その内側を堆積物が埋積していることも多い．合衆国東岸沖のように，大陸棚と大陸斜面が白亜紀中期以降の長期にわたる地殻の沈降と堆積作用によって形成されたものもある．反対に，最終氷期をはじめとする海水準低下期に波食された侵食面群からなる大陸棚もある．また日本海東縁部や南カリフォルニア沖には，典型的な大陸棚よりやや深く，海岸に平行・斜交する多くの堆や海盆があって，大陸境界地と呼ばれるところがある（§13-4 参照）．

大陸斜面の上限は大陸棚外縁である．下限は，太平洋型大陸縁辺部ではより急傾斜になる海溝陸側斜面との傾斜変換点（トレンチスロープブレイク）であるが，大西洋型大陸縁辺部ではより緩傾斜になるコンチネンタルライズとの移行部に当たる．大陸斜面は必ずしも平滑な斜面ではなく，海底谷に刻まれ，海盆・海段（深海平坦面）・海膨などの地形が分布する（§13-2, 3, 4 参照）．

§13-1 大陸棚――対馬海峡東水道

九州と対馬の間の幅せまい海は，対馬海峡東水道と呼ばれ，その海底は水深 130 m 以浅の大陸棚である．最近の測深により，この大陸棚を北北東－南南西方向に横断する溝状凹地があることが発見された[1]（**C** の a－b, c－d, e－f など）．対馬海峡東水道の最深部は七里ヶ曽根の西側（**C** の g）にある海盆状の－136 m の深みである．溝状凹地の南方延長は **C** の枠外へ五島列島西岸沖合の顕著な溝状地形（東五島陸棚谷群）へ断続的につながる．**C** の北東方向の枠外（日本海側）で大陸棚の外縁は－120～－140 m の深さとなり，対馬海峡東水道の溝状凹地より深い．

対馬海峡東水道には水深 100 m 内外に広く平坦な海底面がある．また対馬下島周辺の水深 100 m 以浅の比較的急な斜面にも，段丘状の平坦面が帯状に分布する[2]．下島西岸沖の海底（**A, D**）には，海底段丘とともに，陸上河川の河口延長部に沖積層で埋積された陸棚谷があることが，音波探査によって発見された[2]．これらの陸棚谷は，最終氷期の海面低下期に陸上河川が延長下刻して形成され，その後の海面上昇によって，侵食されたり埋積されたりした．陸棚谷の末端水深は－120 m 付近の陸棚外縁の海底段丘Ⅶ面にある．したがって，最終氷期の最大海退期には，海面は－120 m 付近まで低下したと考えられる[2]．とすれば，当時の対馬海峡東水道付近は，かなりの面積が陸化していたために，対馬海流の流入は抑制され，日本海はかなり閉鎖的な環境にあっただろう[3]．陸棚谷の多くは，海底段丘Ⅳ面の発達する水深－70～－60 m 付近で中断されるか発達不良となる（**B**）．これは，陸棚谷形成後海面が－60 m 付近にあった時，波浪侵食により波食面が形成されるとともに谷地形の一部が消失したためと考えられる．海底段丘Ⅱ面構成層は陸棚谷を埋積しており，その厚さは最大 20 m に達する．

対馬海峡東水道の七里ヶ曽根より北側の水深－110～－80 m にかけての海底は，複雑な起伏の地形をなし，海底砂州が一面に分布する[2,4]（**E**）．海底砂州は U 字型砂州と直線状の縦型砂州に区分され，U 字型砂州の頂部水深は七里ヶ曽根の東側で－80～－90 m，西側で－110～－120 m である．その北東には縦型砂州が 3～4 km 間隔でならぶ．壱岐の北東沖には 20 条以上の縦型砂州が－84 m 以深に分布し，1 km 間隔で平行してのびる．海底砂州の水深 h と分布間隔 d には密接な関係があり，$d = 100h$ で表わされるという[2,4]．海底砂州の分布・深度・形態・配列間隔から，海面が－80 m 付近にあった当時に，海峡を通過していた潮流によってこれらの海底砂州が形成されたと推定されており，その潮流の方向は砂州の配列からみると南西から北東方向と推定される[2,4]．

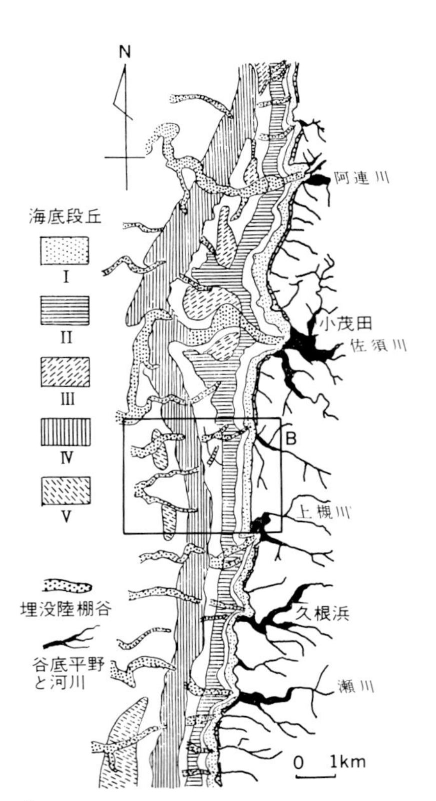

A 対馬下島西岸の海底地形分類図．範囲は **C** に示す．（茂木，1981[2]）

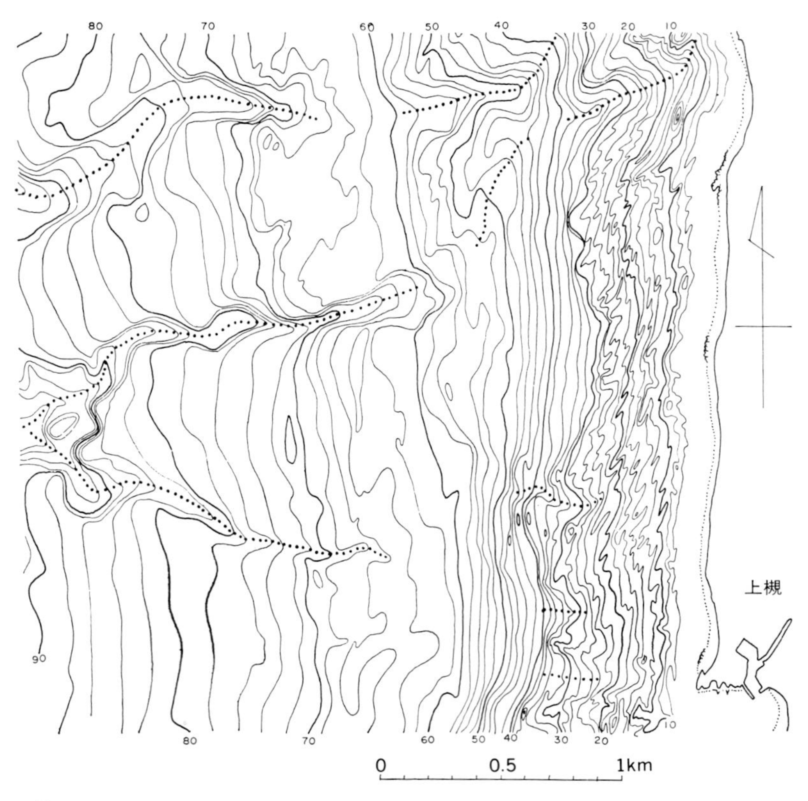

B 対馬下島西岸の海底段丘Ⅳ面と埋積陸棚谷．範囲は **A** に示す．等深線は沖積層をはいだ基底地形（単位 m），点線は谷筋を示す．（茂木，1981[2]）

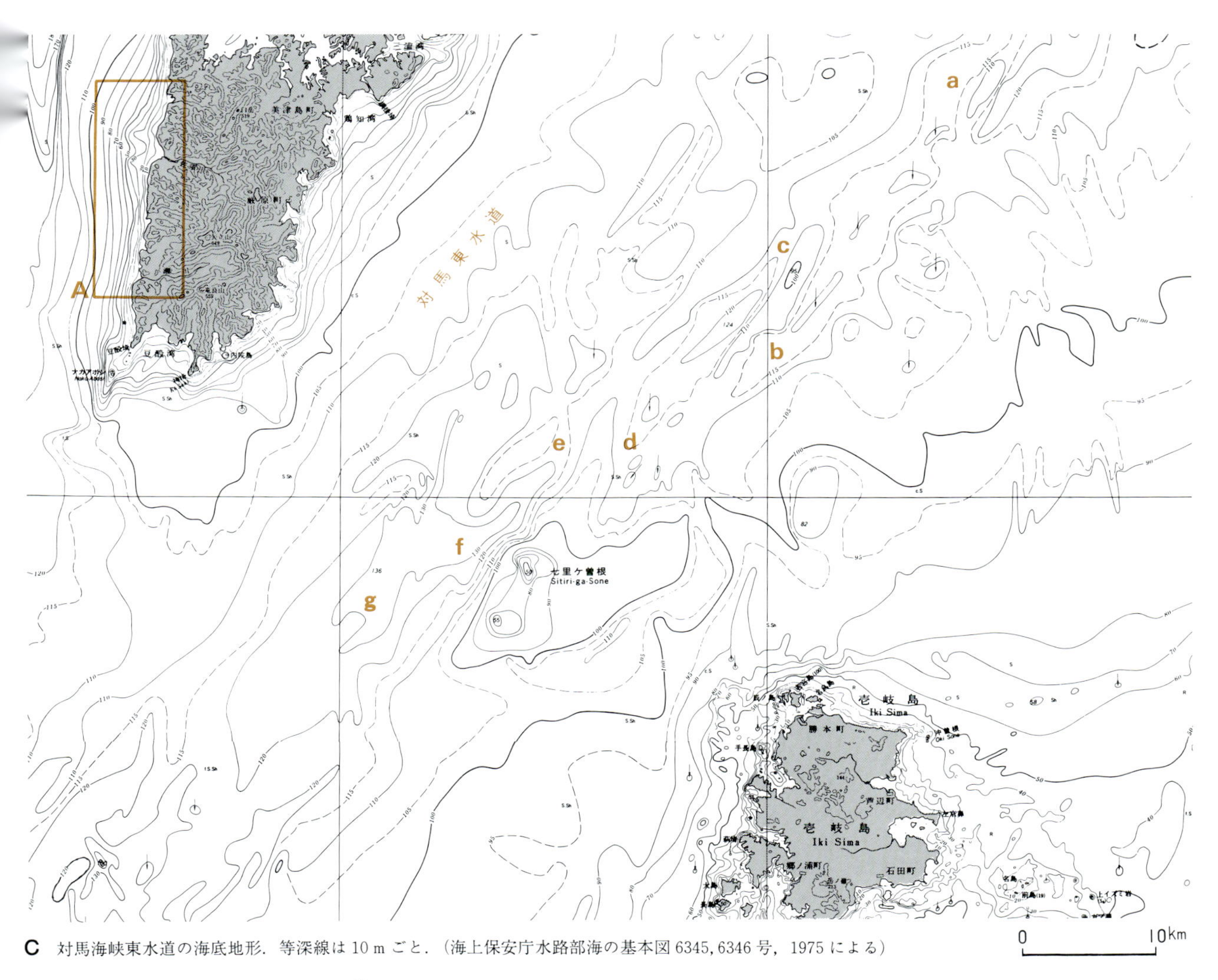

C 対馬海峡東水道の海底地形．等深線は10mごと．（海上保安庁水路部海の基本図6345, 6346号，1975による）

D 対馬下島付近の海底段丘．（茂木，1981[2]を一部改変）

段丘面	水　深	段丘面の性質	他の地形との関係
Ⅰ面	0〜−10m	現海成面	
Ⅱ面	−20〜−35m	主として堆積面	陸棚谷を埋積
Ⅲ面	−40〜−50m		
Ⅳ面	−60〜−70m	侵食面	陸棚谷を侵食
Ⅴ面	−75〜−85m		Ⅵ面以下を埋積，海底砂州の形成
Ⅵ面	−90〜−110m	主として堆積面，一部侵食面	
Ⅶ面	−110〜−120m	主として堆積面，一部侵食面	陸棚谷の末端面，溝状凹地

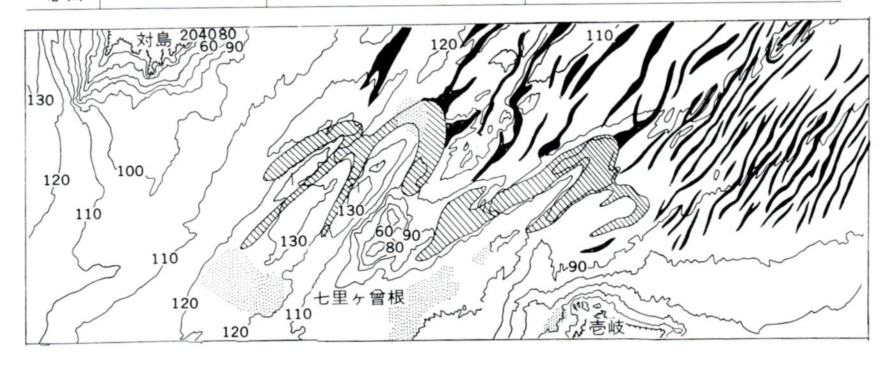

E 対馬南部・壱岐付近の海底砂州．（茂木，1981[2]）

U字型砂州　縦型砂州　サンドウェーブ

§13-2 舟状海盆と海底谷——相模湾

相模湾とその周辺の海底地形は起伏にとみ，舟状海盆・堆列・海底谷などの興味ある地形がみられる[1,2]．湾中央部を北西－南東にのびる相模舟状海盆（相模トラフ）は，**C** のように酒匂川河口沖合から大島東方にのび，房総半島沖で大きく屈曲したのち南東方向へ **A** の枠外へつづき，日本海溝と伊豆・小笠原海溝の会合点に達する．相模舟状海盆の底はほぼ平坦で，海底地質断面図（**D**）[3] や音波探査記録（**A**）に見られるように，厚さ 1000 m に達する層状堆積物（南相模層）[4] からなる．この南相模層を数十 m 削り込んで，幅約 2 km の谷（相模海底谷）が発達している．南相模層の主体は鮮新・更新統と推定され，主に東京海底谷をはじめとする東側の海底谷群を通じて供給されたと考えられる．相模舟状海盆は構造的な沈降部にあたり，両翼に断層が認められる[5]．

相模湾の海底地形は，相模舟状海盆の東側と西側でその様相を異にする．東側には，陸から沖合に大陸棚・小海盆列・堆列が順に帯状に配列する．沖ノ山堆列では葉山層群（中新世前・中期）に対比される音響的基盤が海底近くか海底に露出し，西側斜面の基部では舟状海盆を構成する堆積物と断層で接している（**A, D**）．堆列頂部の深度は東京海底谷を境としてその南北で異なり，房総半島沖では浅く（沖ノ山堆が－54 m），三浦半島沖では深い（三浦堆が－557 m）．堆列を横断して多数の海底谷が発達し，舟状海盆底に開口している．

一方，相模舟状海盆の西側斜面は伊豆半島に分布する火山群の山腹につづく火山斜面で，その東縁は南北に走る西相模湾断層によって切断されている．西側では大陸棚はとくに幅せまく，陸棚斜面も概して単調である．伊豆半島と大島との間には，比高 200～500 m 位のドーム状の単成火山のつくる堆が密集している．

相模湾の東部には多数の海底谷がある．最も長大な東京海底谷は浦賀水道から沖ノ山堆の北側を通り，相模舟状海盆底に開口している．東京海底谷は著しく屈曲しているが，大局的には，館山沖以北では南北方向，以南では東西方向に走り，その形態は北西－南東方向への展張による正断層的な巨大な割れ目ともみられる[6]．大陸棚外縁から発し，大陸斜面を数百 m も刻む海底谷は，ゆるやかに蛇行し，横断形は V 字形で，縦断形は上に凹な形をなす（**B**）．これらの海底谷は，大陸棚上の陸棚谷より規模が大きく，洋谷と呼ばれる．これらの洋谷の谷頭は水深－90～－110 m の大陸棚外縁の平坦面によってきられているので，その起源は大陸棚より古いだろう．**C** には表現されていないが，三浦半島の陸上の河谷の延長部の大陸棚上には海底谷が分布する．それらの陸棚谷は最終氷期の低海面期に形成され，その後の土砂による堆積や海食により一部の地形が不明瞭となっているところもある．

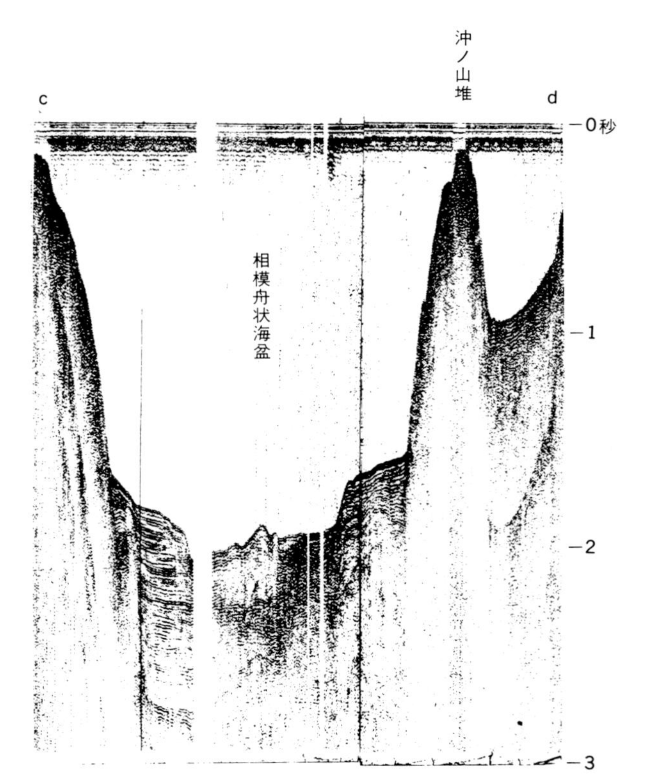

A 音波探査記録．**C** の c－d 断面．（活断層研究会，1980[5]）

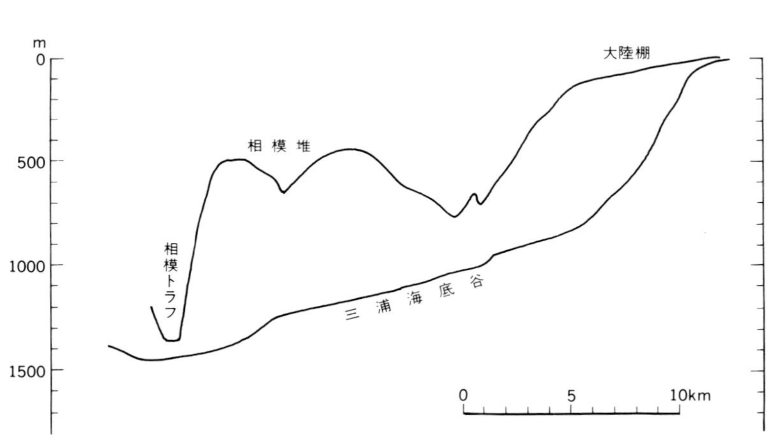

B 三浦海底谷の縦断面形（下）と相模堆を通る地形投射断面（上）（ともに N 45°E に投影）．

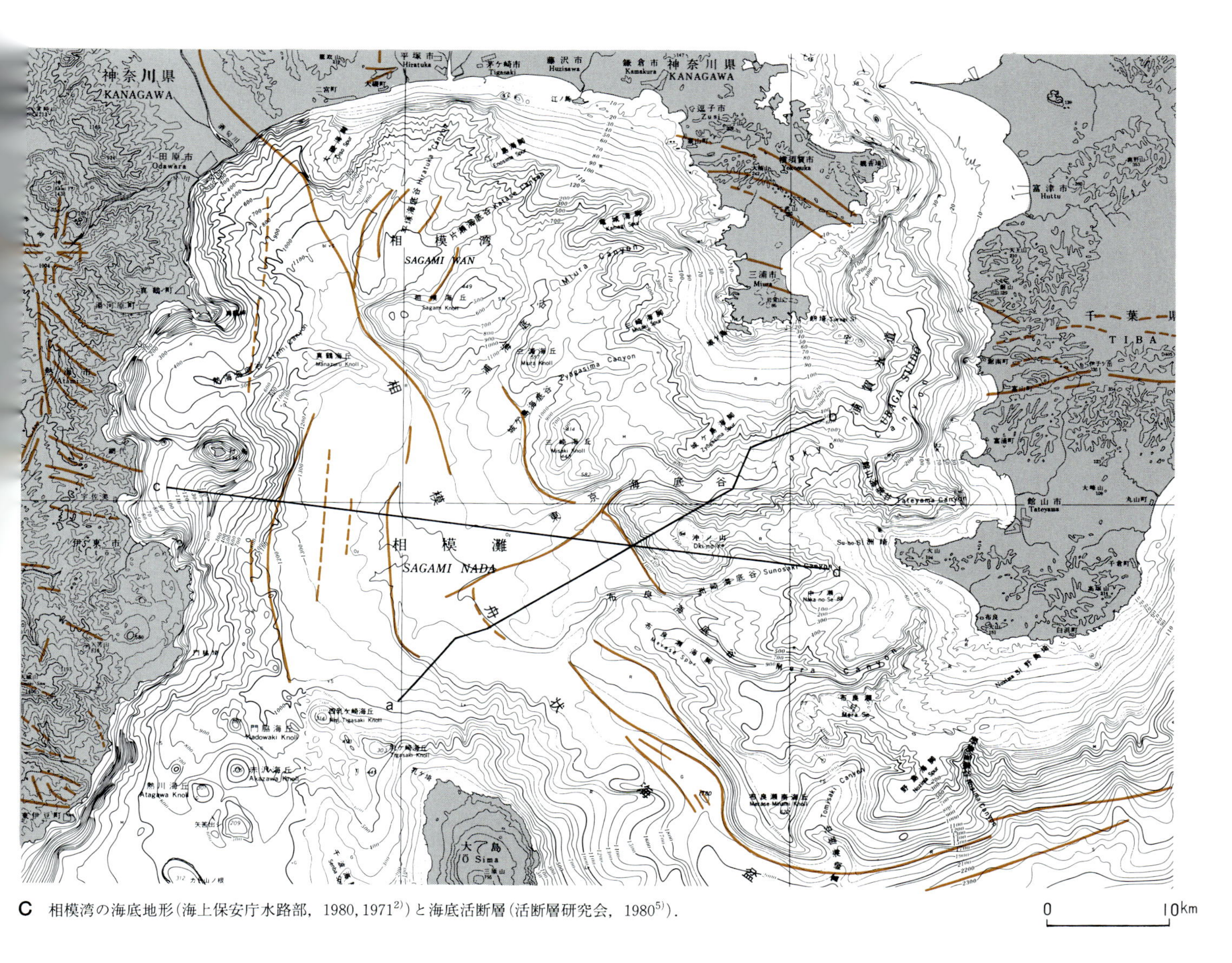

C 相模湾の海底地形（海上保安庁水路部，1980, 1971[2]）と海底活断層（活断層研究会，1980[5]）．

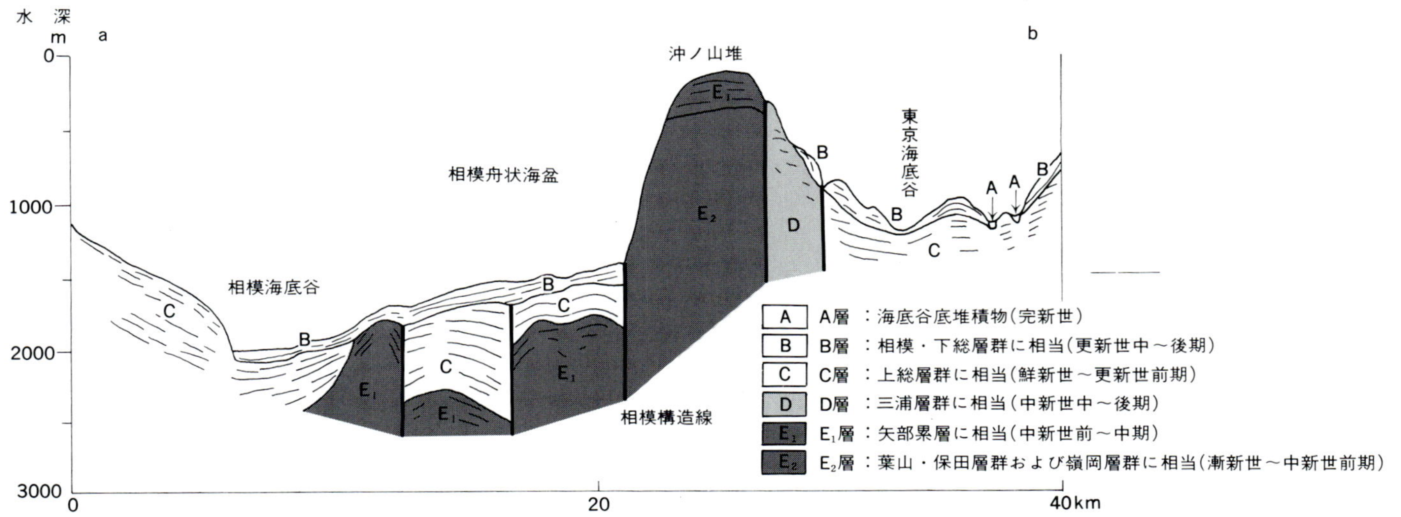

D 海底地質断面図．C の a—b 断面．（木村，1976[3]，承認：60 地調第 1028 号）

§13-3 深海平坦面とアウターリッジ——熊野灘・遠州灘

西南日本の太平洋側沖合の海底には，南海舟状海盆(南海トラフ)と呼ばれる水深 4800〜3600 m の細長い凹地がある．南海舟状海盆の底は平坦で堆積物によって埋積されている．この海盆に沿う大陸斜面には，深海平坦面とその外縁を画するアウターリッジ(外縁隆起帯)が発達する[1]．

熊野灘の大陸斜面には，陸棚斜面とアウターリッジでとりかこまれた熊野舟状海盆が分布し，水深 1800〜2000 m の部分はとくに平坦で，深海平坦面をなす(**B**)．熊野灘を北西ー南東方向に横断する反射法音波探査記録(**A**)をみると，深海平坦面は大陸棚外縁からつづく斜面の沖合にあって，堆積物で埋積された盆地に発達している．詳しくみるとこの深海平坦面は，志摩海脚からのびる高まりによって陸側の志摩海盆と外側の熊野舟状海盆の二つの海盆に区分することができる[2](**C**)．

深海平坦面は海底で形成された堆積盆地に分布する．これは島弧の中では外弧(前弧)の海溝寄りにできた堆積盆地で，一般に前弧海盆と呼ばれているものに当る．その外縁には構造的，地形的な高まり(アウターリッジ)がある．その外側は急傾斜の斜面で，南海舟状海盆底にいたる途中に，幅せまいベンチ，リッジ，凹地などがある．南海舟状海盆の陸側斜面のこうした起伏にとむ地形は，トラフ軸に平行で帯状に分布しており，リッジ・アンド・トラフゾーンとも呼ばれる[3]．遠州灘から熊野灘にかけての海底には，大別すると 2 列のアウターリッジが存在する[1]．陸側のアウターリッジは，御前崎から南西に延び，遠州灘・熊野灘の深海平坦面(前弧盆)の外縁をなす高まりで，海側のアウターリッジは，駿河湾内の石花海(せのうみ)堆から南々西〜南西にのびる(**C**)．南海舟状海盆の陸側斜面すなわちリッジ・アンド・トラフゾーンにある南向き急斜面は，海底活断層による断層崖とみられる[4]．リッジ・アンド・トラフの地形は四国海盆の海底地殻(大きくはフィリピン海プレート)が南海舟状海盆で沈み込むのにともなって，陸側に付加された堆積物が逆断層群によって変形をうけて形成されたものである[5,6]．

大陸棚外縁を刻む海底谷の多くは，深海平坦面で終わっているが，天竜海底谷や潮岬海底谷は深海平坦面の外側斜面を流下し，南海舟状海盆にまで至る．天竜海底谷は構造性の海底谷で，遠州灘の大陸斜面のひとつの地形境界をなす．南海舟状海盆の南東側には，銭州海嶺とよばれる高まりがあり，北東方向へ銭州，神津島，新島とつづく．銭州海嶺はその南縁に沿って断層があり[4,5]，傾動地塊として南海舟状海盆の方へ傾き下がり，音波探査記録によれば南海舟状海盆を埋める堆積物の下にもぐり込む[5]．

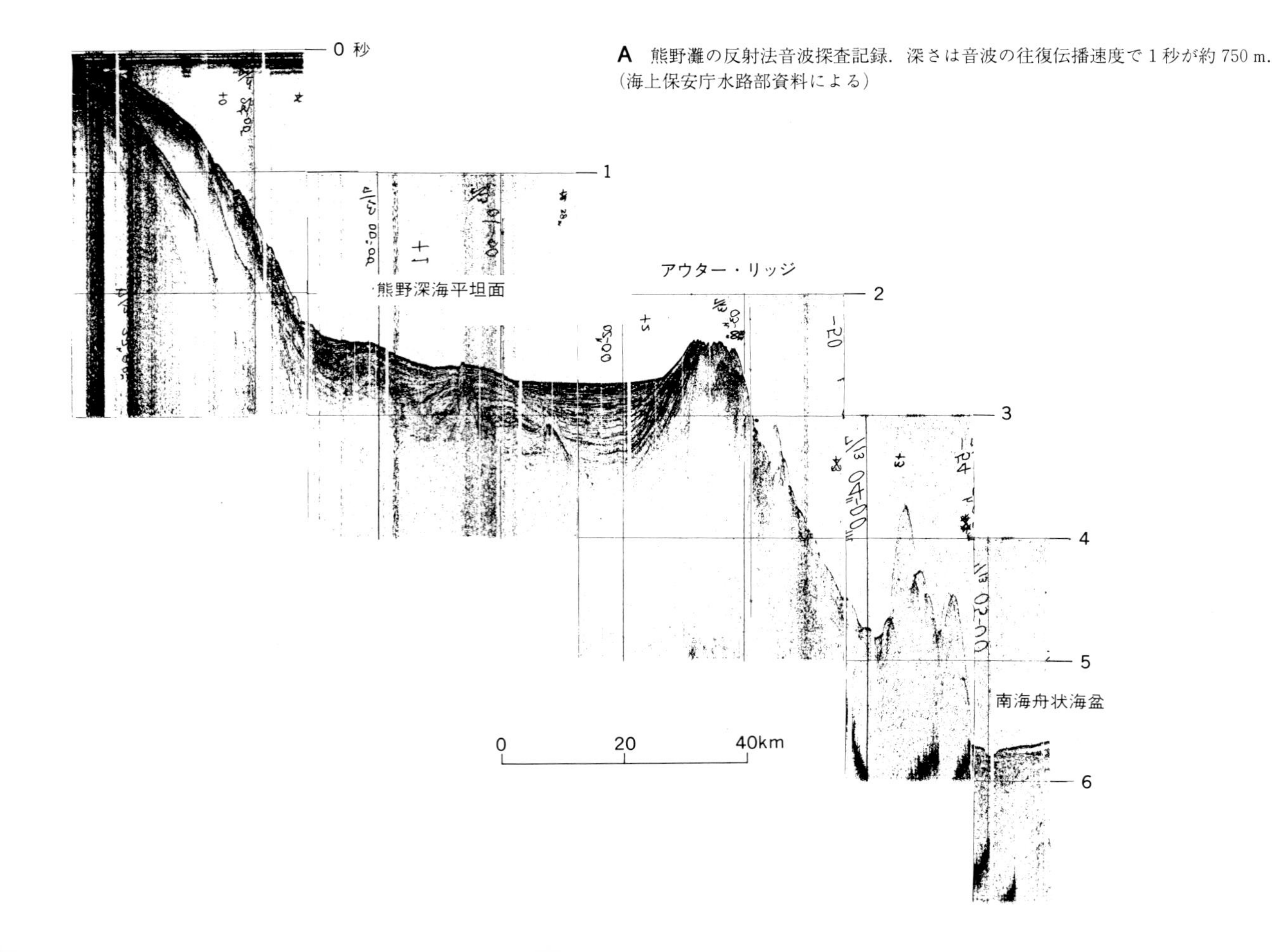

A 熊野灘の反射法音波探査記録．深さは音波の往復伝播速度で 1 秒が約 750 m．(海上保安庁水路部資料による)

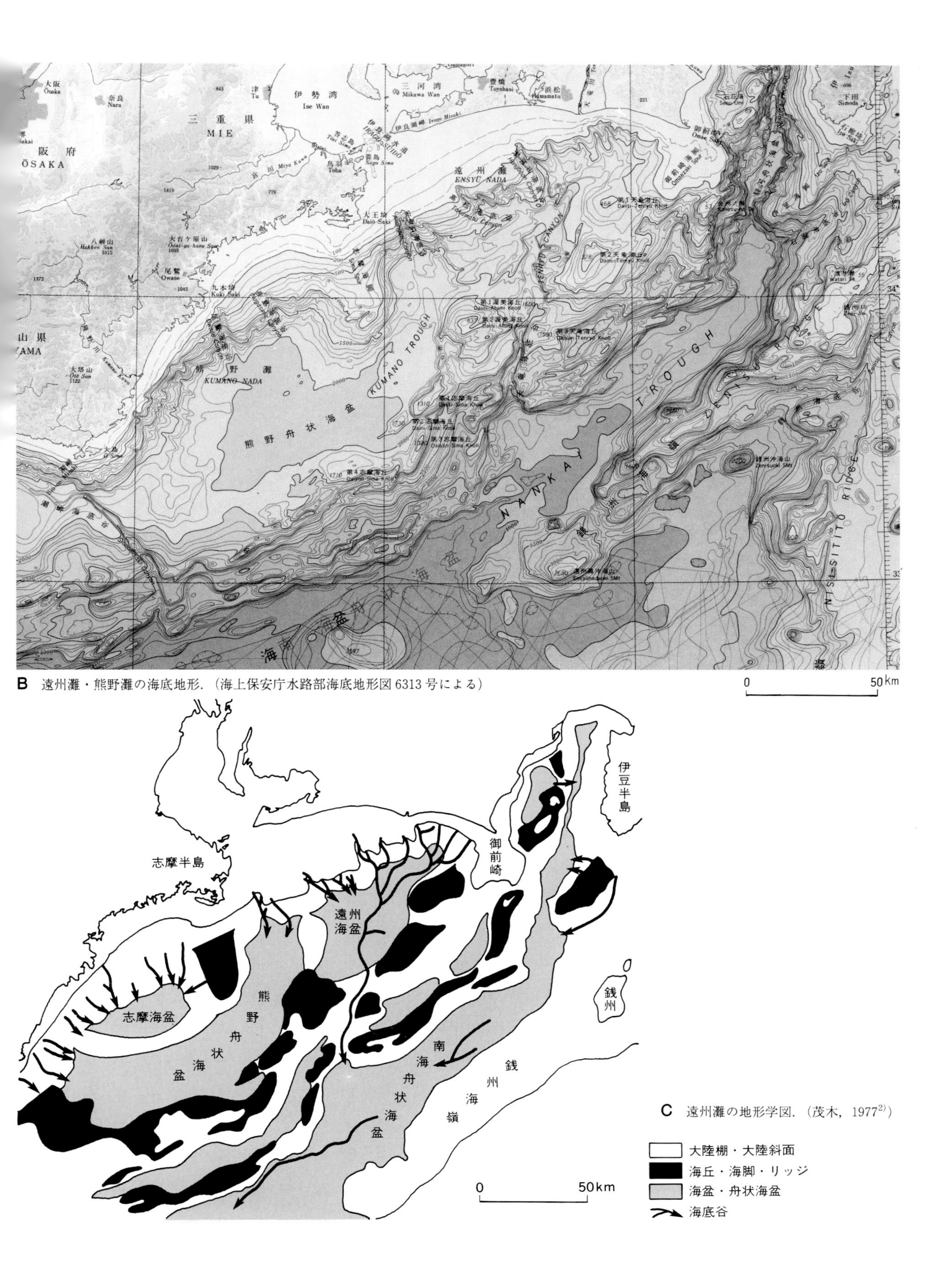

B 遠州灘・熊野灘の海底地形.（海上保安庁水路部海底地形図 6313 号による）

C 遠州灘の地形学図.（茂木, 1977[2]）

大陸棚・大陸斜面
海丘・海脚・リッジ
海盆・舟状海盆
海底谷

§13-4 海嶺と舟状海盆——日本海東部

Bにみられるように，男鹿半島－能登半島沖の日本海東部海底には，大陸棚外縁から2500 m以深の大和海盆までの間に，起伏にとむ地形が分布する[1,2]．この海域は富山湾から北方へのびる細長い凹地（富山舟状海盆）を境として，東西で地形を異にする．西側では能登半島の沖合に広い大陸棚が分布し，その北西側の大陸斜面は比高2000 mにおよぶ急斜面をなす．東側は，陸地から沖合に向かって，大陸棚・最上舟状海盆・佐渡海嶺が帯状に配列し，大陸境界地と呼ばれる起伏の多い海底をなす．

富山舟状海盆は，最上舟状海盆と佐渡海嶺で代表される東北日本弧の北北東－南南西方向の構造を斜断する地溝状凹地で，その東側斜面はほぼ南北方向の断層崖である（**A**）．富山舟状海盆は能登半島と佐渡島の間では，水深1500～2000 mであるが，その海盆底をさらに100～600 m掘り下げて富山深海長谷が分布する．この海底谷は屈曲しながら，富山湾から大和海盆を経て，北緯41°以北の日本海盆まで500 km以上にわたってのびる．富山深海長谷は，大和海盆へ入る所で富山深海扇状地を形成している..この谷は場所により著しく蛇行し，しかも両岸に自然堤防の地形をともなう．

音波探査記録（**A**）やその解析図（**C**）によると，大陸棚外縁から最上舟状海盆底にかけては，基盤岩上に斜面に沿って傾き下がる地層がみられるので，最上舟状海盆の東縁は撓曲崖と考えられる．海盆底には基盤の起伏を埋める地層があり，下部層ほど褶曲し，上部層は水平に近い．最上舟状海盆と佐渡海嶺との境界は，地形的に明瞭な急崖であり，しかも音波探査記録からも典型的な断層崖であることがわかる[2,3]．したがって最上舟状海盆は全体として西縁を断層で限られた沈降帯といえる．佐渡海嶺の西側斜面は数列の断層崖をともなう複雑な変動地形である．佐渡海嶺上には，水深80～140 mの最上堆（**B**のg），鎌礁(h)，向瀬(i)，瓢箪礁(j)と呼ばれる堆がある．これらの堆の頂部は平坦で隣接の大陸棚外縁部と同様の水深をもち，最終氷期の低海水準期に波食されたと考えられている．これらの堆は，いずれも片側または両側を断層崖でかぎられた傾動地塊である．1964年新潟地震の際には，粟島が東方へ傾動隆起[4]し，その周辺の海底でも4～5 mの地震隆起が認められた[5]．1983年日本海中部地震は**B**の範囲外であるが，佐渡海嶺の西縁をかぎる急崖の直下で発生し，東に傾く逆断層運動によって急崖を成長させる向きの断層変位があったと推定されている[7]．

A　新潟沖の音波探査記録．**B**のa－b，c－d断面．（海上保安庁水路部資料による[3]）

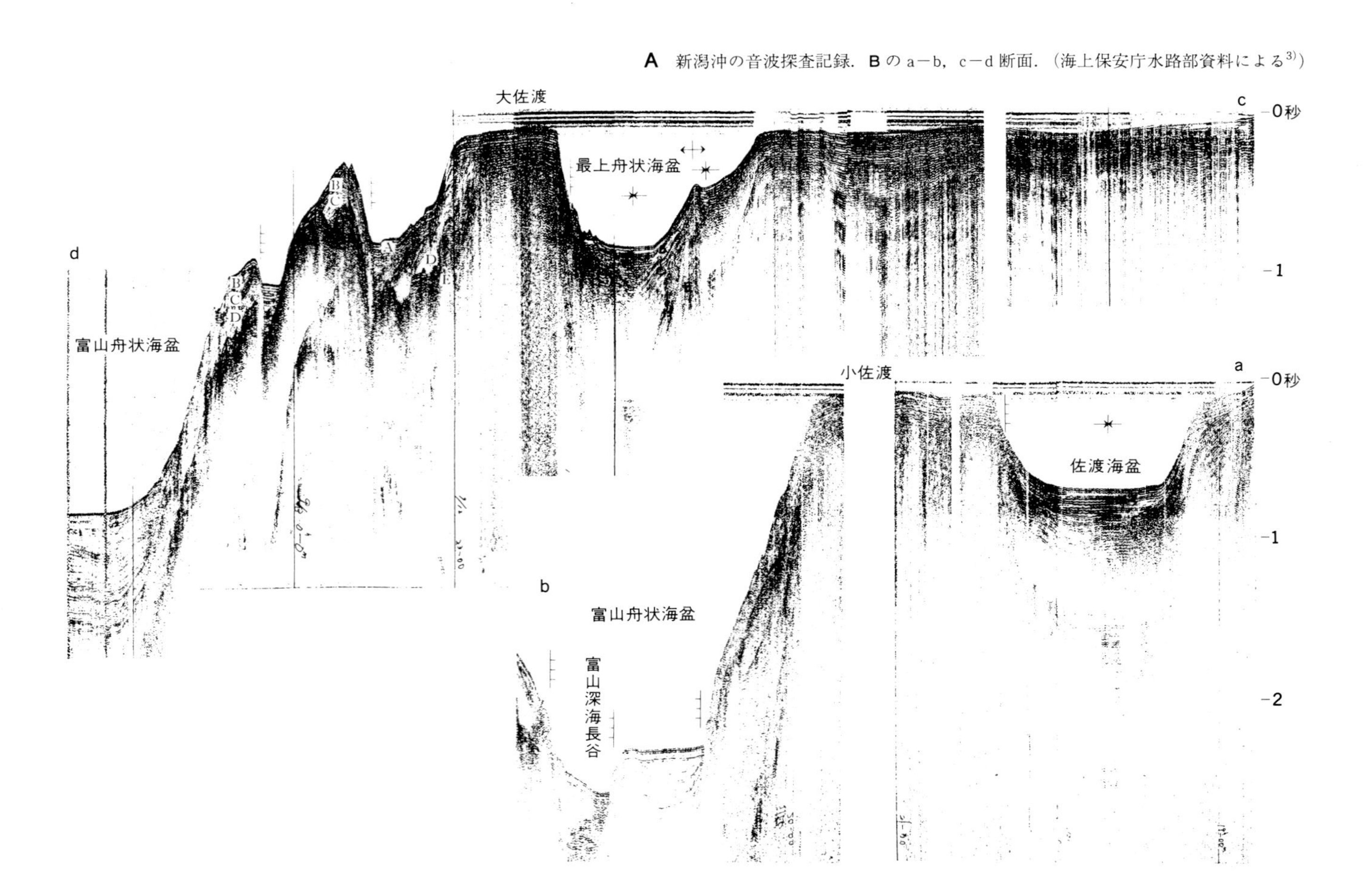

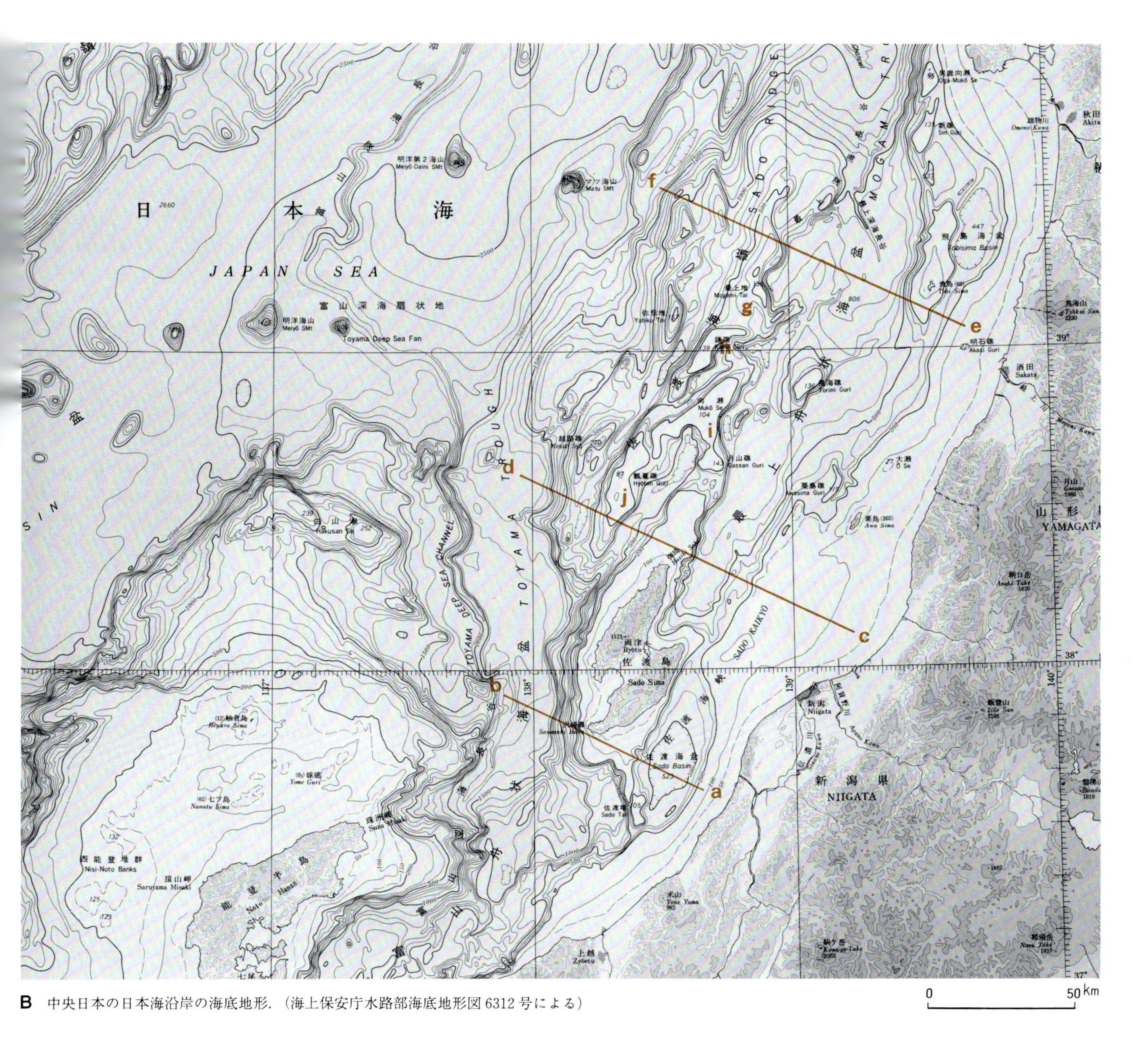

B　中央日本の日本海沿岸の海底地形.（海上保安庁水路部海底地形図 6312 号による）

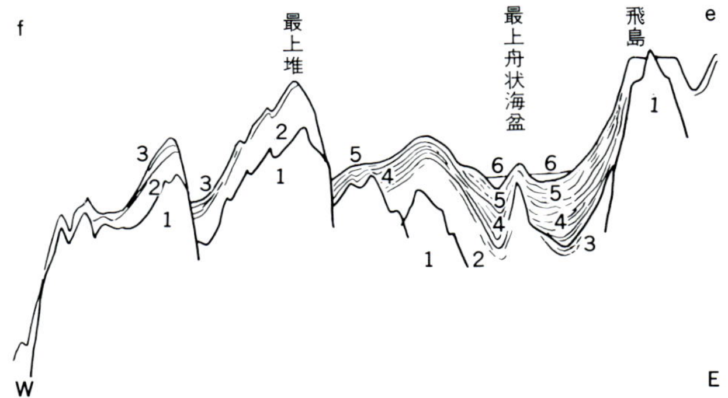

C　飛島－最上堆付近の音波探査記録の解析図. B の e－f 断面.（桜井・佐藤，1973[6]）

1．音響的基盤(中新統)　2, 3．(上部中新統)　4, 5．鮮新統　6．第四系

§13-5 海溝と大陸斜面——三陸沖の日本海溝

東北日本の太平洋岸沖合には，日本海溝があり，海溝底の深さは北部で7600 m，南部で8000 mをこえ，南方ほど深くなる．三陸沖の海底地形は，陸から沖合へ，大陸棚・大陸斜面・日本海溝・北西太平洋海盆の順に配列している(**B**)．大陸棚は宮古沖では仙台沖や八戸沖より幅せまい．水深200～500 mの陸棚斜面の沖には，緩傾斜の大陸斜面が水深2500 m付近までひろがり，その斜面上には平坦な地形(深海平坦面)が分布する．水深2500 m付近に傾斜変換部があり，その沖合はより急勾配の海溝斜面となる．この斜面の水深4000～4500 m付近には，ベンチ状の幅せまい平坦面がある．海溝底はV字形をなし幅せまい．海溝の海側斜面は陸側斜面より緩傾斜で，その頂部はゆるやかにもり上がり，水深5500～5000 mの海溝周縁隆起帯をなす．これは北西太平洋海盆のへりに当たる部分で，太平洋プレートが沈み込む前にふくれ上がった地形と解されている．

海溝海側斜面上には地溝状凹地があり，斜面上の堆積物と基盤岩をともに切断する正断層群が発達している(**A**のe，**C**のe)[1,2]．マルチチャンネル音波探査記録によれば，海溝海側斜面を構成する堆積層の下には，明瞭な反射面をもつ基盤岩(玄武岩質海洋地殻)がある．この基盤岩は海溝軸をこえて海溝陸側斜面の下へ，水平距離にして数十kmにわたって低角度(平均5～7°)で連続的に沈み込んでいる(**A**のf，**C**のf)．また大陸斜面を構成する大陸地殻は，少なくとも大陸斜面と海溝斜面との傾斜変換点付近まで分布しており，その前面の海溝陸側斜面下には，陸側に傾く反射面が認められる(**C**のg)．海溝陸側斜面を構成する地層は，太平洋プレートが島弧の下へ沈み込む際に，海洋地殻上の遠洋性堆積物や海溝内の陸源タービダイトなどがはぎとられて陸側に付加されたものと考えられている[2]．

三陸沖の大陸斜面を構成する厚い堆積層の下には，明瞭な不整合面があり，深海掘削の結果，不整合面より上の地層は新第三系と第四系，下は古第三系と白亜系であることがわかった[2,3]．この不整合面の存在は，三陸沖の大陸斜面が古第三紀の中・後期には陸地であって，当時陸上侵食をうけていたこと，その後に約3 kmも沈降して大陸斜面となったことを示す．この沈降は日本海溝の形成と関係づけられている．

大陸斜面上の深海平坦面は，構造性の凹地(前弧海盆)をほぼ水平な地層が埋めたところである．それらは背斜構造を示す円弧状の傾斜部で境され，3群の海盆群として分布する(**D**のh, i, j)[4]．

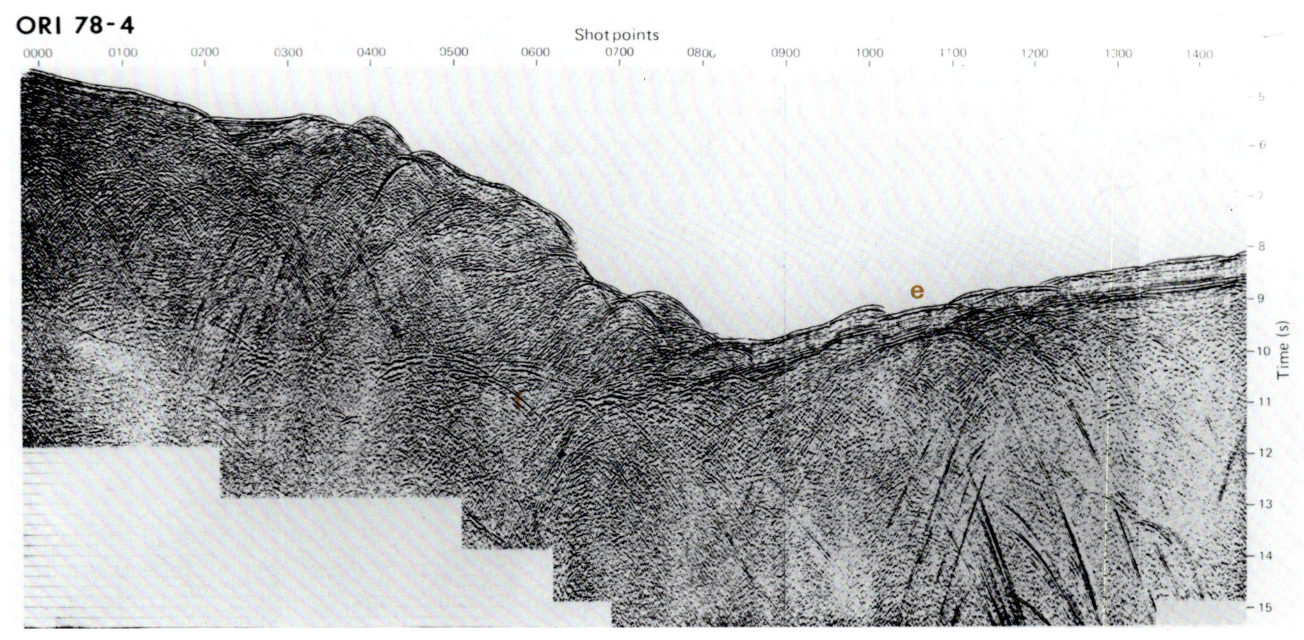

A マルチチャンネル音波探査記録(ORI・78-4)．**B**のa－b断面．(Nasu, *et al.*, 1979[1]，Scientific Party, 1980[5])

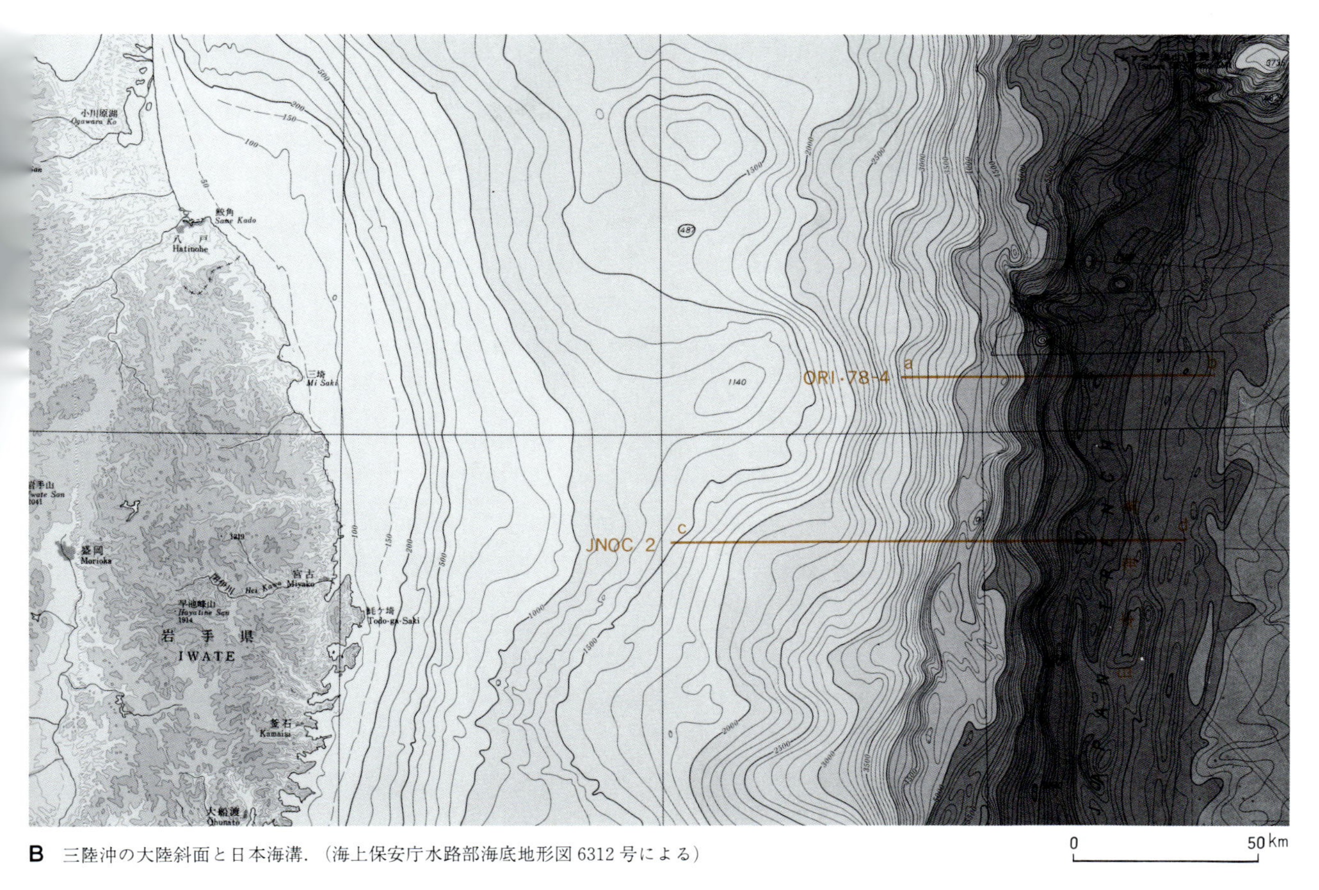

B 三陸沖の大陸斜面と日本海溝.（海上保安庁水路部海底地形図 6312 号による）

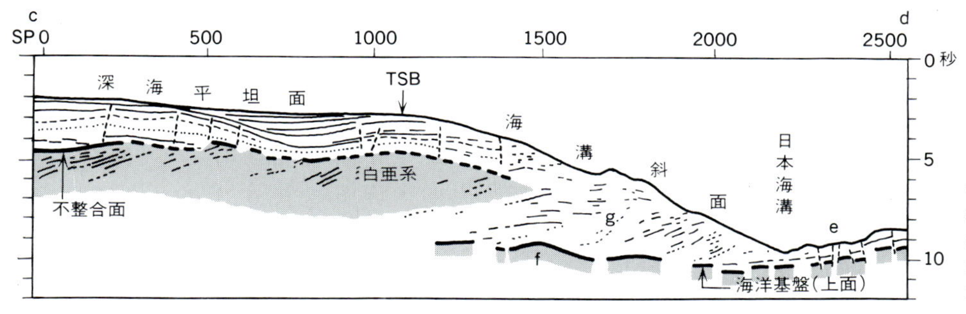

C JNOC 2 の音波探査記録の解析図. **B** の c−d 断面. 縦軸は音波往復時間で 1 秒が約 750 m，横軸は発音点位置で東西全長約 130 km. TSB：Trench Slope Break.（von Huene *et al.*, 1982[2]，Scientific Party, 1980[5]）

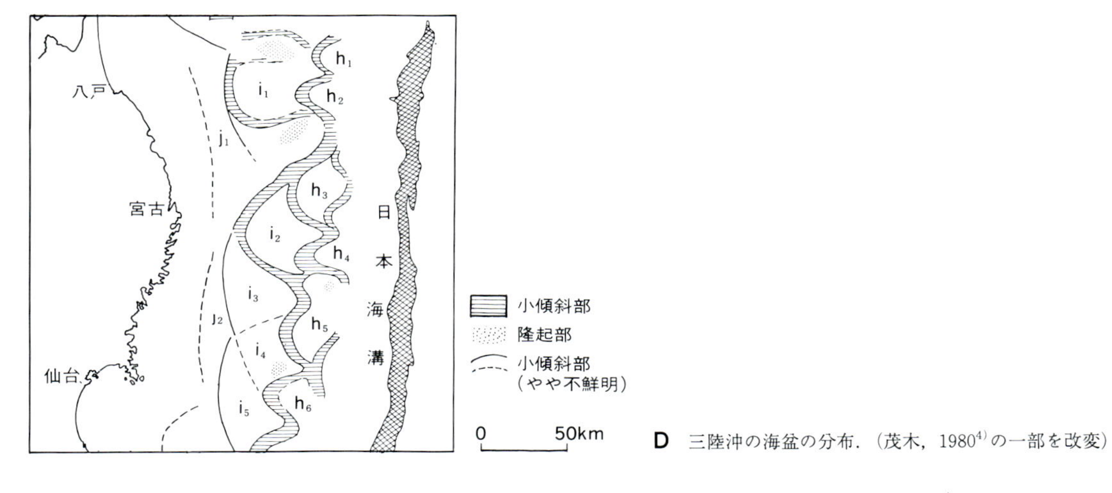

D 三陸沖の海盆の分布.（茂木，1980[4] の一部を改変）

第14章 大地形

解説

ここでは1/100万～1/1000万以下の小縮尺の地図で表現されるような大地形を問題にする．1/1000万の縮尺では図上1 mmの長さが10 km，同じ縮尺の地球儀は直径1.27 m(極から赤道までの長さが1 m)，表面積は5.1 m^2である．対象となる地形の広がりは数十km以上で，陸上の山脈なら個々の峰や谷の地形は問題にならず，山脈全体の形態，あるいは山脈や盆地の集合としての造山帯の形態が対象となる．**表1**には主な大地形の地表で占める面積をあげた．

大地形をつくる作用

大地形は，プレートの運動(大陸の分裂や衝突，海底の生産や沈み込みを含む)や広域にわたる地殻変動および火成活動，広域的な侵食・堆積作用の累積によってでき，一般には10^6年以上の期間がその形成にかかわっている．大地形の場合でも，海陸の別と水の循環がある限り，陸上は主に侵食の場であり，海底は主に堆積の場であるから，海面は侵食と堆積の基準面として重要な境界である．海面の位置は長期的にみると，次の原因によって変化するから，ある幅をもったものである．1)氷河の消長による氷河性海面変化，2)地殻変動による変動性海面変化，3)海底への堆積による堆積性海面変化，4)ジオイドの変形によるジオイド性海面変化など．第四紀においては主に1)によって現海面下100～150 mから現海面上数十m程度の変動があったとみられている．

大地形をつくる一つの作用として陸上侵食がある．ここでその平均的な侵食速度についてみよう．現在の陸上河川によって海に運ばれる侵食総量は，年間18×10^9トンという推算値がある(内訳は浮流物質13×10^9トン，溶流物質5×10^9トン)．岩石の平均比重を2.6としてこれを陸上の年平均削剥深に換算すると0.05 mmとなる．体積では約7 km^3である．この体積は現海面上の全陸地体積125×10^6 km^3の約2000万分の1である．したがって，もし山が隆起しなければ(実際には，削剥にともなうアイソスタティックな隆起などが起こるが)，陸は2×10^7年程度で海面まで低下する．大陸面積の65%ほどを占める盾状地と卓状地は，先カンブリア時代の造山帯の集合が，古生代以前に海面を基準とする削剥によって平坦化されたところと考えられている．削剥の速さは気候や植生によって変化したに違いないが，地質時代の長さは，安定大陸を平坦化するのに充分である．盾状地と卓状地の区別は，先カンブリア時代の侵食平坦面上に古生代以後の地層が堆積しているかどうかの違いであって，大地形としては大きな差異はない．

表1 地球上の大地形の面積．(小林，1977[2]．もとの出典は陸：Ronov & Yaroshevsky, 1969；海：Menard & Smith, 1966)

	面積($10^6 km^2$)	大陸または海洋底の全体に対する%	地表全体に対する%
大陸	149.0	100.0	29.1
(1) 先カンブリア盾状地	29.4	19.7	1.8
(2) 卓状地(台地)	66.9	44.9	13.1
(3) 造山帯 (a) 原生代後期—古生代	24.4	16.4	4.8
(b) 中生代—新生代	28.3	19.0	5.5
海面下の大陸 大陸棚と大陸斜面	55.4		10.9
海洋底	306.5	100.0	60.0
(1) 深海盆	151.3	49.4	29.7
(2) 海嶺と海膨	118.6	38.7	23.2
(3) コンチネンタルライズ	19.2	6.3	3.8
(4) 島弧と海溝	6.1	2.0	1.2
(5) 火山列と火山	5.7	1.8	1.1
(6) その他の海嶺と高まり	5.4	1.8	1.1

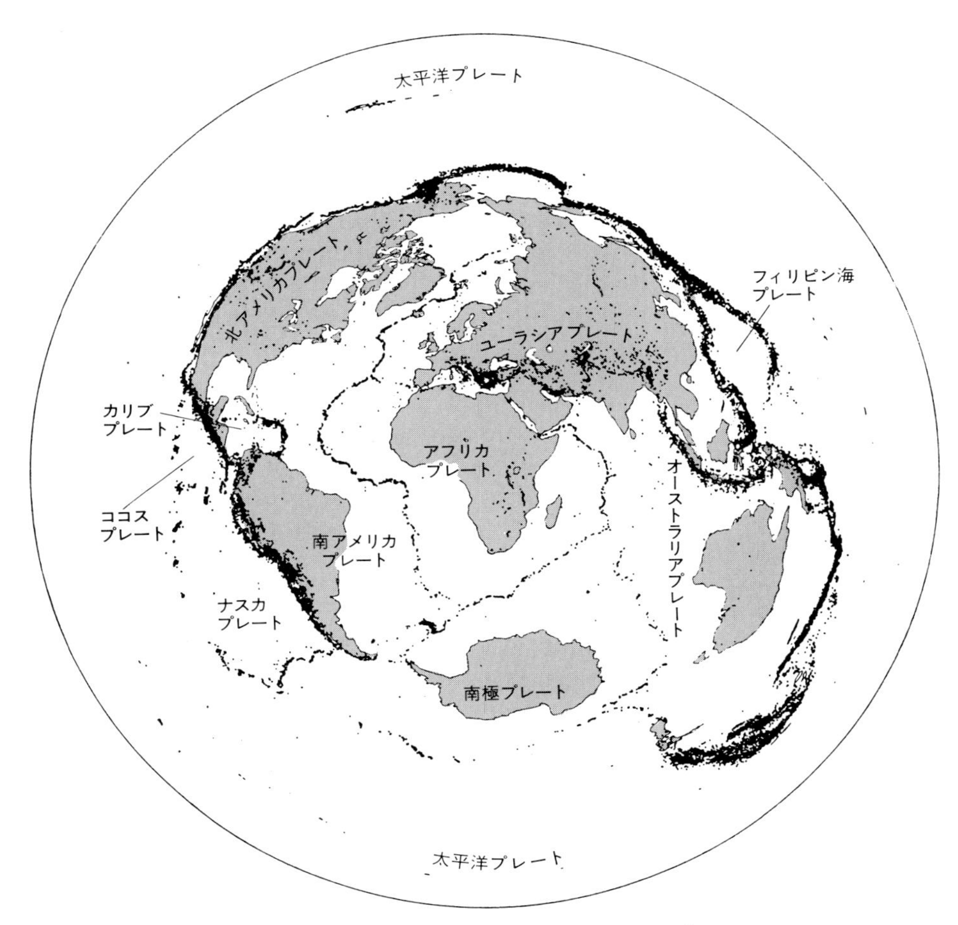

図1　世界の震源分布とプレートの分布．（EOS, 1975[1]による）

海の面積は陸の面積の2倍以上あるから，海底での平均的な堆積速度は，陸の侵食速度（たとえば上記0.05 mm/年）の半分以下となる．実際には，遠洋での堆積速度は0.001〜0.01 mm/年の程度だから，10^6年でも1〜10 m程度の厚さしか堆積しない．したがって陸に近い海底を別にすると堆積作用は大地形を大きく変えるものではない．

大地形を作る内作用のもとは，放射性物質に発する熱および重力であり，大局的にはそれらが高温で流動しやすいマントル（アセノスフェア）と，低温で相対的に‘固い’地殻ないしリソスフェアを動かすことによって，さまざまな変動（テクトニクス）を起こし，大地形をつくる主要な原因となる．プレートテクトニクスによれば，リソスフェア（またはプレート）といわれる‘固い’球殻は，××プレートといわれる単元に区画されて個別の運動を行なっている．プレート内部では変動がほとんどなく，起伏も概して小さいが，プレートの境界地帯は変動帯（造山帯）と呼ばれる活動的で大地形の起伏も大きい地帯となっている（§1-3）．そこは地震活動の盛んなところでもある（**図1**）．変動帯では，たとえばプレートが沈み込む海溝付近のように下向きの力が働き，アイソスタシーでない状態が長く（10^6年以上も）つづく地域があるが，一般には，数十km以上の大地形に対してはマントルや地殻の流動によってアイソスタシーが成立し，あるいは成立する向きに調整が行なわれている．

大陸と海洋底

大陸と海洋底は高度を異にし，地殻の厚さやその構成を異にし，また，形成の過程が違う．地球表面の高度－頻度分布は，**図2**(a)のように海面上と海面下にそれぞれ極大をもち，大陸と海洋底の構成の違いを示している．地殻の厚さは陸では平均約35 km，海では約5〜7 kmである．ヒ

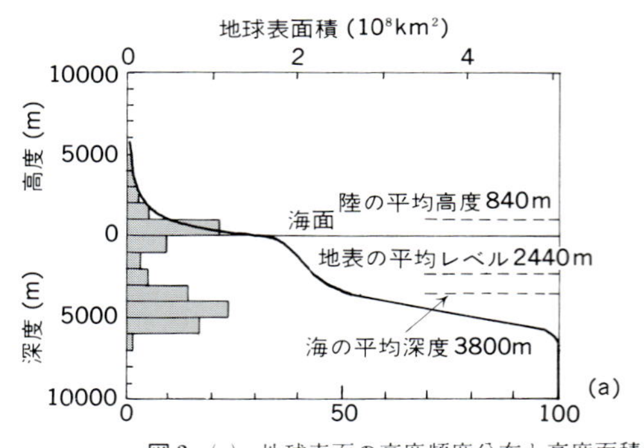

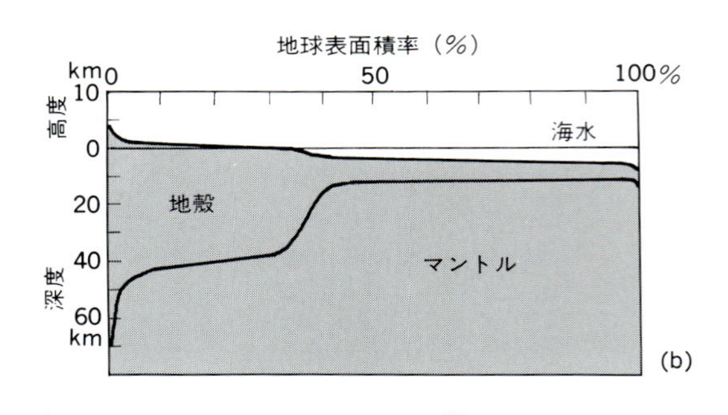

図2 (a) 地球表面の高度頻度分布と高度面積曲線.(Sverdrup, Johnson & Fleming, 1942[15])
(b) (a)の高度面積曲線を地表断面と見たてて描いた地殻の厚さ分布の概念図.(貝塚, 1978[3])

マラヤやアンデスのような大山脈下では,地殻が厚くて70 km におよぶことが知られている.高い山脈では地殻が厚く,それによってアイソスタシーが成立しているとみられている(地殻の密度は変わらず厚さによって均衡するというエアリーのアイソスタシー).しかし,この種のアイソスタシーでは説明できず,リソスフェアの下底でのアイソスタシーを考えないと説明できない大地形がある.後で述べる海洋底の大地形もその一つであり,北米のグレートベイズンなどもそうである.

世界の海洋底は13章で述べたように,中央海嶺では水深が浅く(ふつう 2500〜3000 m),それより両側に水深を増してゆく.水深の増加は中央海嶺からの距離でなく,海底が生まれてから後の年代による(年代の平方根に比例する).したがって,拡大速度の速い中央海嶺(たとえば東太平洋海膨)は中軸から離れていても水深の浅い海膨型となり,拡大速度の遅い中央海嶺は中軸から離れると急に深さを増す海嶺型となる.また拡大速度の速い時代があると,世界の海底が浅くなって海水が陸にあふれる.白亜紀後期の大海進などはそれによって生じたという説がある.海底の水深と年代の間に見られるきれいな関係は大地形に現われたもっとも規則的なもので,その原因は次のように考えられている.中央海嶺ではマグマの上昇・冷却によって海底地殻が継続的に生産され,左右に広がっていくが,海底からの冷却とともに,池の氷が厚さを増すように,地殻下のリソスフェアが下底から厚くなっていく(**図3**(a)).固化したリソスフェアはその下のアセノスフェアより密度が大きく(0.1 g/cm^3 ぐらい大きいといわれる),高度を左右に低下させていくのである.これはアイソスタシーが保たれ

中央海嶺
海水
水深
海洋地殻
リソスフェア
アセノスフェア

(a) 中央海嶺からの海洋リソスフェアの形成(冷却によるリソスフェアの厚化・沈降モデル)

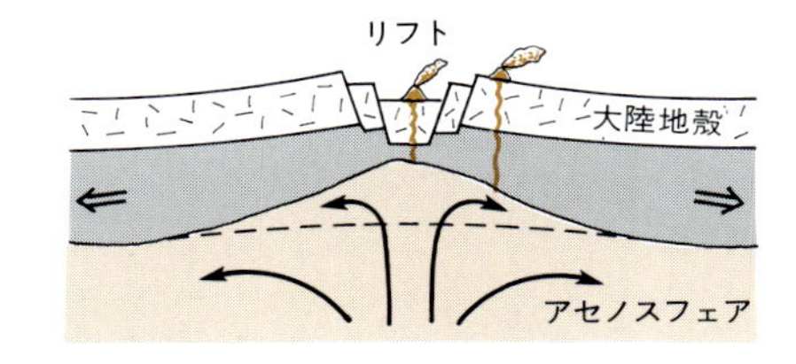

(b) 大陸のリフト(地溝) リソスフェアの薄化による隆起・伸長モデル

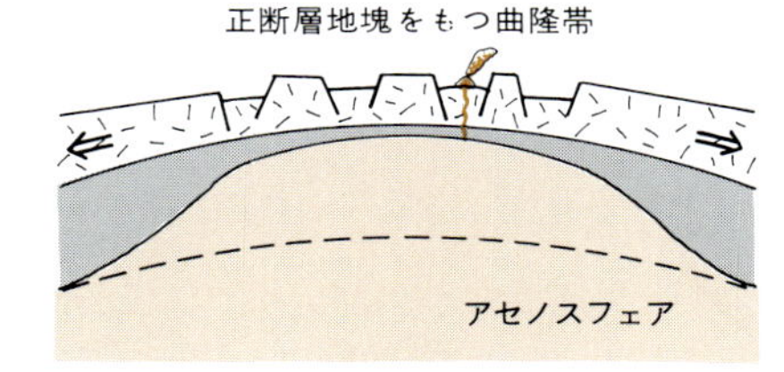

(c) 大陸の曲隆 リソスフェアの薄化による隆起・伸長モデル

図3 広がる変動帯の構造.(Turcotte, 1982[6]にもとづく)

るように,高度が側方向に変化することである.**図4**には海底熱流量の低下,水深の増大,プレートの厚さの増大の実測値と冷却モデルによる理論値が描かれている.海洋底の水深ー年代関係は,ハワイのようにホットスポットのあるところ,プレートがもぐり込む場所である海溝,縁海などでは成り立たない[4].ハワイ諸島に沿う南北それぞれ数百 km の海底は年代の割には水深が浅く,プレートが薄く,熱流量が大きい.これは太平洋プレートが北西に移動する下からホットスポットがリソスフェアの下底を温め,プレートが薄くなったためアイソスタティックに隆起したものと見られる.ハワイ諸島から北西へ(ミッドウェーの方

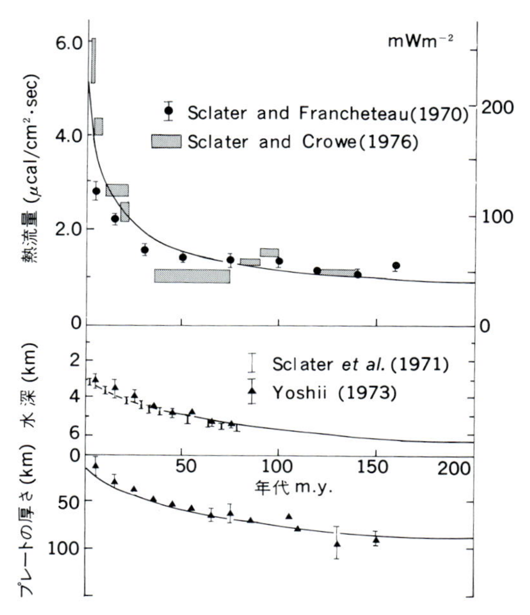

図4 海底の年代(横軸)と熱流量・水深・プレートの厚さの関係.(Kono and Yoshii, 1975[4])

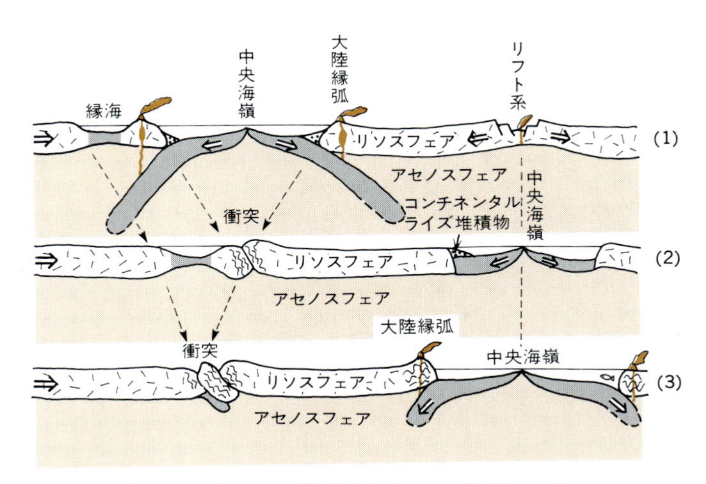

図5 海底の拡大・縮小,大西洋型縁辺部から太平洋型縁辺部への転化,陸の衝突などの模式図.

へ)行くにしたがい水深はふたたび規則正しく低下する[5].

プレートが下から温められてドーム状の隆起が起き,地殻がドームの中軸部で裂開する現象(**図3**(b))は大陸内で生じており,東アフリカのリフトバレー,バイカル地溝帯,ライン地溝,中国山西省の地溝帯などはそれによって形成されたと見られる.紅海や,カナダのバフィン島とグリーンランドの間のデービス海峡ーバフィン湾などは地溝がさらにひろがったものである.大西洋中央海嶺・中央インド洋海嶺・南西インド洋海嶺・南東インド洋海嶺などを割れ目として,ローラシア大陸とゴンドワナ大陸が裂けて広がっていった大陸移動のはじめにも**図3**(b)のような大陸の隆起が生じた.当時のリフトのへりの隆起帯が,いまでも大陸のへりをふちどる高まり(大陸縁辺隆起帯[6])として残っている(§14-1, 14-2に例があげられている).大陸プレート下底でのマントルの冷却・厚化の速度は,厚い地殻の存在によって海底のそれより1桁ぐらいおそいようだ[8]から,大陸縁辺隆起帯は長く保存されるのであろう.日本海の大陸側にあるシホテアリン山脈や朝鮮半島の咸鏡山脈・太白山脈は日本海岸から反対側に低下していくが,これは日本海の裂開に先立つ曲隆でできた高まりが保存されているものかもしれない.

大陸に近い所にある形成年代が古くて早く沈む海底上,およびそれにひきずられて沈降する大陸地殻上に,多量の陸源堆積物が供給されると,その荷重による沈降がアイソスタィックに進行して,堆積物はますます厚くなる.北米大西洋岸のコンチネンタルライズ(13章参照)および大陸棚の堆積物はそのようなものである(**図5**(2)).アフリカ周辺の海岸や南北アメリカ大陸の大西洋岸では大洋底と大陸が同じプレート上にあり,プレート境界をなしていない(**図1**および§1-3図B参照).このような大陸縁辺は13章で記したように非活動(的)縁辺部または大西洋型縁辺部と呼ばれる.これに対し,大陸縁辺や大陸に近い島弧の前縁において海洋プレートが沈み込んで海溝を生じ,そこがプレート境界となっている地帯は,活動(的)縁辺部または太平洋型縁辺部(§1-3表Aのせばまる変動帯中の沈み込み型)といわれる.非活動縁辺部は海底リソスフェアの沈降が進行すると,ついには沈み込みをはじめ,活動縁辺部に転化する(**図5**).

造山帯の隆起

中央海嶺やリフト系も地震や火成活動をともなう変動帯であるが(§1-3 A),せばまる(収束する)変動帯とくらべると,大地形についても他の地質現象についても著しい違いがある.せばまる変動帯では花崗岩質のマグマが貫入したり,広域変成帯ができるなどして大陸性地殻を増し,また断層ー褶曲構造,そして起伏の大きい地形(海溝・山脈・縁海底など)をつくる.**図6**にはせばまる変動帯の二

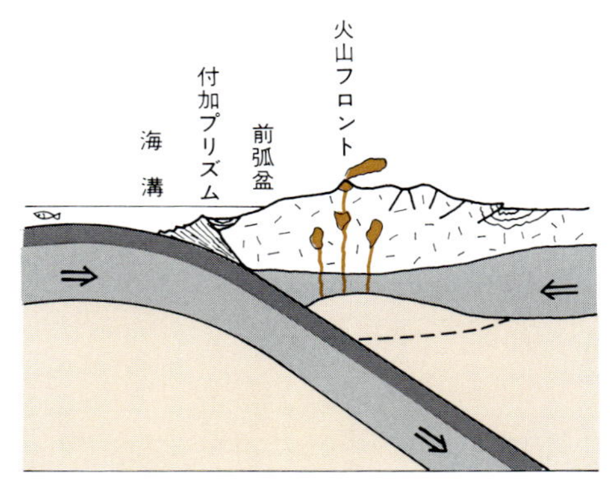

(a) 島弧
ダイアピル・水平圧縮・付加による地殻の厚化とリソスフェアの薄化による山の隆起.

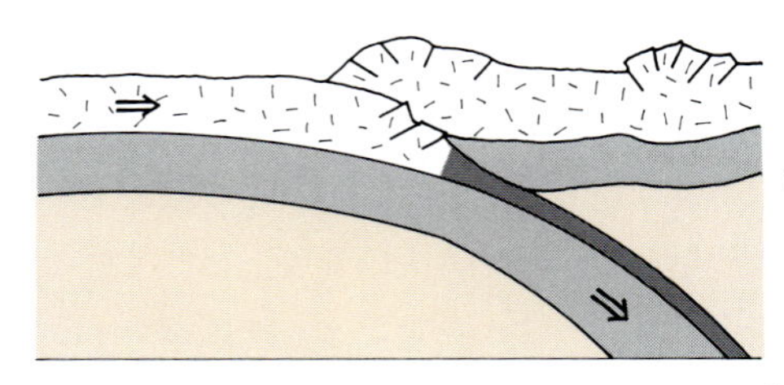

(b) 大陸地殻の衝突.
地殻の重合・短縮による厚化にもとづく山の隆起.

図6 せばまる変動帯の構造.(Turcotte, 1982[6] にもとづく)

つの主要な型であるプレートの沈み込み(サブダクション)と大陸地殻の衝突によって生じる大地形と地質構造の断面を示した.プレートの沈み込みによっては島弧－海溝系または大陸縁弧－海溝系が生じ,大陸地殻の衝突によっては著しい山脈や高原ができる.このほかに,ずれるプレート境界にあって,ずれに圧縮力をともなう場合にはニュージーランド南島のように高い山脈をつくることがあり,また,大陸地殻下に大きい熱源があると,北米西部のグレートベイズンにみられるような正断層地塊の発達する曲隆地域が生じることがある(**図3**(c)).グレートベイズンの場合には,東太平洋海膨の延長が北米大陸下に沈み込み,それが熱源になってリソスフェアを薄化させたことが曲隆の原因だとする意見が有力視されている.

図3と**図6**にはアイソスタシーを保ちつつ,テクトニックな原因で地盤が隆起する狭義の造山運動(広義のものは火成・変成活動や造構造運動を含める)の原因と結果が模式的に描かれているが,その主要な原因とされているものをあらためて列挙すると,次のようである[6,9,10].

1)火成岩体の上昇・貫入による地殻の厚化と押上げ.2)水平圧縮による地殻の厚化.逆断層をともなうのが普通.3)プレートの沈み込みにともなう海底堆積物の島弧への付加.逆断層をともなう.4)大陸地殻の重なり合いによる地殻の厚化.5)熱によるリソスフェアの薄化.地殻の伸長が生じ正断層をともなう.

このうち1)～4)はエアリーのアイソスタシーで隆起が起こるが,5)の場合はリソスフェアが熱的原因によって薄くなるために隆起が生じると考えられるもので,**図3**(a)のリソスフェアの厚化による沈降と反対である.これらは熱的アイソスタシーと呼ばれる.

これら内作用による地殻の隆起・沈降のほかに,外作用によるアイソスタティックな地盤の隆起・沈降があり,大地形を変化させる原因となる.その主要なものを次にあげる.

1)大陸氷河の融解による地盤の隆起.氷河の荷重によって沈降していた地殻(リソスフェア)が,氷河の縮小・荷重の減少によってアイソスタシーを回復する動きによる隆起である.氷床地域の周辺では逆にマントル物質が氷床地域へ移動するために沈降を生じる.これと似て海面の昇降による荷重の変化もアイソスタティックに海底や陸を変動させる(ハイドロアイソスタシー)が,上記の氷河性アイソスタシーによる変動量より1～2桁小さい.

2)山脈が谷に刻まれることによるアイソスタティックな隆起.一般には**図7**(a)のように山地が侵食によって一様に低下すると,エアリーのアイソスタシーによって隆起が起こり,侵食深の約1/4だけ低下した高さで平衡に達する.侵食深(h)を1000 m,岩石の密度を2.6 g/cm^3,マントルの密度を3.4 g/cm^{3}とすると隆起量は765 mで,もとの地表より235 mだけ高度を下げることになる.しかし,**図7**(b)のようにV字谷によって山塊の1/2の体積が侵食され,稜線の高さはもとのままとすると,平均侵食深は500 mだから765÷2 mだけ山稜の高度が増加する.すなわち,一見奇妙であるが,侵食作用によって山脈が隆起する.ヒマ

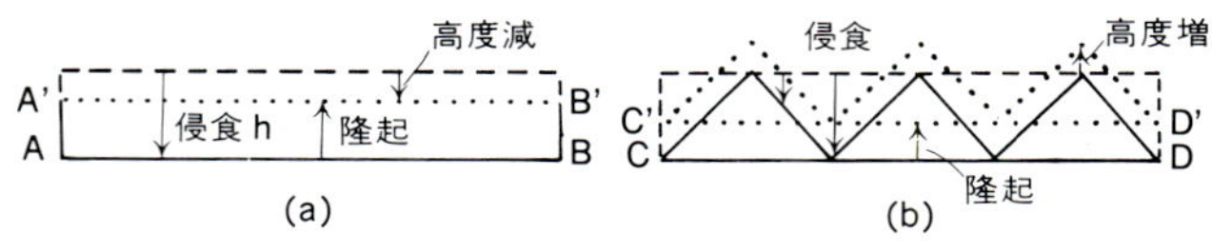

図7 削剥に対するアイソスタティックな応答.(Holmes, 1978[11])
a. 高原の隆起 b. 山稜の隆起

ラヤ山脈の高さをつくった原因としては，ユーラシア大陸とインド大陸の衝突による地殻の厚化のほかに，チベット高原の南縁における深い河谷の侵食がもたらしたアイソスタティックな山脈の隆起を考えねばならない[11]．

島弧と大陸縁弧の大地形

もっとも活動的な造山帯である弧ー海溝系に共通するのは，海溝と弧の高まりが並走する大地形，海溝から弧の方に傾き下る浅発〜深発の地震，弧上に並ぶ火山である．弧ー海溝系は世界に 10 以上，弧の曲り角ごとで区切れば 24 ほどが数えられ[12,13]，比較研究が行なわれている．弧ー海溝系は大別すると島弧ー海溝系と大陸縁弧(陸弧)ー海溝系よりなる．島弧には，もと大陸縁弧であったものが縁海(島弧の背後にできる盆地，背弧盆)の拡大とともに島弧になったもの(本州弧がそうらしい)と，もともと海洋中にできたものがある．

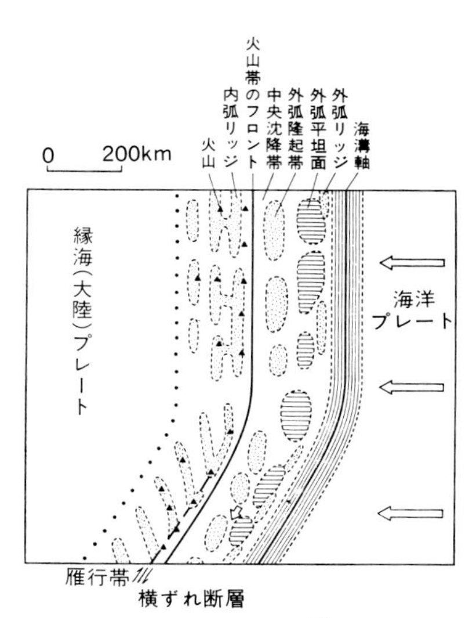

図 8　弧状列島の大地形モデル．(貝塚，1972[14])
島弧の伸びる方向と，プレートの相対運動の方向とが直角でないと，この図の下半分のように雁行する山脈ができる．

海溝から弧の内側のへりまでの幅は一般に 200〜500 km ほどである．弧の高さにも差が大きい．多くの弧では火山が最高峰をなすが，大陸縁弧では非火山が最高峰をなすことがある．そこでは地殻が厚く，中・古生層が新生代の岩石とともに弧状山脈を構成する．アンデス弧やアラスカ弧がその例である．東北日本弧と西南日本弧も島弧として幅が広く，高度が高く，中・古生層の占める面積が広い．これに対して，ソロモン，ニューヘブリデスなど大洋中の島弧には，幅もせまく，新生代の地層・岩石だけからなる若い起源のものもある．

島弧と大陸縁弧に共通する大地形は，まず弧状の高まりと海溝という第 1 次大地形の存在である．ついで弧の高まりが，火山フロントを境として内側の火山性内弧(別名，火山弧，内弧，内帯)と非火山性外弧(非火山弧，堆積弧，外弧，外帯，アークトレンチギャップ)よりなることであり，これら両弧(両帯)は火山の有無を別としても地形が違う．東北日本弧・伊豆小笠原弧やアンデス弧など幅広い弧に典型的に現われているように，内弧では山脈・盆地といった第 2 次の地形単元が細長く小規模(波長小：10〜20 km)で傾斜が大きいのに対し，外弧では海溝の近くを別にすると，地形単元が塊状かつ大規模(波長：40〜50 km)で，傾斜はなだらかである．**図 8** は，これらを模式的に描いたものである．そのほかこの図には，海洋プレートの島弧に対する進行方向が斜めであると，島弧中でもっとも‘やわらかい’とみられる火山前線に沿って外弧がずれ動き，外弧に比べて‘やわらかい’内弧には，ひきずりによる‘しわ’としての山列ができることが示されている．

この図の中で名をあげた地形単元について若干の解説を加えよう．外弧リッジとしたものは，アウターリッジ(外縁隆起帯)と呼ばれることの多い細長い 1 列から数列の高まりで，プレートの沈み込みにともない海底堆積物がはぎとられて付加プリズムとなったものである(**図 6**(a))．その内側に位置する外弧平坦面は一般に前弧(海)盆と呼ばれ，島弧に由来する砕屑物を受け止める堆積盆地である．日本の太平洋岸では海段，深海平坦面などと呼ばれてきた(§ 13-3)．外弧隆起帯は，それが海上に島列をなすと(たとえば千島弧南部の歯舞(ハボマイ)諸島)，単に外弧とか前弧(フロンタルアーク)と呼ばれることのある高まりである．この高まりは若い島弧では見られないことが多い．外弧隆起帯と内弧リッジの例は東北日本弧について § 14-4 にあげる．内弧は外弧に比べて地殻の温度が高く，そのため‘やわらかく’て小波長の地形ができやすいのであろう．

§14-1 大陸とリフト系——アフリカ大陸

任意の地図帳で，図 **A** を参考にしながらアフリカ大陸の地形を見ると次のことがわかる．1)アフリカの東部あるいはアラビア半島西南部からアフリカ南部にかけては高度が高く，1000～2000 m 以上の高地がある．2)アフリカにはさしわたし 1000 km 程度の大盆地(コンゴ盆地，チャド盆地など)とそれをとりまく高まりがある．高まりはアフリカ北部を除くとおおむね大陸のへり近くにある．3)山脈と称されるのは北西部のアトラス山脈だけである．

この大地形を地質構造図 **B** とくらべてみよう．地形的な高まりの所にはおおむね先カンブリアの基盤岩が露出し，盆地や海岸沿いには古生代以後の堆積岩(主に中生代・新生代層)が分布する．例外は南部のカルー構造盆地で，地形的には高い(1000 m 以上)が，石炭紀後期～ジュラ紀前期のカルー系(ゴンドワナ層群の一部)が分布する．それはカルー系の最上部に厚い溶岩の累層があって侵食に抗しているためであろう．大陸北東部の高まりには **A, B** に示されているように紅海やアデン湾を含む大地溝帯があり，その付近には新生代火山岩が広く分布している．東部以外の高まりにも新生代の火山岩が噴出しているところが点々とあり，チャド盆地の周辺などはその例である．

このような，基盤岩の高まり－地形の高まり－新生代火山岩の分布－地溝という一連の現象から，マントル物質の上昇－地殻のふくれ上り－地殻の裂開とマグマの噴出という過程を推定し，ここは大陸移動の初期段階を表わしていると考える人が多い．

このアフリカ大陸には侵食平坦面が広く発達している．L.キングが描いたアフリカ全土の侵食面分布図(**C** はその一部)によると，前記の高まりのところには古い侵食面が，盆地には新しい侵食面や堆積面が分布する．最古の侵食面はカルー系堆積後，ゴンドワナ大陸分離以前のゴンドワナ面(ジュラ紀の形成)で，南アフリカでは **E** のような形態を呈する．ゴンドワナ面をとりまいて，アフリカ面(第三紀初期からの形成)，ポストアフリカ面(海岸面ともいい，中新世以後の形成)，ザイール面(コンゴ面，主に第四紀に形成)などがある．これらの地形面の境は一連の急斜面であることが多い．

ゴンドワナ面は **D** の断面に示すように，カラハリ盆地で曲降して第三紀層下に埋まり，海岸へは撓み下っており，アフリカ面も似た様式の変動を示している．大陸の縁に近い高まりは，ゴンドワナ大陸が分裂するころの高まり——ちょうど大地溝帯の両側でみるような——の名残りで，海岸での下撓曲は，沈降する海底プレートにひきずられた結果生じたものかもしれない．いずれにしても，アフリカ大陸の地形は主にゴンドワナ大陸分裂ごろからの曲隆・曲降様式の地殻変動によって大勢がつくられてきたものである．

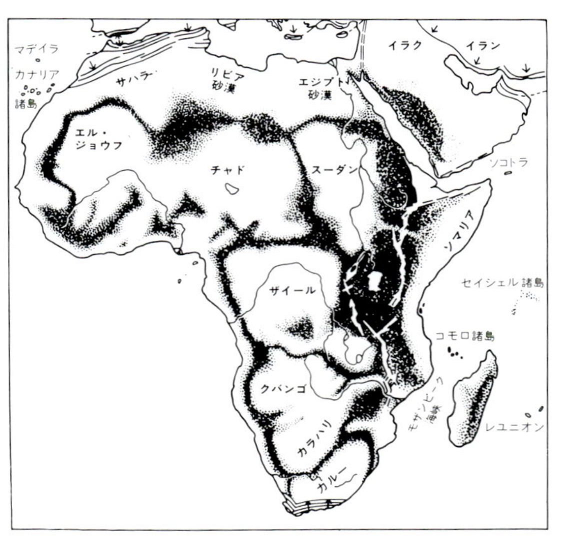

A アフリカ大陸の大地形，とくに構造性盆地とそれらを分けている丘陵，高地，リフトバレーなどの概念図．(Holmes, 1978[1]による)

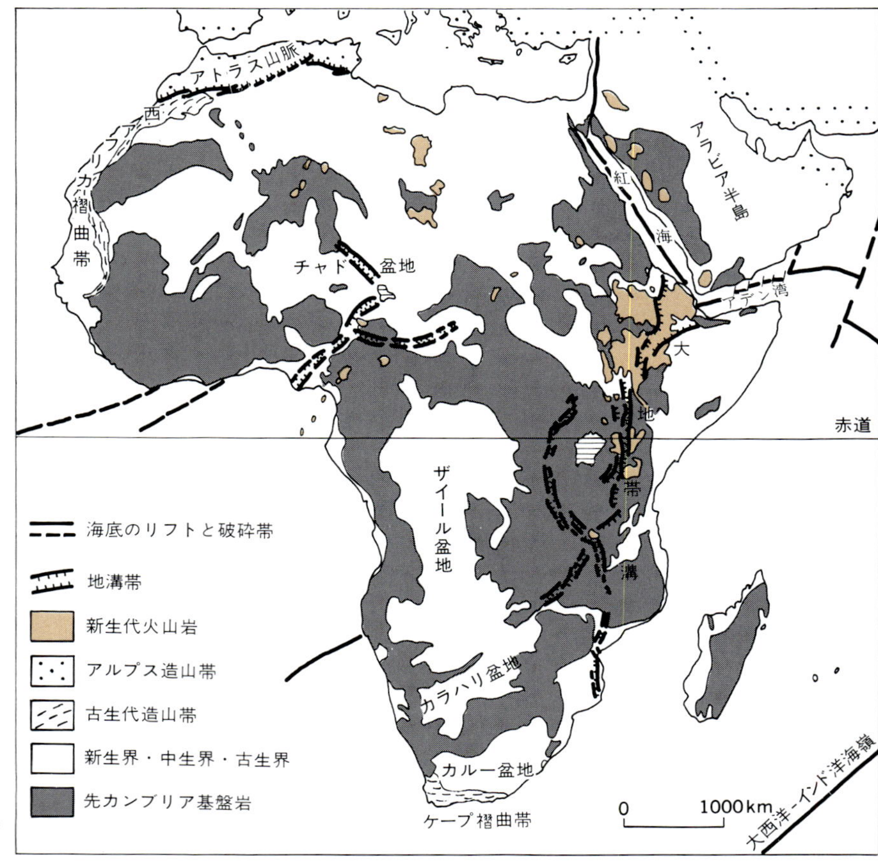

B アフリカ大陸の地質構造．(諏訪・矢入，1979[2]，宝来・鎮西，1971[3]などによる)

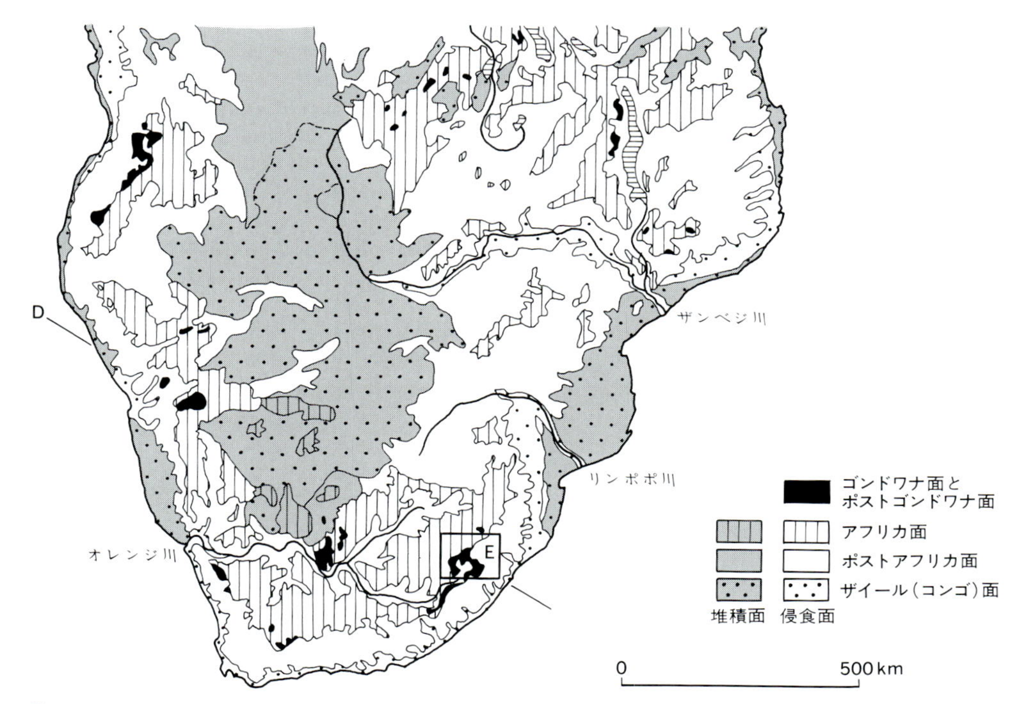

C アフリカ南部の地形面分布図．（King, 1967[4]）

D アフリカ南部の断面図．断面線は **C** に示す．（King, 1983[5]による）
点線はゴンドワナ面，斜線部と破線はアフリカ面．レソト高原は海抜 3200〜3400 m．

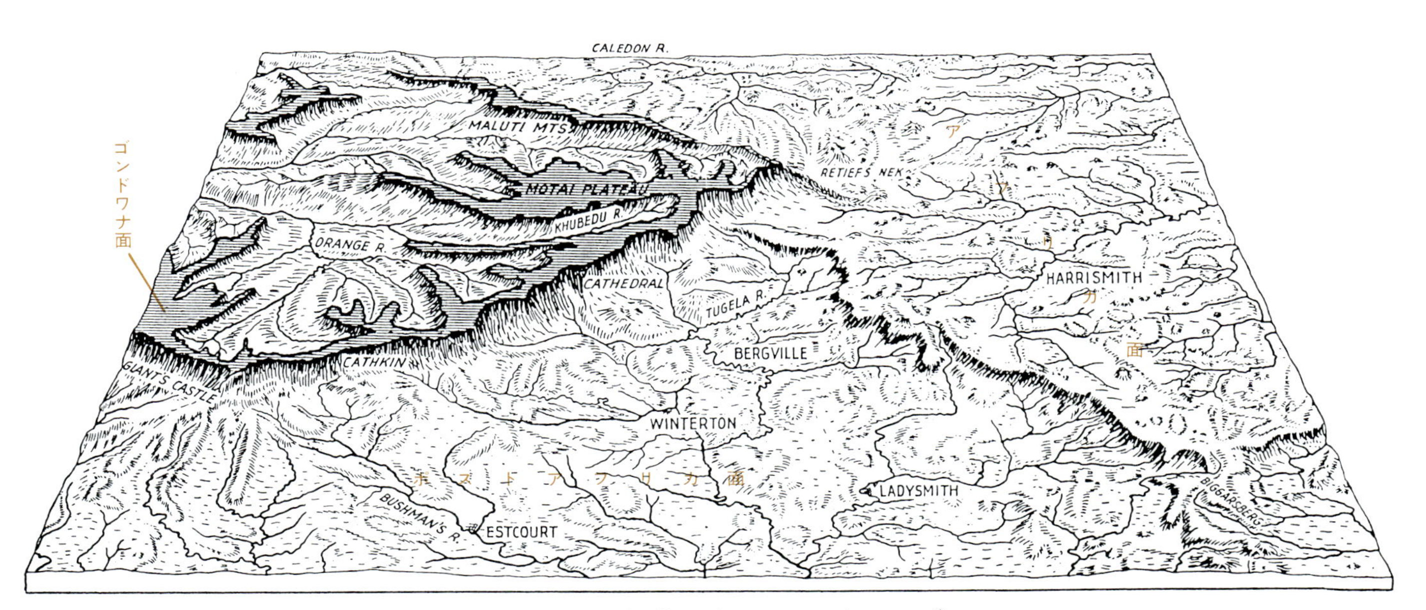

E アフリカ南部の侵食面群を示すブロックダイアグラム．**C** に示す四角の範囲を東から見た図．（King, 1951[6]）

§14-2 大陸の大地形——北米大陸

北米大陸の大地形は，地図帳でも読むことができるが，B, C で見ることにしよう．カナダの地形は緯線にそう断面で，合衆国の地形はダイアグラムで表現されている．これらの図から読める北米大陸の大地形の特色として次の事項があげられる．1)北米の地形は特徴あるいくつかの地域に分けることができる．地域は図 A のように区分でき(区分は人によって違いがあるが[1])，それぞれの地形は地質と深く関わっている(A の表参照)．2)ローレンシア盾状地と内部低地をとりかこんで，東側にはバフィン島からラブラドル半島をへてアパラチアに至る高地(1000 m 前後)があり，西側には巨大なコルディエラ山系がある．東側の高地は，大陸の縁との関係からみると，14 章解説で記した大陸縁辺隆起帯であり，大西洋海岸平野は海側にたわみ下る地帯とみられる(C には海側に傾く地層がつくるケスタが表現されている)．3)コルディエラはロッキー山系と海岸山系に分けられ，その間に台地や山塊群・盆地群をもつ．海岸山系は日本列島などふつうの島弧に匹敵する規模をもち，地形も火山も島弧に似た配列を呈するから，島弧と共通の成因が考えられるが，ロッキー山系やグレートベイズンは 14 章解説でふれたように別の成因を考えねばならない[3]．以下には世界最大の盾状地——ローレンシア(またはカナダ)盾状地の地形を B でみよう．

先カンブリアの結晶質岩石よりなる地域は，A では 1 の範囲であり，B ではほぼ 1 万年前の氷床末端線にかこまれた範囲である．地形断面でみるように，ここはきわめて低平である．これは長期にわたる侵食面で，古生代以前に準平原化したのち古生層におおわれたが，その大部分はのちに剝離されたから，剝離(はくり)準平原と呼んでもよい．盾状地の名と相違して中央部がくぼみ，ハドソン湾があるのは，最後の氷期(ウィスコンシン氷期)のローレンタイド氷床によるアイソスタティックな沈降がまだ回復しつくされていないためである．盾状地の西と南の外側には，先カンブリアの準平原を古生代以後の被覆層がおおう内部低地がある．内部低地に近接する盾状地の外縁は低地帯をなし，そこには北西から南東へグレートベア湖，グレートスレーブ湖，ウィニペグ湖，五大湖などが並ぶ．マッケンジー川とセントローレンス川もその低所を流れる川である．そこはゆるく外側に傾く古生層が氷河や流水で剝離されたへりに当る凹地でもあり，約 1 万年前に氷床が停滞したときに氷河前縁の水系ができた低所でもある．なお，最終氷期最拡大期(約 1.8 万年前)の氷河前縁の水系が，ほぼオハイオ川とミズリー川に受けつがれている．

北米大陸の大地形は，西側のコルディエラ，中央の盾状地と内部低地，東側の高地列とそれぞれ別の要因がかかわって形成されたものである．

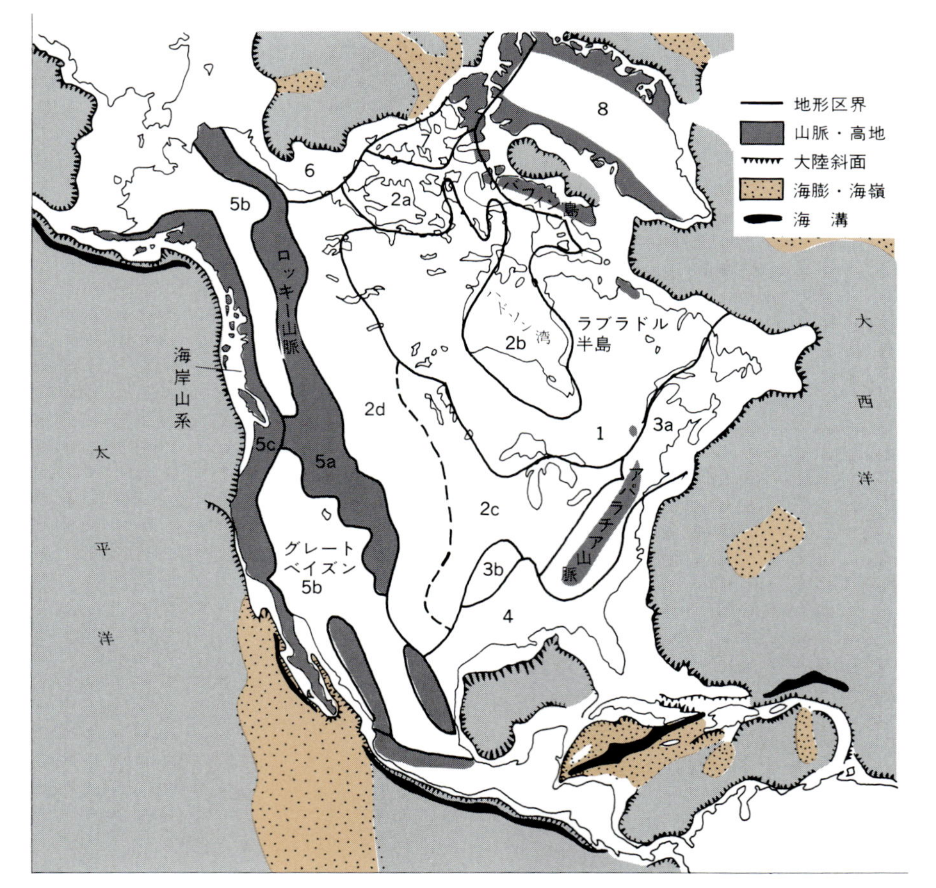

地形区	地質
1 ローレンシア盾状地	先カンブリア結晶質岩石
2 内部低地	盾状地をおおうほぼ水平層
2a 北極低地	古生代層
2b ハドソン湾低地	古生代層
2c 中央低地	古生代層
2d グレートプレーン	古生代～第三紀層
3 アパラチア高地と内陸高地	アパラチア(古生代)造山帯
3a アパラチア高地	先カンブリア時代～古生代層・火成岩
3b 内陸高地	古生代層
4 大西洋海岸平野	中生代・新生代層(古生代造山帯をおおう)
5 コルディエラ	コルディエラ(中生代・新生代)造山帯
5a ロッキー山系	各種岩石
5b 山間高地	各種岩石
5c 太平洋山系	各種岩石
6 北極海，海岸平野	中生代・新生代層
7 イヌイシア地域	イヌー(古生代)造山帯
8 グリーンランド	先カンブリア時代岩などと氷

A 北米大陸の地形区分．

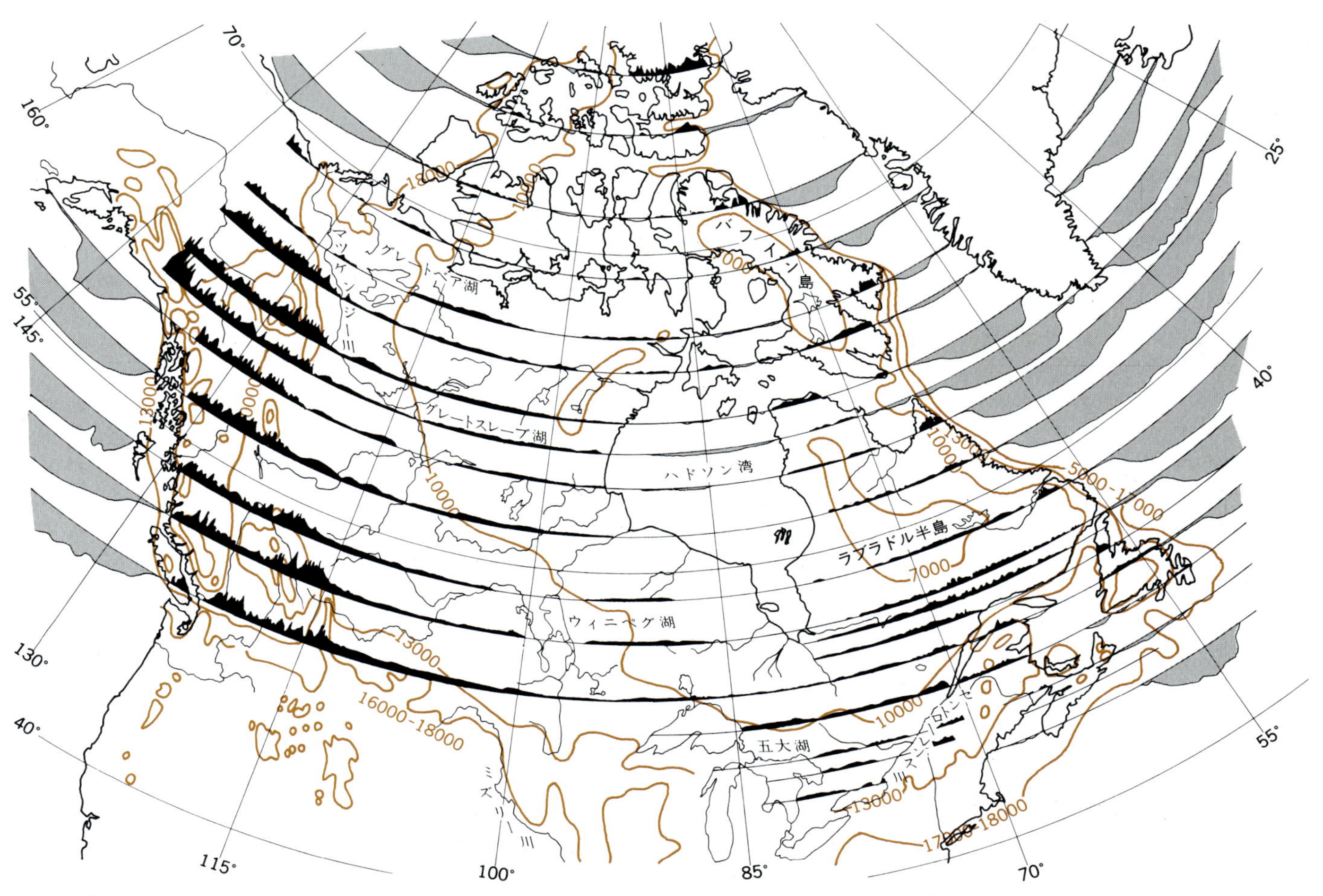

B カナダの地形断面と最終氷期の氷河末端の位置(セピアの線,数字は現在から遡った年数).断面図の垂直は水平の 41.66 倍,1 mm が約 860 m.(The National Atlas of Canada, 1974[2])

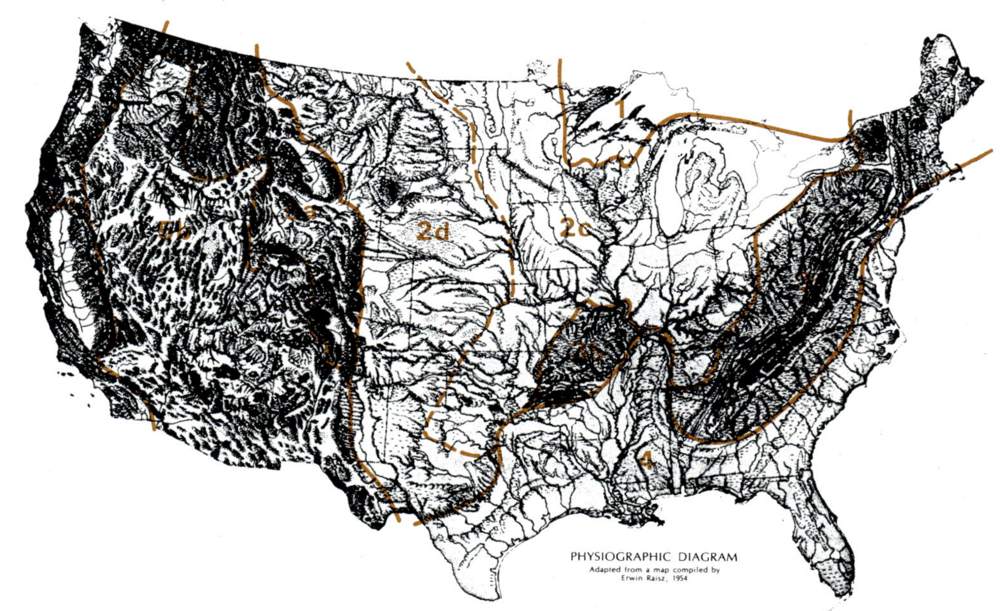

C アメリカ合衆国の地形のダイアグラムと地形区分.境界および地形区の番号は **A** と同じ.(The National Atlas of the U. S. A., 1970[1])

§14-3 中央海嶺——大西洋中央海嶺

大西洋中央海嶺は地球上でもっとも典型的な中央海嶺で，大西洋両岸の北アメリカ・南アメリカとヨーロッパ・アフリカの海岸線とほぼ平行して南北にのびる(**A**)[1]．北部大西洋の海底は，アイスランドからのびるレイキャネス海嶺および大西洋中央海嶺(北緯53°以南)，その両側の深海盆および大西洋両岸近くの大陸縁辺部に区分される(13章解説の図1参照)．西側の海盆は，北からラブラドル海盆，ニューファンドランド海盆，北アメリカ海盆とつづき，南部ほど深くなり，最深部は6995 mである．東側の海盆も北から西ヨーロッパ海盆，イベリア海盆，カナリー海盆と深くなって，最深部は6750 mである．

大西洋中央海嶺の山頂部はアイスランドやアゾレス諸島のように火山島をなす所もあるが，平均的な水深は1500～3000 mで，山頂から山麓までの比高は約3000～4000 mに達する．中央海嶺全体の幅(**A**の南半部では水深5000 m以浅の部分)は1500 kmにおよぶ．山頂部には幅30～50 kmの中軸谷と呼ばれる深い谷が海嶺の延長方向にのびる(13章解説の図5参照)．また海嶺をほぼ直角に横切る谷や急崖があり，海嶺頂部が数十～数百kmも横方向にずれている．このように海嶺を横断・変位させている直線的な谷や急崖を断裂帯という．中央海嶺の山頂部ではアセノスフェアが湧き出しており，熱水噴出や溶岩の噴火がみられる．湧き出したアセノスフェアは海底下で表面から冷されて薄い海洋地殻をつくり，湧き出し口からすべりおちるようにして両側へ広がっていく(**B**)[2]．中央海嶺を横断する断裂帯は，ふつうの水平横ずれ断層とは異なり，ずれている山頂部と山頂部の間でのみ，相対運動を生じており，トランスフォーム断層[3]と呼ばれている(**C, D**)．

アゾレス諸島の南西約650 kmの中央海嶺頂部で行われたFAMOUS計画とよばれる調査[4]によれば，中軸谷は内外二つの断層崖(内壁と外壁)により，内側から外側へ，内壁より内側の谷床，内壁と外壁の間の段，外壁の外側の山頂部に区分される(**E**)．内側の谷床には比高100～200 mで幅500～800 mの丘状の高まり(中心高地，**E**上図のH)があり，もっとも新しい溶岩が噴出したと考えられている．中軸谷の延長方向に平行する多数の割れ目や正断層崖があり，まさに拡大しつつあることを示す．

A 北大西洋の海底地形図．(Atlas zur Oceanographie, 1968[1]による)

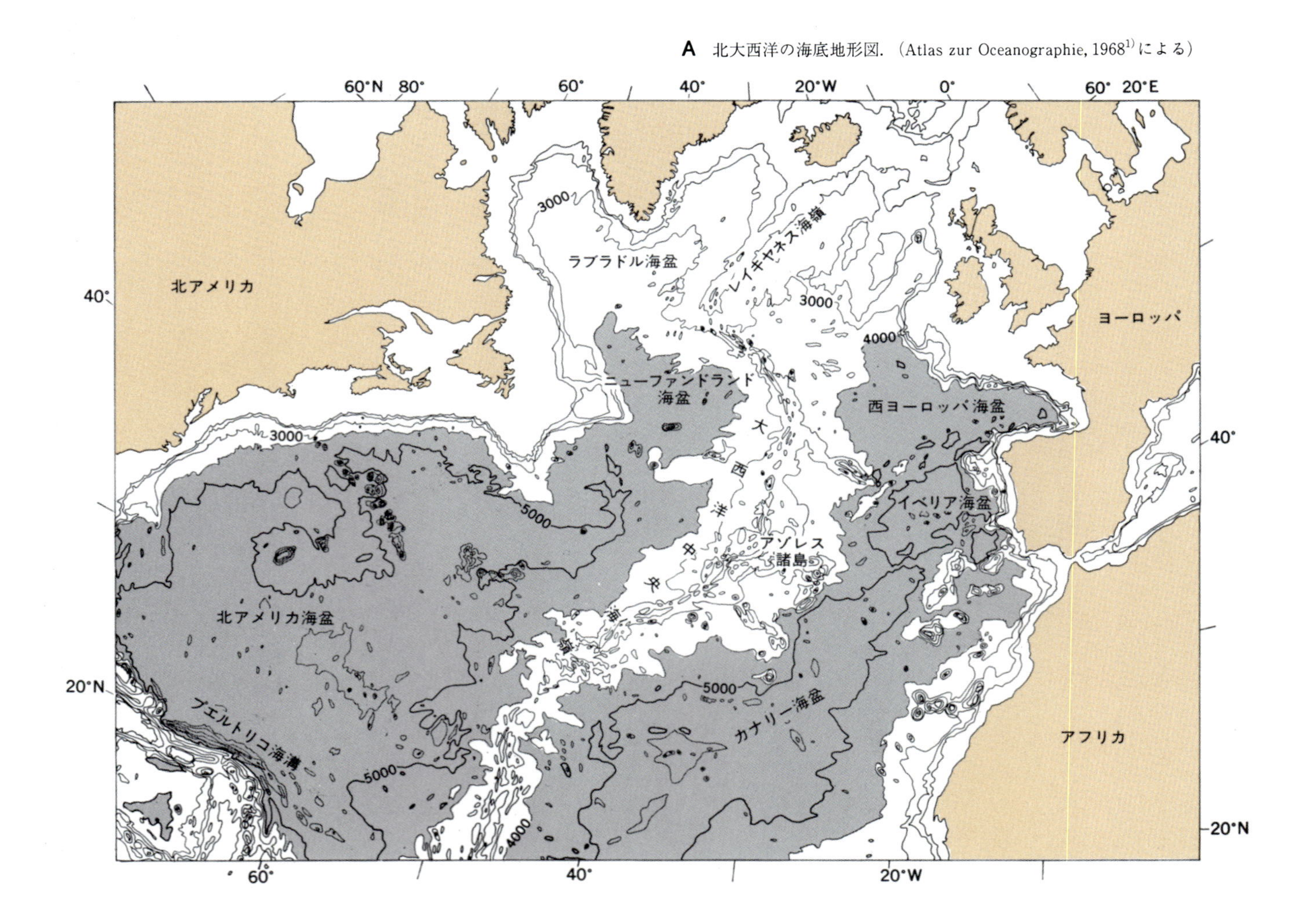

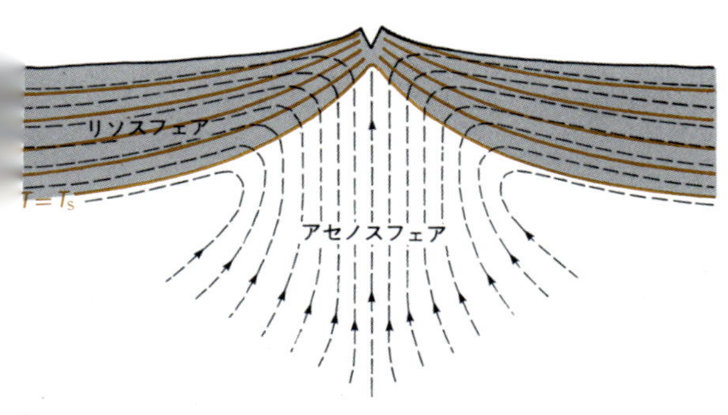

B 中央海嶺付近の地下構造の模式図.（Uyeda, 1978[2]）
破線の矢印は物質の流れを示し，実線は等温線を示す．海底からの冷却によってリソスフェアは拡大するとともに厚さを増す．T_s は固相線の温度で，それより高温部（T_s 等温線より下）のアセノスフェアは部分溶融の状態にあり，それより低温部（T_s 等温線より上）のリソスフェアは固体である．

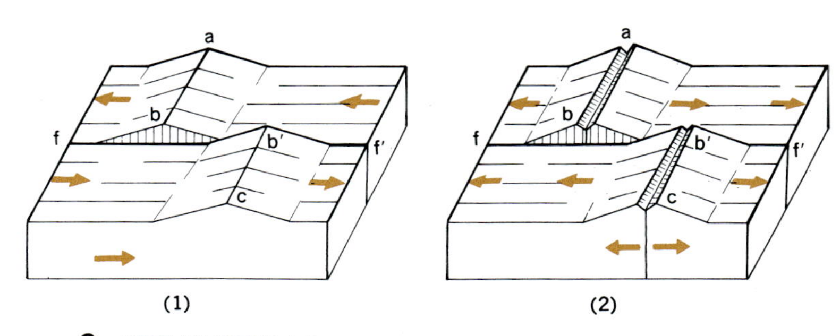

C 水平横ずれ断層(1)とトランスフォーム断層(2).
(1)では断層 f—f′ に沿ってどこでも運動方向が反対でくい違いを生じており，変位が累積するにつれて b—b′ の間隔は大きくなる．(2)では中軸谷 ab と b′c での拡大によって，断層 f—f′ のうち b—b′ の間でのみ運動方向が反対で，それ以外は同じ方向に動いていて，変位が累積しても b—b′ の間隔はかわらない．

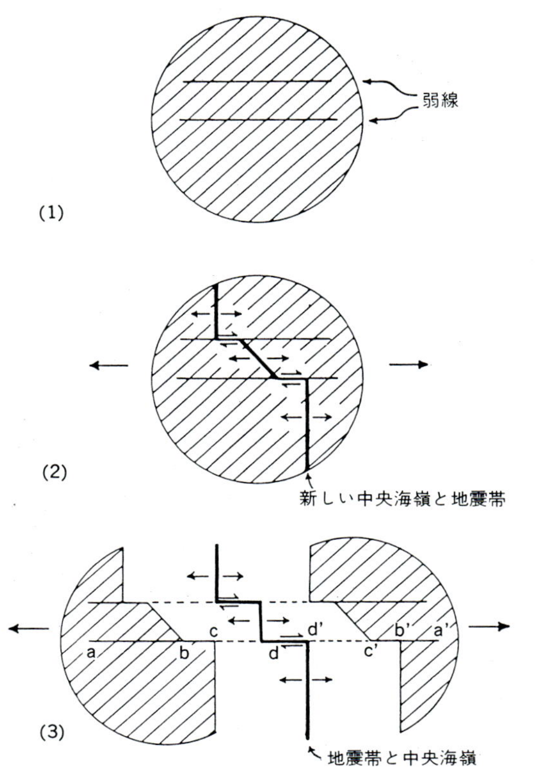

D 大陸分裂から中央海嶺の形成にいたる過程の模式図.
太い実線に沿ってのみ地震活動がある.（Wilson, 1965[3]）

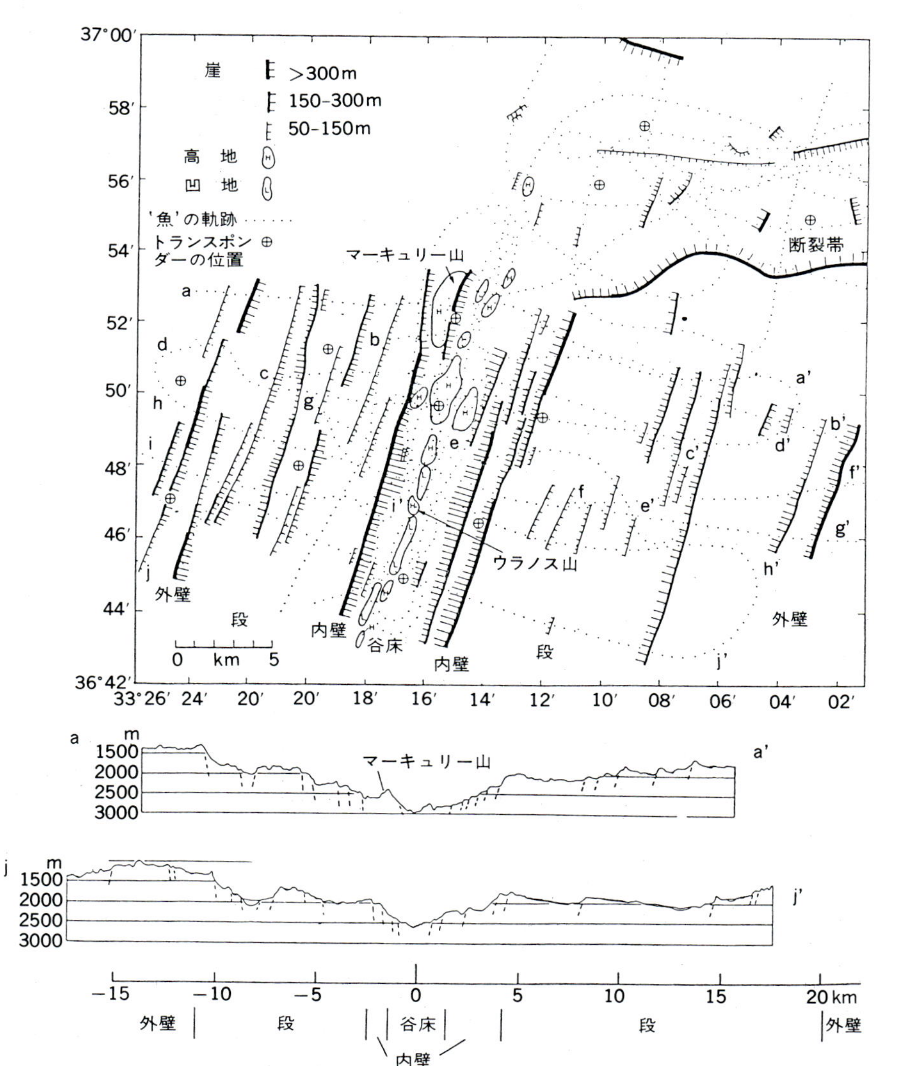

E FAMOUS 海域の中軸谷2の地形学図（上図）と地形断面図（下図）．高精度音響測深とサイドルッキングソナーによって作成された．深海曳航式測器'魚'の航跡（点線）と位置決定のための設置されたトランスポンダーの場所⊕を示す．崖は比高により分類されている．（MacDonald and Luyendyk, 1977[4]）

§14-4 島弧の大地形――東北日本弧と本州中部

Bは島弧の一典型といわれる東北日本の地形を接峰面等高線と海底等深線で表わした図に，活断層および第四紀火山を加えたものである[1]．接峰面等高線は5万分の1地形図を東西10等分（1.5′ごと），南北8等分（1.25′ごと）した各網目中の最高点高度をもとに描かれている．接峰面図は地形の概形（日本では変動地形に近似的と考えられる）をみるのに適している．

この図から次のことが読みとれる．1)北上山地・阿武隈山地は，輪郭が紡錘形で肢節に乏しく単元が大きいこと．2)北上川，阿武隈川の低地帯以西，すなわちほぼ火山フロントより西では，細長い山脈と盆地の列が日本海溝に平行して南北にのび，さらにこれにほぼ直交する東西方向の高まり（青森・秋田・山形・福島の4県境をなす白神（しらかみ）山地，丁岳（ひのとだけ）山地，飯豊（いいで）山地など）があり，地形の単元は小さいこと．3)東西両側の地形のちがいは，海底でも認められること．すなわち，太平洋側の陸棚から日本海溝に至る斜面では，海溝に近い急斜面（海溝陸側斜面）をのぞくと比較的なだらかな地形がひろがっているが，一方，日本海側では陸棚と2500 m以深の深海盆（日本海盆とそれにつづく大和海盆）との間には，細長い海嶺と舟状海盆（トラフ）の列が島弧の方向にのびている．

Aの陸上部には太い線と細い線が描かれているが，それらはBの接峰面図の原図（等高線間隔：100 m）をもとに，高度分布が急変する線を描いたもの[2]である．また海底部には高まり（主に海嶺），凹地（主に舟状海盆）のほか深海平坦面が描かれている．この図によると，上に記した火山フロントを境とする海溝側（非火山性外弧，外帯）と反対側（火山性内弧，内帯）での地形の違いが伊豆小笠原弧北部でも認められる．内外両地帯の地形の違い，ことに単元の大きさの違いは，Cに表現されている地質構造の違いとよく対応している．

一方，島弧の折れ曲るところでは地形の配列は変化し，折れ曲りの夾角には関東平野や日高トラフのような凹地形がみられる．中部山地から伊豆にかけては東北日本弧・西南日本弧・伊豆小笠原弧の3島弧が接合する地域であり，地形配列は複雑である．ここでのもっとも重要な地形境界は，八の字型をなす駿河トラフと相模トラフ，ならびに八の字の頂点に位置する富士山から北へのびるフォッサマグナの凹地（富士火山列のある地帯）と，その北の延長に位置する富山トラフである．中部日本の地形は，この逆Y字型をなす3島弧の境界地帯に準拠して地形の配列をみるのがよい．日本に数ある湾の中で，駿河湾・相模湾・富山湾の三つは深さが1000 mをこえる，という点で他の湾と異なるだけでなく，大地形の形成に関連して特別な意義をもっている．すなわち，駿河トラフと相模トラフはフィリピン海プレートの沈み込む地帯であると見られ，富山トラフはユーラシアプレートと北米プレート（または東北日本マイクロプレート）の境界部分ではないかと考えられている．

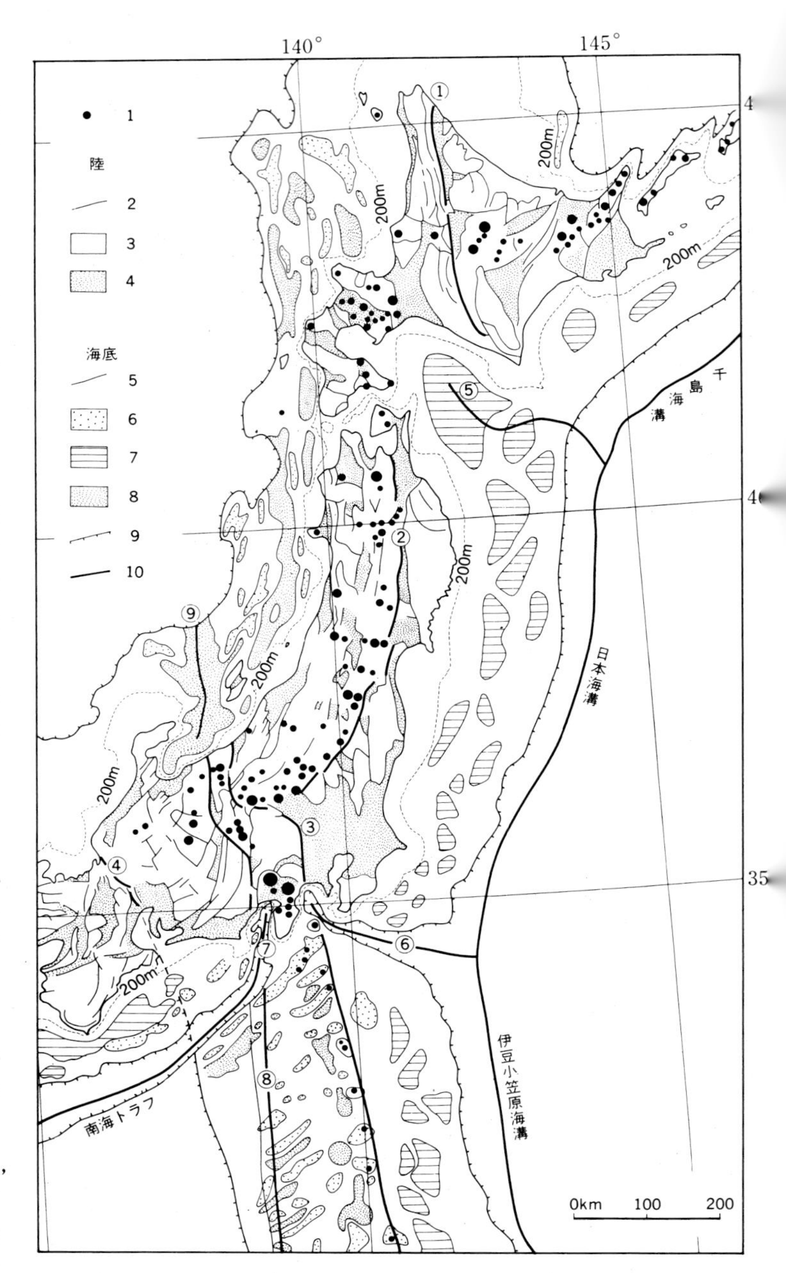

A 日本とその周辺海底の地形学図．（貝塚ほか，1972[3]）
1. 火山　2. 高度急変線（太線は主要なもの）　3. 高地　4. 低地　5. 構造線　6. 海嶺・隆起帯　7. 深海平坦面　8. 海盆・舟状海盆　9. 内・外弧縁　10. 海溝トラフの軸
① 旭川線　② 北日本線　③ 八王子線　④ 敦賀湾伊勢湾線　⑤ 日高トラフ　⑥ 相模トラフ　⑦ 駿河トラフ　⑧ 西七島断層　⑨ 富山トラフ

B 東北日本弧の接峯面等高線(200 m 間隔)，等深線(500 m 間隔)，活断層，活褶曲．(活断層研究会，1981[1])

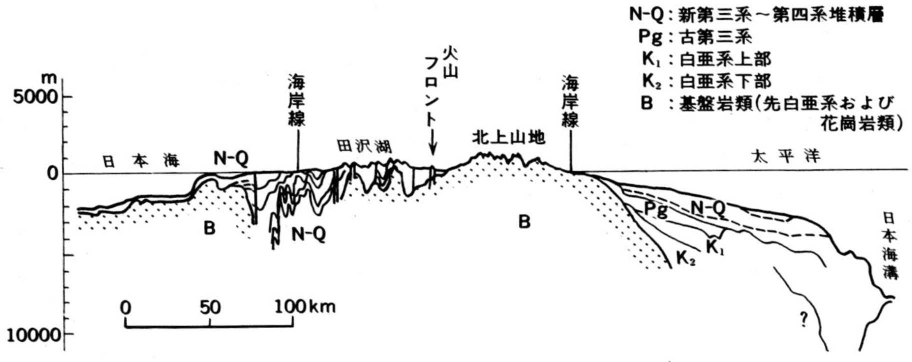

C 東北日本を横断する東西地質断面図．縦横比は 10：1．(石和田ほか，1977[4])

§14—5 大陸間山系——ヒマラヤ

ヒマラヤは，太平洋をとりまく島弧型山脈や大陸縁山脈とは異なり，大陸の内部に位置する．この山脈はインドとアジアの二つの大陸地殻の衝突によってできたと考えられている．

Aはガンサー[1]による地形・地質構造区分図である．この長大な山脈は南から北へ，高度1000 m以下のサブ・ヒマラヤ，1000〜3000 mの低ヒマラヤ，5000〜8000 mの高ヒマラヤ，および4000〜6000 mのチベット・ヒマラヤに分けられる．この地域区分は本来，地形にもとづく区分であるが，それぞれの地形区の境界が重要な地質構造の境界に一致するので，地質構造区の名称としても用いられる．チベット・ヒマラヤとチベット高原との境は，地質的にはインダス川上流部とツァンポ川を連ねた線（インダス・ツァンポ縫合線）におかれることが多い．しかし，地形的には両者の間に明瞭な境界はなく，チベット・ヒマラヤはチベット高原の一部である．

Cにヒマラヤ中部を横切る代表的な地形断面を，Bにはヒマラヤ中部の接峰面図を示す．D（ランドサット映像のモザイク）は，ガンジス平野からチベット高原に至る間の地形の移り変わりを示している．これから読みとれる重要な地形的特徴を以下に挙げる．

ガンジス平野からチベット高原に至るまでに，3つの高度急変帯があり，ヒマラヤは北へ向って階段状に高くなっている．第1の「段」はサブ・ヒマラヤと平野との境界にあり，比高は1000 m以下である．ここは最も新しい変形帯で[1]，扇状地を切る活断層も報告されている[2]．第2の段は低ヒマラヤの南縁，ほぼ主境界断層（MBF）に一致する比高1000〜2000 mの崖である．第3の，そしてもっとも顕著な段は，高ヒマラヤと低ヒマラヤの境にある比高3000〜5000 mの崖である．この崖は，ほぼ主中央衝上断層（MCT）に一致する．しかし，MCTとこの急崖の成因を簡単に結びつけることはできない．なぜなら，MCTの活動は中新世までで，それ以後は動いていない[3]（らしい）のに対して，ヒマラヤの隆起のかなりの部分は第四紀に起こったと考えられる[4]からである．

高ヒマラヤは，周囲から抜きん出た山脈というよりむしろ，チベット高原の南のへりを画する急崖である．チベット高原と高ヒマラヤの比高は2000 m以下であり，両者は地形的にひとつづきと見なすことができる．チベットから高ヒマラヤに至るこの巨大な台地の南縁部は，谷頭侵食によって台地内に延びてきた谷によって深く開析されている．これはDから明瞭に読みとることができる．谷頭侵食は高ヒマラヤ帯までで，チベット・ヒマラヤ帯にはほとんど及んでいない．チベット・ヒマラヤ帯まで延びている谷のうちあるものは，従来から指摘されているように，先行性の谷であろう．

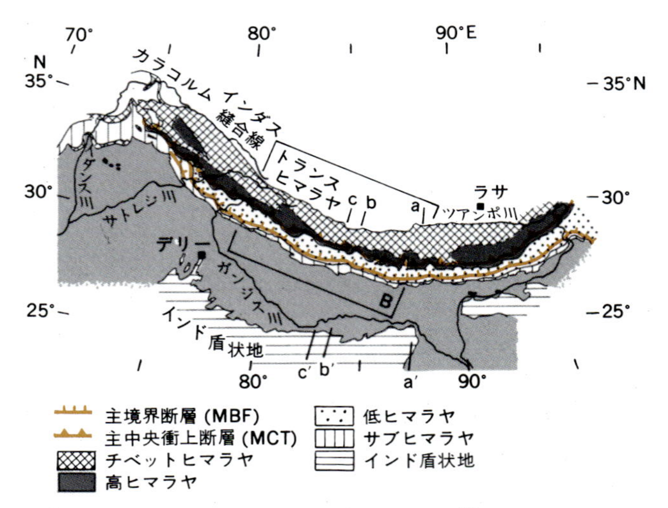

A ヒマラヤの地形・地質構造区．（Gansser, 1964[1]）

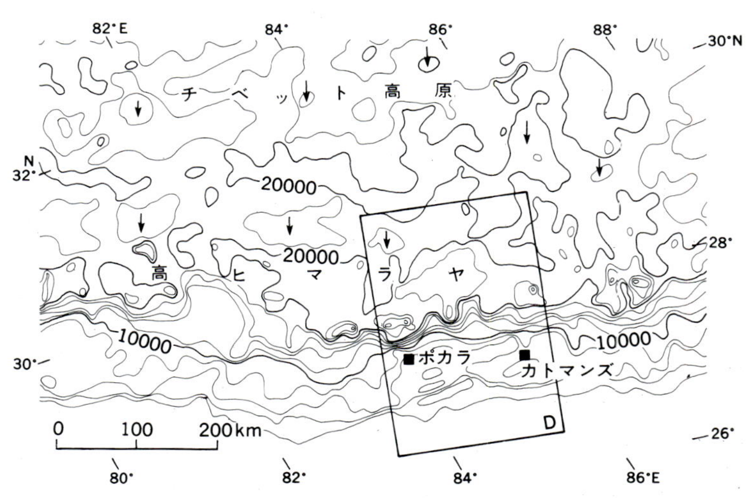

B ヒマラヤ中部の接峰面図．等高線間隔2000フィート．範囲はAに示す．（Hashimoto, *et al.*, 1973[5]）

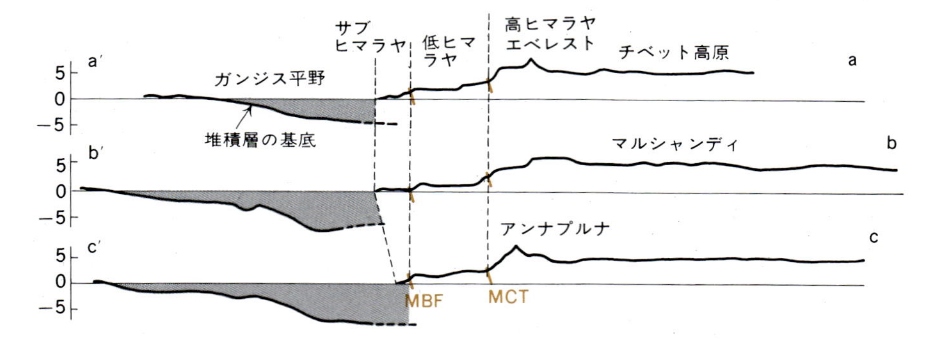

C ヒマラヤ中部の地形断面．ガンジス平野下の線は基盤の形を表わす．断面線はAに示す．（Hashimoto, *et al.*, 1973[5]）

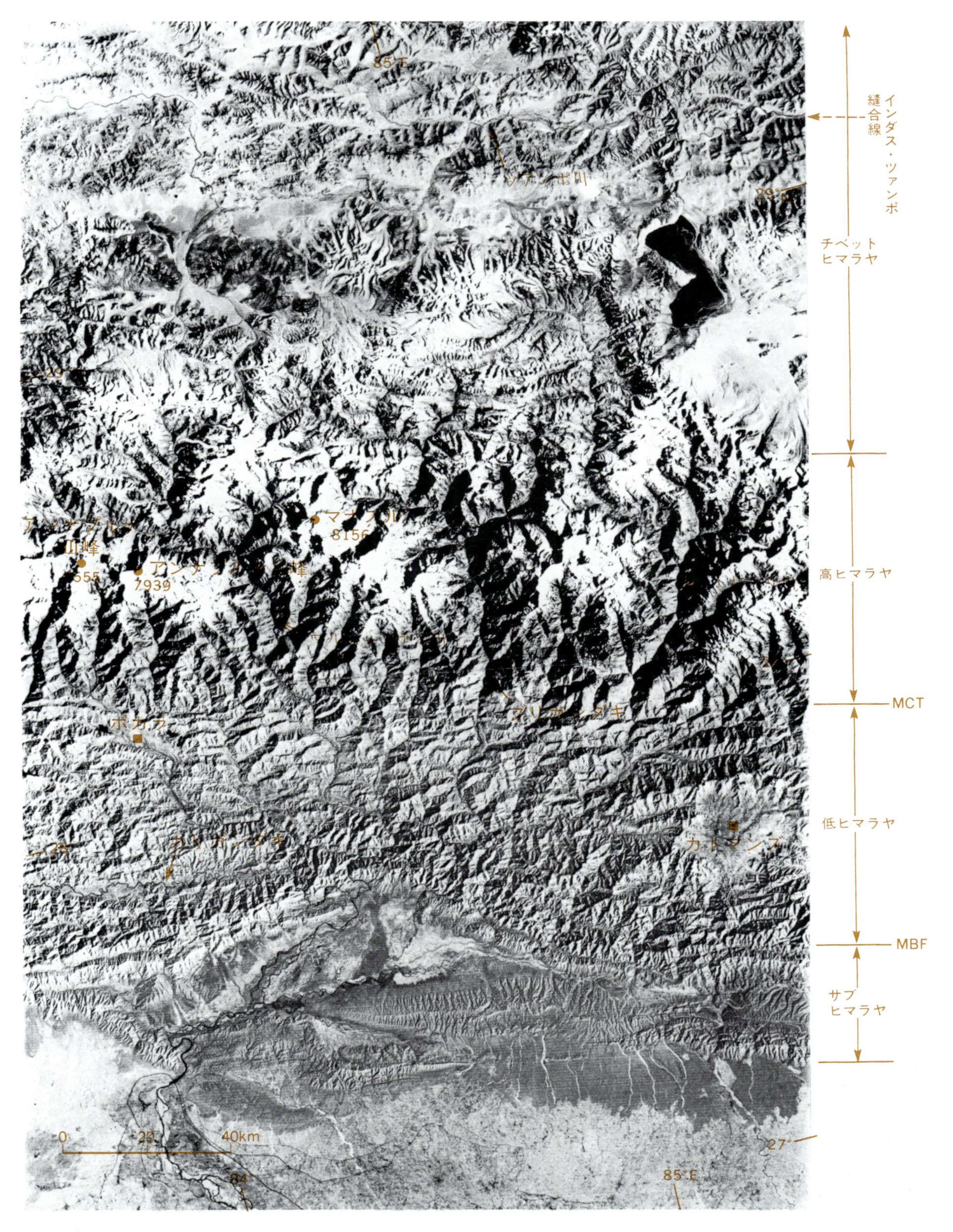

D ヒマラヤ中央部のランドサット映像．範囲は **B** に示す．

増補目次

解説増補

第四紀の新しい定義と精緻な数値年代決定

地形の形成には一定の時間が必要であり，一般に規模が大きい地形ほどその形成に長い時間が必要となる．したがって地形形成を理解する上で常に地質時代を意識する必要がある．地形のタイプや関わる営力，さらには気候環境により対象となる地質時代が変わるが，現存する地形の形成プロセスを考える上で重要な地質時代は第四紀である．第四紀の最大の特徴は現在を含むことである．そのこと自体は変わりないが，第四紀のはじまりの定義が変更され，第四紀の細分も少しずつ変化している．ここでは最近の変更や年代を取りまく状況を解説する．

第四紀の定義とはじまり

第四紀の定義はさまざまな議論を経た上で，2009 年 6 月になされた IUGS（国際地質科学連合）の批准により大きく変更された[1,2]．新しい定義によれば，そのはじまりの年代は 258.8 万年前とされ，古地磁気編年上の重要な境界となるガウス／松山クロン境界のすぐ上となる．変更前ではおよそ 181 万年前とされ，オルドバイサブクロンの直上におかれていたので，変更前と比較して 44% 分第四紀が長くなったことになる．その理由にはいろいろあるが，最終的にここに境界がおかれたのは，世界的な寒冷化が恒常化したのが 270～280 万年前頃であることと，ガウス／松山クロン境界という古地磁気学上の重要な基準で定義できるためである．

さまざまな環境変化が世界的に認められるのが第四紀のはじまりの特徴であり，それらにはパナマ地峡の成立により海流が変化し，それが原因で北半球での氷床が形成されはじめたこと，北大西洋・北太平洋の深海底コアに氷山起源の堆積物が検出されはじめること，中国内陸部のレスが堆積しはじめたこと，などがあげられる[3,4]．かつては第四紀の定義を考える上で人類の時代であることが強く意識されていたが，新しい定義はこのように環境変化が意識されており，その原因にパナマ地峡成立のような地形変化があることは興味深い．

第四紀の細分

第四紀のはじまりが約 260 万年前まで引き下げられることに伴い，従来第四紀以前の鮮新世に区分されていたジェラシアン期／階も第四紀に含まれることとなった．このため，鮮新世／更新世境界もジェラシアン基底まで引き下げられ，前期更新世には従来のカラブリアン期とジェラシアン期が含まれる．第四紀が前期更新世，中期更新世，後期更新世，完新世からなるのは従来どおりであり，それらの境界は 78.1 万年前，12.6 万年前，1.17 万年前におかれている．前期／中期更新世境界の国際標準模式地（GSSP）は現在国内の千葉県市原市にある海成層（上総層群）「千葉セクション」に設定されることが審議されており，正式に決定されれば中期更新世はチバニアン期（階）とよばれる可能性がある．完新世についても細かな定義が示され，グリーンランディアン，ノースグリッピアン，メガーラヤンの各期（階）とされ，それぞれのはじまりは 1.17 万年前，8200 年前，4200 年前におかれている[5]．

第四紀の語はさまざまな地学現象を扱うときに使用され，とくに近い過去に活動し，将来も活動が起こりうる現象を考える際のめやすとして利用されてきた．たとえば火山を定義する場合，あえて「第四紀火山」という語を用いて，最近まで活動してきた火山ないしは将来の噴火の可能性をもつ火山の意味で用いられてきた．産業技術総合研究所地質調査総合センターでは，かつてより「第四紀火山」のデータ集をウェブで公表してきたが，第四紀の新定義に対応してデータ集を改訂し「第四紀火山」の数が増えた．また「活断層」の定義も人により第四紀中に活動した証拠のある断層すべてを「活断層」と呼ぶこともあるので，その定義に厳密に従えば第四紀の新定義に応じてその数が増えることとなる．

精緻な数値年代決定

地質時代の定義が変更され，詳細な細分化が進んだ背景には，地質学的なデータの蓄積と年代を正確に決定する手法が以前に比べて飛躍的に進んだことがある．とくに数値年代の精度と確度は高まり，放射年代測定のみならず，地球軌道要素という天文学的周期から求められた年代（天文学的年代）や氷床コア，年縞堆積物，年輪などが用いられるようになった．日本国内の地形や地質の形成年代についても，以前にくらべてより正確に決定されるようになった．とくに国内の地形・地質の編年にはテフラを用いたテフロクロノロジー（火山灰編年学）が多用されており，テフラ研究の進展にともない編年に有用なテフラの噴出年代も更新（たとえば姶良 Tn テフラ AT が 3 万年前とされた[6]）されつつある．本増補版ではテフラの年代について初版時のままの部分があるが，**表 1** のような年代値の更新がなされている．

表 1　主要テフラの年代値

テフラ名	略号	最新の年代値	旧版での年代値	文献	章・節	頁
苫小牧火山灰 （白頭山苫小牧テフラ）	Tm （B-Tm）	西暦 946 年	約 1000 年前	7）	6-2	84
鬼界葛原火山灰	K-Tz	9.5 万年前	7.5～8 万年前	8）	3-1	34～35
御岳第 1 軽石層	On-Pm1	9.5～10 万年前	8 万年前	8）	10-3 10-4	146 148
阿多火砕流堆積物	Ata	10.5 万年前	8.5 万年前	8）	3-1	34～35

温暖化とその影響

本書の初版刊行(1985年)以降，地球規模の気候変動が国際的に注目され，IPCC(気候変動に関する政府間パネル)による評価報告書が5〜6年ごとに刊行されてきた[1-5]．IPCC(2013)[5]では，1880年以降の気温，海水温，海水面水位，雪氷減少などの観測事実を示し，「大気と海洋は温暖化し，雪氷の量は減少し，海面水位は上昇し，温室効果ガス濃度は増加している」と指摘している．

これらのうち，氷河の変動，北極の海氷およびサンゴの生態系における変化，海面水位の影響を受けやすいとされる小島嶼，沿岸低平地およびデルタ地帯などの状況をみてみたい．

写真1　上：アルプス，モンブラン山群の19世紀末のメール・ド・グラース氷河．小氷期にシャモニー谷に達していた氷河は，1820年以降後退に転じて，2008年までに長さ2300 m，厚さ150 mが縮小した．(1895年G. Cottetの写真)　下：120年後の同氷河．氷河の縮小は20世紀末から加速して，写真左下地点で2008年までの20年間で厚さが65 m減少し，表面が岩屑に覆われている．(2012年小疇尚撮影)

氷河と海氷

世界各地の山岳氷河末端の後退は，小氷期終了後の温暖化に加え，「地球温暖化」によって加速したとされる(**写真1**)．中でも熱帯高山の氷河は急速に縮小し，キリマンジャロやケニア山の氷河は数十年以内に消滅すると予想されている(**図1**)．また，氷河湖決壊洪水(GLOF：Glacial Lake Outburst Flood)は，氷河やモレーンにせき止められた氷河湖の決壊により生ずるもので，ヒマラヤ山脈や中央アンデスなどで氷河湖の拡大や決壊が報告され，地球温暖化もその誘因のひとつに数えられている[6]．

北極海の海氷は，人工衛星による観測のはじまった1970年代から継続的にデータが得られている．毎年9月下旬に海氷面積が最小となるが，全期間を通じて海氷は縮小傾向にあり，なかでも2012年9月には観測史上最小となった[8]．また2018年までの12年間の値は最下位から数えて12位までを占めた．

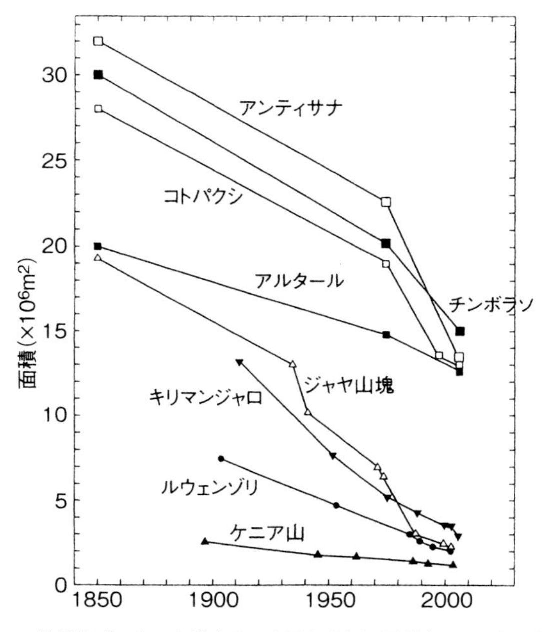

図1　19世紀半ばからの赤道高山の主要な氷河の面積($\times 10^6$ m^2)の時系列変化．変化曲線が横軸の0と交差する時点が氷河消滅域である．(岩田，2009[6]，2011[7])

写真 2　モルディブ共和国の首都マーレのあるマーレ島を北西方より望む．(2008 年 9 月菅浩伸氏撮影，菅・中島，2017[15])

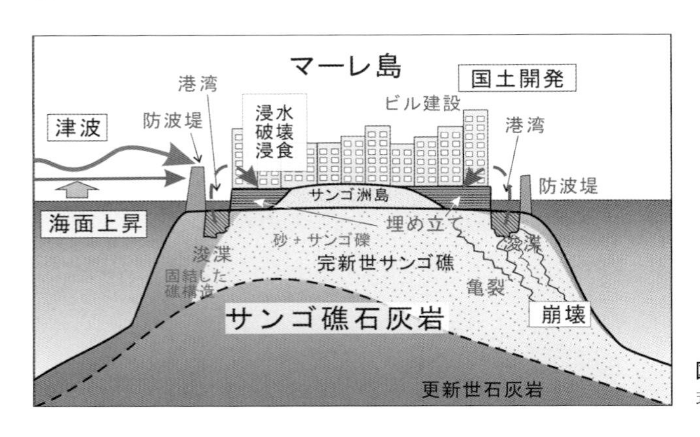

図 2　サンゴ洲島を舞台とした災害と開発の連鎖．マーレ島の事例をもとに模式化．(菅，2009[10] を改変)

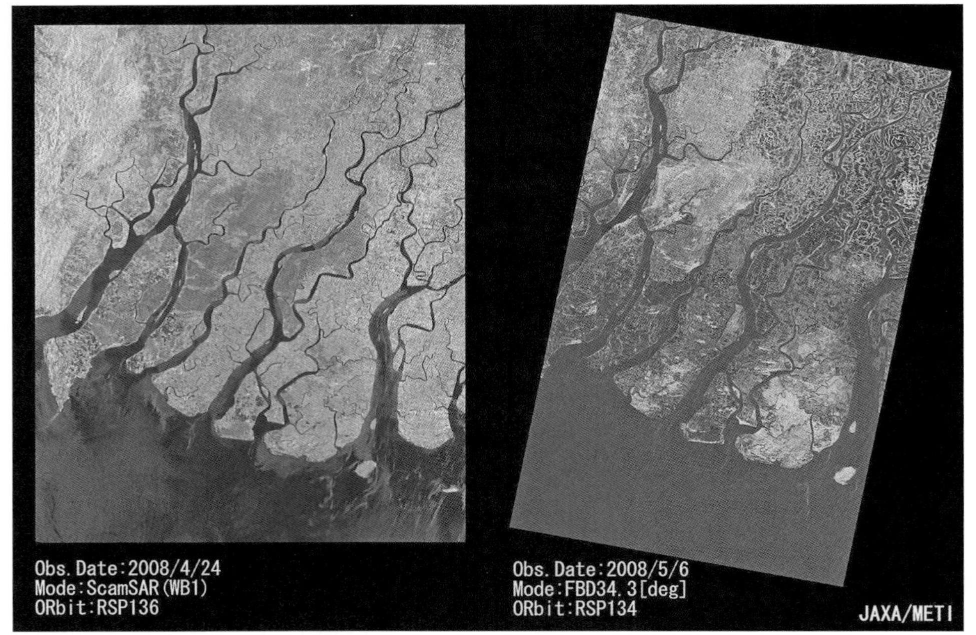

写真 3　サイクロン「ナルギス」によるミャンマーの洪水の被害地域．左：災害前(2008 年 4 月 24 日)，右：災害後(2008 年 5 月 6 日)．人工衛星「だいち」搭載の PALSAR による画像では水面は暗く見える特徴があり，災害後に広い領域にわたって洪水が広がっていることがわかる．(Ⓒ JAXA/METI, https://www.eorc.jaxa.jp/earthview/2008/img/tp080508-01j.jpg)

サンゴ洲島

南太平洋のツバルはサンゴ礁の島々からなる．首都フナフティは環礁の島にあり，平均標高は1.5 m以下である．このため高潮や海岸侵食に対する脆弱性に加え，首都への人口集中，小国ゆえの社会的・経済的脆弱性による対応の課題が指摘されている[9]．

インド洋のモルディブ共和国は，1000以上の環礁の上の低平な洲島からなる．中南部の島々の居住域は海抜0.6〜1.6 mにすぎない[10]．首都マーレは面積2 km^{2}に満たない洲島に9万人以上の人口を擁し，サンゴ礁の外縁まで埋立てが行われ，島は高層ビルに埋め尽くされている（**写真2**）．モルディブは高潮のほか2004年のインド洋大津波で大きな被害をうけ，首都のあるマーレ島では水中のサンゴ礁の斜面崩壊などの問題も発生し，環礁洲島の脆弱性が改めて示された[10]（**図2**）．

ツバルやモルディブにおける温暖化の影響は，海水温上昇によるサンゴの白化，降水量変化やサイクロンなどの発生頻度の増大，そして海面上昇による海岸侵食などの懸念をもたらしている．

沿岸低平地およびデルタ

サンゴ礁の洲島とならび，沿岸低平地やデルタ地域の脆弱性も指摘されている．ガンジス，チャオプラヤ，メコン，長江など，アジアには人口の集中する大河川のデルタが分布し，わずかな海面上昇でもその地域に大きな影響がおよぶと危惧される[11]など．

また，2005年8月，アメリカ南部ルイジアナ州に大型ハリケーン「カトリーナ」が上陸し，ミシシッピデルタのニューオリンズ市では高潮が堤防を破壊し，中心市街地の80％が水没した[12]．ミャンマーのエーヤワディデルタでは，2008年にサイクロン「ナルギス」により死者14万人という甚大な被害を出した（**写真3**）．バングラデシュのベンガルデルタでも，1991年のサイクロン（死者13万人以上），2007年のサイクロン「シドル」（死者4000人以上）などによる被害があった[13, 14]など．フィリピンでは，2013年11月に台風「ハイエン（ヨランダ）」上陸に伴う高潮で6000人以上の死者を伴う災害となった．これらは豪雨の強度や頻度が増加し，極端な気象によるリスクが自然災害に対し脆弱な地域で高まることを示している．さらに，人口増加に伴う土地利用変化など，社会・経済的側面からも地域の持つ脆弱性や持続可能性の検討が必要である．

新しい地形計測・表示技術

地球表面の形状である地形を扱う地形学にとり，地形を測りデータ化し，それを正確に人間が認識できるように表現方法を工夫することは基本である．対象とする地形のスケールに依存して計測法も表現法も変わる．本書の初版時には，写真測量技術により作成された地形図はもちろんのこと，地形図に表現できない地形を把握するため，空中写真が用いられた．本書の根幹をなす空中写真の実体視による地形判読は，地形学で従来から重んじられてきた重要な地形把握法である．またランドサットなどの衛星画像も用いられた．

一方で初版時以降の約30年間に地形の計測方法も表現方法も大きく進化した．ひとつは地形データのデジタル化とそれを扱うためのコンピュータの活用である．デジタル化の代表的なものは，地表面をグリッドで覆い，その交点の標高値（必ずしも交点自体の標高とは限らない）をデータとして整備していく方法で，数値標高モデル（DEM：Digital Elevation Model）とよばれる．等高線などとならび地形情報の一形態である．国内では国土地理院が整備をはじめ，当初は地形図の等高線からの読図により50 m間隔のデータが提供された．精度はメッシュ間隔に依存し，50 m間隔であれば2.5万の1地形図上では2 mm間隔で

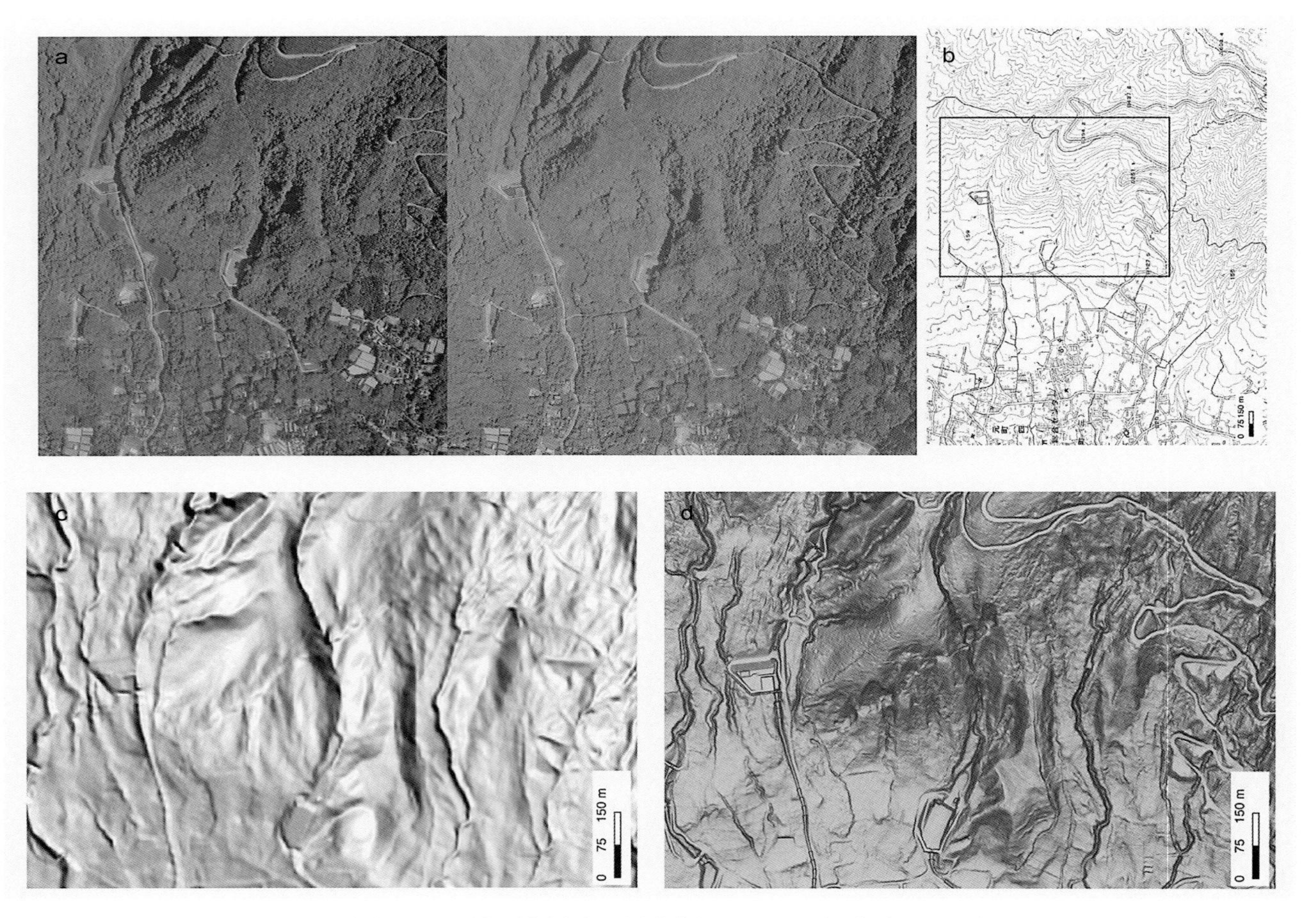

図1　さまざまな方法による地形表現（東京都伊豆大島御神火スカイライン付近）．a）空中写真（CKT991-C7-9〜10），b）地形図，c）地理院陰影図（a）〜c）はいずれも国土交通省国土地理院の地理院地図（2018年）による），d）高精度航空レーザ測量陰陽図（国土地理院が管理する航空レーザ測量データを利用し，それから作成した1 mメッシュDEMデータを「陰陽図」（朝日航洋株式会社，特許第4379264号）の手法を用いて作成）

データをサンプリングしていることになる．したがって細部の地形を把握する上では地形図の等高線よりも精度が落ち，地形の概要を知る切峰面的な性格をもつこととなる．いずれにせよ現在，5 m メッシュの標高データが国内のほとんどの地域をカバーし提供されており，DEM から得られる日本国土の地形情報は格段に向上した．

DEM の普及とともに大きく進化したのは，従来の写真測量とは根本的に原理が異なる方法である．それは地表面へのレーザの照射により実現される航空レーザ測量（LP 測量）であり，原理は反射光から対象の距離や方向などを測定するもので，ライダー（LiDAR）と呼ばれるリモートセンシング技術である．現在この航空レーザ測量は地形学，土木，防災分野で活用されている．精度としては 1 m メッシュあるいはそれ以上の解像度が確保でき，2.5 万分の 1 地形図の精度を完全に凌駕している（**図 1**）．レーザ測量自体も航空機のみならならず，ヘリコプター，ドローンなどの UAV（Unmanned Aerial Vehicle），さらには車両を介して実施されている．

DEM データの有利な点は繰り返し航空レーザ測量を行うことにより，ある期間の地形変化を量的に瞬時に知ることができることにある．同様にある期間の地形変化を捉える手法として，人工衛星（だいち（ALOS）やだいち 2 号（ALOS-2）など）による合成開口レーダ（SAR）から得られる SAR 干渉画像が利用されるようになってきた．地表面からのレーダ反射波の位相から得られる干渉画像により，地すべりや地盤沈下，断層運動，火山活動などによる地表変動の解析が実用化されている．任意の期間の地形変化を捉えることができるこのような有利な点を活かして，航空レーザ測量や干渉 SAR 解析は今後防災などの分野でさらに多用されるであろう．なお航空機や人工衛星のみならず，ドローンを用いて空中写真が取得できるようになった点も重要である．SfM 技術（Structure from Motion）という，複数枚の写真から対象の形状を復元する技術を用いれば，画像とともに地形モデルをコンピュータ上で作成できる．現在ドローンや SfM 技術を実施するためのコンピュータやソフトウェアは個人ベースの機材として利用可能になっており，地形を研究するための技術は画期的に変化してきた．なお地形の形成過程を理解するには地形だけではなく，写真から得られる植生や地質情報も有用であり，空中写真を通じて得られるこのような情報は依然として存在する．

ところで地形変化を計測する新しい手法として忘れてはならないのは，全球測位衛星システム（GNSS：Global Navigation Satellite System）を利用したものである．すでに生活の一部ともなっている携帯電話やカーナビゲーションシステムで得られる位置情報は，GPS（Global Positioning System）とよばれる米国で開発されたシステムによるものであり，数ある GNSS のひとつである．地形学に関する GNSS の利用方法に，広域的な地殻変動の検出がある．広い範囲で隆起・沈降をともなう突発的な地震性地殻変動や継続的に続く緩慢な地殻変動は，以前国内においては，国土地理院による数十年から年単位でくり返して実施されてきた水準点（全国の主要な道路沿いに設置されている）の測量により明らかにされてきた．これに対して現在は，日本全国に，約 20 km 間隔，約 1300 地点に設置された電子基準点の GNSS 連続観測により，鉛直方向，水平方向の変位がリアルタイムで得られている．こうした地形計測の技術進歩により，急激な地震性地殻変動だけでなく，プレート運動やゆっくり地震による地殻変動も捉えることができ，以前は認識されていなかった地形変化が検知されるようになった．

一方，DEM データの充実やコンピュータの発達とともに発展してきたのは地形の表現方法である．地形を立体的に認識する伝統的な方法は等高線や鳥瞰図，段彩図や空中写真の実体視などである．このうち空中写真の実体視は多少の訓練（裸眼の場合）や反射実体鏡の使用が必要である．一方で実体視の分野でも DEM が使用されるようになり，地形の認識方法に幅が拡がった．一定垂直倍率立体地形解析図[1, 2]やステレオ等高線地形解析図[3]などが提唱され，アナグリフ画像として立体視することができ，特殊な訓練は必要ない．また DEM を用いて立体的にみせる表現方法がさまざまに工夫された．これらの多くは中地形スケール（§1-1 **A**）の地形を直感的に理解する上で優れた手法である．中でも赤色立体図[4]や陰陽図[5]は地形の詳細を表現する手法である．現在こうした DEM に基づく地形の図は国土地理院のウェブでも閲覧でき，地形を判読する情報が身近になった．

§A-1 地震動にともなうテフラの表層崩壊——北海道胆振東部

日本列島では，斜面がテフラと火山灰土からなるローム層（風成堆積物）に被覆されることが多い．ローム層は各地に分布し，強い地震動によりしばしば地震時流動性地すべりと呼ばれる崩壊が発生し，斜面災害となる．2018年9月6日に発生した北海道胆振（いぶり）東部地震は深さ約37 kmで発生したマグニチュード6.7の内陸直下型地震であり，最大震度7を観測し，死者41人の被害が生じた[1]．この時の地震動により，厚真（あつま）川流域を中心に25×15 kmの範囲で崩壊が発生し，とくに厚真町東和，高丘，安平（あびら）町瑞穂ダム付近で集中した（A，B）．崩壊地域は日高山脈と石狩低地帯の間に挟まれる標高300 m以下の丘陵であり，地質は中新世の堆積岩が分布し，丘陵背面の原面となる段丘堆積物はほとんど認められない．

本地域には西方火山に由来する降下テフラが複数分布する（C）．支笏第1（Spfa-1：4.2〜4.4万年前），恵庭a（En-a：1.9〜2.1万年前），樽前d（Ta-d：8000〜9000年前），同c（Ta-c：2500〜3000年前），同b（Ta-b：西暦1667年）などである．崩壊地域の丘陵斜面の多くはTa-d以上のローム層に覆われ，ところによりSpfa-1以上のローム層に覆われる．多くの崩壊はローム層内で発生しており，中新統までを含んだ崩壊はあまりない．すなわち表層から5 m以内をすべり面とする表層崩壊である（D）．すべり面はTa-d基底部かそれが混じる直下の火山灰土層中に多く認められ，この層準にハロイサイトが形成されており，脆弱なことが崩壊を促したらしい[2]．崩壊の特徴は，面的に広く発生したことと，表層近くの浅い部分のみが崩壊したことである．浅いのは崩壊しやすいローム層が丘陵上に薄く残されていたためである．その理由には2通りの説明が考えられる．本地域には後期更新世を通じて降下テフラが繰り返し堆積したが，周氷河作用により本来丘陵を被覆していた厚いローム層が最終氷期に削剥され，Ta-d以上のテフラのみが残されていたという考え方である．もうひとつは今回同様に，ローム層を面的に崩壊させた地震がTa-d降下の少し前に発生したという考え方である．

ところで崩壊の発生範囲は震源断層の直上ではなく，その北側に広がる（B）．震源断層直上も中新世の堆積岩が広がる丘陵であるにもかかわらず崩壊は限られている．また崩壊が集中した地域でも稜線を挟んでその密度が急変する場所がいくつも認められる（Aの×）．このような相違が何故生じたのか解明する必要がある．

日本各地にはローム層が発達し，地震時流動性地すべりの発生はまれな現象ではなく，東北地方太平洋沖地震（2011年）や熊本地震（2016年）など多くの事例がある（F）．テフラが頻繁に降下し地震活動が活発な地域を特徴づける斜面発達プロセスのひとつである．

A　空中写真（厚真川地区 C5-0018〜0020：2018年9月6日撮影）．矢印はDの撮影地．（国土地理院，2018[3]）

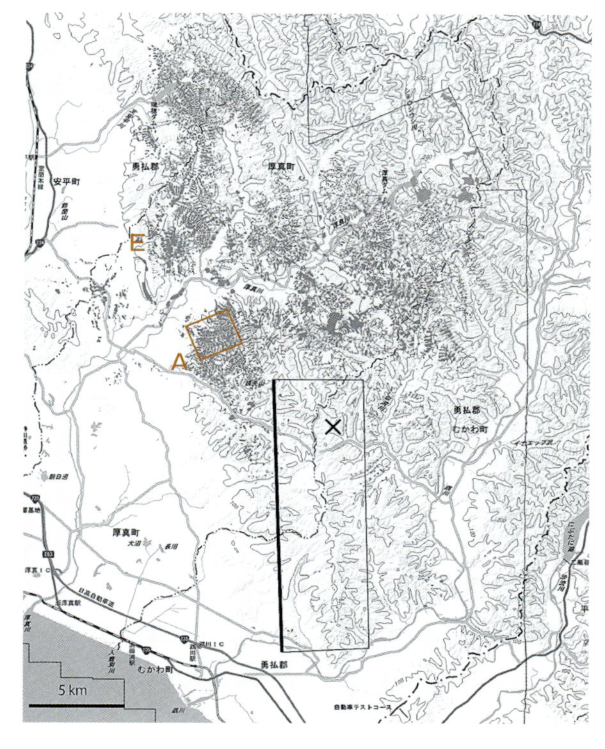

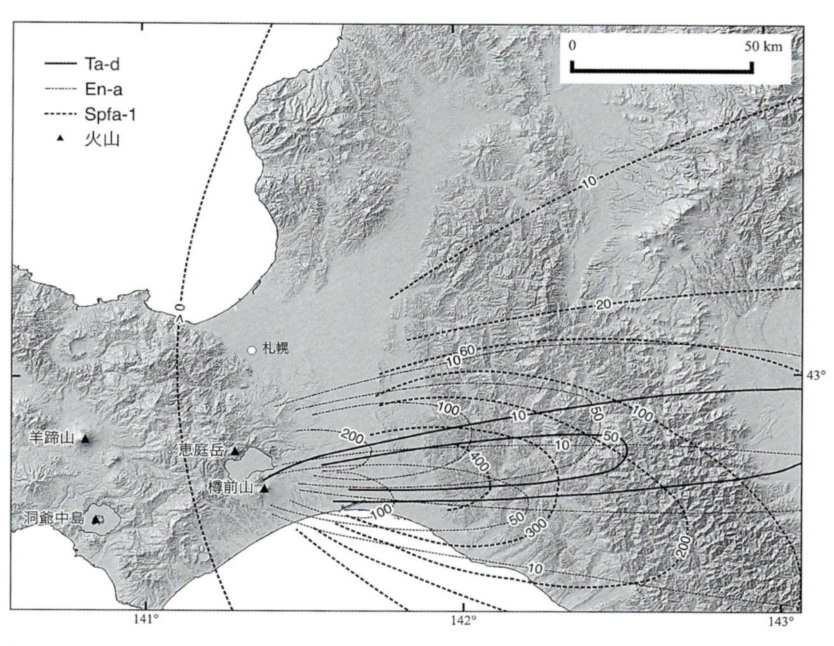

C　北海道胆振東部に分布する降下テフラ．等厚層線の単位は cm.

B　斜面崩壊・堆積分布図．×は震央位置，黒の長方形は震源断層の位置．(国土地理院，2018[3]に追加)

D　厚真川支流，東和川流域の崩壊地．A の矢印位置で撮影．(2018 年 10 月鈴木撮影)

E　知決辺川，幌里北方の崩壊地．Ta-d 基底がほぼすべり面に相当，左側の Ta-d は崩壊がおよばなかった部分．位置はBに示す．(2018 年 10 月鈴木撮影)

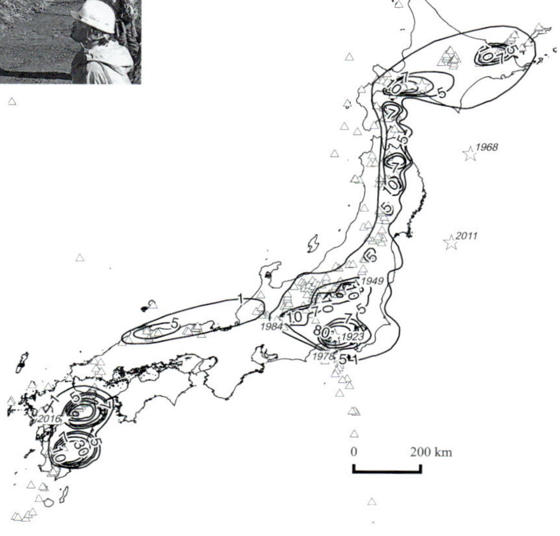

F　過去 9 万年間に堆積したローム層の層厚(m)分布と地震時流動性地すべりを発生させた地震の震源位置(☆)と発生年(イタリックの数字).

§A-2 地すべり災害——長野市地附山

北部フォッサマグナ地域に属する信越地域は褶曲の著しい新第三系からなり，地すべりの密集地である(p. 17 図 4)．地すべり地形は多くの場合，滑落崖とその前面の緩傾斜の移動体からなる(B)．長野県北部では泥質岩の多い新第三系の青木層，小川層，高府層などの分布域に地すべりが多い．また，泥質岩に火砕岩をはさむところでは，火砕岩が地下水の通路あるいは貯留層となり地すべりを発生させる．小川層下部の裾花凝灰岩分布域では，凝灰岩が粘土化してすべり面となり，大規模な地すべりを発生させた[1]．

1985 年 7 月 26 日，長野県庁や善光寺などのある長野市中心部に面する(県庁から約 3 km)地附山(標高 733 m)の東斜面で大規模な地すべりが発生した(A，E，F)．地すべり滑落崖は山頂直下の標高 700 m から 600 m付近にかけて生じ，移動した土塊は老人ホーム(a)や住宅団地(b)に押しよせ，老人ホームで 26 名が犠牲となったほか，住宅 64 棟が破壊された．また，地すべり地を通る戸隠バードライン(有料道路)が流失した．

地すべりを起こした範囲は幅 400 m，延長 700 m で面積は 25 ha，推定移動土砂量は 350 万 m^3 におよんだ[2]．地附山周辺の地質は上部中新統の海成層である裾花凝灰岩からなる．裾花凝灰岩の中部層に泥質部があり，モンモリロナイト化した粘土層がすべり面を形成していた．発生前の 1981 年 3 月に有料道路で小規模な亀裂が確認され，補修が行われていた．発生直前の 1985 年 6 月から 7 月にかけては，梅雨期としては平年の約 2 倍の 400 mm 以上の総降雨量があり，7 月 10 日頃から有料道路に被害が発生し，7 月 21 日には住宅団地の自治会長が一部の地域に自主避難を勧告した．7 月 26 日午後，長野市長が住宅団地の住民の一部に避難指示を出した直後に大規模な崩壊が発生した[3]．

災害の後，この地域は国により地すべり防止区域に指定され，集水井，排水トンネル，アンカー工などの地すべり対策工事が行われた(C)．また，GPS による観測や斜面への植栽も行われ，現在は「防災メモリアル地附山公園」となっている．

地附山付近には「田子断層」(上松断層)が北東－南西方向にみられ(E)，これは西側隆起の衝上断層である[4, 5]．長野盆地西部には，長野盆地西縁断層帯があり[4, 5]，1847(弘化 4)年の善光寺地震(マグニチュード 7.4)の震源とされている．この地震では善光寺の南西側，現在の県庁付近などに地表地震断層があらわれ，また，地附山南西の犀川丘陵で地すべりが多発した．現在の岩倉山(虚空蔵山)付近で地すべり土塊が犀川をせき止めて天然ダムを形成したが 19 日後に決壊し，下流の善光寺平(長野盆地)は大水害となった[6]．

A　地附山地すべりの斜め写真．(長野県土木部／長野建設事務所，1993[3])

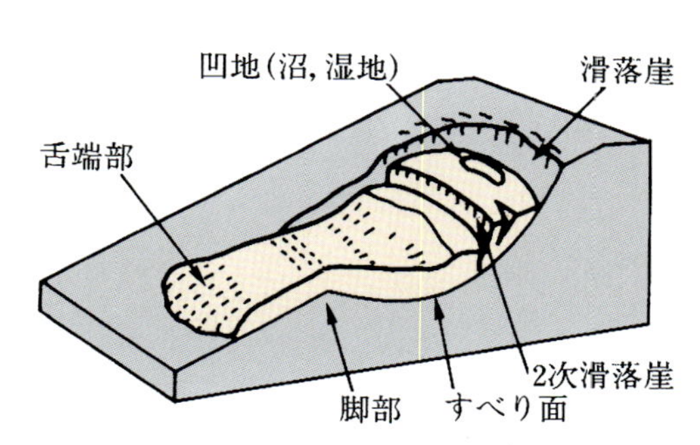

B　地すべり地形の模式図．(石井，1996[7])

C　地すべり対策工事後の写真．(長野県土木部／長野建設事務所，1993[3])

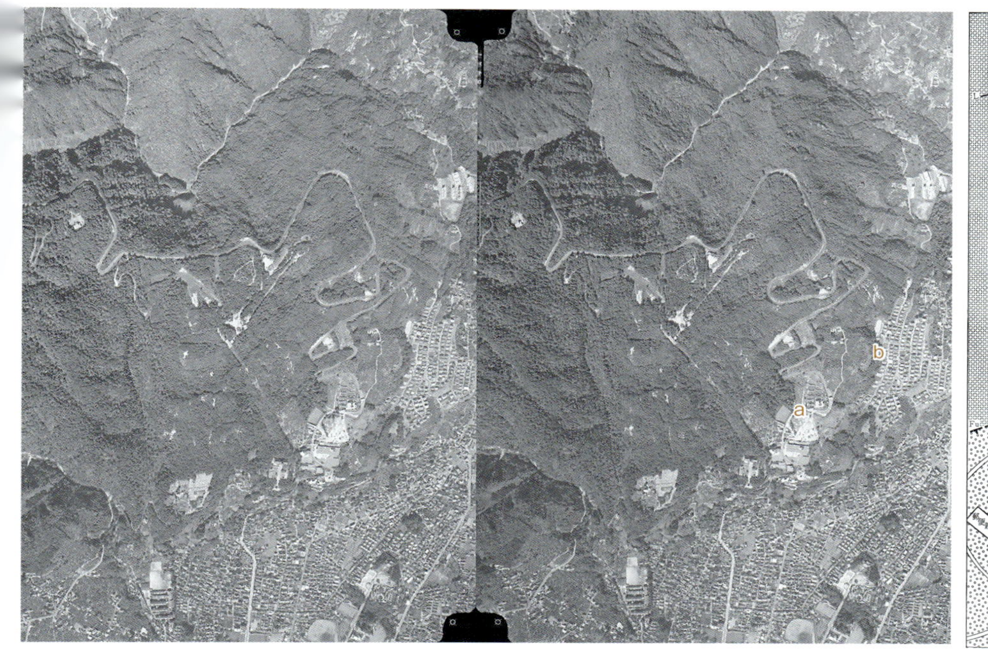

D　地すべり発生前の空中写真(1976 年). (国土地理院 CCB76-6, C30-2,3)

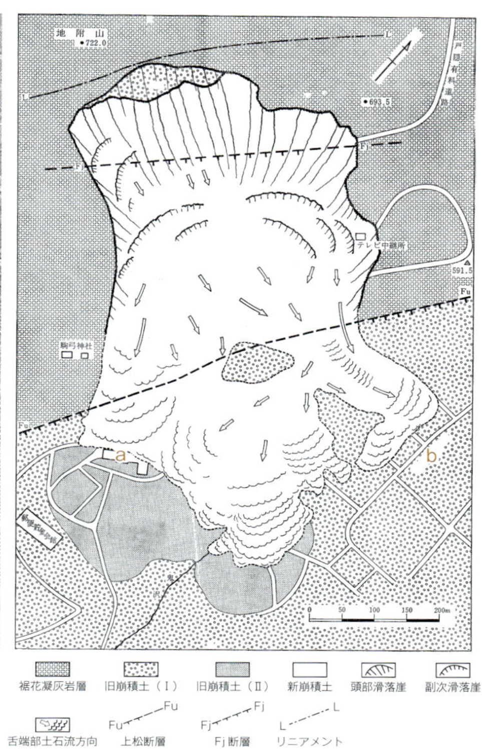

E　地すべり地付近の地質図. (富澤, 1987[8]を改変)

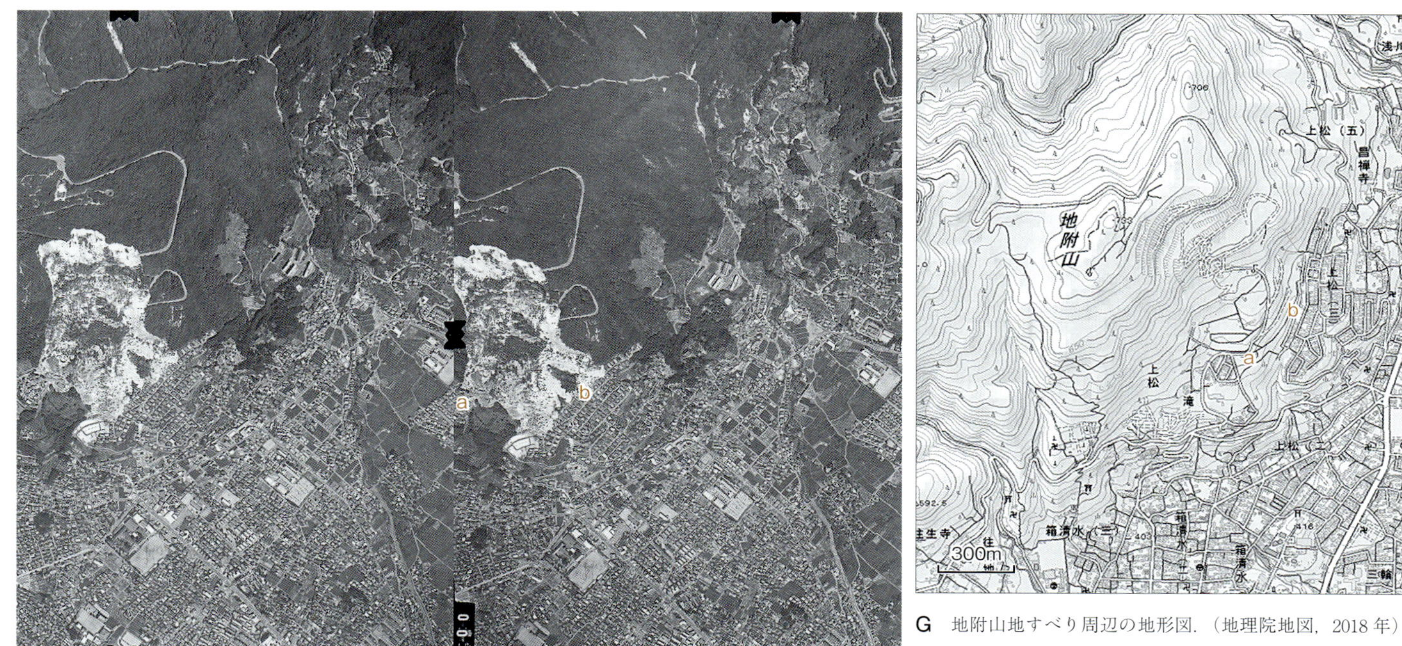

F　地すべり発生後の空中写真(1985 年). (国土地理院 CCB85-1, C1-4,5)

G　地附山地すべり周辺の地形図. (地理院地図, 2018 年)

§A-3 東日本大震災と津波——三陸海岸と仙台平野

2011 年 3 月 11 日 14 時 46 分，日本海溝に沿って約 450 km×150 km の震源域(A)を持つ M_W(モーメントマグニチュード)9.0 の巨大地震が発生し，宮城県北部で震度 7 など，東北地方太平洋岸を中心に広い範囲が強い揺れに襲われた．さらに，東北地方から関東地方にかけての太平洋岸を大規模な津波が襲った．この地震は「平成 23 年(2011 年)東北地方太平洋沖地震」と名付けられた．これによる死者・行方不明者は 1 万 6000 名を超え，東京電力福島第一原子力発電所の事故による災害を含め，「東日本大震災」と呼ぶ．

この地震による津波は，青森県から千葉県にかけて高さ 5 m を超え，遡上高は岩手県大船渡市綾里(りょうり)湾で最大の 40.1 m[1]，宮古市田老小堀内や重茂(おもえ)姉吉地区でも 40 m 近い高さに達した(B)．

§ 5-3 の岩手県宮古市田老地区では，2011 年の津波は高さ 10 m の堤防を越え，このため堤内地側の住宅地は大きな被害を受け，多数の犠牲者を出した(C)．p. 67 写真 C の岸壁付近(1896 年 15 m，1933 年 10 m の説明板があった)では，2011 年の津波痕跡高は約 22 m に達した[2]．

復興計画では海岸部の第一線堤を 14.7 m にかさ上げし，内陸側の第二線堤は地盤沈下分(約 80 cm)を復旧するとともに，災害区域に指定された範囲は高台移転を行うこととし，北側の丘陵地に新たな住宅地が造成された．

一方，リアス海岸以外の地域でも，仙台平野などが津波により大きな被害を受けた．津波の浸水高は，名取市閖上(ゆりあげ)地区や仙台市荒浜地区で約 9 m に達し，浸水範囲は内陸部へ 5 km 以上におよび，仙台空港も長期間閉鎖された．

ところで，仙台平野や石巻平野において，十和田 a 火山灰(西暦 915 年)の直下に津波堆積物が認められ，平安時代の 869 年貞観地震津波が現在の海岸線から内陸へ 3～4 km まで達したことが明らかにされていた[3-5]など(D，E)．これらの地域では約 1000 年前にも 2011 年の津波に匹敵する津波があったわけだが，社会への周知や防災のとりくみが遅れていた．

震災遺構として宮古市田老では「たろう観光ホテル」，仙台市荒浜では「荒浜小学校」などが現地で保存されている(F)．たろう観光ホテルは 3 階まで津波で破壊され，荒浜小学校も 2 階まで津波が押しよせた．荒浜地区は周囲に高い建物がなく，児童や教職員，地域住民ら 320 人がこの建物に避難し，救助された．

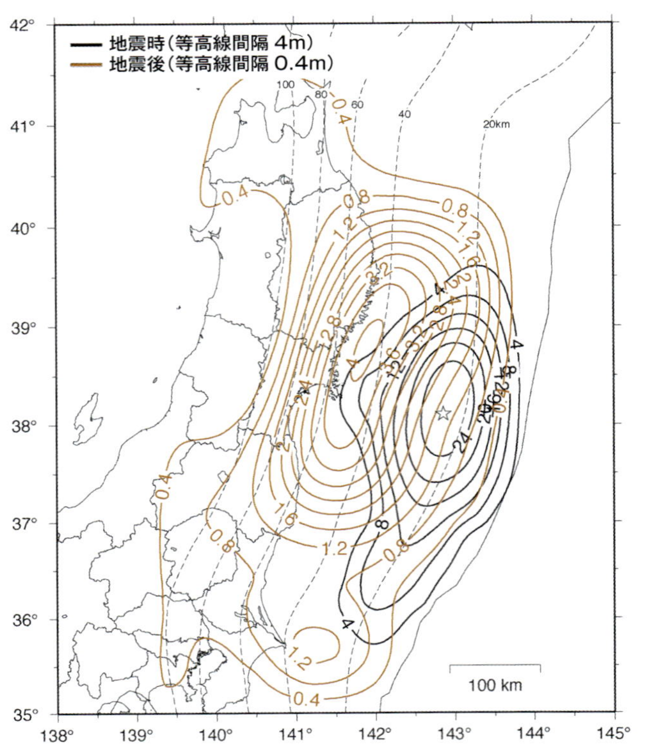

A　2011 年東北地方太平洋沖地震の地震時と地震後のプレート境界面上のすべり分布の比較．☆は本震の震央．点線は沈み込む太平洋プレート上面の等深線．(国土地理院，2013[6])

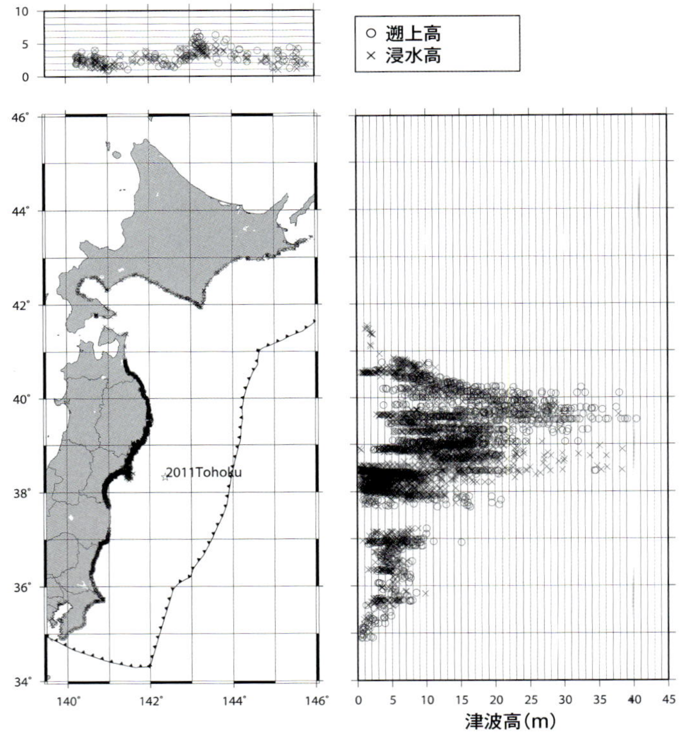

B　津波の遡上高(○)と浸水高(×)の調査結果．(東北地方太平洋沖地震津波合同調査グループ，2011[1])

C　田老地区の被災状況．左：被災前(2010 年 3 月 9 日撮影)，右：被災後(2011 年 3 月 28 日撮影)．(岩手県，2017[7])

D　仙台平野における十和田 a 火山灰とその下位に分布する貞観地震の津波堆積物．(澤井ほか，2006[3])　縦のスケールは地表からの深さ(小さい目盛が 1 cm)．

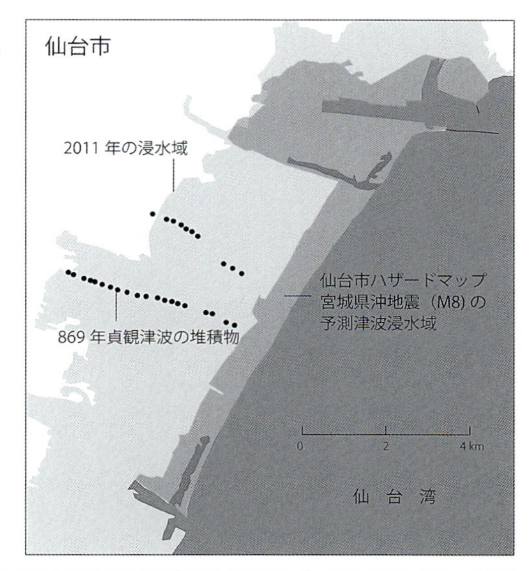

E　仙台平野における 2011 年津波の浸水域と，仙台市のハザードマップによる予想浸水域．古地震調査により貞観地震の津波堆積物が確認された箇所の分布を黒丸で示す．(中央防災会議，2011[8] および澤井ほか，2007[9] に基づき佐竹，2012[10])

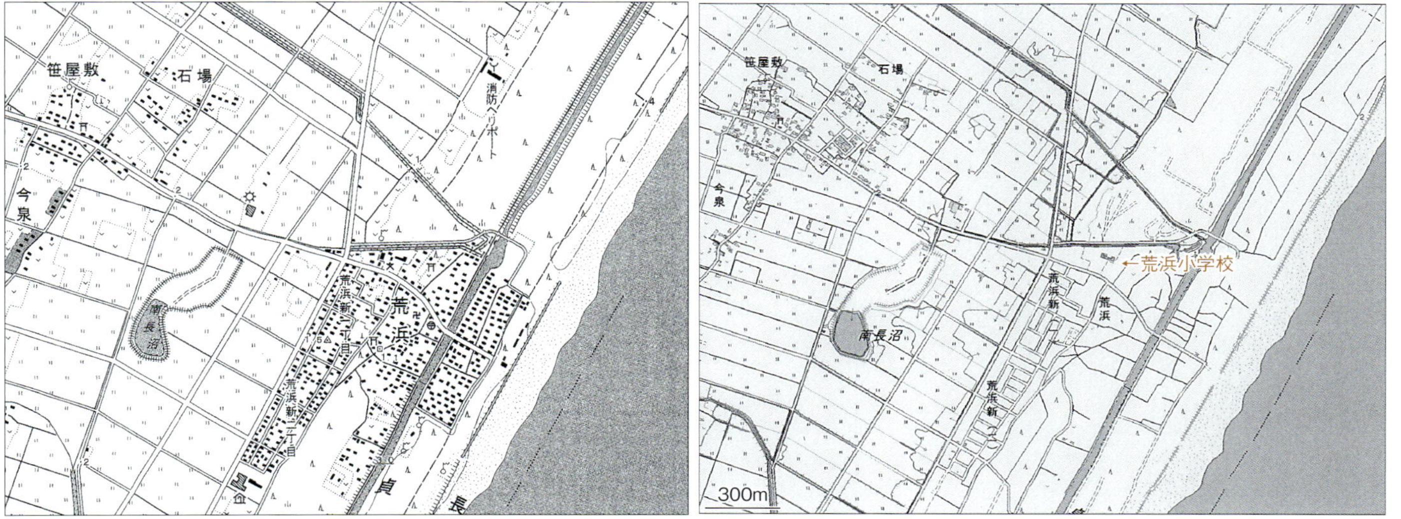

F　荒浜小学校付近の地形図．左：1/2.5 万地形図「仙台東南部」(2008 年，平 20 更新)，右：地理院地図(2018 年)．

§A-4 溶岩ドームと厚い溶岩流——雲仙普賢岳

九州西部，島原半島中央部には正断層からなる雲仙地溝が東西にのびる．雲仙岳はこの地溝帯内に位置する安山岩・デイサイト質の成層火山である．古期・中期・新期からなる本火山は約 50 万年前から活動しており，東に開く妙見カルデラ(m)の中に普賢岳火山とよばれる溶岩流・溶岩ドームからなる新しい火山体が発達する[1](A)．有史以降も活動的で，1663 年噴火では普賢岳の北東部から古焼溶岩，1792 年には普賢岳北東側から新焼溶岩(n)が流出し，その際には「島原大変肥後迷惑」で知られる眉山(o)の山体崩壊が発生した．

最新の噴火は 1990 年 11 月 17 日，普賢岳山頂東側の地獄跡火口および九十九島(くじゅうくしま)火口で発生した水蒸気噴火からはじまり，翌年 5 月に溶岩があらわれ，ドームが形成されて本格的な活動となった．溶岩ドームは拡大を続けて東側斜面に達し，その先端が水無川源流で崩落しはじめ，メラピ型火砕流が発生した．溶岩に含まれていた火山ガスは崩落による粉砕で吹き出し，最終的に粉砕された火山灰と岩塊が周囲の空気やガスと一体となって斜面をかけ下った．ブロックアンドアッシュフローとよばれるタイプの火砕流である．6 月 3 日に発生した火砕流は東麓の北上木場地区に達し，43 名が犠牲となった．また火砕流が到達しない離れた地域にも水無川沿いにラハールが流下し，多数の家屋に被害が生じた．

6 月 3 日以降も溶岩先端の崩落が繰り返される一方で，同時に継続して背後から溶岩が供給され，10 以上の溶岩ローブとなった(B)[2]．山体の東側斜面では谷が崩落堆積物に埋積され，20 度前後の斜面となり，その上を 10 m/日で溶岩が前進することで溶岩ローブが形成され，その厚さは 60〜100 m と厚いものであった．また北東側のおしが谷(p)にも火砕流が流下しはじめた(A)．最終的に 1996 年までに約 9400 回の火砕流が発生し，溶岩ドームと火砕流堆積物の総量は 0.2 km^3(溶岩換算量)となった[3]． この間に成長した溶岩ドームは平成新山とよばれ，そのピークは 1483 m と噴火前の最高点である普賢岳山頂(1359 m)よりも百数十 m 高い．写真(A，C)で確認できる溶岩ドームと，それから派生する溶岩流のギザギザした地形が，デイサイト質マグマによる活動であることを示している．またその北側から東側にかけては平滑な火砕流堆積物と崖錐斜面が広く発達し，さらにそこから下流側に火砕流堆積物などがラハールとして再堆積した地形に続く．

現在の雲仙普賢岳では一連の噴火活動が停止したものの，南東斜面の火砕流堆積物分布域・崖錐斜面ではガリー(q)が発達し，土石流も発生している(A)．こうした噴出物の再移動は土砂災害を引きおこすため，さまざまな砂防事業が進められ(D)，水無川流域には各所に大規模な砂防堰堤(E の×)がつくられた．

A　空中写真．(国土地理院 KU946X, C1-6〜8: 1995 年 3 月 14 日撮影)

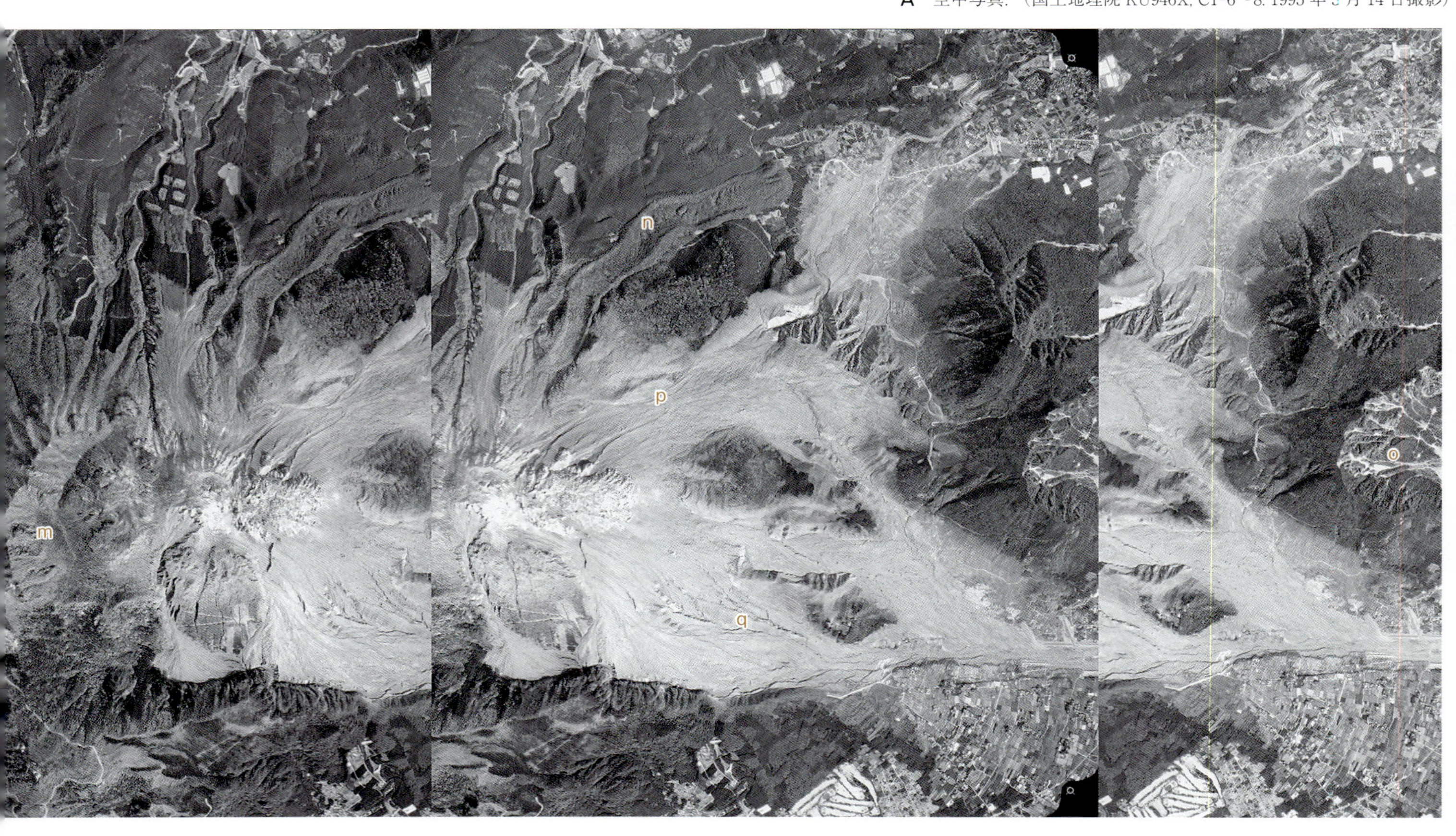

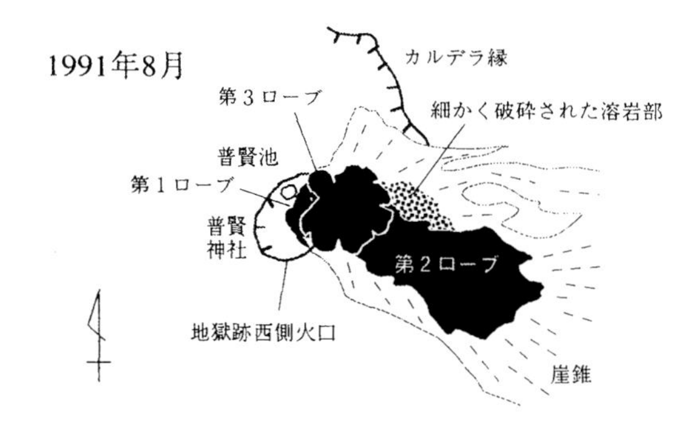

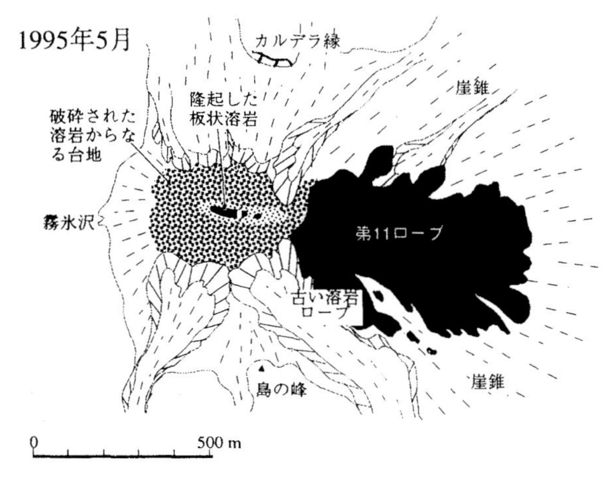

B　異なる２時期に描かれた雲仙普賢岳溶岩ドームの平面スケッチ．（中田，1996[2]）

C　東側からみた雲仙普賢岳．（2016 年 5 月 23 日毎日新聞社撮影）

D　東側からみた雲仙普賢岳東麓の水無川に設けられた砂防施設（2015 年撮影）．（国土交通省九州地方整備局雲仙復興事務所，2018[4]）

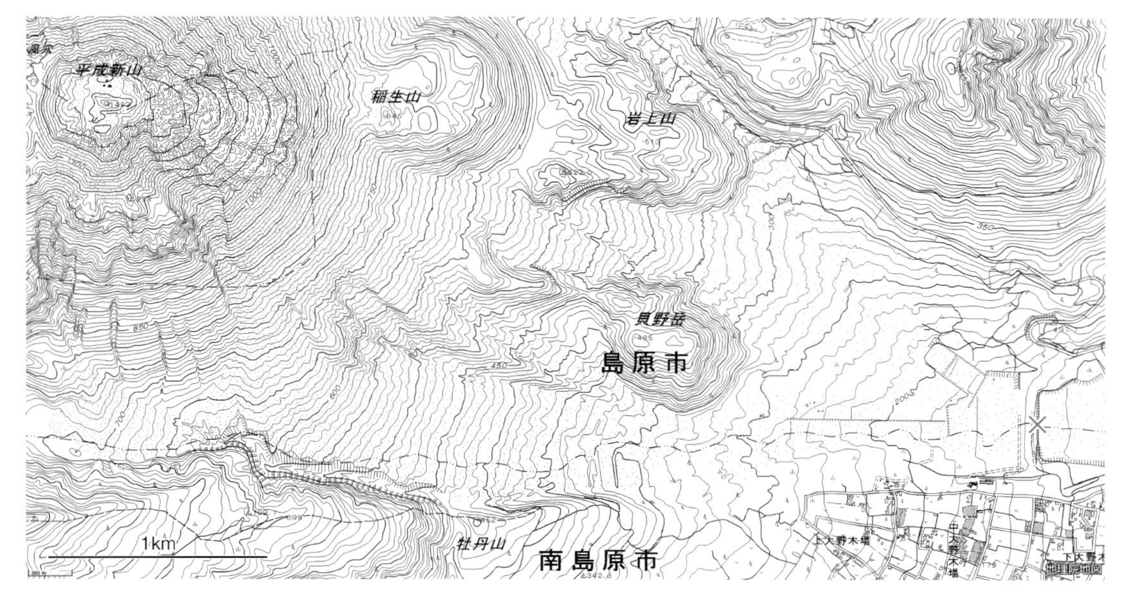

E　普賢岳付近の地形図（地理院地図，2018 年）

§A-5 誘発地震で出現した正断層地形――福島県いわき市

2011年3月11日に発生した東北地方太平洋沖地震の1カ月後，4月11日に福島県浜通りにおいて気象庁マグニチュード M_j 7.0の内陸直下型地震「福島県浜通りの地震」が発生した．東北地方で発生した地震としてはまれな正断層型の地震であり，引張軸は西南西－東北東方向であった[1]．この地震に伴い阿武隈山地中央部の内陸部で地表地震断層があらわれた．これらは従来推定活断層とされていた井戸沢断層，湯ノ岳断層[2]の一部ないしはそれに平行する断層に沿って出現し，両断層の活動による内陸直下型地震であった．

東北地方，とくに北上・阿武隈低地帯の背弧側には南北方向にのびる多くの逆断層型活断層が分布し，それらは太平洋プレートの西進に起因する東西圧縮の応力場のもとで活動してきたと考えられている．このようなテクトニックな背景をもつ東北地方において前弧側の阿武隈山地中央部に存在する井戸沢断層，湯ノ岳断層やその周辺域の断層の位置づけはこれまで曖昧であった．井戸沢断層は組織地形の可能性が，また湯ノ岳断層については地質断層としては正断層であることが指摘されており，いずれも地形的には不明瞭で確実度IIの活断層とされていた[2]．

正断層型であった「福島県浜通りの地震」は，東北日本弧の応力状態が東北地方太平洋沖地震後に変化した状況下で発生した誘発地震として説明でき，同様な正断層型の多数の地震が誘発された[3,4]．すなわち井戸沢断層，湯ノ岳断層やその周辺域の断層群は，海溝型巨大地震の発生により生じた通常とは異なる応力場の下のみで活動する活断層と考えられ，その活動履歴と海溝型巨大地震の関係が検討されている[5]．「福島県浜通りの地震」の活動は，本断層のように一見すると通常の応力場では説明が難しい活断層にも着目する必要性があることを示す．

地表地震断層があらわれた周辺域のいわき市内陸部には，低起伏な山地・丘陵がひろがり，変成岩・花崗岩類・新生代堆積岩などが複雑に分布する．今回出現した地震断層以外も含めて周辺域には比較的多くのリニアメントが認められる（A，B）．明瞭な地震断層は西側トレースとよばれる井戸沢断層の一部と湯ノ岳断層に沿ってあらわれた．井戸沢断層ではN20°W方向にほぼ直線的に約14 kmにわたり西落ちの地表変位が追跡され，塩ノ平（AのE，C付近）で計測されたその最大変位量は約2 mであった（A，C）[5]．断層のトレースが直線的であるのは断層面が高角であることを示す．横ずれ変位も観察され，田人（たびと）町黒田大久保付近（AのD）では左雁行（杉型雁行）の亀裂が認められ（D），右横ずれ成分の断層変位が示唆される．また地震断層に沿っては各地で西落ちの変位により水域が生じた（E）．

A　空中写真．（国土地理院 TO982Y，C1-13～15）

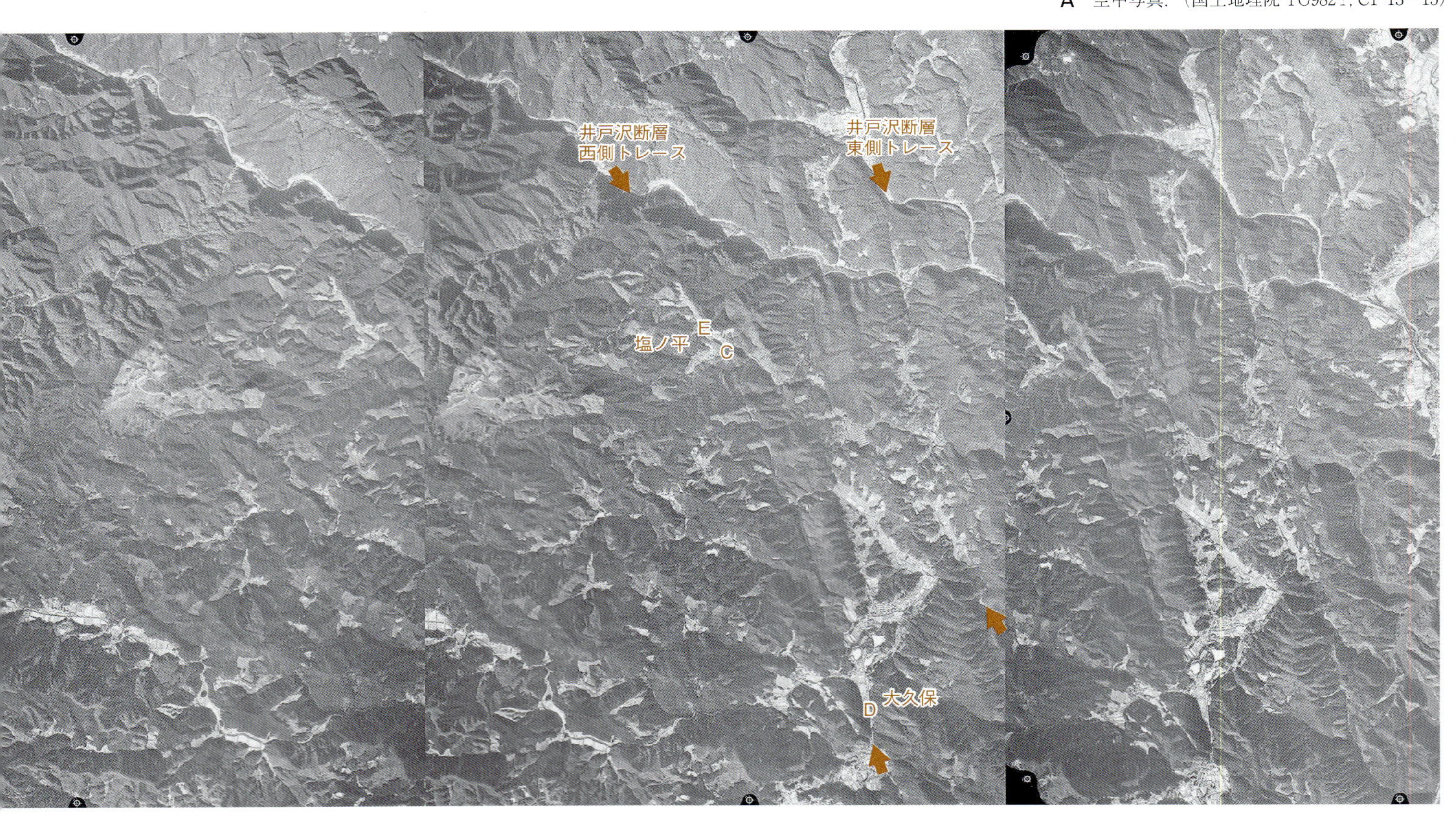

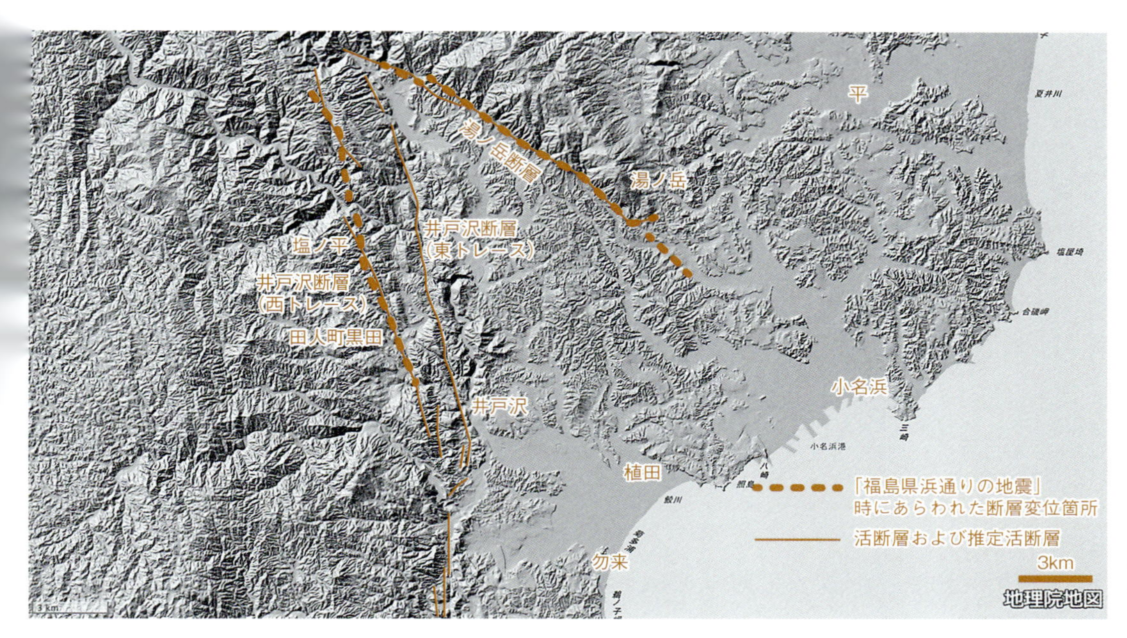

B　阿武隈山地中央部の井戸沢断層と湯ノ岳断層と地表地震断層.（堤・遠田，2012[5]）

C　いわき市塩ノ平で現れた西落ちの低断層崖(比高約 2 m).（2011 年 5 月鈴木撮影）

D　田人町黒田大久保に現れた左雁行(杉型雁行)の亀裂.（2011 年 5 月鈴木撮影）

E　塩ノ平にあらわれた地表地震断層とそれによりあらわれた水域．奥側(東側)が相対的に上がったために手前側の水田が水域となった．本地点付近では地表地震断層が奥側と左側に 2 条に分岐している．（2011 年 5 月鈴木撮影）

文献

まえがき

1) Curran, H. A., Young II, D. M., Justus, P. S. and Garver, Jr., J. B. (1984)：Atlas of Landforms (3rd ed.), John Wiley and Sons, 165 p.
2) DeBruin, R. and Johnson, W. H. (1970)：100 Topographic Maps. Illustrating Physiographic Features, Hubbard, 128 p.
3) Liebenberg, E. C., Rootman, P. J. and van Huyssteen, M. K. R. (1976)：The South African Landscape. Exercise Manual for Map and Air Photo Interpretation, Butterworth, 166 p.
4) Mollard, J. D. (1975)：Landforms and Surface Materials of Canada. A Stereoscopic Airphoto Atlas and Glossary (3rd ed.), Commercial Printers Limited. Regina, 405 p.
5) Twidale, C. R., and Foale, M. R. (1977)：Landforms Illustrated, Thomas Nelson, 166 p.

§ 1-1————貝塚爽平

1) 野間三郎・門村浩・中村和郎・野沢秀樹・堀信行(1974)：「地域システム」に関する諸外国の研究——その展望．地学雑誌，**83**，19-37，103-124.
2) 吉川虎雄・杉村新・貝塚爽平・太田陽子・阪口豊(1973)：新編日本地形論，東京大学出版会，415 p.
3) 小嶋稔・斎藤常正編(1978)：岩波講座地球科学 6 地球年代学．255 p. / 貝塚爽平編(1981)：日本の第四紀編年表．地形学辞典(町田貞ほか編)，二宮書店，662-665.
4) Emiliani, C. and Shackleton, N. J. (1974)：The Brunhes epoch：Isotopic paleotempertures and geochronology. *Science*, **183**, 511-514.
5) Kukla, G. J. (1977)：Pleistocene land-sea correlations, 1. Europe, *Earth Sci. Rev.*, **13**, 307-374.

§ 1-2————貝塚爽平

1) Thornbury, W. D. (1954)：Principles of geomorphology, John Wiley & Sons. 618 p./Holmes, A. (1965)：Principles of physical geology (2nd ed.), Nelson, 1288 p., アーサー・ホームズ著，ドリス・L・ホームズ改訂，上田誠也・貝塚爽平・兼平慶一郎・小池一之・河野芳輝訳(1984)：一般地質学Ⅱ(原書第3版)，東京大学出版会，246-537.
2) Hagedron, von J. und Poser, H. (1974)：Räumliche Ordnung der rezenten geomorphologischen Prozesse und Prozeßkombinationen auf der Erde. *Abhandlungen der Akademie der Wissenschaften in Göttingen, Mathematisch-Physikalische Klasse*, **3** Folge, Heft 29, 426-439.

§ 1-3————貝塚爽平

1) 貝塚爽平・松田時彦・中村一明(1976)：日本列島の構造と地震・火山．科学，**46**，196-210.
2) Dewey, J. F. (1972)：Showing the mosaic of plates in plate tectonics. *Sci. Ameri*, **226**, 56-68.

§ 1-4————貝塚爽平

1) 吉川虎雄・杉村新・貝塚爽平・太田陽子・阪口豊(1973)：新編日本地形論，東京大学出版会，415 p.
2) 都城秋穂・安芸敬一編(1979)：岩波講座地球科学 12 変動する地球Ⅲ造山運動，265 p.

§ 1-5————貝塚爽平

1) 杜恒倹・陳華慧・曹伯勲主編(1981)：地貌学及第四紀地質学，地質出版社，北京，374 p.
2) Cotton, C. A. (1952)：Geomorphology (6th ed.), Whitcombe and Tombs, Christchurch, 505 p.
3) 貝塚爽平(1978)：変動する第四紀の地球表面．岩波講座地球科学 10 変動する地球Ⅰ現在および第四紀，183-242.
4) 大塚弥之助(1948)：オブシクエント断層線崖の一例．大塚地理学会論文集，田中啓爾還暦記念号，79-84.

第2章解説————町田洋

1) 松井健(1979)：ペドロジーへの道，蒼樹書房，266 p.
2) 小林国夫(1967)：黒土の堆積過程にかんする試論．ペドロジスト，**11**，15-24.
3) 町田洋(1964)：Tephrochronology による富士火山とその周辺地域の発達史．地学雑誌，**73**，293-308；337-350.
4) 松井健・加藤芳朗(1962)：日本の赤色土壌の生成時期，生成環境にかんする二，三の考察．第四紀研究，**2**，161-179.
5) Sharpe, C. F. S. (1938)：Landslide and related phenomena. Pageant Books, Inc. N. J., 137 p. (Reprint, 1960).
6) Bloom, A. L. (1978)：Geomorphology. Prentice Hall, Inc., N. J.
7) 町田洋(1959)：安倍川上流部の堆積段丘——荒廃山地にみられる急速な地形変化の一例——．地理学評論，**32**，520-531.
8) 大八木規夫・内山庄一郎・小倉理(2015)：地すべり地形分布図第60集「関東中央部」地すべり地形分布図の作成方法と活用の手引き．防災科学技術研究所研究資料，394，1-14.

§ 2-1————町田洋

1) 小出博(1954)：山崩れ，古今書院，205 p.

§ 2-2————町田洋

1) 村野義郎(1966)：山地崩壊に関する二，三の考察．土木研究所報告，130-4，77-107.

§ 2-3————大石道夫

1) 大八木規夫(1982)：日本の代表的な地すべり 8，鷲尾岳・平山，アーバンクボタ，No.20，18.
2) 安藤武・大久保太治・古川俊太郎(1970)：地すべり層準の研究(1)——佐世保北部地域について．防災科学技術総合研究報告，No.22，66-68.
3) 国土地理院地図部地理課(1970)：北松地域における最近の地すべり変動の地形特性(予報)．防災科学技術総合研究報告，No.22，28.

§ 2-4————町田洋

1) 横山又次郎(1912)：長野県下南小谷村山崩視察報告．地学雑誌，**42**，608-620.
2) 町田洋(1964)：姫川流域の一渓流の荒廃とその下流部に与える影響．地理学評論，**37**，477-487.
3) 町田洋(1967)：荒廃山地における崩壊の規模と反覆性についての一考察——姫川・浦川における過去約50年間の浸食史と1964～65年の崩壊・土石流——．水利科学，**55**，30-53.

§ 2-5————田村俊和

1) 田村俊和(1977)：山・丘陵——丘陵地の地形とその利用・改変の問題を中心に．地域開発論Ⅰ，地形と国土利用，(土木工学大系 19)，彰国社，1-73.
2) Tamura, T. and Takeuchi, K. (1980)：Land characteristics of the hills and their modification by man——With special reference to a few cases in the Tama Hills, west of Tokyo. *Geogr. Repts. Tokyo Metropol. Univ.*, 14/15, 49-94.
3) 田村俊和(1980)：宅地開発と自然災害．環境情報科学，**9**(3)，37-48.
4) 田村俊和・山本博・吉岡慎一(1983)：大規模地形改変の全国的把握．地理学評論，**56**，223-242.

第3章解説————町田洋

1) Horton, R. E. (1945)：Erosional development of streams and their drainage basins——Hydrophysical approach to quantitative morphology. *Geol. Soc. Amer. Bull.*, **56**, 275-330.
2) Strahler, A. N. (1952)：Hypsometric (Area-altitude) analysis of erosional topography. *Geol. Soc. Amer. Bull.*, **63**, 1117-1142.
3) Shreve, R. L. (1963)：Horton's law of stream numbers for topologically random networks. *Trans. Amer. Geophys. Union*, **44**, 44-45.
4) Wolman, M. G. and Miller, J. P. (1960)：Magnitude and frequency of forces in geomorphic processes. *Jour. Geol.*, **68**, 54-74.
5) 吉川虎雄・杉村新・貝塚爽平・太田陽子・阪口豊(1973)：新編日本地形論，東京大学出版会，415 p.
6) Schumm, S. A. (1969)：Geomorphic implications of climatic changes. Water, Earth and Man (Chorley, R. J. ed.), Methuen, 525-534.
7) 吉川虎雄(1947)：地形の逆転について．地理学評論，**21**，10-12.
8) 高橋裕・阪口豊(1976)：日本の川．科学，**46**，488-499.
9) 村田貞蔵(1933)：扇状地とその上流河谷との勾配関係に就て．地理学評論，**9**，857-869.
10) 野上道男・浅野俊雄(1975)：強制的に固定された水路幅が平衡勾配に

与える影響についての水路実験．地理学評論，**48**，876-880．
11) 高山茂美(1974)：河川地形，共立出版，304 p.
12) 野上道男(1981)：河川縦断面形発達過程に関する非定数係数拡散モデル．地理学評論，**56**，364-368.
13) Shulits, S. (1941)：Rational equation of river bed profile. River Morphology (Schumm, S. A. ed. 1972), 201-210.
14) 中山正民(1952)：河川礫の大きさの分布に関する研究．地理学評論，**25**，401-408.
15) Yatsu, E. (1955)：On the longitudinal profile of the graded river. River Morphology (Schumm, S. A. ed. 1972), 211-219.
16) Mackin, J. H. (1948)：Concept of the graded river. *Geol. Soc. Amer. Bull.*, **95**, 463-511.
17) Machida, H. (1980)：Tephra and its implications with regard to the Japanese Quaternary period. Ass. Japanese Geogr., Geography of Japan, 29-53, Teikokushoin.
18) 貝塚爽平(1977)：日本の地形，岩波新書，234 p.

§3-1────町田洋

1) 中田高(1968)：種子島の海岸段丘と地殻変動．地理学評論，**41**，601-614.
2) 町田洋(1969)：薩南諸島の地形──海岸段丘を中心にして──．薩南諸島の総合的研究(平山輝男編)，明治書院，20-52.
3) 町田洋・新井房夫・長岡信治(1983)：広域テフラによる南関東と南九州の後期更新世海成段丘の対比(演旨)．第四紀学会要旨集，**13**，45-46.
4) 初見祐一(1979)：薩南諸島北部の完新世海岸地形とその形成について．都立大修論，91 p.

§3-2────貝塚爽平

1) 吉川虎雄・杉村新・貝塚爽平・太田陽子・阪口豊(1973)：新編日本地形論，東京大学出版会，75-76.
2) 貝塚爽平(1952)：道志川の河岸段丘──Valley-side superposition の一例．地理学評論，**25**，242-246.

§3-3────貝塚爽平

1) 横田修一郎・松岡数充・屋舗増弘(1978)：信楽・大和高原の新生代層とそれにまつわる諸問題．地球科学，**32**，133-150.
2) 活断層研究会(1980)：日本の活断層──分布図と資料，東京大学出版会，363 p.
3) 石田志朗・井本伸広・武蔵野実(1981)：II 表層地質図．土地分類基本調査，大阪東北部・奈良・上野，46-59，京都府.
4) 園田平悟・岩田貢(1979)：三重県伊賀盆地北西部島ヶ原地塊に分布する粗粒礫層の供給・堆積環境について．京都教育大学地理学研究報告 20，1-9.
5) 水山高幸・坂口慶治・園田平悟・清水弘(1981)：I 地形分類図，V 水系・谷密度図．土地分類基本調査，大阪東北部・奈良・上野，11-45，81-86．京都府.

§3-4────岡田篤正

1) 三野与吉(1942)：地形原論，古今書院，517 p.
2) 岡田篤正(1967)：吉備高原中部の地形発達．東大地理修論，110 p.
3) 吉川虎雄・杉村新・貝塚爽平・太田陽子・阪口豊(1973)：新編日本地形論，東京大学出版会，415 p.

§3-5────貝塚爽平

1) Powell, J. W. (1875)：Exploration of the Colorado River of the west and its tributaries, Smithsonian Institution, Washington, D. C., 285 p.
2) Atwood, W. A. and Atwood, Jr., W. W. (1938)：Working hypothesis for the physiographic history of the Rocky Mountain region. *Bull. Geol. Soc. Amer.*, **49**, 957-980.
3) Thornbury, W. D. (1965)：Regional Geomorphology of the United States, John Wiley & Sons, 609 p.
4) Curran, H. A., Young II, D. M., Justus, P. S. and Garver, Jr., J.B. (1984)：Atlas of landforms (3rd ed.), John Wiley & Sons, 165 p.
5) Topographic map of Dinosaur National Monument. 1：62,500, U. S. Geological Survey, edition of 1971. 裏面に次の記載あり．W. R. Hansen：Dinosaur National Monument.

§3-6────岡田篤正

1) 籠瀬良明(1971)：地図読解入門，古今書院，29.
2) 足利健亮・堀淳一・山口恵一郎・籠瀬良明編(1980)：天井川までつくった河川争奪：百瀬川．地図の風景(近畿編 I：京都・滋賀)，そしえて(文庫 92)，189-193.

第4章解説────貝塚爽平

1) 村田貞蔵(1971)：断層扇状地の純地形学的研究．扇状地，古今書院，1-54.
2) Schumm, S. A. (1977)：The fluvial system, Wiley-Interscience, New York, xvii＋338 p.
3) 森山昭雄(1972)：沖積平野の微地形．地質学論集，**7**，197-211.
4) 池田宏(1975)：砂礫堆からみた河床形態のタイプと形成条件．地理学評論，**48**，712-730.
5) 貝塚爽平(1978)：自然は語る 2，三角州の地表と地下．土と基礎，**26**(8)，71-76.
6) Wright, L. D. and Coleman, J. M. (1973)：Variations in morphology of major river deltas as functions of ocean wave and river discharge regimes. *Amer. Assoc. Petrol. Geol. Bull.*, **57**, 370-398.

§4-1────貝塚爽平

1) 陸上は 5 万分の 1 地形図，海底は建設省国土地理院(1982)：沿岸海域基礎調査報告書(富山湾東部地区)による.
2) 藤井昭二(1963)：表層地質図説明書「黒東」5 万分の 1，富山県，41 p.
3) 深井三郎(1959)：飛驒山脈とその山麓地域の海岸段丘地誌．富山大学教育学部紀要，**8**，1-52.
4) 渡辺光(1929)：本部の隆起三角州に関する考察．地理学評論，**5**，1-15.

§4-2────貝塚爽平

1) 科学技術庁資源局(1961)：水害地域に関する調査第 4 部，石狩川泥炭地域の地形と水害．科学技術庁資源局資料第 37 号，111 p.
2) 科学技術庁資源局(1961)：石狩川河道変遷調査．科学技術庁資源局資料第 36 号.
3) 松井寛・垣見俊弘・根本隆文(1965)：5 万分の 1 地質図幅説明書「砂川」．地質調査所，85＋11 p.

§4-3────貝塚爽平

1) Nasu, N. and Sato, Y. (1957)：Particle size distribution of the Obitsu delta. *Jour. Fac. Sci. Univ. Tokyo, Sec. II*, **XI**, Pt. 1, 37-55.
2) 千葉県開発局(1969)：京葉工業地帯の地盤，216 p．別図 7.
3) 貝塚爽平・阿久津純・杉原重夫・森脇広(1979)：千葉県の低地と海岸における完新世の地形変化．第四紀研究，**17**，189-205.
4) 吉村光敏(1985)：第一編土地のすがたとそのなりたち．袖ヶ浦町史通史編上巻，3-48.

§4-4────貝塚爽平

1) Coleman, J. M. (1976)：Deltas, process of deposition and models for exploration, Continuing Education Publication Company, Inc., Champaign, Ilinoi, 102 p.
2) Kolb, C. R. and Van Lopik, R. P. (1966)：Depositional environments of the Mississippi River deltaic plain southeastern Louisiana, Deltas and their geologic framework (Shirley, M. L. and Ragsdale, J. A. ed.), Houston Geological Society, 17-61.
3) Bernard, H. A. and Leblanc, R. J. (1965)：Résumé of the Quaternary geology of the north western Gulf of Mexico Province. The Quaternary of the United States (Wright, H. E. and Frey, D. G., ed.), Princeton Univ. Press, 137-185.

第5章解説────小池一之

1) Shepard, F. P. (1948)：Submarine geology, Harper & Brothers Pub., New York, 348 p.
2) 荒巻孚(1971)：海岸，犀書房，426 p.
3) 茂木昭夫(1971)：汀線と砕波帯．海洋科学基礎講座 7 浅海地質学，東海大出版会，109-252.
4) 茂木昭夫・土出昌一・福島資介(1980)：西之島新島の海岸侵食．地理学評論，**53**，449-462.
5) Dietz, R. S. (1963)：Wave-base, marine profile of equilibrium, and wave built terraces：a critical appraisal. *Bull. Geol. Soc. Amer.*, **74**, 971-990.
6) 荒巻孚(1978)：磐城海岸における海岸侵食──人工構築影響による海食

崖の後退——．専修大自然科学紀要，**11**，5-36.
7) Bird, E. C. F. (1984)：Coasts：an introduction to coastal geomorphology (3rd ed.), Austr. Nat. Univ. Press, Canberra, 320 p.
8) 小池一之(1974)：砂浜海岸線の変化について．地理学評論，**47**，719-725.

§5-1————小池一之
1) 高橋健一(1975)：日南海岸青島の「波状岩」の形成過程．地理学評論，**48**，43-62.
2) 鈴木隆介・高橋健一・砂村継夫・寺田稔(1970)：三浦半島荒崎海岸の波蝕棚にみられる洗濯板状起伏の形成について．地理学評論，**43**，211-222.

§5-2————太田陽子
1) 吉川虎雄・貝塚爽平・太田陽子(1964)：土佐湾北東岸の海岸段丘と地殻変動．地理学評論，**37**，627-648.
2) Shackleton, N. J. and Opdyke, N. D. (1973)：Oxygen isotope and palaeomagnetic stratigraphy of equatorial Pacific core V 28-238：Oxygen isotope temperatures and ice volumes on a 10^5years and 10^6years scale. *Quart. Res.*, **3**, 39-55.

§5-3————小池一之
1) 三浦修(1968)：海岸段丘からみた三陸リアス海岸の発達．地理学評論，**41**，732-747.
2) 国土地理院(1961)：チリ地震津波調査報告書，100 p.

§5-4————小池一之
1) 中野尊正(1951)：北海道の海岸低地．地理学評論，**24**，267-275.
2) 松下勝秀・平田一三・小山内口熙・石山昭三(1967)：5万分の1地質図幅および説明書，「標津」および「野付崎」，北海道地下資源調査所.
3) 高野昌二(1978)：野付崎における分岐砂嘴の発達．東北地理，**30**，82-90.

§5-5————小池一之
1) 森脇広(1979)：九十九里浜平野の地形発達史．第四紀研究，**18**，1-16.
2) Sunamura, T. and Horikawa, K. (1977)：Sediment budget in Kujukuri coastal area, Japan. *Coastal Sediments '77, ASCE/Charleston*, 475-487.
3) 小池一之(1974)：砂浜海岸線の変化について．地理学評論，**47**，719-725.
4) 青野寿郎(1931)：九十九里浜海岸平野における集落の移動．地理学評論，**7**，1-25.

§5-6————小池一之
1) 磯部一洋(1980)：新潟平野最新砂丘形成時における旧信濃川河口の位置．地質調査所月報，**31**，521-533.
2) 渡部彌作(1973)：海岸工学，標準土木工学講座19，コロナ社，363 p.
3) 新潟古砂丘グループ(1974)：新潟砂丘と人類遺跡——新潟砂丘の形成史Ⅰ——第四紀研究，**13**，57-70.
4) 新潟古砂丘グループ(1978)：新潟砂丘砂——新潟砂丘の形成史Ⅱ——．第四紀研究，**17**，25-38.
5) 小池一之(1974)：砂浜海岸線の変化について．地理学評論，**47**，719-725.
6) 豊島修(1973)：現場のための海岸工学，侵食編，森北出版，320 p.

§5-7————堀信行
1) 太田陽子・堀信行(1980)：琉球列島の第四紀後期の地殻変動に関する一考察．第四紀研究，**18**，221-240.
2) 堀信行(1980)：日本のサンゴ礁．科学，**50**，111-122.
3) Hori, N. (1983)：Sea level changes and the newly defined "Daly point" of coral reefs in the Ryukyu Islands. *Intern. Symp. on coastal evolution in the Holocene (Aug. 29-31, 1983, Tokyo), Abstracts of papers*, 36-39.

§5-8————堀信行
1) 田山利三郎(1936)：ポナペ島(Ponape I.)の地形地質並に珊瑚礁．東北帝国大学理学部地質学古生物学教室邦文報告，**24**，52 p.
2) 今西錦司編(1944)：ポナペ島——生態学的研究——，影考書院，504＋18 p.（1975，講談社より復刻）
3) 堀信行(1980)：日本のサンゴ礁．科学，**50**，111-122.

§5-9————田村俊和
1) 環境庁(1983)：第2回緑の国勢調査—第2回自然環境調査報告書，543 p.
2) 千葉県開発局(1969)：京葉工業地帯の地盤，215 p.
3) 佐藤宏(1981)：東京港における廃棄物処理場の現状と今後の課題．港湾，**58**(10)，19-22.
4) 国土地理院(1971)：2.5万分の1土地条件図「横浜」，「千葉」，「姉崎」，「木更津」.
国土地理院(1980)：2.5万分の1土地条件図「東京東南部」，「東京西南部」.
市川市(1970)：市川市の地盤構造，58 p.

第6章解説————野上道男
1) Bloom, A. L. (1978)：Geomorphology——A systematic analysis of Late Cenozoic landforms. Prentice-Hall, Inc., 510 p.
2) McKee, E. D. (1979)：A study of global sand seas. *Prof. Paper* 1052, U. S. Geol. Surv. 429 p.
3) Flint, R. F. (1971)：Glacial and Quaternary Geology, John Wiley & Sons, 892 p.
4) Mabbutt, J. A. (1977)：Desert landforms, Austr. Nat. Univ. Press, Canberra, 340 p.
5) Hack, J. T. (1941)：Dunes of the Western Navajo Country. *Geograph. Rev.*, **31**, 260.

§6-1————野上道男
1) McKee, E. D. (1979)：A study of global sand seas. *Prof. Paper* 1052, U. S. Geol. Surv. 429 p.
2) von Bandat, H. F. (1962)：Aerogeology, Gulf Publishing Co., Houston, Tex., USA.

§6-2————遠藤邦彦
1) 遠藤邦彦(1969)：日本における沖積世の砂丘の形成について．地理学評論，**42**，159-163.
2) 町田洋・新井房夫・森脇広(1981)：日本海を渡ってきたテフラ．科学，**51**，562-569.
3) 大森博雄(1975)：北海道渡島半島江差付近の海岸段丘．第四紀研究，**14**，63-76.
4) 遠藤邦彦(1984)：最終氷期以降の北海道沿岸地域の環境変遷．寒冷地域の自然環境(福田・小疇・野上編)，北海道大学図書刊行会，231-250.

§6-3————遠藤邦彦
1) Bowler, J. M. (1971)：Pleistocene Salinities and climatic change：evidence from lakes and lunettes in south eastern Australia. Aboriginal Man and Environment in Austlaria (Mulvaney and Golson ed.), Austr. Nat. Univ. Press, 47-65.
2) Bowler, J. M. (1976)：Aridity in Australia：Age, Origins and Expressions in Aeolian Landforms and Sediments. *Earth Sci. Rev.*, **12**, 279-310.
3) Suzuki, H., Uesugi, Y., Endo, K., Ohmori, H., Takeuchi, K. and Iwasaki, K. (1982)：Studies on the Holocene and Recent Climatic Fluctuations in Australia and New Zealand. Tokyo Univ., 166 p.

§6-4————米倉伸之
1) 栗林沢一(1956)：砂丘の改造．現代地理講座第3巻平野の地理，河出書房，287-298.

第7章解説————野上道男
1) Meigs, P. (1953)：World distribution of arid and semi-arid homoclimates, Paris, UNESCO.

§7-1————田村俊和
1) Toya, H., Kadomura, H., Tamura, T. and Hori, N. (1973)：Geomorphological studies in southeastern Kenya. *Geogr. Repts. Tokyo Metropol. Univ.*, **8**, 51-137.

§7-2————小池一之
1) Mabbutt, J. A. (1977)：Desert landforms, The MIT Press, 100-117.
2) Clark, W. D. (1972)：Death Valley, The story behind the scenery, KC Pub. Las Vegas, 32 p.
3) Hooke, R. le B. (1972)：Geomorphic evidence for late-Wisconsin and Holocene tectonic deformation, Death Valley, California. *Bull. Geol. Soc. Amer.*, **83**, 2073-98.

§7-3————野上道男

第8章解説————小疇尚
1) Tricart, J. (1970)：Geomorphology of cold environments (translated by E.

Watson), Macmillan, 320 p.
2) French, H. M. (1976)：The periglacial environment, Longman, 309 p.
3) Washburn, A.L. (1979)：Geocryology, Edward Arnold, 406 p.
4) MacNamara, E. E. (1973)：Macro- and microclimates of the Antarctic coastal oasis, Molodezhnaya. *Biul. Perygl.* **23**, 201-236.
5) Bryan, K. (1948)：Cryopedology——the study of frozen ground and intensive frost action with suggestions of nomenclature. *Amer. Jour. Sci.*, **244**, 622-642.
6) 小疇尚(1974)：凍結・融解作用がつくる微地形．科学，**44**，708-712.
7) 小林義雄(1969)：極地，誠文堂新光社，207 p.
8) 小疇尚(1972)：高山とその地形．地理，**17**-8，57-63.

§8-1————小疇尚
1) 福田正己・木下誠一(1974)：大雪山の永久凍土と気候環境．第四紀研究，**12**，192-202.
2) 小疇尚・野上道男・遠藤良二(1975)：大雪山の巨大多角形土分布地における地温測定．第四紀研究，**14**，169-170.
3) 小疇尚(1965)：大雪山の構造土．地理学評論，**38**，179-199.
4) 小疇尚(1972)：高山とその地形．地理，**17**-8，57-63.

§8-2————小疇尚
1) 小疇尚・杉原重夫・清水文健・宇都宮陽二朗・岩田修二・岡沢修一(1974)：白馬岳の地形学的研究．駿台史学，**35**，1-86.
2) 金子史朗(1956)：後立山連峯北部の非対称山稜．地理学評論，**29**，470-484.
3) 小林国夫(1956)：日本アルプスの非対称山稜．地理学評論，**29**，484-492.
4) 八木浩司(1981)：山地に見られる小崖地形の分布とその成因．地理学評論，**54**，272-280.
5) 相馬秀広・岡沢修一・岩田修二(1979)：白馬岳高山帯における砂礫の移動プロセスとそれを規定する要因．地理学評論，**52**，562-579.
6) 岩田修二(1980)：白馬岳の砂礫斜面に働く地形形成作用．地学雑誌，**89**，319-335.

§8-3————**福田正己**
1) 福田正己(1982)：生きている寒冷地形．地理，**27**-4，54-61.
2) Mackay, J. R. (1981)：The age of Ibyuk pingo, Tuktoyaktuk Peninsula, District of Mackenzie. *Geol. Surv. Canada, Paper* 76-1 B, 59-60.
3) Mackay, J. R. (1974)：Ice-wedge cracks, Garry Island, Northwest Territories. *Canadian Journal of Earth Science*, **11**, 1366-1383.
4) 福田正己(1975)：永久凍土地域の地形発達と第四紀地史．北大低温研編アラスカ・カナダ北部の永久凍土における寒冷地形及び生物環境の総合調査，北大低温研，62-84.

§8-4————小疇尚
1) 小山内熙・三谷勝利・北川芳男(1959)：5万分の1地質図「宗谷」および「宗谷岬」，北海道地下資源調査所.
2) 阪口豊(1959)：北海道の新しい地質時代の地殻運動．地理学評論，**32**，401-431.
3) 鈴木秀夫(1960)：北海道北部の周氷河地形．地理学評論，**33**，625-628.
4) 鈴木秀夫(1962)：低位周氷河現象の南限と最終氷期の気候区界．地理学評論，**35**，67-76.
5) 福田正己(1974)：凍結—融解による岩石の風化．低温科学，物理篇，**32**，243-249.

§8-5————小疇尚
1) Péwé, T. L., Church, R. E. and Andersen, M. J. (1969)：Origin and pleoclimatic significance of large-scale patterned ground in the Donnelly Dome Area, Alaska. *Geol. Soc. Amer., Spec. Paper*, **103**, 1-87.
2) Morgan, A. V. (1971)：Polygonal patterned ground of Late Weichselian age in the area north and west of Wolverhampton, England. *Geogr. Annal.*, **54 A**, 146-156.
3) Svensson, H. (1973)：Distribution and chronology of relict polygon patterns on the Laholm Plain, the Swedish west coast. *Geogr. Annal.*, **54 A**, 159-175.
4) 小疇尚・野上道男・岩田修二(1974)：北海道東部の ice-wedge cast．地学雑誌，**83**，48-60.
5) 小疇尚(1977)：化石周氷河現象．日本の第四紀研究(日本第四紀学会編)，東京大学出版会，163-170.

§8-6————小疇尚
1) 樋口敬二(1977)：日本の雪渓．科学，**47**，429-436.
2) Kukla, G. J. (1978)：Recent changes in snow and ice. Climatic change (Gribbin, J. ed.), Cambridge Univ. Press, 114-129.
3) 下川和夫(1980)：積雪の作用に関する諸研究．駿台史学，**50**，296-318.
4) 下川和夫(1980)：只見川上流域の雪崩地形．地理学評論，**53**，171-188.
5) 下川和夫(1982)：雪崩のつくる地形．地理，**27**-4，37-43.

第9章解説————小疇尚
1) Kukla, G. J. (1978)：Recent changes in snow and ice. Climatic change (Gribbin, J. ed.), Cambridge Univ. Press.
2) Flint, R. F. (1971)：Glacial and Quaternary geology. John Wiley & Sons, 892 p.
3) 若浜五郎(1978)：氷河の科学，日本放送出版協会，238 p.
4) Sugden, D. E. and John, B. S. (1976)：Glaciers and landscape, Edward Arnold, 376 p.
5) Embleton, C. and King, C. A. M. (1975)：Glacial geomorphology, Edward Arnold, 573 p.
6) 小疇尚(1973)：日本の氷期の氷河の消長．地理，**18**-7，29-37.
7) Strahler, A. N. (1975)：Physical Geography (4th ed.), John Wiley & Sons, 643 p.

§9-1————小疇尚
1) 若浜五郎(1978)：氷河の科学，日本放送出版会，238 p.
2) Embleton, C. and King, C. A. M. (1975)：Glacial geomorphology, Edward Arnold, 573 p.
3) 小林国夫・阪口豊(1982)：氷河時代，岩波書店，209 p.

§9-2————小疇尚
1) 野上道男(1968)：Cordillera Real (Bolivia) の氷河．地学雑誌，**77**，125-140.
2) 野上道男(1971)：アンデスの気候地形(1)．地理，**16**-12，49-55.
3) 野上道男・小疇尚・平川一臣・今泉俊文(1980)：アルチプラノ(ラパス周辺)の氷期区分と地形発達．日本地理学会予稿集，**18**，26-27.
野上道男・小疇尚・平川一臣・今泉俊文(1980)：アルチプラノ(ラパス周辺)の活断層．日本地理学会予稿集，**18**，28-29.

§9-3————小疇尚
1) 藤井理行(1982)：南極の雪氷圏．南極の科学 4．氷と雪(国立極地研究所編)，6-47，古今書院，202 p.
2) Flint, R. F. (1971)：Glacial and Quaternary geology, John Wiley & Sons, 892 p.
3) Sugden, D. E. and John, B. S. (1976)：Glaciers and Landscape, Edward Arnold, 376 p.
4) 小元久仁夫(1980)：南極昭和基地周辺地域の氷蝕地形——リュッツォホルム湾東部の地形——．極地，**30**，43-50.

§9-4————小疇尚
1) 五百沢智也(1979)：鳥瞰図譜・日本アルプス，講談社，190 p.

§9-5————**町田洋**
1) 町田洋(1977)：チリ湖沼地帯とニュージーランドの第四紀研究——とくに日本の研究と関連の深い諸問題について——．第四紀研究，**15**，156-167.
2) Suggate, R. P. (1965)：Late Pleistocene geology of the northern part of the South Island, New Zealand. *N. Z. Geol. Surv. Bull.*, **77**, 91 p.
3) Suggate, R. P. and Moar, N. T. (1970)：Revision of the chronology of the Late Otira Glacial. *N. Z. Jour. Geol. Geophys.*, **13**, 742-746.
4) Gage, M. and Soons, J. M. (1973)：Early Otiran glacial chronology——A re-examination. Abstr. IX INQUA, 111-112.

§9-6————**平川一臣**
1) Penck, A. (1882)：Die Vergletscherung der deutschen Alpen, ihre Ursachen, periodische Wiederkehr und ihr Einfluß auf die Bodengestaltung. Barth, Leipzig, 484 S.
2) Eberl, B. (1930)：Die Eiszeitenfolge im nördlichen Alpenvorland (Iller-Lechgletscher). B. Fischer (Augsburg), 427 S.
3) Schaefer, I. (1957)：Erläuterungen zur Geologischen Karte von Augsburg und Umgebung 1：50,000. 92 S., Bayer. Geol. L-Amt (München).
4) Jerz, H., Stepfan, W., Streit, R. und Weinig, H. (1975)：Erläuterungen zur

Geologischen Übersichtskarte des Iller-Mindel-Gebietes 1：100,000. 37 S., Bayer. Geol. L-Amt(München).
5) Graul, H.(1973)：State of Research on Quaternary of the Federal Republic of Germany. B. Forland of the Alps, 1.lithostratigraphy, paleopedology and geomorphology. *Eisz. u. Gegenw.* 23/24, 268-280.
6) Glückert, G.(1974)：Mindel-und rißeiszeitliche Endmoränen des Illervorlandgletschers. *Eisz. u. Gegenw.* **25**, 96-106.
7) Eichler, H. and Sinn, P.(1974)：Zur Gliederung der Altmoränen im westlichen Salzachgletschergebiet. *Z. f. Geomorphologie. N. F.*, **18**, 133-158.

§ 9-7――――平川一臣

1) Liedtke, H.(1975)：Die nordischen Vereisungen in Mitteleuropa. *Forsch. z. dt. Landes-Kunde.* 204, 160 S, Bonn.
2) Degn, C. and Muuß, U. (1979)：Topographischer Atlas Schleswig-Holstein und Hamburg. Karl Wachholtz 235 S, Neumünster.

第 10 章解説――――町田洋

1) 勝井義雄(1972)：世界の火山分布．科学，**42**，386-392.
2) Nakamura, K.(1974)：Preliminary estimate of global volcanic production rate. The utilization of volcano energy (Colp, J. L. and Furumoto, A. S. eds.), 273-285.
3) 杉村新(1973)：現在の火山の帯状配列とプレートテクトニクスとの関連．「マグマ発生の時間的空間的分布」**1**，5-19.
4) 村井勇(1974)：1973 年の浅間火山の噴火活動と小規模火砕流．地震研研究速報，**13**，127-162.
5) Thorarinsson, S.(1967)：The eruptions of Hekla in historical times. "The eruption of Hekla 1947-1948 1" Soc. Scient. Islandice 1967, 1-170.
6) R. W. van Bemmelen(1949)：The Geology of Indonesia v. 1 and 2 (M. Nijhoff, ed.), The Hague, 695 p.
7) 守屋以智雄(1979)：日本の第四紀火山の地形発達と分類．地理学評論，**52**，479-501.
8) 町田洋・鈴木正男(1971)：火山灰の絶対年代と第四紀後期の編年――フィッション・トラック法による試み．科学，**41**，263-270.
9) 町田洋(1977)：火山灰は語る，蒼樹書房，324 p.
10) Porter, S. C., Stuvier, M. and Yang, I. C. (1977)：Chronology of Hawaiian glaciations. *Science*, **195**, 61-63.
11) 町田洋・新井房夫(1978)：大山倉吉軽石層――分布の広域性と第四紀編年上の意義．地学雑誌，**88**，313-330.
12) 中村一明(1969)：広域応力場を反映した火山体の構造――側火山の配列方向――．火山第 2 集，**14**，8-20.

§ 10-1――――町田洋

1) Ōba, Y.(1966)：Geology and petrology of Usu volcano, Hokkaido, Japan. *Jour. Fac. Sci., Hokkaido Univ., Ser. IV*, **13**, 185-236.
2) 横山泉・勝井義雄・大場与志男・江原幸雄(1973)：有珠山――火山地質・噴火史・活動の現況および防災対策．北海道防災会議，254 p.
3) Minakami, T., Ishikawa, T. and Yagi, K. (1951)：The 1944 eruption of Volcano Usu in Hokkaido, Japan. *Bull. Volcanologique, Ser. II*, **11**, 45-157.
4) Katsui, Y. and Yokoyama, I.(1979)：The 1977-1978 eruption of Usu Volcano. Report on Volcanic Activities and Volcanological Studies in Japan for the period from 1975 to 1978, National Committee for Geodesy and Geophysics, Science Council of Japan, 1-25.
5) 曽屋龍典・勝井義雄・新井田清信・堺幾久子(1981)：有珠火山地質図．地質調査所，火山地質図 2．
6) 三松正夫(1970)：昭和新山――その誕生と観察の記録――，講談社，268 p.
7) 勝井義雄(1980)：有珠山の噴火とその災害．月刊地球，**2**(6)，414-420.

§ 10-2――――町田洋

1) 中川久夫・中馬教允・石田琢二・松山力・七崎修・生出慶司・大池昭二・高橋一(1972)：十和田火山発達史概要．岩井淳一教授記念論文集，7-18.
2) 大池昭二(1972)：十和田火山東麓における完新世テフラの編年．第四紀研究，**11**，228-235.
3) 町田洋・新井房夫・森脇広(1981)：日本海を渡ってきたテフラ．科学，**51**，562-569.
4) 町田洋・新井房夫・小田静夫・遠藤邦彦(1984)：テフラと日本考古学――考古学研究と関係するテフラのカタログ――．古文化財に関する保存科学と人文・自然科学(渡辺直経編)，865-928.
5) Horiuchi, K., Sonoda, S., Matsuzaki, H. and Ohyama, M. (2007)：Radiocarbon analysis of tree rings from a 15.5-cal kyr BP pyroclastically buried forest : a pilot study. *Radiocarbon*, **49**, 1123-1132.
6) 工藤崇(2008)：十和田火山，噴火エピソード E 及び G 噴出物の放射性炭素年代．火山，**53**(6)，193-199.
7) Bourne, A. J., Abbott, P. M., Albert, P. G., Cook, E. N., Pearce, J. G., Ponomareva, V., Svensson, A. and Davies, S. M. (2016)：Underestimated risks of recurrent long-range ash dispersal from northern Pacific Arc volcanoes. *Scientific Reports*, **6**, 29837, doi : 10.1038/srep29837.
8) McLean, D., Albert, P., Nakagawa, T., Suzuki, T., Staff, R., Yamada, K., Kitaba, I., Haraguchi, T., Kitagawa, J., SG14 Project Members and Smith, V. (2018)：Integrating the Holocene tephrostratigraphy for East Asia using a high-resolution cryptotephra study from Lake Suigetsu (SG14 core), central Japan. *Quat. Sci. Rev.*, **183**, 36-58.

§ 10-3――――町田洋

1) Tsuya, H.(1955)：Geological and petrological studies of Volcano Fuji (V) On the 1707 eruption of Volcano Fuji. *Bull. Earthq. Res. Inst*, **33**, 341-383.
2) 町田洋(1964)：Tephrochronology による富士火山とその周辺地域の発達史．地学雑誌，**73**，293-308，337-350.
3) 町田洋・松島義章・今永勇(1975)：富士山東麓駿河小山付近の第四系――とくに古地理の変遷と神縄断層の変動について――　第四紀研究，**14**，77-90.
4) 津屋弘逵(1943)：富士火山の地質学的並岩石学的研究(Ⅳ)――寄生火山の構造及び分布．震研彙報，**21**，376-393.
5) 中村一明(1969)：広域応力場を反映した火山体の構造――側火山の配列方向――．火山第 2 集，**14**，8-20.
6) 町田洋(1977)：火山灰は語る，蒼樹書房，324 p.
7) Machida, H.(1975)：Pleistocene sea level of South Kanto, Japan, analysed by tephrochronology, Quaternary Studies (R. P. Suggate and M. Cresswel eds.), 215-222.

§ 10-4――――町田洋

1) 町田洋・松島義章・今永勇(1975)：富士山東麓駿河小山付近の第四系――とくに古地理の変遷と神縄断層の変動について――　第四紀研究，**14**，77-90.

§ 10-5――――町田洋

1) 葉室和親(1978)：大室山火山群の地質．地質学雑誌，**84**，433-444.
2) McGetchin, T. R., Settle, M. and Chouet, B. A. (1974)：Cinder cone growth modeled after northeast crater, Mount Etna, Sicily. *Jour. Geophys. Res.*, **79**, 3257-3272.
3) 久野久(1970)：5 万分の 1 地質図「伊東」，地質調査所．

§ 10-6――――中村一明

1) 中村一明(1979)：火山体．岩波講座地球科学 7 火山，172-183.

§ 10-7――――中村一明

1) 荒牧重雄(1970)：ハワイの火山．科学，**40**，318-324.
2) Macdonald, G. A. and Abbott, A. T.(1970)：Volcanoes in the sea, Univ. Hawaii press, 441 p.
3) 中村一明(1978)：火山の話，岩波新書，228 p.
4) 中村一明(1979)：火山体．岩波講座地球科学 7 火山，172-183.
5) D. W. Peterson (1967)：1/24,000 Geologic Map of the Kilauea Crater Quadrangle, Hawaii. U. S. Geol. Surv.

第 11 章解説――――太田陽子

1) 吉川虎雄・杉村新・貝塚爽平・太田陽子・阪口豊(1973)：新編日本地形論，東京大学出版会，415 p.
2) 貝塚爽平(1977)：日本の地形――特質と由来――，岩波書店，234 p.
3) Huzita, K., Kishimoto, Y. and Shiono, K. (1973)：Neotectonics and seis-

micity in the Kinki area, southwest Japan. *J. Geosciences*, Osaka City Univ., **16**, Art 6, 93-124.
4) 第四紀地殻変動研究グループ(1968)：第四紀地殻変動図．第四紀研究，**7**，182-187.
5) Research Group of Quaternary Tectonic Map, Tokyo (1973)：Explanatory text of the Quaternary tectonic map of Japan, National Res. Center Disaster Prevent. Sci. and Tech. Agency, 1-167.
6) 矢部長克・青木廉二郎(1927)：関東構造盆地周縁山地に沿える段丘の地質時代．地理学評論，**3**，79-87.
7) 貝塚爽平(1964)：東京の自然史，紀伊国屋書店，186 p.
8) 太田陽子・平川一臣(1979)：能登半島の海成段丘とその変形．地理学評論，**52**，169-189.
9) 吉川虎雄・太田陽子・米倉伸之・岡田篤正・磯望(1980)：ニュージーランド北島北東岸の海成段丘と地殻変動．地理学評論，**53**，238-262.
10) 太田陽子・松田時彦・長沼和雄(1976)：佐渡小木地震(1802年)による土地隆起量の分布とその意義．地震，2輯，**29**，55-70.
11) Nakamura, K., Kasahara, K. and Matsuda, T. (1967)：Tilting and uplift of an Island Awashima, near the epicentre of the Niigata Earthquake in 1964. *J. Geol. Soc. Japan*, **10**, 172-179.
12) 桑原徹(1968)：濃尾盆地と傾動地塊運動．第四紀研究，**7**，235-247.
13) 活断層研究会(1980)：日本の活断層——分布図と資料，東京大学出版会，363 p.
14) 太田陽子・寒川旭(1984)：鈴鹿山脈東麓地域の変位地形と第四紀地殻変動．地理学評論，**57**(Ser. A)，237-262.
15) 松田時彦(1974)：1891年濃尾地震の地震断層．震研速報，No.13, 85-126.
16) Lensen, G. J. (1976)：Earth deformation in relation to town planning in New Zealand. *Bull. International Association. Engineering Geol.*, No.14, 241-247.
17) 小出仁・山崎晴雄・加藤碩一(1978)：地震と活断層の本，国際地学協会，123 p.
18) 伊原敬之助・石井清彦(1932)：北伊豆震災地調査報文．地調報告，**112**，1-111.
19) Sieh, K. E. (1978)：Prehistoric large earthquakes produced by slip on the San Andreas Fault at Pallett Creek, California. *J. Geophys. Res.*, **83**, 3907-3939.
20) Powers, W. E. (1962)：Terraces of the Hurunui River, New Zealand. *N. Z. J. Geol. Geophy.*, **5**, 114-129.
21) Yeats, R. S. (in press)：Faults related to folding, including examples from New Zealand.
22) Ikeda, Y. (1983)：Thrust front migration and its mechanism——evolution of intraplate thrust fault systems——. *Bull. Dept. Geogr., Univ. Tokyo*, **15**, 125-159.

§ 11-1————岡田篤正
1) 岡田篤正(1973)：四国中央北縁部における中央構造線の第四紀断層運動．地理学評論，**46**，295-322.
2) Okada, A. (1980)：Quaternary faulting along the Median Tectonic Line of Southwest Japan. *Mem. Geol. Soc. Japan*, No.18, 79-108.

§ 11-2————太田陽子
1) Suggate, R. P. (1963)：The Alpine Fault. *Trans. Royal Soc. N. Z. Geology*, **2** (7), 105-129.
2) Lensen, G. J. and Vella, P. (1971)：The Waiohine faulted terrace sequence. *Bull. Royal. Soc. N. Z.*, **9**, 117-119.
3) Lensen, G. J. (1977)：Late Quaternary tectonic map of New Zealand. 1：2,000,000. N. Z. Geol. Surv.

§ 11-3————太田陽子
1) 滝本清(1935)：三重県-志郡地方の新生界．地球，**23**，6-18.
2) 武久義彦(1979)：鈴鹿山脈東麓の活断層．奈良女子大地理学研究報告，119-137.
3) 太田陽子・寒川旭(1984)：鈴鹿山脈東麓地域の変位地形と第四紀地殻変動．地理学評論(series A)，**57**，237-262.

§ 11-4————米倉伸之
1) 米倉伸之・松田時彦・野上道男・貝塚爽平(1979)：コルディエラ・ブランカ(ペルー)西麓の活断層．地学雑誌，**88**，1-19.

§ 11-5————中村一明
1) 中村一明(1978)：火山の話，岩波新書，160-166.
2) 中村一明・宝来帰一(1971)：アイスランド——裂けて拡がる変動帯．科学，**41**，185-198.
3) Saemundsson, K. (1978)：Fissure swarms and central volcanoes of the neovolcanic zones of Iceland. *Geol. Jour., Spec. Issue*, **10**, 415-432.

§ 11-6————太田陽子
1) Ota, Y. (1969)：Crustal movements in the late Quaternary considered from the deformed terrace plains in Northeastern Japan. *Japan. Jour. Geol. Geogr.*, **40**, (2-4), 41-61.
2) Ota, Y., Machida, T., Ikeda, H., Shirai, T. and Suzuki, T. (1973)：Active folding of the fluvial terraces along the Shinano River, central Japan. The crust and upper mantle of the Japanese area, Part II, Geology and Geochemstry. *Geol. Surv. Japan*, 121-129.
3) 太田陽子・鈴木郁夫(1979)：信濃川下流地域における活褶曲の資料．地理学評論，**52**，592-601.
4) 池辺展生(1942)：越後油田褶曲構造の現世まで行われていることに就いて．石油技協，**10**，108-109.
5) 大塚弥之助(1942)：活動している褶曲構造．地震，**14**，46-63.
6) 中村一明・太田陽子(1968)：活褶曲——研究史と問題点——．第四紀研究，**7**，200-211.
7) 杉村新(1952)：褶曲運動による地表の変形について．震研彙報，**30**，163-178.
8) 溝上恵・中村一明・井筒屋貞勝(1980)：精密水準改測による小千谷地域の活褶曲の検出．震研彙報，**55**，199-224.

§ 11-7————太田陽子
1) 松田時彦・太田陽子・安藤雅孝・米倉伸之(1974)：元禄関東地震の地学的研究．関東地方の地震と地殻変動(垣見・鈴木編)，ラティス，175-192.
2) Matsuda, T., Ota, Y., Ando, M. and Yonekura, N. (1978)：Fault mechanism and recurrence time of major earthquakes in southern Kanto district, Japan, as deduced from coastal terrace data. *Amer. Geol. Soc. Bull.*, **89**, 1610-1618.
3) 中田高・木庭元晴・今泉俊文・曹華龍・松本秀明・菅沼健(1980)：房総半島南部の完新世海成段丘と地殻変動．地理学評論，**53**，29-44.
4) Ota, Y. (1982)：Holocene marrine terrace of uplifting areas in Japan. Holocene sealevel：fluctuations, magnitude and couses (Univ. South. Carolina, Colqbourn, D. J. ed.), 118-134.

§ 11-8————太田陽子
1) Ota, Y., Williams, D. N. and Berryman, K. R. (1981)：Parts sheets 027, R 27 and R 28, Wellington (1st ed). Late Quaternary tectonic map of New Zealand. 1：50,000 with notes N. Z. Geol. Surv.
2) 太田陽子(1976)：ニュージーランドにおける第四紀研究の一断面．第四紀研究，**15**，141-155.
3) Cotton, C. A. (1921)：The warped land surface on the southeastern side of the Port Nicholson Depression, Wellington. *Trans. N. Z. Institute*, **53**, 131-143.
4) Wellman, H. W. (1967)：Tilted marine beach ridges at Cape Turakirae, New Zealand. *Jour. Geosci. Osaka City Univ.*, **10**, 123-129.

第12章解説————小池一之
1) Twidale, C. R. (1971)：Structural landforms, The MIT Press, 247 p.
2) 高橋建一(1975)：日南海岸青島の「波状岩」の形成機構．地理学評論，**48**，43-62.
3) 吉川虎雄(1947)：地形の逆転について，地理学評論，**21**，10-12.
4) 吉川虎雄・杉村新・貝塚爽平・太田陽子・阪口豊(1973)：新編日本地形論，東京大学出版会，415 p.
5) Holmes, A. and Holmes, D. L. (1978)：Principles of physical geology (3rd ed.), Nelson, 730 p.：上田誠也ほか訳(1984)：一般地質学II，東京大学出版会.
6) 松岡憲知・上本進二(1984)：日本アルプス主稜線部の組織地形．地理学評論，**57**(Ser. A)，263-281.

7) Sweeting, M. M. (1950) : Erosion cycles and limestone caverns in Ingleborough district. *Geogr. Jour.*, **115**, 63-78.
8) 浜田清吉(1957)：秋吉台のカルスト地形. 秋吉台学術調査報告書(山口県教育委員会), 83-103.
9) Jennings, J. N. (1971) : Karst, The MIT Press, 252 p.
10) Herak, M. (1972) : Karst of Yugoslavia, Karst—Important karst regions of the northern hemisphere (Herak, M. and Stringfield, eds.), 25-83.

§ 12-1————小池一之
1) Holmes, A. and Holmes, D. L. (1978) : Principles of physical geology (3rd ed.), Nelson, 730 p. : 上田誠也ほか訳(1984)：一般地質学Ⅱ, 東京大学出版会.
2) Darton, N. H. (1971) : Story of Grand Canyon, U. S. Geol. Surv., (41 ed.). 64 p.

§ 12-2————小池一之
1) Straw, A. and Clayton, K. (1979) : East and central England (The Geomorphology of the British Isles), Methuen, London, 247 p.
2) Kidson, C. (1969) : The role of the sea in the evolution of the British landscape. Geography at Aberystwyth (Bowen, E. G., Carter, H. and Taylor, A. eds.), Univ. Wales Press, 1-21.
3) Linton, L. (1956) : Geomorphology of the Sheffield region. Sheffield and its region (Linton, L. ed.), British Assoc. Adv. Sci., 24-43.
4) Walsh, P. T., Boulder, M. G., Ijtaba, M. and Urbani, D. M. (1972) : The preservation of the Neogene Brassington formation of the southern Pennines and its bearing on the evolution of Upland Britain. *Jour. Geol. Soc. London*, **128**, 519-559.
5) Straw, A. (1968) : A Pleistocene diversion of drainage in North Derbyshire. *East Mid. Geogr.*, **4**, 275-280.

§ 12-3————小池一之
1) Thornbury, W. D. (1954) : Principles of geomorphology, John Wiley & Sons, 618 p.
2) Twidale, C. R. (1971) : Structural landforms, The MIT Press, 247 p.
3) Pennyslvania Geological Survey (1960) : Geologic map of Pennsylvania, 1 : 250,000 (2 sheets).
4) Strahler, A. N. and Strahler, A. H. (1983) : Modern physical geography (2nd ed.), John Wiley & Sons, Inc.
5) Thompson, H. D. (1949) : Drainage evolution in the Appalachians of Pennsylvania. *Ann. N. Y. Acad. Sci.*, **52**, 31-62.

§ 12-4————小池一之
1) 三野与吉(1942)：地形原論, 古今書院.
2) 中村嘉男(1960)：阿武隈隆起準平原北部の地形発達. 東北地理, **12**, 67-71.
3) 小池一之(1968)：北阿武隈山地の地形発達. 駒沢地理, 4/5 号, 109-126.
4) 渡辺岩井・牛来正夫ほか(1955)：阿武隈高原の火成活動. 地球科学, 24 号, 1-11.

§ 12-5————小池一之
1) 太田正道・鳥山隆三・杉村昭弘・配川武彦(1973)：秋吉台石灰岩層群における逆転構造の再検討. 地学雑誌, **82**, 115-135.
2) 平朝彦(1990)：日本列島の誕生, 岩波新書 148, 岩波書店, 226 p.
3) 浜田清吉(1957)：秋吉台のカルスト地形. 秋吉台学術調査報告書(山口県教育委員会), 83-103.
4) 浜田清吉・三浦肇(1970)：秋吉台におけるカレンフェルト地形の発達. 山口大学教育学部研究論叢, **19** (第 1 部), 1-11.

§ 12-6————小池一之
1) King, C. A. M. (1976) : Northern England (Geomorphology of the British Isles), Methuen, 213 p.
2) Sweeting, M. M. (1950) : Erosion cycles and limestone caverns in Ingleborough district. *Geogr. Jour.*, **115**, 63-78.
3) Sweeting, M. M. (1972) : Karst of Great Britain. Karst—Important karst regions of the northern hemisphere (Herak, M. and Stringfriend, V. T. eds.), Elsevier Pub. Co., 415-443.

第 13 章解説————米倉伸之
1) 佐藤任弘(1969)：海底地形学, ラティス, 191 p.
2) 茂木昭夫(1977)：日本近海海底地形誌——海底俯瞰図集. 東京大学出版会, 90 p.
3) Holcombe, T. L. (1977) : Ocean bottom features —— Terminology and nomenclature. *Geo Journal*, **1**, 25-48.
4) 上田誠也・小林和男・佐藤任弘・斎藤常正編(1977)：岩波講座地球科学 11 変動する地球Ⅱ海洋底, 岩波書店, 302 p.
5) Sclater, *et al.* (1971) : Elevation of ridges and elevation of the Central Eastern Pacific. *J. Geophys. Res.*, **76**, 7888.
6) Menard, H. W. (1964) : Marine Geology of the Pacific, McGraw-Hill, 271 p.
7) Dalrymple, G. E., *et al.* (1980) : Conventional and $^{40}Ar/^{39}Ar$ K-Ar ages of volcanic rocks from Ōjin (site 430), Nintoku (site 432), and Suiko (site 433) seamounts and the chronology of volcanic propagation along the Hawaiian-Emperor chain. *Init. Rep. DSDP*, **55**, 659-676.
8) 兼岡一郎(1982)：地球年代学的立場からみた海洋島と海山列——ホットスポットとの関連を中心として——. 月刊海洋科学, **14**, 99-109.
9) Heezen, B. C. and Menard, H. W. (1963) : Topography of the deep-sea floor. *The Sea* (M. N. Hill ed.), **3**, Interscience, 233-280.
10) 岩淵義郎(1970)：海溝. 海洋科学基礎講座 8 深海地質学, 東海大学出版会, 145-220.
11) Kenett, J. (1982) : Marine Geology, Prentice-Hall, 813 p.

§ 13-1————米倉伸之
1) 永野真男ほか(1976)：九州西岸沖の海底地質. 水路部研究報告, **11**, 1-38.
2) 茂木昭夫(1981)：対馬海峡大陸棚の地形発達——対馬陸橋に関連して——. 第四紀研究, **20**, 243-256.
3) 新井房夫ほか(1981)：後期第四紀における日本海の古環境——テフロクロノロジー, 有孔虫群集解析, 酸素同位体比法による—— 第四紀研究, **20**, 209-230.
4) 茂木昭夫・長井俊夫(1981)：対馬東水道の海底砂州. 東北地理, **33**, 71-80.

§ 13-2————米倉伸之
1) 歌代慎吉・岩淵義郎(1971)：相模湾の海底地形・地質構造について. 地学雑誌, **80**, 77-88.
2) 海上保安庁水路部(1980, 1971)：1/20 万海底地形図第 6362, 6363 号.
3) 木村政昭(1976)：相模灘及付近海底地質図, 海洋地質図 No. 3, 1 : 20 万, 地質調査所.
4) 加賀美英雄ほか(1968)：相模湾底の南相模層について. 海洋地質, **4**, 1-15.
5) 活断層研究会(1980)：日本の活断層——分布図と資料, 東京大学出版会, 363 p.
6) 米倉伸之(1984)：駿河トラフ・相模トラフ周辺の変動地形. 第四紀研究, **23**, 83-90.

§ 13-3————米倉伸之
1) 茂木昭夫(1975)：フィリピン海北縁部の海底地形——Outer Ridge について——. 海洋科学, **7**, 531-536.
2) 茂木昭夫(1977)：日本近海海底地形誌——海底俯瞰図集, 東京大学出版会, 90 p.
3) 岩淵義郎(1970)：紀伊半島沖の地形・地質. 島弧と海洋(星野・青木編), 東海大出版会, 149-154.
4) 米倉伸之(1979)：東海沖の海底活断層. 月刊地球, **1**, 577-582.
5) 加藤茂ほか(1983)：南海・駿河・相模トラフのマルチチャンネル反射法音波探査. 水路部研究報告, **18**, 1-23.
6) 桜井操・佐藤任弘(1983)：東海沖 Outer Ridge の地質構造. 水路部研究報告, **18**, 25-35.

§ 13-4————米倉伸之
1) 佐藤任弘(1971)：東北日本海沿岸の海底調査. 地学雑誌, **80**, 285-301.
2) 桜井操・佐藤任弘(1971)：最上舟状海盆の地質構造と発達史. 地質学雑誌, **77**, 489-496.
3) 活断層研究会(1980)：日本の活断層——分布図と資料, 東京大学出版会, 363 p.
4) Nakamura, K. *et. al.* (1964) : Tilting and uplift of an island, Awa Shima, near the epicenter of the Niigata Earthquake in 1964. *Jour. Geol. Soc. Japan*, **10**, 139-146.
5) Mogi, A. *et al.* (1964) : Submarine crustal movement due to the Niigata

earthquake in 1964, in the environs of the Awa Shima Islands, Japan Sea. *Jour. Geol. Soc. Japan*, **10**, 180-186.
6) 桜井操・佐藤任弘(1973)：佐渡海嶺の地質構造．山形県の地質と資源，43-46.
7) 中村一明(1983)：日本海東縁新生海溝の可能性．東京大学地震研究所彙報，**58**，71-722.

§ 13-5————米倉伸之

1) Nasu, N. *et al*. (1979)：Multi-channel seismic reflection data across the Japan Trench. IPOD-Japan basic data series, No.3, Ocean Research Inst., Univ. Tokyo, 21 p.
2) von Huene, R. *et al*. (1982)：A summary of Cenozoic tectonic history along the IPOD Japan Trench transect, *Geol. Soc. Am. Bull*., **93**, 829-846.
3) 藤岡換太郎ほか(1983)：太平洋プレートの沈みこみと日本海溝．科学，**53**，420-428.
4) 茂木昭夫(1980)：東北日本太平洋岸の forearc basin について．最近の海底調査——その技術と成果——．日本水路協会，95-104.
5) Scientific Party (1980)：Initial reports of the Deep Sea Drilling Project, 56・57. Part 1,2. Washington (U. S. Govt. Printing Office), 1417 p.

第 14 章解説————貝塚爽平

1) Transactions, American Geophysical Union (EOS), Vol. **56**, No.2, 1975 の表紙.
2) 小林和男(1977)：海洋底地球科学，東京大学出版会，312 p.
3) 貝塚爽平(1978)：変動する第四紀の地球表面．岩波講座地球科学 10 変動する地球Ⅰ現在および第四紀，183-242.
4) Kono, Y. and Yoshii, T. (1975)：Numerical experiments on the thickening plate model, *Four. Phys. Earth*, **23**, 63-75.
5) 大河原浩・河野芳輝(1981)：海洋プレート厚の減少——ハワイ．エンペラー海山列の進化．地震，**34**，385-400.
6) Turcotte, D. L. (1982)：Driving mechanisms of mountain building. Mountain Building Processes (Hsü, K. J. ed.), Academic Press, 141-146.
7) Fairbridge, R. W. (1968)：Continental flexure. The Encyclopedia of Geomorphology (Fairbridge, R. W. ed.), Reinhold, New York, 174-177.
8) Kono, Y. and Amano, M. (1978)：Thickening model of the continental lithosphere. *Geophys. Four. Roy. Astr. Soc*., **54**, 405-416.
9) 都城秋穂(1979)：プレートテクトニクスにもとづく造山論．岩波講座地球科学 12 変動する地球Ⅲ造山運動，35-144.
10) Turcotte, D. L. (1983)：Mechanisms of crustal deformation. *Jour. Geol. Soc. London*, **140**, 701-724.
11) Holmes, A. (1978)：Principles of physical geology (3rd ed.), Nelson, 730 p.；上田誠也ほか訳(1984)：一般地質学Ⅱ，東京大学出版会.
12) 上田誠也・杉村新(1970)：弧状列島，岩波書店，156 p.
13) 貝塚爽平・松田時彦・中村一明(1976)：日本列島の構造と地震・火山．科学，**46**，196-210，坂口豊編.
14) 貝塚爽平(1972)：島弧系の大地形とプレートテクトニクス，科学，**42**，573-581；上田誠也・杉村新編(1973)：世界の変動帯，岩波書店，297-305 に再録.
15) Sverdrup, H. V., Johnson, M. W. and Fleming, R. H. (1942)：The Oceans, Their Physics, Chemistry, and General Biology. Prentice-Hall, 1087 p.

§ 14-1————貝塚爽平

1) Holmes, A. (1978)：Principles of physical geology (3rd ed.), Nelson, 730 p.；上田誠也ほか訳(1984)：一般地質学Ⅲ，東京大学出版会.
2) 諏訪兼位・矢入憲二(1979)：アフリカ．岩波講座地球科学 16 世界の地質，61-98.
3) 宝来帰一・鎮西清高(1971)：大地溝帯と新しい変動論．科学，**41**，332-345．上田誠也・杉村新編：世界の変動帯，岩波書店，1973，105-118 に収録.
4) King, L. (1967)：Morphology of the Earth, Hafner, New York, 699 p.
5) King, L. (1983)：Wandering continents and spreading seafloors on an expanding earth, John Wiley & Sons, Ltd.
6) King, L. (1951)：South African Scenery (2nd ed.), Oliver and Boyd, Edinburgh, 379 p.

§ 14-2————貝塚爽平

1) The National Atlas of the United States of America (1970)：U. S. Department of the Interior, Geological Survey, Washington, D. C.
2) The National Atlas of Canada (1974)：4th ed., Macmillan, Ottawa.
3) 都城秋穂(1979)：北アメリカ．岩波講座地球科学 16 世界の地質，99-142.

§ 14-3————米倉伸之

1) Dietrich, G. and Ulrich, J. 編 (1968)：Atlas Zur Oceanographie, Bibliographisches Institut, AG, Mannheim.
2) Uyeda, S. (1978)：The New View of the Earth, W. H. Freeman and Company, San Francisco.
3) Wilson, J. T. (1965)：A new class of faults and their bearing on continental drift. *Nature*, **207**, 343-347. © Macmillan Journals Limited.
4) MacDonald, K. E. and Luyendyk, B. P. (1977)：Deep-tow studies of the structure of the Mid-Atlantic Ridge crest near lat. 37°N. *G. S. A. B*., **88**, 621-636.

§ 14-4————貝塚爽平

1) 活断層研究会(1981)：日本の活断層——分布図と資料(第 4 刷).
2) 岡山俊雄(1953)：日本の地形構造——地形誌の出発点として——．駿台史学，**3**，28-38．岡山俊雄(1974)：日本の山地地形，古今書院，30-42 に再録.
3) 貝塚爽平(1972)：島弧系の大地形とプレートテクトニクス．科学，**42**，572-581．上田誠也・杉村新編(1973)：世界の変動帯，岩波書店，297-307 に再録.
4) 石和田靖章・池辺穣・小川克郎・鬼塚貞(1977)：東北日本の堆積盆地の発達様式についての一考察．藤岡一男教授退官記念論文集，1-7.

§ 14-5————池田安隆

1) Gansser, A. (1964)：Geology of the Himalayas, John Wiley & Sons, 289 p.
2) Nakata, T. (1972)：Geomorphic history and crunstal movements of the Foot-Hills of the Himalayas. *Sci. Rep. Tohoku Univ*., Ser. 7, **22**, 39-177.
3) Le Fort, P. (1975)：Himalayas, the collided range：Present knowledge of the continental arc. *American Jour. Science*, **275A**, 1-44.
4) 中国科学院西蔵科学考察隊(1976)：珠穆朗瑪峰地区科学考察報告 1966-1968．第四紀地質，科学出版社，112 p.
5) Hashimoto, S., Ota, Y. and Akiba, C., eds. (1973)：Geology of the Nepal Himalayas, Saikon Publ., Tokyo, 289 p.

解説増補

第四紀の新しい定義と精緻な数値年代決定————鈴木毅彦

1) 熊井久雄(2008)：第四紀の定義と問題点：最近の動向．デジタルブック最新第四紀学，日本第四紀学会 50 周年電子出版編集委員会編，CD-ROM＋概説集 30 p.
2) Gibbard, P. L., Head, M. J., Walker, M. J. C. and The Subcommission on Quaternary Stratigraphy (2010)：Formal ratification of the Quaternary System/Period and the Pleistocene Series/Epoch with a base at 2.58 Ma. *J. Quat. Sci*., **25**, 96-102.
3) Head, M. J., Gibbard, P. and Salvador, A. (2008)：The Quaternary：its character and definition. *Episodes*, **31**, 234-237.
4) Pillans, B. and Naish, T. (2004)：Defining the Quaternary. *Quat. Sci. Rev*., **23**, 2271-2282.
5) Cohen, K. M., Finney, S. C., Gibbard, P. L. and Fan, J.-X. (2013; updated)：The ICS International Chronostratigraphic Chart. *Episodes*, **36**, 199-204. http://www.stratigraphy.org/ICSchart/ChronostratChart2018-08.pdf
6) Smith, V. C., Staff, R. A., Blockley, S. P. E., Bronk Ramsey, C., Nakagawa, T., Mark, D. F., Takemura, K. and Danhara, T. (2013)：Identification and correlation of visible tephras in the Lake Suigetsu SG06 sedimentary archive, Japan：Chronostratigraphic markers for synchronising of east Asian/west Pacific palaeoclimatic records across the last 150 ka. *Quat. Sci. Rev*., **67**, 121-137.
7) Oppenheimer, C., Wacker, L., Xu, J., Galván, J. D., Stoffel, M., Guillet, S., Corona, C., Sigl, M., Di Cosmo, N., Hajdas, I. and Pan, B. (2017)：Multi-proxy dating the 'Millennium Eruption' of Changbaishan to late 946 CE. *Quat. Sci. Rev*., **158**, 164-171.

8) 町田洋・新井房夫(2003)：新編火山灰アトラス―日本列島とその周辺，東京大学出版会，336 p.

温暖化とその影響――――久保純子

1) IPCC (1990) : First Assessment Report 1990 (FAR).
2) IPCC (1995) : Second Assessment Report : Climate Change 1995 (SAR).
3) IPCC (2001) : Third Assessment Report : Climate Change 2001 (TAR).
4) IPCC (2007) : Forth Assessment Report : Climate Change 2007 (AR4).
5) IPCC (2013) : Fifth Assessment Report : Climate Change 2013 (AR5).
6) 岩田修二(2009)：赤道高山の縮小する氷河．熱帯の氷河(水越武)，山と渓谷社，146-157.
7) 岩田修二(2011)：氷河地形学，東京大学出版会，400 p.
8) National Snow and Ice Data Center (2018) : Arctic Sea Ice News and Analysis. http://nsidc.org/arcticseaicenews/
9) 三村信男(2001)：南太平洋の島国における海岸の諸問題と海面上昇に対する脆弱性．海面上昇とアジアの海岸(海津・平井編)，古今書院，121-134.
10) 菅浩伸(2009)：モルディブ諸島にみる環礁立国崩壊の危険性―災害と開発の連鎖．温暖化と自然災害―世界の六つの現場から(平井・青木編)，古今書院，59-84.
11) 海津正倫・平井幸弘編(2001)：海面上昇とアジアの海岸，古今書院，200 p.
12) 佐藤照子(2009)：ハリケーン・カトリーナによるニューオリンズ水没から学ぶ．温暖化と自然災害―世界の六つの現場から(平井・青木編)，古今書院，11-33.
13) 海津正倫(1994)：バングラデシュの自然と水害．防災と環境保全のための応用地理学(大矢編)，古今書院，248-264.
14) 松本淳・浅田晴久・林泰一(2009)：バングラデシュにおける洪水とサイクロン．温暖化と自然災害―世界の六つの現場から(平井・青木編)，古今書院，35-57.
15) 菅浩伸・中島洋典(2017)：太平洋・インド洋の環礁国における土地利用と国土の脆弱性．地理，**62**(1)，52-57.

新しい地形計測・表示技術――――鈴木毅彦

1) 横山隆三(2013)：DEM をベースとした立体地図の作成と防災への応用．日本地すべり学会東北支部平成 25 年シンポジウム「空間把握・解析技術の進展と斜面防災への活用」，10-13.
2) 今泉俊文・宮内崇裕・堤浩之・中田高(2018)：活断層詳細デジタルマップ新編，東京大学出版会，154 p＋USB メモリ 1 本.
3) 粟田泰夫(2017)：ステレオ等高線地形解析図による高解像度 DEM の可視化．活断層・古地震研究報告，**17**，117-136.
4) 千葉達朗・鈴木雄介(2004)：赤色立体地図―新しい地形表現手法．応用測量論文集，**15**，81-89.
5) 秋山幸秀・世古口竜一(2007)：微地形表現に優れた陰陽図．地図，**45**，37-46.

§A-1 ――――鈴木毅彦

1) 地震調査研究推進本部地震調査委員会(2018)：平成 30 年北海道胆振東部地震の評価.
2) 千木良雅弘・田近淳・石丸聡・鈴木毅彦(2019)：2018 年北海道胆振東部地震によって膨大な数の斜面崩壊が発生した理由：降下火砕物の分布，風化，斜面下部切断．平成 30 年度京都大学防災研究所研究発表講演会資料 A22.
3) 国土地理院(2018)：平成 30 年(2018 年)：北海道胆振東部地震に関する情報．http://www.gsi.go.jp/BOUSAI/H30-hokkaidoiburi-east-earthquake-index.html#10

§A-2 ――――久保純子

1) 日本の地質『中部地方Ⅰ』編集委員会(1988)：日本の地質 4 中部地方Ⅰ，共立出版，348 p.
2) 長野県長野建設事務所(1988)：地附山地すべり．地すべり，**25**(2)，27-35.
3) 長野県土木部／長野建設事務所(1993)：地附山地すべり災害(パンフレット)．https://www.pref.nagano.lg.jp/sabo/manabu/documents/dosyajirei-p-000900.pdf
4) 活断層研究会編(1980)：日本の活断層―分布図と資料，東京大学出版会，363 p.
5) 活断層研究会編(1991)：新編日本の活断層―分布図と資料，東京大学出版会，448p.
6) 宇佐美龍夫・石井寿・今村隆正・武村雅之・松浦律子(2013)：日本被害地震総覧 599-2012，東京大学出版会，724 p.
7) 石井弓夫(1996)：土砂災害を知る・防ぐ．自然災害を知る・防ぐ 第 2 版(大矢ほか編)，古今書院，208-249.
8) 富澤恒雄(1987)：長野市地附山地すべり地におけるマスムーブメントの発達過程．地質学雑誌，**93**(7)，459-467.

§A-3 ――――久保純子

1) 東北地方太平洋沖地震津波合同調査グループ(2011)：2011 年東北地方太平洋沖地震津波に関する合同現地調査の報告．津波工学研究報告，**28**，129-133.
2) 渡辺満久・中田高・小岩直人・熊原康博(2011)：津波被災マップと三陸海岸の津波遡上高．地理，**56**(6)(緊急特集東日本大震災)，58-63.
3) 澤井祐紀・岡村行信・宍倉正展・松浦旅人・Than Tin Aung・小松原純子・藤井雄士郎(2006)：仙台平野の堆積物に記録された歴史時代の巨大津波―1611 年慶長津波と 869 年貞観津波の浸水域．地質ニュース，624，36-41.
4) 宍倉正展・澤井祐紀・岡村行信・小松原純子・Than Tin Aung・石山達也・藤原治・藤野滋弘(2007)：石巻平野における津波堆積物の分布と年代，活断層・古地震研究報告，**7**，31-46.
5) 宍倉正展・澤井祐紀・行谷佑一・岡村行信(2010)：平安の人々が見た巨大津波を再現する―西暦 869 年貞観津波．AFERC ニュース，No. 16，1-10.
6) 国土地理院(2013)：平成 23 年(2011 年)東北地方太平洋沖地震の地震後の変動と滑り分布モデル(暫定)．http://www.gsi.go.jp/cais/topic110314-index.html
7) 岩手県(2017)：いわて震災津波アーカイブ／県土整備部河川課．http://iwate-archive.pref.iwate.jp/tokusen/machi/
8) 中央防災会議(2011)：東北地方太平洋沖地震を教訓とした地震・津波対策に関する専門調査会報告図表集．http://www.bousai.go.jp/jishin/chubou/higashinihon/index_higashi.html
9) 澤井祐紀・宍倉正展・岡村行信・高田圭太・松浦旅人・Than Tin Aung・小松原純子・藤井雄士郎・藤原治・佐竹健治・鎌滝孝信・佐藤伸枝(2007)：ハンディジオスライサーを用いた宮城県仙台平野(仙台市・名取市・岩沼市・亘理町・山元町)における古津波痕跡調査．活断層・古地震研究報告，**7**，47-80.
10) 佐竹健治(2012)：どんな津波だったのか―津波発生のメカニズムと予測．東日本大震災の科学(佐竹・堀編)，東京大学出版会，41-71.

§A-4 ――――鈴木毅彦

1) 渡辺一徳・星住英夫(1995)：雲仙火山地質図，工業技術院地質調査所.
2) 中田節也(1996)：溶岩ドーム噴火の特徴と普賢岳ドームの成長モデル．地質学論集，**46**，139-148.
3) 石川芳治・山田孝・千葉達朗(1996)：雲仙普賢岳噴火に伴う溶岩流出及び火砕流による土砂量と地形変化．砂防学会誌，**49**，38-44.
4) 国土交通省九州地方整備局雲仙復興事務所(2018)：平成 30 年度雲仙砂防事業の概要．http://www.qsr.mlit.go.jp/unzen/outline/sabo_gaiyo_new4.pdf

§A-5 ――――鈴木毅彦

1) 気象庁(2011)：「平成 23 年(2011 年)東北地方太平洋沖地震」について(第 35 報)．http://www.jma.go.jp/jma/press/1104/11b/201104111820.html
2) 活断層研究会編(1991)：新編日本の活断層―分布図と資料，東京大学出版会，448 p.
3) Toda, S., Stein, R. and Lin, J. (2011) : Widespread seismicity excitation throughout central Japan following the 2011 M=9.0 Tohoku earthquake and its interpretation by Coulomb stress transfer. *Geophys. Res. Lett.*, **38**, L00G03, doi : 10.1029/2011GL047834.
4) Imanishi, K., Ando, A. and Kuwahara, Y. (2012) : Unusual shallow normal-faulting earthquake sequence in compressional northeast Japan activated after the 2011 off the Pacific coast of Tohoku earthquake. *Geophys. Res. Lett.*, **39**, L09306, doi : 10.1029/2012GL051491.
5) 堤浩之・遠田晋次(2012)：2011 年 4 月 11 日に発生した福島県浜通りの地震の地震断層と活動履歴．地質学雑誌，**118**，559-570.

索引

ア

アイスウェッジカスト（＝化石氷楔）　ice-wedge cast　112
アイスランド型楯状火山　Icelandic-type shield volcano　152
アイソスタシー　isostasy　209, 212
アウターリッジ　outer ridge　202, 213
アウトウォッシュ　outwash　131
——・プレーン　outwash plain　80, 121, 124, 132, 134
アークトレンチギャップ　arc-trench gap　213
アースハンモック　earth hummocks　100, 101, 112
アセノスフェア　asthenosphere　195, 209, 218
圧縮尾根　pressure ridge　160
後浜　backshore　58
アフリカ面　African surface　214
洗い流し　wash　101, 104, 106
アルチプラネーションテラス　altiplanation terrace　114
アローヨ　arroyo　90

イ

石畳　stone pavement　101, 106
1 次の谷　valley of the first order　20, 28
移動体（地すべりの）　landslide mass, slide block　234
岩窪　（ice-eroded）rock basin, terminal basin　118
インゼルベルク　inselberg　90, 92
インブリケーション　imbricate structure, imbrication　49
インボリューション　involutions　102, 112

ウ

ヴァイクセル氷期　Weichsel glacial stage, Weichsel glaciation　134
ウアシュトロームタール　urstromtal　134
ヴァレー・トレイン　valley train　121
ウォッシュ（洗い流し）　wash　101, 103, 104, 106, 110
ウバーレ　uvala　180, 190
埋立地　reclaimed land　78
ヴュルム氷期　Würm glacial stage, Würm glaciation　132

エ

永久凍土　permafrost　98, 104, 108
SfM 技術　structure from motion　231
エスカー　esker, ose　121
A 層　A horizon　13
エルスター氷期　Elster glacial stage, Elster glaciation　134
縁海　marginal sea, epicontinental sea　210
沿岸州　barrier, offshore bar　60
——島（＝堤島）　barrier island　60
沿岸流　coastal current　58
円形土（＝礫質円形土）　stone ring, sorted circles　101
塩湖　salt lake, saline lake　90
縁溝—縁脚系　spur and groove system　74
円弧状三角州　arcuate delta　49, 54
円錐カルスト　cone karst　181
延長川　extended river　34
沿汀流　longshore current　58

オ

応力場　stress field　240
横列砂丘群　transverse sand dune　83
沖浜　offshore　58
オーギブ　ogives　122
オーバーバンクシルト（＝氾濫原土）　over-bank silt, flood loam　47
温泉変質帯　solfataric alternation zone　16
温帯多雨地域　temperate humid area　15
温暖氷河　temperate glacier　117
音波探査　continuous seismic profiling　200, 202, 204, 206

カ

外因的営力　exogenic agent, external agency　4
外営力　external force　4
外縁隆起帯　outer ridge　202, 213
海岸砂丘　coastal sand dune　81, 84
海岸侵食　beach erosion, coastal erosion　72, 229
海岸線　shoreline, coastline　58
海岸地形　coastal landform　58
海丘　hill, knoll　195
外弧　outer arc　213
——隆起帯　outer arc ridge　213
海溝　oceanic trench　194, 206, 210
——型巨大地震　huge subduction-zone earthquake, huge subduction earthquake　240
——周縁隆起帯　marginal swell　197, 206
開口地割れ　open ground-fissure　170
外作用　exogenetic process　4
海山　seamount　154, 194, 195
——群　seamount group　195
外礁　outer reef　76
階状土　solifluction terraces, steps　101, 104
海食崖　sea cliff, coastal cliff　54, 59, 70, 130
海食台　abrasion platform, wave-cut platform →波食台もみよ　34, 54, 59
海食洞　sea cave　59
海進　marine transgression　60
崖錐　talus cone, talus　91, 96, 102
——前縁堤　protalus rampart　102
海成段丘　marine terrace　34, 60, 64, 66, 74, 130, 174, 176
開析　dissection　29
——三角州　dissected delta　46
——扇状地　dissected fan　46, 50, 162
——度　degree of dissection　32
海退　regression　60
海段　deep sea terrace, bench　197, 213
海底活断層　submarine active fault　202
海底谷　submarine canyon, submarine valley　197, 200
海底砂州　submarine bar　198
海底段丘　submarine terrace →深海平坦面もみよ　197, 198
海底地形　submarine topography　194
——図　bathymetric chart　218
——分類図　submarine geomorphological map　198
海氷　sea ice　227
海盆　ocean basin, basin　197
海面上昇　sea-level rise　229
海面変化　sea-level change　2, 32
——曲線　curve of sea-level change　65

海洋底　ocean floor　6, 194, 209
海嶺　oceanic ridge　194, 204
——中軸部　axis of oceanic ridge　170
化学的風化作用　chemical weathering process　12
火口　crater　142
河谷の若返り　rejuvenation of river　38
火砕物台地　pyroclastic plateau　136, 148
火砕流　pyroclastic flow　144
——堆積物　pyroclastic flow deposit　144, 238
——台地　pyroclastic flow plateau　138, 144
火山　volcano　136
——性内弧　volcanic inner arc　213, 220
——前線　volcanic front　137, 213
——帯　volcanic belt, volcanic zone　6, 137
——地形　volcanic landform　6, 136
——島　volcanic island　195, 218
——灰　volcanic ash　142, 144
——灰編年学　tephrochronology　226
河床　river bed, channel floor　46
——縦断面形　longitudinal profile of river bed　31
——物質　river bed material　31
——礫　river bed gravel　49
カスプ　cusp　60
——状三角州　cuspate delta　49
火成活動　igneous activity　6
河成段丘　fluvial terrace　36, 164, 168, 172
——面　fluvial terrace surface　32, 172
化石周氷河現象　fossil periglacial phenomena　112
化石氷楔　ice-wedge cast　112
河川争奪　river capture, stream piracy　30, 44
活火山　active volcano　136
活向斜谷　active synclinal valley　161, 172
活褶曲　active fold　42, 156, 161, 172, 221
滑走斜面　slip-off slope　52
活断層　active fault　44, 50, 156, 158, 164, 220, 222, 225
活動的縁辺部　active margin　197, 211
活背斜丘陵　active anticlinal ridge　161, 172
滑落崖　landslide scarp　22, 234
カテナ　catena　8
河道跡　former channel　52
河道形状　channel form　47
河道の短絡　short-cut of river channel　52
ガリー　gully　28, 32, 90, 92, 238
——侵食　gully erosion　16
軽石　pumice　142
カルスト　karst　180
——地形　karst landform　178, 180, 190 192
カルデラ　caldera　137, 144, 154
——火山　caldera volcano　140
涸れ谷(乾燥地域の)　wadi, arroyo　90
カレン(＝溶食溝)　Karren　180
カレンフェルト　Karrenfeld　180, 190
岩塊流　blockstream, stone stream　102, 104
雁行　en échelon　240
——割れ目　en échelon fissure　160
乾湿破砕　shattering by wetting and drying　62
環礁　atoll　61, 229
干渉 SAR 解析　interferometric SAR analysis　231
完新世　Holocene　2, 225
岩石　rock　8
——海岸　rocky coast　58, 59, 62
——原　block field　102. 106
——砂漠　rock desert　90
——扇状地　rock fan　47
——氷河　rock glacier　102
岩屑　debris, detritus, rock waste　118, 120
——斜面　detrital slope, debris slope　101, 102, 106, 184
——すべり　debris slide, rock slide　15
——流　debris flow, debris avalanche　15, 24
——流堆積物　debris flow deposit, debris avalanche deposit　148
乾燥扇状地　arid fan　47
乾燥地域　arid region　14, 90
干拓地　reclaimed land, dyked land, polder　78
岩塔　tor　179
間氷期　interglacial stage　2, 32, 124, 130
陥没　collapse　144
涵養域(氷河の)　accumulation area　117
寒冷氷河　polar glacier　117
寒冷ペディメント　cryopediment　103

キ

機械的風化作用　mechanical weathering, physical weathering　12
気候地形　climatic landform　4
気候変化，気候変動　climatic change　2, 32, 227
寄生火口　parasitic crater　146
寄生火山　parasitic volcano　142, 147
ギャォ　gjá　170
逆断層　reverse fault　158, 166
旧河道　former channel　50, 54
旧汀線　former shoreline　64, 96, 176
丘陵　hills　32, 34
ギュンツ氷期　Günz glacial stage, Günz glaciation　132
ギョー(＝平頂海山)　guyot　194
峡谷　gorge, canyon　36
強風砂礫地　wind-beaten bare ground　106
曲降　down-warping　157
局地的基準面　local baselevel　90
曲動　warping　157
曲隆　upwarping　157
——運動　upwarping movement　182
——地域　upwarping region　212
鋸歯状山稜　jagged crest, serrated crest, arête　122, 128
裾礁　fringing reef　61, 74
巨大砂丘　draa　83
巨大多角形土　large-scale polygons, ice-wedge polygons　104, 108, 112
巨大羊背岩　giant roche moutonnée　118, 126
キラウエア型カルデラ　Kilauea-type caldera　154
均衡線　equilibrium line　117

ク

空中写真　aerial photograph　230

グライク　grike, gryke　192
クラカトア型カルデラ　Krakatoa-type caldera　144
クラトン　craton　8
クリオプラネーション（＝凍結削剥作用）　cryoplanation　101
クリント　clint　192
グレーズリテ（＝成層斜面堆積物）　grezes litée, stratified slope deposits　102
クレバス　crevasse　48, 122

ケ

傾斜斜面　dip-slope　184
傾動　tilting　157, 176
——地塊　tilted block　94, 158, 188, 202, 204
鯨背岩　whaleback　118, 126
ケスタ　cuesta　179, 184, 192, 216
結核　concretion　13
ケトル　kettle　121
ケーム　kame　121
——段丘　kame terrace　121
圏谷　cirque, corrie, Kar　118, 128
——氷河　cirque glacier, corrie glacier　117, 119, 122, 128
——壁　cirque wall　128
懸垂氷河　hanging glacier　122

コ

高位泥炭地　high moor, upland bog　52
降下軽石　pumice fall deposit, airfall pumice　144
降下テフラ層　tephra fall deposit, airfall tephra　148
航空レーザ測量　airborne laser scanning, airborne laser survey　231
攻撃斜面　undercut slope　36
高山帯　alpine zone　104
向斜谷　synclinal valley　161, 179, 186
向斜山稜　synclinal ridge　179, 186
更新世　Pleistocene　3, 225
合成開口レーダ（SAR）synthetic aperture radar　231
構造土　patterned ground　99, 101, 104, 106
構造平野　structural plain　179
高度面積曲線　hypsometric curve　210
勾配　gradient, slope　31
後背湿地　back marsh, back swamp　48, 52, 54
後氷期　Postglacial age　32
湖岸砂丘　lake bank dune, lake side dune　86
谷側積載　valley-side superposition　10, 36
谷頭　valley head　20
——侵食　headward erosion　34
弧状山脈　arcuate mountains, mountain arc　196
弧状列島　island arc, arcuate island →島弧もみよ　196, 213
湖成層　lacustrine deposit　91
コックピットカルスト　cockpit karst　181
固定砂丘　fixed dune, stabilized dune　81
古土壌　paleosol　13
混濁流（＝乱泥流）　turbidity current　197
コンチネンタルライズ　continental rise　194, 197, 211
ゴンドワナ面　Gondwana surface　214

サ

最終間氷期　Last interglacial stage　34, 130
最終氷期　Last glacial stage　110, 124, 130, 198
再生カルデラ　resurgent caldera　140
再生山脈　exhumed mountains　6
砕屑丘（火山砕屑丘）　pyroclastic cone, cinder cone　137, 139, 142, 146, 150
截頭谷　beheaded valley　159
サイドルッキングソナー　side-looking sonar　219
砕波帯　breaker zone　74
ザイール面　Zaîre surface　214
砂丘　(aeolian) sand-dune　70, 80, 82, 84, 86, 88, 94
削剥　denudation　8
砂嘴　spit　60, 68
砂州　bar, barrier　60
砂堆　sand dune　49, 60
砂堤　sand ridge →浜堤もみよ　54, 70
砂漠　desert　86, 90, 94
——ウルシ（砂漠ワニス）　desert varnish　90
サバンナ　savanna　90
差別侵食　differential erosion　186
サーモカルスト　thermokarst　108
皿状地　dell　103, 110
サラール（＝プラヤ）　salar, playa　90
砂礫堆　bar　47, 49, 50
ザーレ氷期　Saale glacial stage, Saale glaciation　134
砂漣　sand ripple, ripple　49, 81
三角州　delta　46, 48, 52, 54, 56
山岳氷河　alpine glacier, mountain glacier　117, 122
三角末端面　triangular terminal facet, spur facet　159, 162, 168
残丘　monadnock, residual hill　38, 126, 188
サンゴ礁　coral reef　61, 74, 181, 195, 229
——の核心域　core zone of coral sea　76
残雪凹地　nivation hollow　107
残雪砂礫地　snow-patch bare ground　106
残雪斜面　snow-drift slope　107
残存地形　relict landform　2, 181
サンダー　sandur, sander　121
山体崩壊　sector collapse　238
山地の開析　dissection of mountains　38
三稜石　dreikanter　80
山麓階　piedmont benchland　188
山麓氷河　piedmont glacier　117, 124, 132

シ

ジオイド性海面変化　geoidal eustasy　208
敷居　threshold, rock bar　122, 128
地震時流動性地すべり　earthquake-induced landslide　232
地震断層　earthquake fault　160
地震津波　earthquake-generated tsunami　66
地震隆起　seismic uplift　174
次数（谷の）　order　28
地すべり　landslide, slide, slump　15, 22, 26, 234
——性崩壊　massive landslide　12, 15, 24
——地　landslide area　24

自然堤防　natural levee　44, 46, 48, 52, 54, 56
Ｃ層　C horizon　13
湿潤扇状地　wet fan　47
シート状礫層　Deckenschotter　132
地盤沈下　ground subsidence　72, 78
GPS　global positioning system　231
縞状土（＝礫質縞状土）　sorted stripes, stone stripes　100, 101
島棚　isular shelf, island shelf　197
集塊変位　mass displacement　101
褶曲　fold　186
自由斜面　free face　184
舟状海盆　trough　200, 204, 220
集積　accumulation　13
終堆石堤（＝端堆石堤）　terminal moraine, end moraine　120
周氷河岩屑斜面　periglacial debris slope　106
周氷河作用　periglacial process　98, 152, 232
周氷河皿状地　periglacial dell　110
周氷河砂礫斜面　periglacial bare slope　106
周氷河性斜面　periglacial slope　103
周氷河地域　periglacial region　15, 98
周氷河地形　periglacial landform　98
周氷河波状丘陵　periglacial undulating plateau　111
縦列砂丘　longitudinal dune　86, 88
主境界断層　Main Boundary Fault　222
主中央衝上断層　Main Central Thrust　222
準平原　peneplain　2, 33
ショア・プラットホーム　shore platform　59
小起伏山地　low-relief mountain　91
小起伏地形　low-relief landform　38
小起伏面　low-relief surface　33, 34, 38, 40, 188
礁原　reef flat　74
礁湖　reef lagoon, lagoon　61, 76
条溝　striae, striation　74, 118
衝上断層　thrust　234
礁池　reef pool　74
小地形　mini-landform, mini-topography, minor-landform, minor-topography　2
衝突　collision　212, 222
鍾乳石　stalactite　181, 190
鍾乳洞　cave, cavern, grotto　180, 181, 190
消波ブロック　armor block　72
小氷期　Little ice-age　122
消耗域　ablation area　117
縄文海進　Jōmon transgression　174
植被階状土　turf-banked terrace　100
植被構造土　turf-banked patterned ground　101
地割れ　ground fissure　170
深海海丘　abyssal hills　194
深海扇状地　deep-sea fan　204
深海長谷　deep-sea channel　204
深海底盆　deep-sea basin　197
深海平原　abyssal plain　194
深海平坦面　deep-sea terrace →海底段丘もみよ　197, 202, 206, 213, 220
深海盆底　deep-sea floor　194
シンクホール（＝ドリーネ）　sink hole　180
人工の砂丘　artificial sand dune　88
震災遺構　earthquake memorial ruin　236
侵食砂丘　erosional sand dune　80
侵食小起伏面　erosional low-relief surface　10, 158
侵食地形　erosional landform　8, 28, 188
侵食平坦面　erosion surface　2, 40, 188, 192, 214
侵食輪廻　cycle of erosion　38
深層風化作用　deep-weathering process　12
深層風化帯　deep-weathering zone　15
浸透能　infiltration capacity　30
針峰　needle spine, horn, aiguille　122
森林限界　forest line, timber line　98

ス

水系　drainage net, drainage system　38
——網　drainage network, channel network　28
水蒸気噴火　steam eruption　238
水中自破砕溶岩　subaqueous autobrecciated lava　139
水冷破砕岩　subaqueous pyroclastic rock　154
数値標高モデル（DEM）　digital elevation model　230
スコリア丘　scoria cone, cinder cone　154
スタック　stack　59
ステップ　steppe　90
ステルンベルグの経験則　Sternberg's law　31
洲島（サンゴ礁の）　cay　229
ストロンボリ式噴火　Strombolian eruption　139
ストーンペーブメント（＝石畳）　stone pavement　101
砂浜海岸　sandy coast, sandy shore　58
すべり面（地すべりの）　sliding surface　234
スランプ　slump　15
ずれる変動帯　mobile zone along the transform fault　6, 157
スワンプ　swamp　56

セ

脆弱性　vulnerability　229
星状砂丘　star-shaped dune　83
成層火山　stratovolcano　137, 142, 144, 146
成層斜面堆積物　stratified slope deposits　102
正断層　normal fault　94, 158, 168, 170, 240
——崖　normal fault scarp　218
——地形　normal-fault topography　170
——地塊　normal-fault block　212
赤黄色土　red-yellow soil　14
積載河川　superposed river, superimposed river　186
積載谷　superposed valley, superimposed valley　29, 42
積載性先行谷　anteposed valley　182
石筍　stalagmite　181, 190
石灰華段丘　travertine terrace　181, 190
石灰岩　limestone　13
石灰藻嶺　algal ridge, liothothamnion ridge　74
石灰洞　limestone cave, limestone cavern　181, 190, 192
雪食作用　nivation　106, 114
雪線　snowline　117, 118
切断曲流　meander cut-off　40
切断山脚　truncated spur　118, 128

接氷河堆積物　ice-contact deposit　120
接峰面　summit level　189, 220, 222
節理　joint　178
せばまる変動帯　convergent mobile belt　6, 8, 157, 211
全球測位衛星システム（GNSS）global navigation satellite system　231
前弧　frontal arc, fore arc　213
――(海)盆　fore-arc basin　202, 206, 213
先行河川　antecedent river　42
先行谷　antecedent valley　29, 42, 182
潜在円頂丘　cryptodome　142
浅礁湖（＝礁池）　reef pool　74
扇状地　alluvial fan　31, 44, 46, 50, 52, 90, 91, 94, 96
全層雪崩　ground avalanche　114
洗脱　leaching　13
前置斜面　foreset slope　49, 54
前置層　foreset bed　49, 78
扇頂　apex of fan　47, 50
穿入曲流　incised meander　40

ソ

造山運動　orogenic movement, orogenesis, mountain building　212
造山帯　orogenic belt, orogenic zone, orogene　6, 8, 208, 209, 211
造礁サンゴ　reef-building coral, hermatypic coral　174
造盆地運動　basin-forming movement　157
掃流物質　bed load　13, 49
掃流力　tractive force　46
側火口　lateral crater　141
側扇　lateral fan　50
側堆石　lateral moraine　122, 124
――堤　lateral moraine　120
組織地形　structural landform　8, 126, 156, 178
外浜　nearshore　59
ソリフラクション　solifluction　14, 99, 101, 103, 104, 106, 110, 114
――ロウブ　solifluction lobe, gelifluction lobe　104

タ

大乾燥期　severe dry spell, severe dry period　86
大規模土地改変　large-scale landform transformation　26
大砂丘　draa　81
大西洋型大陸縁辺部　Atlantic type continental margin　194, 197, 211
堆石（＝堆石層）　till　120
――台地　moraine plateau　124
――堤　moraine（ridge）　120, 124, 128, 168
堆積弧　depositional arc　213
堆積性海面変化　sedimento-eustasy　208
堆積台　depositional platform　34, 59
堆積段丘　accumulation terrace, fill terrace, aggradation terrace　36
堆積地形　depositional landform　8, 46, 80
堆積盆地　sedimentary basin　202
台地　plateau, table land, upland　32, 34
大地形　major-landform, macro-topography　2, 6, 208
大地溝帯　rift valley　214
太平洋型大陸縁辺部　Pacific-type continental margin　194, 196, 211
大洋底　ocean-floor　2, 7
第四紀　Quaternary（Period）　2, 225
――火山　Quaternary volcano　225
大陸　continent　2, 6, 209
――移動　continental drift　211
――縁弧　continental arc　213
――縁辺部　continental margin　194, 196
――縁辺隆起帯　marginal upwarp of continent　211, 216
――間山系　inter-continental mountains　222
――境界地　continental borderland　197, 204
――斜面　continental slope　194, 197, 206
――棚　continental shelf　194, 197, 198, 204, 206, 211
――段丘　continental terrace　197
――氷床　continental ice sheet　117, 120, 126, 134
多角形土（＝礫質多角形土）　polygons, sorted polygons　101, 104
高潮　storm surge　229
卓状火山　volcanic table mountain, tuya　139
卓状地　platform　8, 208
蛇行河川　meandering river　52
縦型砂州　longitudinal sand bar　198
盾状火山　shield volcano　136, 152, 154
盾状地　schield　8, 208, 216
縦ずれ断層　dip-slip fault　158
縦ずれ変位　dip-slip, displacement　158
谷　valley　28
――氷河　valley glacier　117, 122, 128
多輪廻火山　multicycle volcano, polycycle volcano　139
タワーカルスト　tower karst　181
段丘崖　terrace scarp　32, 64, 84
段丘面　terrace surface　64
単成火山　monogenetic volcano　139, 154, 200
断層　fault　158, 200
――鞍部　fault saddle　159
――崖　fault scarp　11, 156, 158, 162, 168, 202, 204, 218
――角凹地　fault-angle depression　106
――角盆地　fault-angle basin　94
――線崖　fault-line scarp　11, 156, 179
――線谷　fault-line valley　179, 182
――池　fault pond, sag pond　159
――地形　fault topography, fault landform　162, 168
――破砕帯　fault shattered zone 13
端堆石　terminal moraine, end moraine　130
――堤　terminal moraine（ridge）　120, 121, 122, 124, 128, 130, 132, 134
単輪廻火山　monocyclic volcano　139
断裂帯　fracture zone　194, 196, 218

チ

地殻均衡　isostasy　194
地殻変動　crustal movement　6, 231
地下水　ground water　16
地球温暖化　global warming　227
地形学図　geomorphological map　96, 203, 220
地形線　geomorphic line　10
地形点　geomorphic point　10
地形の逆転　inversion of topography　31, 178
地形面　geomorphic surface　10

地溝　graben, fault trough, rift valley　94, 158, 159, 170
――帯　rift zone　196
地質構造　geological structure　8
地質時代　geological age, geologic time　2, 3
地表地震断層　surface rupture　234
中央海嶺　mid-oceanic ridge　194, 196, 210, 218
中央火口丘　central cone　142
中央堆石　medial moraine, median moraine　120, 122
中軸谷　median valley　196, 218
中心噴火　central eruption　152
沖積扇状地　alluvial fan　46
沖積平野　alluvial plain　46
中地形　meso-landform, meso-topography　2
鳥趾状三角州　digitate（"birdfoot"）delta　49, 56
頂置層　topset bed　78
頂置面　topset flat　54
潮流　tidal current　198
地塁　horst　158
――山地　horst mountain　94
沈降説（サンゴ礁の）　subsidence theory　61
沈水　submergence　60
沈入　plunging　186

ツ

津波　tsunami　59, 61, 66, 236
――堆積物　tsunami deposits　236
ツーハ　tufa　181

テ

低位泥炭　low moor, fen　52
堤間凹地　inter-levee depression　68
堤間湿地　inter-levee marsh　70
汀線　shoreline　58
底堆石　ground moraine　120
泥炭　peat　52
――地　peatland, fen, mire　52
低断層崖　fault scarplet　159, 164, 166, 168
底置層　bottomset bed　49, 78
底置面　bottomset flat　54
ディップスロープ（＝傾斜斜面）　dip-slope　184
堤島（＝沿岸州島）　barrier island　60
デーリー点　Daly's point　74
泥流　mudflow　14, 139
――堤　jökulhlaup levee　124
ティル（＝堆石）　till　120
適従谷　subsequent valley　186
デザート・ペーブメント　desert pavement　90
テフラ　tephra　34, 136, 138, 141, 144, 146, 148, 150
――台地　tephra plateau　148
デブリ（＝岩屑）　debris　120
テフロクロノロジー　tephrochronology　144, 226
デルタ（＝三角州）　delta　229
――フロント堆積物　delta-front deposit　56
天井川　raised bed river　44
天然ダム　landslide dam, natural dam　234
天然橋　natural bridge　59

ト

トア　tor　103, 179
投影断面図　projected profile　189
撓曲崖　flexure scarp, monoclinal scarp　158, 166, 204
凍結削剥作用　cryoplanation　101, 110
凍結削剥面　cryoplanation surface　103
凍結破砕　frost shattering　114
――階段　cryoplanation terrace　103, 114
――作用　frost shattering　99, 122, 179
――礫　frost-shattered gravel　104, 110
凍結坊主　earth hummocks　101
凍結融解　freezing and thawing　98
凍結割れ目　frost fissure, frost crack　99
島弧　island arc →弧状列島もみよ　196, 213, 220
―― ―海溝系　island arc-trench system　213
凍上　frost heave　99
塔状岩体　tor　103
凍土現象　frozen ground phenomena　101
土質構造土　non-sorted patterned ground　101
土壌　soil　8, 13
――構造　soil structure　13
――水分　soil water　96
――生成作用　soil genesis, soil formation　13
――層位　soil horizon　13
土石流　debris flow, rocky mud flow　15, 24, 90, 106
ドナウ氷期　Donau glacial stage, Donau glaciation　132
ドーム構造　dome structure　179
ドラ　draa　81
トラバーチン　travertine　96
トラフ　trough　59, 220
ドラムリン　drumlin　120
トランスフォーム断層　transform fault　157, 196, 218
トランペット谷　trumpet-shaped valley　132
ドリーネ　doline　180, 190
トレンチスロープブレイク　trench-slope break　197
トンボロ　tombolo　60, 62

ナ

内弧　inner arc　213
内作用　endogenic process　4, 209
内礁　inner reef　76
内陸砂丘　inland sand dune　81
内陸直下型地震　inland earthquake, epicentral earthquake, near-field earthquake　232, 240
内陸流域　interior drainage, endoreic drainage　96
流れ盤すべり　dip-slope slide　22
雪崩地形　avalanche landform　114
雪崩道　avalanche chute　114

ニ

ニベーション　nivation　114

ネ

熱的アイソスタシー　thermal isostasy　212
粘土化　argillization　13

粘土鉱物　clay mineral　13

ノ

ノッチ　notch　59

ハ

ハイアロクラスタイト　hyaloclastite　154
背弧盆　back-arc basin　213
背斜丘陵　anticlinal ridge　161, 172
背斜構造　anticlinal structure　42
背斜谷　anticlinal valley　179, 186
背斜山稜　anticlinal ridge　179, 186
ハイドロアイソスタシー　hydro-isostasy　212
ハイドログラフ　hydrograph　28
ハイドロラコリス（＝ピンゴ）　hydro-lacolith, pingo　108
背面　summit plane　33, 34
爆発的噴火　explosive eruption　142, 144
剥離準平原　stripped peneplain, exhumed peneplain, resurrected peneplain　216
爆裂火口　explosion crater　139
波食台　wave-cut platform →海食台もみよ　11, 78, 96
波食棚　wave-cut bench　59, 62
バッドランド　badland　91
バハダ　bajada, bahada　90, 94
パホイホイ溶岩　pahoehoe lava　170
バーム　berm　59
パラゴナイトリッジ　palagonite ridge　139
パルサ　palsa　100, 101
バルジ　bulge　160, 164
バルハン　barchan　82
ハワイ型盾状火山　Hawaiian-type shield volcano　154
半乾燥地域　semiarid region　90
パンパ　pampa　90
斑紋　mottle, fleck, spot, blotche　13
氾濫原土　flood loam, overbank silt　47, 50

ヒ

非火山性外弧　non-volcanic outer arc　213, 220
干潟　tidal flat　54
非活動的縁辺部　passive margin　197, 211
B層　B horizon　13
非対称谷　asymmetrical valley　103, 104
非対称山稜　asymmetrical ridge　106
微地形　micro-landform, micro-topography　2
ビーバー氷期　Biber glacial stage, Biber glaciation　132
ピーモント・アングル　piedmont angle　92
ビュート　butte　179
氷河　glacier　116, 227
　——湖決壊洪水(GLOF)　glacial lake outburst flood　227
　——擦痕　glacial striae　126
　——性アイソスタシー　glacial isostasy　212
　——性海面変化　glacial eustasy　64, 66, 208
　——制約説(サンゴ礁の)　glacial control theory　61
　——地形　glacial landform, glacial topography　116
氷冠(＝氷帽)　ice cap　117
氷期　glacial age, glacial stage　2, 32, 110, 124, 130
氷床　ice sheet, inland ice sheet　117
氷食谷　glacial valley, glaciated valley　119
氷食擦痕　glacial striae, striation　119
氷食尖峰　horn　122, 128
氷楔　ice wedge　99, 104, 108
　——多角形土　ice-wedge polygon　108
表層雪崩　superficial avalanche 114
表層崩壊　shallow landslide　232
氷瀑　ice fall, ice cascade　122
氷帽(＝氷冠)　ice cap　117
広がる変動帯　divergent mobile belt　6, 157, 210
ピンゴ　pingo　101, 108, 112
浜堤　beach ridge→砂堤もみよ　54, 59

フ

フィヨルド　fjord　61, 120, 130
フィルン　firn　116
風化殻　weathering crust　12
風化作用　weathering　8, 12
風化度　degree of weathering　14
風食　wind erosion, aeolian erosion　90
　——凹陥地　wind-formed depression　80
　——礫　wind-shaped pebble, wind-cut pebble, facetted pebble, ventifact　80
フェルト　Feld　132
フォッサマグナ　Fossa Magna　220, 234
付加プリズム　accretional prism　213
不協和合流　discordant junction　120
複成火山　polygenetic volcano　139, 142, 146
ふくらみ　bulge　164
布状洪水　sheetflood　90
腐植　humus　13
不適合河川　misfit river　30, 48
不適合谷　misfit valley　44
舟窪　snow（nivation）niche, nivation hollow　106
プラッキング　plucking　90, 94
フラッドローム（＝氾濫原土）　flood loam　47
プラヤ　playa　90, 94
プランジ　plunge　186
プリニー式噴火　Plinian eruption　138, 144
浮流物質　suspended matter　13, 49, 208
ブルグニヤク（＝ピンゴ）　bulgunyakh　108
プレート　plate　6, 209
　——境界　plate boundary　6, 136
　——テクトニクス　plate tectonics　209
プレーリー　prairie　90
プロテーラスランパート（＝崖錐前縁堤）　protalus rampart　102
プロデルタ堆積物　prodelta deposit　56
噴火　eruption　138
　——様式　type of volcanic eruption　138
分岐砂嘴　recurved spit　60, 68

ヘ

平衡河川　graded river　32
平衡状態　state of equilibrium　32
閉塞丘　shutter ridge　159

平頂海山　guyot　194
ベースサージ　base surge　139
ペディプレーン　pediplain　92
ペディメント　pediment　42, 90, 92
ベンチ　bench　59, 62, 179
変動崖　tectonic scarp　158
変動性海面変化　tectono-eustasy　208
変動帯　mobile belt　6, 137, 156, 209
変動地形　tectonic landform, tectonic relief　6, 8, 156

ホ

ポイントバー（＝寄州）　point bar　48, 52, 56
縫合線　suture line　222
ホグバック　hogback, hog's back　42, 179
母材　parent material　13
堡礁　barrier reef　61, 76
ポストアフリカ面　Post-African surface　214
ホットスポット　hot spot　137, 195, 210
ポノール　ponor　190
ポリエ　polje　180, 190
ホルン（＝氷食尖峰）　horn　122

マ

埋積谷　waste-filled valley　15
埋没谷　buried valley　36, 54
——底　buried-valley floor　32
埋没土　buried soil　13, 84
前浜　foreshore　58
マグマ　magma　6, 137, 138
枕状溶岩　pillow lava　139, 154
マサ　decomposed granite　178
摩擦割れ目　frictional crack, pressure crack　118
マーシュ　marsh　56
マスウェイスティング　mass wasting　12, 14
マッシュルームロック　mushroom rock　94
マール　maar　139
マングローブ海岸　mangrove coast　61
万年雪下限線　firn line　117
万年雪原　firn field　122

ミ

澪　fairway, crossing　54, 68
三日月湖　oxbow lake, crescent lake　48, 52, 56
右ずれ断層　right-lateral fault　159
ミクロアトール（マイクロアトール）　micro-atoll　74
ミンデル氷期　Mindel glacial stage, Mindel glaciation　132

ム

無能河川　underfit river　30
無能谷　underfit valley　44

メ

メサ　mesa　179
メラピ型火砕流　Merapi-type pyroclastic flow　238

モ

網状土（＝礫質網状土）　stone nets, sorted nets　101
網状流　braided stream　47
モーメントマグニチュード　moment magnitude　236
モールトラック　mole-track　160
モレーン（＝堆石堤）　moraine　120

ヤ

山くずれ　landslip, landslide　15, 20
山砂利　mountain gravel　40

ユ

融凍攪拌　cryoturbation　99, 114
融氷水流堆積物　fluvio-glacial deposits　120, 130
雪窪　snow (nivation) niche, nivation hollow　114
U 字型砂州　U-shaped bar　198
U 字谷　U-shaped valley, U-shaped trough　118, 128
ユルストローム図　Hjulström's diagram　46

ヨ

溶岩円頂丘　lava dome　138, 139, 142
溶岩湖　lava lake　136
溶岩台地　lava plateau　136
溶岩ドーム　lava dome　238
溶岩ローブ　lava lobe　238
溶岩流　lava flow　146, 150, 238
溶食　corrosion　180
——溝　lapies, clints, Karren　180
溶脱　eluviation, leaching　13
羊背岩　roche moutonnée　118, 128
溶流物質　dissolved matter　13, 208
横ずれ谷　offset valley　159
横ずれ断層　lateral fault, strike-slip fault　159, 162, 164
横ずれ変位　lateral offset, strike-slip displace　158
寄州　point bar　48

ラ

ライムストーン・ペーブメント　limestone pavement　192
ラグーン　lagoon　60
ラハール　lahar　238
乱泥流（混濁流）　turbidity current　197

リ

リアス海岸　ria coast　61, 66
離岸堤　offshore (detached) breakwater　72
離岸流　rip current　58
陸繋島　land-tied island　60
陸棚　shelf, continental shelf　220
——谷　shelf channel　198
離水　emergence　60
——サンゴ礁　emergent coral reef, emerged coral reef　75, 181
リス氷期　Riss glacial stage, Riss glaciation　132
リソスフェア　lithosphere　195, 209, 219
リッジ・アンド・トラフゾーン　ridge and trough zone　202
リフトゾーン　rift zone　154

リフトバレー　rift valley　214
流域　drainage basin, river basin, watershed　28
隆起サンゴ礁　elevated coral reef, raised coral reef　74
隆起準平原　uplifted peneplain　40, 188
隆起汀線　uplifted shoreline　126
流量　discharge, rate of discharge（flow）　31
リル　rill　28
　——ウォッシュ　rill wash　92

ル

ルネット　lunette　86

レ

礫質構造土　sorted patterned ground　101, 112
礫質多角形土　sorted polygons　100
礫質網状土　sorted stone nets　100
レス　loess　2, 80
レリック地形　relict landform　2

ロ

老年期　old-age stage　33
露岩地域　bare-rock areas　126

ワ

ワジ（＝アローヨ）　wadi　90, 94
割れ目火口　fissure vents　170
割れ目帯　fissure zone　154
湾口沿岸州　bay-mouth offshore bar, bay-mouth offshore barrier　60

数字はセクション番号を示す．枠で
囲んだ数字はその付近全体を示す．

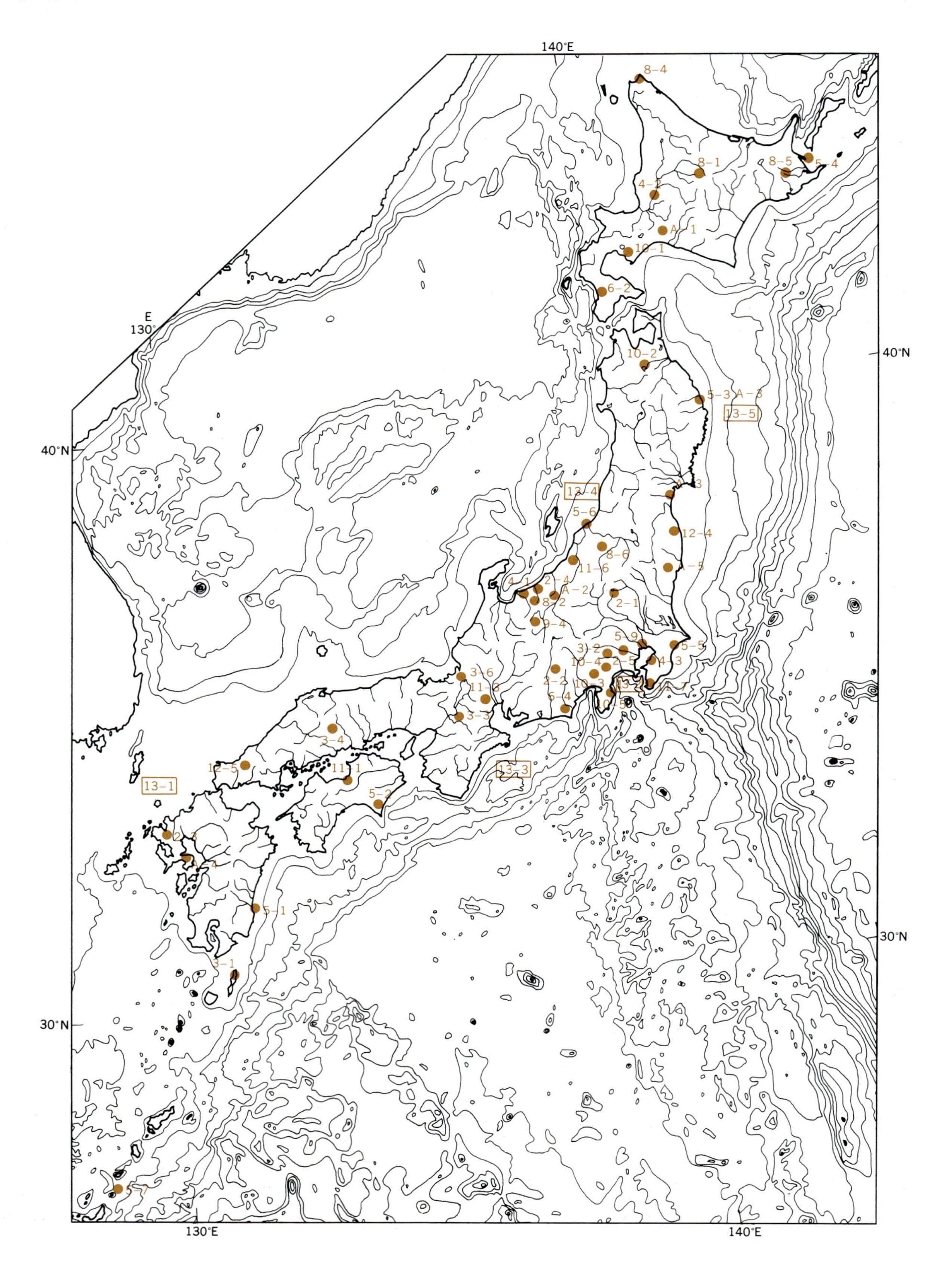

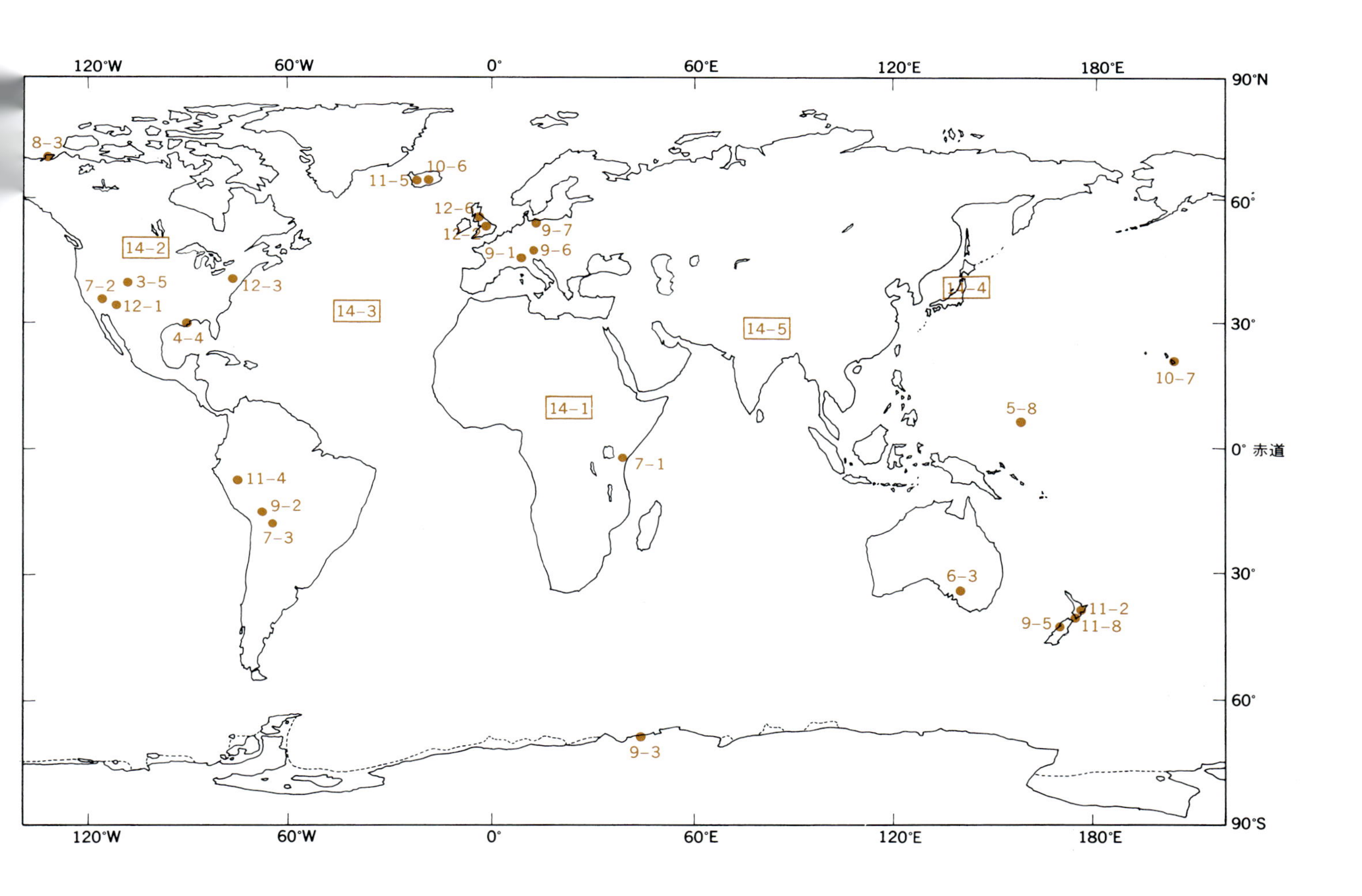
120°W
60°W
0°
60°E
120°E
180°E
90°N
60°
30°
0° 赤道
30°
60°
90°S
8-3
11-5
10-6
12-6
12-2
9-7
9-1
9-6
14-2
7-2
3-5
12-1
12-3
14-3
4-4
14-5
14-1
10-7
5-8
7-1
11-4
9-2
7-3
6-3
11-2
9-5
11-8
9-3

第 2 章解説写真 2，§2-1，§8-1，§8-6，§9-4，§10-4 に使用した空中写真については，
60 林野計第 428 号昭和 60 年 7 月 12 日林野庁承認

§13-1〜5 の海底地形図については，
水路図誌複製海上保安庁承認第 600053 号

§3-2 の空中写真は山梨県，§8-2 の空中写真は長野県の承認をえた．

§9-3 およびその他図の説明に特に記載のない国内の空中写真・地形図は建設省国土地理院発行のものを使用した．

写真と図でみる地形学　増補新装版

1985年11月30日　初　版　発　行
2019年 5 月27日　増補新装版発行
2020年 6 月10日　増補新装版第3刷

［検印廃止］

編者――――貝塚爽平・太田陽子・小疇　尚・小池一之・
野上道男・町田　洋・米倉伸之

増補――――久保純子・鈴木毅彦

発行所―――一般財団法人 東京大学出版会
代表者 吉見俊哉
153-0041 東京都目黒区駒場 4-5-29
電話 03-6407-1069　FAX 03-6407-1991　振替00160-6-59964

文字製版――株式会社 永昌美術

印刷所―――株式会社 平文社

製本所―――牧製本印刷株式会社

ISBN978-4-13-062730-6　Printed in Japan